国家出版基金项目
NATIONAL PUBLICATION FOUNDATION

U0146238

生态文明建设文库

陈宗兴　总主编

生态修复工程
零缺陷建设设计

康世勇　主编

中国林业出版社

图书在版编目（CIP）数据

生态修复工程零缺陷建设设计／康世勇主编 .－北京：中国林业出版社，2020.7
（生态文明建设文库／陈宗兴总主编）
ISBN 978-7-5219-0680-6

Ⅰ.①生… Ⅱ.①康… Ⅲ.①生态恢复－生态工程－工程设计－研究 Ⅳ.① X171.4

中国版本图书馆 CIP 数据核字（2020）第 120974 号

出 版 人	刘东黎
总 策 划	徐小英
策划编辑	沈登峰　于界芬　何　鹏　李　伟
责任编辑	徐小英　梁翔云　赵　芳
美术编辑	赵　芳
责任校对	梁翔云

出版发行	中国林业出版社（100009　北京西城区刘海胡同 7 号）
	http://www.forestry.gov.cn/lycb.html
	E-mail:forestbook@163.com　电话：(010)83143523、83143543
设计制作	北京涅斯托尔信息技术有限公司
印刷装订	北京中科印刷有限公司
版　　次	2020 年 7 月第 1 版
印　　次	2020 年 7 月第 1 次
开　　本	787mm×1092mm　　1/16
字　　数	779 千字
印　　张	30.5
定　　价	95.00 元

"生态文明建设文库"
编撰工作领导小组

组 长
刘东黎　成　吉

副组长
王佳会　杨　波　胡勘平　徐小英

成 员
（按姓氏笔画为序）

于界芬　于彦奇　王佳会　成　吉　刘东黎　刘先银　李美芬　杨　波

杨长峰　杨玉芳　沈登峰　张　锴　胡勘平　袁林富　徐小英　航　宇

编辑项目组

组　长：徐小英

副组长：沈登峰　于界芬　刘先银

成　员（按姓氏笔画为序）：

于界芬　于晓文　王　越　刘先银　刘香瑞　许艳艳　李　伟

李　娜　何　鹏　肖基浒　沈登峰　张　璠　范立鹏　赵　芳

徐小英　梁翔云

特约编审：杜建玲　周军见　刘　慧　严　丽

《生态修复工程零缺陷建设设计》
编审委员会

总　序

　　生态文明建设是关系中华民族永续发展的根本大计。党的十八大以来，以习近平同志为核心的党中央大力推进生态文明建设，谋划开展了一系列根本性、开创性、长远性工作，推动我国生态文明建设和生态环境保护发生了历史性、转折性、全局性变化。在"五位一体"总体布局中生态文明建设是其中一位，在新时代坚持和发展中国特色社会主义基本方略中坚持人与自然和谐共生是其中一条基本方略，在新发展理念中绿色是其中一大理念，在三大攻坚战中污染防治是其中一大攻坚战。这"四个一"充分体现了生态文明建设在新时代党和国家事业发展中的重要地位。2018 年召开的全国生态环境保护大会正式确立了习近平生态文明思想。习近平生态文明思想传承中华民族优秀传统文化、顺应时代潮流和人民意愿，站在坚持和发展中国特色社会主义、实现中华民族伟大复兴中国梦的战略高度，深刻回答了为什么建设生态文明、建设什么样的生态文明、怎样建设生态文明等重大理论和实践问题，是推进新时代生态文明建设的根本遵循。

　　近年来，生态文明建设实践不断取得新的成效，各有关部门、科研院所、高等院校、社会组织和社会各界深入学习、广泛传播习近平生态文明思想，积极开展生态文明理论与实践研究，在生态文明理论与政策创新、生态文明建设实践经验总结、生态文明国际交流等方面取得了一大批有重要影响力的研究成果，为新时代生态文明建设提供了重要智力支持。"生态文明建设文库"融思想性、科学性、知识性、实践性、可读性于一体，汇集了近年来学术理论界生态文明研究的系列成果以及科学阐释推进绿色发展、实现全面小康的研究著作，既有宣传普及党和国家大力推进生态文明建设的战略举措的知识读本以及关于绿色生活、美丽中国的科普读物，也有关于生态经济、生态哲学、生态文化和生态保护修复等方面的专业图书，从一个侧面反映了生态文明建设的时代背景、思想脉络和发展路径，形成了一个较为系统的生态文明理论和实践专题图书体系。

中国林业出版社秉承"传播绿色文化、弘扬生态文明"的出版理念，把出版生态文明专业图书作为自己的战略发展方向。在国家林业和草原局的支持和中国生态文明研究与促进会的指导下，"生态文明建设文库"聚集不同学科背景、具有良好理论素养的专家学者，共同围绕推进生态文明建设与绿色发展贡献力量。文库的编写出版，是我们认真学习贯彻习近平生态文明思想，把生态文明建设不断推向前进，以优异成绩庆祝新中国成立 70 周年的实际行动。文库付梓之际，谨此为序。

十一届全国政协副主席

中国生态文明研究与促进会会长

2019 年 9 月

生态修复零缺陷
是加快推进绿色发展的重要理念
（代序）

　　林业防护林工程、水土保持工程、沙质荒漠化防治工程、盐碱地改造工程、土地复垦工程、退耕还林工程、水源涵养林保护工程和天然林保护工程等生态保护和修复工程建设，是我国当前及今后生态工程建设的重要内容。党的十八大以来，在习近平生态文明思想指引下，全国林草部门认真贯彻落实党中央、国务院决策部署，积极探索统筹山水林田湖草一体化保护和修复，持续推进各项重点生态工程建设，极大地推动了生态修复建设管理向着专业化、规范化、标准化和时尚化的高质量方向快速迈进。随着全国各地深入贯彻习近平生态文明思想，坚持人与自然和谐共生理念，努力推进生态系统治理体系和治理能力现代化，大力倡导管理科技创新，全面提升管理质量水平的新形势下，对新时期生态工程建设管理提出了更加科学、更高水准、更加严格、更加标准、更加规范的零缺陷新要求、新使命和新作为。

　　为了更加有效地提升我国生态修复工程建设设计、技术和管理的标准化进程，从 2003 年 7 月开始，康世勇正高级工程师率领他的课题组，总结、汇总、浓缩了我国半个多世纪以来生态修复工程建设技术与管理实践中的经验教训，经过十多年艰辛调查、测试、论证和理论创新升华的研究探索，终于完成了"生态修复工程零缺陷建设'三全五作'模式"项目研究的全部内容。反映其创新研发成果的核心内容以"中国生态修复工程零缺陷建设技术与管理模式""神东 2 亿吨煤都荒漠化生态环境修复零缺陷建设绿色矿区技术"为论文标题，分别发表在 2017 年 9 月召开的《联合国防治荒漠化公约》第 13 次缔约方大会上和 2019 年 6 月召开的世界防治荒漠化与干旱日纪念大会暨荒漠化防治国际研讨会上；主持完成的"神东 2 亿吨煤炭基地生态修复零缺陷建设绿色矿区实践""生态修复工程零缺陷建设"两项科研课题，分别于 2018 年、2019 年荣获中国煤炭工业协会和中国能源研究会颁发的"煤炭企业管理现代化创新成果（行业级）二等奖""中国能源研究会能源创新奖——学术创新三等奖"。

如今，生态修复工程零缺陷建设系列著作的正式出版，是我国生态修复建设史上的一大幸事，标志着我国生态修复建设在取得巨大实践成效基础上与理论紧密相结合的一次"质"的创新飞跃。

该系列著作在创作伊始，康世勇就向我详细介绍了他 1983 年至今的生态修复建设实践与理论创新研发的轨迹，商请我从生态修复建设学术的角度，对生态修复工程零缺陷建设"三全五作"理论及其模式提出科学的指导意见，并希望为之作序，我欣然应允。

该系列著作共分《生态修复工程零缺陷建设设计》《生态修复工程零缺陷建设技术》《生态修复工程零缺陷建设管理》三册出版，将能为我国当前乃至今后在实施林业防护林工程、水土保持工程、沙质荒漠化防治工程、盐碱地改造工程、土地复垦工程、退耕还林工程、水源涵养林与天然林资源保护等生态修复工程建设过程中，在履行开展具体的立项、策划、勘察、调查、规划、设计、招标、投标、施工、监理、抚育保质、竣工验收和后评价全过程中，倡导和培训全部参与生态修复工程建设技术与管理的全部员工，科学树立和践行"第一次就要把做的事情做正确"的零缺陷理念，以工作标准、工序流程规范、合法遵规、创新改进的姿态和风格，有效规避和纠正生态修复工程项目建设技术与管理中诸多不标准、不规范、不尽职等失误和缺陷，为促进生态修复工程建设迈向高质量发展的路径、为我国生态文明建设可持续发展，创建创立了可践行、适宜推广应用的新颖理论及其模式。

生态修复工程零缺陷建设，是加快推进我国绿色发展的重要手段，更是坚持走中国特色的生态兴国、生态富国、生态强国的可持续发展之路的重要工程措施。一项优秀的生态修复工程项目建设策划设计方案，应该既富含科技创新，又符合项目所在地区自然环境、社会经济等条件，而如何使其从设计方案高质量地转化为无缺陷、无瑕疵的生态修复精品工程，就成为我国现在及未来生态修复建设者为之努力奋斗的终极工作目标。为此，在国家方针政策引导下和自觉规范遵守各项建设法律法规的同时，强化生态修复工程建设实施过程中的质量标准化、行为规范化、守法执法常态化的意识，树立"第一次就要把做的事情做正确"的零缺陷理念，持续改进，正确把握、协调和处理生态修复工程建设中的质量、工期进度、造价投资、安全文明与零缺陷建设技术与管理的关系，就成为生态修复建设实践中一项亟待攻克完成的新课题新任务。

在新时期生态修复工程建设实践中总结编著的该系列著作，有取之于实践且加以提炼后的精华、精粹和精辟的理论创新特点，又具有指导生态修复建设实践行为和有力、有利提升实践质量成效的指南作用，对大力推进生态文明建设，科学开展国土绿化行动，提升生态建设管理水平，高质量推进对各种诱致荒漠化、石漠化、水土流失、盐碱化等毁损土地现象实施生态修复治理，全面构筑生态安全屏障，促进我国生态工程建设管理迈上一个新台阶，具有重大而深远的积极意义。就生态修复工程建设设计、技术与管理的科学性、系统性、严谨性、适用性和实用性而言，该系列著作的出版，不仅对从事生态修复和生态保护工作者有所启迪帮助，也将对生态文明建设具有重要的推动作用。

北京林业大学副校长、教授
中国水土保持学会副理事长
中国治沙暨沙业学会副理事长

2020 年 2 月

生 态 魂
（代前言）

一

　　我国不论大江南北、东部西区，在对各种人为诱致生态环境恶化的毁损土地现象如沙质荒漠化、水蚀荒漠化、盐渍荒漠化、石质荒漠化和矿产资源开发、建设工程开建等实施生态修复过程中，经常会发生或出现的设计、技术与管理中的各种各类欠缺、失误、漏洞、瑕疵、错误甚至失败等行为，究其根源及其诱因，有来自项目建设单位在功能、程序策划设计上的，有来自勘察、规划、设计技术上的，有来自现场监理、植物检疫管理上的，更多的则来自施工单位材质准备和施工作业技术与管理过程中；从生态修复工程建设专业上实事求是地来分析和论证，其工程质量、工期进度、造价投资、安全文明、工序衔接、标准规范、操作工艺、现场调度、防灾防盗等方面，均存在着发生上述诸多事故和问题的可能性，加之项目建设周期长、位置偏僻、交通不便、信息闭塞、食宿条件差，建设参与单位多，建设施工工种杂、参与队伍人员多且素质良莠不齐等客观不利条件，这些因素都极易给生态修复工程项目建设设计、技术与管理带来隐患和缺陷。此类案例不可胜数。

　　在我国南北东西各地区的生态修复工程项目建设设计、技术与管理整个过程中，发生一些缺陷或失误是客观存在的，严重时就会建成有缺陷的生态修复工程项目。尤为突出的不利因素是，参与项目建设的众多单位和人员来自五湖四海，来参与建设的目的各异，因此，要在短时期内形成一支临时性"训练有素的整体团队"绝非易事。也就是说，参与生态修复工程项目建设设计、技术与管理的全部单位，不仅要做到"机制体制健全、组织建设合理、制度纪律严明、重合同守信誉"，而且其全部参建人员也要始终认真做到"履行岗位职责、遵守制度、服从指挥、相互配合、标准规范、精益求精、持续改进"。

　　剖析有缺陷的生态修复工程项目，其缘故各有原因。一般而言，生态修复工程项目建设单位（即甲方）如若在项目建设策划布局、功能结构、严谨规范等方面出现缺陷或失误，将会对项目建设产生致命危害。例如，项目建设单位和项目所在地的公共资源交易中心（招标单位）发布有缺陷的项目招投标公告文件，就会造成项目建设受阻，无法在规定建设期限内正常运行。又由于生态修复工程项目建设过程中存在参与单位多、参与人员繁且素质良莠不齐等难以预估、不可计数的诸多设计、技术和管理失误、缺陷和漏洞，加之建设周期长等诸多原因，就对生态修复工程零缺陷建设理论持质疑甚至反对，认为要达到零缺陷建设效果是绝对不可能的，并且就推断出生态修复工程零缺陷建设是"天方夜谭"，是错误理念。

对此，我们在全面阐述生态修复工程零缺陷建设理论内涵时充分作了说明：生态修复工程零缺陷建设，是从全部参与生态修复工程项目建设单位的组织体制机制上，倡导全部参与建设的工作者在建设设计、施工全过程中，树立"第一次就要把做的事情做正确"的理念，在履行"因害规设、因地制宜、适地适技、适项适管"原则的工作基础上，始终保持"持续改进"的创新态势，建立和形成一种"无失误、无漏洞、无懈怠"的标准规范的建设风格，继而逐步推动我国乃至世界生态修复工程建设向着零缺陷的高境界和高水准目标挺进。

二

追求和实现我国生态修复工程项目建设质量、投资、工期和防护功能这四大目标之间的协调和统一，不仅是工程项目建设单位要考虑和期盼实现的目标及工作任务，更是参与项目建设的所有单位组织各司其职、各尽所能必须要完成的工作职责任务，并且在完成各自任务中务必要做到全面系统勘测、纵横立体式论证、精细化规划设计、技术工艺标准化、管理规范化，从而避免和防止在工程项目建设中出现各种有缺陷的行为，即参与生态修复工程项目建设的全部单位、全部工作人员在全部工作实施过程中，都应树立"第一次就要把做的事情做正确"的理念，达到无失误、无差错、无事故的境界，这就是生态修复工程零缺陷建设理论命脉——生态魂，其核心精髓就是"三全五作"模式。

生态修复工程零缺陷建设"三全五作"模式，是推进生态文明建设的一种创新行为，也是生态修复工程建设理念的与时俱进；它是生态修复建设科学奋进的一种精神，也是对生态修复建设实践探索的一种领悟。它可作为生态修复建设系统、全面、整体的标准，也可作为推动和促进人与自然和谐相处的行为规范。它是利国利民的智慧，更是生态修复建设科技进步和绿色强国的境界。从众多生态修复工程建设实践中创新的"三全五作"模式，不仅是科学、系统、合理、可信、可行、适宜、实用、适用的科技推广应用的示范，也是我国大力推进生态文明建设、科学实施生态修复工程建设实践与理论探索的结晶。将其再应用于指导生态修复工程建设生产实践，就会凸显出超强的生命力，必将在我国生态修复工程建设中发芽、生长、开花和结果，必定会推动我国生态修复工程建设取得地更绿、山更青、水更净的效果。

生态修复工程零缺陷建设"三全五作"模式示意图

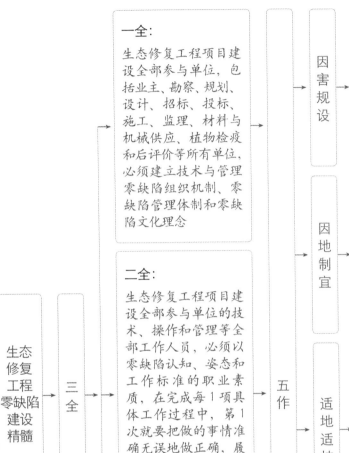

生态修复工程零缺陷建设精髓 → **三全**

一全：
生态修复工程项目建设全部参与单位，包括业主、勘察、规划、设计、招标、投标、施工、监理、材料与机械供应、植物检疫和后评价等所有单位，必须建立技术与管理零缺陷组织机制、零缺陷管理体制和零缺陷文化理念

二全：
生态修复工程项目建设全部参与单位的技术、操作和管理等全部工作人员，必须以零缺陷认知、姿态和工作标准的职业素质，在完成每1项具体工作过程中，第1次就要把做的事情准确无误地做正确，履行无差错、无失误工作风格，在具体工作或操作中体现出零缺陷标准工作作风

三全：
生态修复工程项目建设全过程，从项目策划开始，历经勘察、规划、设计、招标、投标、建设施工准备、施工现场、抚育保质、竣工验收直至后评价全过程中，始终应达到和保持零缺陷生态修复建设运行态势和效果

五作

因害规设
科学依据生态修复工程项目建设策划制定的生态修复治理目标，以及建设范围、规模、投资额、质量等级等要求，开展对应的勘测调查、规划、可行性研究、设计、工程量设定和造价计算、编制设计说明书等，高质量完成设计方案

因地制宜
根据生态修复工程项目建设区域的自然地理条件、经济发展和社会现状等情况，制定对应的生态修复工程项目建设适用、实用、合理的方针及指导思想，以及效率高、质量高的最佳行动路线和科学、系统、全面的整体治理建设规划方案

适地适技
在符合、满足生态修复工程治理建设目标和项目区域现行自然、经济和社会状况的基础上和条件下，采用实用、适用的建设技术工艺、技术路径和技术装备，采用公平公正、规范合法的招投标方式，以最佳的投资获得最大的生态、经济、社会综合效益

适项适管
根据生态修复工程项目建设目标规定的工程量任务规模、质量要求、工期进度和项目区现状条件，制定和实施与项目建设要求相匹配的建设施工管理机制、体制体系

持续改进
以生态修复工程建设质量、工期、造价和安全文明达标作为项目零缺陷建设目标，采用系统工程、价值工程、并行工程的科学思路，始终不间断地进行总结和创新

三

生态修复工程零缺陷建设的设计、技术和管理这三个方面，是科学、合理、有机构筑生态修复工程零缺陷建设这座生态修复建设大厦的三个有力支撑。设计是零缺陷建设的重中之首，技术是零缺陷建设的重中之实，管理是零缺陷建设的重中之核，缺一则大厦危殆。

对亟待修复治理的生态工程建设项目，采取科学、系统、全方位、精心的零缺陷设计，是有效开展项目零缺陷建设技术与管理中的龙首。为此，实施项目零缺陷建设设计，就应把"因害规设""因地制宜""适地适技""适项适管"和"持续改进"的"五作"模式作为准则，贯彻到设计环节的每一个细微步骤中，充分利用必要、准确的测试数据和各类基础资料，科学应用 3S 技术，对林业防护林造林、水土保持（流域、植物防护土坡、植被混凝土生态护坡）、沙质荒漠化防治、盐碱地生态改造、土地复垦、退耕还林、水源涵养林保护和天然林保护等生态修复工程建设项目，进行全面精确的勘测调查、测算分析、整体布局、总体计划、投资造价计算等零缺陷设计作业，以标准规范的设计图、设计说明书、工程量清单附表等设计工作成果，形成生态修复工程项目建设零缺陷设计方案，用以清晰指明建设项目区域实施的施工技术工艺、工序流程、质量等级、造价投资、建设工期等详细规定，并以此作为生态修复工程项目零缺陷建设纲领性文件，以指导项目建设的整体过程。

四

生态修复工程零缺陷设计的科学含义，是指在针对各种各类人为诱致生态系统失调的荒漠化的毁损土地依序开展的勘测调查、规划、可行性研究、设计、工程量计算、投资造价测算和编制设计说明书等零缺陷生态修复工程建设设计时，要求把每次计算、每个步骤、每一环节要做的应做的设计工作在第一次就做好，使整个设计流程链的技术与管理工作均真正做到了无差错、无漏洞、无失当、无失宜、无失实、无失真、无失信、无失效、无失调、无失措、无失职的行为，规避了缺陷，达到了科学、标准、规范、系统、全面、到位、精确的精准境界和效果。

生态修复工程零缺陷设计，是新时期科学指导、指引在开展项目建设设计中如何做到精益化规设、高质量开展工程建设的龙首和指南针，在零缺陷建设整个系统中起着无可替代的重要作用，决定着工程零缺陷建设的成功与否。

《生态修复工程零缺陷建设设计》的撰写和出版，就是为在新时期推动我国生态修复工程建设向高质量创新发展，进一步有效规范和提高我国生态修复工程设计工作者"适地适技"和"适项适管"的认知水准，进一步减少或有效规避各种设计缺陷，促进设计工作更加质量化、效益化、时尚化，建立并形成持续改进的设计工作风格，继而推动我国生态修复工程设计业界向着标准化、规范化、精益化的方向迈进。

本专著共分生态修复工程零缺陷建设策划、零缺陷建设设计、零缺陷建设投资估算与质量管理等 3 篇 17 章内容。

撰写和出版本专著，是我国生态修复工程建设设计者深刻领会和践行"道法自然""辩类重时""天人合一"的生态文明与儒道哲学法则，在生态修复设计实践中专心、用心和务实的创新研发和理论升华；更是秉承"传播绿色文化、弘扬生态文明"理念，站在"适地适技"营造人与自然和谐环境的高视界和高境界，把我国生态文明建设向纵深推进的实践成果。也必将为大力推进生态文明建设，努力追求、科学探索和践行生态修复工程建设更加优质、更加卓越、更加时尚的新举措，为实现科学推进和努力提高生态修复工程建设零缺陷设计的全部工作更加思维标准化、计算精准化、制图规范化，为努力提高生态修复工程建设的使命力、责任力和担当力发挥重要作用。

生态修复工程零缺陷建设设计的持续改进，永远没有终点，只有永不言弃的新起点。对于所有设计工作者而言，在生态修复工程零缺陷建设设计路途上，应本着精益求精、知错必究、钻研创新的责任和使命，实事求是查找、分析、测试和一丝不苟纠正、改正、矫正有违零缺陷设计中的未达标、不规范的一切设计错误和缺陷；应当以更高标准的零缺陷设计理论来服务和指导工程建设生产实践，不断提升我国生态修复工程建设设计质量及其成效。这也是我们所有生态修复建设设计者一项比肩接踵、实践与理论紧密相结合，始终不渝继续攀登奋进的新目标和新课题。

本书编写组

2017 年 11 月

目　　录

第一篇　生态修复工程零缺陷建设策划

第二篇　生态修复工程零缺陷建设设计

第三篇　生态修复工程零缺陷建设投资估算与质量管理

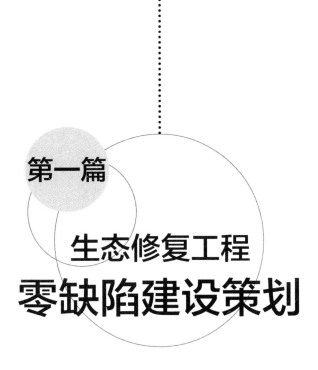

第一篇

生态修复工程
零缺陷建设策划

第一章
生态修复工程项目零缺陷建设设计原理

第一节
项目零缺陷建设中植物与环境的关系

1 环境的概念及其种类

1.1 环境的概念

（1）环境的概念：所有植物都离不开环境，植物必须从环境中获取生活所必需的物质和能量，同时还受到各种各样外界环境因素的影响，一切植物都要适应环境才能生存。环境是一个相对于主体而言的客体，是指某一特定主体周围的一切事物总和。它与主体相互依存，其内涵随着主体的不同而不同。因此，在不同学科中，环境一词的科学含义也不尽相同。传统生态学以生物为主体，将环境看做是生物生存空间周围的一切因素，可称为"生物的环境"，而环境科学领域则将环境定义为以人类为主体的外部世界总体，称为"人类的环境"。现代生态已成为环境科学的理论基础之一，因此生态学和环境科学在环境的内涵上，不断融合、趋同，只是仍各有侧重。

（2）植物在环境中的主体作用：现代生态修复工程建设以植物为主体，其建设的一个重要工作目标就是改善自然生态环境条件，为人类创造一个良好的人居环境，而生态植物环境指的是以植物为中心，其周围各种事物的总和，包括对生态植物有影响的各种自然条件和生物有机体之间的相互作用，也包括人类的影响。

1.2 环境的分类

环境的构成因素极其复杂，依据不同的角度有着不同的分类方法。

1.2.1 按空间尺度分类

环境可分为宇宙环境、地球环境、区域环境、生境（栖息地）、微环境和体内环境。

（1）宇宙环境：指大气层以外的宇宙空间，它是由广阔的宇宙空间和存在其中的各种天体及其弥漫物质组成，它对地球环境产生深刻的影响。例如，太阳黑子活动、月球和太阳引力作用产生的潮汐现象等，直接影响作用于生物活动。

（2）地球环境：指以生物圈为中心，包括与之相互作用、紧密联系的大气圈、水圈、土壤圈、岩石圈、生物圈等 5 个圈层，又称为全球环境。

①大气圈：指地球表面大气层。其厚度为 1000km 以上，但直接构成植物气体环境的对流层厚度只有约 16km；大气中含有植物生活所必需的物质 CO_2、O_2 等，对流层还含有水汽、粉尘等，在气温作用下形成风、雨、雪、冰雹、霜、露、雾等，以调节地球的水分平衡，从而影响着植物的生长发育，有时还会对植物带来破坏和损害等不良作用。

②水圈：是地球上各种形态水的总称。水是地球上分布最广且最为重要的物质。它既是生命组成和物质能量转化的基本要素，又是生物界赖以生存和发展的自然资源。

地球上的水分以大气环流、洋流、河流排水等形式进行水分循环和再分配，通过蒸发、降雨、渗透等形式维持地球水分的平衡，同时调节气候，净化空气。

地球上不同水体的化学成分各不相同，如海水中 Na^+、Mg^{2+}、Cl^-、SO_4^{2-} 较多；淡水中 Ca^{2+} 和 HCO_3^- 较多，溶有 CO_2、O_2 以及各种无机和有机的营养物质，为生物的生长发育和分布提供了不可或缺的物质基础。

③土壤圈：是指岩石圈最外面一层很薄的疏松物质，是联系有机界和无机界的中心环节。土壤圈平均厚度为 5m，它提供了植物生活所必需的矿物质营养、水分、有机质、生物等，是绿色植物生存不可缺少的基质。

④岩石圈：是指地壳部分，是水圈、土壤圈最牢固的基础，也是土壤形成的物质基础。地壳平均厚度约 17km，是植物所需矿物质营养的贮藏库。由于各种岩石组成成分不同，风化后就会形成不同的土壤类型。

⑤生物圈：是指地球上所有生物及其生存环境的总和。地球上的生物绝大部分定居在陆地上和海洋之下各 100m 范围内，因此生物圈一般指生物定居的狭窄地带，由岩石圈、土壤圈、水圈、大气圈与太阳辐射共同构成。

生物圈中的植物层统称为植被。植被在维持生物圈平衡方面，具有不可替代的作用。地球上生物总生产量中，植被占 99%，植被除产生经济效益外，还是能量转化和物质循环的参与者和稳定者，在改造、防护、净化、美化环境及其稳定氧气库等方面的生态效益和社会效益更是其他生物不可比拟的，因此植被是维持地球上生物生存环境的最为中坚力量和源泉。

（3）区域环境：在地球不同区域，由 5 大圈层不同的交叉组合所形成的不同环境，就是区域环境。如在地球表面，首先形成了海洋和陆地的区别。在陆地范围内，有高山、高原、平原、丘陵、江、河流、湖泊之分，各自不同的区域又有不同的植物组合，进而有相对应的动物和微生物，从而形成了各具特色的植被类型，如森林、草原、稀树草原、农田、荒漠、沼泽、水生植被等。

（4）生境：又称栖息地，是生物生活空间和其中全部生态因子的综合体。植物个体、种群或植物群落，在其生长、发育和分布的具体地段上，各种具体环境因子的综合作用形成了植物体的生境。不同植物所需的生境不同，如桦树为喜光树种，适宜在光照充足或阳坡位置上生长，在弱光范围或阴坡上生长不良或不能生长；云杉和冷杉属于阴生树种，在遮阴或阴坡位置生长较好，接受强光照则会影响其生长甚至导致死亡。

（5）微环境和体内环境：微环境是指接近生物个体表面或个体表面不同部位的环境，如植物叶表面的大气环境，植物根系附近的土壤环境等。植物固然受大范围环境的影响，但由于植物体周围的温度、湿度、气体分压等因素的不同所形成局部小气候是植物体的直接作用者，所以从某种意义上说，微环境对于植物体的影响更为重要，它不但对植物的生长发育有重要作用，而且对其所处的大环境也有调节作用。从生态防护绿化的角度，应刻意营造能改善局部环境的微环境，从而促进整个生态防护系统环境的改善与提高。

体内环境是指生物体内组织或细胞间的环境。如叶片结构中有直接与叶肉细胞接触的气腔、气室、通气系统等，叶肉细胞的生命活动所需要的环境条件都是体内环境通过气孔的控制作用，与外界环境相通，维持整个循环正常运行。体内环境中的温度、湿度、CO_2、O_2等的供应状况，直接影响细胞功能的发挥，对细胞的生命活动起着重要的作用。

1.2.2　按人类影响程度分类

植物环境分为自然环境、半自然环境和人工环境 3 大类。

（1）自然环境：是指基本上未受人类干扰或干扰甚少的环境。例如原始林、极地、大洋深海、高山之巅、人类罕至的荒漠等，它们通过自然、物理、化学和生物等过程自我维持、自我调节。随着地球上的人口增加、科技进步，人类在利用、征服自然能力增强的同时，对自然环境系统的破坏能力也在增强，地球上的自然环境面积呈逐步下降趋势。

（2）人工环境：是指人类创建并受人类强烈干预的环境。如温室、大棚及各种无土栽培、人工照射条件、温控条件、湿控条件等都是人工环境，这些人工环境扩展了植物的生存范围。

（3）半自然环境：半自然环境是介于自然环境与人工环境之间的类型，是指自然环境通过人工适当调控管理，使其能更好地满足人们需求的环境。如人工林环境、农田环境、人工建立的自然风景区等，大部分生态植物生活的环境属于半自然环境。

半自然环境虽由人工调控管理，但自然环境的属性仍占较大比重，人们利用各种手段，特别是越来越发达的科技进步，进行环境改造和培育各种新品种，使环境与植物之间保持更加和谐协调的关系，以满足人们不同的需要。

2　生态因子的概念及分类

2.1　生态因子的概念

生态因子是指环境中对生物的生长、发育、生殖、行为和分布等有着直接或间接影响力的环境要素，如温度、光、风等。在生态因子中生物生存所不可缺少的环境条件称为生存条件（或生活条件）。各种生态因子在其性质、特性和强度方面各不相同，但各因子之间相互组合、相互制约，构成了丰富多彩的生态环境（或称生境）。

2.2　生态因子的分类

根据生态因子的性质，通常将生态因子分为以下 5 类。

（1）气候因子。是指光照、温度、降水、风、雷电、空气等。其中，光照因子可分为光照强度、光谱成分、日照时间长短等因子；其他气候因子也可分为许多独立的因子。

（2）土壤因子。是指土壤有机质与矿物质、土壤动植物与微生物、土壤质地、结构与理化性质等。

（3）地形因子。是指地面沿水平方向的起伏状况（包括海洋、河流、山脉等和由它们所形成的河谷、山地、丘陵、河岸、溪流、海岸等），以及海拔高度、坡度、坡向、坡位等。地形因子是一种间接作用因子。

（4）生物因子。是指同种或异种生物之间的各种关系，如竞争、捕食、寄生、共生等。

（5）人为因子。是指人类对生物和环境的各种作用，包括人类对自然资源的利用、改造、引种驯化和破坏作用，以及环境污染危害作用等。人为因子对生物和环境的作用通常超过其他所有因子，因为人类的活动通常是有意识、有目的的，并且随着生产力发展，人类活动对生物和环境的影响力会越来越大。

上述 5 类因子也可以概括为非生物因子（气候、土壤、地形）、生物因子和人为因子 3 大类。在环境中，各种生态因子的作用并不是单纯的，而是相互联系，共同对生物起作用。

3　植物的生长与发育

3.1　植物生长和发育的概念

在植物一生中，可以分为 2 种基本生命现象，即生长和发育。生长是指植物在体积、重量、数量等形态指标方面的增加，是一个不可逆的量变过程。通常可用大小、轻重等对植物的生长进行度量。生长是通过细胞分裂和伸长来体现的，如植物根、茎、叶、花、果和种子器官的体积增大或干重增加等都是典型的生长现象。根、茎、叶器官的生长称为营养生长，花、果、种子器官的生长称为生殖生长。发育是植物在形态、结构和机能上发生的有序的质的变化过程。其表现为细胞、组织和器官的分化形成，如叶片分化、花芽分化、气孔发育等。通常难以用单位进行度量。

在植物生活周期中，生长和发育交织在一起，而且遵循着一定的规律。生长是发育的基础，没有生长便没有发育。种子萌发、叶片增大、茎秆伸长等为发育准备了物质条件，植物必须经过一定时间的生长后，或生长到一定大小后，才进行相应的发育。另外，植物某些器官的生长和分化经常要通过一定的发育阶段后才能开始。

3.2　植物个体发育周期

植物的个体发育是从种子萌发开始，历经幼苗、长成植株，一直到开花结实、衰老与死亡（更新）的整个过程。种子是种子植物个体发育的开始，也是个体发育的终结。任何一个植物体，在其生长活动开始后，首先是植物体的地上、地下部分开始旺盛的离心生长（枝干与根系的生长点逐渐远离根茎向外生长）。植物体高生长很快，随着年龄的增加和生理活动上的变化，高生长逐渐缓慢，转向开花结实。最后逐渐衰老，潜伏芽大量萌发，开始向心更新（更新能力越接近根茎越强）。

3.2.1　木本植物个体发育周期

（1）胚胎期（种子期）。是指植物自卵细胞受精形成合子开始，到种子发芽时为止的过程。胚胎期主要是促进种子形成、安全贮藏和在适宜环境条件下播种并使其顺利发芽。胚胎期长短因植物不同种而异，有些成熟后遇适宜条件就能发芽，有些则需经过休眠后才能发芽。

（2）幼年期。是指从种子发芽到植株第 1 次出现花芽前为止。幼年期是植物地上、地下部分旺盛的离心生长期，体内逐渐积累大量营养物质，为开花结果作准备。生长迅速的植物幼年期短，生长缓慢的幼年期长；如月季当年播种当年开花，银杏、云杉则达 20~40 年。幼年期对环境的适应性最强，遗传性尚未稳定，是定向育种的有利时机。

（3）青年期。是指植物第 1 次开花，到花朵、果实性状逐渐稳定为止的期间。此时期内植株的离心生长较快，生命力亦很旺盛，但花和果实尚未达到固有的标准性状。植株能每年开花结实，但数量较少。处于青年期的植株，其遗传性已趋于稳定，已产生较大的生态防护效益。

（4）壮年期。是指植物从生长势自然减慢到树冠外缘小枝出现干枯时为止。此期根系与树冠已扩大到最大限度，花果数量多，性状稳定，是生态修复防护效益的最大时期。

（5）衰老期。是指植株生长势逐年下降，开花枝大量衰老死亡，开花结实量减少的时期。在此期间，植物的主要生态修复防护效能降低，果实品质低下，出现向心更新现象，树冠内常发生大量徒长枝。

3.2.2　草本植物个体发育周期

草本植物仅 1~2 年寿命，一生中经过胚胎期、幼苗期、成熟期（开花期）、衰老期等 4 个阶段。幼苗期一般 2~4 个月，2 年生草本植物多数需通过冬季低温，翌春才能进入开花期。自然花期约 1~2 个月，是观赏盛期。衰老期是从开花量大量减少，种子逐渐成熟开始，直至枯死。多年生草本一生与木本植物相同，但因其寿命仅约为 10 年，故各个生长发育阶段与木本植物相比相对短些。

4　植物与环境的关系

植物与环境之间的关系可归纳为作用、适应和反作用 3 种形式，其中环境对植物的作用称为生态作用；植物为与生存环境相协调而改变自身的结构的过程称为生态适应；植物反过来对环境的影响和改变称为生态反作用。

4.1　生态因子对植物作用的基本规律

生态因子对植物的作用表现在植物生长、发育、繁殖、行为和分布等多方面，不同的生态因子的作用又各不相同，因此生态因子对植物的作用相当复杂，但却有着普遍的规律。

4.1.1　生态因子的综合作用

任何一种自然环境，都包含着许多生态因子，各生态因子不单独起作用，而是各个生态因子联合起来共同对植物起作用。一个生态因子无论其对植物多么重要，只有在其他因子配合下才能发挥出来其作用，如光照对植物的生长发育十分重要，但只有在水分、温度、养分及空气等因子的配合下，才能对植物起作用，否则，如果缺少任何一个生活因子，即使光照再适宜，植物也不能正常生长发育，因此在分析生态因子时，不能因片面注意某一生态因子而忽略其他因子的共同综合性作用。

各生态因子之间是相互关联、相互促进和相互制约的，环境中的任何一个因子发生变化，必将引起其他因子发生不同程度的变化。例如，改变林地内光照条件，必然会引起林内温度、空气温度和土壤温度的变化，也会引起空气及土壤湿度的变化，并导致土壤物理性质、化学性质和微生物活动发生一系列变化；又如 CO_2、水分和温度条件都适宜时，充分的光照有利于提高光合作用，但如果水分不足，增强光照反而会使光合作用下降。可见，一个生态因子的变化都可改变其他因子的适宜程度或效能。

因此，环境是各生态因子的综合，它们共同对植物的生长发育起着综合作用。

4.1.2 生态因子的不可替代性和可补偿性

在生态因子中，光、热、水、O_2、CO_2 及各种矿质养分，都是植物生活所必需的物质，它们对植物的作用不同，植物对其的数量要求也不同，但它们对植物来说同等重要，缺一不可。如果缺少其中任何一个因子，植物就不能正常生长发育，甚至死亡，任何一个生态因子都不能由其他因子代替。当水分缺乏到足以影响到植物的生长时，不能通过调节温度、改变光照条件或矿物质营养等条件来解决，只能通过灌溉去解决。不但光、热、水等大量因子不能被其他因子代替，连植物需要量非常少的微量元素也不能缺少，如植物对锌元素的需要量极少，但当土壤中完全缺乏锌元素时，植物生命活动就会受到严重影响。从根本上说，生态因子具有不可替代性。

但是，生态因子在一定程度上却具有可补偿性，即如果某因子在数量上不足，可以由其他因子来补偿，以获得相似生态效应。当光照强度不足时，光合作用减弱，通过提高光强或增加 CO_2 浓度，都可以达到提高光合作用的效果。如乔木林冠下生长的灌木，能够在光线较弱情况下正常生长发育，就是因为近地表有较高浓度的 CO_2 补充了光照不足的结果。显然，生态因子的补偿作用只能在一定范围内作部分补偿，而不能以一个因子来代替另一个因子，且因子之间的补偿作用也不是经常存在的。

4.1.3 生态因子的主导作用

虽然环境中的生态因子对植物来说同等重要，但在不缺乏时，一般有一种或几种生态因子，对植物生存和生态特性等的形成具有决定性的作用，该因子即为主导因子。例如，光合作用时，光强是主导因子，温度和 CO_2 为次要因子；春化作用时，温度为主导因子，湿度和通气程度是次要因子；水是水生植物、旱生植物生存和生态特性形成的主导因子。

生态因子的主次在一定条件下可以发生转化，处于不同生长时期和条件下的生物对生态因子的要求和反应不同，某种特定条件下的主导因子在另一条件下会降为次要因子。主导因子通常是在同一地区或同一条件下大幅度提高植物生产力的最主要原因，准确地找到主导因子，在生态修复实践中具有重要的意义。在植物对主导因子的需要得不到满足的环境中，主导因子经常会转变成限制因子。

4.1.4 生态因子的限制作用

（1）最小因子定律。1840 年利比希在研究各种生态因子对作物生长的作用时发现，作物产量通常不是受其大量需要的营养物质（如 CO_2 和水）所制约，因为这些营养物质在自然环境中的贮存量很丰富，而是取决于那些在土壤中较为稀少，而且又是植物所必需的营养物质，如硼、镁、铁等。因此，利比希得到一个结论，即"植物的生长取决于环境中那些处于最小量状态的营养物质"。他认为每种植物都需要一定种类和一定量的营养物质，如果环境中缺乏其中的一种，植物就会发育不良，甚至死亡。如果这种营养物质处于最少量状态，植物生长量就最少。后来进一步研究表明，利比希所提出的理论也同样适用于其他生物种类或生态因子，因此，利比希的理论被称为最小因子定律。定律的基本内容是：任何特定因子的存在量低于某种生物的最小需要量，是决定该物种生存或分布的根本因素。

（2）耐受性定律。利比希定律指出了因子低于最小量时成为影响生物生存的因子，实际上当因子过量时，同样也会影响生物生存。针对这种现象，1913 年，美国生态学家谢尔福德提出了耐受性定律，其内容是：任何一个生态因子在数量上或质量上的不足或过多，即当其接近或达到某种生物的耐受限度时，就会影响该种生物的生存和分布。即生物不仅受生态因子最低量的限制，而且也受生态因子最高量限制。这就是说，生物对每一种生态因子都有其耐受的上限和下限，上下限之间就是生物对这种生态因子的耐受范围，称作生态幅。在耐受范围当中包含着一个最适区，在最适区范围内，该物种具有最佳的生理或繁殖状态；当接近或达到该种生物的耐受性限度时，就会使该生物衰退或不能生存。耐受性定律可以形象地用一个钟形耐受曲线来表示，如图 1-1。

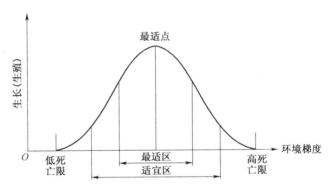

图 **1-1**　生物对生态因子的耐受曲线

（3）限制因子。限制因子是近代生态学者们根据最小因子定律和耐受性定律的思想，提出的另一个综合性生态学概念，其定义是：当环境中的某个（或相近几个）生态因子的数量过少或过多，超出其他因子补偿作用和植物本身忍耐限度而阻止其生存、生长、繁殖、扩散或分布，那么该因子就是限制因子。

光、水、温度、养分等都可能成为限制因子，如黄化植物是由于光照不足造成，此时光是限制因子；因干旱植物生长不良，水是限制因子；极地没有高等植物分布，主要是受温度限制。在植物生长发育过程中限制因子不会是固定不变的，例如，在植物幼苗时期，杂草竞争可能成为限制因子；在生长旺期，水肥数量可能成为限制因子。

较差环境中植物长势不佳或不能生存，很大程度是由于限制因子的限制作用，找到了限制因子，消除植物生长的限制条件，就能很容易使植物成活或较好发育。因此限制因子的发现在营造生态绿地实践中具有重要意义。如果植物对某一生态因子具有较强的适应能力，或者说在较宽阔的环境范围内，该生态因子对植物没有影响或影响不大，且在环境中该生态因子数量适中也较稳定，那么这个生态因子一般不会对生物起限制作用；相反，如果植物对某一生态因子的适应能力较弱，即在该生态因子的较窄范围内能够生存，且该生态因子在环境中变动较大，那么这个生态因子通常就是限制因子。如 O_2 在陆地上丰富而稳定，因此一般不会对植物起到限制作用；但 O_2 在水体中含量有限且波动较大，因此经常成为水生植物分布的限制因子，这也是水生生物学家经常携带测氧仪的缘故。矿产资源开采后所形成的坑地，土壤常常是限制复垦植物成活或长势差的主要原因，通过人工改良土壤的肥力性质，便可提高植物成活与生长。

4.1.5　生态因子作用的阶段性

植物生长发育不同阶段对生态因子要求不同，因此，生态因子的作用也具有阶段性。例如温度，通常植物的生长温度不能太低，如果太低会对植物造成伤害，但在植物春化阶段低温又是必需的。同理，在植物生长时期，光照长短对植物影响不大，但在有些植物的开花、休眠期间光照长短则至关重要，如果在冬季低温来临之前仍维持较长的光照时间，植物就不能及时休眠而容易造成低温伤害。

4.1.6　生态因子的直接作用和间接作用

生态因子对植物的作用可分为直接作用和间接作用。地形因子属于间接因子，其中坡度、坡向、坡位、海拔高度等对植物不产生直接作用，而是通过影响光照、温度、水分、养分等因子，进而影响植物的生长发育和分布。而光、温度、水分、养分等因子能直接影响植物的生长、发育、分布，称之为直接因子。因为各因子间存在着相互作用、相互影响的关系，因此直接因子对植物也具有间接作用，如光照条件直接影响光合作用，同时还通过改变温度而影响其他生理活动。因此直接因子和间接因子的划分是相对的，但区分生态因子的直接作用和间接作用对植物生长、发育、繁殖及分布很重要。

4.2　植物对环境的生态适应

4.2.1　植物的生态适应类型

生物有机体和它的各部分在与环境的长期相互作用中，形成了一些具有生存意义的特征，依靠这些特征，生物能免受各种环境因素的不利影响和伤害，同时还能有效地从其生境获取所需的物质能量以确保个体生长发育的正常进行，生物这种为了适应环境的变化，从形态、生理、生化等方面作出有利于生存的改变称为生态适应。生物的生态适应是生物在生存竞争中，为适应环境而形成的特定性状表现，是生物与环境长期作用的结果。

（1）植物的趋异适应。属于同一个种植物个体群，由于长期生活在不同的环境中，它们在高度、叶片大小、开花时间以及其他的相关性都有或大或小的差异，这种现象称为趋异适应。植物的趋异适应引起了植物种内的生态分化，形成不同的生态型。

（2）植物的趋同适应。不同种类植物，由于长期生活在同一环境中，受相同或相近环境因子的影响和制约，它们在形态结构、生理生化特征等方面很相似或相近，这种现象称为趋同适应。趋同适应的结果产生生活型和生态类型等。

4.2.2　植物的生活型

生活型是指不同种类的植物对相似环境的趋同适应而在形态、结构、生理尤其是外貌上所反映出来的植物类型。它从植物外貌上反映了植物和环境的协调与统一。

植物生活型分为许多种，按植物大小、形态、分枝和生命周期的长短等，将植物分为乔木、灌木、半灌木、藤本、多年生草本、一年生草本、垫状植物等。最著名的是丹麦植物学家脑基耶尔生活型系统。

脑基耶尔以温度、湿度、水分（降水量）作为揭示生活型的基本因素，以休眠芽或复苏芽所处位置高低和保护方式为依据，把高等植物划分为高位芽植物、地上芽植物、地面芽植物、隐芽（地下芽）植物和一年生植物5类生活型，如图1-2。

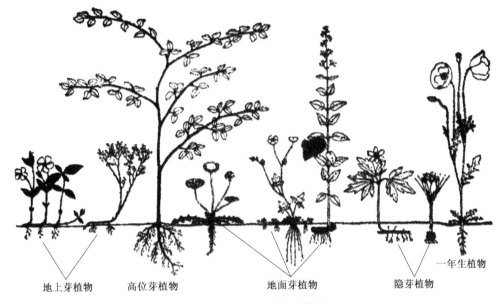

图 1-2 植物的生活型（引自刘常富，2003）

（1）高位芽植物：指休眠芽距地面25cm以上的植物；根据植株高度又将其分为4个亚类：大高位芽植物（主干高>30m），中高位芽植物（高8~30m），小高位芽植物（高2~8m）与矮高位芽植物（高0.25~2m）。

（2）地上芽植物：更新芽位于土壤表面之上、25cm之下，多为半灌木或垫状植物。

（3）地面芽植物：更新芽位于近地面土层内，冬季地上部分全部枯死，为多年生草本植物。

（4）隐芽植物：更新芽位于较深土层中或水中，多为鳞茎类、块茎类和根茎类多年生草本植物或水生植物。

（5）一年生植物：当年完成生活周期，只在生长期内生活，以种子度过不良季节的植物。

4.2.3 植物的生态类型

生态类型是指植物适应相同或相似的生态环境而在生物特征上呈现比较一致的一类生物统称。如阳性植物、阴性植物、水生植物、陆生植物等。与生活型相比，生态类型包括的植物适应相同或相似环境的范围要大，所指的植物类别比较宽泛。

4.2.4 植物的生态型

生态型是植物对特定生境适应所形成的在形态结构、生理生态、遗传特征上有着显著差异的个体群，是同一种植物的不同种群对不同环境条件发生遗传响应的产物。根据引起植物种内分化的主导因素，植物生态型分为气候生态型、土壤生态型、生物生态型3类。

（1）气候生态型。气候包括光照、温度、水分等多种生态因子的组合，不同区域这些组合不同，植物的适应方式也有较大差异，从而形成众多气候生态型。

不同气候生态型在形态、生理生化上都表现出差异，对光周期、温周期和低温春化等都有不同反应。分布在北方的生态型表现为长日照，南方的生态型一般表现为短日照类型，海洋性气候生态型要求环境有较小的温差，大陆性气候生态型则要求较大温差。南方气候生态型种子发芽对低温春化没有明显要求，北方气候生态型如不经低温春化，就不能打破休眠。

在有多种生态因子综合影响的气候环境中，不同生态因子在不同条件下对植物的生态影响不同，从而形成以某个因子为主导的生态型，如光照生态型、温度生态型、水分生态型等。

（2）土壤生态型。由于长期受不同土壤条件作用而产生的生态型叫土壤生态型。土壤生态型分化与土壤的水分、酸碱度、矿物质元素组成有关。如水稻、旱稻主要是由于土壤水分条件不同而分化形成的土壤生态型；再如对土壤中矿质元素的耐性不同也会形成不同的生态型，如羊茅有耐铅的生态型。

（3）生物生态型。生物生态型是指在生物因素作用下所形成的生态型，包括由于种间竞争、动物传媒以及生物生殖等因素作用所产生的生态分化而形成不同生态型。

生物生态型中最常见是因人类影响而形成的人类生态型，如同种栽培植物和野生植物。人类对生态型的影响伴随着科技发展日渐扩大，人类利用杂交、嫁接、基因重组、组织培养等手段培育筛选的生态型能更好地适应光照、水分、土壤等一个或几个生态因子。

4.2.5　植物生态适应的调整

植物对于某一环境条件的适应是随着环境变化而不断改变，这种变化表现为范围扩大、缩小和移动，使植物这种适应改变的过程就是驯化过程。

植物驯化分为自然驯化和人工驯化2种。自然驯化通常是由于植物所处环境条件发生明显的变化而引起，被保留下来植物一般能更好地适应新的环境条件，因此说驯化过程也是进化的一部分，人工驯化是指在人类的作用下使植物的适应方式改变或适应范围改变的过程。人工驯化是植物引种和改良的重要方式，如将不耐寒南方植物经人工驯化引种到北方，将野生花木进行人工栽培改良等。

4.3　植物对环境的影响作用

4.3.1　生态建设环境的特点

（1）地势偏远，交通不便，建设物资缺乏。生态建设场地一般位于地形复杂、险要、偏远且交通不便的地带，这些地区人口呈稀疏分布、劳力缺乏、各种建设物资相对缺乏。

（2）自然环境资源有限，生态系统脆弱。环境资源是指空气、水、土壤、矿产等。这类生态建设环境中，普遍存在植物覆盖度小，大部分裸露山荒地极易产生水土流失、沙漠化等自然生态危害，致使当地社会经济发展滞后。

（3）气候发生变化，大气环境质量下降。进入21世纪以来，除受到大气环境、地理经纬度、地形地貌等自然条件影响外，植物生长环境区的气候在气温、湿度、云雾状况、降水量、风速等方面都发生了变化，这些都会对植物产生显著的变异影响。

4.3.2　植物对生态环境的改善与保护作用

植物在其生命过程中对环境起着改造作用。一定数量的生态防护植物的个体和群体不仅起到改善、修复和美化环境的作用，而且还具有减轻环境污染、调节小气候、防护减灾等生态功能，更是生态系统平衡的调控者。

（1）净化环境。生态植物主要表现在对大气环境、土壤环境和水环境的净化作用。生态系统对大气环境的净化作用主要表现为维持碳氧平衡、吸收有毒气体、滞尘效应、减噪效应、负离子效应等方面；生态系统对土壤环境的净化作用主要表现在生态植物的存在对土壤自然特性的维持，以保证土壤本身的自净能力及植物对土壤中各种污染物的吸收，起到了净化土壤的作用；生态植物还通过对水体污染物的拦截、吸收和代谢作用方式来净化水体。

（2）调节气候。生态植物覆盖在地表，可以减弱阳光对地表的强烈辐射，缓解温度升降的剧烈变化，使局地环境不至于出现极端温度；生态植物的蒸腾作用，可以起到增湿降温作用，大面积生态植物的共同作用，甚至可以增加降水，改善本地的水分环境；生态植物可以降低小区域范围内的风速，形成相对稳定的空气环境，或在无风的天气下，形成局部微风，能缓解空气污染。因此生态植物可以大大改善小气候，并随着其范围扩大和质量的提高，其改善环境的作用也会随之加大，并在大范围内改善环境气候条件。

（3）防护功能。生态植物可以减轻各种自然灾害对环境冲击及灾害的深度蔓延，如防止水土流失、减少风沙危害、吸收放射性物质和电磁辐射，由抗火树种组成的植物林带还可以减少火灾的发生和火势的蔓延等。

（4）美化环境。生态植物可以为人类提供优雅的风景，让人们得到自然纯朴美的享受。

生态修复建设在不断追求绿化面积、树种及景观多样性的增加，也会由于绿化植物选择不当、配置模式不科学、管理方式不合理等引起植源性污染。植源性污染是指绿色植物本身产生的物质含量达到某种程度时，会对人体和环境产生不利影响。比较常见的植源性污染物包括花粉、飞毛飞絮、气味等，会给人们的日常生活带来不便，甚至对人体健康产生不利影响。因此生态造林绿化首先要对树种进行合理设计筛选，尽量多选择无落果、无飞絮、无毒、无花粉污染的植物种类；其次要科学地进行植物配置，比如在上风口地区应少种植致敏性高的植物，实行多种植物的混合栽种，避免在居民区集中种植致敏性高的植物。

第二节
植物群落的生态结构、分布和演变

种群往往被作为物种研究的基本单位，对深入了解物种遗传的多样性、在物种水平上的环境适应性和物种保护方面具有重要的意义。1911 年，V. E. Shelford 给群落下了一个确切的定义，称之为"具有一致的种类组成且外貌一致的生物聚集体"。随着生态学学科的发展，特别是生态系统理论的出现，生物群落逐渐被认为是生态系统的生物组成成分，它们与生态系统的功能密切相关，所以 1957 年 E. P. Odum 对生物群落的定义做了补充，他认为除了种类组成和外貌一致外，生物群落还具有"一定的营养结构和代谢格局，是一个结构单元，是生态系统中具生命的部分"。因此，现在生物群落常用的定义是：在特定的空间或特定生境下，具有一定的生物组成、结构和功能的生物聚合体。

生物群落可以根据其组成的生物类群不同，习惯地被分为植物、动物和微生物群落 3 大类群。也可以根据其受人为干扰程度分为自然（天然）群落、人工群落和半自然（人工）群落。生态建设中营造的植物群落属于典型的人工群落，原始森林属于典型的自然群落。

1 植物群落及其种类组成

1.1 植物群落及其特征

1.1.1 植物群落的概念

植物群落（plant community）定义为特定空间或特定生境下植物种群有规律的组合，它们具有一定的植物种类组成，物种之间以及物种与环境之间彼此影响、相互作用，具有一定的外貌及结构，并具有一定的功能。也就是说，在一定地段上，群居在一起的各种植物种群所构成的一种集合体就叫植物群落。

1.1.2 植物群落的基本特征

一个具体存在的植物群落都具有以下 7 项基本特征：

（1）具有一定的物种组成（composition of species）。植物群落由种群构成，因此每个植物群落都是由一定的植物种群所组成，也就是具有一定的物种组成。不同群落之间的根本区别就在于物种组成的差异。

（2）物种之间有序共处。组成植物群落的各个物种不是随意组合在一起的，而是有序共处。这种有序性是由群落中各种各样的种间和种内关系决定的。相互有利、相互促进的植物种倾向于生活生长在一起，而相互抑制、相互干扰和相互竞争的双方会在空间和时间上产生分异，从而产生貌似松散、实则有序镶嵌的组合。

（3）具有一定的外貌。植物种本身的色彩、质地，以及植物在不同季节中表现出的不同物候期也会通过叶片、花朵、果实的色彩变化来体现。因而，植物群落都有一定的外貌特征。丰富的外貌特征及其季节变化是营造生态植物配置中形成良好防护效能和景观的基础。

（4）具有一定的结构。构成植物种群的植物种高低错落构成了垂直空间上的立体结构，不同植物种群在群落水平空间上的分布格局构成了群落的水平结构。

（5）形成特有的群落环境。植物的生活存在，可以改变群落所在区域的光照、温度、湿度、土壤结构、土壤肥力等环境特征，并且与群落外围的环境有显著的差异，叫做形成特有的群落环境。例如，高大植物会产生强烈的遮光、降温和增湿效应，使得一片树林中的小环境与周围裸露地相比，具有阴凉、湿润的特点，这就是森林群落的小环境，也是生态造林植物群落所追求的环境效应。另外，群落的各组成种对于自身所处的小环境也具有高度的适应性，乔木层下的阴性种需要其他树种为它们遮阴，如果直接暴露在强光下会产生灼伤，甚至死亡。因此，当外界环境变化或者群落内环境的改变，都会影响群落中物种的生长，最终导致一些不能适应变化的物种消失，另一些高度适应变化的新物种定居，从而改变了群落的组成成分。

（6）具有随着时间的推移而发生变化的动态特征。由活的植物体构成的植物群落，植物生、老、病、死的交替，使得群落随着时间的推移不断发生着变化。

（7）具有一定的分布范围。一个具体的群落必然分布在地球上的某个地段，不同群落分布在不同的生境中。地球上的植物群落分布具有一定的规律。

1.2　植物群落的物种组成

物种组成是群落其他特征的基础，因而群落研究一般都从分析物种组成开始。对植物群落物种组成分析，需要在调查得到群落物种名录的基础上进行。一个植物群落的物种名录调查，通常采用种-面积曲线法。先在群落所在地选择典型样地（典型样地是能代表所研究群落基本特征的地段范围），确定起始样方面积，一般是 1m×1m（或 2m×2m），记录该样方中出现的植物种数和种名，然后按照几何倍数（以后的样方面积依次为 1m×2m、2m×2m、2m×4m、4m×4m……）或者乘幂倍数（以后的样方面积依次为 2m×2m、4m×4m、8m×8m、16m×16m……）沿着原有样方2 条相邻的边增加样方面积，记录第 2 个样方内新增面积部分新出现的种数和种名，统计总种数；然后是第 3 个样方……直到样方面积扩大后，不再有新物种出现为止。以样方面积为横坐标，以各样方中植物种总数为纵坐标画曲线，就得到种—面积曲线图。一般情况下，刚开始随着样方面积扩大，植物种数增加较快，然后逐渐趋向平缓，最后曲线趋于平直，如图 1-3。曲线转折点对应的样方面积叫做群落的最小面积，即是进行该群落调查所需要的最小样地面积，也叫群落表现面积。具体定义是：能包含群落绝大多数种

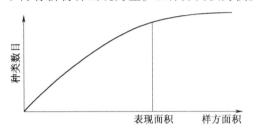

图 1-3　植物群落的种—面积曲线

类并且能表现出群落结构特征的最小面积。不同群落由于其物种组成差异很大，其群落最小面积也不同。一般地，群落物种组成越简单，其表现面积越小，反之则越大。因此，对于地球上的植物群落而言，热带雨林的物种组成最丰富，其最小面积约为 2500m^2，亚热带常绿阔叶林约为 1200m^2，寒温带针叶林约为 400m^2，灌丛 25~100m^2，草地 1~4m^2。

1.2.1　群落物种组成性质分析

群落物种组成名录列出了组成群落的所有物种，但并不是所有物种都是研究对象。或者说，把群落的所有物种都进行重点研究是没有必要的。通常，研究者关注的最多的是那些重要的、特殊的种类，而忽略其他被认为不重要的物种。

因此，群落物种组成分析可以按照物种在群落中的重要性和特殊性进行。一般研究最多的是以下 4 种类型的物种。

（1）优势种和建群种：

①优势种（dominant species）：是指对群落结构和群落环境的形成起主要作用的植物种。它们通常是那些个体数量多、面积大、盖度大、生活能力强的物种。只有一个优势种的群落叫做"单优群落"，有些群落具有多个优势种，叫做"共优群落"。有些群落具有不同层次，各个层次又各自的层优势种。群落习惯采用优势种命名，如"池杉单优群落""狗牙根单优群落"；如果群落具有复层结构，各层均有各自优势种，则群落命名采用连字符"–"把各层次的优势种连接起来，作为群落名称，如马尾松-杜鹃群落。如果群落在同一个层次具有多个优势种，那么在群落命名上是用加号"+"连接该层优势种，如马尾松+麻栎–杜鹃+黄荆群落。

②群落优势层的优势种成为建群种（edificatory or constructive species）。优势层是决定群落结

构和群落环境的主要层次。同样具有乔木、灌木和草本植物的群落森林、稀树草原和灌丛，森林的优势层次是乔木层，草原的优势层是草本层，灌丛的优势层是灌木层。

由此可见，优势种是群落中最重要的物种，对整个群落具有决定性的作用。如果把非优势种从群落中剔除，群落会发生根本性的改变，但是如果把非优势种从群落中去除，则只会发生较小的或者不显著的变化。

（2）亚优势种（subdominant species）：是指个体数量与作用均次于优势种，但在决定群落性质和控制群落环境方面仍起一定作用的植物种。亚优势种的地位在于：一旦优势种衰退，亚优势种是最有可能成为新优势种的物种。

（3）伴生种（companion species or common species）：为群落常见物种，它与优势种相伴出现，但不起主要作用。伴生种可能依赖优势种提供适宜的小环境或者与优势种形成一种互利关系。如在内蒙古高原中部排水良好的壤质栗钙土上，针茅是建群种，而羊草是伴生种。沼泽地湿生的芦苇群落主要伴生种为香蒲、苔草和莎草。

（4）偶见种或罕见种（rare species）：是一些在群落中出现频率很低的物种，多半数量稀少。偶见种可能偶尔地由人为带入或随某种条件的改变而侵入群落中，也可能是原有群落衰退后的遗留物种，如亚热带常绿阔叶林中的少量马尾松。在人为影响和干扰下的群落，原来常见种可能逐渐成为偶见种，如生态修复建设工程区域中残留的自然植被群落。所以有些偶见种是亟须保护的濒危植物种。

1.2.2　群落组成种的数量特征

掌握了一份较为完整的群落植物种类名录，只能说明群落具有哪些物种；而群落组成种的性质分析是对组成群落的物种区别对待，把其中最重要、特殊、有研究价值和保护价值的物种从所有物种中分离出来。但是如果要进一步说明群落特征还必须清楚不同物种的数量特征与变化。实际上是组成群落各个种群的数量特征，如群落组成种的密度等。另外还有以下一些综合数量特征。

（1）基盖度：是指植物基部的覆盖面积与样地面积的百分比。对于草原群落，常以离地面2.54cm 高度的断面积计算；而对森林群落，则以树木胸径高度 1.3m 处断面积计算。把乔木胸径断面积占样地面积的百分比称为种的显著度（conspicuousness）。

群落中或样地内某一物种的盖度或显著度占所有物种盖度或显著度之和的百分比，即为相对盖度（relative coverage）或相对显著度（relative conspicuousness）；而样地内某一物种的盖度或显著度与样地内盖度或显著度最高物种的对应指标之比称为盖度比（coverage ratio）或显著度比（ratio of conspicuousness）。

（2）优势度（dominance）：是指用以表示 1 个种在群落中的地位与作用，但是其具体定义和计算方法有多种见解。J. Braun-Blanquet 主张以盖度、所占空间大小或重量来表示优势度，并指出在不同群落中应采用不同指标。苏卡乔夫提出多度、体积或所占据的空间，利用和影响环境的特性、物候动态应作为某个种的优势度指标。

（3）重要值（important value）：是用来表示某个种在群落中地位和作用的综合指标。重要值是美国 J. T. Curtis 和 R. P. McIntosh（1951）首先使用，他们在威斯康新州研究森林群落连续体时，用重要值来确定乔木的优势度或显著度，其计算式（1-1）如下：

$$重要值 \ IV = \frac{相对多度 + 相对频度 + 相对显著度}{3} \tag{1-1}$$

上式用于草原群落时，相对显著度可采用相对盖度代替，其计算式（1-2）如下：

$$重要值 \ IV = \frac{相对多度 + 相对频度 + 相对盖度}{3} \tag{1-2}$$

群落中或样地内某一物种的盖度或显著度占所有物种盖度或显著度之和的百分比，即为相对盖度（relative coverage）或相对显著度（relative conspicuousness）；相对多度是群落某一物种的多度与所有物种多度和的百分比；相对频度是群落某一物种的频度与所有物种频度和的百分比。

1.2.3　种间关联

种间关系基本可以分为有利、有害或者没有任何影响的 3 种情况。在种群生态学中对于这些关系定性研究更多，定量研究的几种关系比如竞争、捕食模型也是特别针对某 2 个物种而言。实际上群落中的种间关系由于组成种类繁多，这种关系就构成了更为复杂的两两关系，称为种间关联。

在一个特定群落中，有的种经常生长在一起，有的种则相互排斥。如果 2 个种一块出现的次数比期望更频繁，它们就具正关联；如果它们出现次数少于期望值，则它们具负关联。正关联可能是因一个种依赖于另一个种而存在，或两者受生物和非生物环境因子影响而生长在一起。负关联则是由于空间排挤、竞争、他感作用以及不同环境要求造成。

表达种之间是否关联，常采用关联系数（association coefficients）来进行定量计算，计算前列出关联表，其一般形式见表 1-1。

表 1-1　种间关联表

种 B		种 A		
		+	−	
种 B	+	a	b	a+b
	−	c	d	c+d
		a+c	b+d	n

表 1-1 中 a 是 2 个种均出现的样方数，b 和 c 是仅出现 1 个种的样方数，d 是 2 个种均不出现的样方数。如果 2 物种呈现正关联，那么绝大多数样方为 a 和 d 型；如果属于负关联，则为 b 和 c 型；如果没有关联，则 a、b、c、d 各型出现几率相等，即完全随机。

关联系数 V 常用公式（1-3）计算：

$$V = \frac{ad - bc}{\sqrt{(a + b)(c + d)(a + c)(b + d)}} \tag{1-3}$$

关联系数 V 的变化范围是从 −1 到 +1。然后按统计学的 X^2 检验法测定所求得关联系数得显著性。$V>0$，物种间属于正关联；$V<0$，物种间属于负关联；$V=0$ 显示物种间无关联。

Whittake 的研究表明，1 个群落的所有组成种中，只有极少数具有显著正关联和负关联，大多数物种之间属于无关联。

在生态修复建设植物群落配置中，正关联植物种配置在一起可以组成稳定发挥生态防护效益的群落；相反，负关联的植物种不适宜放在一起，否则会相互干扰。而绝大多数植物种间的这种无关联也说明绝大多数植物种是可以配置在一起的，只要满足其他的条件。

2 植物群落的结构

植物群落结构是群落中相互作用的种群在协同进化中形成的，其中生态适应和自然选择起到了重要作用，因此，植物群落外貌及其结构特征包含了重要的生态学信息。植物群落结构可以表现在空间上（垂直结构和水平结构），也可以表现在生活型上。

2.1 植物群落的垂直结构

群落垂直结构主要是指在垂直方向上的配置，其最显著特征是成层现象，即在垂直方向上分成若干层次现象。这是由于植物群落在其形成过程中，由于群落内小环境的变化，导致群落中不同生态习性植物、不同高度植物分别位于不同层次，形成群落的垂直结构。

植物群落的成层现象包括地上成层和地下成层 2 类现象。

2.1.1 植物群落的地上成层

植物群落中以森林群落的垂直结构层次最为明显，其地上部分的垂直结构一般从上到下依次为乔木层、灌木层、草本层、活地被物层 4 个基本层次，各层中又按照植株的高度划分出亚层。乔木层由高大乔木组成，位于森林群落最上层，高度按照乔木的划分标准在 3m 以上，也叫林冠层。乔木层的高差超过平均高度在 20% 以上的群落，乔木层又可划分出亚层。具有一个乔木层次的群落称为单层林，具有多个亚层乔木层的群落称为复层林，灌木层由所有灌木和在当地气候条件下不能达到乔木层高度的乔木种组成，也叫下木层。草本层由草本植物组成，不具有多年生的地上茎。活地被物层位于群落的最下层，通常由苔藓、地衣、菌类等非维管束植物组成。

乔木种的幼苗和幼树归入灌木层。

另外，树干、树枝、树叶上附生的苔藓、地衣，寄生以及攀缘植物等，它们本身不能单独形成层次，而是依附其他植物并且可能出现在任何基本层次中，故称为层间植物，也可称为层外植物。

2.1.2 植物群落的地下成层

群落的地下分层与地上分层是相对应的。森林群落中的乔木根系分布在土壤深层，灌木根系较浅，草本植物的根系则大多分布在土壤表层。

植物群落的这种成层性既保证了植物对环境和空间资源的充分利用，又可以有效产生更加显著的生态经济效益。在森林群落中，上层乔木可以充分利用阳光，而下层幼树、幼苗以及灌木能够有效利用主林冠层下的弱光，草本层则能够利用更微弱光线，苔藓和地衣更耐阴。所以成层结构是自然选择的结果，它显著提高了植物利用资源的能力，缓解了生物间对营养空间的竞争。群落的分层结构愈复杂，对环境利用愈充分，提供的有机物质也愈多，所产生和发挥出的生态防护效益也愈强，植物群落分层结构的复杂程度也是群落环境优劣的标志。

2.2 植物群落的水平结构

植物群落的水平结构通常是指植物群落内的水平结构，但有时也指多个群落共同构成的群落间的交错与过渡。

2.2.1　植物群落内的水平结构

群落内的水平结构指群落各组成种在水平空间上的配置状况或分布格局，主要表现为均匀性和镶嵌性。

（1）均匀性。均匀性是指组成群落的各个植物种在水平方向上分布均匀。从单个种群的分布格局来说，属于均匀分布。这种水平结构一般多出现在人工群落，如人工营造的防护林、种植的果园、农田和一些城市园林植物群落，具有均匀的株行距。自然群落中的草本植物群落有这种均匀结构，但是森林群落很少具有。

（2）镶嵌性。镶嵌性是指组成群落的各个种群在水平方向上的不均匀配置，也就是具有典型成群分布的格局。使群落在外观上表现为斑块相间的现象。具有这种特征的群落叫做镶嵌群落。在镶嵌群落中，每 1 个斑块就是 1 个小群落，由习性和外貌相似的若干物种组成。如在森林群落中，潮湿地带分布的沼泽植物和湿生植物就是典型的小斑块。这些小斑块彼此融洽组合，形成了群落的镶嵌性。

植物群落镶嵌性形成的原因，主要是群落内部环境因子的不均匀性所致，例如小地形和微地形的变化，土壤温度和盐渍化程度的差异，光照强弱以及人与其他动物的影响。在群落范围内，具有地形起伏时，可能由于低地和高地环境的差异而形成镶嵌，这属于环境因子的不均匀性引起的镶嵌性；又如田鼠较多的草原群落，在田鼠穴附近经常形成不同于周围植被的斑块，这就是动物活动引起的植物群落镶嵌性。

2.2.2　植物群落的交错与过渡

群落交错区（ecotone）又称生态交错区或生态过渡带，是 2 个或多个群落之间（或生态地带之间）的过渡区域。如森林和草原之间有森林草原地带，2 个不同森林类型之间或 2 个草本群落之间也都存在交错区。北亚热带的常绿落叶阔叶群落被认为是亚热带常绿阔叶群落和暖温带落叶阔叶群落的交错带。地球上呈连续分布的自然植物群落通常具有典型的交错与过渡现象。这种过渡带有宽、有窄。但是在人工植物群落间往往没有这种交错与过渡，而是变化突然，或者群落间由其他景观要素比如道路等人为分隔开。

群落交错区种的数目及一些种的密度增大趋势称为边缘效应（edge effect）。我国大兴安岭森林边缘具有呈狭带分布的林缘草甸，每平方米植物种数达 30 种以上，明显高于其内侧的森林群落与外侧的草原群落。

目前，人类活动正在大范围地改变自然环境，形成许多交错地带，如城市扩展、工矿业建设、土地开发，均使原来景观的界面发生变化。因此，有人提出要重点研究生态系统边界对生物多样性、能流、物质流及信息流的影响，生态交错带对全球气候变化、土地利用、污染物的反应及敏感性，变化的环境中怎样对生态交错带加以管理，也就是界面生态学。

2.3　植物群落的生活型结构

2.3.1　植物生活型与 Raunkiaer 生活型系统

如前所述，生活型是生物对外界环境适应所形成的外貌特征。它是不同生物在同一环境条件下的趋同适应，同一生活型的物种，不但体态相似，而且其适应特点也相似。

著名丹麦生态学家 C. Raunkiaer 把植物休眠芽在不良季节的着生位置及保护方式作为划分生活型

的标准。根据这一标准，C. Raunkiaer 把陆生植物划分为 5 大生活型，称为 Raunkiaer 生活型系统。

（1）高位芽植物（Phanerophytes）。植物的休眠芽位于距地面 25cm 以上，又依高度分为 4 个亚类，即大高位芽植物（高度>30m）、中高位芽植物（>8~30m）、小高位芽植物（>2~8m）与矮高位芽植物（0.25~2m）。

（2）地上芽植物（Phamaephytes）。植物的更新芽位于土壤表面之上、25cm 之下，多为半灌木或垫状植物。

（3）地面芽植物（Hemicryptophytes）。植物的更新芽位于近地面土层内，冬季地上部分全部枯死，即为多年生地面芽草本植物。

（4）隐芽植物（Cryptophytes）。隐芽植物又称为地下芽植物，更新芽位于较深土层中或水中，多为鳞茎类、块茎类和根茎类多年生草本植物或水生植物。

（5）一年生植物（Therophytes）。一年生植物是指冬季来临时整个植株枯死，以种子方式度过的植物。

C. Raunkiaer 从全球植物中任选 1000 种植物，分别计算上述 5 类生活型的百分比，其结果为高位芽植物（Ph.）46%、地上芽植物（Ch.）9%、地面芽植物（H.）26%、隐芽植物（Cr.）6%、一年生植物（Th.）13%。按上述方法统计 1 个群落或地区不同生活型植物种数的相对比例称为生活型谱（life-form spectrum or biological spectrum）。

C. Raunkiaer 认为 1 个植物群落或地区的生活型谱是植物在进化过程中对气候条件适应的结果。因此，它们可作为某地区生物气候的标志。

C. Raunkiaer 将不同地区植物区系的植物生活型谱进行细致比较后，归纳得出 4 种植物气候（phytoclimate）：①潮湿地带的高位芽植物气候；②中纬度的地面芽植物气候（包括温带针叶林、落叶林与某些草原）；③热带和亚热带沙漠一年生植物气候（包括地中海气候）；④寒带和高山地上芽植物气候。

我国自然生态环境复杂多样，在不同气候区域的主要植物群落类型中生活型组成各有其特点，由表 1-2 可见暖温带落叶阔叶林，高位芽植物占优势，地面芽植物次之，就反映了该群落所在地的气候夏季炎热多雨，但有一个较长的严寒季节。至于寒温带暗针叶林，地面芽植物占优势，地下芽植物次之，高位芽植物又次之，反映了当地夏季较短，但冬季漫长、严寒而潮湿。

表 1-2　中国主要植物群落类型的生活型谱　　　　　　　　　　单位:%

群落（地点）	生活型				
	高位芽植物	地上芽植物	地面芽植物	隐芽植物	一年生植物
热带雨林（海南岛）	96.88（11.1）	0.77	0.42	0.98	0
热带山地雨林（海南岛）	87.63（6.87）	5.99	3.42	2.44	0
南亚热带季风常绿阔叶林（福建和溪）	63.0（19）	5.0	12.0	6.0	14.0
中亚热带常绿阔叶林（浙江）	76.1	1.0	13.1	7.8	2.0
暖温带落叶阔叶林（秦岭北坡）	52.0	5.0	38.0	3.7	1.3
寒温带暗针叶林（长白山）	25.4	4.4	39.6	26.4	3.2
寒带草原（东北）	3.6	2.0	41.1	19.0	33.4

注：括号内的数字是指其中藤本的百分数。

因此，一般凡高位芽植物占优势的群落，就反映了群落所在地区植物生长季节中温热多湿的特征；地面芽植物占优势的群落，反映了该地具有较长的严寒季节；地下芽植物占优势的地区，环境比较冷湿；一年生植物最丰富的地区，则气候干旱。

2.3.2　中国植被生长型系统

我国在《中国植被》（中国植被编辑委员会，1980）一书中按植物形态划分出生长型系统。

（1）木本植物：

①乔木。具有明显主干，又分为针叶乔木、阔叶乔木，继而又分为常绿、落叶、簇生叶、叶退化乔木。

②灌木。无明显主干，也可按上述原则进一步划分。

③竹类。

④藤本植物。

⑤附生木本植物。

⑥寄生木本植物。

（2）半木本植物：

⑦半灌木与小半灌木。

（3）草本植物：

⑧多年生草本植物。又可分出蕨类、芭蕉型、丛生草、根茎草、杂类草、莲座植物、垫状植物、肉质植物、类短命植物等。

⑨一年生植物。又分为冬性植物、春性植物与短命植物。

⑩寄生草本植物。

⑪腐生草本植物。

⑫水生草本植物。又分为挺水、浮叶、漂浮、沉水草本植物。

（4）叶状体植物：

⑬苔藓与地衣。

⑭藻菌。

生长型也反映出植物生活的生态环境条件，相同的环境条件具有相似的生长型。

2.4　植物群落的层片结构

瑞典植物学家 H. Gams（1918）将层片划分为 3 级，第 1 级层片是同种植物个体的组合，第 2 级层片是同一生活型不同植物种的组合。因此，H. Gams 的第 1 级层片实际上指的是植物种群，第 3 级层片指的是植物群落。现在群落学研究中通常使用的层片概念，相当于 H. Gams 的第 2 级层片，即它们均由同一生活型的不同植物所构成。因此，通常把植物群落中相同生活型和相似生态要求的植物种的组合称为层片。层片所具有的特征如下。

（1）属于同一层片的植物是同一个生活型类别。通常将其分为 2、3 级生活型，但同一生活型的植物种只有其个体数量相当多而且相互之间存在着一定联系时才能组成层片。

（2）每一个层片在群落中都具有一定的小环境，不同层片小环境相互作用的结果就构成了植物群落环境。

（3）每一个层片在植物群落中都占据着一定的空间和时间，而且层片的时空变化形成了植物群落不同的结构特征。

层片是植物群落的三维生态结构，它与层次有相同之处，但又有质的区别。一般层片比层次的范围要窄，因为 1 个层次可由若干生活型的植物组成。如常绿夏季阔叶混交林与针阔混交林中的乔木层都含有 2 种生活型。

2.5　影响植物群落结构的因素

不同植物群落具有不同的结构，同一群落随着时间的推移，结构也会发生变化，影响植物群落结构的主要因素有以下 3 种。

（1）环境因素。通常而言，群落结构与群落所在地环境有很大的关系。环境温暖潮湿更容易形成垂直结构复杂的群落，相反寒冷干旱环境易形成垂直结构简单的群落。在土壤和地形变化频繁地段，容易形成复杂的镶嵌结构，而在地形和土壤高度一致的地段倾向于形成均质的结构。

（2）生物因素。竞争被认为是影响群落结构的重要生物因素。竞争导致生态位分离，从而也导致不同物种在对空间和资源的利用方式上出现更大限度的分隔。植物种群往往表现为高度分化、生长期差异以及根系在土壤中分层。最终使得单位空间能够容纳更多的物种，形成更复杂的结构。

（3）外界干扰。来自外界因素对植物群落某些层次影响很大，如森林群落郁闭后，由于下层光照迅速降低，会减少灌木层和草本层种类、盖度降低，从而使植物群落垂直结构趋向简单化，外界干扰可以延缓或阻止乔木层郁闭度的增加，从而维持灌木层和草本层物种多样性，并使植物群落保持较复杂的结构。同时，有些外界干扰还可以在群落中形成一些缺口，但缺口又将被新入侵的植物填充，不断形成和被填充的缺口，在水平结构上形成具有更为复杂的镶嵌性。

3　植物群落的动态

活的植物体构成植物群落，植物有生老病死；同时群落所处环境也始终处于变化之中，植物为了适应改变了的环境也在不断变化之中，因而随着时间推移，植物群落具有动态变化。

植物群落的动态，按照变化的性质与特征，可以分成 3 个层面：群落外貌变化、群落内部变化和群落演替。

3.1　植物群落的外貌变化——季相

植物群落外貌常随时间的推移而发生周期性变化，这是植物群落动态中最直观的一种现象。随着气候的季节性交替，植物群落呈现不同外貌现象就是季相。

形成植物群落季相的原因是群落各组成种在不同季节的不同物候期，也就是各植物种在不同季节处于不同的生长发育阶段，而这些不同发育阶段在外貌上会有不同色彩、质感等特征，如初春萌芽的嫩绿、夏季满眼的浓绿、秋季的金黄色和冬季的深褐或枯黄；又如垂柳枝条的柔软、松柏的挺拔。植物群落的季相直接决定着群落的景观效果，因此群落季相是生态园林植物群落设计中必须考虑的要素，而且是优秀设计者优先考虑的首要要素。

影响植物群落季相的主要因素是群落的优势种及其季节变化。

不同植物种具有不同的外貌特征，优势种是植物群落中数量、盖度和优势度最高的种类，因此对群落外貌起着决定性作用。同一地区、同一季节，不同植物群落具有不同的季相，就是由于这些群落组成种的不同，尤其是优势种的差异所引起。如在亚热带地区秋季，常绿针叶林呈现墨绿的季相，而落叶阔叶林则呈现色彩斑斓的季相。而且不仅是优势层的优势种，还包括其他层次的优势种，如同样在亚热带地区的马尾松群落，马尾松-杜鹃群落在春季花开时呈现杜鹃花的绚丽色彩，而马尾松-檵木群落则为一片白色——林下优势种檵木和杜鹃花色彩的差异导致了这2个群落春季季相表现出的差异。

同一个植物群落在同一地区不同季节呈现出的季相就是季节变化的结果。我国长江流域常见的湿地植物群落——池杉群落在春季、夏季、秋季和冬季均有不同的季相。

另外，不同气候带，一年中季节变化程度不同，也会使得不同气候带植物群落的季相存在差异。一般四季分明的地区，群落季相变化明显，相反在四季不分明的热带地区，往往其植物群落季相变化不明显。温带地区四季分明，群落季相变化十分明显，如在温带草原群落中，一年可分为四或五个季相。早春气温回升，植物开始发芽、生长，草原出现春季返青季相；盛夏初秋，水热充沛，植物生长繁盛，百花盛开，出现夏季季相；秋末植物开始干枯休眠，呈红黄相间的秋季季相；冬季季相则是一片枯黄。

但是植物群落季相变化仅仅是外貌上可感知的变化，对于群落动态研究并没有太大价值。群落动态研究更关注这种改变在量上的度量和大小差异。

3.2　植物群落的内部变化——群落波动

植物群落波动是指群落物种组成、各个组成种数量、优势种重要值、生物量等在季节和年度间的变化。如干旱与寒冷年份，群落生长量下降，在降水量充沛的年份生长量增加；群落当年调查的物种组成里，一些偶见种可能翌年消失，也可能又出现的新种；或者优势种重要值在年度间也会产生或高或低的波动等。这些都属于群落内部变化，被认为是短期可逆的变化，其逐年变化方向常常不同，一般不会使群落发生根本性的改变。有些波动会带来外貌上的变化，但是大多数群落波动在外貌上不会产生明显的变化。

植物群落波动的原因主要有以下3种情况。①环境条件波动：指温度、降水量的变化，以及突发性灾害；②生物活动周期：指植物结实种子的大小年、病虫害爆发周期等；③人为活动影响：是指放牧强度的改变等。

每个群落类型都有其特定的波动特点。一般说来，森林群落较草原群落稳定些；常绿阔叶群落较落叶阔叶群落稳定。在群落内部，种类组成、种间关系、成层现象等定性特征较密度、盖度、生长量等定量特征稳定。

不同气候带，环境条件差异会导致植物群落波动性的差异，环境条件越严酷，群落波动性越大。例如，我国北方较湿润草甸草原生物量的年变化幅度在20%，典型草原可达40%，干旱荒漠草原则达50%。不仅生长量存在年际波动，而且种类组成比例也存在年际变化。

值得注意的是，虽然植物群落波动具有可逆性，但这种可逆性是不完全的，1个群落经过波动后复原，通常不是完全恢复到原状态，而只是向原状态靠近。有时候这种波动变化相当大，而且在波动过程中环境或者其他干扰因子的变化逐渐加剧，则可能导致波动加剧并且成为不可逆转的变化，从而引起群落性质发生改变，即群落演替。

3.3　群落性质的改变——群落演替

群落演替（succession）是指在一定地段上，一种群落被另外一种群落所替代的过程。也就是随着时间的推移，生物群落内一些物种消失，另一些物种侵入，群落组成及其环境向一定方向产生有顺序的发展变化。演替是群落长期变化积累的结果，其主要标志是群落在物种组成上发生质的变化，使优势种或全部物种发变化的改变。一般认为，群落优势种的改变就可以作为群落发生演替的主要判断依据。

演替和波动的区别在于演替是一个群落代替另一个群落的过程，而波动一般不发生优势种的定向代替。而且，波动一般情况下是可逆的，演替则不可逆，往往朝着一个方向连续进行。

3.3.1　群落演替的原因

由于植物群落演替主要是群落的物种组成尤其是优势种发生了改变，所以任何导致原有优势种衰退的因素都可以引起群落演替。可分为内因和外因 2 大类。

（1）内因。内因通常指群落内部组成种的某些变化或者原有格局被打破，从而引起的植物群落演替。内因又可具体分为如下 4 个因素。

①群落内种间种内关系发展的结果。植物群落内各种种间种内关系，特别是优势种和其他物种间的竞争、他感作用，导致优势种成为失败者后，原优势种就被竞争和他感的胜利方所代替了。另外，原优势种种群内的激烈竞争也会削弱自身在其他种间竞争中的竞争力，从而导致自身衰退和群落的演替发展。

②群落组成种特别是优势种为自己的生长发育创造了不利条件，导致在新的竞争中失去优势，从而被取代。一些由典型先锋种组成先锋群落，被中性和耐阴种代替的演替过程就属于这一类。如马尾松群落，是典型的先锋群落，特别适应南方荒山，耐瘠薄、耐干旱，但是随着时间的推移，群落郁闭度的增加，群落小环境逐渐变得潮湿、温度变化幅度逐渐减小、土壤逐渐变得肥沃、群落内光照逐渐减弱，这种小环境的改变，为中性和耐阴阔叶种的进入提供了条件，但是马尾松幼苗由于缺乏足够的阳光，无法在林下存活。最终导致马尾松群落被中性的阔叶林群落所取代。

③外来种入侵。外来种中部分适应性极强的植物种，一旦侵入本地植物群落，它们经历过一段时间的适应、定居和繁殖后，其竞争能力会迅速增强，最终使本地群落原有的优势种衰退。例如，我国华南地区引进的观赏型地被植物澎蜞菊和入侵我国西南地区的紫茎泽兰，都已经迅速蔓延而成为林下绝对的优势种。外来入侵的有害植物种导致本地植物群落的衰退和消亡，在国内外都已经非常多见。尤其是现在我国生态园林建设中引进的植物种，越来越频繁，越来越随意，均可能会带来无穷后患。这是需要引起重视的。

④其他原因导致的原有优势种的衰退。包括由于病虫害、火灾等引起原有优势种的衰退，导致了植物群落演替的发生和发展。

（2）外因。外因是指植物群落组成种以外的因素。包括群落外环境的改变和人为干扰。

①环境改变：环境是指植物群落所在地区的环境，相对于群落内部小环境而言，也就是群落外部环境。外部环境的改变会引起植物群落物种的重新适应与调整，从而导致一些不能适应改变

了的环境的物种或者本身适应性较差物种的消失，而出现一些新的适应物种。全球气温变暖，可能导致群落中喜冷凉气候的物种逐渐减少和消失，而喜温暖气候物种的逐渐增多，最终就会导致植物群落的演替发展。

②人为干扰：人为干扰可在极短时间内让原有植物群落面目全非，可以长时间缓慢地影响群落，引起群落的演替。例如，人为砍伐森林，森林会很快变成灌丛；或者人为让原有群落消失，然后再人为种植成为另外一种人工群落，人工林草植被营造、农田开垦以及城市园林植物群落均属于此类。

内因演替实际上是植物群落自身生命活动使群落小环境发生的改变，然后被改变了的环境又反作用于群落本身，如此便使群落发生演替；外因最终都是通过影响群落组成种的生长发育来改变群落性质，因此，外因是通过内因起作用的。如环境改变只对竞争的一方更有利，从而打破了原有竞争双方共存的平衡，那么群落就会发生改变了。

3.3.2　群落演替的类型

可以按照不同原则进行植物群落演替类型的划分，因而，存在各种各样的演替类型。

（1）根据群落演替起始条件划分为原生演替、次生演替和群落地演替。

①原生演替：是指在原生裸地上发生的群落演替过程，也叫初生演替。原生裸地是指未被生物占领过的区域，从没有种子或孢子体状态亦即从来未有过生物的地方。如岩石表面、沙砾、湖底和海底。从干旱岩石表面长出地衣，到最后形成森林的过程就是典型的原生演替。

②次生演替：是指发生在次生裸地上的群落演替过程，次生裸地是指原有植物群落被破坏后的地段，已经没有植物体存在，但是残存有土壤和蕴藏在土壤中的植物种子、孢子等繁殖体。如严重的火灾迹地和洪水冲刷地。

原生演替和次生演替都需要经历群落从无到有，再进行演替的过程，即包括了在裸地上出现第一个群落——群落的形成以及随后进行的一系列代替与被代替的过程，因而经历时间都很漫长。尤其是原生演替开始于既没有植物体又没有植物繁殖体的原生裸地上，第一个群落的形成需要更长的时间，而次生演替由于过去有植物生长过，具有一定适宜植物生长的土壤基础并且在土壤中蕴藏着一个休眠种子和孢子的供应库，所以比原生演替要快得多。

③群落地演替：原生演替和次生演替都包括了群落形成和随后的演替系列。实际上人们最常见的群落演替往往是在已经有一个群落的地段上这个群落被另外一个群落代替的过程，叫做群落地演替。群落地演替是原生演替或者次生演替的某一阶段。比如，亚热带地区常见马尾松群落逐渐被常绿阔叶群落代替的过程。

（2）根据群落演替进行方向划分为进展演替、逆行演替和循环演替。

①进展演替：一般是指群落结构从简单到复杂，物种从少到多，种间关系从不平衡到平衡，群落从不稳定到稳定，土壤从贫瘠到肥沃，土地生产力水平由低到高的群落演替。在自然条件下，植物群落大多都会沿着进展的方向进行演替。在一个地段最早出现的群落叫做先锋群落，先锋群落由先锋种组成，演替到一定阶段才出现的物种叫做中后期种。

②逆行演替：是指群落结构从复杂到简单，物种从多到少，种间关系从平衡到不平衡，群落从稳定到不稳定，土壤从肥沃到贫瘠，生产力水平从高到低的群落演替。一般是在人为干扰和破坏以及大的自然灾害影响下群落的退化。如在人为破坏后，亚热带常绿阔叶林的逆行演替过程将

会是：常绿阔叶群落→先锋群落→灌丛→草地→次生裸地→原生裸地。

③循环演替：是指群落演替始终在几个群落间循环进行的群落演替。循环演替一般都是由于群落演替过程中某些外在因素周期性变化引发的，所以也叫周期性演替。如果没有这些周期性变化因素，群落演替会沿着进展演替方向进行。如在美国东海岸的松树群落，按照进展演替过程应该是：松树先锋群落→针阔混交群落→阔叶群落。

但是大约每 40~60 年的森林火灾使得群落进展演替总是在针阔混交群落阶段被终止，火灾使活植物体死亡，同时使松树种子在火灾后充足光照条件下迅速萌芽生长又回到先锋群落，先锋群落到一定阶段，阔叶种进入形成混交群落，然后再次的森林大火，开始了下一次循环。

（3）按照决定群落演替的主导因素划分为内因性演替和外因性演替。

①内因性演替：又称内因动态演替。发生这种演替的主要原因是群落内不同物种之间的竞争、抑制或种类成分（主要是建群种）的生命活动，从而改变了生态环境，使群落环境不利于原来成员，而为其他植物创造了有利的生态环境，如此相互作用，使演替不断向前发展。因此说内因性演替是群落演替最基本和最普遍的形式。

②外因性演替：是由于外界环境因素作用所引起的群落演替。其中包括气候发生演替、地貌发生演替、土壤发生演替、火成演替和人为发生演替。

（4）按演替进程时间的长短划分为快速演替、长期演替和世纪演替。

①快速演替：在短时间内（几年或十几年）所发生的演替。如草原荒地演替。在这种情况下很快可恢复原有植被，很多次生演替的群落复生就属于快速演替。

②长期演替：指群落演替时间较长，几十年或几百年。如木本植物群落天然更新过程。

③世纪演替：这种演替占有很长的地质时期，也就是植物群落系统发育和系统发生，原生演替属于世纪演替。

（5）按群落代谢特征将演替划分为自养性演替和异养性演替。群落中各种植物在生命活动中，实施着积累生物量的光合作用或同化作用过程，也进行着消耗生物量的异化作用或呼吸过程，这 2 个过程代表了群落能量学的特征。以 P 代表群落的总生产量，以 R 代表群落的总呼吸量，若 P/R >1，说明群落中能量或有机物资增加。

①自养性演替：指大多数自然群落在演替发展初期和发展期有机物质增加的时期。

②异养性演替：若 P>R<1，则说明群落处于衰落期，则为异养性演替。

如果 P/R≈1 时，说明群落中能量或有机物收支平衡，这时群落就处于相对稳定的顶极状态特征。

3.3.3　群落原生演替过程

植物群落原生演替过程分为旱生演替系列、水生演替系列。

（1）旱生演替系列。裸露岩石地表现出的生态环境异常恶劣，没有土壤、光照强、温差大、极度干燥。从裸露岩石地开始的演替系列大致可分为以下 5 个阶段。

①地衣群落阶段：裸露岩石地表面最先出现的是地衣植物，其中以壳状地衣首先定居。壳状地衣将极薄的一层植物体紧贴岩面，由假根分泌的有机酸腐蚀岩表，加之风化作用及壳状地衣的一些残体，在岩石表面就逐渐形成极少的剥落层。在壳状地衣长期作用下，首先是岩石表面的微气象环境条件有了改变，继而出现叶状地衣。叶状地衣可以蓄积较多的水分，集聚更多的残体，

因而使土壤形成加快。在叶状地衣遮没的岩表，陆续出现枝状地衣。枝状地衣高可达几厘米，生长能力强，逐渐取代叶状地衣群落。

②苔藓植物阶段：生长在岩石表面的苔藓植物与地衣植物相似，可以在干旱状况下停止生长进入休眠，等到温和多雨时又大量生长。这类植物能积累土壤更多些，为后续生长植物创造了更有利的环境条件。苔藓植物阶段出现的动物，与地衣群落相似，以螨类等腐食性或植食性小型无脊椎动物为主。上述群落演替两个最初阶段与环境的关系主要表现在土壤的形成和积累，对岩石表面小气候形成有一定作用，但不显著。

③草本植物阶段：苔藓群落后期，一些蕨类和一些被子植物中一二年生草本植物会逐渐出现。这些草本大多为矮小耐旱种类，开始是个别植物出现，以后大量增加取代了苔藓植物。土壤继续增加，开始形成小气候，多年生草本出现了。初期，草本植物均为高度 35cm 以下低草，随着环境条件逐渐改善，高约 70cm 中草和大于 1m 的草原相继出现，最终形成群落。

草本群落阶段岩石表面的环境条件有了明显的改变，由于郁闭度增加，土壤增厚，蒸发量减少，调节了温湿度。不仅土壤微生物和小型土壤动物的活动大为增强，并且土壤动物也大量出现。增加最多的是昆虫等植食性节肢动物，捕食性昆虫、蜘蛛等肉食性动物也大量出现。在低草覆盖地面时，蜗牛等小型哺乳动物逐渐入侵。到中高草出现，尤其是后期阳性灌木出现后，环境更加郁闭，为动物创造了更多更复杂的栖息场所，此时植食性、食虫性鸟类及野兔等中等哺乳动物数量不断增加。这使得群落内的物种多样化增加，食物链变长，食物网等营养更加复杂。

④灌木阶段：在草本植物群落形成过程中，就为木本植物创造了适宜的生活环境。首先是一些喜光阳性灌木出现，它们常与高草混生形成高草灌木群落。以后灌木大量增加，成为优质灌木群落。在这一阶段，在植物上取食的昆虫逐渐减少，吃浆果、栖息灌丛的鸟类会明显增加。林下中小型哺乳动物数量增加，其活动更趋活跃，一些大型动物也会时而出没其间。

⑤乔木阶段：在灌木逐渐成为优势群落演替发展中，阳性乔木树种开始单株出现，继而会不断排挤无力争夺阳光的矮小灌木群落，随着植株的增多并逐渐连成一片，形成森林。至此，林下形成隐蔽环境，使耐阴树种得以定居。耐阴性树种增加，而阳性树种因在林内不能更新而逐渐从群落中消失。林下那些阳性草本和灌木也同时消失，仅留下一些耐阴种类。在这一阶段，动物群落也变得极为复杂，大型动物开始定居繁殖，各个营养级的动物数量都明显增加，相互竞争，相互制约，使整个生物群落的结构变得更加复杂、稳定。

（2）水生演替系列。水生演替系列典型的顺序是：自由漂浮植物阶段、沉水植物阶段、浮叶根生植物阶段、直立水生植物阶段、湿生草本植物阶段和木本植物阶段。在水很深时，植物只能漂浮生长，为自由飘浮植物阶段；随着水底抬升，逐步发展到沉水植物阶段；沉水植物中的轮藻属植物和其他藻类植物相继生长，生物残体和沉积物的积累使演替进入浮叶根生植物阶段；浮叶根生植物是一些叶子长在水面或水面以上的植物，如睡莲科和水鳖科物种，它们占据主要地位后，水体光线减弱，沉水植物数量减少，并使有机物累积速度加快，水底抬升加速，演替逐步进入直立水生植物阶段；直立水生植物以芦苇为主，在群落中占重要地位，这类植物地上部分生长旺盛，根部纵横交错，使水底很快被填满，从而进入湿生草本植物阶段；这时主要由莎草科和禾本科一些种类组成群落；随着蒸腾加剧，地面沉积物增加，水位下降，群落的旱生种类增加，并最终过渡到木本植物阶段。

3.3.4   群落演替的终点——顶极群落

（1）群落演替的趋势与顶极群落。无论是原生演替或次生演替，生物群落总是由低级向高级、由简单向复杂的方向发展，经过长期不断演化，最后到达一种相对稳定状态。在演替过程中，生物群落结构和功能会发生一系列变化，生物群落通过复杂演替，达到最后成熟阶段的群落便是与周围物理环境保持相对平衡的稳定群落，称为顶极群落（climax）。

（2）群落演替顶极理论。

①单元顶极理论（monoclimax theory）：该理论是美国生态学家 F. E. Clements（1916）首先提出。他认为在同一气候区内，只能有 1 个顶极群落，而这个顶极群落特征是由当地气候条件决定的。这个顶极群落称为气候顶极（climatic climax）。无论是水生型还是旱生型生境，最终都趋向于中生型生境，均会发展成为一个相对稳定的气候顶极。

在一个气候区内，除了气候顶极之外，还会出现一些由于地形、土壤或人为等因素所决定的相对稳定群落。为了和气候顶极相区别，F. E. Clements 将后者统称为前顶极（preclimax），并在其下又划分出了若干前顶极类型。无论哪种形式的前顶极，按照 P. E. Clements 的观点，如果给予足够时间，都可能发展为气候顶极。

②多元顶极理论：英国学者 A. G. Tansley（1954）提出多元顶极理论以来，得到不少学者支持。这个学说认为，如果一个群落在某些生境中基本稳定，能自行繁殖并结束它的演替过程，就可以看做是顶极群落。在一个气候区域内，群落演替最终结果，不一定都汇集于一个共同气候顶极终点。除气候顶极外，还有土壤顶极（edaphic climax）、地形顶极（topographic climax）、火烧顶极（fire climax）、动物顶极（zootic climax）；同时存在一些复合型顶极，如地形-土壤顶极（topo-edaphic climax）和火烧-动物顶极（fire zootic climax）等。一般在地带性生境上是气候顶极，在别的生境上可能是其他类型的顶极。一个植物群落只要在某一种或几种环境因子作用下在较长时间内保持稳定状态，都可以认为是顶极群落。

③顶极格局理论：该学说是由 R. H. Whittaker（1953）提出，是建立在多元顶极基础上的理论观点。他认为，在任何一个区域内，环境因子都是连续变化着的。随着环境梯度的变化，各种类型顶极群落不是呈现离散状态而是连续变化，因而形成连续的顶极类型。在这个格局中分布最广泛且通常位于格局中心的顶极群落，相当于气候顶极。正如，亚热带区域的典型气候顶极实际上位于中心区域，逐渐往北，常绿树种慢慢减少，落叶树种逐渐增加，最后过渡为暖温带的典型气候顶极——落叶阔叶群落。

群落演替的顶极学说，实际上是用于解释地球表面植物群落的类型及其分布特点。单元演替顶极学说可以解释不同气候区分布不同的植物群落类型；多元顶极学说可以很好地解释一个气候区内除了典型气候顶级外，还存在的镶嵌分布在气候群落内也同样稳定的其他群落类型；而顶极格局理论可以更好地解释相邻不同气候带间群落类型的过渡与交错。

（3）顶极群落的应用。发展到成熟阶段的生物群落具有调节气候、增强土壤保蓄能力的作用，形成了一个良好稳定的生态环境。发展到不同阶段生物群落的结构、功能及其生态意义均不同，这对指导构建人工群落及其调控有着重要意义。在生态修复工程植物绿化上的应用，主要是指利用当地气候条件下的顶极群落类型，创建和营造具有地方特色的背景性植被。由于顶极群落比其他群落更稳定、多样性程度更高，可以取得事半功倍的效果。但是应用顶极群落时要注意顶级群落对环境条件的要求，演替后期种往往需要更佳的土壤条件而不是过多的光照。必要时应该先采用先锋种过渡，让群落自然演替到近顶级群落或顶极群落。

4　植物群落的类型与分布

地球表面分布众多的植物群落，单个群落与区域内其他群落有怎样的关系？这就需要将群落进行合理分类。群落分类的方式很多，这里以植被本身特征为科学依据制定分类系统。

4.1　植物群落分类

4.1.1　法瑞学派的群落分类系统

以 Braun-B1anquet 为代表，利用群落中一些特定植物种进行群落分类，这些植物种称为鉴别种，它们对环境具有明显的指示性。鉴别种包括特征种、区别种和恒有伴生种 3 种。

（1）分类系统。基本分类单位是群丛，往上依次为群属、群目、群纲、群门，各个级别都有各自的特征种；往下还有亚群丛、群丛变型等，亚群丛是以区别种为鉴定特征的。

（2）鉴定种内涵。特征种是群丛到群纲的鉴定种。也就是说每一级分类，都可以用一个特征种来鉴定。特征种是指其分布局限在一定植物群落片段的植物种，因而它们能够指示一定的群落和环境。作为一个群丛特征种，不一定在群落中占优势，而是分布范围较窄，只局限于特定群落。用确限度表示一个物种局限于某一种群落类型程度的指标，并划分为以下 5 个确限度等级。

①确限度 5（确限种）：只见于或者几乎只见于某一植物群丛；

②确限度 4（偏宜种）：最常见于某一植物群丛，但也可偶尔见于其他群丛；

③确限度 3（适宜种）：在其他群丛常见，但在该群丛中表现最佳；

④确限度 2（伴生种）：不固定在一定植物群丛中，但在特定群丛中常见；

⑤确限度 1（偶见种）：少见以及偶尔从别的植物群丛中侵入进来的种或者从过去群丛中遗留而来。

确限度 3、4、5 合并成特征种，即特征种包括确限种、偏宜种、适宜种。

（3）群落命名方式。群落命名的方式主要是采用改变特征种拉丁学名字尾来表示各级单位的名称。群门字尾为-a，群纲字尾为-etea，群目字尾是-etalia，群属字尾是-ion，群丛字尾是-etum，亚群丛字尾是-elosum。

（4）分类方法。法瑞学派的群落分类是建立在野外调查群落物种组成与各组成种盖度和群集度数据的基础上，并计算物种在各样地出现恒有度：

$$恒有度 = 该物种出现的样地数/总调查样地数 \times 100\%$$

把各样地内的种类组成与各种盖度和群集度数据列成一个表，再把具有相似组成的样地调到一起，并按照种的恒有度顺序重新排列表格。

具有相同物种组成、外貌一致并发生于一致生境下的植物群落均为一个群丛；具有相同恒有伴生种的群丛合并为一个群属。

4.1.2　中国植被分类系统

侧重于按照植物种类组成、外貌和结构以及生态地理特征来分类。在确定高级分类等级时，侧重于外貌、结构和生态地理特征；在确定中级以下分类单位时，主要侧重于植物种类组成，尤其是优势种。

（1）分类单位。分类单位采用 3 级分类单位制，即植被型（高级单位）、群系（中级单位）和群丛（基本单位）。每 1 级分类单位之上，各设 1 辅助单位，即植被型组、群系组和群丛组，根据需要，在一些主要分类单位之下，设植被亚型、亚群系等亚级，其系统如下。

植被型组
  植被型
    植被亚型
      群系组
        群系
          亚群系
            群丛组
              群丛
                亚群丛

（2）群落命名方式。群落采用联名法命名。按照群落的垂直层次结构从上到下列举优势种名称，各层间优势种用"–"连接，也可以按照优势种学名来命名，如马尾松–杜鹃群丛。如果同一层次有多个优势种，则这些优势种用"+"号连接，如池杉+樟树+女贞群丛。

（3）分类方法。在群落调查基础上，先根据各层次优势种进行群落命名，然后依次把相同或相似群落往上合并到更高一级的分类单位。

层次结构相同，各层次优势种相同的植物群落均为 1 个群丛，如云杉–箭竹–草类群丛，云杉–箭竹–藓类群丛；建群种或共建种相同的群丛合并成 1 个群系，如前面 2 个云杉群丛的建群种相同，均为云杉，它们可以往上合并为 1 个群系–云杉群系；建群种生活型相同或相似、同时对水热条件的生态关系一致的群系往上合并为 1 个植被型，如云杉群系和落叶松群系可以合并为 1 个植被型–寒温型针叶林植被型；外貌相似的植被型还可合并成植被型组，如寒温型针叶林植被型和山地针叶林植被可以合并为 1 个植被型组–针叶林植被型组。

4.2   植物群落分布

4.2.1   植物群落的地带性分布规律

植物群落是其环境的产物，任何植物群落的存在，都与其环境条件密切相关，随着地球表面各地环境条件的差异，植物群落类型呈现有规律的带状分布，这就是植物群落的地带性分布规律，这种规律在水平方向（纬度、经度）和垂直方向上都有表现。

（1）水平地带性。气候条件，特别是热量、水分条件，在地球表面沿纬度或经度方向有规律的递变，引起植物群落类型沿着纬度或经度成水平方向有规律地更替的现象。

①纬度地带性：主要是由于随着纬度增加，热量递减，导致温度逐渐降低。在湿润地区，这种纬度地带性非常明显。从而导致地球表面从热带到寒带依次分布着不同气候带的植物群落类型，植被带大致与纬度线平行。从赤道到北极，依次分布着热带雨林、亚热带常绿阔叶林、暖温带落叶阔叶林、寒温带（北方）针叶林、极地苔原。

②经度地带性：它主要是受水分影响形成。在一定纬度范围内，由于受到海陆位置和信风的影响与制约，使得从沿海湿润区域到内陆干旱区域，依次分布有森林、草原和荒漠等不同的植物群落类型。

（2）垂直地带性。山地随着海拔升高，环境梯度发生有规律的变化，引起植物群落类型也发生相应的规律性变化现象。随着海拔升高，温度逐渐降低，所以从山下到山上，群落组成种的耐寒性逐渐增强，也就是相当于依次分布着高纬度的群落类型；同时，随着海拔升高，降水先增后降，因此越往上，植物群落有旱生化的趋势，基带为当地气候条件下的水平地带性群落。最完整的山地垂直带谱是热带岛屿上的高山。可以看到从赤道到极地所有群落类型。

垂直地带性以水平地带性为基础，其垂直方向上的成带分布与纬度水平分布顺序具有相应性，如图1-4。但是，垂直带谱永远不可能完全符合水平带谱。因为山上气候不会等同于平原气候。如山上与极地同样寒冷，但是山上日照强烈、紫外线多、空气稀薄与极地的日照少、紫外线少和正常环境中的空气有很大的差异。

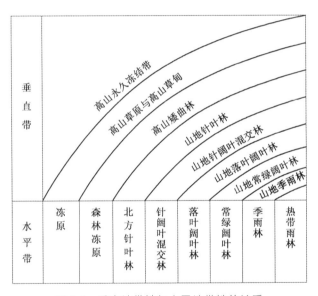

图 **1-4** 垂直地带性与水平地带性的关系

4.2.2 世界上主要植物群落类型及其特征

地球表面分布的主要植物群落类型有森林、草原和荒漠 3 大类。

（1）森林。世界森林主要类型有热带雨林、亚热带常绿阔叶林、温带落叶阔叶林及北方针叶林 4 种。在人类大规模砍伐之前，大约占地球陆地总面积 45.8%，1985 年下降到 31.7%。

①热带雨林：热带雨林分布在赤道及其两侧的湿润区域，被认为是地球上面积最大、对地球环境作用最大的森林类型。1972 年约占全球森林面积 1/2，但也是被破坏和减少最快的，而 1985 年是 1.7 亿 hm²，现在公布的数据仅为 1.2 亿 hm²，与北方针叶林面积接近。主要分布在地球陆地 3 个区域：美洲亚马逊盆地、非洲刚果盆地、东南亚一些岛屿，往北延伸至我国西双版纳和海南岛南部。其环境终年高温多雨、年均气温多在 25~30℃，年降水 2500~4500mm，全年均匀分布，无明显旱季。土壤风化强烈，并在多雨环境下被强烈淋溶，因此呈酸性而且养分极为贫瘠。植物所需各种养分几乎都储备在植物体内，植物体死亡后在高温潮湿的环境中迅速被分解，

释放出的养分直接被根系吸收，因此热带雨林的养分利用速率很高。群落种类组成极为丰富，组成热带雨林的高等植物种为45000种以上，而且绝大部分是木本植物，以龙脑香科、蝶形花科、梧桐科、紫金牛科、茜草科等植物为主。在1.5hm²样地内，乔木可达约200种。乔木层高度一般约在50m，最高可达92m。层间植物丰富，尤其是藤本植物及附生植物发达。层次复杂，雨林内空间几乎被植物占满，林缘经常被藤、灌植物密集封闭，很难划分出明确的层次。乔木多具有板状根、茎花现象。没有明显季相交替，几乎每个植物种都终年生长，多四季开花，但只有1个盛花期。

②亚热带常绿阔叶林：亚热带常绿阔叶林主要分布在欧亚大陆东岸北纬22°~40°之间。我国常绿阔叶林是地球上面积最大、发育最好的林地。亚热带常绿阔叶林地区气候四季较分明、春秋温和、夏季炎热多雨、冬季少雨而稍寒冷。年平均气温15~18℃，冬季有霜冻，年降水量1000~1500mm，主要分布在4~9月，无明显旱季。群落结构较热带雨林简单，高度明显降低，一般约为20m，很少超过30m，由樟科、壳斗科、山茶科、木兰科、金缕梅科的常绿种组成。非洲常绿阔叶林以加那利群岛为典型，以月桂树、印度鳄梨为优势代表。美洲常绿阔叶林以佛罗里达州为代表，优势乔木为栎、巨杉、铁杉等。亚洲常绿阔叶林以中国长江流域和日本为典型，常以青冈、栲、石栎、木荷、木兰等为优势代表。群落层次比较清晰，层间植物较热带雨林少。

③温带落叶阔叶林：落叶阔叶林是温带地区气候条件下生长的群落，亦称为夏绿林。分布于中纬度湿润地区，最主要分布区是中国和日本。中国华北和东北沿海地区是夏绿林分布的典型地区。本区域年平均气温8~14℃，年降水量500~1000mm，四季分明、夏季炎热多雨，冬季寒冷，植物仅在温暖季节生长，入冬前落叶进入休眠。乔木多由落叶树种组成，夏季叶茂，冬季凋零，因此称为落叶阔叶林。林中常由栎、椴、槭、桦、刺杨等树种组成，并混生有若干针叶树种，如刺松、油松、华山松、红松等，有时还形成纯林。冬季全部落叶，春季重新长出新叶，并有芽鳞或树脂保护冬芽，季相变化非常明显。地面芽植物和地下芽植物比例较高。层次简单清晰，具有典型的乔木层、灌木层和草本层结构，乔木层通常只有1~2个亚层，林冠呈现整齐。

④北方针叶林：北方针叶林分布在北半球高纬度地区，其面积仅次于热带雨林，是地球表面第2大森林类型。由于主要分布在欧洲，实际上也是目前地球上保存最为完整的森林类型。我国的针叶林面积不大，主要分布在北纬46°以北的大兴安岭，是泰加林南延的一部分，混生有少量阔叶树种，主要是由兴安落叶松组成的纯林。北方针叶林区域气候寒冷，年平均温度多在0℃以下，冬季长达9个月，夏季最长1个月，年降水量400~500mm，集中在夏季降水。林地土壤有很厚的枯枝落叶层，腐殖质分解缓慢，土壤呈酸性。土壤主要是棕色针叶林土，土层浅薄，灰化作用明显，常出现沼泽化。植物群落种类较为单调，多为纯林，不同区域优势种不一，有落叶松、云杉、冷杉等。群落外貌明显，在外貌色泽方面非常单调一致，一般冷杉林为暗绿色，云杉林为灰绿色，松林为深绿色，而落叶松林呈鲜绿色。由云杉或冷杉组成的森林称为阴暗针叶林，落叶松林则称为明亮针叶林。群落的结构非常简单，仅有乔木层、灌木层、草本层和活地被物层4个基本层次，层间植物缺乏。

（2）草原。草原主要是指温带草原和稀树草原（热带草原）2大类。

①温带草原：分布在南北半球中纬度地区，气候夏季温和、冬季寒冷，春季或晚夏有1个明显干旱期。年降水量150~200mm，集中在春末夏初，并且每年降雨量均不同，有些年份多暴雨，

有些年份几乎无降雨，降雨量没有保障；年平均气温常在 0℃ 以下。干草原群落以禾本科的针茅、羊草和菊科蒿属植物、唇形科百里香等为主。它们成丛分布，根扎得很深，几乎均为旱生类型植物，叶片呈现狭窄、有绒毛等。

②稀树草原：分布在低纬度热带地区，它是一种热带旱生草本植物群落，主要分布在非洲东部、南美圭亚那和巴西、大洋洲以及印度、缅甸一带。稀树干草原不同于温带草原，温带草原上完全没有乔木，而稀树草原上稀疏地分布着乔木。这里气温高，干湿季分明，雨量集中，干枯季长而无水，终年温暖，年降水量常达 1000mm 以上，但是蒸发量巨大。高温干燥的条件限制了乔木的发展。群落特点是高大禾草常高达 2~3m，并且草本层构成了群落的背景，其上散生着少量矮生乔木，这些乔木以相思树为优势。

概言之，草原处于湿润森林区域和干旱荒漠区之间。靠近森林一侧气候湿润，草群繁茂，种类丰富，并出现岛状森林和灌丛。如北美的高草草原，南美的潘帕斯，欧亚大陆的草甸草原，非洲的高稀树草原。靠近荒漠一侧，降雨量减少，气候变干旱，草群低矮稀疏，种类组成简单，常混生一些旱生小灌木或肉质植物。如北美的矮草草原，中国的荒漠草原，俄罗斯的半荒漠等。中间为辽阔而典型的禾草草原。

（3）荒漠。荒漠群落是世界上最耐旱的植物群落，以超旱生的灌木、半灌木或小灌木占优势。主要分布在亚热带干旱区，往北可延伸到温带干旱区。典型的气候特点是降水稀少，年降水量少于 200mm，甚至终年无雨。地表细土都被风吹走，剩下粗砾石，形成戈壁，而在风积区则形成大面积沙漠。植被极为稀疏，有的地段大面积裸露。优势种为荒漠灌木、半灌木、肉质植物和短命植物、类短命植物，如仙人掌科植物、百合科植物等。

5 生态修复植物群落

生态修复植物群落是指生态建设区域内的各种植物群落，包括森林、林业防护工程林、水土保持林、固沙防护林、土地复垦林草植被、盐碱地改造林、退耕林草植被、水源涵养林与天然林等。生态修复地表植物的总体称为生态建设植被。生态修复植物群落由于受自然环境和人为干扰的影响，与自然环境下的植物群落相比已经发生了很大变化。尽管生态修复地中或多或少仍残留或保护着自然植物的某些片断，但生态建设植被不可避免地要受到各种影响，尤其是人类的影响，即使残存或保护下的自然植被片断也在不同程度上受人为干扰。人类一方面破坏了许多原有自然植被和乡土植物，但又引进了许多外来植物，建造了许多新植被类型群，无论这些影响或干扰是有意识或是无意识，直接的或间接的，但最终都改变了生态建设植被的组成、结构、动态等自然特性，具有不同于自然植被的性质和特征。因此，生态建设植被属于一个特殊的植被类型。

5.1 生态植物群落类型

5.1.1 根据人为活动的影响分类

大泽雅颜根据人为活动对植被的影响强度，把植物群落划分为人工栽培群落、残存自然群落和城市杂草群落 3 个类型。

（1）人工栽培群落（artificial planted communities）。人工栽培群落是指裸露土地上、道路两侧、城区绿地及住宅区内人工种植的绿色群落以及各种人工防护林植被等，它是人为地引入生态修复植绿区域的群落类型。

（2）残存自然群落（natural communities）。残存自然群落为人为活动影响之前就已存在，并且在城市化过程中被清除的原生地或次生地自然群落，如寺庙周围及房前屋后的风水林等，这些群落现今大多呈小面积孤岛状分布。

（3）城市杂草群落（urban weed communities）。城市杂草群落是指城市化后不受人的意识支配而出现的植物群落。在城市杂草群落中除了归化植物外，还有当地的乡土植物种。这些乡土植物种具有适应当地城市特殊生境、抵抗各种人为干扰的生存对策，可以称为真正的城市杂草植物种。

5.1.2 根据群落的来源分类

蒋高明按照植物群落的来源，把植被分为自然植被、半自然植被和人工植被3大类型。与前面的分类基本相似。其中伴人植物群落是城市半自然植被的主要组成成分，是与城市人为干扰环境密切相关的一类植物，在城市中有重要的作用，人工植被还可划分为防护林、行道树、城市森林公园和园林绿地景观以及街头绿地等，不同植被类型的基本特点概括如下。

（1）自然植被。自然植被多局限在保护完好的自然保护区、寺庙、教堂、校园及私人宅院中，被认为是大自然特征的纪念碑，因为它代表了该区域的顶级植物群落。东京自然教育园中顶极群落的建群种是凸尖栲，但随着城市化过程中噪声、空气污染、虫害等引起树木落叶。我国连云港海滨植被受滩涂开发影响，群落种类消失较多，珊瑚菜、枸骨等处于濒危或灭绝状态。

自然植被的重要性表现在它是城市中自然的见证人，对城市化过程有一定的指示意义，同时也是人类审美或感知的一部分，它的存在也会对城市的未来产生影响，因此要千方百计把这部分植被保留在城市里。

（2）半自然植被——城市伴人植物群落。城市中的半自然植被大部分是侵入人类所创造的城市生境的伴人植物群落，另外还有各种次生林或湿地植物群落。伴人植物分布的生境包括建筑废地、林地及介于交通要道与建筑之间的缝隙（表1-3）。在这些生境中自然生长着很多一年生或多年生草本植物，它们是城市中的先锋群落。

表 1-3 城市伴人植物分布的 3 种生境

生境	范围大小	干 扰 因 素
荒废地	$10 \sim 100m^3$	非经常性践踏与除草
行道树坑	$1 \sim 10m^3$	非经常性践踏，经常性除草
缝隙	$0.01 \sim 0.10m^3$	经常性践踏和除草

缝隙是最典型的城市生境，它是伴人植物在城市中心生存的主要空间，在乡村就很难找到；行道树坑是第二种常见类型，尽管这类生境不只出现在城市中，荒废地是第3种常见类型，只要有人为干扰就到处可见。这些生境的相对重要性按照城市化程度的不同而有所差异，在广袤的生态修复工程建设地有许多类型的荒废地、行道树坑以及缝隙等生境，但在城市化很密集的地区荒废地就相对减少，而微小生境如缝隙和行道树坑相对增多。因此，出现在这些生境的伴人植物的相对数量可作为城市化程度的标志。

城市伴人植物可分为以下 3 种生态种组。

①常见于缝隙的种类：指能在非常狭小空间如缝隙中生长，高度 5～30cm，大多为小草本和柔质一年生草本植物，如早熟禾、牛筋草、漆姑草等；

②侵占荒废地以及行道树坑的先锋植物：其高度 10～50cm，季节性很明显，含有一年生、地面芽和地上芽，如繁缕、酢浆草、蒲公英、车前、狗尾草等生活型植物；

③出现于裸地演替后期的植物种类：这些地方没有特殊的扰乱，植物生长繁茂，体态高大，高度超过 50cm，如芒、魁蒿等；如果裸地被一些多年生草本植物侵占并且不受人为干扰，一些木本植物如桑、朴树、二色胡枝子等也会侵占进来。这些植物在休眠型、生长型以及种类组成上最为复杂，相对而言，那些缝隙中出现的伴人植物都是些矮小短柄植物，1 年中有几次生活周期。

尽管城市生境的存在取决于人类意志，但它最终也能被一种自然植物群落所覆盖，城市伴人植物就是这样的一个类群。出现在城市墙缝以及马路边上的小小植物也能为单调的城市景观增加生物多样性，美化和净化城市，另外还具有很好的生态植物学实践意义。

（3）人工植被。人工植被包括森林、林业防护工程林、水土保持林、固沙防护林、土地复垦林草植被、盐碱地改造林、退耕林草植被、水源涵养林、天然林以及行道树、城市公园与园林景观、街头绿地等种类。

5.2 生态植物群落的主要特征

5.2.1 生态植物群落区系组成趋势

在生态植物群落的区系组成中，有乡土树种减少、人布树种增加的趋势。人布植物是指随着人类活动而散布的植物，也包括人类有意无意引入、后来野生驯化了的植物，也叫归化植物，是与乡土植物相对而言的。一般认为城市化程度越高，人布植物所占的比例也越大。因此可以把人布植物在城市植物群落物种组成中占有的百分率（归化率）作为评判城市化程度的一个指标。据饭泉茂 1972 年研究，日本仙台市植物区系中，老市区归化率为 50%，住宅小区为 35%。宋永昌等研究表明，我国上海市植物区系中，人布植物种已经占 60.7%，如果加上由于人为活动而散布的杂草，则其归化率还要高。

5.2.2 生态植物适应能力

生态植物群落区系组成中，不同植物对生态修复环境的适应能力不同。Witting 将其划分成以下 5 类。

（1）极嫌城市植物（highly urbanphob plant）：指在城市里完全看不见或极少，或多在贫营养的水体、未受污染环境中生长的植物，如水晶花、六月雪、紫金牛等。

（2）中度嫌城市植物（moderately urbanphob plant）：主要生长在城市空旷地区或特殊生境（如大公园）的植物，如天葵、地榆等。

（3）中性城市植物（urban neutral plant）：指在城市和城区内部能分布的植物，如车前、早熟禾、朴树、构树等。

（4）适生城市植物（moderately urbanophil plant）：指广泛分布在城市建成区内的植物，但在郊区也能见到，如金银花、牛筋草、狗牙根等。

（5）极适生城市植物（highly urbanophil plant）：是指几乎限于城市建成区内生长的植物，在郊区极少见到或偶尔见到的植物，如黄杨、海桐、一年蓬、野蔷薇等。

5.2.3　残存自然植物群落呈孤岛状分布

城市化进程的逐渐推进，从外围蚕食着原自然植被，使得其分布范围越来越小，最后退缩为单个孤岛状分布，周围都是人为景观。呈孤岛状分布的自然植物群落对城市环境的改善作用被极大地削弱，而且自身的生长也越来越受城市恶劣环境的影响。

5.2.4　残存自然植物群落物种组成成分发生变化

残存植物群落生存力下降，生长衰退，导致物种组成成分改变。嫌城市植物种越来越少，最终从群落中消失，而适生城市种逐渐增加，使得城市原自然群落的自然属性逐渐消失。很多城市中残存的自然群落演替不再按照自然进展方向进行，相反，在其生境逐渐城市化之后，群落面对劣化环境，将会产生逆行演替，也就是有退化到先锋群落阶段的趋势。达良俊等人（1992）以日本千叶市面积为 $3.2hm^2$、孤立分布在居民住宅区附近残存的日本赤松群落为研究对象，在日本赤松大面积枯死后，对其主要组成种类的动态变化及其演替过程进行了 8 年定点研究。结果发现在日本赤松群落演替各阶段中，除人工种植树种外，其他树种能否侵入群落以及它们进入群落的先后顺序主要决定于周围种源母树的存在与否以及种子的散布能力。在演替中后期，群落主要由鸟类散布种子的植物种类组成，特别是在顶极群落中，大量出现鸟类散布型分布的植物种。特别是那些具有种子产量高、散布能力强、初期生长速度快等典型先锋种特征的榆科树种，如糙叶树、日本朴树等，容易侵入群落，并且能够迅速生长至主林层，又由于它们寿命较长，可在顶极群落内与其他顶极树种共同构成，处于长期支配群落的地位，它们被称为顶极性先锋群落。具有这种顶极性先锋树种的群落，是城市孤岛状自然植被的重要特征之一。

5.2.5　生态修复植物群落组成种丰富

生态修复工程建设的人工群落，尤其是人工配置的各种防护植物群落物种越来越丰富，有些甚至比当地残存的自然植物群落物种组成更为丰富，这是由于现代生态建设的科学发展，已经在刻意地追求物种的多样性和防护的适宜性，加之生态植物引种越来越多的结果。

5.3　生态地带性植被的修复和重建

生态修复区域原有自然植被的退化和消失，其直接后果将是使生态系统逐步趋于失衡和恶化，会使大多数地区土地向着荒漠化方向发展。如果在生态修复中过多地应用外来植物，可能带来潜在的生态安全隐患——外来种入侵。目前，国内有些地区已经意识到这个问题，在生态建设中提出了"恢复地带性植被"的设想，例如北京的"2008 绿色奥运"城市绿化项目就明确提出绿地模拟自然群落的目标，并在调查北京现有若干自然植物群落的基础上，来确定模拟的群落结构和树种组成。王希华等也在上海浦东营建了近自然的城市森林。

生态自然植物群落恢复和重建主要是参照当地气候条件下的地带性植被。以植物群落演替理论为基础，人为地配置和营造近自然地带性乔灌草相结合的植物群落。日本宫胁造林法较为成熟，并且在营造人工生态防护植物群落方面已经得到了大量的应用。

5.3.1　宫胁造林法的理论基础

宫胁造林法全称是宫胁昭的环境保护林建造法，主要是基于生态演替理论，并以此作为依据而重建当地自然潜在的生态防护植被。

（1）宫胁造林法机理。根据植物群落演替理论，演替前期群落为后期群落提供适宜的环境条件，然后后期群落逐渐取代前期群落，经过一系列的替代之后，最后达到植物顶级群落——当地气候条件下塑造的地带性植被。顶极群落是一个相对稳定的群落，与当地气候、地形、土壤等环境因子高度适应。如果从裸露地开始群落的形成和自然演替，欲到达顶极群落需要很长时间，有时可能要几百年甚至更长，但是如果通过人工措施提供组成顶极群落优势植物种所需要的条件，也就是人为促进群落到达顶极群落，就有可能极大地缩短演替时间。

（2）宫胁造林法建立人工顶级植物群落途径。宫胁造林法就采用了这种思路，通过改造土壤、控制水分条件、收集当地乡土树种种子、用营养钵育苗等措施，在较短时间内建立适应当地气候、稳定的顶极群落类型。这种方法在马来西亚沙捞越州应用，只需要 40～50 年就可以达到顶极群落，而自然演替则需要 400 年才能达到相同的顶极森林阶段，如果缺乏顶极植物群落优势种子来源，这个过程还会更长。

5.3.2　宫胁造林法生态修复植被的方法与步骤

利用宫胁造林法进行生态修复植被，大致可分为 3 个阶段，具体如下。

（1）潜在植被类型调查。宫胁造林法的关键之一就是确定潜在自然生态防护植被类型。潜在植被的确定较为复杂，特别是多种类的生态修复工程项目建设地区，由于人类和自然风、水侵蚀等的干扰，使原有自然植被基本荡然无存了，现有植被通常不能称为自然植被。只有乡村或城市局部地段保存有部分自然植被。通过对这些自然植被调查，包括群落类型、种类组成、地形、土壤和群落小气候等条件，确定在生态修复区域可以恢复的自然植被群落类型和需要提供的土壤、地形等建设环境条件。

（2）优势植物种选择和群落重建。潜在自然植被类型确定后，即可选择待建生态修复植物群落的优势种，然后准备足够的种苗用于重建。一般在自然林中采集种子，在苗床上用营养钵育苗，幼苗长至 30～50cm 高、具有发达根系时就可以移栽到重建地点。如果重建地环境条件很差，必须加以人工改良，最有效的办法是保证 30cm 以上土壤厚度和良好的排水状况。

（3）养护阶段。幼苗移栽后，在幼苗间覆盖植物秸秆，防止水土流失及土壤水分过度蒸发，抑制杂草生长。移栽 1～3 年，由于幼苗尚小，需要加强管理，及时浇水、除草。3 年后，植株高度可达 2m，林冠基本郁闭，林下光照减弱，杂草受到抑制，就不需要精细管理了。

宫胁造林法目前在我国一些城市生态修复建设中的实施效果并不好，主要原因如下。

①过于急于求成：采用大树代替了宫胁造林法中的幼苗，省略了采种和育苗阶段，采用了直接挖大树的方法重建，这样实际上就忽略了植物与环境逐渐适应的过程，已经成年的大树苗很难适应突然被改变的环境，因为自然群落中的这些植物已经与原植物群落的土壤、群落小气候以及大气等环境高度适应，生态修复区域环境必然恶劣，人工改良措施也有限，宫胁造林法采用幼苗造林的做法实际上是利用了植物在其生长过程中逐渐适应环境的能力，从而可以取得营造生态防护植物群落的成功。

②不重视土壤和其他环境条件的改造：生态修复区域环境土壤普遍存在着贫瘠、板结、偏碱性，只适应先锋植物生长，顶极植物群落在形成过程中已经形成了肥沃、疏松的土壤环境，所以顶极植物群落的组成种需要有良好的土壤条件。

5.4   生态修复建设中植物群落配置中的生态学原则

5.4.1   适地适树原则

生态亟待修复环境大大恶劣于自然条件下植物生长的环境条件。因此，针对具体环境特点设计选择适应性强的植物种十分必要。

（1）以乡土植物为主。乡土植物是在生态修复地区长期生存并保留下来的植物，它们在长期生长进化过程中，已经形成了对该地区生态环境的高度适应性，应该成为生态修复工程建设绿色植被的主要来源，包括乔木、灌木和草本。外来植物对丰富本地生态防护景观大有益处，但引种应在"气候相似性"原则上进行，并须在小面积引种成功基础上，才可大范围推广栽植。现在生态造林种草植物引种过多，尤其是引种速度过快，有的才 1~2 年就开始大面积推广的做法不宜提倡。

（2）多选用耐瘠薄耐干旱植物。生态修复地区土壤普遍板结、贫瘠，缺乏肥沃表土和良好的土壤结构，而大面积裸露地表又使降雨的 90%形成水土侵蚀流，从而导致土壤条件更加恶劣。耐瘠薄、耐干旱的生态乔灌草植物有十分发达的根系和适应干旱的特殊器官结构，其成活率高、生长速度较快、抗性强，适于作为生态修复绿化植物。

（3）不同地段生态植物的选择应区别对待。同一生态修复工程的不同区域地段的生态环境条件差异很大，在造林种草植物选择和配置中应加以区别对待，以达到改善生态环境，提高生态防护效能质量，丰富防护环境景观的目的。

①对于生态修复中的大片水源涵养林、天然林等区域，其土壤较肥沃，人为破坏也较少，可以根据防护功能和景观作用设计要求配置一些肥土植物，引种部分外来植物，形成更丰富的生态防护景观特征。

②针对生态防护灰尘和噪声这两大不利环境因素的防护林带，应设计起到减尘降噪的效果，要求选用枝叶茂密、分枝低、叶面粗糙、分泌物多的构树、马甲子、红瑞木、荚蒾、沙地柏等常绿植物。并且尽可能设计营造宽林带，以便形成松散的多层次结构。

③对重度污染的工矿区，防治大气污染是这些区域生态建设绿化的主要目的，应选用一些抗污染能力强，能吸收、分解有毒物质，净化大气的植物。选用苦楝、加拿大杨、毛白杨、榕树、白蜡、银桦、核桃、女贞、广玉兰、木芙蓉、樟树等抵抗 SO_2 污染；选用臭椿、栗树、樟树、榕树、桑树、毛白杨等抵抗 HF 污染。有些植物可同时抗多种污染物，如樟树、毛白杨；有些植物可能抗某种污染物而对另一种污染物敏感；还有些植物对多种污染物均表现出受害症状，则不适于该区域造林绿化。因而，必须弄清各生态防护区域的污染物类型和植物对各种污染物的抗性强弱，才能保证生态修复绿化取得成功。

5.4.2   植物群落多样性原则

（1）生态修复工程建设中配置植物群落多样性要求。生态修复中的造林种草绿化不是简单的植物种类选择，而是根据生态防护功能作用设计的要求来进行多种植物的搭配组合，以植物群落的方式出现在生态修复区域空间中。生态修复区域植物群落的多样性包括群落中物种的多样性和群落类型的多样性，它决定着生态建设防护功能作用的效能和绿地生态效益大小。所以，在适地适树原则基础上还要尽可能地配置多种群落类型，在各群落中尽可能地多配置一些植物种类，以增加群落的多样性，增强其生态修复和防护功能作用。

（2）配置乔-灌-草复层结构群落，增加群落中的植物种类。可利用乔、灌、草在立体防护体中所占据位置来有效增强防护功效，并丰富群落季相景观，如悬铃木-女贞-大叶黄杨群落、樟树-蔷薇-迎春群落。也可以按季节更换下层草本植物形成立体防护景观。在设置立体防护复层结构中要注意落叶种与常绿种的混交搭配，以保证防护林带发挥长期生态效益。

5.4.3　植物群落稳定性原则

生态修复工程建设的植物群落不仅要求有良好的生态防护功能，还要求具有改造环境且能够满足人们对自然生态景观的欣赏需求。所以，对于生态修复建设植物群落，不论是林业防护工程林绿地体系的特殊性，还是用来防治风水侵蚀的水保林、固沙林、复垦林、盐碱地改造林、退耕林草、水源涵养林与天然林等植被，这些生态防护功能特性与景观特征能否持久存在，并保护其防护质量的恒永性极为重要，而植物群落随着时间的推移逐渐发生演替是必然的，那么要保证生态修复建设防护设施的存在和质量，就要求在设计和配置过程中充分考虑到群落的稳定性原则，加以合理利用和人为干预，得到较为稳定的生态防护群落。

（1）生态防护植物多样性是稳定性的基础。植物多样性是稳定性的基础是指在植物群落内尽可能地多配置不同的植物，以提高生态植物对环境空间的利用程度，同时有效增强群落的抗干扰性，保持其稳定性。

（2）避免群落内出现激烈的竞争。在恶劣生态修复环境中，由于生存空间和营养元素缺乏，必然有植物间的相互竞争，竞争结果会导致某些个体和某些种的生长衰退甚至死亡，从而使群落丧失稳定性，造成原建生态防护植物群落结构遭到破坏。因此，避免竞争是保持群落稳定性的根本。可采用以下方式或途径来避免群落内激烈的竞争：

①不同时选用生态习性相近植物种：指将习性不同种类组合在一起。阴性植物和阳性植物组合可减少因光照不足引起的竞争，深根植物和浅根植物组合可减少地下空间和营养吸收的竞争，落叶植物和常绿植物组合，高大植物和矮小植物组合都是避免激烈竞争的有效方式。

②改良生态建设植物生长的环境条件亦是减少竞争的有效手段：事实证明，当空间和营养充足时，植物间很少或不发生竞争。可通过松土、施肥、浇水、除草等措施改良土壤条件，增加养分供应，并合理稀植，减少对生存空间和和营养的争夺，增强植物群落的稳定性。

③选择当地顶极群落或近顶极群落的植物类型：自然状态下植物群落演替的终极——顶极群落具有最大的稳定性，近顶极群落也有较强的稳定性。每个生态修复区域的气候、土壤都有其特定的顶极群落。所以，选择当地条件下的顶极群落或近顶极群落植物是得到稳定群落的一条捷径。如地处北亚热带的武汉地区地带性顶极群落应该是以樟科、壳斗科为主的常绿落叶阔叶混交群落；地处温带的北京地区应是以桦木科、杨柳科、壳斗科落叶种为主的落叶阔叶群落。在实施生态建设植物配置时要选择相对应的植物，组成顶极或近顶极群落，其稳定期较长。若在北方地区配置热带种类组成的植物群落，其生长发育必然遭受低温制约；如在草原、沙质荒漠化地带配置森林群落，因干旱与水分胁迫，其稳定性会很低。

④正确预测生态建设植物群落的演替方向：指加以人为干预，得到较为稳定的中间群落类型。生态建设植物群落的演替总是从一个群落向另一个群落过渡，其过程长短与外界条件的改变程度和内部各物种的适应程度相关，人为干预可以在一定程度上加快或减缓这一进程，从而得到

较为稳定的生态防护植物群落。如在干旱贫瘠的生态修复地段上，造林种草绿化初期必须配置先锋生态防护植物群落，以耐贫瘠、抗干旱的草、灌、乔阳性植物为主，达到提高生态植绿成活率加快生态绿化进程。其防护植物群落景观可以维持至首批植物自然衰亡，然后可自然演替至中性和耐阴性植物为主稳定的中性群落。如果要维持先锋植物群落，必须加以人工间伐、清灌，以增大群落内光照，保证其幼苗吸取到更多的养分和水分，正常生长，为此，需要清除竞争力强的耐阴性杂草类植物。

5.4.4　生态经济原则

生态修复工程项目建设以生态、社会效益为主要目的，但这并不意味着可以无限制地增加投入，任何一项生态修复建设工程可投入的人力、物力、财力和土地都是有限的，必须遵循生态经济学原则，才可能以最少投入获得最大的生态效益和社会效益。

（1）应设计选用寿命长、生长速度中等、宜粗放管理、耐修剪的植物种。阳性植物最耐粗放管理，易成活、生长快但寿命短，需人工更新年限相应缩短。另外，生长过快也需要更多修剪，所以除了某些特殊地段外，少用阳性植物或采用阳性植物与耐阴植物混种可节约管理成本，提高生态建设植被的抚育养护效益。

（2）改穴状造林种植为带状种植，尤以宽带为佳。穴状种植由于植株身居狭小空间会给植物根系的生长和养分、水分的吸收带来了副作用；带状造林可以为植物提供更大的生存空间和较好的土壤条件，并使落叶留在种植带内为植物带来养分，还可有效改良土壤。

（3）充分认识植物的生长速度和植株大小，合理控制栽植密度，减少因疏伐带来的管理开支。多种植物组合，配置成复层结构能够有效地发挥生态植物的防护效果，但有时会出现由于栽植密度不当引起其中某些种（尤其是下层小乔木和灌木）出现树冠偏冠、畸形、树干扭曲等现象，严重影响生态防护质量，如悬铃木-女贞形成的上层落叶下层常绿的结构，是过去防护林配置方式，从生态学和生物学角度来说，悬铃木生长较快，挺拔高大，属于落叶大乔木，阳性；而女贞生长较慢，属常绿小乔木，中性稍耐阴，二者配置在一起比较合理，但由于栽植密度过大（大多株距为 1~1.5m），悬铃木生长快，迅速占据上层空间，在生长季节形成厚实的冠层，女贞由于下层空间光线弱，生长慢（女贞为中性植物，但不耐长期荫蔽），因而长成瘦高扭曲的干形，并且偏冠、树冠缺损。结果只能是疏伐或砍掉女贞，使原设计林带的防护功能质量大受影响。其实只要根据各树种成年大树的高度和树冠大小适当稀植，虽然在造林绿化的最初几年内不能很快得到浓荫蔽日的效果，但可得到圆满冠形和健壮的植株，确保生态防护林质量，避免不必要的开支。

（4）树种单一、群落结构简单并不意味着管理也简单易行，相反有时也会带来更多麻烦。全国各地生态工程修复建设中，悬铃木占据的比例曾经相当大，个别地区甚至高达80%，但悬铃木飞毛带给城乡居民的烦恼也是始料未及的。于是近年来，各地区所植悬铃木被截头换枝或连根掘起，更换树种此起彼伏。其实，很多地区本可少用甚至不用悬铃木，如在武汉地区，樟树、女贞、桂花、喜树、广玉兰等树种都可以作为生态建设造林绿化植物种。另一方面，大面积种类单一的生态植物群落，极易造成病虫害蔓延而导致毁灭性的破坏，如宁夏回族自治区银川地区作为城市生态防护林营造的杨树林，就因天牛危害而迅速消失。因此，在生态修复工程配置植物过程中，必须要遵循相关生态学原则，采能在有效节约生态建设成本、切实提高生态防护效益、方便管理的基础上尽快取得良好的生态效益和社会效益，让生态修复建设绿地更好地为改善生态恶劣环境、提高国土绿化率、创建优质环境质量服务。

第三节
项目零缺陷建设设计原理与设计依据

1　零缺陷建设基本原理

生态修复工程零缺陷建设是在遵循生态学原理并在其指导下，对生态环境进行修复和改造进行设计和建设的技术与生产工艺体系，其目的是实现区域经济效益和生态效益的高度统一，使区域内的农业、工业、城市经济等得到持续、稳定的发展。因此，生态修复工程零缺陷设计过程，必须遵循四项基本原理是：系统原理、生态原理、经济原理、工程原理。

1.1　系统原理

系统这一概念最早是由贝塔郎菲（L. Von Bertanlanffy）于 20 世纪初提出来的，是指处于一定相互联系中的与环境发生关系的各组成成分的总体。从系统产生起至今几十年的人类社会发展过程，系统一词已经渗透到了我们每门学科研究及其日常工作中，家喻户晓。因此在具体实施生态修复工程项目建设设计时，必须综合考虑系统具有的 5 个基本原理。

1.1.1　整体性原理

系统的整体性又称为系统功能的整体性，即"系统整体功能大于部分功能之和"。系统整体性的内涵是指，系统内任何一个要素的变化是系统所有要素的函数，而每一要素的变化也引起其他所有要素及整个系统的变化。

1.1.2　有机关联性原理

系统整体性原理作为系统论的核心，是由系统的有机性，即由系统内部诸因素之间以及系统与环境之间的有机联系来保证的。系统是由各组成部分的有机联系而形成的整体，它内部诸因素之间的联系均是有机的。诸部分之间相互关联、相互作用，共同构成系统的有机整体。各个因素在系统中不仅是各自独立的子系统，而且是组成母系统的有机成员，同时系统与环境也处于有机联系之中。系统与其外部环境之间的有机关联，使得系统具有开放的性质，与外界环境有物质、能量和信息的交换，并有相对应的输出输入和数量的增加或减少。

故此，系统内部诸因素之间必须具有有机的关联，才能与系统的"开放"性质一致，从而保证系统的整体性。

1.1.3　动态性原理

系统随时间而变化的动态性原理主要表现在：一是系统的内部结构及其分布位置是随时间而变化的；二是系统在与外界环境进行物质、能量、信息交换过程始终处于连续不断的动态变化之中，即系统的静态是相对的，而动态则是永恒的。

1.1.4   协同性原理

生态系统中存在着竞争，即达尔文提出的"适者生存"理论，它使研究者的注意力集中在生物种间的竞争上，忽视或低估了种间客观存在的协同合作性的作用。但有理由认为，生态系统在达到相对平衡状态时，其种群之间的负相互作用和正相互作用也趋于平衡状态。

生态系统中两个种群之间具有正相互作用的有：

（1）偏利作用：指对一个种群的生存繁衍有利。

（2）原始合作：是指对生态系统中的两个种群的生存繁衍均有利，发展结果使其彼此间完全依赖，这种生物种群间的依赖关系被称为共生关系，即兼性共生（facultative symbiosis）或专性共生（obligate symbiosis）。

1.1.5   层次性原理

客观世界里的系统结构是有层次存在的，任何系统既是其他系统的子系统又是由许多亚系统组成。层次结构包括横向、纵向层次，横向层次也叫系统的水平分异特性，是指同一水平面上的不同组成部分；纵向层次叫做系统的垂直分异特性，是指不同水平上的组成部分。

生态学研究非常重视系统的这种层次性，Odum用"生物学谱"的概念来表示生物界的层次性结构，并据此来说明现代生态学研究的重点是生态系统层次结构中的种群、群落。

层次结构理论认为，组成客观世界的每个层次都有自己特定的结构和功能，形成自己的特征，均可以作为一个研究对象和单元；对于任何一层次的研究和发现都有助于另一个层次的研究和认识，但对任一层次的研究和认识都不能代替对另一个层次的研究和认识。注意系统内事物的层次性，只有深入了解和认识一件事物在整个层次结构中的位置及其与其他事物的关联，才能获得对系统结构中的问题的更全面认识。

1.2   生态原理

生态修复和治理不同的生态系统环境类型，生态修复工程建设设计遵循的核心原理是生态原理。生态原理的科学内容有5个，即：生物共生原理、物质循环再生原理、生态系统基本动力原理、生态系统自组织原理、生态系统边缘效应原理。

1.2.1   生物共生原理

生物共生原理是指利用不同生物种群体在有限空间内结构或功能上的互利共生关系，建立充分利用有限物质与能量的生物共生体系。如农林间作、林果间作等。共生现象还广泛地存在于生物的不同种群间，最常见的是异养生物与自养生物间的共生关系。这种共生关系的实质是异养者从自养者外获取食物，而自养者则从异养者得到保护。

1.2.2   物质循环再生原理

物质循环再生原理是指生态系统中，生物的多类型、多途径、多层次地通过初级生产、次级生产、加工、分解等完全代谢过程，来完成物质在生态系统中的循环。

1.2.3   生态系统基本动力原理

生态系统的结构与功能取决于影响其的动力因素或限制因子（如温度、光照、风力、湿度等）；根据生态系统原理，处于任一状态的系统本身都有一限制因子存在。在自然界中，各种有机体和环境的相互关系是极其复杂的，环境因子对生物的作用也各不相同，有时显得特别重要即成为主导因子，有时则不那么重要，即成为辅助因子，但一旦该因子超过或接近有机体忍受程度的极限时，就可能成为一个限制因子。

可以说环境中的任何因子都可能成为限制因子；限制因子主要来自自然、人为、环境这三方面。无论是自然的变异、人为管理不当，还是环境的不可逆变化后果都可能直接影响到生态系统的进程。

1.2.4 生态系统自组织原理

生态系统具有的调节与反馈机制使得系统产生自组织功能，以适应外部环境条件的变化，并最大限度地减轻或强化这种变化带来的影响。这种自组织功能是通过生态系统内部多种自我调控机制实现的。如通过正负反馈机制，生态系统各生物种群密度与群体增长率间保持着一种平衡关系。当种群密度增大时，种群的群体增长率减小，使得种群数量增加减速，负反馈机制使得种群数量逐渐处于平衡水平；当种群数量少时，群体增长率提高，个体大量增加，种群密度就提高，形成正反馈。如绿色植物虫害与天敌间的关系即是如此，虫害数量增多时，天敌因食量增加而大量繁殖，反之当虫害数量减少时又影响了天敌的繁殖。

生态系统中处于同一生态位上的多元组分起到相互补偿作用，能够减轻系统的危害，从而保证系统的稳定性持续下去。如在某生态工程项目中设计配置的乔、灌、草、针阔混交林里，由于枝繁叶茂林地中的食虫鸟较多，使得马尾松较难发生松毛虫灾害，而在马尾松纯林中，极易暴发松毛虫灾害。

除上述 2 种机制外，一切生态系统都有一种自我调节、自我修复和自我延续的能力。即生态系统对任何外来干扰和压力，均能产生相应的反应，借以保持系统的各组分之间的相对平衡关系，以及整个系统结构功能的大体稳定状态，使这个系统得以延续存在下去。这种机制也称为系统的内稳态机制，即系统抵抗变化和保持平衡状态的机制。内稳态机制普遍存在于生态系统和生物个体中。如植物通过膨压变化、气孔开闭甚至落叶来调节水分盈亏等；经对高等水生植物凤眼莲 14 天的去除氨氮作用观察，结果显示可使水中总氮从 3.89g/L 降到 0.8mg/L，表明凤眼莲有极强的净化水质效应。

1.2.5 生态系统边缘效应原理

生态交错带即相邻生态系统之间的过渡带，其特征是由相邻生态系统之间相互作用的空间、时间及强度所决定的。如森林与草原之间，农区与牧区之间，城市与农村之间等均有过渡带。生态交错地带通常是一交叉地带或种群竞争的紧张地带，两种群落组分同时出现在同一总体气候条件下，并处于激烈的竞争状态下。哪个能获得立足地，取决于局部地形造成的小生境、土壤质地以及植物的生存适应性和种间相互作用关系，结果是使两种群落形成镶嵌式分布。同时生态交错地带实际上还起着流通通道的作用，如同过滤器或屏障一样，因为相邻生态系统存在着热量等的差异，导致能量、物质（尘埃、雪等）、有机体（花粉、小动物等）沿压力差方向移动，相邻差异越大，导致的流动速度越大。

目前人类活动正在地球上大范围地改变着自然生态环境，造成许多交错地带。这些交错地带一定程度上可以控制不同生态系统之间的物质、能量与信息的流通，并对该过渡区域生态系统的物质、能量、信息流有着特殊作用，而且显然可以缓冲邻近生态系统带来的冲击。因此，如何保护与合理利用生态交错地带，并探讨对生态交错地带的有效管理也是生态修复工程建设设计中的重要工作内容。

1.3　经济原理

1.3.1　自然资源合理利用原理

在有限的自然资源基础条件下，既能够获得最佳的经济效益，又做到了不断提高环境质量的技术途径，就是自然资源合理利用原理。

（1）可更新资源的利用。我们能够见到的太阳能、地热能、风能、水力能等可更新资源与地球演变及地球表面的气流、洋流等流体力学过程有关。人类对这些可更新资源的利用一般不会影响其更新过程。但是森林、草原、鱼群、野生动植物、土壤等自然资源的更新过程与生物学过程有关，其更新速度极易受到人类开发利用过程的影响。人类对这类资源的过度开发利用会损害其更新能力，甚至导致资源枯竭。因此，要合理利用可更新资源，核心是保护其自我更新能力和创造条件加速资源的更新，使得自然资源取之不尽、用之不竭，并保持最适合的开发量。

（2）不可更新资源的利用。金属矿物、非金属矿物、化石能源等自然矿物资源和社会生产中的燃油、化肥、农药、机具等生产资料，随着使用会被逐步消耗掉，不能循环往复长期使用，它们属于不可更新资源。对于这些不可更新资源，必须从物质循环的生态学角度出发，掌握各种矿物的自然循环规律。对它们的开发利用应以对环境干扰或破坏最低程度的方式来进行。

合理利用不可更新资源的途径如下：

①矿物回收与再循环利用。只有提高矿物的回收利用率和降低其消耗量，才能延长矿物的使用期限，推迟矿物枯竭期的到来。例如，地球上磷矿物的储量有限，而且又无法用其他资源代替，这是生态学家普遍担忧的问题。据美国生态研究所估计，如果人类不使用磷肥，可能地球上连20亿人也养活不了。据预测，磷肥资源可能在21世纪被耗尽。因此，作好磷的回收和再利用已成为一个万分重要的课题。

②资源替代。资源替代是指用可更新资源替代不可更新资源。如以木料替代某些金属，以沼气、酒精等生物能源替代不可更新的煤、石油、天然气等化石能源，用储量多的资源替代储量少的资源。如用铝代铜，以塑料代替铜、铝、锡等制品。

③提高资源利用率。提高资源利用率是指通过科技进步、工艺改进等方式，从单位资源消耗中生产出更多的产品，来提高资源的利用率。

1.3.2　生态经济平衡原理

生态经济平衡是指生态系统及其物质、能量与经济系统对这些物质、能量需求之间的协调状态。生态经济平衡的内涵为生态系统物质、能量对于经济系统的需求平衡。现代经济社会是一个生态经济有机体，即现代经济社会不只是由单一经济要素所构成，而是一个含人口、资金、物质等经济要素和包含资源环境等生态要素的多层次、多目标、多因素的网络系统。在生态经济平衡中，生态平衡属于第一性，经济平衡是从属第二性；生态平衡是经济平衡的自然基础，在生态经济系统中，一定的经济平衡总是在一定生态平衡基础上产生的。经济平衡并不是被动地去适应生态平衡，而是人类主动利用经济力量去保护、改善或者重建生态系统的平衡。人类的社会经济愈发展，就对生态系统的主体作用就愈大。

1.3.3　生态经济效益原理

生态经济效益是评价生态经济活动和生态修复工程项目的客观尺度，对任何一项生态修复工程项目都需要进行生态经济效益的比较、分析和论证，以取舍最佳方案。在同等生态效益和劳动消耗的条件下，技术与管理得当，经济资源与生态资源配置合理，也就是说所有经济资源的投入符合生态系统反馈机制的需求，从质和量两方面有利于形成有序的生态经济系统结构的良性循环，生态系统生产力就可以得到最大限度地发挥。

1.3.4　生态经济价值原理

生态经济价值原理或生态资源价值问题，是目前亟待解决的生态经济理论问题。从经济学的劳动价值观理论或商品价值观理论的视点出发，没有经过人类劳动加工的自然生物资源，如物种、种群及群落等，其具有的使用价值或效益是没有价值的。自然生态系统的涵养水源、调节气候、保持水土、防风固沙等生态效益的发挥，既不体现使用价值，又不表现价值。如若不从理论上解决自然资源及生态环境的价值体现问题，实际生产中不把自然资源成本和生态环境代价这些潜在的价值进行恰当的体现和评价，就不可能保护大自然恩赐给人类的碧水蓝天，就不会杜绝肆无忌惮的对其进行破坏、过度耗费滥用的现象，就难以避免大自然给人类终而复始的无情报复。

1.4　工程原理

1.4.1　太阳能充分利用原理

是指从工程的空间到内部结构充分考虑最大限度地使用太阳能。为此，应在工程设计时，就充分利用太阳能方面进行合理的平面布局、立体结构设置和乔灌草的立体式搭配。

1.4.2　水资源循环利用原理

生态修复工程建设设计中应强调对水的节约和高效利用，以降低水资源的浪费和过度消耗。倡导改革用水工艺、污水灌溉及循环用水。据测定，我国生态绿地水利用仅为 0.46，大部分水被浪费掉了。通过改进灌溉方式有着巨大的节水潜力，如安装使用喷灌、地下管灌、滴灌、渗灌系统，可把水直接输送到植物根部，使蒸发和渗漏水量降到最小。

1.4.3　生物有效配置原理

是指充分应用生态学原理，发挥生物在工程中的诸多功能作用，以优化生产和生活环境。

1.4.4　无污染工艺原理

是指以技术和管理为手段，通过产品的开发设计、原料的合理使用、工艺改进、企业的有效管理、物料循环综合利用等途径，使污染物的产生和排放量最少化的工艺过程。

2　零缺陷建设设计基本原则

为适应现代人类社会生态、经济、社会协调发展的需求，依据生态学和经济学相结合的原理，通过生态修复工程的零缺陷建设，达到对生态系统的恢复、修补与重建，使生态系统功能趋于提高和逐步完善过程。为此，把下述 6 项基本原则贯穿于设计活动的整个工作过程，才能使生态修复工程项目零缺陷建设建立在一种创新思想的基础之上。

2.1　整体性原则

一项生态修复工程建设设计必然是包括了项目区域的自然、经济、社会的整体效益，而不是局部或短期的效益，甚至相互矛盾、有弊端的效益。因此，生态修复工程设计就要考虑山、水、土相连，农、林、牧相依，工程项目的生态、经济、社会效益相结合。整体性原则必然与系统层次结构紧密联系在一起。达到充分体现出"整体大于部分之和"的效果，即从整体上认识、分析、解决问题，做到统筹兼顾，协调矛盾、寻求和谐，达到整体最优化。

2.2　协调发展原则

在一个由若干要素组成的生态复合系统中，各个要素必须"匹配、齐全、等衡、协同"，才能发挥系统整体的作用。任何一个要素在系统中都有其独立的功能和作用，不可缺少，不可置换。绿色植物在生长中需要光、热、水、气等诸多要素和土壤中各种矿物元素的协同作用，而人工投入物质、能量和技术也是为了满足植物生长发育所需要元素。系统与环境的适应性是系统有序性在系统外部的反映。自然生态界千姿百态、千差万别，靠的是彼此间相互联系、相互协调，从而形成一种动态的平衡。何为平衡，就是组成系统的各要素按照某一客观标准，能够达到系统总体上的优化。系统只有通过结构变化才能表现出一定的功能和性状。为此，应把握各个要素在结构变化中各自遵循的规律，才能把握整个结构的变化规律，以达到协调平衡和有序的状态。

2.3　层次结构原则

层次结构既构成了生态修复系统的复杂性、多样性、相关性；又创造出了生态修复系统的协调性、平衡性。对生态系统环境进行修复、重建是一项多层次、多尺度的工程体系，从纵向看，有植物地理群落、地上与地下各种设施的垂直分布；从横向观察，包括了不同的地质地貌类型的区域分异。所以，生态修复工程设计最基本的工作是充分利用植物生态区划和区域分异的规律，以及生物种群中的生态位和生态界面作用，设计出适合当地自然地理条件的立体植物群落、各种设施构筑物，并合理管理使它们正常发挥出各自的功能作用，为生态修复工程建设作出贡献。

2.4　系统动态原则

生态系统中的层次结构不是系统静态结构，而是还要考虑时间因素，即考虑在一定时间间隔中结构变化的全过程。这一动态过程包括了物流、能流、信息流的传递和交换过程，以及其功能转换过程。在社会经济系统中还要考虑资金流—技术流—价值流。因此，把握结构变化规律本质上是一种动态方法，像森林植物这类生物有机体，系统要随时间经历很多过程。故而在生态修复工程建设设计中，不仅要强调系统内部的组织协同、精心构思，而且要在动态变化过程中达到对系统的有效调控、精细化管理。

2.5　循环再生原则

生态修复工程建设最基本的要求是生态经济良性循环，资源与环境互利互惠，使得生物进化向着良性方向发展。因此，循环再生原则就是根据生态系统的循环原理，使物质循环往复、充分利用，使系统内每一组分产生的废物成为下一个组分的原料。

2.6　优化原则

生态系统优化是指强调系统整体功能的完善。由于生物多样性包括了生物体内部环境的多样性和外部环境的多样性，因此自然生态环境中出现了各种各样的生物类型和生态系统类型，它们为生态修复工程设计提供了许多有科学价值的参考。生态修复工程设计必须考虑的要求，一是最优化决策理论依据；二是最优设计方法体系，最终筛选出最佳的建设方案。

3　零缺陷建设设计依据

生态修复工程项目零缺陷建设设计的最终目的是要使生态环境发生有效逆转，为此，就必须首先设计出科学、实用、适用的生态环境综合治理措施，植树造林种草与工程措施相结合，营造出生态防护景观环境良性和谐发展的境域。

3.1　项目设计的科学依据

在具体进行生态修复工程项目建设设计过程，要依据相关生态修复工程项目建设的科学原理和技术要求进行创造性地开展工作。应严格依据规划设计防护目标和要求，紧密结合项目区域自然条件，翔实掌握水文、地质与地貌、植物与植被、土壤及其物理化学性质、气候等资料，分析、测绘出危害项目区域生态环境的自然灾害主要因子、次要因子的产生原因、危害规律、危害程度等级、危害季节分布等数量特征，理清项目区域的生态建设设计思路，因地制宜、因害设防、综合治理，对症研究、制定出生态建设综合治理机理，严格执行国家、地区和行业颁布的生态修复工程项目各专业标准、规范和规定，并精益求精地设计出适地适技、适地适树（草）、适地适规（格）的植物与工程措施结合为一体的技术与管理方案。

3.2　项目设计的生态防护功能要求

生态修复工程项目建设设计者要根据项目区域生态环境防护目标要求、生态环境改善指标和生态防护功能需求，创造出防护和改善生态环境综合措施得当、区域生态环境向着逆转方向发展、林草植物覆盖面积切实扩大、植被覆盖度有效增加的人工生态和谐发展区域空间。植物与工程这2项措施的设计，应因地制宜、因害而密切结合且规格相互协调，有效产生和发挥综合治理措施的生态修复建设效果。

3.3　项目设计的社会发展需要

生态修复工程项目建设设计方案，是为实现生态文明建设、维护生态安全和社会永续发展的首要保证手段，它为社会和谐发展、为广大人民群众的精神文明和物质文明建设服务。生态修复工程项目建设是维持良性生态环境的根本。因此，生态修复项目设计者要树立"生态兴则文明兴，生态衰则文明衰"的理念，充分了解人民群众和社会发展对生态修复建设的迫切需求，创造出既满足生态防护的建设目标，又起到生态环境改善和环境景观的功能作用。

3.4　项目设计的投资条件

投资条件是决定生态修复工程项目建设顺利实施的保证之一。为此，设计者应因地制宜、就地取材、精打细算，把建设投资真正用在综合治理的"刀刃上"。面对同样一个生态修复建设项目，设计者采用不同的材料，不同规格的苗木，不同的建设施工标准，将需要不同额度的治理投资。故此，设计者必须做到科学性、技艺性、可操作性、适宜性、防护目标功能性、社会需求性的紧密结合，相互协调，全面运筹，力争达到生态效益、社会效益和投资效益的最佳效果。

4　零缺陷建设设计原则

因害设防、适地适技、综合治理、造价合理是生态修复工程项目零缺陷建设设计必须遵循的原则。生态修复工程项目零缺陷建设设计的特点是有着较强的综合性和系统性，因此，要求做到因害设防、适地适技、综合治理、造价合理四者之间的协调统一。这四者之间的关系是相互依存、相互关联、不可分割的。当然，同任何事物的发展规律一样，四者之间的关系在不同情况下，根据不同性质、不同功能、不同规格、不同类型、不同环境的差异，彼此之间各有所侧重。

4.1　因害设防原则

土地退化、水土流失与水力侵蚀、土地沙漠化、土地盐碱化等自然危害，以及社会经济发展必须实施的各类型建设工程项目，这些破坏因子在某一区域或以单一危害形式出现，或者以其2种或2种以上的复合形式发生，但都会破坏土地植被的覆盖、对生态系统环境造成危害。为此，生态修复工程项目建设设计就应该针对项目区域主导性生态危害因子，搞清楚其危害性的表现形式、力度等级、波及范围、季节分布等规律特征，研究制定出综合治理的具体科学机理、工艺工序和适用、实用的技术与管理措施设计方案。

4.2　适地适技原则

每一项生态修复工程项目建设场地所处的自然生态环境和社会经济条件不尽相同，均有其独特之处，项目建设的环境条件对项目建设达到综合治理目标起着不可忽视的重要基础性影响作用。一般来讲，自然环境和社会经济综合条件，都会对项目建设设计方案产生影响；因此，在具体实施项目建设设计时，应认真调查、细致分析和深入研究，并结合业主方的建设设计要求，研制出符合实际、满足项目区域防护目标要求和能够合格、持续发挥生态防护功能作用的生态修复建设设计方案。

4.3　综合治理原则

综合治理是指在生态修复工程项目建设设计中，要根据项目区域的具体情况，植物措施与工程措施相结合，建设施工作业与后期养护管理相结合，生态建设与农牧业生产相结合，生态建设与经济社会发展工程项目建设相结合，生态修复建设治理与土地合理利用相结合，生态建设治理与生态自我修复相结合，生态修复建设治理与治水、治污相结合。

4.4　造价合理原则

生态修复工程项目建设是一项耗资巨大的工程，各地应根据实际财务状况适度开展实施，在制定项目建设治理前应该进行全面完善的调研分析与预测，切勿盲目追风或虎头蛇尾。

（1）设计要深刻领会和贯彻项目建设投资意图。在生态修复工程项目建设设计中，设计者要根据业主的投资条件，深刻领会和贯彻业主方的投资意图，量体裁衣，力求通过技术工艺改进、材料种类选择及规格设定来节省投资，降低单位面积的项目建设造价。

（2）综合治理技术措施设计要优选劣汰。应根据生态修复工程项目建设治理具体情况，制定多项治理技术措施方案，并采取技术经济综合分析方法进行分析、比较和选定，或者对几个方案进行相互弥合、取长补短形成一个完善的设计方案。

（3）应把后期管护纳入设计范畴。在设计阶段就应该把生态修复工程项目建设竣工后期管护进行技术与管理设置。从人员配置、管护制度建立与履行、器械配置与保养、预防火灾、防毁林防盗伐等都应合理设定。

第四节
项目零缺陷建设设计步骤

生态修复工程项目零缺陷建设设计主要是根据立地条件，因地制宜地设置和选择植物与工程措施的工艺工序、材料规格、工期预期、养护期限等。一般应在设计前就要实地调查勘测，根据调查及实际测量所得到的资料，做全面的分析、制定综合治理技术措施、全面布局与计划，以此作为项目建设施工指导性文件。掌握了项目区域真实、详尽的基础资料后，设计者才能把生态建设防护治理的指导方针、原则和构思理念，通过制图、列表与文字描述的方式将其符号化、图示化和程序化，使设计者将工作系统化并研发出最佳的生态修复零缺陷建设治理设计方案。

1 项目区域基础条件研究分析阶段

1.1 确切领会业主意图，防护功能精确定位

设计者应与业主（建设单位）先进行沟通了解，掌握业主的项目建设意图，这是设计程序中重要的一环。从业主的生态修复治理的目标需要、环境条件和建设实施力量等出发，在严格执行国家、地区和行业规范、标准、规定的前提下，集思广益、精益求精，对项目区域生态危害因子及程度准确定位、量化，制定出适地、适技、适时、适材、适量的生态修复建设治理设计方案。

1.2 研究分析阶段——掌握实际情况、因地因害设防、综合适用

1.2.1 项目设计基本图准备

无论项目建设区域范围大小，必须了解其地形地貌、土壤土质、降水及其季节分布、地表水量及其流向、地下水储量及其分布、交通道路现状等，测量标绘出地面地形地貌，包括山岳、河流、建筑、道路、农田、牧场等不动物体间的距离，项目区域的方位及海拔高度，以确定其位置，然后应用比例尺缩绘于图纸上，成为基本图，包括平面图、地形图、布置图、剖面图、略图等，以便下一步详尽设计使用。

因在后续设计中都要广泛应用基本图，为此，绘制出的基本图必须清晰、简明和易读；绘制基本图时不宜使用过于复杂、繁琐的图例，但必须保证图面的完整性和各分图的连续性。

1.2.2 项目区域分类分析

对项目设计区域调查与分析是设计前的重要工作之一，也是帮助设计者解决项目区域生态防护功能、设置措施到位的最有效工具。调查范围包括自然条件状况、社会经济状况、交通运输状况、电信信息状况等。在生态修复项目建设设计中，不但要谋划对项目建设治理的全面整体性和技艺合理使用性，也应为项目竣工后使用管理的运营与养护管理成本，更要顾及到项目建设受益者对环境景观的变迁需求等诸多限制因素，明确项目建设需求分类。分析要以业主的建设主导思想和原则，以及自然条件、社会经济条件、交通信息条件等相互关系为基础，综合分析以决定设计生态修复工程项目建设技术与管理模式，以便为后续的招投标、建设现场实施、后期抚育保质和竣工验收节省很多的工期、财力、物力、人力。

1.2.3 设计原则与生态修复防护目标组合法则

当完成项目区域环境调查分析后，在业主需求和防护目标吻合后，就可制定出项目设计时应遵循的基本原则。精确制定出治理生态灾害、改善生态环境的防护主目标及其对应复合技术措施，继而选择和确定植物栽植措施，包括乔灌草植物种选择、苗木（种子）规格确定、植物栽植面积或数量、栽植作业期限定、抚育养护措施管理等，植物措施是生态修复工程项目建设的主题；工程措施是有效保障植物措施不可或缺的硬件措施，二者在生态修复项目建设过程构筑成复合有机型的生态屏障。

2　项目零缺陷建设设计构思阶段

构思阶段是开展生态修复零缺陷建设成败的关键所在，该阶段的核心是贵在立意、高人一筹。在完成研究分析后，接下来就应该开始做设计构思。设计构思要尽量图示化，并精确计算各种技术措施之间的相互协调关系、平面防护与立体防护的区位关系，使复合防护措施在时间上、平面上、空间上达到协调、合理、有效且持续。为此，设计构思可由以下3个步骤完成。

（1）构思理想的初设治理方案。将设计的生态修复防护功能与项目区域紧密相关的自然条件（地形地貌、地下水、气候、植被等）、社会经济条件（经济发展现状、交通运输、信息通讯条件、劳动力状况等）与立体空间的关系，以单个元素形象的图形表示出来，并按比例绘制成初设图样，用来表达出该项目生态治理机能与平面、立体空间之间相互镶嵌组合形式的关系。

（2）其他关联因素参与充实、修正初设方案。这一步骤是将设计项目生态建设治理的各相关影响因子纳入更深程度的谋划范围，综合考虑项目建设目标、防护功能、建设投资概算、建设工期及实施要求指标、抚育保质等方面，站在审视者的位置，从不同角度对初步图样进行精雕细琢式的修改、补充和完善。

（3）分区与整体系统设定——完善设计方案。生态修复项目设计者应始终在头脑中有一个项目设计的横纵轴线，这个横纵轴线在初期是大概而模糊、不确切的，随着不断研究而逐步成熟，继而达到清晰和完善，最终达到设计构思的精致境界。这就是生态项目建设设计的精髓。

项目设计的横纵轴线联络项目建设区域各分项、分块和局部，它是贯穿项目建设整体生态环境防护景观的系统。在划分分项、分块时，要把各分项、分块进行有机地联络在一个整体中，把植物措施、工程措施、灌溉管网铺设、道路修筑、抚育保质、交付使用后的运营管理，都应该有机、有序、有技艺、有标准、有管理、有规范地进行设置。

3　项目零缺陷建设设计完成阶段

3.1　设计方案

　　设计方案是生态修复工程项目零缺陷设计的核心工作，应全方位反映出项目建设的技术要点、规划布局、技艺工序、工期进度、抚育保质等所有各方面；采取绘制图方式将所有设计元素标示在正确而恰当的位置上。此时所有元素均已经被分析研究透彻，根据先前各种图解及布局规划组合研究所建立的框架，再综合细研以下 4 项草案。

　　（1）项目区域所有元素与生态防护功能、目标相匹配的模式；

　　（2）预计分项、分部技术的规模、数量、技艺、工序、概算、工期、抚育、保质；

　　（3）设计在项目区域三维空间中各元素的位置、规格或规模数量、高度或表现形态；

　　（4）项目设计中各元素的程度或大小、外貌或表现形式、内部组成结构或形态。

3.2　设计图绘制

3.2.1　设计图绘制与报审要求

　　（1）规范绘制图要求。生态修复工程项目建设设计中的结构设计是设计方案中最后一个步骤，此时所用的设计元素则是考虑技艺、工序的细微处理与材料使用的细节层次了。生态项目建设设计，不能仅凭想象或仅用文字描述，而必须构思、绘制和使用平面与立体结构图来表述，结构图是设计者与项目建设业主或使用者之间最具体化的沟通工具。一般项目区域面积较小，结构图常用 1∶1000～1∶3000 比例尺绘制，并使用惯用的符号作为图例标示。

　　（2）绘制成图前的图面规范要求与报审。设计完成前，首先必须细心细致地检查，将图中检查出的失误、遗漏、瑕疵等全部修改，以及对设计预算再次复算、复核无误后，将所有设计图面清晰而完整地绘制在描图纸上作为定案设计图，必要时要晒出多份蓝图；与此同时，即可告知业主（建设单位）进行图纸会审。在绘制分项、分部工程结构、技艺、工序衔接等细微结构设计图时，应标示规格尺寸及绘列出植物栽植、工程措施设置、浇灌管网与临时道路等附属配置，并正确使用各种材料的标准化、规范化、正规化尺寸。

3.2.2　设计图纸幅面、标题栏、会签栏

　　（1）图纸幅面。设计制图通常采用国际通用的 A 系列幅面规格图纸。A0 幅面图纸称为零号图纸，A1 幅面图纸称为壹号图纸（1#）；A2 幅面图纸称为贰号图纸（2#）；A3、A4 图纸依序称为叁号图纸（3#）、肆号图纸（4#）等。相邻幅面图纸的对应边之比符合开方 2 的关系（图 1-5），图纸图幅的规格及尺寸见表 1-4。

　　（2）图纸的标题栏与会签栏。详见下述图纸的标题栏、会签栏说明。

　　①图纸标题栏：又称图标，简要说明图纸内容，应写明设计单位全称、工程项目名称、设计人、审核人、制图人、图名、比例、制图日期和图纸编号等内容；

　　②图纸会签栏：应填写会签人员从事专业、姓名和日期，其格式如图 1-5。

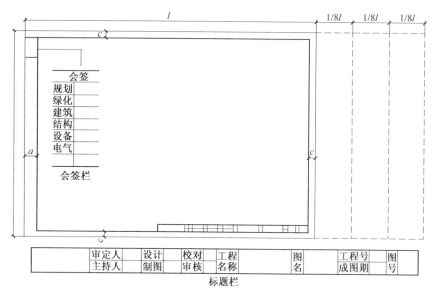

图 1-5 图纸幅面、标题栏与会签栏

表 1-4 生态设计图纸图幅规格

图 幅 代 号	A0	A1	A2	A3	A4	A5
$b \times L$（mm）	841×1189	594×841	420×594	297×420	210×297	148×210
c（mm）	10	10	10	5	5	5
a（mm）	25	25	25	25	25	25

注：b—图纸宽度；L—图纸长度；c—非装订边各边缘到相应图框线的距离；a—装订宽度，指横式图纸左侧边缘、竖式图纸上侧边缘到图框线的距离

3.2.3 设计图纸线型和宽度等级所标示的内容

设计绘制图过程常规使用线型分为 4 种：实线、虚线、点划线、折断线。常见线型及其适用范围见表 1-5。

表 1-5 各种线型及适用范围一览表

序号	线型名称	宽度	适用范围图示说明	图示
1	粗实线	$\geq b$	图框线，立面线外轮廓线，剖面图被剖切部分的轮廓线	
2	标准实线	b	立面图的外轮廓；平面图中被切到的建筑物墙身的图纸	
3	中实线	$b/2$	平、立面图上突出部分的外轮廓线	
4	细实线	$b/4$	尺寸线、剖面线、分界线	
5	点划线	$b/4$	中心线、定位轴线	

（续）

序号	线型名称	宽度	适用范围图示说明	图示
6	粗虚线	b	地下管道	– – – – – – –
7	虚线	$b/2$	不可见轮廓线	– – – – – – – – –
8	折断线	$b/4$	被断开部分的边线	⌇

（1）绘制实线宽度规定。实线宽度 b 可为 $0.4 \sim 1.2$mm；具体宽度要由所绘制图纸上图形的复杂程度及其大小形状而定，复杂和较小图形，其实线宽度应更细；在同一图纸上，按照同一种比例绘制的图形，其宽度必须一致。

（2）绘制虚线规定。绘制虚线时，虚线的线段及间距应保持长短一致，线段长为 $3 \sim 6$mm，间距为 $0.5 \sim 1.0$mm。

（3）绘制点划线规定。绘制点划线时，其每一线段的长度应大致相等，约等于 $15 \sim 20$mm，间距约为 2.0mm。

3.2.4　设计图纸比例

图纸比例是实物在图纸上的大小（或长度）与实际大小（或长度）的比值。设计图纸受幅面大小限制和建设施工要求，一般采用不同的比例。

（1）图纸比例类型。一般制图时多采用以下所列缩小比例（n 为整数）：

$1:10n$：如 $1:10$；$1:100$；$1:1000$ 等；

$1:2 \times 10n$：如 $1:20$；$1:200$；$1:2000$ 等；

$1:4 \times 10n$：如 $1:40$；$1:400$；$1:4000$ 等；

$1:5 \times 10n$：如 $1:50$；$1:500$；$1:5000$ 等。

在任何设计图纸中都必须注明比例，同一图幅中不同图形采用不同比例时，应将比例直接注在有关图形的正下方；如果同一图幅中各个图形都采用同一比例时，则只要求把比例注写在图标比例栏内即可。

（2）比例尺使用方法。比例尺，顾名思义，就是用来缩小（或放大）实际图形所用的工具。常见比例尺为三棱柱形，又叫三棱尺。尺上刻有六种刻度，分别表示出图纸中常见的比例，即 $1:100$、$1:200$、$1:300$、$1:500$、$1:1000$、$1:10000$ 等。

还有另外一种直尺形的比例尺，又叫做比例直尺。它只有 1 行刻度和 3 行数字，表示出 3 种比例，即 $1:100$、$1:200$、$1:500$。

比例尺上的数字以米（m）为单位，当我们在使用比例尺上某一比例时，可以直接以米为单位，截取或直接读出图纸上某一线段的实际长度，不用再换算。因此，使用比例尺方便快捷，是生态建设设计中必备的工具之一。

3.2.5　设计图例及指北针

（1）图例是生态设计中对各种防护元素在图纸上的平面投影表示法。图例是具有图案装饰性的一种设计符号，没有固定的模式，但必须与实物有强烈的联想关系，如此构图才有依据和规范，图面才能清晰美观，使阅图者一目了然，有见图如见实物之感。生态设计常见的图例有乔、灌、草、附属工程设施、浇灌水管网、道路桥梁、建筑、河流、水域、山丘、沟壑、桥体等各种类型，应根据设计生态修复建设项目的具体情况具体设定。

（2）指北针是生态项目设计图纸上不可缺少的表现内容，是设计图上用来表示实际位置的方向标志。在生态修复工程项目建设施工当中，它是确定栽植乔灌草植物朝向、位置和布设附属配套工程设施的主要依据。

①指北针的画法。在设计上，指北针有很多种画法（图1-6），但其箭头所指方向必须朝向北，通常在箭头上方标注中文"北"或英文字母"N"来表示指北方向。

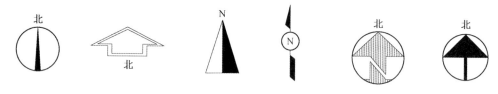

图1-6 指北针形式

②指北针指向方向。在生态修复建设设计图纸上，一般多习惯将指北针指向图纸上方以标示北方，但有时也依据图纸的类型不同，或者因所设计特殊地块不同，指北针会指向图纸的左边或右边方向，甚至指向下方。

3.2.6 设计图类型

设计图是生态修复建设设计方案的核心内容，也是建设施工的重要依据，更是现场进行技术与管理的保障。生态修复工程项目建设设计图主要有以下6大类型。

（1）地形图。地形图是反映项目区域实际地貌、地物标高的图。图纸比例多为1：1000或1：5000。

（2）平面图。在对建设区域进行总体平面规划、布局的基础上，采用平面方式表示地面治理布局，包括各分区的位置、高程、设计等高线、坡坎高程、河底线、岸边线及高程的图，叫平面图。平面图是一种与航空照片很相似的直角投影形式的图。在设计中，通常用平面图来表示物体的尺寸大小、外观形状和物体之间的距离，以及地面固定物的平面轮廓线。

（3）立面图与断面图。

①立面图：指在正前方平视物体，看到物体表面形状、尺寸大小情况所绘制的图，叫做立面图。通过立面图可以帮助施工者了解设计物体某一面的详细轮廓情况，包括物体高低、宽窄之间的尺寸对比关系。

②断面图：断面图是从某个特定位置，纵向或横向剖开物体，反映物体内部结构构造组成的图。根据需要可以在物体任意方向作剖面断面图。

（4）施工图与大样图。

①施工图：在生态修复工程项目建设施工中，用于指导施工作业，详细设计的一整套技术图纸，叫做施工图。如植物栽植设计图、土建工程设计图、浇灌管网设计图、排水设计图、道路和供电线路走向布置图等。

②大样图：根据生态修复工程项目有些必需局部工程的细部构造要求，必须使用更精确、更

详细的图纸来表达设计意图或作辅助说明，为此，必须绘制出比例较大的图（常为 1∶10、1∶20、1∶50），这种大比例的结构或断面图叫大样图，也称为施工详细作业图。

（5）效果图。效果图作为设计辅助表现图，能够非常容易帮助工程项目建设决策者和管理者了解生态修复工程项目建设治理区域设计的全貌。因此，在筛选、评价生态修复工程项目建设设计方案时，为确切表达设计者的设计思路和意图，往往采用立体效果图的方式达到直观易懂的作用。生态修复工程项目建设设计效果图分为透视图和鸟瞰图 2 种。

①透视图。如同人们身临生态治理区，正视前方自然景观点时，将视线所及的真实景观景象按照一定比例和透视关系，缩小绘制成为一幅自然山水和建筑的风景图画，用这种方式绘制成的实际地形地貌和景观的图叫做透视图，也叫立面效果图。

②鸟瞰图。若站在地形视点较高的地方，如同飞鸟在空中俯瞰地面的效果所绘制出来的图，叫做鸟瞰图。但是，在实际应用过程，由于透视图和鸟瞰图的绘制比例并不精确，图中也不便标注出详细的尺寸大小，因此不能当做施工图使用。

（6）竣工图。当圆满完成生态修复工程项目建设施工合同任务指标后，为了确切反映原设计图与施工作业后生态修复工程项目建设实体之间的实际差异，用于竣工验收、结算、移交、存档和生态修复工程后期运行管理的需要绘制的图，叫做竣工图。

3.3　设计方案编制

3.3.1　设计方案编制内容与要求

（1）项目设计方案内容组成。生态修复建设项目设计方案由设计说明书（含设计总说明和各专业说明书）、设计图纸、材料及设备表和工程建设概算书 4 部分内容组成。其编排顺序是：封面、扉页、设计文件目录、设计说明书、图纸、主要材料及设备表、工程量清单、工程概算书。

（2）编制项目设计方案要求。在设计阶段，应对各专业设计方案或重大技术问题的解决办法进行综合技术经济分析，确认其技术上的先进性、适用性、实用性、可靠性和经济上的合理性，并将其写进设计说明书中；项目设计总负责人应对初步设计方案进行详细审核签字。

3.3.2　设计说明书编写

设计说明书是生态修复工程项目建设设计方案的重要组成部分。它围绕着生态修复工程项目建设的中心，以文字形式详细地说明生态修复工程项目设计内容的类型、布局、组成要素、结构、工艺、功能作用、分区系统内涵等。设计说明书由以下 5 部分内容组成。

（1）实施生态修复工程项目建设设计与施工的确切目的意义、指导思想。

（2）生态修复工程项目建设设计、施工区域的自然条件（地理位置、气候诸因子、地质地貌、土壤土质、地下水蕴藏及水质、自然植物生长与分布等）、所在区域经济现状及发展趋势、现行交通道路运输状况和社会人文等详细情况。

（3）生态修复工程项目建设功能、结构的详细设计、布局及各项指标的说明。

（4）对生态修复工程项目设计及工程量清单的注释。

（5）生态修复工程设计预算及使用定额依据说明。

3.4　设计预算编制

3.4.1　设计预算的概念与作用

（1）设计预算的概念：是对生态项目建设施工图设计预算的简称，也称施工图预算。它是由设计单位完成设计施工图后，根据设计图，按现行的预算定额、费用定额以及本地区材料、设备、人工、作业台班等预算价格，计算编制和确定的生态项目建设造价文件。

（2）设计预算的作用：设计预算主要有以下 3 方面的作用。

①对于生态修复工程项目建设造价管理部门而言，设计预算是监督、检查执行定额标准，合理确定工程项目建设造价，测算造价指数的技术经济依据。

②设计预算是施工企业在施工前组织和准备材料、机械设备和劳动力招募的重要参考依据，是施工企业编制施工进度计划、制定施工作业实施方案、统计完成施工作业量和进行施工经济核算的依据，是发包方与施工方办理工程结算和拨付工程进度款的参考依据，也是施工企业按照工程量清单编制施工预算和拟定降低施工成本管理措施的重要依据。

③设计预算是工程招投标的重要基础性文件。它既是发包方编制标底的依据，也是施工方投标报价的依据。我国自实施招投标法以来，建设市场竞争日趋激烈，施工企业普遍是根据自身特点、以往经验来确定报价，传统的设计预算在投标报价中的作用将被逐步弱化，然而，编制设计预算的原理、依据、方法和程序，仍是投标报价的重要参考资料。

3.4.2　设计预算的组成内容

设计预算是根据业已批准的生态建设施工图设计、预算定额和单位计价表等有关资料，计算和编制的单位工程预算造价文件。设计预算是拟建工程项目建设设计概算的具体化和精细化文件，也是单项工程综合预算的基础性文件。设计预算主要由以下 4 大项目内容构成。

（1）直接费：是指由直接工程费和措施费 2 项构成的费用。

①直接工程费：是指在生态修复工程项目建设施工过程中直接用于建造工程实体所耗费的各项费用，它包括人工费、材料费和施工机械使用费等 3 项。

人工费：指直接为从事生态修复工程建设施工的作业操作工人、民工支付的工资等费用，其名目有基本工资、工资性补贴费、加班费、辅助工资、福利费、劳动保护费等。

材料费：指为施工建造工程实体所耗费的各种原材料、辅助材料、构配件、零件、半成品等费用，有材料供应费、运输装卸费、运输损耗费、采购费、保管费、检验试验费等。

施工机械使用费：指在生态修复工程项目建设施工机械作业时所发生的机械使用费，以及机械安拆、迁移的各种费用，其具体内容包括有折旧费、大修理费、日常保养修理费、安拆费、迁移费、人工费、燃料费、车船使用税等。

②措施费：是指为完成工程项目建设施工，发生于工程施工前和施工过程的非直接作用于工程实体的施工作业各项费用，由施工技术措施费和施工组织管理措施费以下 2 项组成：

施工技术措施费：指大型机械设备进出场及安拆费、混凝土和钢筋混凝土模板及支架费、脚手架费、作业排水和降水费、其他施工作业技术措施费等。

施工组织管理措施费：指施工作业期间缴纳或发生的环境保护费、安全施工费、文明施工费、临时设施费、冬雨季施工费、夜间施工增加费、其他组织管理措施费等。

（2）间接费：是指由规费和企业管理费 2 项组成所发生的费用。

①规费：是指政府有关工程管理部门规定施工企业必须缴纳的费用（简称规费），其内容有：工程排污费；工程定额测定费；社会保障费（养老保险费、工伤保险费和医疗保险费）；住房公积金等。

②企业管理费：指生态修复工程建设施工企业为组织施工作业和经营管理所需要的费用。其内容有：管理人员工资；办公、差旅交通费；固定资产使用费；工具与器械使用费；劳动保险费；工会经费；职工教育经费；财产保险费；财务费；税金等。

（3）利润：是指施工企业圆满完成生态修复项目建设承包施工后应该获得的盈利金额。

（4）税金：指按国家税法规定，生态修复工程项目建设施工企业向工程所在地的税务局应缴纳的营业税、所得税和增值税等税金。

3.5　工程量清单编制概述

3.5.1　编制概论

（1）工程量清单的概念与内涵。工程量清单是依据业主（建设单位）规定、设计图纸、建设施工现场条件和国家制定的统一工程量计算规则、分部分项工程的项目划分计量单位，以及有关法定技术标准、规范，计算出的构成生态修复工程项目建设实体各分部分项工程、可提供编制、计算标底和投标报价的实物工程量的汇总清单。工程量清单是编制工程项目建设招标标底和投标报价的依据，也是支付工程项目建设施工进度款、办理工程变更调整、结算、移交以及工程索赔的依据。

（2）工程量清单的由来。工程量清单（bill of quantities，简称 B. Q.）产生于 19 世纪 30 年代，西方国家把计算工程量、提供工程量清单作为专业造价师的职责，所有的投标都要以业主提供的工程量清单为基础，从而使得最后的投标结果具有可比性。1992 年英国出版了标准的工程量计算规则（SMM），在英联邦国家中被广泛使用。

（3）工程量清单的应用与执行。在国际工程项目建设施工承发包中，使用菲迪克（FIDIC）合同条款时，一般配套使用 FIDIC 工程量计算规则。它是在英国工程量计算规则的基础上，根据工程项目、合同管理要求，由英国皇家特许测量师学会指定的委员会编写。我国现在已与国际惯例接轨，2001 年 12 月 1 日城乡建设部颁布的《建筑工程施工发包计价管理办法》就是一个转折性的标志。

3.5.2　编制原则与依据

（1）工程量清单的编制原则：编制生态修复工程项目建设工程量清单的 6 项原则如下。

①能够科学、合理地满足生态修复工程项目建设施工招投标计价的需要，可对工程项目建设造价进行合理计价确定和有效控制；

②编制实物工程量清单要做到三统一：统一工程量计算规则，统一分部分项工程分类，统一计量单位；

③能够充分满足控制实物工程量，实行市场调节价，有利于有序、良性竞争形成工程项目建设造价的价格运行机制要求；

④能够促进企业的经营管理、技术创新进步，增加施工、设计等行业的企业在国际、国内生态建设市场的竞争力；

⑤有利于规范生态修复工程建设市场的计价行为；

⑥适度参考我国和项目建设所在地区目前生态修复工程项目建设工程造价管理工作的现状。

（2）工程量清单的编制依据：编制生态修复工程项目建设工程量清单的 4 项依据如下。

①业主（建设单位）制定的项目建设指导原则、项目建设文件规定的有关内容；

②生态修复工程项目建设规划图、设计图；

③生态修复工程项目建设工程施工范围现状情况；

④统一制定必须执行的生态项目工程量计算规则、分部分项工程分类、计量单位。

3.5.3　编制的作用

工程量清单作为生态修复工程项目建设设计文件的重要组成部分，一个最基本的功能是作为项目建设信息的载体，为潜在施工、监理和材料设备供货商投标人提供必要的信息。除此之外，还具有以下 6 方面的作用。

（1）为投标人提供一个公开、公平、公正的竞争环境。生态修复工程项目建设工程量清单由招标人统一提供，从而为所有投标人创造了一个公平竞争环境。

（2）是计价、询标、评标的基础。项目招标工程标底的编制和投标人的投标报价，都必须在工程量清单的基础上进行，也为今后的询标、评标奠定了充分基础。

（3）是建设过程进行设计变更管理的依据。可为高效办理现场变更提供确切依据。

（4）是支付项目建设资金的依据。可为建设过程中支付工程进度款提供依据。

（5）为竣工验收和结算管理提供依据。工程量清单是在竣工验收中现场测计应完成工程量的对照依据，也为办理竣工结算、移交及工程索赔提供重要依据。

（6）是制定工程项目建设无标底价招标的依据。没有标底价格的招标工程项目，招标人可使用工程量清单编制有效最低标价，供评标时参考。

3.6　工程量清单编制方法

工程量清单是表现拟建生态修复工程的分部分项工程项目、措施项目、工序项目、其他附属项目名称和对应数量的明细清单。

3.6.1　工程量清单组成

生态修复工程项目建设工程量清单是设计、招标文件的重要组成部分，主要由分部分项工程量清单、措施项目清单、工序项目清单、其他附属项目清单组成。

3.6.2　分部分项工程量清单编制

生态修复工程项目建设分部分项工程量清单的编制，分为分部工程量清单、分项工程量清单的编制规则和依据。

（1）分部分项工程量清单编制规则。是指由国家城乡建设部颁布的《建设工程工程量清单计价规范（GB 50500—2003）》（以下简称规范）有以下 5 项强制性规定：

①规范 3.2.2 条规定："分部分项工程量清单应根据附录 A、B、C、D、E 的规定，统一项目编码、项目名称、计量单位和工程量计算规则进行编制。"

②规范 3.2.3 条规定："分部分项工程量清单的项目编码，一至九位应按附录 A、B、C、D、E 的规定设置；十至十二位应根据拟建工程的工程量清单项目名称由其编制人设置，并应自 001 起顺序编制。"

③规范 3.2.4 条规定："项目名称应按附录 A、B、C、D、E 的项目名称与项目特征，并应结合拟建工程项目的实际确定。"

④规范 3.2.5 条规定："分部分项工程量清单的计量单位应按附录 A、B、C、D、E 规定的计量单位确定。"

⑤规范 3.2.6 条规定："工程数量应按附录 A、B、C、D、E 中规定的工程量计算规则计算。"

（2）分部分项工程量清单编制依据。其依据有《建设工程工程量清单计价规范（GB 50500—2003）》、项目建设设计文件和有关工程项目建设施工规范与工程验收规范等。

（3）分部分项工程量清单编制程序，如图 1-7。

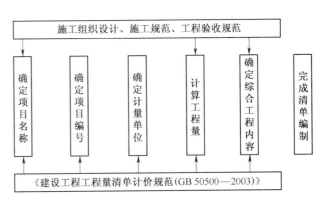

图 1-7　分部分项工程量清单编制程序

3.6.3　建设措施项目清单的编制

生态修复工程项目建设措施项目清单的编制，可具体为以下 3 项内容。

（1）措施项目清单的编制规则。根据《建设工程工程量清单计价规范（GB 50500—2003）》有以下 2 项规定：

①规范 3.3.1 措施项目清单应根据拟建工程项目的具体情况，参照措施列表。

②规范 3.3.2 编制措施项目清单，出现未列表项目，编制人可做补充。

（2）措施项目清单编制依据。拟建生态修复工程项目建设设计文件、建设施工规范与工程验收规范、招标文件等相关资料。

（3）措施项目清单设置。生态修复工程项目建设措施项目清单设置有以下 2 项内容：

①应参考拟建生态修复工程项目建设设计，以确定环境保护、安全文明施工、苗木装运假植、配套附属材料和设施设备二次搬运等项目；

②要参阅施工作业技术方案，以确定夜间施工作业、大型机械进出场及安拆、混凝土模板与支架、脚手架、施工排水降水、垂直运输机械、组装平台等项目，以及未写进设计文件内但是要通过一定的技术措施才能实现的项目内容。

3.6.4　其他项目清单的编制

生态修复工程项目建设的其他项目清单的编制规则，根据《建设工程工程量清单计价规范（GB 50500—2003）》有如下 3 项规定。

（1）规范 3.4.1 条规定："其他项目清单应根据工程的具体情况，参照下列内容列项：预留金、材料购置费、总承包服务费、零星工作项目费。"

（2）规范 3.4.2 条规定："零星工作项目应根据拟建工程的具体情况，详细列出人工、材料、机械的名称、计量单位和相应数量，随工程量清单一并发至投标人。"

（3）规范 3.4.3 条规定："编制其他项目清单时，若出现 3.4.2 条未列项目，编制人可做补充。"

3.6.5 工程量清单格式及其组成内容

生态修复工程项目建设工程量清单格式及其组成内容，分为封面、填表须知、总说明、分部分项工程量清单、措施项目清单、其他项目清单和零星工作项目表 7 类。

（1）封面：由设计单位填写、签字、盖章。

（2）填表须知：工程量清单及其计价格式中要求业主、设计者等必须签字、盖章的位置说明，由规定单位和人员签字、盖章；工程量清单及其计价格式中的任何内容不得随意删除或涂改；工程量清单计价格式中列明的所有需要填报的单价和合价；明确标明金额表示的币种。

（3）总说明：应填写说明工程项目概况如建设规模、工程特征、计划工期、施工现场实际情况、交通运输情况、自然地理条件、环境保护要求、安全文明施工规定等；工程招标和分包范围；工程量清单编制依据；工程质量、材料、施工工艺、工序等特殊要求，招标人自行采购材料的名称、规格型号、数量等；其他项目清单中招标人部分（包括预留金、材料购置费等）的金额数量；以及其他需要说明的问题。

（4）分部分项工程量清单：应包括项目编码、项目名称、计量单位和数量 4 个部分。

（5）措施项目清单：应根据拟建工程项目的具体情况列项；措施项目指为完成工程项目施工，发生于该工程施工前和施工过程中技术、工序、生活、交通、安全等方面的非工程实体项目内容。

（6）其他项目清单：应根据拟建工程具体情况，参照下列内容列项：招标人部分，包括预留金、材料购置费等，其中预留金是指招标人为可能发生的工程量变更而预留的建设资金额；投标人部分，包括总承包费、零星工作项目费等，其中总承包费是指为配合协调招标人进行的工程分包和材料采购所需发生的费用，零星工作项目费是指完成招标人提出的不能以实物计量的零星工作项目所需的费用。

（7）零星工作项目表：应根据拟建生态修复工程项目的具体情况，详细列出人工、材料、机械的名称、计量单位和相应数量，并随工程量清单一并发至投标人。零星工作项目中的工、料、机计量，要根据项目建设施工的复杂程度、工程设计质量的优劣以及项目设计的成熟程度等因素来确定其数量。一般工程项目以人工计量为基础，按人工消耗总量的 1% 取值即可，材料消耗主要是辅助材料消耗，按不同专业人工消耗材料类别列项，按人工日消耗量计入。机械列项和计量，除考虑人工因素外，还要参考各单位工程机械消耗的种类，可按机械消耗总量的 1% 取费计入。

第二章
生态修复工程项目
零缺陷建设前期策划

策划与规划是实施生态修复工程项目零缺陷建设的龙头。生态修复工程项目建设属于一次性、独特性和具有明确目标，依靠临时团队进行的有组织活动，因此，在建设前期对项目开展科学、合理、适用、实用、精密的组织管理策划与规划，是决定项目修复建设成败的关键要素之一。这也是在生态修复工程项目建设计划立项过程中，国家相关行业主管部门、建设单位、业主必须要做的一项重要组织管理工作。

第一节
项目零缺陷建设建议书的提出与审批

1 项目零缺陷建设建议书的提出

项目建议书是投资决策前对拟建设项目的轮廓设想，是拟建设某一具体生态修复工程项目的建议文件。在宏观上考察拟建项目是否符合国家（或地区、企业）长远发展规划、宏观经济政策和可持续发展的要求，初步说明项目建设的必要性；初步分析财力、物力、人力投入等建设条件的可能性与具备程度。对于批准立项的生态修复建设投资项目，即可列入项目前期的工作计划，开展相应的分析研究工作。对于涉及利用外资的项目，项目建议书还应从宏观上论述合资、独资项目设立的必要性和可能性。在项目批准立项以后，项目建设单位方可正式对外开展工作，进行前期策划、规划和编写可行性研究报告。

2 项目零缺陷建设建议书的编制

项目建议书是初步选择生态修复建设投资项目的依据，各部门、各地区、各行业生态修复建设主体要按照生态修复建设的需要和实现可持续发展的长远规划、行业规划、地区规划等要求，通过调查、预测、分析及初步可行性研究，提出项目建设的大致设想，编制项目建设建议书。生态修复工程项目零缺陷建议书通常包括以下 8 方面内容。

（1）项目建设提出的必要性和依据。阐明拟建生态项目提出的生态背景、拟建区域，提出与项目有关的长远规划和项目区域自然、社会、经济资料，说明项目建设的必要性。对扩建、改建的生态项目要说明项目现有的生态功能、防护效益概况。对于引进生态修复建设新技术与设备的项目，还要说明国内外技术的差距与概况，以及工序、工艺流程与建设实施条件的概要等。项目建设实施方案设想包括主要技术、建设规模、质量等级标准等。建设论证包括分析项目拟建地区的自然条件与社会经济条件，论证建设区域是否符合地区生态修复建设布局的相关要求。

（2）物质、交通运输及其他建设条件和协作关系的初步分析。拟利用的生态修复建设资源供应的可能性与可靠性。对于技术引进和设备进口的项目，要说明其主要原材料、燃料、电力、交通运输及协作配套等方面的近期和长期要求，以及目前已具备条件及资源落实的情况。主要协作条件情况、项目拟建区域水电及其他设施、材料的供应情况分析。

（3）建设方案、拟建规模的初步设想。生态修复工程项目建设的生态效益及其功能预测，包括项目建设所采取的技术途径、技术工艺、后期抚育养护管理的分析与预测等。说明项目建设的分项目规模和分期建设的设想，以及对拟建规模合理性的评价。

（4）主要建设技术方案设想。

①生态项目修复建设的主要技术和工艺：拟引进或采用国内外先进、适用和实用技术，要说明技术来源、技术鉴定以及国内技术与之相比所存在的差距等概况。

②建设实施主要专用设备配置：拟采用国内外机械设备的性能、特点等概况。

（5）建设资金估算与筹措设想。

①项目建设投资估算：要视掌握项目建设专业数据的情况，以及类似项目建设投资情况，既可详细估算，也可按单位面积、单项工程进行估算（或匡算）。

②建设资金筹措计划：要说明建设资金的来源、使用管理制度及办法。

（6）项目建设进度安排。生态修复项目建设前期工作的安排包括建设询价、考察、分析、汇总等。项目建设进度所需时间包括项目建设实施需要的时间及抚育保质时间。

（7）生态防护效益、经济效益和社会效益的初步估计。分析和预测项目建设后产生的生态防护效益、植被覆盖度增长率等指标及其他必要的指标，对抑制风蚀、水蚀、沙漠化等自然危害能力，增进生态环境能力进行初步分析，以及项目经济、社会效益与实际影响的初步分析。

（8）初步结论和建议。指采取项目建设技术后，可能促进和推动项目区域生态系统环境向着改善方向发展的结论，以及在实施项目过程和项目完成后应注意事项的建议。

3　项目零缺陷建设质量控制措施策划

3.1　质量宏观控制措施

所谓宏观控制，其核心就是对参与生态建设单位的优选，主要包括以下3项内容。

（1）在充分考察规划设计队伍的基础上优选设计单位。要着重从以下几方面选择生态修复建设设计单位，即从生态防护目标与功能、防护体系结构设计及采用新材料、新技术和新工艺等多方面提高设计质量，从而较好或充分地满足生态修复建设项目单位的建设目标要求。

（2）从招投标活动中确定高素质施工企业队伍是控制工程质量的前提。建设方应严格按照招投标程序和生态修复工程建设市场管理规定选择施工单位，一个施工技术能力较强、素质较高、设备和设施装备优良的队伍，在工程管理、组织施工、处理和解决施工工序、技艺难点等多方面都具有较丰富的经验，应当优先选用。

（3）选择素质优良的监理单位是控制生态修复工程质量的保障。监理单位应对施工材料质量严格把关，对于材料的采购渠道、质量和数量、设备厂家、性能指标等都应当纳入检查检验范围，特别对钢材、水泥和苗木、种子，除了检验产品证书和化验单与检疫合格证书外，还要进行详细的抽样试验，在施工使用以前解决和消除可能由于材料质量引发的各种工程质量隐患问题，做到材料必须合格方准使用的控制管理措施。

3.2　质量微观控制监督

微观控制监督就是对整个生态修复建设项目在实施过程实施动态管理，包括作业操作程序的质量管理，要求建设单位及其委托的监理单位对项目实施各个环节进行切实监督和检查。应突出预防为主，加强过程的管理与管控，把管理工作的重点从事后把关转移到事前预防上来，从结果管理到过程管理，从竣工验收算总账改为在施工过程对各环节的严格把控。

3.3　明确监理质量控制职责

对生态修复工程项目建设进行监理的目的在于保证工程项目能够按照合同规定的质量要求实施，从而达到建设方的建设意图，取得良好的生态修复建设投资效益。应当注意的是，必须明确监理职责，生态修复工程项目建设监理的质量控制不能仅满足于旁站监督，而应进行全方位的质量监督管理，且应贯穿于施工准备、施工现场、抚育保质、竣工验收等阶段。监理工程师应综合运用审核有关的文件、报表、现场质量监督、检查与检验，利用指令控制权、支付控制权，规定质量监控工作程序等方法或手段进行质量有效控制。

3.4　加强合同签订管理

生态修复工程项目建设的复杂性决定了其合同体系的庞大，这就要求建设单位必须加强合同管理能力，使参建各方严格遵守合同规定的各项内容，认真履行各自承担的任务职责，约束各方行为，进而保证工程质量。

3.5　加强协调管理

生态修复工程建设项目实施过程中的协调管理包括以下3项内容。

（1）技术协调：指勘察、咨询论证、规划、设计各方与施工方之间进行技艺业务联系、设计交底、图纸会审、现场设计变更服务等。

（2）管理协调：指建立一整套管理制度，以减少建设施工中各专业、各工种间的配合问题。

（3）组织协调：指建立专门的会议制度，解决项目实施过程中的协调问题，特别是在技艺比较复杂的工序部位施工前，应组织专门的协调会，使各专业进一步明确施工顺序和责任。

4　项目零缺陷建设建议书的审批

完成项目建议书后，要向上级相关主管部门申请立项审批。按照国家有关规定，审批权限应按报建生态修复建设项目的规模级别来进行划分。

4.1   大、中型及限额以上生态建设工程项目

（1）大、中型生态修复建设项目及限额以上项目。大、中型类项目建议书，应按项目隶属国家林业、水保等关系，报送国家相关主管部门和省、自治区、直辖市政府部门进行审查后，再由国家发改委审批和下发。

（2）重大生态修复建设项目和总投资在限额以上的项目。这类项目应由国家发改委报经国务院进行审批，然后下发给国家相关行业主管部门负责实施。

4.2   小型及限额以下生态修复建设工程项目

（1）小型生态修复建设项目及限额以下生态项目。小型及限额以下项目建议书应按建设单位的隶属关系，由国务院主管部门或省、自治区、直辖市发改委进行审批，实行分级管理实施。

（2）项目建议书批准。建议书一经批准即为"立项"，立项的项目即可纳入项目建设前期的工作计划，列入前期工作计划的项目可开展策划、规划和可行性研究。

（3）"立项"的意图。立项只是初步的，由审批项目建议书可以否决一个项目的建设实施，但无法肯定一个项目。立项仅说明一个项目有投资的必要性，但还要进一步开展其他各项研究工作。

第二节
项目零缺陷建设前期策划与项目定位

1   项目零缺陷建设前期策划

生态修复工程项目零缺陷建设前期策划，是指对未来建设的工程项目进行创造性的规划，是开展生态修复工程项目零缺陷建设管理活动的重要内容。生态修复工程项目零缺陷建设前期策划包括项目功能定位、项目范围、项目效益分析等。

1.1   项目零缺陷建设前期策划的特征

生态修复工程项目零缺陷建设前期策划是根据工程项目建设的具体目标，以生态防护功能分析和生态效益定位为基础，以独特的概念设计为核心，综合运用各种策划手段，如投资策划、规划策划、设计策划、后期养护策划等，按照一定的程序对未建工程项目进行创造性规划的活动。生态修复工程项目前期策划具有前瞻性、创新性、可操作性等特点。

（1）前瞻性。由于生态修复工程项目建设期较长，因此项目策划必须具备超前的、预见性的理念、创意、手段等。因此，生态修复工程项目策划的前瞻性，应贯穿对整个工程项目的分析、定位等各阶段。

（2）创新性。在生态修复工程项目建设中，前期策划应不断追求建设技术与管理的新概念、

新主题等，从而赋予项目独特性，并区别于其他工程项目。此外，独创的策划方法、手段等，也将会使工程项目的策划效果有所改变。

（3）可操作性。生态修复工程项目的前期策划方案必须易于操作、便于实施。脱离生态治理建设区域自然条件、超越建设实施能力的策划，只能是纸上谈兵、毫无价值。

1.2　项目零缺陷建设前期策划的作用

（1）能够有效提高项目建设决策的准确度。生态修复工程项目的前期策划，是在对项目区域生态建设充分调查的基础上形成的，可以作为项目设计者的参谋，使建设实施决策更为准确，并避免项目在建设运作过程中出现大的偏差和失误。

（2）能够有效地整合项目建设资源。要建设好一个生态修复工程项目，需要调动很多资源进行协调与配合，如财力资源、人力资源、物力资源、社会资源等。这些资源在工程项目策划尚未参与前，往往是分散的、凌乱的。工程项目前期策划能够有序地参与到各种资源中去，理清关系，整合资源，形成项目建设实施的优势。

（3）能够有效增强项目建设的生命力。对生态修复工程项目前期策划，能在科学分析的基础上，明确项目建设的特点和优劣势，并通过项目全过程的策划和资源的有效整合，突出项目建设的优势，增强项目建设生态效益的生命力。

1.3　项目零缺陷建设前期策划的内容

（1）项目定位策划。生态修复工程项目定位是指在深入调查、分析的基础上，深刻剖析项目建设的特性，对项目建设区域进行勘察调查、规划设计，进而创造项目建设的特色，使之在工程项目建设投资者心目中占据突出的地位，留下鲜明的印象。生态修复工程项目的定位策划应依据差别化、个性化等原则，进行工程项目建设的目标、区域、功能、造价、工期、抚育等的定位。

（2）项目选型策划。生态修复工程项目选型的实质，是根据建设区域自然环境条件、生态防护目标及其功能的需求，确定生态修复工程项目建设的范围、功能、类型和规模等。选型策划应在充分调查、深入分析的基础上，通过对建设区域位置、面积、地形地貌条件、气候条件、水文地质条件、社会经济条件、交通运输条件、环境保护条件、水电设施等基础条件、工作生活设施依托条件、施工条件、法律法规的约束条件等的分析，妥善研究项目建设的优劣态势，最终提出项目选型建议。

（3）项目分析论证。生态修复工程项目建设投资具有高投入、长期性、复合性、系统性、时序性等特点，因而工程项目的前期分析和论证至关重要。项目建设应在多方案选择的基础上，推荐和选择最佳生态建设方案。

（4）项目规划策划。生态修复工程项目建设规划策划是以项目建设定位为基础，以满足生态防护目标的需求为出发点，对项目建设区域进行总体规划布局，确定建设风格，紧紧围绕生态防护目标，选定生态建设类型，引导生态修复工程项目建设风格，并对项目建设区域的生态系统景观环境设计内容进行充分的提示。

1.4　项目前期策划应注意的问题

（1）在整个策划过程中必须不断地进行调查与分析。生态修复建设区域的自然条件是确定项目建设目标，进行项目生态建设定义，分析可行性最重要的影响因素，是进行项目建设正确决策的基础。

（2）在整个决策过程中要有一个多重反馈的过程。要反复不断地进行调整、修改和优化，甚至重新定位、重新选型，舍弃原定的构思、目标或方案。

（3）阶段决策至关重要。在项目建设的前期策划过程中，必须设置几个决策关键点，对阶段性的工作结果进行分析、选择。

2　项目零缺陷建设定位

2.1　项目零缺陷建设定位的意义

对拟建设的生态修复工程项目进行翔实的调查后，建设单位或项目业主可通过对项目建设的范围、目标、投资、效益、规模、工期、抚育保质等的分析，确定项目建设。为了确保项目零缺陷建设目标，建设单位还必须从项目的特性出发进行更深层次的剖析，进而创造项目建设的特色，使之在项目建设投资者和受益者心目中占据突出的地位，并充分满足生态防护目标，这就是生态修复工程项目零缺陷建设的定位。

项目定位在生态修复工程项目零缺陷建设策划中起着非常关键的作用，它不仅决定了项目的规划设计思路，而且是进行项目分析论证和可行性分析的基础，同时，正确的项目定位能够提高项目建设发挥出更大的生态经济价值。

2.2　项目零缺陷建设定位的原则

（1）生态防护效益第一的原则。是指项目建设定位应与项目建设意向目标的需求相一致。建设单位只有确保项目建设定位信息能有效地传递给所有建设者，且定位信息与其生态需求相协调，使之产生"共振"反应，才能最终体现出建设投资的意愿。

（2）差别化原则。是指生态项目建设定位应能凸显项目生态防护的建设需求。随着生态修复工程项目建设力度的日益增加，项目建设的差别化，是采取因地制宜、因害设防、适地适树、适地适技的客观反映，更是科学开展生态项目建设的宗旨。

（3）营造生态自然景观的原则。是指项目定位既应体现项目建设的生态人工防护特性，还应满足营造出类似于自然生态景观的效果需求。因此，生态修复工程项目建设定价应有自然性、创新性、超前性。

2.3　项目零缺陷建设定位的内容

生态修复工程项目零缺陷建设定位主要包括项目目标定位、功能定位、范围定位、投资定位、质量定位、工期定位6个方面。

（1）项目目标定位。建设单位首先应明确项目建设的生态防护目标。生态修复工程项目建设目标多种多样，如农田防护林建设、道路生态护坡建设、防风固沙林营造、小流域水保综合治理等，不同的项目建设目标就决定了项目定位的差异。

（2）功能定位。建设单位应根据项目区域自然条件，按照最佳的生态修复建设原则确定项目类型，以明确项目建设功能，对资源进行综合性的合理利用，充分挖掘潜能。

（3）范围定位。建设单位应在充分分析的基础上，以生态防护有效需求为导向，初步确定建设区域范围，分析其生态防护能力，为投资、质量和工期定位做好基础工作。

（4）投资定位。建设单位应在对生态防护对象分析的基础上，根据项目区域自然生态条件的具体情况，进行项目建设的初步设置，确定建设范围、结构组成形式、规格与规模、质量等级、防护功能期限及更新等内容。

（5）质量定位。建设单位应根据项目建设目标、功能和使用期限等要求，结合项目区域的自然生态条件，对拟建生态修复工程项目质量进行具体的规定和要求。

（6）工期定位。建设单位应根据项目区域自然、社会、交通等综合条件，以及项目建设质量等级要求等，分析和确定适当的建设工期，包括开竣工日期、抚育保质期限和竣工验收期，以保证项目的顺利建设实施。

第三节
项目零缺陷建设评估方法

1　项目零缺陷建设评估概论

1.1　项目零缺陷建设评估的内涵

1.1.1　项目零缺陷建设评估的定义

生态修复工程项目零缺陷建设评估，是指对项目建设后所产生的生态防护效益、经济效益和社会效益的审查和造价估算。项目评估需要深入地调查分析和研究建设项目的优劣和不足之处，从而提出进一步改善的措施，寻求更加科学、合理的建设方案，保证项目建设符合生态修复建设发展目标并取得良好的投资效益。因此，具体地说，建设项目评估就是由建设项目主管部门依据国家、行业和部门的有关部门政策、方针、法规等，对上报的生态修复工程建设项目进行全面的审核与估测，即对拟建设项目的必要性、可行性、合理性及生态效益、投资费用进行的再评价过程。

我国开展项目评估方法萌芽于 20 世纪 50 年代，现代意义的项目评估理论方法产生于 20 世纪 80 年代。自 20 世纪 90 年代以来，我国项目评估理论和方法日趋成熟，越来越得到广泛的重视和推广应用，已经成为生态修复工程项目建设实现投资决策的科学化、规范化、民主化和程序化的重要手段。

1.1.2　项目评估与可行性研究之间的关系

建设项目评估与可行性研究是项目投资建设前期的两项重要工作内容，二者存在着承前启后的逻辑关系；同时，它们在多个方面存在着一定的联系与区别。

（1）项目评估与可行性研究的相同点。共有三方面相同点如下。

①学科性质相同：都是运用技术经济的理论与方法，分析具体项目的建设情况，从而决定能否投资的综合性学科。

②工作性质相同：都是项目建设发展周期中涉及投资的一部分工作。

③工作目的相同：都是为了减少或避免投资决策的失误，增强项目投资决策的科学性与正确性。

（2）项目评估与可行性研究的不同点。共有四方面不同点如下。

①编制单位不同：可行性研究一般由建设单位、设计院或咨询公司承担；项目评估一般由发放贷款的银行或建设单位委托的咨询公司承担。

②开展时间不同：项目评估在前，可行性研究在后。可行性研究是在建设单位提交项目评估报告后才进行的，它以项目评估报告为基础。

③分析角度不同：项目评估一般由咨询公司或银行承担，它们站在国家、社会角度上谋划问题；可行性研究一般由建设单位或设计部门承担，故带有业主或主管部门的倾向或意图。

④分析的侧重点不同：可行性研究既重视生态修复建设技术，又重视生态防护效益方面的论证分析；项目评估较侧重于项目建设投资经济效益方面的论证分析。

1.2　项目零缺陷建设评估的作用

（1）是对分项评估的补充和完善。项目评估是在项目分项评估的基础上进行的，但绝不是项目分项评估的简单汇总。项目评估尤其是大型项目的评估，通常是按一定程序由多个评估人员共同完成的。由于评估内容复杂，时间跨度大，评估中容易出现遗漏，甚至出现数据的前后矛盾。因此，在总评估时，将各分项评估结果前后联系起来，可以及时发现和修正分项评估中的失误，然后根据决策的需要进行纠正和补充分析研究，从而使整个评估更加科学、合理和完善。

（2）是对分项评估的综合协调。判断拟建项目是否可行是一个复杂、多层次的论证过程，需要评估的内容较多。从评估的角度来看，既有宏观评估，也有微观评估；从评估的内容来看，既有项目建设生态防护效益评估、项目必要性评估、建设实施条件评估和技术评估；也有投资财务效益分析、国民经济效益分析，必要时还要进行社会效益分析；从评估的方法来看，既有定量方法，也有定性方法；从评估的指标来看，既有静态指标，也有动态指标。通过对项目各个分项内容的评估，可以从不同角度了解项目建设的可行性程度。因此，需要在各分项评估的基础上进行综合分析，提出结论性意见，为项目投资决策者提供一个简明直观的判断依据。

（3）可对不同方案进行比较选择。通过评估，项目评估人员还可根据投资方案中存在的问题，提出一些改进性意见。国外开发银行在项目评估中总结出"更新组合"的概念，即对项目的某些内容加以修改，重新组合项目。当然，项目建设规模的扩大，必然会涉及一系列的问题，如项目建设实施区域范围问题、技术问题，项目评估人员应当提出相应的解决措施方案。进行"重新组合"，则要求项目评估人员有较高的素质，确实能够提出切实可行的建议，使投资资金充分发挥出其应有的效益。

（4）对项目得出综合性的评估结论。对项目建设从整体上形成一个科学、合理的结论性意见十分重要。项目建设各分项评估的结论一般有两种情况：一是各分项评估的结论一致，即都认为是可行或不可行；二是各分项评估的结论相反或具有一定的差异，如有的分项评估的结论认为项目可行，而有的分项评估的结论则认为项目不可行。这种"可行"与"不可行"在一定程度上也有差异。第一种情况的总体结论比较容易得出，第二种情况的总体结论则不易得出，应当加以综合分析论证，才能得出正确结论。在项目建设现实中，有不少项目属于第二种情况。因此，需要在各项评估的基础上进行总评估，得出总体评估的综合性科学结论。

（5）对项目提出建设性的建议。项目评估是一项技术性强、涉及面广的活动，应当充分发挥项目评估人员的主观能动性，对项目提出一些建设性的建议。项目评估人员应当对涉及项目建设的全面情况进行细致的审查分析，提出自己的独立意见。

1.3　项目零缺陷建设评估的意义

（1）项目评估是项目建设决策的重要依据。

（2）项目评估是开展生态修复工程项目建设招标投标的基本手段。

（3）项目评估可以剖析评价有关生态建设的政策和管理体制。

可见，对项目进行总评估是十分必要的，它是协调各个分项评估结论和提出综合评估结论的客观需要。

1.4　项目零缺陷建设评估的种类

通常意义上的项目建设评估，指的是项目审批单位在审批项目前对拟建项目所做的分析与评估。在我国，项目评估报告是审批项目设计任务书的依据。按照我国相关规定，大中型项目由原国家计划委员会委托中国国际工程咨询公司评估。1985年国务院发布的《关于控制固定资产投资规模的若干规定》中，正式将项目评估纳入基本建设程序中，作为项目前期工作的一个重要阶段，生态修复工程项目零缺陷建设评估也应如此。

（1）项目评估分类：生态修复工程项目零缺陷建设评估包括分项评估和总评估。

①分项评估：是指对拟建项目自然状况、拟建规模、项目定位、生态防护效益、技术条件、社会环境效益等单个方面进行的评估。

②总评估：是对项目评估全过程的最后一个阶段，是对拟建项目进行评估的总结，从总体上判断项目建设的必要性、技术先进性、经济可行性，继而提出结论性意见和建议。项目总评估是在项目建设的分项评估基础上，对项目建设进行全面权衡，并提出方案选择和项目决策的结论性意见，撰写项目评估报告，为项目投资决策提供书面依据的综合性评估报告。

（2）项目总评估的内容：包括必要性评估结论、项目建设的生态防护结论、建设条件和具体实施条件评估结论、技术评估结论，以及财务、经济可行性评估结论等。进行项目总评估一般遵循如下程序：调查、收集和整理有关资料，确定分项内容，进行分析论证，提出结论性建议，编写评估报告。编写项目评价报告的要求：结论要科学可靠，建议要切实可行，对关键内容要作重点分析，语言要简明精练。

1.5　项目零缺陷建设评估的原则

生态修复工程项目零缺陷建设评估是投资建设决策的手段和主要依据，因此，要力求保证项目评估结论的客观性。为此，要做到客观、公正地评估项目，就需要坚持以下原则。

（1）考察因素的系统性：决定一个生态修复工程零缺陷建设投资项目是否可行的因素包括诸多方面，从大的方面讲，决定于生态防护因素、资源因素、技术因素、经济因素和社会因素等。另外，决定一个项目建设是否可行，不仅包括项目建设本身的因素，而且还包括外部多种因素，如项目建设所需要的交通、物资供应等配套条件。所以，在进行项目评估时，必须系统考虑，综合平衡，全面考察项目的可行性。

（2）实施方案的最优性：生态修复工程项目零缺陷建设投资决策的实质在于选择最佳投资方案，使投资资源得到最佳利用。项目评估应该符合投资决策的要求，进行投资方案的分析、比较和选择。在进行项目评估时，应根据项目的具体情况拟定若干个有适用价值的方案，并通过科学的方法进行分析和对比，选择最佳实施方案。

（3）选择指标的统一性：判断项目是否可行，或者选择最佳实施方案需要一系列的生态防护技术、经济指标，而这些指标的确定是经过多年的潜心研究和实践验证的，指标体系是科学合理的。当然，在具体项目评估时，可以根据侧重点的不同，选择不同的指标，但应力求做到选择指标的统一性。

（4）选择数据的准确性：生态项目评估实质上是对有关拟建项目各个方面信息资料进行调查、综合、加工、分析和评价的过程，其数据来源可靠与否、准确与否，将直接影响项目评价结论的客观性和公正性。所以，在项目评估时，一定要选择来源可靠、数据准确的信息。

（5）分析方法的科学性：在生态项目评估中，要进行大量的分析和评价，这就要求选择科学合理的分析和评价方法，既要采取定量方法，又要使用定性方法，更要考虑定量与定性相结合的方法。

1.6　项目零缺陷建设评估的依据

在现阶段，生态修复工程项目零缺陷建设评估的 6 项主要依据包括以下内容。
（1）国家制定和颁布的生态修复建设战略、行业政策及投资政策。
（2）项目所在地区域的生态建设规划、区划等。
（3）项目所在区域的自然环境条件，如地形地貌、水文地质、地表水系、气候特点等资料。
（4）有关部门颁布的生态修复工程项目建设技术标准、规范和规定以及环境保护标准等。
（5）有关部门制定和颁布的项目评估规范及参数。
（6）项目其他有关信息资料。

2　项目零缺陷建设评估的内容

生态修复工程项目零缺陷建设评估主要是从宏观角度研究项目开展的意义和作用，其内容包括：建设必要性评估、建设和实施条件评估、实施技术方案评估、生态效益和投资效益评估，以及项目是否可行和方案是否优化的综合性意见等。

2.1　项目零缺陷建设必要性评估

项目建设是否必要，是从项目建设后发挥生态防护作用的角度判断项目是否有必要进行建设。项目产生生态防护效益，按其具体用途划分，可能是从生态防护目的出发，或者是生态修复建设的公共服务，这类项目的作用就是对社会产生生态绿色景观的项目，本身并无经济效益产出，但它的生态功能在有效改善项目区域生态系统环境上发挥着重要作用。因此，项目所能发挥的生态防护功能和作用，决定着项目建设是否必要。评估过程中应重点考察项目建设是否符合国家生态战略的建设方针。具有生态建设必要性的项目应具备的条件如下。

（1）符合国家林业、水土保持等行业生态修复建设的方针、政策。

（2）符合国民经济长远发展规划的要求。

（3）有利于国民经济结构和产业结构的调整。

（4）符合地区经济发展、布局和行业改造等方面的要求。

（5）有利于生态建设新技术和新产品的开发。

（6）有利于提高区域生态环境质量。

2.2　项目零缺陷建设和实施条件评估

项目是否具备建设实施条件，是从项目的生态防护目的、功能和实施角度判断的，主要包括以下 2 方面的内容。

2.2.1　项目建设条件分析

（1）项目建设资金分析：指建设资金来源的可能渠道，以及其渠道资金来源的可行性、可靠性和合理性。

（2）项目建设实施力量分析：指对规模大、构成复杂、技艺要求高的生态修复建设项目，对其勘察调查、规划设计、建设施工、现场监理单位的可能性等。

（3）项目物质供应分析：指建设材料、设备等供应能否满足项目实施的需要。

（4）建设场地环境条件分析：指对拟建的生态场地是否满足总平面布置的要求。

2.2.2　项目实施条件分析

（1）技术及技术力量分析：指对项目实施所需技术工艺和各专业人员配备情况的分析。

（2）材料供应分析：指对实施材料供应的数量、质量、价格及运输等的分析。

（3）临时设施分析：指对建设实施过程中临时食宿、水电使用与供给等的分析。

2.3　项目零缺陷建设实施技术方案评估

项目零缺陷建设采取的技术方案是否可行，是从项目内部的技术因素角度判断项目的可行性，是一个专业性很强的问题。对一个技术比较复杂的项目开展技术分析，是一项难度较大的工作，但必须依据适地适技的实用性、安全可靠性和经济合理性的原则，抓住项目建设的基本技术和重要技术工序问题做出必要的判断，其 3 项主要内容如下。

2.3.1　建设实施工序技艺分析

（1）实施的工序技艺流程是否符合现状、均衡协调和整体优化。

（2）工序技艺种类与实施所需原材料和加工对象的特性相协调。

（3）工序技艺性能是否具备适应项目建设变化的应变能力。

（4）工序技艺种类是否便于建设资源综合利用和有利于提高建设工效。

2.3.2　建设实施设备分析

（1）所选设备是否符合项目建设实施技术工艺流程的要求。

（2）各种机械设备之间协作配套是否处于正常协调状态。

（3）设备系统的生产能力是否与项目建设实施设计能力相吻合。

（4）设备是否具备良好的互换性。

（5）设备性能是否可靠等。

对于项目建设欲使用的进口设备，还要注意分析进口设备的必要性，进口设备之间的配套性，进口设备与国产设备之间的协作配套问题，进口设备与建设实施场地之间的配合问题，进口设备的维修及零部件供应问题，进口设备的费用及支付条件等。

2.3.3　项目建设规模分析

首先，应对项目区域自然条件变异而影响技术操作的各种因素进行分析；其次，通过对建设实施技术措施方案的技术经济分析和比较，选择其中最佳的生态修复建设治理规模。

2.4　项目零缺陷修复建设生态效益和投资效益评估

（1）项目建设投资估算与资金筹措：指拟建生态修复工程项目的整个投资组成，各分项投资估算，建设资金的筹措方式、来源和管理方案等的落实情况。

（2）项目建设财务基础数据的估算：指项目建设的计算期、前期策划与规划等投入、招标期运作费用、建设现场期预付款、建设竣工结算款支付等的估算依据和结果。

（3）项目建设财务效益分析：是指计算项目建设一系列技术经济指标，并用这些指标分析、评价项目财务运转的可行性。指标反映项目单项、单位面积治理投资额等。

（4）项目建设生态防护效益分析：是指项目产生的生态防护功能及效益，改善生态环境的性能指标，并计算相应的一系列技术效益指标，并用这些指标分析、评价项目建设实施的生态环境效益可行性。

（5）项目建设不确定性分析：指对拟建项目的风险程度，提出降低风险的措施。

3　项目零缺陷建设评估的步骤和方法

3.1　项目零缺陷建设评估的步骤

生态修复工程项目零缺陷建设评估工作是多层次、全方位的技术经济论证过程，涉及各专业学科，需要各方面专家的通力合作才能完成。项目评估的程序是开展项目评估工作应当依次经过的步骤。生态修复零缺陷建设中不同类型的项目，其投资额不同，涉及面积不同，因而对其进行评估的程序也各异。就一般项目而言，其评估的程序如下。

（1）准备和组织。对拟建生态修复项目评估，首先要确定评估人员，成立评估小组。评估小组的人员结构要合理，一般包括专业技术人员、设备设施技管人员、经济管理人员、财务人员和其他辅助人员。组成评估小组后，组织评估人员即可对项目建设进行审查和分析，并提出审查意见。最后，综合各评估人员的审查意见，编写评估报告提纲。

（2）整理有关资料。在总评估之前，项目评估小组的有关人员已分别对各分项内容进行了评估。在总评估阶段，应对各分项内容评估所得出的结论进行检查核实，整理归类，在此基础上初步整理出书面材料，并由评估小组集体讨论，为编写项目评估报告提供基础资料。

（3）确定分项内容。确定评估分项内容是一项十分重要的工作，既要注意其规范性，也要注意项目自身的特点，并将两者有机地结合起来。确定项目的分项内容时，要根据国家相关部门制定的评估办法中规定的标准来分类。同时也不能简单机械地行事，应充分考虑项目建设实施的具体情况，对于大型或特大型生态修复建设项目，可额外增加一些分项内容；对于小型项目，则可以将有关分项内容加以合并，亦可取消一些分项内容。

（4）进行分析论证。在对搜集来的资料进行整理以后，要进行审核与分析。在此过程中，评估人员要及时与建设单位或主管部门交换意见。在实践中，分析和论证不是一次完成的，可能要经过多次反复才能完成，特别是对一些大型项目，这一阶段是评估的关键，一定要充分掌握实际数据，并力争确保数据的准确和客观。这一阶段，在对比分析的基础上，要做好分析对比和归纳判断两项工作，亦即将各分项评估的结论分别归纳为几大类，以利于判断项目建设的生态必要性，技术的先进性，财务、经济等方面的合理性与可行性，同时也有利于方案的比较和选择。

（5）提出结论和建议。提出结论和建议是项目评估最为重要的环节。评估人员根据各分项评估的结论，得出总体结论。当各分项评估的结论相一致时，则各分项评估的结论即为总评估的结论；当各分项评估的结论不一致时，则应进行综合分析，抓住主要方面，提出结论性意见。项目评估人员还应当根据实施项目存在的问题，提出建设性建议，供项目建设单位、业主或投资者等有关部门参考。

（6）编写评估报告。在掌握所需要的基本数据后，即可进入评估报告的编写阶段。编写评估报告是项目总评估的最后一项工作，也是其最终成果。

（7）论证和修改。编写项目评估报告的初稿后，首先要由评估小组成员进行分析和论证，根据所提出的意见进行修改后方可定稿。有些评估机构，以这一阶段的定稿作为最终的评估报告上报给上级主管部门；有些评估机构，在这一阶段的定稿基础上召开专家论证会，请各方面专家再提出指导性的修改意见，最终定稿。

3.2　项目零缺陷建设评估的方法

生态修复工程零缺陷建设项目的总评估强调的是从总体、全局和综合性的角度来论证项目的合理性和可行性，通常所采取的综合分析方法有以下5种。

3.2.1　经验分析法

根据我国开展项目评估的经验，在进行生态修复工程项目建设总评估时，首先必须分析拟建项目是否必要，建设实施条件是否具备？上述各个条件缺一不可，只要其中有一个条件不可行，就可确认该项目不可行。其次必须分析拟建项目产生的生态防护效益、经济与社会效益。除有特殊要求的项目外，凡达不到规定标准的，一般可以判断为不可行。在具有较高生态防护效益、经济与社会效益的前提下，如果其他方面有的不符合建设要求，需要作具体分析。如果项目产生的生态防护效益显著，但存在着交通或物质供应等其他限制性因素，则需要进一步分析，并在此基础上根据具体情况提出弥补、补充等建议或推迟项目建设时间的建议。

3.2.2　分等加权法

若拟建项目有多种方案，且各种方案都有自己的优劣之处，为了综合地评价各种因素的作用用，可采取分等加权的方法。其方法如下所述。

（1）要列出项目决策的各种因素，并按重要程度确定其权数。例如，将项目相关配套建设方案这一影响因素的权数定为 1，再将其他各种因素与之相比较，分别确定其权数，如确定是否具有先进、适用、经济、安全可靠的工艺权数为 2，建设资金是否落实的权数为 3，建设单位的资信情况为 4，是否具有较高投资效益的权数为 5，是否具备建设条件的权数为 6，项目建设是否必要的权数为 7 等。权数要由有经验的专业管理人员、工程技术人员和项目主管共同研究确定。

（2）要列出可供选择的生态建设各种方案。如有甲、乙、丙、丁 4 种方案，究竟选择哪种方案，需要权衡各种影响因素的利弊得失后才能确定。每个因素对各个方案的影响，可能有好有差，可按其影响的不同程度划分为几个等级，如最佳、较好、一般、最差，并相应地规定各等级的系数为 4、3、2、1。如"是否具备建设条件和实施条件"这一因素，甲方案最佳，其系数为 4；乙方案较好，系数为 3；丙方案一般，系数为 2；丁方案最差，系数为 1。确定了权数和等级系数后，将两者相乘就可以计算出该因素下各方案的得分数，将每一个方案在各因素下所有得分相加，其中得分最多的就是所要选择的较佳方案。

3.2.3　专家意见法

征求专家对方案总评估的意见有 2 种方法：

（1）请专家来开会讨论：在专家充分发表意见的基础上，逐渐达到对方案总评估的共同认识，最后形成结论性的意见。

（2）特尔菲法：先向有关专家提供各方案的分项评估结论及其必要的背景材料，请专家分别写出方案比较和总评估的书面意见，然后把这些专家的意见不署名集中整理后，再邀请第二批专家加以评论，也分别写出自己的书面意见，也把这些评论和意见不署名整理后，反馈给第一批专家，请他们再发表意见。经过几次反馈后，就能够使预测比较深入和正确。这种方法有利于避免专家间不必要的相互影响和迷信权威所造成的不足。

3.2.4　多级过滤法

对于具体建设项目的评估与决策，实际上是一个多目标的优化和选择过程。不同的建设方案，经常表现出针对不同生态防护目标的优劣程度上的差异，使得项目方案的选择具有了一定的难度。多级过滤法就是将建设项目所要满足的所有目标，按照重要程度进行排序，然后就各个方案针对各项目标能否满足做出判断，能够通过目标最多的方案就是最佳方案，从而对建设项目的优劣做出评估。

3.2.5　一票否决法

"一票否决法"是指将建设项目所要满足的所有目标，根据其重要程度划分为两类：一类是必须要满足的目标，如生态环境防护目标、技术经济目标、社会效益目标、国民经济效益目标等，这类目标具有严格的标准，若项目不能满足其中的任何一个目标，项目的可行性就被否定；另一类是非强制性目标，即允许在一定范围内变动的目标，这类目标一般为次要目标。这样，可以对建设项目依次评判其能否达到所有必须满足的指标，如果出现不能满足的目标，项目便被否决；如果这类目标全部满足，在此基础上，再根据项目满足第一类目标的程度，对项目做出最终的评估。由于一票否决法与多级过滤法具有一定的类似性，因此，实际评估中经常将这两种方法结合起来应用。

3.3　项目零缺陷建设评估的要求及评估报告

3.3.1　编写项目建设评估报告的要求

（1）结论要科学可靠。项目评估人员应坚持科学、公正的态度，实事求是地评估项目，并在此基础上进行总评估，提出科学、合理的结论。

（2）建议要切实可行。在总评估中，项目评估人员还应当根据项目的具体情况，提出切实可行的建议，以确保项目的顺利建设实施和按期发挥出生态防护效益。

（3）对关键内容要做出重点分析。通过总评估可以发现，某些关键性的内容对于生态项目的正常建设实施与竣工后产生应有的生态防护功能具有十分重要的作用。对于这类内容，项目评估人员要在总评估中对此作重点分析，以便引起项目建设业主与有关部门的重视。

（4）语言要简明精练。总评估应当简明扼要，语言要精练，避免使用高度专业化的术语，以便于决策人员的准确理解。为了表达准确、科学，应尽量使用数据和指标说明问题，对于难以量化的内容，要作定性分析和描述。

3.3.2　项目建设评估报告的格式

项目评估报告的格式应视项目的种类、规模以及复杂程度等有所不同。对于大型而复杂的项目，要编写出详细的评估报告；对于小型的简单项目，可编写简要评估报告。项目建设评估报告一般由以下3部分组成。

（1）项目建设评估报告的正文。评估报告在正文之前一般应写有"提要"，简要说明评估报告的要点，包括生态修复工程项目自然因子危害状况、自然条件、项目建设的必要性、生态防护功能、主要建设技术、实施规模、总投资和资金来源、生态防护效益、经济与社会效益和其他有关项目文件的批复时间和批准文号等，其目的就是使阅读者对项目的总体情况有一个核心的了解。

在"提要"之后，一般应按如下程序编写评估报告。

①项目建设概况：主要论述项目提出的背景和依据、项目的地理位置、自然条件、自然植被及植物状况、生态修复建设方案和实施规模、预计产生的生态防护效益以及投资情况。

②项目建设投资者概况：主要论述投资者在其行业的地位、信誉、资产情况、人员构成、管理水平、近几年经营业绩和发展规划与拟建项目的关系等，以判断投资者是否具备实施拟建项目的资信能力。

③项目建设必要性分析：要从生态防护宏观和微观两方面分析，以考察拟建项目是否有实施的必要，如果是多方案比较，还要进一步说明选择实施方案与项目建设必要性有何关系。

④项目建设条件分析：考察项目建设实施所处的交通条件、物资供应状况、劳动力状况和水、电等临时设施条件；另外，还要考察工程项目建设的工期和进度。

⑤实施条件分析：考察项目建设施工所需投入物资的来源、运输条件等因素，包括项目建设实施所需要的主要材料、辅助材料、半成品、机械设备、燃料和动力等的供应保证程度。

⑥建设实施技艺和设备分析：指对拟建项目所需技术的总体水平、技术与工艺的等级、项目

实施总图布置、施工工序流程和设备选型分析、建设规模分析。另外，还要考虑建设风险、安全文明实施环境保护问题。

⑦组织机构和人员培训：指拟建项目的组织机构设计和人员的配置及培训计划。

⑧项目建设投资估算与资金筹措：指拟建项目的整体投资的构成，各项投资估算，资金的支付及管理方式和计划的落实情况。

⑨项目建设不确定性因素分析：进行生态防护效益分析、建设安全风险分析，以便分析拟建项目的风险程度，提出降低风险的措施。

⑩项目建设总评估：提出项目建设是否值得实施，或选择最优方案的结论性意见，并就影响项目建设实施的关键性问题提出切实可行的建议。

（2）项目建设评估报告的主要附表。项目评估报告中的主要附表包括生态防护效益估测、投资估算、资金筹措与管理、财务效益分析等各种基本报表和辅助表格。

（3）项目建设评估报告的附件。生态修复工程项目建设评估报告的 3 项附件是：

①有关生态项目建设提议、自然危害调查和生态修复工程项目建设技术等方面的报告、图表、照片及录像等。

②项目建设的各种批复文件：如项目建议书、立项计划批复文件、规划批复文件等。

③证明资料：指项目建设者经济、技术和管理水平等方面的文件，以及近几年的资信证明材料等。

第三章
生态修复工程项目零缺陷建设规划

生态修复工程项目零缺陷建设前期策划过程中，在完成项目建设建议书、项目定位与评估各项工作后，即可开展项目建设规划的实施工作。根据生态修复工程项目建设区域的自然生态环境条件和项目建设的分项种类，生态修复工程项目零缺陷建设开展规划工作的类型，对应地分别划分为林业防护造林、水土保持、沙质荒漠化防治、盐碱地改造、土地复垦、退耕还林、水源涵养林与天然林保护工程项目建设规划。

第一节
林业防护造林工程项目零缺陷建设规划

1 林业防护造林工程项目规划概述

林业防护造林工程项目是一项涉及面很广，需投入人力、物力、财力较多，延续时间较长的大范围的劳动生产活动。对于扩大国家和地区的森林覆盖率，增加森林资源，维护和改善生态环境，促进林业可持续发展及美化人民生活环境等具有重大意义，是一项造福子孙后代的伟大事业。因而在相当程度上具有基本建设工作的性质，特别是对于一些规模较大的重点林业生态工程，具有和其他各行各业建设工程项目一样的性质，必须作为建设工程项目一样来对待，施工以前要完成策划、立项等程序，进行必要的生态防护效益估算和评估，并进行全面调查、整体规划、可行性研究、初步设计，施工过程要像工程项目一样认真管理，施工后还必须进行检查验收，以及必须要经历的抚育保质期检验，才算完成项目建设任务。

林业防护造林工程项目建设规划是一项基础性工作，其内涵就是查清工程项目实施区域的自然条件、经济发展现状和土地情况，根据自然生态规律和经济发展规律，在合理安排土地利用的基础上，对宜林荒山荒地及其他绿化用地进行分析评价，按立地类型安排适宜的乔灌草工程项目建设，真正做到适地适树（草）。通过林业防护造林工程项目建设可以加强林业生产计划性，克服盲目性，避免不必要的损失浪费。林业防护造林工程项目建设实施的经验表明：只有真正搞好林业防护造林工程项目建设规划，才能为下一步可行性研究决策、设计及施工提供科学依据。

1.1　林业防护造林工程项目建设规划的发展与现状

1949 年以来，我国由单纯造林规划走向林业防护造林工程规划，共约经历了 4 个阶段。

1.1.1　初创与摸索阶段（1949~1953）

这一时期我国尚无统一的造林规划规程和办法，专业调查设计队伍也很少。随着造林事业的发展，造林规划逐渐开展起来。1949 年初华北人民政府农业部成立的冀西沙荒造林局，首次开展了造林规划；1950~1951 年东北人民政府调查包括东北西部和内蒙古东部广大风沙危害区后，提出了《关于营造东北区西部防护林带的决定》；1951 年由林垦部组织有关院系进行华南橡胶垦殖调查，提出以北纬 22°线以南地区种植橡胶树的规划；1953 年林业部成立了调查设计局，下设直属营林调查队，并于 1954 年初到陕北地区长城一带进行固沙防护林规划。这些林业调查与规划为以后各省区开展营林调查及制定全国统一的营林调查方法奠定了一定的基础。

1.1.2　造林规划阶段（1954~1965）

1954 年林业部调查设计局发布了《营林调查设计规程试行方案》，为全国开展营林调查设计业务，在技术方法上打下了基础。1956 年林业部成立了造林设计局，随后各省区陆续成立了营林调查设计队伍，开始了正规的造林规划。为了把造林规划建立在科学的基础上，特别重视和加强了造林规划的基础性工作，组织更多的林业研究机关和林业院校，研究宜林地立地条件类型的划分和应用。1958 年聘请苏联专家咨询，进行不同类型试点，开展造林类型区区划，从而进一步为我国的科学造林规划设计奠定了基础，并有力地促进了造林事业的发展。在这一时期，在苏联专家协助下，林业部组织完成了黄土区、铁路固沙区、北方山地以及南方低山区用材林的造林规划，制定了 4 个相应的造林调查规划工作办法；完成了包兰铁路宁夏回族自治区中卫县沙坡头段铁路防护林的规划和营造；重点对南方山地营造大面积用材林进行了有计划的调查与规划，并在广东、广西、福建、湖南、江西等省区山地营造了大面积的杉木和马尾松等速生用材林。

1.1.3　停滞阶段（1966~1976）

1966~1976 这 10 年期间，全国造林调查规划基本陷于停顿状态。

1.1.4　恢复与发展阶段（1977~）

1977 年后，我国防护造林规划进入恢复和迅速发展的时期。当年农林部组织北方 13 个省（自治区）调查队的部分人员，在山西省蒲县进行了以造林为重点的山、水、田、林、路综合治理规划。1978 年林业部在山西省偏关县召开了三北防护林规划现场会。1979 年 6 月编发了三北防护林规划办法，同时又制定出了黄土区、风沙区造林规划办法，使得三北地区防护林造林规划有了统一的依据。1979 年以后全国开展了以县、乡或村为单位的山、水、田、林、路综合治理规划。同时，在南方进行了用材林、木本粮油林基地县的造林调查规划。1979~1981 年，根据全国农业区划委员会的统一部署，林业部在全国范围组织开展了林业区划与规划，1979~1988 年基本完成了县级林业区划，制订出了林业发展规划。1984 年，林业部资源司编制了《造林调查规划设计规程》（试行）和山地、沙区、平原区、黄土区、速生丰产林区等 5 个造林调查规划方法，同时开展了一些重点林业建设项目的总体规划，除三北防护林体系二期工程规划和总体规划外，还有以县为单位进行的太行山绿化规划、南方亚热带山区建立速生丰产林基地综合考察、宜林地评价和总体规划，以及柴达木盆地宜林地资源考察、长江流域、黄河流域林业发展规划等，这个时期造林规划的特点是在林业区域的宏观控制下，广泛使用了新技术、新手段。例如在外业调查中普遍使用地形图和航空像片进行调绘、划分小班、绘制基本图并进行规划，在内业中大多使用了计算器或微型计算机。在造林规划中普遍划分出了立地类型，并以此作为造林设计的依据。在南方速生丰产用材林基地规划中，使用了地位指数表，对林地进行了评价，预估林地生产力，作为造林设计的重要科学依据。

20世纪90年代后，林业防护造林规划思想开始突破造林规划范畴，向乔灌林相结合的林业生态防护林工程规划发展。

1.2 林业防护造林工程项目零缺陷建设规划的理论基础

林业防护造林工程项目建设规划主要理论依据，是与培育林草技术管理知识如造林学、牧草学、森林生态学、景观生态学、测树学和森林经营管理学等有关。在实际工作中，需要数学、测量学、遥感及3S技术等，这些科技知识在林业造林生态工程规划中都是重要的技术手段。为了给林业造林生态工程项目建设规划提供依据，必须调查项目区的自然条件，需要掌握土壤学、植物学、气象学、地质地貌学等多方面的知识。同时，尚须具备一些社会经济方面的知识，了解农业、牧业和副业生产的有关知识，还需要有土地利用规划的知识。因此，实施林业造林生态工程项目建设规划，需要多方面的人才，组织各专业进行调查研究，如土壤调查、植被调查、立地分类等，编制造林典型设计、地位指数和进行必要的社会经济调查等，供林业造林工程项目建设规划应用。实践表明，林业造林工程项目建设是一项涉及面广，需要运用多种专业技术学科知识的基本建设工程项目。

1.3 林业防护造林工程项目零缺陷建设规划的任务

林业防护造林工程项目零缺陷建设规划的任务，一是制定林业防护造林工程项目建设的总体规划方案，为各级领导部门制定林业建设计划和林业发展决策提供科学依据；二是为进一步立项和开展可行性研究提供依据，具体的工作任务如下。

（1）查清规划区域内的土地资源和森林资源、森林生长的自然条件和发展林业的社会经济情况。

（2）分析规划地区的自然环境与社会经济条件，结合我国国民经济建设和人民生活的需要，对天然林保护和经营管理、需要发展的各类林业防护造林生态工程项目提出建设规划方案，并计算与预测投资、种苗、劳力和效益。

（3）根据实际需要，对与林业造林生态工程项目建设有关的附属项目进行规划，包括灌溉工程项目、交通道路项目、防火设施项目、通讯设备项目、林场和营林区址的规划等。

（4）确定林业防护造林工程项目建设的发展目标，以及林草植被的经营方向，稳妥安排各类项目建设任务，提出保证措施，编制防护造林工程项目建设规划文件。

1.4 林业防护造林工程项目零缺陷建设规划的内容和深度

林业防护造林工程项目零缺陷建设规划的内容取决于规划任务和要求。一般而言，其内容是：查清项目区域土地和森林资源，落实林业防护造林生态修复工程项目建设用地，完善土壤、植被、气候、水文地质等专业调查，编制立地生境类型，进行工程项目建设规划，编制规划文件。然而，由于林业防护造林工程项目建设条件和种类的千差万别，其内容和深度各有所区别。

1.4.1　林业防护造林工程项目零缺陷建设总体规划（或称区域规划）

主要是为林业建设各级主管部门宏观决策和编制林业防护造林建设计划提供依据，内容较广泛，规划的年限较长，主要是提出林业造林生态建设发展远景目标、生态修复工程项目类型和发展布局、分期完成的项目及安排、投资与效益概算，并提出总体规划方案和有关图表。

总体规划要求从宏观上对主要指标进行科学的分析论证，因地制宜地进行建设实施布局，提出关键性技术与管理要求，规划指标属于宏观性质，并不做具体安排。

1.4.2　林业防护造林工程项目零缺陷建设规划

是针对具体的某项林业防护造林工程项目建设实施所进行的零缺陷规划，是在总体规划的指导下进行的，以便为下一步可行性研究做准备。不同类型的林业防护造林生态工程项目，随营造的主体林种或项目建设组成不同，其内容也有差异。例如三北防护林造林生态工程项目规划要着重调查风沙、水土流失等自然灾害情况，在规划中要坚持因地制宜、因害设防，以防护林为主，多林种、多树种结合，乔、灌、草结合，带、网、片结合。而长江中上游林业防护造林生态工程项目建设规划，则是以保护天然林、营造水源涵养林为主体进行规划。内容大体包括工程项目建设林种构成和布局，各单项工程项目建设实施区域的立地类型划分与评价，工程项目建设规模，预期安排的乔灌草种，采用的相关造林建设技术及技术支撑，配套设施如机械、筑路、管理区等，制定工程量清单、投资及效益分析。

林业防护造林生态工程总体规划指导单项规划，同时单项工程项目建设规划是总体规划的基础。总体规划的区域面积大，涉及内容广，一般至少以一个县或一个中等流域为单元进行。单项林业造林生态工程项目建设面积可大可小，但内容涉及面小。在一个大区域内，多个单项建设规划是一个总体规划的基本组成部分和重要依据。

1.5　林业防护造林工程项目零缺陷建设规划的工作程序

林业防护造林生态工程项目零缺陷建设规划是生态修复建设工程实施的前期工作，按基本建设工程管理程序，它是一个重要的工作环节，通过规划可估算出工程项目建设规模、工程项目建设完成年限及投资额等。

一般而言，首先应在当地林业生态建设整体规划基础上，结合国家经济建设的需要和可能，对项目区进行初步调查研究，提出规划，以确定该项工程项目建设的规模、范围及有关要求。其次，对工程项目进行全面调查规划，提出工程项目建设规划方案，作为编制林业造林生态工程项目零缺陷建设可行性报告的依据。

1.6　林业防护造林工程项目零缺陷建设规划的基本经验

我国林业防护造林工程项目建设经历了曲折的发展过程，但也取得了很大的成绩，并积累了丰富的经验，总结近几十年来的经验，有以下几点值得借鉴：

（1）保持造林调查规划队伍的稳定，不断提高规划人员的素质。

（2）推广"工程造林"，坚持按基本建设程序管理林业建设，保证林业生态规划成果的实施。

（3）统一规划，综合治理，在合理安排农、林、牧、副各行业用地的基础上，进行林业造林工程项目建设规划。

（4）不断总结经验，改革创新，切实提高林业防护造林工程建设质量。

2　林业防护造林工程项目零缺陷建设规划步骤

总体规划与单项工程项目建设规划在步骤上基本相同，只是调查内容有所不同。调查规划手段和方法因区域面积大小而不同，大区域范围的规划采用卫星资料，大比例尺图件，并收集进行必要的实地抽样调查资料等。小区域范围内则采用大比例尺图件，并进行全面实地调查。在收集资料的翔实程度上、内容要求上前者更宏观。

2.1　项目零缺陷建设基本情况资料的收集

2.1.1　图纸资料的收集

图纸资料是林业防护造林工程项目建设规划中普遍使用的基本工具，县级以上大区域规划采用卫星资料、小比例尺航空照片（1∶25000～1∶50000）和地形图（1∶50000以上）；县级以下小区域规划，采用近期大比例尺地形图和航空照片（1∶5000～1∶10000）。此外还应收集区域内土壤、植被分布图、土地利用现状图、林业区划、规划图、水土保持专项规划图等相关图件。

2.1.2　自然条件资料的收集

通过调查，收集林业防护造林工程项目建设所在地区气候、水文地质等资料。

（1）气温：年平均气温，年内各月平均气温，极端最高气温及极端最低气温。气温最大年较差，最大日较差，≥10℃积温，无霜期天数。早、晚霜的起始与终止日期，土壤冻结与解冻日期，最大冻土深度与完全融解日期等。

（2）降水：年平均降水量及在年内各月分配情况，年最大降水量，最大暴雨强度（mm/min、mm/h、mm/d），≥10℃积温期间的降水量，年平均相对湿度，最大洪峰流量，枯水期最小流量，平均总径流量，平均泥沙含量，土壤侵蚀模数等。

（3）土壤：成土母质，土壤种类及其分布，土壤厚度、土壤结构及其性状等，土壤水分季节性变化情况，地下水深度、水质及其利用情况等。

（4）植被：天然林与人工林面积、林种、混交方式、密度及生长情况等，果树等经济林种类、经营情况、产量等，当地主要植被类型及其分布、覆盖度等。

2.1.3　社会经济情况资料的调查收集

应收集林业防护林工程项目建设所属的行政区及其人口、劳力、耕地面积、人均耕地、平均亩产量、总产量、人均粮食、人均收入情况；种植作物种类，农、林、牧在当地经济结构中所占比例；农业机械化程度及现有农业机械的种类、数量、总千瓦；养殖大牲畜及猪、羊头数；从事家庭副业及其生产情况；乡镇企业生产经营等凡与生态建设规划有关的情况。

2.1.4　资料整理与检查

对上述资料收集完毕后，应进行分项分类整理，检查是否有漏缺，对规划有重要参考价值的资料，还应补充调查、收集。

2.2 土地利用现状调查

开展林业防护造林工程项目建设规划，是为了解决项目区土地的合理利用问题，为此，在规划之前，首先要摸清项目区土地资源及目前的利用状况，以便全面掌握项目区域的"家底"情况，使规划方案建立在可靠的基础上。

2.2.1 土地利用现状调查与统计

（1）土地利用现状调查：可按土地类型分类进行量测、统计。土地类型的划分可根据国家土地利用分类及城市用地分类等标准，根据当地实际情况和规划要求增减。以黄土地区域（未涉及城市绿化）为例，其土地类型划分如下。

①耕地：旱平地、坡式梯田、水平梯田、沟坝地、川台地。

②林地：有林地（郁闭度≥0.31）、灌木林地、疏林地（郁闭度≤0.3）、未成林造林地、草地（草场）、乔灌草混合林地和苗圃。

③园地：经济林地、果园、药用植物种植地等。

④牧业用地：人工草地、天然草地、改良草地。

⑤水域：河流水面、水库、池塘、草滩等湿地。

⑥居民点及工矿用地：城镇、村庄、独立工矿等企业用地。

⑦交通用地：铁路、公路、农村道路等。

⑧未利用地：地坎、荒草地、石堆地以及其他暂难利用地。

（2）土地单元的分级：土地单元分几级是依项目区域面积而定，跨省、自治区、直辖市的区域为大流域→省级区域为中流域→县级区域为小流域→乡级区域为小区，一般不到地块，具体用哪几级需要根据实际情况确定。规划县级以下区域时，可用乡→小区（村）→地块（小班）三级划分方式。地块（小班）是最小的土地单元。地块划分应在尽可能的情况下连片。地块划分的最小面积根据使用的航片比例尺而定，一般为图面上 0.5~1.0cm²。

（3）地类边界的勾绘：用目视直接在地形图上调绘，采用航片判读，大流域则利用卫星图片数据进计算机判读，并抽样进行实地校核。小流域应采用 1∶5000~1∶10000 的地形图或航片，实地直接调绘。

地类边界勾绘的 4 个程序是：

①首先勾绘项目区域边界线，并实地核对。

②划分小区并勾绘其边界，也应实地核对；当小区界或地块界正好与道路、河流界重合时，小区或地块界可用河流、道路线代替，可不再画地块或小区界。

③以小区为一个独立单元，小区内再勾划土地块并编号，编号可根据有关规定进行（如"Ⅱ-4"即表示第二小区的第四个地块）；小区和地块编号一般遵循从上到下，从左到右的原则，各地块的利用现状用符号表示。

④将所勾绘的地块逐一记载于地块调查规划登记表现状栏。

地类边界勾绘时应当注意的 3 个事项如下：

①如果在一块很小的土地范围内，土地利用很复杂，地块无法分得过细时，可划为复合地

块，即将 2 种以上不同利用现状的土地合划为一个地块，但在地块登记表中应将不同利用现状分别登记，并在图上按其实际所处位置用相应符号标明，以便分别量算面积。为简便起见，复合地块内不同利用现状最好不要超过 3 个。

②地块坡度可在地形图上量测或野外实测，有经验可目视估测。坡耕地的坡度分为 6 级（0°～3°、>3°～5°、>5°～8°、>8°～15°、>15°～25°、>25°）或根据需要合并；宜林地的地块坡度也可分为 6 级 [0°～5°（平）、6°～15°（缓）、16°～25°（斜）、26°～35°（陡）、36°～45°（急）、>45°（险）]。

③道路、河流（很窄时）属线性地物，常跨越几个地块以至小区，当其很窄，不便于单独划作地块时，它通过那个地块就将通过部分划入那个地块中。

（4）调查结果的统计计算：地块勾绘完毕后，即可对调查结果进行统计计算。首先采用图幅逐级控制进行平差法，量测统计项目区→小区→地块面积。采用 GIS 时可由计算机统计。但应注意的 2 个事项如下：

①道路、河流（很窄时）属线性地物，面积不单独量测，而是折算后从地块上扣除出来。

②计算净耕地面积时应扣除田边地坎面积。

（5）土地利用现状的调查与统计结果呈现格式：经过上述步骤统计列出土地利用现状表，并对底图进行清绘、整饰，最后绘制成土地利用现状图。

2.2.2　土地利用现状分析

土地利用现状是人类在漫长的社会生产活动过程中，对土地资源进行持续开发的结果，它不仅反映了土地本身自然的适应性，而且也反映出了目前社会生产力水平对土地改造和利用的能力。土地利用现状是人类社会和自然环境之间通过生产力作用而达到的动态平衡的现时状态，有着复杂而深刻的自然、社会、经济和历史的根源。土地利用现状合理与否，是土地利用规划的基础。只有找到了土地利用的不合理所在，才能具备提出新的利用方式条件。因此，对土地利用现状进行分析十分必要，通常从以下 4 方面对土地利用的现状进行分析。

（1）土地利用类型构成分析。应对下述 2 大类土地利用的比例关系进行分析：

①农、林、牧、副、工等各行业土地利用的比例关系分析。

②各行业内部土地利用比例关系的分析，如林业各林种用地比例的分析。

（2）土地利用经济效益的对比分析。指对相同类型的土地产生的不同利用经济效益的分析，或不同类型土地在同一利用形式下产生的经济效益分析。

（3）土地利用现状合理性的分析。通常，一个地区土地利用方向决定 3 个因素：

①土地资源的适宜性及其质量限制性；

②社会经济发展对土地生产的要求；

③该地区与周围地区的经济联系。

（4）土地利用现状图的分析。主要是指对现有土地利用形式在布局上是否合理的分析。因此，不要轻易断言某个地区土地利用现状合理或者不合理，只有建立在全面、深刻分析之上的结论，才具有说服力，才能是规划立论稳靠的依据。通过分析，找出当前土地利用中存在的问题，说明进行规划的必要性及改变这种现状的可能性。

2.3　土地利用规划

2.3.1　农业、牧业土地利用规划

根据土地资源评价,将一、二级土地作为农地;如不能满足要求,则考虑三级或四级土地复垦改造后作为农地。牧业用地包括人工草地、天然草地和天然牧场,规划中各有不同要求,据实际情况确定,特别要注意封禁治理、天然草坡与牧草场改良措施和林业的交叉重叠。农牧业,特别是农业在整个项目区的经济结构中占极大比重,所以它们与项目区域土地资源的利用密切联系,脱离农牧而单纯地进行林业规划实际上是不现实的。因此,项目区林业造林生态工程项目建设规划应对农牧用地只作粗线条规划,即只划出它们的合理用地面积、位置,对于耕作方式、种植农作物种类等不作进一步规划。

2.3.2　林业防护造林土地规划

林业防护造林用地规划是林业防护造林工程项目建设规划的核心,应根据乔灌草培育基本理论和其建设技术的基本原理,在综合分析项目区自然、经济、社会条件的基础上,结合项目区目前的主要矛盾及需要,作出科学、合理的规划方案。

林业防护造林工程项目零缺陷建设土地规划内容和程序是:

(1) 对林业防护造林生态工程项目建设用地进行立地条件的划分,按地块逐一规划其利用方向。

(2) 按土地利用方向统计计算规划后土地利用状况,计算规划前后土地利用状况变化的比率,规划后各类土地面积所占比例及总土地利用率等,并列出土地利用规划表。

(3) 根据上述规划成果,按规范要求,采用计算机绘制出"土地利用规划图"。

2.4　林业防护造林工程项目建设规划方案编写提纲

本提纲仅供参考。具体应用时,可依据不同的建设项目,参照此程序编写相对应的提纲,并在此基础上,完成林业造林工程项目建设的规划方案。

(1) 项目区概况:指项目区域的地理位置、地形地貌特征、水文地质、土壤土质、气候特征、植被状况、土地沙漠化与水土流失状况、交通、社会、经济情况等。

(2) 土地资源及利用现状:指项目建设区域的土地资源、土地结构及利用现状分析、存在的问题及解决的对策与途径等。

(3) 林业防护造林工程项目建设规划方案:其内容包括以下3部分。

①指导思想与原则。

②建设目标与任务。

③建设规划:指土地利用规划、各单项工程布局、造林种草规划、种苗规划,以及农业、牧业、渔业、多种经营等配套工程项目规划。

(4) 投资估算:指实现规划方案所需的建设投资总额、分项与分期投资额等预测。

(5) 效益分析:指规划预计实现的生态功能、生态环境改善作用和生态效益。

(6) 实施规划的措施:指实施规划需制定的政策、技术、管理、设施配置等。

第二节
水土保持工程项目零缺陷建设规划

1 水土保持工程项目零缺陷建设区域调查

1.1 自然因素调查

1.1.1 地质调查

（1）地层岩性调查。了解规划区范围地层的层序、地质时代、厚度、产状、成因类型、岩性岩相特征和接触关系等。

（2）地质构造调查。应对以下2项地质构造进行翔实调查：

①了解规划区构造轮廓，经历构造运动性质和时代，各种构造形迹的特征、主要构造线展开方向等。

②查明代表性岩体中原生结构面及构造结构面的产状、规模、形态、性质、密度及其切割组合关系，进行岩体结构类型划分。

（3）新构造运动和地震调查。应对项目所在地区下述3项新构造运动和地震进行调查：

①了解不同构造单元和主要构造断裂带在地质时期以来的活动情况。查明全新活动性断裂的规模、性质、产状，确定全新活动断裂等级。

②分析研究现今活动特征和构造应力场及断层活动规律。

③了解规划区内历史地震资料和附近地震台站测震资料。

1.1.2 地貌地形调查

地貌地形调查主要分为大、小尺度2种类型的调查。

（1）大尺度地貌调查。了解山地、高原、丘陵、平原、盆地、谷地等地形，作为大面积水土保持规划中划分类型区的主要依据之一。大尺度地貌分为以下4种类型：

①高原：内营力作用使大面积地形抬升，形成高原（>1000m）。

②山地：指地壳运动上升后再经外营力风化、剥蚀，最终形成山地（≥500m），根据海拔高度的不同，分为低山（500~1000m）、中山（>1000~3500m）、高山（>3500~5000m）、极高山（>5000m）。

③丘陵：指处于山地和平原的过渡带，切割破碎，无明显分异，线沟谷宽阔，坡度缓（<500m）。

④平原：地形平坦，相对高度低，据成因分为山麓、冲积和滨海平原。

（2）小尺度地貌调查。分为沟道、坡面、小流域3种类型的地貌调查，其调查内容如下：

①沟道：了解山顶、原面、坡面、山前冲洪积扇、阶地、河漫滩、河床等。

②坡面：了解地貌的坡度（表3-1）、坡长（表3-2）、坡向、坡型、坡位等。

表 3-1 地貌坡度分级

坡类	平坡	缓坡	中等坡	斜坡	陡坡	急陡坡
坡度（°）	<3	3~5	5~8	8~15	15~25	>25

表 3-2 地貌坡长分级

坡类	短坡	中长坡	长坡	超长坡
坡长（m）	<20	20~50	50~100	>100

③小流域：调查了解流域面积、流域长度、流域平均宽度、流域形状系数、流域均匀系数、沟道纵降、沟谷裂度等。

1.1.3 气象调查

（1）降水。详细对降雨、降雪和蒸发这 3 个因子进行调查。

①降雨：多年平均降雨量及其分布状况、降雨历时、降雨强度、汛期雨量等。

②降雪：多年平均降雪量及其分布状况、日降雪量等。

③蒸发：年均、最大、最小蒸发量与干燥度等。

（2）光照。指调查太阳辐射指数和日照时数等。

（3）温度。调查年平均气温、活动积温、无霜期、极端最高与最低温度、最热月和最冷月平均气温、日温差等。

（4）风。指调查平均与最大风速、风向、风季等。

（5）气象灾害。指调查旱灾、涝灾、风灾、冻灾等灾害天气出现时间、频率及危险程度等。

1.1.4 地面组成物质调查

地面组成物质包括土壤、成土母质，其抗蚀力大小取决于地面组成物质的物理力学性质及遇水后变化。对地面组成物质的调查内容主要是：土壤类型、质地、结构特征及分层、母岩风化等。

（1）土壤类型。土壤类型划分依据是土壤厚度、剖面特征、土层部位、腐殖质厚度、砾石含量等。

（2）土壤质地。是指土壤不同粒径土粒的相对含量，也称机械组成，它是将土壤彻底分散后，用筛分法和比重计法测得。

（3）土壤结构。是指土粒形状、粒径及其集合体的发育程度和空间排列组合特征，通常分为粒状、柱状、片状等。

（4）土壤颜色、层次与基岩风化。应对土壤颜色、层次与基岩风化进行取样调查。

①土壤颜色：指土壤中矿物质和化学成分不同而反映出来的色调。

②土壤层次划分：在进行土壤调查、测量厚度和分析土样时，都需要对土壤进行层次划分。从土壤发生学要求出发，自然土壤层次分为枯枝落叶层（L）、有机质层（O）、矿质层（A、B、C）及基岩母质层（R）。

③基岩风化鉴定：指基岩风化受岩性、气候等多因子影响，其鉴定特征见表 3-3。

表 3-3 岩体分化级别特征

级别	类别	主要特征
Ⅵ	残积土	具有层次特征的土壤，已失去原有岩石结构痕迹

（续）

级别	类别	主要特征
V	完全风化岩体	岩石已褪色并转化为土壤，但保留原岩石一些结构与构造；可能存有某些岩核或岩核幻影
IV	强风化岩体	岩石完全褪色、靠近不连续的岩石结构已经转化，约一半岩块已分解或崩解，可用地质锤挖掘；可能有岩核，但互不结合
III	中等风化岩体	岩石大部分块体已褪色，分解、崩解的岩块不足一半，风化已沿不连续处深入，岩核适中
II	轻度风化岩体	岩石轻度褪色，尤其近不连续处明显，原岩与新岩比较无明显变弱
I	未风化新鲜岩石	岩石没有褪色，无强度减弱或其他任何风化效应

1.1.5　植被调查

植被主要包括有森林植被、灌木植被、草被，以及林、灌、草组成的自然植被和人工植被等类型。不同植被类型及其组合对水土流失影响不同，但均可以通过郁闭度、枯落物厚度与重量、覆盖度等基本指标来度量（表3-4）。

表 3-4　植被调查记录

编号			位置（权属）			
立地条件	坡向			坡度		
	坡位			海拔		
土壤	种名		厚度		主要特征	
林分特征	树种组成		优势树种		树龄	
	平均高度		平均胸径		平均密度	
	郁闭度		林下覆盖度		枯落物厚度	
生长状况						
产量（材积、果品及其他）						
病虫害情况						
经营管理状况						
其他情况						

（1）植被因子测量与调查：分为郁闭度、覆盖度和林下地被物进行测量与调查。

①郁闭度：是指乔、灌木植物林冠彼此相连而遮蔽地面的程度，它能够消减降雨能量并截留部分降雨量，是生态系统蓄水保土的第1个层次。

②覆盖度：是指针阔乔木林地、灌木林地、草地和作物地点的植物植株枝叶对地面覆盖程度，它比郁闭度应用更为广泛，适用于各类植被。

③林下地被物：含枯落物、死地被物和草本植物的活地被物，它们组成生态系统蓄水保土的第2个层次。

（2）植被群落因子测量与调查：分为种类、多度和密度、优势度、频度进行调查。

①种类：任何一个植被群落都由一定的物种和与其伴生的其他物种组成，它们在这个群落生态系统中占有特定的生态位，并发挥着不同的生态功能作用。

②多度和密度：指在任何一个植被群落中，某植物种在所查样地内出现的个体数量称为该种

植物的多度，若是单位面积内的数量则称为该植物的密度。

③优势度：在对植被群落经营中，优势度是指群落中某种植物的冠层覆盖度、地上部分体积和地上部分重量 3 个指标在植被群落中所占份额。优势度决定着群落的外貌特征（林相）。

④频度：是指某种植物在群落内分布的均匀程度。

（3）小流域植被调查：指调查林种、林业用地类型、植被覆盖率和植被作用系数。

①林种：是指按林木经营产生主要效益（或目的）来划分的类型；分为防护林、薪炭林、经济林、用材林、特种林 5 种。

②林业用地类型：指有林地、疏林地、未成林地、灌木林地、苗圃地、无林地。

③植被覆盖率及植被作用系数 C：植被覆盖率，是指林草地冠层枝叶在地面的投影面积占统计区域总面积的百分比；植被作用系数 C，是植被保存水土、减弱水蚀作用大小的指标。

1.1.6　水文水资源调查

应详细了解规划区流域汇流面积及径流特征，主要河、湖及其他地表水体（湿地、季节性积水洼地）的流量和水位动态，包括最高洪水位、最低枯水位高程及出现日期与持续时间，汛期洪水频率及变幅等。

（1）地表水调查：主要对规划区内已有水文站网没有观测到的水量进行调查估算，包括古水文调查。当水文站上游有水系工程项目时，需要对其耗水量、引出水量、引入水量和蓄水变量进行调查估算，以便将实测径流还原成天然状况。在平原水网区，将定位观测与巡回观测相结合，收集有关流量、水位资料，用分区水量平衡法推测当地径流量。对于没有水文站监测的中小河流，必要时应临时设站观测，以便取得短期实测资料。

（2）地下水调查：通过普查，大体了解不同类型地区地下水的储存、补给、径流和排泄状况，划分淡水、咸水分布范围，掌握包括地带岩性和地下水埋深的地区分布状况，为划分地下水计算单元及确定计算方法提供依据。在收集专门性水文地质试验资料基础上，针对缺测项目与缺资料地区，进行简易的测试和调查分析工作，确定与地下水资源量计算有关的水文地质参数，包括降水入渗补给系数、渠系渗漏补给系数、田间灌溉入渗补给系数、潜水蒸发系数及含水层给水度和渗透系数等。

（3）水质调查：调查内容包括污染源、地表水质量状况、地下水质量状况和污染事故等。水质调查时，首先应该开展污染源调查和环境自然、社会基本特征调查；其次，必须统一方法。在水质调查前，应充分理解调查目的和需要达到的目标，掌握被调查水体的特征，制订调查大纲。正确地确定调查点位、调查频率、调查时间、调查项目。样品分析测试必须采用国家标准方法和被认定的统一方法。布点采样原则是要具有较高的代表性。调查时要求水质调查、地质调查和水生物调查同步进行，以便进行资料的分析比较工作。

1.1.7　其他资源调查

（1）矿产资源：要对矿产资源成因、物性、分布、规模、质量、演化规律、开发利用条件、经济价值，以及在国民经济、社会公益事业中的地位和作用等方面进行全方位调查。包括矿产资源类别、储量、品种、质量、分布、开发利用条件等。着重了解煤、铁、铝、铜、石油、天然气等各类矿藏分布范围、蕴藏量、开发状况、矿业开发对当地生产生活和水土流失、水土保持的影响与发展前景等。

（2）旅游资源：按照一定标准和程序针对旅游资源开展询问、查勘、实验、绘图、摄影、录像、记录填表等活动。调查旅游资源的类型、数量、质量、特点、开发利用条件及其价值等。调查形式有概查、普查和详查。概查是在对第二手资料分析整理基础上进行的一般状况调查。这种方式周期短、收效快，但信息损失量大，容易在对旅游资源评价时造成偏差。普查是基于一定目的，在一定空间范围内对旅游资源进行详细、全面的调查。旅游资源的普查是一项耗时长、耗资大、技术水平高的工作。详查，即带有研究目的和规划任务的调查，通常调查范围较小，对重点问题和地段进行专题研究，对关键问题提出规划性建议。目标明确，调查深入。

（3）动物资源：分为野生动物和人工饲养动物进行调查。

①野生动物：重点调查物种、数量、利用及观赏价值等。

②人工饲养动物：重点调查其种类、数量、用途、饲养方式等。

1.2 土地利用调查

1.2.1 土地利用分类

土地资源利用会随着发展生产和人们认识的提高而发生变化，因而，土地利用分类称为土地利用现状调查分类。土地的自然属性和经济属性是进行土地利用分类的理论基础。我国根据土地利用现状划分为12大类（一级）和57类（二级），并统一了编码顺序和代表地类，构成了统一的分类系统。各地可在此分类系统基础上再进行三级、四级分类。

1.2.2 土地利用调查概述

土地利用调查对探索土地利用与地理环境的关系，以及进行自然、社会经济条件综合评价，确定各类用地比例和调整土地利用结构，合理开发利用土地资源，因地制宜布局生产和安排建设，提高土地利用率和土地生产率等均有重要意义。

通过勘测调查手段，查清各种土地利用分类面积、土地利用状况及其空间分布特点，编制土地利用现状图，了解土地利用存在问题，总结开发利用经验教训，提出合理利用土地意见，为进行土地利用分类与研究，制订国民经济计划和土地政策，开展国土整治、土地规划，科学管理土地等工作服务。它是一项政策性、科学性、技术性很强的工作。按调查目的、深度和精度，一般分为概查和详查2种。

（1）调查内容：其调查主要包括以下4项内容。

①各类用地自然环境、社会经济条件及其发展演变。

②各类用地数量、质量、分布规律和土地利用构成特点；分析土地利用现状特点、存在问题及经验教训，指出开发利用方向、途径和潜力。

③土地利用分类和土地利用图编制。

④调查区域土地总面积及各类用地面积量算等。

（2）调查工作程序与步骤：调查工作主要分为以下4项程序和步骤。

①准备工作：指组织、物资、资料与图件、仪器设备等的准备。

②外业调查：利用航片、地形图进行外业判读调绘和补测，各级行政界线和各地类界线的实地调绘，填写外业调查原始记录，外业调查成果检查等。

③内业整理：包括航片、卫星图像的转绘和对各种资料分析整理，各类土地面积量算与编制

各类土地面积统计和土地总面积汇总平衡表。

④成果整理：编制土地利用图和编写土地利用现状有关专题、局部典型调查报告等。

1.2.3 土地利用现状调查技术与方法

主要有常规、航片、样方3种调查方法。

（1）常规调查方法：指采用路线控制调查的方法。该方法采取以下2个工作步骤：

①调查路线选择：要在不产生遗漏前提下，选择路线最短、时间最省、穿过类型最多、工作量最小的调查线路。

②野外填图、填表：按地形底图的编排，分幅作图调查和填图，沿预定路线边调查边观察，勾画行政界和地块界，并着手编号。地块内土地利用现状、地貌部位、岩石、土壤、坡位、植被和土壤侵蚀情况应基本相同。地块图斑最小面积要求不小于$1cm^2$，小于$1cm^2$的地块，可并入相邻地块中，但应单独编写序号，填入调查表，以便统计到相应地类中。

在地块内作水土保持综合因子调查，并将调查情况填入有关调查表格中，为减轻外业工作量，可利用已有地质图、土壤图、植被图等资料来确定与补充修正。

填图填表时，要使用规定图例、表记符号、编号等。若底图上的地形、地物有差错要修正，没有要补充，必要时可进行局部补测。

（2）航片调查方法。主要采用以下3个步骤进行航片调查。

①航片预处理：对航片的认真检查、整理。

②划分使用面积：每张航片的航向重叠部分的中线和旁向重叠部分的中线所包含航片面积为使用面积，一般在中线部分通过3~4个同名地物点连成折线构成相连的多边形。对航片判读和转绘要求在使用面积内进行。一般在地形起伏地区应在每张相连航片上勾画出作业面积范围，地形平坦地区则可在隔张航片勾画出作业面。作业面积曲线要求离开航片边缘1cm以上。调绘面积线应尽量避免割裂居民点和其他重要地物，避免与道路、沟渠、管线等地物影像重合。

③结合航片绘制草图：分为野外调查、室内目视判读、野外验证、航片转绘4个步骤。

野外调查，制订航片判读标志：野外概查，点面结合，了解调查区地形地貌特征、土地利用现状、林草类型和水土流失类型、分布情况，结合实地与航片对照，熟悉影像特征，制订判读标志。判读要素有：地貌部位、土地利用现状、林草类型、土壤侵蚀的类型、强度和程度等。

室内目视判读：以目视判读为主、仪器判读为辅的方法，用以解决难以判别的地块。判读顺序是在使用面积范围内，先作总体观察，然后遵循从整体到局部、从明显到模糊、从粗到细、从易到难、从具体到抽象的原则进行。根据航片影像、形状、大小、色调、阴影、结构来判读其内容，再依土地利用、地貌、植被、水土流失因子等判读标志，按土地属性相同的均一性来划分地块，并用陡坎、河沟等天然现状地物和其他道路、林网、渠道线状来分割完整地面，并填写记载地块调查因子。

野外验证：实地验证，检查预判成果，修正错误；解决判读中难以确定的问题，进行实地调查；勾画行政管辖界线，修改制订各类判读标志，提高判读正确率。

航片转绘：经过验证，详判修改后的航片，将单张航片使用面积范围内勾画出的地块，逐块转绘到地形图，或者以照片略图覆盖的透明纸上。以比例为1：2500~1：10000地形图作转绘基础。以目视转绘方法为主，以明显地形、地物为绘制点。有条件可采用光学仪器转绘或其他转绘法。

（3）样方（标准地）调查方法。分为以下样方选择、样方形状、样方面积、样方数 4 个步骤。

①样方选择：采用随机抽样或系统取样方法。

②样方形状：方形或长方形。

③样方面积：草本群落 $1\sim4m^2$，灌木林 $10\sim20m^2$，乔木林 $>400m^2$。

④样方数：根据地块大小和因子均一程度自行确定，一般不少于 3 个。

1.3 社会经济情况调查

（1）人口与劳力。应从以下 4 方面进行人口与劳力状况的调查。

①户数：总户数、农业户数、非农业户数。

②人口：总人口、男女人口、人口年龄结构、人口密度、出生率、死亡率、人口自然增长率、平均年龄、老龄化指数、抚养指数、城镇人口、农村人口、农村人口中从事农业和非农业人口等。

③劳动力：劳动力结构和劳动力使用情况等。

④人口质量：人口文化程度、科技水平、劳动技能、生产经验等素质状况，以及人口体力等。

人口增加与生态环境承载能力应相互协调；劳动力充足是实施项目的必备条件，人口素质又与实施项目、科技应用及其效益相关。因此，调查人口与劳动力数量和人口分布、人口素质、自然增长率等，对于水保规划十分重要，调查项目见表 3-5。

表 3-5 人口与劳动力调查表

县（市、区）数量	总面积（km²）	人口（万人）		劳动力（万个）		人口密度（人/km²）	
		总计	其中：农村	总计	其中：农村	总计	其中：农村

（2）经济结构与物质技术水平。应从下述 2 方面开展经济结构与物质技术水平的调查。

①经济结构：指农村经济收入状况、产业结构等，主要是农村经济总收入、人均纯收入、人均产粮、人均产值，以及燃料、饲料、肥料情况等；农、林、牧、渔、工各业投入产出情况，农业指农作物播种面积、总产、单产；林业是指林种分布、木材及果品产量、投入产出情况；畜牧业主要指畜群结构、饲养情况、年存栏率与出栏率、草地载畜量、投入产出情况；渔业主要指养殖水面积、投入产出情况；农村乡镇企业投入与产出及其产值等情况（表 3-6）。

②物质技术条件：包括基础设施、经济区位、科技发展前景分析等情况。

表 3-6 乡镇企业结构与产值表

农村各业生产总值						农村各业产值比例					农业人均年产值（元）	农民年均纯收入（元）	粮食总产量（×10⁴t）	农业人均粮食产量（kg/人）
小计	农业	林业	牧业	副业	其他	农业	林业	牧业	副业	其他				

（3）社会、经济环境。项目地区的社会、经济环境状况应从下述 3 方面进行调查。

①政策环境：国家目前采取有关水土保持生态环境建设、资源保护、投资等方面的政策。

②交通环境：规划范围内外的交通条件。

③市场条件：包括市场远近、规划、产品的需求等情况。

1.4 水土流失及水土保持现状调查

1.4.1 水土流失现状调查

应着重调查规划范围内不同侵蚀类型及其侵蚀强度在空间分布、位置、范围、面积及侵蚀量等特征。

（1）水力侵蚀：其表现形式是面蚀、沟蚀等，其强度与分级指标见表 3-7。

表 3-7 水力侵蚀强度分级指标

级别	平均侵蚀模数 [t/（km² · a）]	平均侵蚀厚度（mm/a）
微度	<200，500，1000	<0.15，0.37，0.74
轻度	>1000~2500	>0.74~1.9
中度	>2500~5000	>1.9~3.7
强度	>5000~8000	>3.7~5.9
极强度	>8000~15000	>5.9~11.1
剧烈	>15000	>11.1

①面蚀：要调查坡度、植被覆盖度等，采取表 3-8 所列指标确定面蚀强度。

表 3-8 面蚀强度分级指标

地类	林草覆盖度（%）	地面坡度（°）				
		5~8	8~15	15~25	25~35	>35
非耕地	60~75	轻				
	45~60					强度
	30~45		中	度	强度	极强度
	<30			强度	极强度	强烈
坡耕地		轻度	中度			

②沟蚀：包括细沟、浅沟、切沟、干沟、河沟等，要调查沟谷占坡面积的百分比、沟壑密度等，可与山洪泥石流合并调查（表 3-9）。

表 3-9 沟蚀强度分级指标

沟谷占坡面面积比（%）	<10	10~25	25~35	35~50	>50
沟谷密度（km/km²）	1~2	2~3	3~5	5~7	>7
强度分级	轻度	中度	强度	极强度	剧烈

（2）风力侵蚀：调查大风日数、风速及起沙风速、沙丘移动速度、非流沙面积百分比、地表形态、沙区水资源、风沙危害与损失等（表 3-10）。

表 3-10 风蚀强度分级指标

级别	床面（地表）形态	植被覆盖度（%）	风蚀深度（mm/a）	侵蚀模数[t/（km²·a）]
微度	固定沙丘、沙地和滩地	>70	<2	<200
轻度	固定沙丘、半固定沙丘、沙地	50~70	2~10	200~2500
中度	半固定沙丘、沙地	30~50	10~25	2500~5000
强度	半固定沙丘、流动沙丘、沙地	10~30	25~50	5000~8000
极强度	流动沙丘、沙地	<10	50~100	8000~15000
剧烈	大规模流动沙丘	<10	>100	>15000

（3）重力侵蚀：主要有崩塌、滑坡、泥石流等形式，强度分级指标见表 3-11。

表 3-11 重力侵蚀强度分级指标

崩塌、滑坡、泥石流面积占坡面积（%）	<10	10~15	15~20	20~30	>30
强度分级	轻度	中度	强度	极强度	剧烈

①崩塌：调查岩性与风化、崩落面植被、崩落量、崩塌面积占坡面积的百分比、崩塌原因分析等。

②滑坡：调查形成条件、形态、组成结构、滑体地面组成物质、地面变形、地下水活动、滑坡规模、滑坡原因等。

③泥石流：调查堆积区和形成区的堆积形态、结构、组成、冲出量、固体物质补给形式、固体物质补给量、浆体容量、泥石流危害与损失等。

（4）冻融侵蚀：调查岩石性质、岩层与节理、水分来源、温度变化、植被状况、危害与损失等，其强度分级指标见表 3-12。

表 3-12 重冻融侵蚀强度分级指标

冻融面积占坡面积（%）	<5	5~10	10~15	15~20	20~30	>30
强度分级	微度	轻度	中度	强度	极强度	剧烈

1.4.2 水土流失危害调查

应调查水土流失危害生态环境、经济发展和社会进步各个方面。因此，调查应当着重在于对当地生产力的影响和对下游库坝淤积泥沙引发的灾害。

（1）当地水土流失危害调查：调查水土流失对当地生产危害主要表现在导致土地生产力降低和破坏地面完整性。

①导致土地生产力降低：在水土流失严重的坡耕地和耕种多年的水平梯田，分别取土壤进行

理化性质分析，并将其结果对比，了解水土流失使土壤含水量和氮、磷、钾、有机质等含量变低、孔隙度变小、密度增大等状况，同时，相应地调查因土壤肥力下降增大干旱威胁，使农作物产量低而不稳等问题。

②破坏地面完整性：对侵蚀活跃的沟头，现场调查其近几十年来的年均侵蚀速度，年均侵蚀土地面积；要用若干年前航片、卫星片，与近年航片、卫星片对照，调查因沟蚀发展使得沟壑密度和沟壑面积增大，造成可利用土地面积减少的情况。对崩塌破坏地面危害调查与此要求相同。

③调查因为上述危害造成当地人民生活贫困、社会经济落后，对农业、工业、商业、交通、教育等各行业带来的不利影响。

（2）对下游危害调查：分为以下 4 项内容进行水土流失危害下游的调查内容。

①泥沙淤积水库、塘坝、农田：调查规划范围内被淤积水库、塘坝、农田的数量、损失的库容、被淤积农田年损失粮食产量等情况；

②泥沙淤塞河道、湖泊、港口：调查河道目前与若干年前的航运里程变化对比情况，调查湖泊面积与水容量以及对经济的影响状况。

③制约港口航运：调查港口深度、停泊船只数量及吨位变化状况；

④造成严重洪涝灾害：调查水土流失地区遭受洪水灾害情况。

1.4.3 水土流失成因调查

（1）水土流失的发生与发展，离不开自然因素和人为不合理活动 2 方面因素，通常成因调查着重了解土地利用现状、地面覆盖等自然情况，以及滥垦、滥伐、滥牧与筑路开矿等造成废土、弃渣情况（表 3-13）。

表 3-13 水土流失成因调查

地形主要特征	地表组成物质	林草覆盖率（%）	平均气温（℃）	年均降水量（mm）	年均径流深（mm）	人类活动新增水土流失量 $[t/(km^2 \cdot a)]$	弃土弃渣量（t/a）	备注

①自然因素调查：结合规划范围内对自然条件的调查，了解地形、降水、地表组成物质、植被等主要自然资源对水土流失的影响。

②人为因素调查：以完整中、小流域为单元，全面系统地调查规划范围内近年来开矿、筑路、陡坡开荒、滥牧、滥伐等人类活动行为，新增的水土流失量；结合水文观测资料，分析各流域在大量人为活动破坏前和破坏后的洪水泥沙变化情况，加以验证。

（2）水土保持工程项目建设情况调查，应着重对水土保持的现状与成果进行调查。

水土保持现状调查：着重了解规划范围内开始进行水土保持工程项目建设的时间，其经历的主要阶段以及各阶段工作主要特点，整个过程中实际开展治理的时间。

水土保持成果调查：主要有以下 4 项内容。

①调查水土保持各项建设技术治理措施实施面积和保存面积，各类水土保持工程项目的数量、质量见表 3-14。

表 3-14　水土保持治理技术措施调查

面积 (×10⁴ km²)		累计治理面积 (×10⁴ km²)	其中：各项治理面积 (×10⁴ km²)						拦蓄工程		沟（渠）防护工程		淤地拦沙坝		其他工程		治理程度	
总面积	流失面积	面积合计	基本农田	经济林	水土保持林	草场	封育治理	其他	数量（座）	工程量（×10⁴ m³）	数量（座）	工程量（×10⁴ m³）	数量（座）	工程量（×10⁴ m³）	数量（座）	工程量（×10⁴ m³）	占总面积（%）	占流失面积（%）

②在小流域调查中还应了解各项技术措施与工程布局是否恰当与合理，水土保持治理骨干工程项目的分布与作用；

③大面积调查中应了解重点治理小流域的分布和作用；

④各项治理技术措施和小流域综合治理的保水、保土基础效益、经济效益和生态效益。

（3）经验调查：应主要调查水土保持技术及其工程项目建设管理等2项经验。

①水土保持技术经验调查：着重了解水土保持各项治理技术如何结合开发、利用水土资源建立商品生产基地，为发展农村市场经济、促进农民脱贫致富奔小康服务的具体做法；其中包括各项治理措施的规划、设计、施工、管理、经营等全程配套的技术经验。

②水土保持工程项目建设管理经验调查：着重了解如何发动群众、组织群众，如何动员各有关部门和全社会参与水土保持建设，如何调动干部、群众积极性的具体经验。

（4）存在问题调查：着重了解开展水土保持工作过程中的失误和教训，包括治理方向、治理措施、经营管理中存在问题；同时了解客观上的困难和问题，包括经费困难、物资短缺、技管人员不足、库坝淤积、改建等问题；以及今后开展水土保持意见。根据规划区客观条件，针对水土保持现状与存在问题，提出开展水土保持建设的原则意见，供规划参考。

2　水土保持工程项目零缺陷建设规划

2.1　水土保持规划定义、类别与作用

2.1.1　水土保持规划定义

根据全国科学技术名词审定委员会公布的水土保持规划定义，水土保持规划（plaming of water and soil conservation）是指：为防止水土流失，保护、改良和合理利用水土资源而制定的专业水利规划或按特定区域和特定时段制定水土保持的总体部署和实施安排。

2.1.2　水土保持规划类别

根据规划区域面积，水土保持规划分为大面积战略规划和小面积实施规划。

（1）大面积战略规划。是指以大流域与其主要支流为单元，或以省、地、县为单元，主要任务是在水土保持综合考察基础上，按水土流失不同类型区分别提出水土资源开发利用方向，确定保持水土的主要技术措施、治理重点地区与重点项目，明确开展治理的基本步骤，提出重要技

术经济指标，供上级主管部门研究战略决策参考，并指导下属各基层单位编制实施规划。

（2）小面积实施规划。指以小流域和以乡、村为单元，主要任务是根据大面积战略规划提出的方向和目标要求，具体确定农、林、牧业生产用地比例和位置，布设各项水土保持治理技术措施，详细安排各项措施的实施程序、逐年进度、所需劳力、经费和物质，并预测获得的效益。

2.1.3 水土保持规划作用

水土保持规划是合理开发利用水土资源的主要依据，也是农业生产和国土整治规划的重要组成部分。其作用是指导水土保持工程项目建设实践，使控制水土流失和水土保持工程项目建设按照自然、社会经济规律运行，避免盲目性，达到多快好省的目的，主要体现在以下5方面。

（1）调整土地利用结构，合理利用水土资源。

（2）确定合理的技术与管理综合措施，有效开展水土保持工程项目建设。

（3）制定改变农业生产结构的实施办法和有效技术与管理途径。

（4）合理安排水土保持技术与管理各项措施，保证水土保持建设顺利进行。

（5）分析和估算水土保持效益，充分调动水土保持地区农民的积极性。

2.2 水土保持规划依据、任务、范围与内容

2.2.1 水土保持规划依据

（1）法律法规。主要有《中华人民共和国水土保持法》《中华人民共和国水法》《中华人民共和国防洪法》《中华人民共和国环境保护法》《中华人民共和国农业法》《中华人民共和国土地管理法》《中华人民共和国森林法》《中华人民共和国草原法》《中华人民共和国矿产资源法》等相关法律法规。

（2）国家、部门和地方批复的有关综合规划。国家和地方政府批复的有关水土保持规划，水土保持综合规划的依据是指国民经济规划、水利综合规划、生态建设规划等。

（3）近期具有重要指导性和区域性的水土保持规划。指《全国生态环境建设规划》《全国水土保持规划纲要》等。

（4）技术规程规范和技术资料。国家、部门、地方政府颁布的有关水土保持技术规程、规范。规划区域土壤、植被、农林牧水等方面的技术资料成果。如《水利经济计算规范（SD139—1985)》《水利水电工程可行性研究投资估算编制办法》《水利工程设计概（估）算费用构成及计算标准》《水土保持综合治理规划通则（GB/T15772—1995)》《水土保持综合治理技术规范（GB/T16453.1~16453.6—1996)》《水土保持综合治理效益计算方法（GB/T15774—1995)》。

2.2.2 水土保持规划任务与范围

（1）规划任务。首先应明确规划任务与性质，国家及大流域、省及中大流域、地级和县级区域性综合规划，涉及部门多、专业多、协调工作多，需要从多方面、宏观战略上进行规划；专项工程规划相对单一，目标明确，针对性强。若对原有水土保持规划进行修订，则应在对原规划进行回顾评价的基础上，根据新情况和要求重新调整规划任务，并据此补充和调整。

规划主要任务一般可概况为水土流失治理、生态建设、土壤保护、水源保护、耕地保护、农村经济发展等。如东北黑土区水土流失综合规划的主要任务是保护黑土地，改善生态环境，为东北粮食生产提供生态安全屏障；西南岩溶地区水土流失综合防治的主要任务是抢救和保护岩溶地

区土壤，保护农耕地，改善生态环境；黄土高原淤地坝工程规划则主要是拦沙造田，防治水土流失；全国水源地饮水安全保障规划中水土保持规划的任务是以保护湖库型水源地为主，减少进入湖库泥沙，控制农村面源污染，以稳定水量和保护水质为核心，滤水汰沙，正本清源，保证向下游输送符合饮用水质标准的饮用水。

明确规划任务后应根据实际需要确定规划期，大区域综合规划可以确定近期水平年和远期水平年 2 个水平年，并以近期为重点。专项规划可以确定 1 个水平年或 2 个水平年，1 个水平年也可分期实施。

（2）规划范围。应选定流域和行政区规划范围，根据规划要求调查统计，分类排序，按先易后难、轻重缓急、集中连片、突出重点、分步实施的原则，确定若干指标，如行政区域、地理位置、流域面积、总人口、农业人口、耕垦指数、森林覆盖率、林草覆盖率、水土流失面积及强度等，并选择确定规划范围。如东北黑土区水土流失综合规划，划入规划范围的是典型黑土区；全国饮水安全保障规划，则以供水人口达 5 万人以上的湖库型水源地作为规划范围。

2.2.3 水土保持规划内容

水土保持规划内容可归纳为：确定任务，明确性质；调查研究，分析现状；界定范围，明确思路；布设措施，核定数量；估算投资，规划进度。

（1）开展综合调查和资料整理分析。研究规划区水土流失状况、成因和规律，确定水土流失类型分区。调查、整理和分析的主要资料内容见表 3-15、表 3-16。

表 3-15 规划区域水土流失现状内容

项目	类型区	水土流失类型	水土流失总面积（km²）	水土流失面积										计（km²）	流失面积占总面积百分比（%）	土壤侵蚀模数[t/(km²·a)]	水土流失特征
				轻度		中度		强度		极强度		剧烈					
				km²	%	km²	%	km²	%	km²	%	km²	%				

表 3-16 规划区域土地利用现状情况　　　　单位：km²

项目	类型区	土地总面积	农业用地		林地		草地	经济林地	水域面积	未利用土地		其他用地	备注
			小计	其中：坡耕地	小计	其中：疏林地				小计	其中：荒山坡		

（2）拟定水土流失防治目标、方向，因地制宜地提出防治技术措施和对应工程量，估算投资；拟定防治建设进度，明确近期安排项目。

（3）预测规划实施后的综合效益，并进行经济效益评价。

（4）提出规划实施的组织管理全方位步骤与措施。

2.3   水土保持规划原则和目标

2.3.1   水土保持规划原则

（1）规范化、标准化规划。符合国民经济发展、环境保护、生态建设、水土保持等方面的基本方针和政策，本着"预防为主、保护优先、全面规划、综合防治、因地制宜、突出重点、科学管理、注重效益"的方针，按国家行业有关技术规范和标准进行规划。

（2）统筹兼顾、协调平衡。水土保持规划既要符合国家和地方水利综合规划及水利专项规划的要求，又要符合国家和地方国民经济规划、土地利用规划、生态建设规划、环境保护规划等相关规划。

（3）区域性与宏观战略密切结合。规划应使区域性经济社会发展和生态安全宏观战略与水土保持生态修复建设主攻方向相结合，远期目标和近期目标相结合，实事求是，一切从实际出发，按照区域自然规律、社会经济规律，确定水土保持生态建设与生产发展方向。

（4）因地制宜、分区分类规划。突出重点、整体推进、分步实施，确定逐级分区方案，按类型区分区确定土地利用方向和措施总体部署，合理安排实施进度。

（5）重点对近期具体实施区域的细化。应按照预防保护、治理措施、生态修复、监督、治理与开发利用相结合，工程措施、植物措施和农业措施相结合的原则，进行水土保持措施总体布局，以充分发挥水土保持工程项目建设的生态效益、社会效益和经济效益。

2.3.2   水土保持规划目标

水土保持各类规划因任务和要求不同，规划目标也不尽相同，应本着实事求是、符合实际原则，首先确定总体目标，然后确定近期与远期目标。近期目标应明确生态修复、预防监督、综合治理、监测预报、科技示范与推广等项目的建设规模，提出水土流失治理程度、人为水土流失控制程度、减沙率、林草覆盖率等量化指标。对水土保持规划远期目标进行展望和定性描述。

2.4   水土保持规划分区和措施总体布局

全国大流域区域性、省级宏观水土保持综合规划应合理分区，从战略角度进行水土保持措施部署。全国大流域区域性、省级专项规划和地、县级规划则应在上一级综合规划方案指导下制定相对具体的分区和措施总体布局。有关分区问题可参照水土保持区划成果，全国性规划应形成固定分区方案，以便于规划修订。水土保持总体布局应针对不同水土保持分区的特征，依据"三区"划分成果，按照水土保持主攻方向，安排生态修复、预防监督、综合治理、水土保持监测、科技示范与推广等措施。省、市、县规划也应在确定的水土保持区划方案基础上进行，在没有区划方案情况下，可根据实际情况，按照区划要求和方法进行分区。水土保持规划总体布局应注意以下 5 个方面：

（1）应优先考虑规划范围内涉及的重点预防保护区、重点监督区与重点治理区，根据"三区"划分要求进行部署。

①列入重点预防保护区的森林和草原，应以防止破坏林草植被的管理措施和生态修复为主。

②列入重点监督的工矿区应以预防监督管理措施为主。

③列入重点治理区的严重水土流失区域则应以综合治理措施为主。

（2）应充分考虑区域社会经济发展、农业生产方向、土地利用规划调整、环境保护要求等，措施部署应与社会经济环境协调发展方向一致。

①沿海发达地区部署应着重发挥绿化美化功能的水土保持植物措施。

②西部地区则在治理水土流失同时，还应考虑促进农村经济发展，提高农民生活水平，措施部署应着重生态经济型水土保持措施。

③对老、少、边、穷地区，应加强具有促进脱贫致富、发挥经济功能的水土保持经济林果、径流蓄水引用等技术措施的推广应用。

（3）大区域水土保持规划，应立足当前，放眼未来，加强水源区上游、湖库、城镇、工矿区周边的水土保持部署，并从生态安全角度出发，加强面源污染控制措施。

（4）应本着分期实施、突出重点、优先安排的原则，措施部署上处理好重点与非重点、上游与下游、东部与西部、治理与保护、治理与开发的关系。对已经确定的重点建设实施项目应用具体措施进行布局与管理。

（5）水土保持工程项目建设措施部署应充分研究已实施项目的布局模式及实施效果，并分区抽取一定数量有代表性的中、小流域进行典型调查和剖析，其结果可作为当今水土保持工程项目建设实施措施的部署依据。

2.5　水土保持规划土地利用结构调整

（1）土地利用结构调整原则：大区域规划应首先充分运用区域内土地管理部门现有土地利用规划，对不能满足水土保持要求的内容，加以适当调控和补充后应用于水土保持规划，并积极通过水土保持措施，促进土地利用结构趋于合理。

（2）土地利用结构调整任务：

①加强基本农田建设，保护耕地，保障粮食安全，为区域经济发展服务。大区域综合规划的土地利用规划与调整应留有足够耕地面积，要首先考虑坡改梯、淤地坝、引洪漫地、治滩造地、保护性耕作等基本农田建设措施，确保粮食生产安全。在提高耕地质量前提下，实行退耕还林还草，发展林业、经济林果园、草地空间，做到在建立良好生态环境的同时，促进区域经济可持续发展。

②调整不合理土地利用结构，防治水土流失，改善生态环境。土地利用不合理与水土流失及贫困互为因果，对造成水土流失、破坏生态环境的土地利用类型应在规划中进行调整，对陡坡耕地、荒草地、沟壑地、裸露地等应通过水土保持治理措施，改变土地利用方式，消除产生水土流失根源，防治水土流失，改善其生态环境，并使农民在合理利用土地基础上脱贫致富。

③在涉及大量建设用地区域，土地利用调整应考虑耕地和植被恢复。在开发建设项目集中区域，水土保持规划应本着耕地占补平衡原则，将恢复耕地和林草植被的土地面积纳入土地利用规划与调整范畴之中。

（3）土地利用结构调整方法：

①调查分析土地利用现状。在规划范围内收集土地利用规划方案与成果，并抽样进行土地利用现状调查，分析存在问题及产生问题原因，提出解决方案。

②进行土地资源评价。在土地资源普查与详查基础上，抽样调查评价规划范围内土地等级，

并作为土地利用调整依据。

③确定区域经济发展与生产方向。在当地区域经济发展规划指导下，以市场经济为导向，确定规划经济生产发展方向，并作为土地利用规划与调整的依据。

④调整农、林、牧、工等各业用地。根据以上分析，调整农、林、牧、工各业用地比例，通过水土保持措施布局，使之既符合水土保持技术与管理要求，又满足区域发展生产、提升经济实力的需要。

2.6 水土保持工程项目建设综合防治规划

2.6.1 生态修复规划

应在加快基本农田和水利基础设施建设，发展集约高效农牧业，发展沼气和以电代柴，实施生态移民等技术与管理措施基础上，实施封山禁牧、轮牧、休牧，改放牧为舍饲养畜等措施。生态修复规划实际上是一项复杂系统工程，规划总体部署应据此确定相应原则与目标，并分类型区划定生态修复面积，提出各分区灌木林地、疏幼林地、稀疏草地、荒山裸地、荒疏草地等不同地类的生态修复总体要求和方案。

各类型区分别选1~2条有代表性的小流域进行生态修复典型规划，并提出典型生态修复配置模式，制定各类型区防治措施，汇总后计算得出水土保持规划区生态修复措施工程量（表3-17）。

表3-17　水土保持生态修复规划工程量

项目	类型区	治理面积（×10⁴hm²）	封禁治理措施（×10⁴km²）				辅助性治理措施						备注
			灌木林地	疏幼林地	稀疏草地	荒山裸地	沼气池（个）	节柴灶（个）	以电代柴（kW·h/a）	引水灌溉（m³/a）	生态移民（人）	其他	

2.6.2 预防保护与监督管理规划

（1）预防保护规划。确定预防保护的原则与目标，据此划定预防保护位置、范围与面积。规划制定预防保护采取的技术与政策管理性措施，包括制定相关规章制度、健全管理机构、发布水土保持"三区"公告以及采取封禁管护、监督与监测等措施。

（2）监督管理规划。制定对生产建设项目和其他人为不合理活动实行监督管理，防止人为造成水土流失危害；确定规划区当前实施监督区域与项目的名称、位置、范围；提出实现监督管理目标应落实的技术与政策性管理措施，包括针对监督区制定相关规章制度，水土保持方案编报审批、实施和验收；对生产建设项目造成人为水土流失的监督监测与管理措施。

2.6.3 治理综合措施规划

（1）治理措施总体配置。根据水土保持规划总体部署（布局），在土地利用结构调整规划基础上，以江河流域为骨干，以县为单位，以小流域为实施单元，分区配置水土保持治理措施；各分区应分别选 1~2 条有代表性的小流域作典型规划，并提出典型治理技术与管理措施配置模式，推算各分区综合治理技术与管理措施配置，汇总后得出规划区的治理措施量（表 3-18）。

表 3-18 水土流失治理措施规划工程量

项目	类型区	治理面积（×10⁴ hm²）	其中：各项治理面积（×10⁴ km²）						拦蓄工程项目		沟渠防护工程项目		淤地拦沙坝工程项目		其他工程项目		累计完成治理面积（×10⁴ hm²）	期末达到治理程度（%）
			基本农田	经济林	水土保持林	草被	封禁治理	其他	数量（座）	工程量（×10⁴ m³）	数量（座）	工程量（×10⁴ m³）	数量（座）	工程量（×10⁴ m³）	数量（座）	工程量（×10⁴ m³）		

（2）治理项目规划体系。分为坡耕地、荒地、沟壑、风沙、小型蓄引排水规划。

①坡耕地治理措施规划：包括坡改梯、退耕还林还草和保土耕作规划。

②荒地治理措施规划：包括水土保持造林、种草和封山育林、育草规划。

③沟壑治理措施规划：根据"坡沟兼治"原则，从沟头到沟口、从支沟到干沟进行全面治理规划，分别提出沟头防护、谷坊、淤地坝沟骨干工程，以及沟道整治工程、小水库及堰塘工程、崩岗治理工程、封沟造林（草）工程项目等规划。

④风沙区治理规划：东北、西北、华北风沙治理区包括沙障、防风固沙林带、农田防护林网、成片造林种草、引水拉沙造田等措施规划；以黄河故道为主的中部地区，应包括造林（果）、淤土压沙和改造沙地、育草固沙等措施的规划；东南沿海风沙区主要为大型防风固沙林带规划。

⑤小型蓄排引水工程规划：包括坡面小型排引水工程规划、水窖、涝池、蓄水池、塘坝等小型蓄水工程项目规划、引洪漫地工程项目规划。

2.6.4 其他规划

（1）水土保持监测规划。选定水土流失监测站点名称、布设数量及分期建设进度；提出水土流失因子观测、水土流失量测定、水土流失灾害及水土保持效益等监测项目的内容与方法。

（2）科技示范推广规划。选定科技示范工程项目的类型、名称、位置、数量及分期进度；提出需要进行重点推广项目及内容。对示范区及示范区内的示范推广项目进行规划，主要包括技术依托单位、科技人员、教育培训、推广应用机制等。

2.7 水土保持规划投资估算与经济评价

2.7.1 投资估算

根据水利部《水土保持工程概（估）算编制规定和定额》，说明投资估算编制的依据、方法及确定的价格水平年，按规定进行投资估算，并提出资金筹措方案，分别进行近期、远期投资估算或暂不估算（表 3-19、表 3-20）。

表 3-19　水土保持规划投资总估算表　　　　　单位：万元

序号	工程项目投资名称	建安工程费	林草措施投资额		设备费	独立费用	合计
			栽植费	种苗费			
	第一部分　工程措施						
一	梯田措施						
二	谷坊、水窖、蓄水池工程						
三	小型排水、引水工程						
四	治沟骨干工程						
五	设备与安装工程						
	第二部分　工程措施						
一	水土保持造林工程						
二	水土保持经济林						
三	水土保持种草工程						
	第三部分　工程措施						
一	拦护设施						
二	补植补种						
	第四部分　独立费用						
一	建设管理费						
二	工程建设监理费						
三	科研勘测设计费						
四	水土保持监测费						
五	工程质量监督费						
	第一至第四部分合计						
	基本预备费						
	静态总投资						
	价差预备费						
	工程总投资						

表 3-20　水土保持规划总投资表　　　　　单位：万元

规划区	近期投资							远期投资							合计
	生态修复	预防监督	综合治理	监测预报	示范推广	其他	小计	生态修复	预防监督	综合治理	监测预报	示范推广	其他	小计	

2.7.2　经济评价

经济评价指水土保持效益分析和经济评价。效益分析主要是生态效益、经济效益和社会效益分析；经济评价主要是国民经济初步评价。

2.8　进度安排、近期实施意见和组织管理

（1）进度安排：汇总各项防治措施数量，确定进度安排原则，提出近期与远期防治实施进度。

（2）近期实施意见：根据类型区水土流失特点及在生态修复建设中的重要程度确定实施顺序，对国民经济和生态系统有重大影响的江河中上游地区、重要水源区、重点水土流失区及老、少、边、穷区应优先安排。提出近期重点地区重点项目，主要说明重点地区、重点项目确定的依据，确定项目的名称、位置及规模、进度安排等。

（3）组织管理：

①组织领导措施：指水土保持工程项目建设政策、机构、人员、经费等。

②技术保障措施：指水保工程建设管理、监理、监测、培训、技术推广等。

③投入保障措施：指水土保持工程项目建设资金筹措、筹劳、进度控制等。

第三节
沙质荒漠化防治工程项目零缺陷建设规划

1　沙质荒漠化防治工程项目零缺陷建设区域调查

开展沙质荒漠化防治工程项目规划设计前，应首先对沙质荒漠化防治工程项目建设实施区域进行详细调查，以便确切掌握项目区域的基本自然情况。

1.1　沙质荒漠化防治区域零缺陷调查目的、意义及要求

（1）应查明沙质荒漠化土地类型、面积、分布、成因、危害以及现有建设完工沙质荒漠化防治工程项目技术措施种类及其作用，为沙质荒漠化防治项目建设实施提供依据。

（2）应查清沙质荒漠化地区现有各类资源种类、数量及其分布，为建设区域可持续发展决策提供科学依据。

（3）为制定地区沙质荒漠化防治规划及各项治理技术措施提供依据。

对沙质荒漠化调查因其范围大小不同，可分为全国性、区域性或省级、县级以及更小规模，全国性沙质荒漠化普查及监测对象是省、大区域沙漠区或重点沙区，按预定精度查清这些大区域的自然资源状况，为国家、省或县制定沙质荒漠化防治对策、进行沙质荒漠化土地开发利用的方针、政策的制定和国民经济计划提供可行性依据。

沙质荒漠化防治工程项目建设是伴随荒漠化治理与荒漠化土地开发利用产生的。沙质荒漠化区域调查及其沙质荒漠化土地治理规划是一项综合性很强的工作，由于沙质荒漠化涉及包括风蚀、水蚀、盐渍化及冻融侵蚀等方面的内容，它在农田、牧场及林地处等都有可能发生，因此完成此项工作需要有扎实的荒漠化防治和水土保持知识以及土壤学、地质、地貌、林学、草场管理、农业经济、水利学、测量及遥感等方面的知识和生产实践经验。沙质荒漠化土地调查规划与小流域水土流失调查及水土保持规划、林业调查规划、农业调查规划和牧业调查规划虽基本相近，但仍有很大区别，特别是沙质荒漠化调查规划工作，其工程项目建设包括内容较多，涉及学科广泛，调查规划区自然条件严酷，对各项技术措施要求更加严格，所以要求对自然及社会经济各项因子调查要更加深入细致，只有这样才能做出符合客观规律的规划设计方案。特别是对沙区

调查规划时，由于沙区调查对象——流动沙丘具有移动的可变性，这就要求无论是调查还是进行规划设计，都必须认真对待，否则就很难做出切合实际的规划设计方案。

1.2   沙质荒漠化零缺陷调查程序

沙质荒漠化零缺陷调查的基本工作程序一般可分为前期准备、外业调查、内业整理及报告编写几个阶段。调查方法依据调查范围、要求精度及调查地区经济发展水平、调查人员技术素质等因素，可以分为现地调查、遥感调查以及现地调查与遥感解译相结合方法等，具体应用时要结合实际，考虑现实情况和可能性，以确定应用实用、适用的调查方法。

1.2.1   调查准备

编写调查任务书由调查主管部门组织编写。主要内容包括，调查区域基本情况，调查所需要图件、资料及技术仪器装备，调查工作的组织、实施步骤与方法，时间安排及调查经费预算等。

（1）基础资料收集。应主要收集以下 9 个方面的基础资料：

①社会经济资料：包括土地总面积和各类用地面积统计资料，如耕地、林地、牧场、居民点、交通道路、水域面积，以及沙质荒漠化土地面积、未利用及难以利用荒地面积等。上述面积数据均应以土地利用现状调查数字为依据，编制土地利用现状统计表，并绘制在相应土地利用现状图上，做到图与统计表数字相符。

②人口资料：包括总人口、总户数、总劳力（包括男女劳动力），每个居民点户数，户均人口数，人口自然增长率，人口年龄构成和职业构成等情况。

③生产和经济情况资料：包括农、林、牧、副、渔各业生产现状、水平及其存在的问题，各业生产和农业现代化远景规划指标（面积、单产、总产等）、水平及发展速度。还要收集上一层次规划区域的社会经济发展各项指标，尤其要注意规划中对本规划区域远景发展要求和安排在本区域内的建设项目。

④沙质荒漠化防治专业资料：包括以往防治荒漠化采取技术措施及其效果，存在问题及今后应注意的问题等。

⑤土壤现状资料：包括土壤类型、特性及其分布状况，农业高产土壤的肥力性状及其保肥措施，低产田土壤的障碍因素及其改良途径，土壤分布图、土壤肥力图和土地利用改良分区图及其相应文字说明。

⑥水文地质资料：水源类型及其水量情况，历史洪水和枯水调查资料，以及水位、流速、流量、库容、含沙量等水文资料，径流资料（径流深、径流系数、径流率、汇水面积等），地下水来源、流向、流速和埋藏深度、水质等，沿海地区潮水涨落规律及潮位变化特征等。

⑦气象资料：指气温、土温、降水、湿度、风向、风向频率和风速，日照、霜期（初霜期、终霜期、无霜期），以及农业灾害性天气资料（沙尘暴、干旱、干热风、霜冻、台风、冰雹等）。

⑧植被资料：包括植物群落分布（森林植被、草原植被和荒漠植被等类型），以及建群种类、长势及其生态习性等。

⑨基础图件及航片、卫星片及地形图纸资料：应在前期准备阶段收集规划区域的地形图、各类规划图和最新航片、卫片等图纸资料。若规划区域资源详查工作已经结束，应采用详查成果图作为规划设计底图。

针对沙质荒漠化地区特点，一般情况下，相应的调查规模对应于一个适宜比例尺图件。考虑到沙质荒漠区地广人稀的具体情况，基础图件的比例尺可作适当调整。对收集到的各类图件的精度和质量应根据资料来源，测绘成图，并对图中单位、时间和方法进行必要的检查与鉴定。若图纸采用不同高程系统，应根据有关公式进行换算，使其统一。

（2）调查仪器及用品准备。需准备的测量仪器有标杆、罗盘、经纬仪、皮尺、测绳、转绘仪、求积仪、计算机等，绘图工具，适当交通工具，各类内外业调查统计表格等。

1.2.2 野外调查（调绘）

（1）野外调查（调绘）多采用路线控制调查。在控制路线范围内进行野外填图，勾画不同地块（土地利用类型）图斑，填写调查因子，并选择典型地段进行样方调查，做到点面结合，一般了解和重点深入调查相结合。

野外路线选择应在不产生遗漏的前提下，选择路线最短、时间最省、穿越类型最多、工作量最小的调查路线。

（2）调查及填图填表。按照地形图（或卫片及航片）编号、分幅作调查填图，沿预定路线调查观察，同时勾画行政界和地块界，并依序编号。一般地块图斑最小面积不小于 $1cm^2$，对小于规定面积地块，可将其并入相邻地块。调查内容包括土地利用现状、沙质荒漠化类型、地形因子、土壤状况、植物治理措施等内容。

（3）沙质荒漠化调查深度要求。调查要求反映土地利用状况、土地荒漠化状况，各类用地规模和布局，利用效果和存在的问题以及今后利用改良意见。当资料收集和野外调查工作全部结束以后，应对所收集的资料和图件，以及野外调查成果进行综合分析，去粗取精，去伪存真，由此及彼，由表及里的思考，进一步明确规划区域土地荒漠化、土地利用和发展生产的有利和不利因素，综合考虑其远景发展规划，认真研究解决主观和客观之间矛盾，从而为下一步制定规划方案提供可靠技术依据。

最后把调查成果资料加以汇总整理、综合分析，绘制成土地利用现状图和沙质荒漠化土地现状图，此二类图是今后用于规划设计的基础图。如有条件亦可分幅绘制成土地荒漠化图、土壤分布图、地势略图、水利设施分布图、受灾范围示意图等专题图。

1.2.3 编写调查报告

（1）前言。包括调查目的意义，调查时间，调查地区地理位置、范围及面积，调查人员专业素质情况，调查工作方法，取得的经验及存在问题。

（2）自然地理概况。包括地质、地貌、水文、土壤、植被等情况及其特征。

（3）社会经济状况。包括人口、农林牧副渔各业生产状况及其结构，农牧民收入及生活水平、生产及生活中存在问题。

（4）土地利用现状。包括各种土地类型的面积及其结构比例、生产状况及评价。

（5）荒漠化土地状况。包括荒漠化土地类型、面积、分布、成因及其危害等。

（6）治理荒漠化土地情况。包括治理历史、采用技术措施或方法及其成效、典型技术经验、存在问题及其防治对策。

（7）附件。调查成果图件、说明书及统计表等。

2 沙质荒漠化防治工程项目零缺陷建设规划

2.1 沙质荒漠化防治工程项目零缺陷建设规划程序

防治荒漠化工程项目零缺陷建设规划可以在不同规模区域内进行。因此规划作业本身就具有多层次性，每一层次规划的项目和内容不尽相同，所要分析研究解决的问题也不一样。然而，不同层次之间存在着一定的联系，在工程项目建设安排上有一个全面规划、合理布局的问题。在事关全局性的项目未作出合理规划方案之前，局部性的规划难以得到正确解决。一般来讲，对于以土地为对象的规划，在进行某个层次规划之前，应先完成上一个层次的规划。只有处理好相邻 2 个层次土地规划之间的关系，把下一层次土地规划看做是上一层次土地规划的继续和补充，把上一层次土地规划成果看成是下一层次土地规划的必要依据，才能有效避免盲目性。因此，为了保持不同层次土地规划的连续性，就防治荒漠化土地规划程序整体而言，必须先进行高一层次土地规划，再进行下一层次土地规划。

沙质荒漠化土地防治零缺陷规划一般可分为前期准备工作、制定规划方案和规划实施 3 个阶段。从社会经济发展和防治荒漠化预定目标出发，经过前期准备工作，把收集到的资料加以整理分析，为制定规划方案提供科学依据，对规划所完成的各种规划方案进行生态经济论证和可行性分析，从可行性方案中择优选用方案，并作出决策，继而根据需要和可能，制定分期、分年度规划实施计划，在实施过程中对原决策和预定目标加以检验、修改和落实。

2.1.1 前期准备阶段

包括技术思路准备、组织准备和业务准备。业务准备包括规划基础资料收集和外业实地调查、勘测。事实上，对沙质荒漠化土地调查就是规划的前期准备工作的一部分内容。

2.1.2 制定规划方案阶段

制定规划方案是防治土地荒漠化工程项目建设规划工作中最基本的环节，规划方案一经付诸实施，就决定了规划区域在今后若干年内的土地利用方向及防治荒漠化工程项目建设内容，对于区域经济的发展及人民生活水平的提高均有着重大影响。

制定防治荒漠化工程项目建设规划方案必须从分析土地利用现状、荒漠化现状（包括荒漠化土地类型、面积、分布、成因及其危害）出发，应明确规划重点、尊重自然和经济规律，逐步完善形成规划设想，出台符合客观实际情况、科学、高精度、高质量的规划方案。编制沙质荒漠化防治工程项目建设规划方案的基本方法如下：

（1）控制先行，逐步逼进。防治荒漠化工程项目建设规划涉及内容相当广泛，各规划子、分项目之间存在一定的先后合理顺序。规划时首先应当注意关系全局具有控制作用的规划子、分项目，如土地利用结构、农田防护林网、水利和道路布局等，只有这些控制性规划项目先行一步，其余细部规划项目再紧接着进行，才能保证上述两类项目之间相互制约、相互补充，从而促使全部规划项目成为一个有机整体。但在设计控制性的规划项目时，应为细部规划项目的设计创造良好的条件，与此同时，在设计细部规划项目时，也必须对控制性规划项目作进一步的补充和必要的修正。如此反复，逐步逼进，形成集技术性、科学性、完整性、系统性、适用性为一体的规划方案。

（2）突出重点，综合设计。防治荒漠化工程项目建设规划项目之间不仅存在前后纵向联系，同时也存在横向联系。在具体设计某项目时，不要孤立地进行设计，而应是把与之相关的其他项目综合地加以分析和解决，如在完成绿洲防护林体系规划方案时，要考虑道路、灌溉渠道、护田林带的规划要求，再进行综合规划设计。此外，对某区域进行具体规划时，必须抓住重点规划项目，要区分沙漠、草原、黄土丘陵、沿河沿海沙地、盐渍化等自然景观类别。同时，尽可能兼顾其他规划项目的要求，而在其他项目规划时，则应服从重点规划项目的要求。只有抓住重点规划项目，兼顾其他项目，才能编制出较为合理的规划方案来。

（3）两步设计，先粗后细。编制规划方案可分两步进行，即初步设计和技术设计。初步设计是对规划有关项目进行粗线条的概略设计，精度较低，当防治荒漠化工程项目建设规划全部项目落实到图纸上时可能会出现各种矛盾现象；在初步设计阶段时就需要设法克服各项目之间出现的不协调现象。因此，初步设计实际上是一个多次修改反复平衡的过程。拟定出的初步设计可能是几个方案，经多方（专家、行业领导和业务骨干）审议，通过择优，选取其中最优方案后，即可进入技术阶段。在技术设计阶段，要对各规划项目均需精确地计算、复核、审核和确定，最后经整饰绘制成符合规范要求的规划图表。这套图表可作为规划方案报审材料，也是以后现场补图，绘制沙质荒漠化防治工程项目建设施工图的依据。

（4）方案论证，分析比较。编制规划方案时往往会出现多种技术设计思路，为选择其中最优方案，必须对所提出的各种方案进行生态经济论证和可行性分析，权衡利弊得失，以确定其中最优方案。常用规划方案的择优方法有对比分析法、综合评分法、线性规划法、模糊综合评判法和微分法。

2.1.3　实施阶段

规划方案确定以后，规划工作并没有结束。要使规划方案真正起到指导生产实践，促进提高生态经济效益的作用，关键在于落实规划方案。只有把规划方案落到实处，才能把规划项目所要达到目标的可能性变成现实性。因此，不仅要编制出一个符合客观规律的规划方案，更重要的是狠抓规划的落实来改造利用自然。因此，从这个意义上讲，规划落实是编制规划方案的继续，是规划工作程序中不容忽视的重要环节。一般而言，为了保证规划的全面落实，如期建设实施，必须扎实完成下列4项技术管理工作：

（1）工程投资预算。为保证规划得以实施，在制定年度实施计划中，必须对规划方案进行投资预算。投资预算是编制基本建设计划和年度实施计划的重要依据，是对基本建设工程进行拨款或贷款的依据，也是选择设计方案的重要依据。投资预算包括设计概算和施工图预算，根据设计不同阶段的具体内容，全面计算每个建设项目和单项工程所需全部费用。通过预算可以掌握整个建设工程项目造价，包括人力、物力消耗，以及在建设过程中新创造出来的价值，并将其以货币形式表现出来，为分期分批地建设实施规划项目提供重要依据。

（2）规划方案可行性研究及综合平衡。一个规划项目在作出建设投资决策之前，要对涉及的社会、经济和技术等诸多方面进行调查研究，还需对各种可能的方案进行比较。最终决定这个规划项目的设计工作能否继续向前推进和深入，这就是项目可行性研究。

防治荒漠化工程项目建设规划是一项涉及面极广的综合性生产活动和基本建设工程项目，既对区域经济各方面都产生影响，又受社会经济等诸多因素的制约，为了按计划建设实施规划方案，就必须认真进行综合平衡工作。

基本建设是实现社会扩大再生产的重要途径，它的目的是发展社会生产，改善人居生活，但在实施规则期间需要占用和消耗大量人力、物力、财力。在一定时期内，社会的人力、物力和财力是有限的。如果把这些资源过多地用于基本建设，就会使生产和生活方面的正常需要得不到保证。因此，基本建设同生产、生活之间又存在着矛盾。借助于综合平衡，对上述两方面进行统筹安排，不能片面强调基本建设的需要而忽视生产、生活方面的需要。

实现基本建设综合平衡的根本原则是量力而行，必须稳妥处理好建设同生产、生活之间的关系，首先在总收入分配上，要先安排好消费，不能由于扩大基本建设而挤占人居必要的消费。其次，在人力、物力和财力分配上，应先安排好生产，不能把过多的财力用到基本建设项目上而影响生产、生活的正常进行。这样最终会反过来影响规划方案的实施。所以，在一定时期要根据本地区人力、物力、财力的总资源水平状况，扣除生产、生活两方面需求后，还有多少余力，就安排多少基本建设，只有这样才是稳妥可靠的。

因此，在论证和实施沙质荒漠化防治工程项目建设规划方案时，要做到量力而行，在注重生态防护效益时兼顾提高经济效果，要对其所需财力、物力进行精确计算和平衡，做到资源、人力、物力和财力全面落实，以保证规划按计划建设和实施。

（3）编制年度实施计划。防治沙质荒漠化工程项目建设规划属中长期计划的范畴，应与经济发展五年计划相一致，编制年度建设实施计划。

（4）工程项目建设监督及检查验收。随着经济发展和社会制度的逐步完善，基本建设工程项目监督监理制已被社会所认同，因此，在防治荒漠化工程项目建设中，也应执行工程项目建设监督监理及检查验收制度，以确保工程质量、按期完工。

2.2   沙质荒漠化防治工程项目零缺陷建设规划

2.2.1   土地利用零缺陷规划

是指在一定规划区域内，根据当地自然及社会经济以及国民经济发展要求，在国民经济各部门之间和农业生产各业之间合理地分配土地，确定或调整土地利用结构，配置各业用地面积，合理组织土地利用综合规划措施体系，这能够有效地起到宏观控制作用，是防治沙质荒漠化工程项目建设规划的一项重要工作内容。

土地利用零缺陷规划适用于不同规划区域，可分为不同等级，如全国综合农业区划、省级综合农业区划及县级土地利用规划，或者乡、村土地利用规划；或者按照特定要求确定规划区域，如按自然气候生物带规划、按流域分布范围规划、按沙漠面积与范围进行规划等。

土地利用零缺陷规划内容相当广泛，包括规划区域内所有用地部门和用地项目，如林业、牧业、工矿、交通运输、城镇建设、水利建设、自然保护区等。但就其规划深度而言，均属控制性规划项目，一般不涉及各业内部规划，这是零缺陷总体规划的另一个特点。此外，零缺陷总体规划是从全局出发，权衡利弊得失，追求整体效益最佳，而不是只考虑局部、某一个部门或行业利益。

土地利用零缺陷规划涉及范围广，内容极为丰富，对于沙质荒漠化防治工程项目而言，大致分为以农林牧业为主的综合农业发展规划和以流域综合治理为主的水土保持总体规划。

土地利用零缺陷总体规划的类型、依据、内容及程序如图3-1。

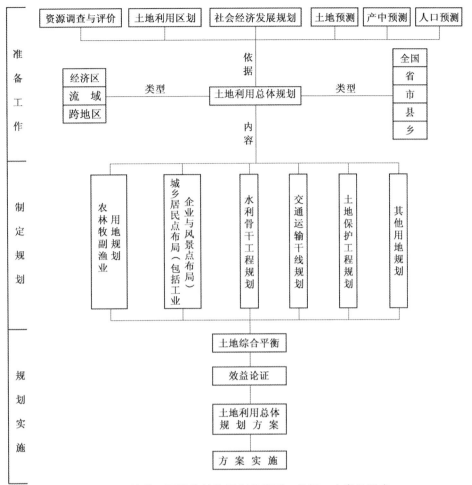

图 3-1 土地利用零缺陷总体规划的类型、依据、内容及程序

（1）土地利用规划综合平衡方法：是指依据整体控制、局部推进的原则，首先配置对使用土地有严格要求的部门用地，确保其达到最适宜的用地；配置各种用地要以土地评价为基础，总体达到最优；要有预见性，考虑长远计划。

土地利用总体规划必须依据对资源全面调查和综合评价结果，分析区域经济发展优势，存在问题及不利条件，在完善经济发展预测的基础上，以可持续发展理论为指导，分层进行。具体要完善以下 6 方面的工作：

①农业生产布局合理；

②符合人口远景发展目标趋势；

③城乡居民点布局合理；

④水资源开发利用合理；

⑤水利骨干工程配套；

⑥交通道路畅通并满足环境保护规定。

（2）土地利用线性规划方法：线性规划是运筹学的分支，它是目前研究多变量复杂系统应用较广且简便易行的一种数学模型。其目的是通过数学方法来寻求达到资源最佳配置及效果最佳。线性规划数学模型为：

目标函数：
$$\min \quad 或 \quad \max Z = \sum_{j}^{n} G_j X_j \tag{3-1}$$

满足约束条件：
$$\sum_{j}^{n} a_{ij} X_j = b_j$$
$$X_j \geq 0 (j = 1, 2, 3, \cdots, n) \tag{3-2}$$

式中：X_j——一组未知决策变量，可为各种农产品产量；

a_{ij}——技术系数，表示生产第 j 种农产品所需第 i 种生产因素的投入数量；

G_j——效益系数，表示生产第 j 种农产品单位产品效益；

b_j——生产因素的限制量。

对于确定决策变量，要以土地评价为基础，同时估计到土地改良因素及潜在适宜性；约束条件包括资源约束（土地数量和质量）、需求约束（市场）、生产约束（部门协调）等众多因素；目标函数的确定可以是求最大值，如生产量最高、效益最大、纯收入最多等；也可求最小值，如投入最小、土壤侵蚀模数最小等。

（3）土地利用零缺陷规划多目标规划法：在土地利用零缺陷规划中，线性规划对多目标进行规划表现出极大的优越性，多目标规划数学表达式（3-3）为：

$$VP \begin{cases} V_{-\min} [F_1(X), \cdots, F_p(X)]^T \\ g_i(X) \geq 0 (i = 1, 2, 3, \cdots, m) \end{cases} \tag{3-3}$$

在此 $X = [X_1, \cdots, X]^T$，为一向量，实际上就是规划中的活动变量。$V_{-\min}$ 表示对 P 个目标 $[F_1(X), F_p(X)]^T$ 求最小 $(P \geq 2)$，以区别单目标最小，$X = [X_1, \cdots, F_p(X)]^T$ 为 P 个目标函数，$g_i(X) \geq 0$ 为 m 个约束条件。

多目标规划是优化理论的一个新支，目前其理论尚不完善，求解方法也很多，诸如约束法、目标分层法、功效系数法、综合目标法等。多目标土地利用规划中的决策变量、参数及约束方程与线性规划方法局限土地利用规划相同。此外，灰色系统理论、模糊数学方法、系统动力学方法、动态规划以及非线性规划方法等也逐渐被利用来进行土地利用规划。

2.2.2　水资源零缺陷规划

在实施沙质荒漠化土地防治开发建设规划过程，考虑到沙质荒漠化地区特殊的自然条件，必须进行水资源规划，这是保证土地利用规划顺利实施及防治沙质荒漠化的一个重要手段。在水资源规划中，首先需要摸清和掌握可利用水资源总量及其时空分布、需水总量及用水时空分布等因素，然后采用线性规划方法、动态规划方法，或者将二者综合应用进行规划。

由于沙质荒漠化地区的河流是内陆河流，总结我国几十年来沙质荒漠化土地发展进程特点和经验教训，在进行土地利用和水资源的规划时，一定要有全局观念，从全流域合理开发利用出发，特别是在上游地区，切不可盲目过量取水进行传统意义上的土地开发或农业综合开发，应该大力发展节水灌溉，同时，在一些特殊区域，如绿洲或内陆河流一定要考虑生态用水，否则会造成不可挽回的生态灾难。

此外，由于地处特殊地理环境条件，在我国沙质荒漠化地区分布有许多天然水源，提高水资源利用率，开放这些水资源的水面意义重大，应制定水面合理、有效的开发利用计划，同时也应完善村镇建设规划以及沙质荒漠化地区自然保护区规划等工作。

2.2.3　沙质荒漠化防治工程项目零缺陷建设总体规划

防治荒漠化工程项目零缺陷建设总体规划是指一个地区荒漠化综合防治措施体系集成体。它应包括农业综合开发、林业（造林）、牧业（合理放牧及种草）、资源保护，以及水面开发等诸多方面内容，亦可分为不同层次。表 3-21、表 3-22 是我国 1992～2000 年治沙工程建设十年规划内容，其中包括：人工造林（又细分为防风固沙林、速生丰产用材林、经济林），封沙育林育草，飞播造林，人工种草及草场改良，治沙造田及改造低产田，种植药材及经济作物，开发利用水面等项目。从中可以看出其内容的丰富程度，而且对于不同地区，其规划内容也不同。因此，一个地区的防治沙质荒漠化工程零缺陷总体规划应当结合当地荒漠化类型、程度、原因等，在制定规划的指导思想和基本原则、工程项目总体布局与建设重点以及确定防治措施时，做到因地制宜、因害设防、适地适技，具体规划技术思路要与土地利用总体规划方案基本一致。

表 3-21　全国防治沙质荒漠化工程项目建设十年规划任务（万 hm²）

省（自治区、直辖市）	1992~2000年防治开发总面积	人工造林				封沙育林育草	飞播造林种草	人工种草及改良草场	治沙造田及改造低产田	种植药材及经济作物	开发利用水面	备注
		小计	防风固沙林	速生丰产用材林	经济林							
内蒙古	269.7	49.7	41.7	4.7	3.3	86.7	51.3	63.3	9.3	4.7	4.7	固沙0.3
新疆	160.3	12	10	0.7	1.3	106.8		33.3	3.5	4.7	0.1	
甘肃	65	7.4	4.7	0.7	2	46.7		6	2.7	2	0.3	
陕西	22.3	11.6	8	1.3	2.3		3.3	3.3	2.7	0.7	0.7	
吉林	21.7	7	5.7	1.3				8	4		2.7	
黑龙江	20.3	6.9	5.5	1.3	0.1		1.3	5.3	4		2.7	
河北	18.8	5.8	3.3	1.5	1	4	3.3	3.3	2		0.3	
宁夏	17.3	5	4	0.3	0.7	3.3	3.3	3.3	1.3	0.7	0.3	
青海	16.7	1.3	1.3			13.3		1.3		0.7		
辽宁	15.7	4.7	3.3	0.7	0.7	2.7	3.3	2.7	1.3		1	
山西	9	5.6	3.3	0.3	2			3.3				
山东	6.3	2.9	1.7	1	0.2				3.3		0.1	
河南	6.2	2.8	1.7	1	0.1				3.3		0.1	
四川	6	2.2	1.5		0.7	3.2	0.7					
北京	3.7	2.6	1.3	0.3	1				1			
安徽	0.9	0.6	0.3	0.2	0.1				0.2		0.1	
江西	0.9	0.6	0.3	0.2	0.1				0.2		0.1	
江苏	0.9	0.6	0.3	0.2	0.1				0.2		0.1	
福建	0.9	0.6	0.3	0.2	0.1				0.2		0.1	
浙江	0.9	0.6	0.3	0.2	0.1				0.2		0.1	
广东	0.8	0.5	0.3	0.1	0.1				0.1		0.1	
广西	0.8	0.5	0.3	0.1	0.1				0.1		0.1	
云南	0.7	0.5	0.3	0.1	0.1				0.1			
西藏	0.4	0.4	0.2	0.1	0.1				0.1			
海南	0.3		0.3	0.1	0.1				0.1			
合计	666.5	132.7	99.7	16.6	16.4	266.7	66.5	133.1	39.9	13.5	13.7	

表 3-22　中国防治沙质荒漠化工程重点项目建设十年规划任务（万 hm²）

重点建设项目	1992~2000年治理开发总面积	人工造林				封沙育林育草	飞播造林种草	人工种草及改良草场	治沙造田及改造低产田
		小计	防风固沙林	速生丰产用材林	经济林				
内蒙古高原至新疆荒漠化地区天然林植被恢复和合理利用	200.7					190			
呼伦贝尔沙综合治理开发	9.3	2.7	2.7			6.7			
松嫩沙地综合治理开发	19.7	8.4	6.7	1.7				6.7	1.3
西辽河流域沙地综合治理开发	62.7	18.7	14	2.7	2	13.3	13.3	9.3	4.7
科尔沁沙地北部综合治理开发	14	4	3.3	0.7		6.7			3.3
浑善达克沙地沙化草场综合治理	35	5	3.3	1.7		13.3	6.7	10	
神府-准噶尔煤田沙区环境综合治理	16.3	6.3	5.3		1		10		
毛乌素沙地中部沙化草原综合治理	49.3	11	10		1		20	17.7	0.7
毛乌素沙地南缘长城沿线沙地综合治理开发	14	7.9	5.3	1.3	1.3			2	2.7
乌兰布和沙漠北部地区综合治理开发	2.7	1.7	0.3	0.7	0.7				0.7
内蒙古乌兰察布市后山沙漠化土地综合治理开发	20.3	9.7	9.7					10	0.7
雁、同、朔及忻州地区沙地综合治理开发	7.3	5.3	3.3		2			2	
宁夏河东沙地及腾格里沙漠东南缘地区综合治理开发	14.7	4	3.3		0.7	3.3	3.3	2	1.3
河西走廊沙地综合治理开发	17.3	7.4	4.7	0.7	2			6	2.7
准噶尔南缘沙地综合治理开发	15	3.3	3.3					11	0.7
塔里木绿色走廊综合开发	4.7	1.3	1.3					2	1.3
塔里木盆地南缘沙地综合治理开发	12.7	4.6	3.3		1.3			6.7	1.3
永定河、潮白河中下游沙化土地综合治理开发	5.3	4	2	0.7					1.3
黄淮海平原中部沙化土地综合治理开发	10.7	5.3	3.3	2					5.3
塔克拉玛干中部油田沙漠地区综合治理	2.7	2	2			0.7			
合计	534.4	112.6	87.1	12.2	13.3	234	53.3	85.4	28

2.2.4　沙质荒漠化防治工程零缺陷建设专项规划

综观我国以往的防治荒漠化工程建设规划工作，总结防治沙质荒漠化工程项目建设技术与管理经验，一般的防治沙质荒漠化工程项目零缺陷建设规划包括以下 9 方面内容：沙地综合开发利用规划、防护林规划（含农田防护林、牧场防护林、水土保持林、交通防护林、苗圃规划）、果园规划、水利工程规划、草场规划、村镇建设规划、小流域水土保持规划、自然保护区规划等。

（1）防护林工程零缺陷规划及典型设计。我国在防治沙质荒漠化工程项目零缺陷建设中的主要林种是防护林，为此，这里主要以防护林零缺陷规划设计予以论述。

①防护林零缺陷规划原则：应按照防护类型区进行规划，要贯彻因地制宜、因害设防、适地适技原则。在规划设计时，针对不同类型区自然状况特点，选择最适宜树种，确定合理的防护林种、最优林带结构和配置方案、适宜造林技术措施；其次要建立完善的综合防护林体系，做到防护与用材相结合，带片网相结合、乔灌草相结合、绿化美化相结合，对于农田防护林网，要做到与道路、灌溉水渠相结合，防护林体系与农业综合开发工程建设项目相结合，同时，要确定防护林合理占地比例，由于林草技术措施在防治沙质荒漠化中的地位及作用，应适当扩大造林种草面积。但在水资源欠缺地区，由于受自然因素制约，切不可盲目追求植被覆盖率，要总结西北地区农田防护林网采取窄林带、小网格的营造技术经验。

②防护林零缺陷设计：防护林造林规划设计内容包括造林立地条件划分、树种选择及树种组成、造林密度确定、造林方式及季节、抚育管理等项内容。对于农田防护林网，还应测算林带结构、透风系数、主副林带间距及网格大小、有效防护距离（带高度）、林带宽度及断面结构、林带走向及其夹角。对于防风固沙林，在规划设计时，必须分析和确定到风沙危害这一沙区基本特征，应采用带片网结合方式，在绿洲防护林体系建设工程项目中，应建立绿洲外围封沙育草带—绿洲边缘阻沙基干林带—绿洲内部农田防护林网这一成功模式；在流动沙丘地造林可采用"前挡后拉""固阻结合"等固沙方式，为防止风蚀、沙埋，保证林草幼苗成活，迎风坡造林时，应设置工程沙障措施，在沙丘背风坡造林时，靠沙丘背风坡脚要预留出一段安全距离，以避免幼苗被流沙埋没；飞播固沙造林种草设计时还应设计种子处理、确定合理播量、播期以及航高、播幅等飞行作业涉及的技术措施。

③造林典型零缺陷设计编制：各种类防护林造林典型设计以图表形式表达，其内容主要包括以下9点：典型设计编号及名称；适宜立地条件类型；根据立地条件选定林种；选择适宜树种、配置方式及混交比例；整地方式、时间及规格要求；造林方式、方法、时间、种苗规格、苗木用量及质量要求；幼林抚育方式、方法、时间、次数等；沙障材料规格、埋深、用料量与灌溉方式、次数、时间等；造林整地、栽植（种）、抚育、工程措施等用工量。

④造林典型设计模式：根据上述方法，下附工程造林中常见的典型设计模式供参考。

一、防风固沙乔灌混交防护林造林典型设计

①设计号　001

②造林立地条件类型　C_1固定/半固定/流沙地

③造林地类　丘间固定/半固定/沙荒地

④造林配置方式　图1

⑤每公顷用苗量计算表

树种类型	树种	代号	苗龄	苗木用量
主要树种	樟子松、胡枝子		2a	3330
后备树种	黑松、锦鸡儿		1a 或直播	6660

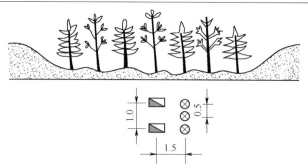

图 1　防风固沙乔灌混交防护林造林配置图式（单位：m）

⑥造林技术措施

——整地季节及方式

整地	季节	方式、方法	质量要求
翻地	提前 1 年	机械、全面	深 30cm
耙地	伏前	机械、全面	耙细

——造林季节及方式

造林季节	方式、方法	质量要求
春季	机械、手工植苗	手工植苗扶正、踏实

——幼林抚育

年度	次数	季节	内容	方法	质量要求
第 1 年					
第 2 年					
第 3 年	1	7 月	除草松土	重耙	除净、不伤苗

⑦每公顷用工及费用统计表

单位：个、元

小计		苗木费	整地		造林		幼林抚育	
用工	费用		用工	费用	用工	费用	用工	费用

⑧其他说明

A. 樟子松苗高 1.5m，根茎 0.45cm，2 年换床苗；1m×3m、2m×3m、3m×3m，灌木 0.5m×3m；

B. 株行距：樟子松 1m×3m、灌木 0.5m×3m。

二、防护林造林典型设计

①设计号　002

②造林立地条件类型　B_1 草原栗钙土

③造林地类　沙荒地、退耕地

④造林配置方式　图 2

⑤每公顷用苗量计算表

树种类型	树种	代号	苗龄	苗木用量
主要树种	小青杨×黑杨、小叶杨×黑杨、白城杨		1~2a	2250
次要树种	胡枝子		1a 或直播	1125
后备树种	紫穗槐、锦鸡儿			

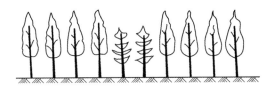

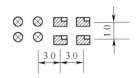

图 2 防护林造林配置图式（单位：m）

⑥造林技术措施

——整地季节及方式

整地	季节	方式、方法	质量要求
翻地	提前 1 年	机械、全面	深 30cm
耙地	伏前	机械、全面	耙细

——造林季节及方式

造林季节	方式、方法	质量要求
春季	机械、植苗	手工植苗扶正、踏实

——幼林抚育

年度	次数	季节	内容	方法	质量要求
第 1 年	3	6、7、8 月	除草松土	手工、机械	除净、不伤苗
第 2 年	2	6、7 月	除草松土	手工、机械	除净、不伤苗
第 3 年	1	7 月	除草松土	重耙	除净、不伤苗

⑦每公顷用工及费用统计表

小计		苗木费	整地		造林		幼林抚育	
用工	费用		用工	费用	用工	费用	用工	费用

⑧其他说明

A. 株行距：乔木 1.5m×3m、2m×3m、3m×3m，灌木 0.5m×3m；

B. 乔灌比 50∶50（混合百分比）；

C. 松树乔木可与胡枝子等灌木混交、杨柳混交。

三、农田防护林造林典型设计

①设计号　003

②造林立地条件类型　A 川地黑土

③造林地类　荒地、农地

④造林配置方式　林带与道路、渠道结合，图3

⑤每公顷用苗量计算表

树种类型	树种	代号	苗龄	苗木用量
主要树种	小青杨×黑杨、小叶杨×黑杨、白城杨		2~3a	2250
次要树种	垂柳、紫穗槐、锦鸡儿		1a 或直播	1125
后备树种				

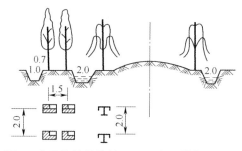

图3　农田防护林造林配置图式（单位：m）

⑥造林技术措施

——整地季节及方式

整地	季节	方式、方法	质量要求
翻地	秋季	机械带状整地	深 30cm
耙地			

——造林季节及方式

造林季节	方式、方法	质量要求
春、秋季	手工、植苗	不窝根、扶正、踏实

——幼林抚育

年度	次数	季节	内容	方法	质量要求
第1年	2	6、7月	除草松土	手工、机械	除净、不伤苗
第2年	1	7月	除草松土	手工、机械	除净、不伤苗
第3年	1	7月	除草松土	手工、机械	除净、不伤苗

⑦每公顷用工及费用统计表

小计		苗木费	整地		造林		幼林抚育	
用工	费用		用工	费用	用工	费用	用工	费用

⑧其他说明

A. 苗木为良种壮苗，规格一致；

B. 株行距：1.5m×3m，2m×3m，3m×3m，灌木 0.5m×3m；

C. 品字形配置，紫穗槐与杨柳混交。

（2）草场零缺陷规划。应采取划分季节牧场和实行放牧草场地布局进行草场规划。

①划分季节牧场：牧区草场通常用于全年放牧，但由于各地区的地形、土壤、气候等自然条件差异，反映在适宜放牧时间上不尽相同。为合理利用沙质荒漠化地区草地资源，保护和培育草牧场生产力，满足牲畜在各季节对牧草的需要，必须因地制宜地划分牧场，实行草场季节、地块间轮牧。季节牧场的划分因地区自然条件不同及利用习惯的差异，划分类型及轮牧方式也不同。如内蒙古和新疆的天然草场，都存在着 4 季、3 季、2 季和全年不分季节的牧场类型，其中 4 季牧场是按春夏秋冬 4 个季节划分的放牧场，3 季牧场一般是春秋 2 季利用同一块草地；2 季牧场则是冬春利用同一草地，夏秋利用同一草地；全年牧场不划分季节草地。故此，划分季节牧场必须根据自然条件及经营管理水平、利用状况加以确定，合理放牧防止过牧造成荒漠化。

②放牧草场地布局：划分季节牧场后，为组织合理放牧，需要根据畜群规模、放牧地块面积、畜群食草营养需求，为不同畜群确定适宜放牧地块。放牧畜群规模取决于牲畜种类、性别、年龄、生产性以及管理水平等多种因素。即使同一种牲畜其畜群规模在各地也不相同。

畜群放牧地块适宜面积计算公式（3-4）为：

$$放牧地段面积 = \frac{畜群头数 \times 放牧天数 \times 每头牲畜每天食草量}{单位面积草地产草量 \times 利用率} \tag{3-4}$$

公式中放牧天数是指按季节草地适宜牧期和终期来确定的。放牧开始时间过早，会摧残牧草生机，影响植物再生力及草地产草量；放牧过迟，则会降低牧草的营养价值，也会减少牧草再生时机，并降低产草量和供应期。一般季节草场在生长期内的始牧期，以牧草萌发后 15～20d 为宜。也可根据牧草高度判断（表 3-23）。

表 3-23　不同草地类型的牧草生长高度

草地类型	牧草生长高度（cm）
森林草地：干燥草牧场	10～15
湿润草牧场	15～20
半湿润半干旱草地：中生禾本科草牧场	8～10
旱生禾本科草牧场	10～15
播种多年生草牧场	15～20
干旱草地	10～15
荒漠草地	8～10

（续）

草地类型	牧草生长高度（cm）
山地草地：高山草地牧场	6~7
亚高山草地牧场	10~15
禾本科杂草牧场	20~25
一年生食用植物	25~35

③轮牧小区设计：轮牧小区是季节牧场地段内各个畜群进行轮牧的基本单位。轮牧小区设计内容包括确定轮牧周期、放牧频率、小区内放牧天数、轮牧小区数、小区面积及形状、小区布局等。

我国西北地区主要草地的轮牧周期是干旱草地 30~40d，小区年放牧天数通常以再生草生长到可被再次利用的天数来定；为防止牲畜感染常见的蠕虫病，小区内放牧天数应控制在 6d 以内。轮牧小区数可根据公式（3-5）计算，并适当增加 1~2 个调剂区，以应付不良气候条件：

$$轮牧小区数 = \frac{轮牧周期}{小区内放牧天数} + 调剂区数 \qquad (3-5)$$

放牧小区形状应满足畜群放牧需要，并布置适当饮水点，计算小区面积公式是：

$$小区面积 = \frac{畜群头数 \times 每头牲畜日采食量 \times 小区放牧天数}{单位面积产草量 \times 利用率} \qquad (3-6)$$

④天然割草地规划：包括割草地选择、轮割区划分、贮草场选址等。

⑤草场改良规划：包括草库伦建设规划和人工饲草基地建设规划 2 方面内容。建设草库伦，可以有效地保证划区轮牧，防止草原过牧，同时，草库伦建设也有效起到保护农田及林木作用，使农林牧有机结合起来，促进牧业发展。草库伦规划必须综合考虑牧场自然条件、割草地与人工草地的划分状况、道路、经营中心、圈棚、饮水点等因素。

（3）节水灌溉工程项目规划。沙质荒漠化地区节水灌溉工程规划是在区域水资源平衡基础上，依据灌溉水源状况所进行的田间水利工程项目建设规划。根据目前国内外节水灌溉技术状况，节水灌溉工程项目的主要技术内容包括渠道防渗技术、低压管道输水技术、喷灌、微灌（滴灌、微喷灌及涌泉灌）、田间节水地表灌溉及节水灌溉制度等内容。

防渗渠道设计：根据灌区作物确定灌溉制度，包括灌水定额、灌水时间、灌水次数等指标，确定设计输水渠道断面尺寸（横断面）及总体布局（纵断面）。目前渠道防渗材料及方法很多，诸如土压防渗、三合土防渗、石料衬砌防渗、混凝土衬砌防渗、塑料薄膜防渗及沥青护面防渗等。

低压管道输水又称"管灌"，是利用低压输水管道代替传统渠道，将水直接送达田间灌溉作物，它与水源（机井）连接，中间设有控制栓。目前应用最多的为薄壁 PVC 塑料管。

喷灌系统由喷头、输水管道及附件、水泵等组成。

微灌由灌溉水源、水泵、施肥装置（肥料罐）、净水装置（过滤器）、控制阀门、测流与保护装置（压力调节阀）、支管、毛管及滴头组成。

3　沙质荒漠化防治工程项目零缺陷建设规划方案成果目录与论证

3.1　沙质荒漠化防治工程项目零缺陷建设规划方案成果目录

（1）项目建设规划图：含工程项目建设专项或分项工程规划图、设计图。

（2）项目建设规划说明书：包括项目基本情况、建设指导思想、基本原则、建设布局、建设投资、建设管理体制与形式、项目建设效益等。

（3）项目建设实施计划：指为完成项目建设规划所列分期、分年度任务。

（4）项目建设规划方案附件：指参考的统计资料、调查报告、论证资料等。

3.2　规划方案零缺陷综合评价

3.2.1　规划方案零缺陷综合评价

是指采用多目标决策方法对规划方案进行的评价。在此，主要介绍对规划方案的土地利用评价、基本建设投资效益评价、生态经济评价及环境质量影响评价。

（1）土地利用评价指标。土地利用评价的4项指标是：

①土地开发程度：指垦殖系数、森林覆盖率、载畜量、人均耕地、土地负荷量。

②土地利用程度：指土地农业及非农业利用率、林路渠占地比例、复种指数、水面利用率、农林牧土地利用结构等。

③土地集约经营程度：包括每公顷土地拥有劳动力数、单位面积土地化肥使用量、有效灌溉面积比例等。

④土地利用经济效果：指总产量、总产值、单位面积产量及产值、纯收入等。

（2）基本建设投资效益评价指标。包括投资效益系数和投资回收期、追加投资效益系数及追加投资回收期、固定资产交付使用率、单位生产能力投资和建设工期等。

（3）生态经济评价及环境质量影响评价指标。主要包括光能利用率、林草覆盖率、蓄水保土及防风固沙效益、沙质荒漠化治理程度、大气质量指数等。

3.2.2　规划方案零缺陷可行性研究及综合平衡

沙质荒漠化防治工程项目零缺陷建设规划方案在付诸实施前，均需进行可行性研究，要对规划所涉及的社会、经济及技术等诸多方面进行调查研究。还要对多种规划方案进行比较，最终作出该规划方案是否可行的结论。可行性研究包括投资机会研究，财务及国民经济评价，必要时要对规划方案所涉及的人力、物力、财力等项目建设内容进行综合平衡，然后再付诸建设实施。

4　沙质荒漠化防治工程项目建设模式

4.1　亚湿润地区防治模式

4.1.1　松嫩沙地模式

松嫩沙地地处松嫩平原西部，主要分布在嫩江及其支流第二松花江、洮儿河、霍林河等河流的河漫滩、一级阶地和冲积、洪积扇上。该沙地形状大致呈现出以富裕、前郭（东侧）、通榆为顶点的三角形，遍及吉林省西部和黑龙江省西南部的22个县（市）。松嫩平原大地构造属松辽沉降带，有很厚的新生代沉积，中更新世到全新世的沉积物以沙、黄土状亚沙土为主；全新世沉积物成因复杂，以沙最为普遍，广泛覆盖在黄土状亚沙土组成的平原上，这是沙地组成的物质基础。沙地的形成与松辽分水岭的构造隆起引起平原水系变迁、河流改道有关。因而，松辽平原上湖泊众多，湖泊与沙丘错落分布成了松嫩沙地的一大奇特景观特点。由于该地处于半干旱与半湿润交错气候区，沙质荒漠化程度较轻，沙丘地多以固定、半固定为主。据白城地区调查，固定沙丘面积为27.8%，半固定沙丘为70.26%，流动沙丘仅占1.94%，沙丘形态以穹状或岗状为主，少见沙垄，走向（长轴方向）在安达—大安—乾安—毫榆一线以西为西北—东南向，此线以东为东北—西南向。白城地区具有沙质荒漠化发生的潜在条件，侵蚀斑小于5%的各类沙丘地、丘间平地和丘间低地占总面积的57.2%，地表发生风蚀、粗化（砾质化）、片状流沙、灌丛沙堆、侵蚀斑在5%~30%的各种风蚀沙丘和覆沙地占40.9%，斑点状出现的新月形、蜂窝状、垄状流动沙丘面积仅占1.9%（张富裕等，1986；郭世武，1990），根据这种自然条件特征，并结合当地的社会经济状况及未来发展趋势，建立以下2种防治沙质荒漠化土地开发模式。

（1）沙地庄园式开发模式。该模式位于松嫩沙地的黑龙江省泰来县，以农户为单元，通过建立生态经济型庄园来实现对沙地的开发。主要是在沙地上营造以网格为主，网、带、片相结合的治沙林。在固定沙地上营造"窄林带、小网格"的护田林网，在网格内种植经济作物；在半固定沙地上实行"宽林带、大网格"，网格内种植牧草；在流动沙地上，以乔灌草相结合的方式营造固沙林。庄园式开发模式，使人、畜、禽、果、菜等融为一体，通过生态经济链的种植、养殖、加工，极大地促进了农林牧协调发展。

（2）沙地旅游开发模式。该模式位于松嫩沙地腹部的齐齐哈尔市郊，通过投入密集资金，建立沙地森林公园、观光果园、沙地度假村、娱乐游览区、水域开发区、观光养殖场等，形成具有民族特色的沙、水、田、林、路、花、草、鱼、亭、阁融为一体的沙区旅游度假胜地。

4.1.2　科尔沁沙地模式

科尔沁沙地位于内蒙古赤峰市与通辽市、吉林西部和辽宁西北部，地处半湿润向半干旱过渡地带。沙质荒漠化的特征是固定半固定沙丘化，流沙蔓延、草场退化、农田被剧烈风蚀丧失生产力。至20世纪80年代中期，各类型沙质荒漠化土地已占该区域土地总面积的77.6%，是我国北方农牧交错区中土地沙质荒漠化最典型地区。科尔沁沙地地貌为连绵相接的固定半固定沙丘与较大丘间滩（甸）地相间，地下水丰富且埋藏浅。区域年降水量340~550mm，≥10℃积温3000~3200℃，水热同期，气候和水资源条件可满足多种农作物和植物生长。只要停止人为活动破坏并辅以人工补植补种及封育措施，沙地植被即可较快得到恢复。科尔沁沙地沙质荒漠化产生的主要原因，在于人口迅速增长与贫困带来的"滥垦、滥牧、滥樵"等不合理过度活动。防治基本途径是合理调整土地结构，充分利用光、热、水资源，改造低产田，在条件优越的草甸地建立集约、稳产高效的种植业基地，退耕还林、还牧，采取技术与管理综合措施促进植被恢复，并建立高效人工草场。其4种主要技术模式如下所述。

（1）沙地樟子松造林固沙模式。在科尔沁沙地东南部的辽宁省彰武县，自20世纪50年代初开始，经过大量栽植试验，引种樟子松成功，实现固定流沙、绿化沙区。针对不同程度、不同类型的沙地类型，通过机械沙障的阻、挡作用控制风沙口，继而用固沙林围封住沙丘，再配合运用草方格等措施进行灌木固沙、封沙育草，然后采用容器苗进行成活幼树埋土越冬等技术措施营造樟子松固沙林。该模式在三北防护林及防沙治沙工程项目建设中得到大力推广。

（2）沙地衬膜水稻栽培模式。该模式是在水资源条件较好且漏水、漏肥、基质不稳定的流动沙地上，利用沙基质栽培原理，直接使用沙土做水田土，通过在根系层下方铺设塑料薄膜，以起到防渗漏又防盐分上移的作用，配以优化灌水、施肥、选用优良水稻品种，种植高产水稻。每公顷产稻谷 7500~9000kg，产出投入比分别是灌溉农田、旱地农田和沙地种草的 1.39、2.33 和 2.14 倍。该模式使养分极为贫瘠的流沙地成为粮食高产集约农田，有效地改善了当地农民的食物结构，极大地提高了该地区的生产、生活水平。稻田退水还能够灌溉草地，发展集约化畜牧业。目前，该模式已在内蒙古通辽市和赤峰市推广面积约 1000hm²。

（3）"小生物圈"整治模式。该模式适用于沙丘密集分布、丘间地狭小、牧户居住分散地区。以户或联户为单位，以水分条件较为优越的丘间地为中心，以同心圆形式划分成 3 个闭合区：

①中心区：指沿丘间地边缘建造防护林带，中心建住房、建井和配套的灌溉体系，种植粮食和精饲料。

②保护区：中心区外围建草库伦，进行草场改良，设家畜棚圈。

③缓冲区：对保护区外流动沙地进行封育，固封住流沙运动。使得 3 个闭合区系统内形成水、草、林、机、粮五配套和农林牧副各业与生活环境协调发展的格局。

通辽市"小生物圈"建设户 90% 以上实现脱贫，流动沙丘得到治理，当地农牧民人均纯收入稳定在 700 元以上。该模式还可分流居民密集村住户，缓解其耕地、用水等压力。

（4）"多元系境"整治模式。指以村为单位，对沙质荒漠化整治和发展农牧业的综合模式，适用于以农为主且有较大甸子地的坨甸交错区。其治理思路为以调整结构为中心，首先调整土地利用结构，压缩劣质农田退耕，其次调整各业内部结构，在林业生态治理方面，应建设固沙林带、农田防护林和经济林，形成生态和经济效益兼有的防护林体系；在农业种植方面，对保留的农田进行平整，建立灌溉设施形成旱涝保收基本农田，同时调整种植结构，扩大作物种类，引入优良品种和丰产栽培技术；在养殖方面，对退耕农田和退化草场实行围栏封育和补播改良，调整畜种畜群结构，实行科学养殖。经过多途径全方位系统整治，求得整体最佳生态经济效益。该模式在内蒙古奈曼旗勒甸子村试验成功，该村在耕地面积压缩 2/3 以上情况下，粮食总产增加 70%，人均收益增长 1.3 倍，既解决了村民温饱，又遏制了沙质荒漠化扩展。

4.1.3 沿河沙地模式

该模式是位于永定河沙地的北京大兴县，以生态经济学理论为指导，以林业为基础，以水利为手段，通过沙地城郊生态经济园林景观型防护林体系建设，综合运用节水灌溉自动化控制技术、生物改良土壤和新型肥料技术、化学固沙技术、沙地节水型果农复合种植技术、节水型草坪规模化种植技术、抗逆性优良防护林、经济林植物优选及扩繁技术，利用计算机应用技术，通过 3S（GIS、RS、GPS）与沙质荒漠化综合治理技术集成，实现沙质荒漠化土地综合治理、开发决策，经过多学科多部门协作，建立稳定、持续、立体、高效的复合农林生态系统，探索出了沿河沙地大面积治理开发的有效途径和模式，促进农、林、牧、副综合发展，生态效益、经济效益、社会效益明显。初步建成一个集生态景观型防护林体系建设、高效果农混作示范、苗木草坪的集约化生产、优质树种选繁试验、新技术组装示范以及沙质荒漠化技术培训与对外合作交流为一体的综合试验示范模式。

4.2 半干旱地区沙质荒漠化治理模式

4.2.1 毛乌素沙地恢复生态"三圈"模式

毛乌素沙地主要由滩地、低缓沙丘地、中高大沙丘 3 种流动沙地景观类型构成。根据毛乌素沙地荒漠化土地景观结构及其生态特点，为实现沙地资源的合理利用，增加生态系统生物多样性，提高抵御各种自然灾害能力，达到沙地生态环境持续改善、资源持续利用、经济效益稳定提高的目标，在防治沙地多年的实践中创建了"三圈"治理模式。

（1）滩地绿洲高产核心区。建立乔灌草、常绿与落叶相结合的农田防护林，采用喷灌、滴灌等节水措施，以豆科牧草压青、施用有机肥、沙土掺加黑土等综合改土技术措施，建立经济作物、果树高产田核心圈。

（2）低缓沙丘区。建立径流经济园，应用各种地表径流集水、保水措施，结合滴灌节水技术，采用生根粉、保水剂，并引进经济价值高、耐干旱、耐贫瘠的经济灌木品种，块状间种人工草地，建立经济灌木与半人工草地相结合的滩地绿洲外围第1圈综合防护林体系。

（3）中高大沙丘区。建立固沙灌木植物防护林区，栽植当地乡土灌木植物种沙柳、杨柴、花棒等，以固定外围中高大流动沙丘，亦可作为滩地绿洲和低矮沙丘区的固沙防护林体系，兼作灌木采种基地、割草场、放牧场。

4.2.2　榆林治理沙质荒漠化模式

榆林沙质荒漠化土地是毛乌素沙地南部组成部分，位于半干旱以农为主、农牧结合地带，地处长城沿线，其南部为黄土丘陵沟壑水蚀荒漠化区，主体景观有河谷阶地的沙黄土丘陵与流动沙丘、半固定、固定沙丘相间的类型，此外还有湖盆滩地与沙丘相间的地貌景观。榆林沙质荒漠化表现为流沙不断南侵，使得毛乌素沙地向南逐步扩展，形成"沙进人退"的恶劣态势。

榆林模式的技术体系由三个主要系列构成，即固沙造林与恢复植被技术系列、沙地人工新绿洲开发建设技术系列和林农综合高效开发技术系列。这三个系列相互促进，体现出整体性的效益。后一系列是在前二系列基础上经过长期实践探索逐步完善形成，促使整个技术体系达到更高层次的水平。

（1）固沙造林与恢复植被技术系列。采取固阻流沙措施，快速稳定沙面以阻止流沙向南部侵袭，这是该区域治理沙质荒漠化的重要目标之一，也是开展农业、水利等整治开发的保障条件。榆林地区年降水量300~450mm，流动沙丘干沙层以下含水量2%~4%，可满足旱生植物的水分需求。沙地地下水埋藏较浅，同时有部分地表水可利用，因而固沙应以植物措施为主，治理沙质荒漠化土地的主要技术措施是：前挡后拉造林、撵沙丘造林、密集式造林、农田林网和飞播固沙造林种草。经过近50年努力，到2006年，榆林市固沙造林种草面积达43.5万hm²，植被覆盖率达46.9%，建成3条大型防风固沙林带，总长度281km，在沙质荒漠化土地上建成59块面积为600~700hm²以上的绿洲区，其中最大的一块面积达到2.4万hm²，营造农田防护林网2790条，总长度1116km，基本实现了农田林网化。

（2）沙地人工新绿洲开发建设技术系列。以合理开发利用水资源为核心，利用区域内河流、湖泊和水库水源，采取引水冲沙、拉沙措施进行造田。主要技术是拉沙造田、打沙筑坎、拉沙修渠及在滩地开挖自流灌溉地塘、打机井、多管井等。因地制宜地运用这些技术建设旱涝保收的灌溉农田，并与固沙造林、封沙育草相结合，形成沙、水、田、林、路及草场、村舍配套，农牧林副综合发展的新人工绿洲。

（3）林农综合高效开发技术系列。这一系列在近20年内形成，是指在建设防治沙质荒漠化体系和人工绿洲的基础上，有选择性地引入和应用一系列先进技术，并对原有防护林体系和农业生产体系进行改造，提高其生产能力并持续发挥生态、经济和社会效益。其技术系列主要包括以下4方面：

①改造现有防护林体系向着生态经济型转变。改变单一树种、单一生态防护效益，向多树种组成的生态经济型转变；加大推广沙地樟子松造林和栽种苹果、沙棘、山杏等经济林品种的范围及面积。

②实行高效绿洲农业系列技术。主要技术措施是整治灌溉农田，同时调整种业结构，引入优良品种，扩大经济作物种植力度，建设日光温室，采用滴灌、渗灌等先进节水技术，发展节能高效种植业。

③推广精养和规模养殖为主的畜牧技术。指通过封育、飞播、围库伦等建设优质灌草草场，以草定畜，改放牧为舍饲圈养，引入优良品系改良牲畜种群结构，并适当发展笼养鸡等规模化养殖生产。

④发展林副产品加工增值技术。积极发展沙柳造纸、刨花板产业，充分利用沙质荒漠化区蕴藏丰富的高岭土资源，生产陶瓷、耐火材料等产品。

4.3　干旱地区沙质荒漠化治理模式

4.3.1　沙坡头铁路"5带1体"固沙技术模式

包兰铁路穿越腾格里沙漠的沙坡头路段，是在高大密集型格状流动沙丘和年降水量不足200mm的恶劣自然条件下，以无灌溉技术方式，建立起"以固为主，固阻结合""以生物固沙为主，生物固沙与机械沙障固沙相结合"的铁路稳定固沙体系。自1958年包兰铁路通车以来，没有发生过因风蚀沙埋阻碍铁路运输的危害现象，始终畅通无阻，取得了在剧烈沙质荒漠化地区铁路固沙巨大的生态、经济和社会效益，经测算经济效益达70亿元以上。这是我国，也是世界上迄今为止穿越沙漠密集、大流动沙丘区的第一条成功铁路干线，也为我国沙质荒漠化区域铁路防护建设提供了固定流动沙丘、防止风蚀沙埋、保障交通路线安全的有效模式。

（1）以固沙为主。指在铁路两侧先设立1m×1m稻草人工方格沙障，初步固阻流沙，继而在草方格内栽植沙生灌草植物，共同组成固沙林带。迎西北主风向一侧的铁路固沙林带宽度为500m，铁路东南向另一侧固沙林带是200m，起到就地全面固定流沙的作用。1m×1m稻草人工方格沙障防止风蚀深度为障间距1/10，其地表粗糙度较流沙地表提高近216倍，2m高处风速比流沙区降低20%～30%，输沙量仅为流沙区的1%。

在沙坡头沙区无灌溉条件下建立铁路固沙林带的栽种植物配置方式是：2行油蒿/2行花棒/2行油蒿/2行柠条/2行油蒿，依次类推。油蒿是沙坡头沙区适宜的沙生小灌木植物。栽植油蒿3～4年即可郁闭，并能自然落种繁殖。在沙坡头铁路两侧流沙地表上建立的人工植被，8～9年植被覆盖度达到30%，是覆盖度最大临界值，随后即开始急剧衰退，11～12年覆盖度下降到20%，约到20年后，若不把油蒿自然落种更新计算在内，其覆盖度下降到5%左右，而且残存的花棒、柠条濒临绝境。这种植被建立—形成—衰退的演变过程，沙丘地表面形成较厚的结皮，可有效阻挡风速25.6m/s的风力，不会对地表土壤造成风蚀危害。

（2）固阻结合。在铁路北侧固沙林带北缘设置高立式栅栏，以阻截不断入侵的风沙流，防护固沙林带不会受到过度沙埋危害。高立式栅栏聚成沙堤，造成前移沙丘叠置于聚沙堤之上，使其移动速度大为减缓。实践证明，在铁路防护林带北缘设置高 1m 栅栏，能够有效起到阻截流沙入侵的效果。据测定，设置栅栏后的最初 2 年，阻沙量就达到 90%，积沙深度 1.1m。

在沙坡头沙质荒漠化区格状沙丘地表建立人工固沙植被，在正常情况下，先演替形成半灌木—灌木天然植被，至人工植被组合，继而演替到现今的草本植物—半灌木天然植物。随着人工植被区域演变形成多功能的生态系统环境，促使动植物种群日渐丰富，出现脊椎动物 30 余种、鸟类 66 种、昆虫 314 种、蓝藻 14 种、硅藻 4 种，以及土壤微生物大量繁殖，这些生物彼此依存共同构成了一个食物链，相互制约，演变发展，都以正常的生命活动共同维持系统内能量交换和物质循环的动态平衡。

4.3.2　民勤咸水灌溉模式

民勤县位于河西走廊东段，属于温带大陆性干旱气候区，地处巴丹吉林与腾格里两大沙漠之间，土地面积 1.6 万 km²，境内沙漠、戈壁土地占 94%，绿洲占 6%。该县地处石羊河下游，发育在地质历史期演变而形成的洪积、湖积母质上。石羊河流域地面水是盐分堆积区，地下水矿化度高，因而，民勤地区开发咸水灌溉、节水灌溉为主导的绿洲农业方式，逐步形成和创建了干旱地区治理沙质荒漠化土地模式。咸水灌溉的关键措施是实行一年一度的河渠淡水储罐洗盐，就地淡水、咸水交替灌溉。

（1）储灌和淋溶洗盐。是指以 2700～3900m³/hm² 的淡水量在播种或返青前储灌，若土壤盐分含量高，在苗期以 825～1200m³/hm² 的量再灌 1 次淡水，然后以 750～900m³/hm² 水量可灌 3～4 次。

（2）按水质矿化度控制灌水量。当水质矿化度 <2g/m³，按 750～900m³/hm² 的量，每年可灌溉 6 次，总水量是 3600～4650m³/（hm²·a）；当矿化度 2～6g/m³，需储罐 3000m³/hm² 淡水，然后每年灌水 3～4 次，总量为 2250～3000m³/（hm²·a）；当矿化度 >6g/m³ 时，应禁止灌溉。

（3）节水灌溉设施。主要是利用混凝土薄板塑料衬砌建成的引水渠、毛渠，采用三角量水堰量水，秒表计时确定灌水量，并配以对应的水质监测设施。近年来，采取滴灌、微喷等措施大大提高了节水效率，推动了对荒漠化土地的治理开发力度。

4.3.3　和田极端干旱区建设沙质荒漠绿洲模式

地处极端干旱气候沙质荒漠区域的和田地区，生境严酷，自汉朝以来，由于沙漠化不断蔓延，使得和田绿洲被迫向南迁移了 200 多 km，迄今，全地区 2000 余 km 长的风沙侵蚀线仍以每年 5m 的速度向前推移。自 1978 年以来，为改善和田地区的风沙恶劣环境状况，全地区经过不懈努力，建设和实现了农田林网化，从整体结构上形成绿洲混农生态林业模式。

和田地区的混农林业模式，是以农田防护林为骨架，在绿洲边缘营造防风阻沙基干林带，组成绿洲内部形式多样的农林混作结构，从而具有保护、改善和维护绿洲生态平衡的显著功能，并有利于提高和田荒漠区域光热资源和水土资源的利用率。和田地区人工林保存面积 7.95×10⁴hm²，四旁植树 1.67×10⁷ 株（1992），绿洲森林覆盖率由 10% 提高到 27.42%，有效地改善了绿洲生态环境质量，为和田地区农业连续 15 年丰收发挥了重要生态屏障作用。为提高林业经济效益，发挥和田地区蚕桑和园艺优势，在实现农田林网化基础上，结合调整林种、树种结构和农田防护林更新改造，模式多样的混农林业模式得到蓬勃发展，全地区创建葡萄走廊 1304km，桑农混作 14 万 hm²，枣农混作 980hm²，采用经济树种改造副林带 2.1 万 hm²，使绿洲的生态环境质量得到进一步提升，也推动林业经济效益大幅度提高。

第四节
盐碱地改造工程项目零缺陷建设规划

1 盐碱地生态零缺陷改造规划思路

（1）盐碱地生态零缺陷改造的科学原则。应该改变传统的对盐碱地实施淡水和"淡地"的改造利用方法和思路，运用生态修复原理对盐碱地进行治理改造和开发利用，着眼于盐碱地环境，充分挖掘盐生动植物资源的潜力，变盐碱不利因素为有利因素，发展盐碱地农业，促进盐碱地区农林业等各业的生态持续健康发展。

（2）充分开发利用盐生植物来修复盐碱地受损生态系统。盐碱地属于受损严重的生态系统，盐碱地改良应采用生态修复的技术措施，充分开发利用盐生植物，恢复盐碱地植被。

（3）摸清盐生植物概况。盐生植物是指具有较强抗盐碱能力，能够在高盐碱性生境中生长并完成生活史的这类植物总称。盐生植物资源是植物资源中的一类，据赵可夫等（2002）研究，中国大约有盐生植物430种，分属于66科197属，可以作为植物资源开发利用的有200多种，其中相当一部分具有多重利用价值，例如可作为食品原料或直接作为食品、饲料、医药原料和纤维原料等。盐生植物与盐碱地分布一致，主要分布在内陆盆地干旱极干旱盐渍土区、内蒙古高原干旱盐渍土区、东北平原半干旱半湿润盐渍土区、黄淮海平原半干旱半湿润盐渍土区、滨海盐渍土区和西藏高原高寒干旱盐渍土区等几个主要区域。

（4）发挥盐生植物改良盐碱地的机能和作用。植物与其生境是统一的有机整体，它既受生境制约，反过来又对生境施以重大影响。在土壤黏重、含盐量高、地下水位高的盐碱土地上，应选择栽种喜耐水湿、抗盐碱性较强的植物，如绒毛白蜡、柳树、油松、槐树、柽柳等。这些植物在盐碱地的生命活动中，能够吸收大量的水分，除将一部分水消耗于叶面蒸腾外，绝大部分水成为重力水，携带盐碱渗入土壤或通过渗管排出土体以外，使土壤脱盐淡化。同时盐生植物在其生命活动中，借助它发达的根系，释放出大量的二氧化碳和有机酸，从而降低土壤中的pH值，以置换土壤表面所吸附的钠离子，随水分排出土体以外，致使土壤的化学、物理性状都得到改良。中国盐碱地面积广大，盐生植物资源丰富，这是实施盐碱地生态修复的物质基础。因此，充分开发利用盐碱地内多种资源发展盐碱生态农业，具有很大的潜力。

2 盐碱地生态零缺陷改造规划方法与程序

根据盐碱地生态改造区域的自然生态条件，盐碱地生态零缺陷改造工程项目建设规划的方法和程序，与林业造林工程项目零缺陷建设规划有着相似之处，应本着因地制宜、因害设防、适地适树、适地适技的规划原则，结合项目建设的投资额规模，参照林业造林规划的方法与程序，在对盐碱地项目区域进行基本情况进行调查后，开展适宜的造林、改良盐碱土质的生态零缺陷改造规划布局。

第五节
土地复垦工程项目零缺陷建设规划

1   土地复垦工程项目零缺陷建设规划概述

1.1   土地复垦工程项目零缺陷建设规划的意义

对损毁土地实施土地复垦工程项目零缺陷建设的规划，应依据矿产资源开发企业发展规划与开采生产计划，当地自然、经济及社会综合条件，统筹安排、综合规划，分类分期设计，对土地复垦生态工程项目工程量、平面布置、进度及完工期限等作出具体计算与安排。对损毁土地的土地复垦生态修复工程项目零缺陷建设规划的意义主要表现在以下 4 方面。

（1）避免土地复垦生态工程项目建设的盲目性。对未经过土地复垦规划的生产建设损毁土地的土地复垦工程项目，存在的盲目性特点如下。

①在矿产开发塌陷不稳定区盲目无序地大量开挖土方工程。

②片面追求所谓的"建设高标准的土地复垦工程项目"。

③对塌陷积水区采取简单、盲目回填土石方处理措施。因此，只有对损毁土地进行细致、全面的勘测调查基础上，科学合理地规划，以充分发挥区域自然资源优势，正确选择土地复垦专业方向，才能不会造成土地复垦有投入无产出或产出甚微的情况发生。

（2）确保复垦土地利用结构及其生态系统结构更趋合理。对损毁土地实施土地复垦建设是土地利用总体规划的重要工作内容，实践证明，制定一项合理、实用、适用的土地复垦规划方案，完全可以使损毁土地生产力及其生态系统环境恢复至原有水平，甚至更高水平。

（3）保证土地管理部门对土地复垦生态工程项目建设的宏观调控。应根据损毁土地区域自然环境条件和当地经济发展要求，对复垦土地利用方向进行全面规划，以有利于土地管理部门通过审定土地复垦规划方案，来达到对土地复垦利用方向的宏观调控。

（4）保证土地复垦生态工程项目建设时空分布的合理性。对土地复垦生态工程项目进行规划设计的实质，就是对土地复垦生态工程项目建设的时间顺序和空间、平面布置作合理安排，即在时间上，将土地复垦生态工程项目建设纳入企业开发生产与发展计划；在平面和空间上，按照土地被损毁的特征将其规划为不同类型的复垦土地用途。

1.2   土地复垦生态工程项目零缺陷建设规划的原则

在土地复垦项目建设实践中，贯彻《土地复垦规定》中有关规划的 4 条具体原则如下。

（1）各行业管理部门在制定土地复垦规划时，应当与本地区土地利用总体规划方案相协调。编制土地复垦生态工程项目建设规划方案，应当依据经济合理、技术可行、适宜操作原则和自然条件以及土地损毁状态，科学合理地确定土地复垦后的土地最佳用途。

（2）土地复垦生态工程项目建设规划应与生产开发建设工程统一规划。履行土地复垦生态工程项目建设任务的企业应把土地复垦任务指标纳入生产建设计划之中，主动向当地土地管理部门申报，并经行业管理部门批准后组织实施土地复垦生态工程项目建设。

（3）对生产建设损毁土地的土地复垦，应该充分利用本地或邻近的废弃物、煤矸石、城市垃圾充填挖损坑、塌陷区和地下采空区。也应注意，利用垃圾等废弃物充填挖损坑、塌陷区和地下采空区，必须对废弃物进行污染检测，以防止造成新的环境污染危害。

（4）先作土地复垦生态工程项目建设的总体规划方案，再作土地复垦分项设计；因地制宜规划、适地适技设计，综合利用；近期与长远效益相结合；经济、生态和社会效益相结合。

1.3 土地复垦生态工程项目零缺陷建设规划的程序

（1）勘测、调查与分析。勘测、调查与分析的目的是为了查清损毁土地地质、地形、土壤、气候以及确定复垦利用的影响因素，获得制定土地复垦规划必需的数据、图纸等基础资料。

（2）总体规划方案。土地复垦总体规划需要确定规划范围、规划时间和制定土地复垦目标和任务，并将复垦对象分类、分区作分期建设实施计划，以及对总体规划方案进行投资与产出效益预算，然后在通过论证、补充或修正，形成切实可行的规划方案。土地复垦总体规划方案最终成果包括规划报告和规划图纸。

（3）土地复垦工程项目设计。在土地复垦总体规划方案的基础上，对近期将要付诸建设实施的土地复垦生态工程建设项目，应作详细的土地复垦设计方案。对其最基本的要求就是施工单位按照该设计说明书和图纸即可进行施工作业。

（4）审批与建设实施。土地复垦总体规划方案和分项设计方案，都需要得到土地管理部门和行业主管部门审批，土地复垦生态工程项目方能付诸建设实施；且在项目竣工后土地管理部门需要对其进行验收和质量评定，复垦土地使用者需要对复垦地进行动态监测管理。

1.4 土地复垦规划各阶段工作内容和目标

土地复垦规划各阶段工作内容和目标，见表 3-24。

表 3-24　土地复垦规划设计各阶段工作内容和目标

阶段	工作内容	工作目标
勘测调查分析	①地质、地貌、地下水、气候、土壤、植被等自然条件与损毁地状况调查与评价 ②复垦土地区域社会经济现状调查与评价 ③复垦区域社会经济发展计划调查 ④损毁土地自然资源调查与评价，包括土地破坏与利用现状等 ⑤环境污染现状调查与环境质量评价 ⑥损毁土地地形勘测	①明确土地复垦修复损毁土地生态系统性质 ②为总体规划提供基础资料
总体规划	①结合损毁土地范围及其地质条件，确定土地复垦规划区域范围 ②确定土地复垦规划、设计和建设施工期限 ③确定复垦土地利用方向与复垦工程项目的措施内容及工程量 ④制定分类、分区、分期土地复垦方案 ⑤土地复垦规划方案的优化论证 ⑥土地复垦工程项目建设投资与效益预测 ⑦有关影响土地复垦工程项目建设问题与解决措施的说明	①为区域土地利用的合理性提供保证 ②为土地复垦生态工程项目建设提供依据

（续）

阶段	工作内容	工作目标
复垦设计	①明确土地复垦工程项目建设位置、范围、面积、特征等设计对象 ②设计达到总体规划目标的工艺流程与措施、机械设备选择、材料消耗、用工等 ③复垦工程项目建设实施所需物料采供、资金筹集与管理、水源等计划安排 ④复垦工程项目建设开竣工期确定，项目建设资金计划与管理、年收益预算等	为施工单位提供施工实施作业方案

2　土地复垦对象与适宜性零缺陷评价方法

2.1　待复垦土地适宜性零缺陷评价的概念

待复垦土地适宜性评价是对受损被破坏土地针对设定复垦方向的适宜程度做出的技术与管理判断分析。设定的复垦方向包括植被栽植、农作物种植、水产养殖、家禽家畜养殖、建筑房舍、娱乐场地等。适宜性评价结果是土地复垦规划的依据。因此，进行土地复垦适宜性零缺陷评价的步骤是：

（1）首先确定具体的土地复垦利用方向。

（2）继而分析和确定土壤、气候、地质、地貌等自然因素，工农业生产布局、资金投入、土地利用结构等经济因素，种植习惯、行政区划等社会因素。

（3）按照相关标准评判某地块各因子对设定复垦方向的适宜程度。

2.2　土地复垦适宜性零缺陷评价的特点

待复垦土地属于特殊立地条件的土地，即土地用途受到极大限制，土地资源地处特定环境条件下，它不同于通俗含义的土地资源。有以下4方面的特殊性：

（1）土地破坏程度制约着土地复垦利用方向。土地被损毁程度越严重，对复垦利用方向的限制性就越大。土地损毁、破坏表现形式呈现多种多样，其表现性质为稳定状况、积水状况、裂缝、台阶状与波浪状下沉等。对于土层不稳定待复垦土地，只宜采取临时性复垦利用投入。土地损毁、破坏程度与复垦投入成正比，投入越大其复垦方向选取就越灵活。

（2）非现状、非评价对象本身的因素起着较大制约作用。非现状因素是指损毁土地未来地质塌陷影响程度、土地复垦工程项目建设技术与管理水平等；非评价对象本身的因素是指相邻待复垦土地情况、相邻区域生态环境条件、水利设施、交通运输条件、充填物来源和复垦土地利用模式等。因此，对待复垦土地的适宜性评价不仅只是对其现状进行评述，而是还必须应具备一定的科学预测性。评价因子包括非现状、非评价对象本身的因素。

（3）经济、环境、社会效益必须有机结合。对损毁土地进行土地复垦生态工程项目建设，既是一项土地利用、国土再造的经济活动，又是对损毁土地生态环境进行治理的任务，因此，土地复垦工程项目建设必须兼顾经济、生态和社会等综合效益。

（4）区位原则具有特定的含义。所谓区位原则，是指因地块地理位置差异带来经济效益上的差异。待复垦土地范围一般较小，区位原则具有的特定含义是：地块距充填物来源地近时复垦土地利用方向选择面广；地块距水源地近且复垦坑深时，适宜发展水产养殖业；据矿山工业广场愈近就越需要实施生态乔灌草种植绿化，以改善复垦土地的生态环境质量。

2.3 待复垦土地适宜性零缺陷评价方法

2.3.1 适宜性零缺陷评价分类系统

适宜性零缺陷评价分类系统是指复垦后土地利用方向及其适宜等级构成的评价系统。该系统不同于土地利用现状调查规程规定的分类系统。一般可依据待复垦土地属性和复垦目标灵活确定。河南平顶山市依据损毁土地性状，将待复垦土地按照"纲—亚纲—类—级"建立分类系统。所有待复垦土地分为适宜纲和不适宜纲。适宜纲是指经过采取改造措施，损毁土地复垦为农、林、渔、建等用地；不适宜纲是指在复垦技术上不可行或经济上不合算。适宜纲下又分为宜农、宜林、宜牧、宜渔、宜建 5 个亚纲。在亚纲下又可据损毁土地类型分为开采坑、塌陷地、矸石山、粉煤灰、窑场、荒漠地、水土流失地、石漠地 8 类。在类下又按损毁程度和复垦利用难易程度分为 1 级宜林（农）地、2 级宜林（农）地、3 级宜林（农）地。

2.3.2 适宜性零缺陷评价的依据和标准

适宜性零缺陷评价需要选择影响因子，并确定影响因子的权重以及影响因子对设定复垦方向等级的影响分值。适宜性评价的重要标准是土地生产力，即选择对土地生产力影响较大的因子，确定权重和分值时，主要是看影响因子对设定复垦土地利用方向生产力的贡献大小。

2.3.3 适宜性零缺陷评价的方法

适宜性零缺陷评价的方法是指基于模糊数学原理的模糊集合综合评价方法。这种零缺陷评价方法由单项适宜性评价模型和多目标生产布局决策模型两部分组成。

（1）单项适宜性评价模型。设定对某一复垦方向作适宜性分析，确定影响因素有 m 个，每个因素对应一个状态集 V_i 为公式（3-7）：

$$V_i = (v_{i1}, v_{i2}, \cdots, v_{ij}, \cdots, v_{in}) \quad (i = 1 \sim m, j = 1 \sim n) \tag{3-7}$$

式中：i——影响因子序号；

j——某一复垦方向的适宜等级。

倘若对影响因子附加坡度而言，如将宜农复垦方向分为 2 个等级，则其所对应的状态集就是式（3-8）：

$$V = (\leqslant 0.5°, > 0.5°) \tag{3-8}$$

显然，每个因素的状态集都是一个对指定复垦方向从优到劣的全序集。

所有影响因素属性值的优劣可用矩阵 R（3-9）表示。

$$R = \begin{bmatrix} a_1 p_{11} & \cdots & a_i p_{1i} & \cdots & a_m p_{1m} \\ \vdots & & \vdots & & \vdots \\ a_1 p_{j1} & \cdots & a_i p_{ji} & \cdots & a_m p_{jm} \\ \vdots & & \vdots & & \vdots \\ a_1 p_{n1} & \cdots & a_i p_{ni} & \cdots & a_m p_{nm} \end{bmatrix} \tag{3-9}$$

式中：a_i——i 因子对指定复垦方向的影响权重值；

p_{ji}——i 因子对指定复垦方向 j 适宜等级的贡献函数值（或称为适宜分值）。

a_i可用层次分析法、特尔斐法、多元回归分析和经验法确定。p_{ji}的确定方法是：首先设定一等地的适宜分值，其他适宜等级的分值用贡献函数方程或分值分配公式（如等差级数形式）来确定。

显然，j等级的理想分值p_j如式（3-10）所示：

$$p_j = \sum_{i=1}^{m} p_{ji} \quad (j = 1, 2, 3, \cdots n) \tag{3-10}$$

设每个评价单元或地块的属性值数值 ID，则有式（3-11）：

$$ID = \frac{1}{\sum_{i=1}^{m} a_i p_{1i}} \sum_{i=1}^{m} a_i p_{ji} \tag{3-11}$$

又设D为评价单元对于j等级的相容度，则又有公式（3-12）：

$$D = 1 - (ID - p_j/p_i) \tag{3-12}$$

若某一等级的理想分值p_j使D值最大，则可将此评价单元归为j等级。

（2）多目标生产布局决策模型。设备选复垦方向有k个，这时就需要建立多目标生产布局决策模型进行综合性评价。

设与k复垦方向有关的因素有r个，r个因素的实际属性指数值为（t_1，t_2，$\cdots$，t_r），对于k复垦方向最佳要求的属性值为（T_1，T_2，$\cdots$，T_r），于是，实际属性与最佳要求属性存在着距离d_k如式（3-13）：

$$d_k = \sqrt{\sum_{i=1}^{r} (t_i - T_i)^2} \tag{3-13}$$

比较k个复垦方向的距离d_k，最小者则为最佳复垦实施方向。

2.4　土地复垦生态修复工程项目零缺陷建设规划

2.4.1　土地复垦生态修复工程项目零缺陷建设规划原理

在生态系统动态变化过程中，起主要作用的 2 个功能为：首先是通过系统中共生物种间的协调作用形成生态系统在结构和功能上的动态平衡；其次是系统中的物质循环再生功能，就是以多层营养结构为基础的物质转化、分解、富集和再生。从经济学投入与产出的观点来分析，具备了这 2 个基本功能，自然生态系统中的生物成员就能合理、高效地利用环境中的各种资源。把自然生态系统中的"最优化"结构和高经济效能的原理应用到土地复垦工程项目建设中，就是土地复垦生态工程项目建设的基本思想。土地复垦生态修复工程项目建设就是依据生态工程学原理，把自然与人为损毁的土地建设成为人工生态系统的土地复垦活动。土地复垦生态修复工程项目建设所依据的生态学原理主要包括以下 4 项。

（1）生态位原理。生态位是一种生物种群所要求的全部生活条件，包括生物和非生物 2 类物质。种群和生态位是一一对应的，否则将会导致剧烈的种内和种间斗争。图 3-2 是地球陆地生态系统内温度、湿度、光照 3 种生态因子建立的三维生态图。当确定某种生物的种养位置时，便可根据生物对生态因子的要求条件，确定它在三维空间中的某一立方体内。

（2）食物链原理。生态系统中由初级生产者、初级消费者、次级消费者直至分解者所构成的营养关系称为食物链。食物链既是一条物质传递链，也是一条信息传递链，更是一条价值增值

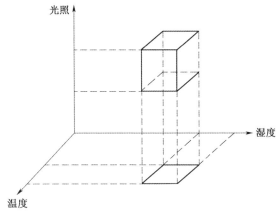

图 **3-2**　三维生态位示意图

链。当生态系统比较复杂时，简单的食物链就发展成为食物网，在食物网中，生产者、消费者有时是难以区分的，只能区分辨出不同的营养层次。

（3）养分循环原理。自然生态系统之所以具有强大的自我调节、自我供给、自我发展和自我维持的"自肥能力"，就是基于生态系统近乎闭合的养分良性循环机制和因生物固氮作用而产生的氮素平衡机制（图3-3）所致。

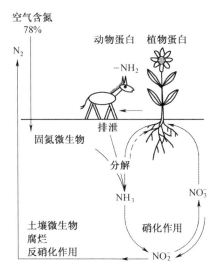

图 **3-3**　养分氮循环示意图

（4）生物与环境的协同进化原理。生态系统作为生物和环境的统一体，既要求生物适应环境，又存在着生物对其环境的反作用，即改造作用，被生物改造了的环境再对生物群落产生新的作用，最终导致了生物群落的改变和生态系统的演变。在实施土地复垦生态工程项目建设时，生态位条件主要用于指导如何改善和利用损毁土地不同区域的生态位条件。食物链原理，是根据损毁土地不同区域的生态位来指导、选择适生、具备经济价值的生物种，完成对损毁土地区域开发的人工生态系统营养结构的设计。养分循环原理要求在选择生物种设计营养结构时，应考虑到营养物质的循环利用，使复垦后的人工生态系统步入良性循环之路。

2.4.2　土地复垦生态修复工程项目零缺陷建设规划步骤

对损毁土地进行生态修复工程土地复垦项目零缺陷建设规划的内容，包括土地复垦系统结构规划和工艺规划。结构规划包括营养规划、平面规划、垂直结构和时间结构规划等，其中营养结构规划是基础。土地复垦生态工程项目建设规划6个主要步骤如下。

（1）根据损毁土地特点及其区域生态变化规律，吸取本地区及相邻地生态复垦经验，制定出符合本地区生态土地复垦发展的营养结构模式。

（2）土地复垦生态营养结构模式优化方案筛选。

（3）对土地复垦生态营养结构模式优化模式进行评价。

（4）依据优化的营养结构模式进行平面结构、垂直结构和时间结构设计。

（5）对土地复垦生态营养结构模式进行总体评价。

（6）最后进行土地复垦生态工程项目建设进行分项工艺规划和设计。

2.4.3　土地复垦生态修复工程项目零缺陷建设设计

（1）营养结构设计。建立土地复垦生态系统的营养结构是指生态系统生物成员在能量与营养物质上的依存关系。土地复垦营养结构设计就是依据食物链原理，选择适宜在复垦土地生态条件下生长、发育的生物种类，并确定生物种间在能量与营养物质上的依存关系。按照食物链原理，进入生态系统的能量都是通过绿色植物吸收太阳光能量后转化而来的。在土地复垦生态系统中，绿色植物主要是地面、水域和坡面生长的各种乔灌草植物。这些绿色植物枝叶和秸秆能够成为家畜饲料，家畜粪便则又可以返回地面土壤内成为绿色植物的肥料。

（2）平面结构设计。土地复垦生态系统的平面结构是指生态系统各生物成员在平面上的分布状况，平面结构设计是在对损毁土地实施复垦生态工程项目建设后，依据生态位原理，将营养结构中的各营养单元，即各生物成员配置在一定平面位置上。

（3）垂直结构设计。土地复垦生态系统的垂直结构是指生态系统各营养单元在垂直面上的分布状况。对损毁土地实施复垦后其生态系统在竖直面上具有不同的生态条件，适合不同的生物种生存，垂直结构设计就是依据生态位原理，兼顾绿化造林、农业种植与养殖产业等，将多种生物成员配置在复垦区域适当的竖直高度层面位置上。

土地复垦生态系统的平面结构和垂直结构是相互融嵌、相互交织的关系，二者统称为土地复垦生态系统的空间结构。

（4）时间结构设计。生态系统时间结构是指生态系统的生物成员在一年内四季的更替情况。水陆共生生态系统中，陆地生产的时间结构主要考虑一年四季适生的植物种，水域生产的时间结构主要确定不同季节水产上市品种与轮捕轮放方式。通过设计复垦系统的合理时间结构，可以有效地提高土地利用率和光能转化率、水资源利用率等。对损毁土地进行生态系统复垦的时间结构设计，是在生产实践经验基础上总结、论证、调整后的科技结晶成果。

2.4.4　土地复垦生态修复工程项目零缺陷规划设计方案的零缺陷实施与管理

编制土地复垦规划设计最终目的是把规划设计方案付诸于建设实施。因此，建立和完善土地复垦生态修复工程项目建设规划设计方案的零缺陷实施与管理，是土地管理部门和土地复垦义务人的一项重要管控工作。我国现阶段土地复垦规划设计方案的零缺陷实施与管理应做的3项技术与管理工作是：

（1）落实土地复垦工程项目建设资金。确切落实土地复垦生态修复工程项目建设资金是复垦规划设计方案得以实施的关键。有关土地复垦工程项目建设投资费用问题，在《土地复垦规定》中明确指出以下3点：

①基本建设过程中破坏的土地，土地复垦费用和土地损失补偿费从基本建设投资中列支。

②生产建设过程中破坏的土地，土地复垦费用分3种情况：一是从企业更新改造资金和生产发展基金中列支；二是经复垦后直接用于基本建设，应从该项基本建设投资中列支；三是由国家征用，能够以复垦后土地的收益形成偿付能力的，土地复垦费用可以用集资或银行贷款的方式筹集。

③在生产建设过程中破坏的国家不征用的土地，其损失补偿费可以列入或分期列入生产成本。

（2）严格复垦工程项目立项管理办法。近年来，我国各地补充完善出台了一些《土地复垦规定》实施细则。实践证明，对土地复垦实行复垦工程立项管理办法是最有效和成功的管理手段。建立和实行土地复垦工程项目建设的立项管理，可以准确地把握复垦规划设计方案落实情况，及时调整规划设计建设进度计划，还能够对土地复垦工程项目建设实时跟踪管理，以利于不断总结土地复垦生态工程项目建设技术与管理经验。

（3）强化土地复垦工程项目建设管理的措施。强化土地复垦项目管理的4项措施是：

①规范化与标准化管理，建立专门复垦建设队伍：土地复垦义务人可与企业联合成立复垦领导小组，组建专门土地复垦队伍，并协调解决土地复垦生态修复工程项目建设中出现的问题。

②推行多种土地复垦经营形式：可尝试实行土地复垦生态修复工程项目建设承包，成立土地复垦工程开发公司，对复垦土地进行有偿出让等形式，从而充分调动社会各方力量参与土地复垦的积极性。

③强化复垦后期管护工作：应对复垦后土地实行逐步培肥地力，力争当年复垦、翌年巩固、第3年变良田，使复垦后土地成为具备多种用途和永续利用的土地资源；与此同时，也应加强对复垦后土地的保护性管理，变资源优势为经济发展优势，最大限度地发挥损毁土地的复垦开发利用价值、生态效益和社会效益。

④先试验后推广，分期实施土地复垦规划设计方案：在新近开始土地复垦生态修复工程项目建设的地区，可先调研条件类似地区土地复垦生态修复工程项目建设技术与管理经验，再采取试点取得经验后分期实施土地复垦生态修复工程项目建设，逐步提高复垦工程项目建设质量。

2.4.5　遥感技术在土地复垦生态修复工程项目零缺陷建设规划设计中的应用

（1）应用遥感技术对促进土地复垦生态工程项目零缺陷建设的意义。根据对损毁土地进行土地复垦生态工程项目建设目标，在制定土地复垦生态工程项目建设规划设计方案时，需要掌握损毁土地的地类及其分布、水域面积及其深度、土壤与水污染现状等情况。要获得这些资料，采用传统测绘调查方法难以在短时间内准确完成，并且也难以掌握土地损毁的动态特征和发展规律。而利用遥感图像技术不仅能快速获取大量的土地损毁信息，而且还可以反映出土地被损毁的动态过程，为土地复垦提供及时、完整、准确的数据和图像资料。

（2）遥感技术原理及类别。遥感是不直接接触目标物而能收集、获取信息，并对信息识别分析、判读的一种现代化技术。遥感所收集的信息是由目标物反射或发射的电磁波信息。收集电磁波信息的装置叫传感器，按运载传感器的不同工具，遥感分为航空遥感和航天遥感。

③航空遥感判读技术。航空遥感获得的图像分为普通黑白片、彩色像片、黑白红外像片、彩色红外像片、多光谱像片和雷达像片等。土地复垦生态工程项目建设规划设计需要的数据信息资料都能从上述图像中获得。如水污染现状可在彩色红外像片中获得，损毁土地塌陷积水坑可在普通黑白像片及彩色像片上获得。航空遥感黑白像片基本能反映损毁土地塌陷区积水面积大小和分布状况。在黑白像片上，塌陷积水区为深灰—灰黑色调，在彩红外像片上，则为深黑色，边界非常清晰。因此，在这2种像片上都能很容易地勾绘出塌陷积水区边界。积水区深浅在彩红外像片上对应表现为色调的深浅，因而也可以在像片上确定塌陷坑的积水深度。积水深度与色调深浅的对比标准可通过实际调查和图像分析得到，于是可以制定一个统一的解释标志表，依据标志表就可以确定像片上积水区类型和积水深度。

④航空遥感判读技术应用。将塌陷积水区分为4个类型：深水区、浅水区、沼泽区和浸没区，每个类型在彩红外航空像片上的解释标志见表3-25。按此表就可以在像片上圈定、分析和收集损毁土地塌陷区域的4个类型区数据资料。因为航空像片与地形图的投影方式不同，因此还需将航空像片上已经圈定的积水区转绘到地形图上。根据土地复垦规划设计制图精度要求和绘制图设备可选用网格法、光学仪器法和目估等转绘方法。

表 3-25　××煤矿生产损毁塌陷区分类遥感图像解释标志

塌陷区类型	彩色红外航空遥感像片解释标志
深水区	位于塌陷坑中央；水体的强红外吸收在图像上呈深黑色，在含砂量大的区域呈青泛白色
浅水区	位于深水区外围；水体呈黑色，但挺水植物使背景呈暗红色调，隐约可见"孤岛"
沼泽区	位于浅水区外围；土壤含水量饱和呈黑色，植物生长茂盛呈红色，图像上表现为红黑相间
浸没区	位于沼泽、浅水区外围，土壤含水量高，呈浅黑色，浸润作用使植物生长不茂盛；呈不均匀斑状分布

第六节
退耕还林工程项目零缺陷建设规划

1　退耕还林工程项目零缺陷建设规划原则

在实施退耕还林工程项目零缺陷建设规划过程，应严格遵循下列5项基本原则。

（1）统筹规划、分期实施、科学设计、适地适技、突出重点、注重实效；

（2）政策引导和农民自愿退耕相结合，谁退耕、谁造林、谁经营、谁受益；

（3）遵循自然规律，因地制宜，适地适树（草），宜林则林，宜灌则灌，宜草则草；

（4）乔灌草种植建设与天然林草保护并重，采取切实有效措施防止边治理边破坏；

（5）逐步加大农牧山区各项基本设施投资与建设力度，改善退耕还林还草者的生活条件。

2　退耕还林工程项目零缺陷建设规划

2.1　退耕还林工程项目零缺陷建设规划的内容

退耕还林工程项目零缺陷建设总体规划方案应由国务院林业行政主管部门编制，经国务院西部开发工作机构协调、国务院发展计划部门审核后，报国务院批准实施。各省、自治区、直辖市林业主管部门根据退耕还林总体规划，会同有关部门编制本行政区域的退耕还林规划，经本级人民政府批准，报国务院有关部门备案。

退耕还林工程项目零缺陷建设规划方案应当包括下列 5 项主要内容。

（1）范围、布局和重点。

（2）年限、目标和任务。

（3）投资测算和资金来源。

（4）效益分析和评价。

（5）保障措施。

2.2　纳入退耕还林工程项目零缺陷建设规划范围的农耕地类型

（1）已经出现水土流失严重的坡耕地。

（2）已经发生沙漠化、盐碱化、石漠化严重的农耕地。

（3）地处重要生态地位，属于粮食产量低而不稳的低产农耕地。

（4）位于江河源头及其两侧、湖库周围陡坡的农耕地，以及地处水土流失和风沙危害严重等生态防护重要区域的农耕地，都应该在退耕还林工程项目建设规划中优先安排实施。

（5）因生态防护林工程项目建设需要，经国务院批准并依据有关法律、法规的程序调整基本农田保护范围后，属于基本农田保护范围内粮食产量高且不会发生水土流失的农耕地，可以纳入退耕还林工程项目建设规划。

2.3　退耕还林工程项目零缺陷建设规划的方法与程序

在实施退耕还林工程项目零缺陷建设规划时，应因地制宜、适地适树、适地适技进行规划布局。其具体的零缺陷规划方法与程序，可参照执行林业造林、水土保持、沙质荒漠化防治和盐碱地生态造林改造工程项目建设规划的方法与程序，这里就不再赘述。

2.4　与退耕还林工程项目零缺陷建设规划密切相关事宜

（1）制定退耕还林工程项目零缺陷建设规划时，必须谋划退耕还林农民长期的生计需要。

（2）退耕还林工程项目零缺陷建设规划应与国民经济和社会发展规划、农村经济总体发展、土地利用总体规划相衔接，与环境保护、水土保持、防沙治沙等规划相协调。

（3）必须按照已经批准的退耕还林工程项目建设规划方案进行零缺陷实施，未经原批准机关同意，不得擅自调整退耕还林工程项目建设规划方案内容。

2.5 退耕还林工程项目零缺陷建设年度实施方案

（1）退耕还林年度零缺陷实施方案内容，主要包括下述 7 项内容。

①退耕还林工程项目建设具体范围。

②生态林与经济林比例。

③树种选择与植被配置方式。

④造林模式。

⑤种苗供应方式。

⑥植被管护和配套保障方式。

⑦项目和技术负责人。

（2）退耕还林年度零缺陷实施方案编制，应遵循以下 3 项原则。

①应由县级林业行政主管部门组织专业技术人员，或者具备资质的设计单位编制乡镇退耕还林工程项目建设规划年度实施方案，确实把规划确定的退耕还林作业内容落实到具体地块和土地承包经营者。

②编制作业设计时，干旱、半干旱地区应当以栽植抗旱且耐贫瘠的灌草植物、恢复原有自然植被为主，多间种多年生植物，主要林木的初植密度应符合国家规定的标准。

③退耕还林土地营造的生态林面积应以县为单位核算和制定认定标准，且不得低于退耕还林土地面积的 80%。

第四章

生态修复工程项目零缺陷建设
建议书编制与可行性研究

生态修复工程项目零缺陷建设建议书是国家基本建设前期工作程序中的一个重要阶段，是在生态修复工程项目零缺陷建设规划完成之后、开展可行性研究报告工作之前需要进行的一个关键工作环节。它不仅是生态修复工程项目建设责任单位和建设单位向上级主管部门申请立项的主要技术文件，而且是有关主管部门决定该项目是否立项建设、审查批准的重要依据。只有项目建议书被批准后，该生态修复工程项目建设才能被列入国家或建设单位（业主）的中、长期经济发展计划，该生态修复工程项目建设的前期程序也才可以进行可行性研究工作阶段。

第一节
项目零缺陷建设建议书编报

生态修复工程项目零缺陷建设建议书主要由编制要求和经济效益评价两部分内容组成。

1 项目建议书的零缺陷编制要求

1.1 编制依据

编制生态修复工程项目零缺陷建设建议书，必须遵循国家基本建设的方针政策和有关规定，贯彻执行国家和林业、水土保持、土地复垦等行业及相关的法律、法规与技术标准。同时，应根据国民经济和社会发展规划以及地区经济发展计划的总体目标和要求，在已经批准的区域林业、水土保持、土地复垦等规划基础上，择优选定建设项目，提出生态修复工程项目建设的防治目标、任务、建设规模、地点和建设时间，论证项目建设的必要性，初步分析项目建设的可行性。

1.2 编制内容要求

对于生态修复工程零缺陷建设前期工作程序中的策划与规划、项目建议书、可行性研究、设计这四个阶段来说，项目建议书处于第二个阶段。由于生态修复工程项目建设规划在一定时期内基本保持相对稳定，因此其项目建议书阶段实际上处于项目整个前期工作的最初阶段。考虑到生态修复工程零缺陷建设工作的实际需要和时效问题，项目建议书的编制深度，要比可行性研究、设计的深度浅一些，内容也相对简单一些。根据国家林业、水土保持、土地复垦行业行政主管部门颁布的生态修复工程项目建议书编制规程要求，其项目零缺陷建议书主要包括以下 6 项内容。

1.2.1 项目零缺陷建设的必要性和任务

项目零缺陷建设的必要性是生态修复工程项目零缺陷建议书要论述的核心内容。应根据项目地区的有关情况、生态修复建设规划及审批意见，论证生态修复工程项目在地区国民经济和社会发展规划中的地位与作用，从而论证项目建设的必要性。同时，要根据项目所在地区的生态恶化状况，以及对地区经济和社会造成的危害，地区经济和社会发展对生态修复工程项目建设的要求，生态修复工程项目要达到的建设目标以及对地区经济和社会发展将产生的影响，详细论述开展实施本项目的理由。一般情况下，可以从两方面来论述：一是结合国家当前对生态修复建设的方针、政策以及国民经济发展的要求，从宏观上进行分析和论证；二是通过对项目区内群众的贫困状况、生态水土资源的损失情况、生态环境退化严重的情况等因素的分析，论证项目建设的必要性。项目建设的任务取决于本项目的生态建设目标。因此，应根据本项目所确定的生态防治建设目标，提出项目的建设任务。对分期实施的项目要分别按照确定的分期建设目标，确定项目的分期建设任务和总任务。

1.2.2 项目区概况

（1）自然概况：指项目区域的地质地貌、水文气象、土壤植被、矿藏资源等。

（2）社会经济状况：指项目区人口、土地利用、群众生活水平、基础设施等情况。

（3）生态环境恶化情况：指项目区水土流失、沙漠化、盐碱化、未复垦土地退化等生态恶化情况，以及其危害的表现形式、面积、强度和形成的原因等。必要时，还可划分出水土流失、沙漠化、盐碱化、土地退化等生态恶化的不同类型区。

（4）生态修复建设现状：主要指项目区生态修复建设工作的开展情况，现有生态建设设施的数量和质量，以往开展生态修复建设工作的技术与管理经验和教训。

1.2.3 生态修复零缺陷建设规模与防治措施布局

（1）修复建设目标。生态修复建设目标的确定，是确定项目规模和措施布局的前提。应按照区域生态修复建设规划提出的生态建设总体目标和近、中、远期目标，合理确定项目的生态综合防治目标。在多数情况下，生态防治目标并不是单一的，而是由多个目标构成，主要包括生态系统环境治理程度，水土流失、沙漠化、盐碱化、未复垦土地和土地退化的控制量，以及经济增长幅度、林草覆被度等。

（2）建设治理措施布局。生态修复建设措施布局主要包括：确定项目区水土流失、沙漠化、盐碱化和土地退化的综合治理面积，制定总体布局方案，确定不同类型区生态建设治理技术措施的种类及其配置。项目区生态建设治理面积的确定，主要依据该区域内不合理的土地利用结构面积和生态环境恶化状况。总体布局方案主要指项目区生态综合治理技术措施的平面配置，不需具体到每一种措施，只需对植物、工程措施进行宏观配置及安排。

（3）生态恶化预防监督。简述项目区预防监督的分区情况，初步确定生态恶化预防监督的主要任务、主要技术措施及手段、生态环境恶化的监测任务。

1.2.4　项目建设实施与管理

（1）项目建设实施。在确定生态修复项目建设实施进度时，应首先拟定施工总进度，然后根据各项工序措施的任务量和当地具体情况，初步安排年进度。进度核算的3种方法如下所述。

①在项目建设资金投入有保证的前提下，根据建设施工需要确定进度。

②根据劳力、资金投入情况确定实施进度。

③按照每年应完成的工序措施数量所确定的进度，反求每年所需要的劳力和资金，并据此计划和筹备劳力与资金。

分期建设的生态修复建设项目，应对各期或各阶段的任务量及完成的大约时间要在项目建议书中交代清楚。

（2）项目建设管理。生态修复工程项目零缺陷建设涉及的行业多，建设周期长，内外协作配合的环节多，规模大的项目涉及的地域也较广，众多参与部门之间以及各项工作之间都存在着许多需要协调的问题。为保证项目建设的顺利实施，在项目建议书阶段，要根据项目建设规模、资金构成情况对项目建设的组织管理机构、隶属关系以及机构职能提出初步的规划设想。

1.2.5　项目零缺陷建设投资估算

编制投资估算应说明所采用的价格水平年。价格水平年一般取项目建议书开始编制的年份。投资指标包括项目建设静态总投资及动态总投资、主要单项工序措施投资，以及分年度投资。

生态修复工程项目零缺陷建设投资划分为工程费（含设备费）、临时工程费和其他费用3个部分。工程费与临时工程费用由直接工程费、间接费、计划利润和税金4个部分组成。直接工程费指工程施工过程中直接消耗在工程项目建设上的活劳动和物化劳动，由直接费、其他直接费和现场经费组成。直接费指人工费（含基本工资、工资附加费、劳动保护费）、材料费和施工机械使用费（包括基本折旧费、修理费、机上人工费和动力燃料费等）；其他直接费用包括生态建设管理费、科研勘测设计咨询费、施工监测费与工程质量监督费。

在项目建议书阶段，只对主要工程工序措施进行单价分析，按工程量估算投资，对其他建设工序措施，可采用类比法估算。其他费用可逐项分别估算，也可进行综合估算。分年度投资估算应根据施工进度中分年度安排的措施工作量，依据上述要求进行计算。对利用外资的项目或已明确利用外资的项目，必须按照利用外资的要求，开展项目投资估算工作。

1.2.6　项目零缺陷建设资金筹措

因为生态修复工程项目零缺陷建设投资具有多渠道的特点，为此，在项目建议书中必须说明本项目投资主体的组成以及各种投资主体的投资数量，必要时可附有关提供资金单位的意向性文件。利用国内外贷款的生态建设项目，应初拟资本金、贷款额度、贷款来源、贷款年利率及偿还措施。对利用外资的生态建设项目，还应说明外资的主要用途及其汇率。

2　项目建设经济效益零缺陷评价

2.1　经济效益零缺陷评价说明

应说明评价生态修复零缺陷建设项目所采用的价格水平、主要参数及评价准则。经济评价中的价格，一律采用当地社会平均价格，从时间序列上来讲，一般采用编制项目建议书的当年前半年或前一年的价格水平。国民经济评价参数主要包括社会折现率计算期。

社会折现率是项目国民经济评价的重要通用参数，各类建设项目的国民经济评价都要采用国家统一规定的社会折现率。社会折现率是项目经济效益的一个基准判据，经计算得出的项目经济内部收益率大于或等于社会折现率，则认为项目的经济效益达到或超过了最低要求；项目的经济内部收益率小于社会折现率则认为项目经济效益没有达到最低要求，则项目的经济效益不佳。国民经济评价主要准则是项目经济内部收益率大于社会折现率。

计算期是计算总费用和效益的时间范围，包括建设期和运行期。计算期的长短应视工程项目建设的具体规划布局而定。

在国民经济评价中还应明确评价基准年，以及项目建设效益和费用折算的基准点。一般将评价基准年选择在项目建设开工的第一年，并以该年的年初作为基准点。

2.2　项目建设费用零缺陷估算

根据项目建设投资估算中计算出的静态总投资，扣除内部转移性支付的资金（如法定利润和税金），则为国民经济评价采用的影子工程投资。

生态修复工程项目零缺陷建设年运行费，主要是指项目竣工后运行期间需要支出的经常性费用，包括抚育养护费、管理费及其他有关费用等。因为这些费用是直接为该工程项目每年服务的，也称为直接年运行费。年运行费计算如有困难，可根据类似项目实际发生的年运行费占建设期总投资的比例，来确定本项目的各年度运行费。

2.3　项目建设效益零缺陷估算

生态修复工程项目零缺陷建设效益估算，是指对生态效益、经济效益和社会效益的有关指标尽量进行量化估算，对不能量化的效益进行初步定性分析。生态修复工程项目零缺陷建设的经济效益包括直接经济效益和间接经济效益两类。

生态修复工程项目零缺陷建设各项措施按确定的经济分析计算期计算出逐年的产出效益。经济计算期指从开始受益的年份起，到年度抚育养护费用和年产出效益接近或相等而无经营价值的年份的年限，一般可取生态修复建设开始治理的第一年至计算期末年。产出效益可采用由产量推求产值的方法，可在当地进行调查确定产量，也可通过丰、平、枯等代表年份进行计算确定。

2.4　项目建设国民经济零缺陷评价

生态修复工程项目的国民经济零缺陷评价，是指对国民经济盈利能力的分析，其零缺陷评价指标是经济内部收益率和经济净现值，其中经济内部收益率是项目国民经济零缺陷评价的最主要指标。

最后应对项目进行综合性评价，即评价项目建设实施对技术、经济、社会、政治、资源利用等各方面目标产生的影响。项目的经济效益起着决定性的作用，但有些经济效益差的项目，如果其他方面效益较佳，也应认为是可行项目，这一点，对生态修复工程项目零缺陷建设实施而言，是十分重要的。

第二节
项目零缺陷建设可行性研究

可行性研究是生态修复工程项目零缺陷建设前期准备工作的核心内容和重要环节。完成对项目建设的策划、规划与建议后，就要着重于进行认真、负责的可行性研究工作，对项目进行技术经济论证，以确定所建议项目零缺陷建设的可行性，并作多方案比较，选择最佳方案，并指出可能存在的风险，最终编制项目可行性研究报告，并以此作为项目零缺陷建设设计的合理依据。

1　项目零缺陷建设可行性研究的概念和作用

1.1　可行性研究的概念

可行性（feasibility），顾名思义是指能够得到或行得通的意思。可行性研究是在具体采取某一行动方案以前，对方案的实施进行能否做得到或是否行得通的研究，也就是回答行与不行的问题。古往今来，人们都在自觉或不自觉地对所采取的行动进行着各种可行性研究，但可行性研究成为一种科学方法，并自觉地为人们所掌握运用，却是进入 20 世纪以来的事。

可行性研究主要用于投资项目的科学决策，即决定一个投资项目在实施以前，先对其实施的可行性及潜在的效果，从技术上、财务上、经济上进行分析、论证和评价，求优汰劣，以防决策失误，从而保证投资能取得预期效益。20 世纪 30 年代，美国为开发田纳西流域，将此种方法引入开发前期工作，作为项目开发的重要手段，从而起到了很好的作用。20 世纪 80 年代以后，可行性研究开始在我国得以推广应用，并逐步朝着规范化、程序化、制度化方向前进。对生态修复工程项目建设而言，尤其是利用外资和国家贷款的项目，可行性研究日益受到国家重视。目前，较大项目都相继把可行性研究正式列为前期建设工作的重要内容和基础建设程序的重要组成部分，如 1999 年国家生态环境建设均采用了可行性研究的方式。

生态修复可行性研究的任务是：根据生态修复工程项目零缺陷建设规划的要求，结合自然、经济和社会条件，对该项目在技术上、工程上和经济上的先进性和合理性进行全面分析论证，通过多方案比较，提出评价意见，为项目决策提供科学依据。通过可行性研究，必须回答出：本项目建设是否有必要、在技术上是否可行、推荐的方案是否最优；生态效益与社会效益如何；需要多少资金，如何筹集，建设所需物质资源是否落实；怎样建设和建设时间等。总之，必须回答项目是否可行的所有根本性问题。

生态修复工程项目零缺陷建设可行性研究具有的 4 项主要特点如下。

（1）生态修复工程项目建设可行性研究的客体是一个区域空间概念，是自然、经济、社会诸多要素在一定地域范围内的有机组合体，区域分异性（是指一个区域自然条件、生态系统和社会经济技术条件不尽一致）决定了研究客体是区域性项目，而其分析评价则主要是项目区全局性、综合性的生态系统环境建设问题。

（2）生态修复工程项目建设可行性研究的对象具有系统整体性，它不是一个单项工程，而是一组具备内在联系的复合工程。在其组合中，既有可获得直接经济效益或见效快的经营性项目，如经济林基地建设；又有非经营性的，只能取得生态效益或见效慢的，但受益期长、受益面广、影响深远的项目，如防风固沙林、水土保持林、水源涵养林、天然林等。

（3）生态修复工程项目建设可行性研究工作，是一项复杂的多层次、多学科、多部门的综合论证工作，因此具有很强的系统性、融会贯通性特点。

（4）生态修复工程项目建设可行性研究的做法，是采用系统思想、逻辑思维、辩证观点、实事求是、因地制宜地分析和评价的方法。

1.2　可行性研究的作用

（1）可行性研究是项目投资决策、编制和审批可行性研究报告的依据。可行性研究是项目投资建设的首要环节，项目投资决策者主要依据可行性研究的成果，决定项目是否应该投资和如何投资。它是项目建设进行决策的支持性文件。在可行性研究中的具体技术经济研究，都要在可行性研究报告中写明，报告作为上报审批项目、编制设计文件、进行建设准备工作的重要依据。

（2）作为筹集政府拨款、银行贷款和其他资金来源的依据。世界银行等国际金融组织，都把项目建设可行性研究作为申请项目贷款的先决条件。我国的专业银行在接受项目建设贷款时，也首先根据可研报告确认项目具有偿还贷款能力、不必承担大的风险时，才能同意贷款。政府审批立项、核拨项目建设资金、或由其他来源筹集资金时也是如此。

（3）作为项目主管部门对外洽谈合同、签订合作协议的依据。根据可行性研究报告，项目建设单位主管部门可据此同国内外有关公司或单位签订项目所需的苗木、基础设施等项目建设物资供应的协议合同。

（4）作为项目建设设计的主要依据。在可行性研究中，对项目建设规模、适宜技术选择、总体布局等进行了方案比选和论证，并确定了原则，推荐了最佳模式。可行性研究报告经过批准正式下达后，必须据此进行项目设计，不能另行比选和论证。

（5）对项目拟实行的新技术也必须以可行性研究为依据。生态修复工程项目建设采用新技术，以及引种植物新品种、经济林改造、残次生林改造等必须慎重，经过可行性研究后，证明这些新技术确属可行，方能拟定建设计划，付诸实施。

（6）为地区经济发展计划提供更为详细的资料和依据。生态修复工程项目零缺陷建设的可行性研究文件，从技术到经济，从生态到社会的各方面是否可行都做出了详细的研究分析，从而也为落实经济发展计划和国民经济计划制定，提供了有关生态系统环境修复建设的详细资料和依据。为此，零缺陷的可行性研究一定要建立在超前、科学、扎实的基础之上进行工作。

2　项目零缺陷建设可行性研究的程序及要求

生态修复工程项目零缺陷建设的可行性研究，应以批准后的项目零缺陷规划方案为依据，对该项目在技术、经济、社会和生态各方面是否合理与可行，进行全面的分析和论证。

2.1　可行性研究的程序

生态修复工程项目零缺陷建设可行性研究的工作程序可分为以下6个步骤。

2.1.1　筹划准备

项目建议书得到批准后，项目建设单位（业主）即可委托具备相应资质的咨询设计单位进行可行性研究。双方通过签订合同，明确约定双方的研究工作任务和责任，阐明研究工作的范围、前提条件、进度安排、费用支付以及协作方式等。承担可行性研究的单位，在接受任务时，需获得有关项目背景及其批复文件，要明确清楚项目委托者的目标、意见和要求，明确需要研究的内容及通过可行性研究需要解决的主要问题，并制定相应的工作行动计划。

2.1.2　收集资料

按照工作计划，技术咨询设计单位可有步骤地开展工作。可行性研究必须在掌握详细资料的基础上才能进行，所以，调查收集资料便成为可行性研究的首要工作。调查要以客观实际为基础，需了解和掌握有关的方针、政策、历史、环境、资源条件、社会经济状况以及有关建设项目的信息和技术经济情报等。要通过调查进一步明确项目的必要性和现实性，同时取得确切的与项目有关的各项资料。

2.1.3　分析研究

在收集到一定的数据资料并加以整理后，根据合同规定的任务要求，按照可行性研究内容，结合项目建设的具体情况，开展项目规模、技术方案、组织管理、实施进度、资金估算、经济评价、社会效益和生态效益分析等研究工作。研究时要实行多学科协作，可设计出多种可供选择的建设方案，并进行反复的论证比较，从中对比择优。期间涉及有关项目建设和方案选择的重大问题，要与委托方或建设单位讨论商定。在分析中，常涉及许多决策问题。例如，决定建设目标和建设手段，决定资金的筹集与利用，判断方案优劣，决定长期战略方向和短期战略措施等。这就需要运用专门的决策分析方法，进行正确的估算和判断，以便对所研究的项目诸多建设可行与否的问题作出科学的决定。

2.1.4　编制报告

经过认真的技术经济分析论证后，证明项目建设的必要性、技术上的可行性和经济上的合理性，即可编制提出合乎规格的可行性研究报告，交委托方或组织单位作为项目投资决策的依据。

2.1.5　审定报告

委托方或组织单位在收到可行性研究报告以后，可邀请有关单位的专家进行评审；根据评审意见，会同可行性研究的承担者对报告修改并定稿。

2.1.6　决策选定

可行性研究报告经修改定稿后，由委托方或组织单位再行复审，最后作出决策，决定可行或不可行。

2.2　可行性研究的要求

2.2.1　可行性研究应具有科学性和严肃性

可行性研究是一项政策性、技术性和经济性很强的综合性研究工作。它可实现投资建设项目决策的科学化，有效减少和避免投资失误，为此，一定要坚持实事求是，认真按程序进行工作，决不能草率从事。要防止主观臆断和行政干预，切忌事先定好调子、划出框子，为"可行"而"研究"，为争投资、争项目取得"通行证"而进行"可行性研究"。可行性研究是一种科学方法，为保证可行性研究的质量，承担单位应保持独立和公正的客观立场。

2.2.2   可行性研究的广度和深度应达到标准要求

虽然对不同项目的可行性研究内容和深度有侧重和区别，但其基本内容要完整，文件整齐，研究的广度和深度应达到国家规定的标准，以求保证质量，达到可行性研究应起到的作用。

2.2.3   承担可行性研究的单位应具备一定条件

可行性研究是一项涉及面广、内容深度要求高的技术经济论证工作。为保证其质量，对承担单位应有一定的条件要求，即必须是技术力量雄厚、拥有必要的装备和手段、具有丰富实际经验的专门单位。

对承担生态修复工程项目建设可行性研究的单位，必须通过业务水平及信誉状况的资格审定。未经过、未通过资格审定的单位，不可承担可行性研究任务。承担可行性研究的单位，要对其工作成果的可靠性、准确性负责。各有关方面要为可行性研究工作客观地、公正地顺利进行创造条件。承担任务单位的成员应包括林业、水土保持、农业、畜牧、水产、水利、土壤、机械、土木建筑、技术经济、经济研究以及财会等各方面的专家。

2.2.4   可行性研究应有必要的经费保障

可行性研究工作量很大，应保证其必要的经费开支。项目建设建议书经审批同意后，由审批单位发文通知申请单位进行可行性研究，并拨付相应的可行性研究费用。如项目立项，这笔费用则列入项目总经费中；如不能立项，其可行性研究费用由审批单位支付。用于可行性研究的费用标准，应视不同地区、不同项目规模和项目构成内容，按工作量具体制定不同定额，报国家主管部门审定。在没有制定定额前，可暂按承担单位的实际开支或按项目投资额的一定比例计取其费用。

2.2.5   应编制符合规格的可行性研究报告

可行性研究报告的编制应遵循一定的模式：应有编制单位的总负责人，经济、技术负责人的签名，并对其报告内容和质量负责。报告上还应有可行性研究承担单位及其负责人、资格审查单位的签章。

3   项目零缺陷建设可行性研究的内容

生态修复工程项目零缺陷建设的可行性研究，是从技术、生态、财务、经济、组织管理、社会等方面去完成，可概括为如下3大部分。

第一部分是基本条件分析，这是项目成立的重要依据。基本条件分析包括自然资源条件、社会经济条件和生态环境状况的分析评价。在此基础上，从生态修复工程项目建设的生态系统环境必要性分析和某些林副经济产品供需进行预测，说明该项目的必要性和可能性，这是项目可行性研究的前提。

第二部分是建设方案设计和技术评价，以及项目组织与投资安排，这是可行性研究的技术基础。它决定生态项目建设在技术上以及组织实施上的可行性。

第三部分是项目建设的效益评价。包括生态效益、经济效益和社会效益评价，这是项目可行性研究的核心部分，是决定项目能否立项与批准实施的关键。

整个可行性研究，就是从这三大方面对生态修复工程项目建设进行优化研究，并为项目投资决策提供科学依据。

3.1　项目零缺陷建设基本条件分析

3.1.1　自然资源和自然条件分析评价

自然资源是指在生态修复工程项目建设及其相关领域内可以利用的自然因素、物质、能量的来源，如光、热、水、植物和土地等。自然条件是指自然界为生态项目建设实施提供的天然环境因素，如地质、地形、地理位置、自然灾害、生态环境等，也包括作为自然资源的那些自然条件，如森林、草原等。生态修复工程项目建设必须对自然资源和自然条件进行分析评价。分析评价的基础是资源调查；分析评价的基本原则是保护和改善生态环境、发挥资源优势、发展乔灌草植物种植经济、达到资源可持续发展。分析评价的 4 项内容如下。

（1）土地资源评价。土地资源的评价，具体可分为土地质量评价和土地经济评价 2 项。

①土地质量评价：其评价的主要依据是指土地生产力，而土地生产力的高低一般通过土地的适宜性和限制性来表现。通过评价，主要解决土地适宜性及其各类土地的限制性因素、限制程度、改造的可能性、改造的难易程度、提高土地生产力的措施，以此确定适宜生态修复工程项目建设方向及布局、项目所需要投资、预期生态改善效果。

②土地经济评价：是指运用经济指标对土地所作出的评价，目的在于为制定项目建设的土地利用规划、建设布局、土地资源合理开发利用和改善生态环境提供科学依据。

（2）气候资源评价。通过对构成气候诸要素的分析，用定量指标对气候与生态修复建设的关系予以评价，揭示时空分布规律，说明某特定地域的气候特征，作为研究确定生态修复建设发展方向、布局，分析生态建设实施潜力、合理开发利用气候资源的科学依据。应在分析光能、热量、水分、风向与风速、降水量及其强度等单项气候因素的基础上，对气候资源进行综合评价。

（3）水资源评价。研究地表水与地下水的数量、质量、分布和变化规律，不同区域、不同时期水资源供需平衡和土壤水分变动，以及对生态修复建设布局的影响。

（4）生物资源评价。生物资源包括人工培育及野生的各种植物和动物。分析评价首先要研究其引种、培育的历史和适生的地域范围。其次研究其主要特征、特性，分析其经济性状和生态防护价值。三要研究其生产现状、生产和加工潜力，评价其未来在生产发展中的地位和能力。四要分析其培育特点以及在当地生产布局中的地位与配比关系。通过评价，为生态修复工程项目建设的合理布局及确定规模提供依据。

3.1.2　社会经济技术条件零缺陷评价

在切实完成项目区域内部的社会经济技术条件零缺陷评价的同时，还要对项目区域外部周边区域的社会经济环境条件进行零缺陷分析评价和对其发展趋势进行零缺陷预测。包括以下 6 项内容。

（1）人口、劳力资源条件评价。人口因素是决定生态修复工程项目建设实施和布局乃至农村产业结构的基本因素，也是研究生态修复与改善的必要性和乔灌草林产品需求量的重要依据。项目区域生态修复工程项目建设同人口、劳力资源条件紧密相关，一定要重视人口增加与生态资源环境承载能力相互适应、相互协调的关系。评价人口、劳力资源，既要评价其数量，又要评价其质量、结构组成、分布以及动态变化等。

（2）生态修复建设物质技术条件评价。包括生态修复建设技术装备、基础设施和现代化水平等。通过研究分析，要对现有水平、利用状况与效果进行评价，揭示生态建设需要与现有状况的矛盾，提出利用的可能性与限制性，为制定建设目标和方案提供依据。

（3）交通运输条件评价。是指对生态修复工程项目建设所必备的交通运输条件进行调查分析，提出改善交通运输状况的建设项目和配套设施。

（4）经济区位、城镇和工业条件评价。是指经济区位、大中城市及工业对生态修复工程项目建设的影响，以及城镇化发展对生态修复建设的需求。

（5）科技发展前景分析评价。要对项目区能够利用的各种生态建设技术、科技设施，能够引进的新技术及其运用的可能性，能够推广应用的先进适用技术，可能达到的规模和效益进行分析和预测，为制定生态修复建设目标和方案提供依据。

（6）政策因素分析评价。对国家在生态修复建设相关的计划、信贷、价格、物资等方面的调整，进行必要的预测和评价。既要看到对生态修复建设的有利因素，也要对可能出现的不利因素作出充分估计，并据以研究采取必要的对策和措施。

3.1.3 生态环境质量零缺陷评价

在生态修复工程项目零缺陷建设中，影响生态系统环境的主要问题是水土流失、沙质沙漠化发展、土地退化等环境恶化问题。因此，必须科学、系统地进行生态系统环境恶化与生态修复工程项目建设的评价，包括与生态修复工程项目零缺陷建设相关的水污染与地面水环境质量评价、大气污染与大气环境质量评价、土壤污染与土壤质量评价等。

3.2 生态经济型工程项目零缺陷建设的产品供需研究

3.2.1 项目建设的产品方案研究

对于生态经济型的果园与经济林建设，要从国家定购任务、市场需求、出口创汇等方面的需要，来确定投资发展哪些产品及其规模；分析研究其成本价格，并从可利用的基本条件论证发展这些产品的可能性。同时，还要对主要林产品的商品量、上调量进行合理的预测。

3.2.2 投入物的选择与采供

是指对项目建设所需的各种生产资料、苗木、能源、设备等，在不同时期所能提供的品种、数量、规格、质量以及运输渠道、价格、成本等作出实事求是的分析，以保证工程建设项目的顺利进行。通过评价，要提出适用、正确的对策和措施。

3.3 可行性研究方案零缺陷制定及其技术评价

3.3.1 方案零缺陷制定

方案是项目零缺陷建设的总体部署，是可行性研究的主要内容。方案制定必须要经过反复调研，综合分析，审慎提出。未来的项目建设工作将以方案为重要依据。

（1）方案零缺陷制定的基本原理和原则。生态修复工程项目零缺陷建设是一项综合性、区域性、开拓性很强，规模宏大、结构复杂的系统工程。制定生态修复工程项目建设方案必须要掌握运用指导生态修复工程项目建设的一些基本原理，包括生态经济原理、生产力合理配置原理、生产要素优化组合原理等。同时，在方案设计中，又必须坚持要做到统筹规划，择优建设；因地制宜，发挥优势；综合治理，综合投入；论证先行，科学决策；经营式建设，开放式建设等，力求设计出完善的可行性研究方案。

（2）方案的主要内容。生态修复零缺陷建设项目的种类不同，方案的内容亦随之各有侧重。但就总体来讲，应包括的主要内容有：指导思想（或开发方针），建设目标，生态修复工程项目零缺陷建设的体系组成，建设布局，建设技术方案选择及相关基础设施建设方案与设备方案选择；各种生产资料所有权、使用权与经营管理权等经营体制与政策。

（3）方案制定的基本方法。广泛收集自然、经济和社会等各种基本资料，深入分析研究，综合平衡，统一规划，多方案分析论证，对比择优。

3.3.2　生态修复工程项目零缺陷建设的评价

对生态修复工程零缺陷建设方案设计的技术评价，必须以可靠的数据和资料为依据，详细研究和判断项目方案的内容、技术水平和可行性，探讨与项目建设和执行有关的各种技术问题。

（1）技术评价应达到的要求。是指项目方案的结构合理、规模适度。

（2）技术评价应坚持的标准。首先是先进性，应尽可能采用先进技术；其次是有益性，在给社会带来最佳生态效益的基础上，能够生产出相应的高产、优质、低耗、安全的经济产品；同时必须具备可行性，方案的实施程序比较简明，条件容易满足，不可克服的限制因素很少。

3.4　项目零缺陷建设实施组织的研究

3.4.1　项目零缺陷建设实施及其安排

应按不同子工程项目分别估算项目建设的工作量，如整地工程、造林作业、良种繁育、科技培育及推广等，并对项目建设实施进度和施工量进行统筹安排。

3.4.2　项目零缺陷建设组织管理

项目建设组织管理是保证项目按既定方案顺利实施，保证最大限度地提高资金利用效率的重要措施，它是为项目建设实施服务的。一般应与项目建设的进行程序相适应，根据各项目建设规模和其进展情况设置。需要配备必要的管理层次，分层次进行调度管理，并注意协调好项目机构与项目所在地政府部门的关系。

3.4.3　项目零缺陷建设投资估算和资金筹集

建设投资是生态修复工程项目实施的首要条件。在可行性研究阶段，除对各项工程项目进行资金需要量预测外，还应对投资渠道和可能取得的额度进行分析。在分项进行投资估算后，还需计列不可预见费，包括实施与价格两类不可预见费。项目资金的来源主要有项目建设单位的自筹资金、国拨资金和信贷资金三个方面，必要时还可利用外资，包括政府间信贷、国际金融组织信贷、合资经营、补偿贸易等。选择何种资金筹措方案，应仔细分析。并应拟定贷款及其偿还方案。

3.5　生态修复工程项目零缺陷建设综合效益评价

生态修复工程项目建设综合治理效益评价是国内外尚未解决的一个重要问题，也是我国生态修复工程项目零缺陷建设实践中亟待解决的一个应用性理论与技术问题。迄今为止，国内外关于生态修复工程项目建设综合效益的评价尚且不多，多数是论述森林生态系统的综合效益，但从理论和实践上来讲，生态系统环境的综合效益与生态修复工程项目建设的综合效益没有本质的区别。

3.5.1 综合效益的基本含义

生态修复工程项目零缺陷建设的实质是依据生态经济学的原理，根据不同的侧重点，有效地将生态、经济和社会三方面的效益分配在乔灌草植被与环境之间，通过人的干预以取得最大的经济效益。在近期的研究中，人们习惯上将森林效益进一步表述为森林生态效益、经济效益和社会效益。

森林生态修复工程项目零缺陷建设的生态效益是指在森林生态系统及其影响范围内，对人类社会有益的全部效用，经济效益主要是指在森林生态系统及其影响范围内，被人们开发利用已变成经济形态的部分效益；而社会效益是指在生态系统尽其影响范围内，被人们认识且已为社会服务的那部分效益。这三方面的效益，只是人为的划分，对于不同种类的生态修复工程项目，其综合效益的表现形态是多种多样的。

3.5.2 综合效益评价原则

（1）生态、经济、社会三大效益相结合。追求整体功能健全，生态、经济和社会效益最佳，既是生态修复工程项目建设的重要目标，也是综合评价的重点。因而，评价过程应突出对系统功能进行全面、完整的分析，把生态、经济和社会效益统一起来加以评价。围绕这三大效益确立了投入产出率、内部收益率、投资回收率、成本利润率、财务效益、劳动生产率、土地利用率、商品率、社会总产值、总产量、年平均增长率、人均占有量、劳动就业率、林草覆盖率、土壤侵蚀率、土壤肥力增长率和水土流失控制率等主要指标。力求通过对这些指标的分析与评价，全面反映出生态修复工程项目建设的内涵和特点。

（2）静态评价与动态评价相结合。对于评价结果，不仅应具有系统自身不同阶段的可比性，同时还应有不同系统在同一时段上的可比性。这就要求对生态修复工程项目建设的各个系统功能效益，不仅要进行静态的现状评价，而且要通过动态评价提示系统功能的发展态势，分析其结构的稳定性和应变力。

（3）定性分析与定量分析相结合。为了客观、准确、全面地把握生态修复工程项目建设发展的现状和未来，从数量、质量、时间等方面作出量的规定，得出较为真实、可靠、准确的数据。对少数难以定量、难以计价或难以预测的指标或因素则采用定性分析法，在充分占有数据资料的情况下，进行客观公正的评价。

（4）近期、中期、远期相结合。为了准确评价其预期效益，把生态修复工程项目建设大体分为项目基期、建设实施期和受益期3个阶段。项目基期，选在项目建设实施的前一年，评价内容包括资料基础、经济发展水平、农民收入状况、生产技术条件等，对人力、资金、原料、技术、市场、管理等诸生产要素进行充分统计，以此为项目建设实施期和受益期的评价依据。对生态修复工程项目建设规模、实施进度、目标功能、优劣势、项目效益等进行系统评价。对项目受益期的经济、社会、生态效益进行全面评价，力求全面反映项目在未来时期的整体功能作用与产生的效果。生态修复工程项目建设中营造乔灌草植被的主要生态防护效益见表4-1。

表 4-1　生态修复工程项目建设中植被的主要效益

植被的功能类型	林种	植被效益
自然保护植被	自然保护区植被	保存物种（基因库）效益、保存生物地理景观效益、环境保护与调节效益、科学教育效益
生产性植被	用材林	原料效益
	薪炭林	能源效益
	经济果木林	食物效益
	农林间作用材林	原料及防护效益
防护性植被	农田防护林	改善农田小气候效益
	防风林	防风固沙效益
	水源涵养林	水土保持效益
	水土保持林	防止泥沙崩塌效益
	草原保持林	防治草原退化效益
	海岸防护林	保护沿海设施效益
	国防林	保护国土完整和安全效益
	常绿防火林	防止森林火灾效益
	交通林	保护交通设施效益
保健美学植被	都市风景林	改善环境质量效益
	国家自然和历史公园林	卫生保健效益
	游乐林	艺术享受和游乐效益
纪念性植被	教育林	陶冶情操效益
	龙山林	文化效益

3.5.3　评价的具体内容

（1）水文生态效益。生态修复工程项目零缺陷建设通过乔灌草绿色植被生态系统中不同层次对降水、地表径流、土壤结构和物理性质的作用，以及植物根系网络吸收水分的作用，综合表现为涵养水源、保土减沙和改善水质的水文生态效益。可从植被冠层截留降水量、枯枝落叶层的水文生态作用、林地土壤入渗、坡面产流与产沙、小流域径流与泥沙以及水质效应等几个方面加以评价。

（2）涵养水源效益。主要从乔灌草植被年水源涵养量、年降水量和年蒸散量这三个指标进行评价。

（3）土壤改良效益。是指从土壤理化性质的改良、提高抗蚀与抗冲性、增强抗剪作用及根系固结土壤作用等方面加以评价。

（4）改善小气候效益。乔灌草植被改善小气候的效益，主要体现在对太阳辐射、气温、湿度、风速、风向、气压、云量、日照状况、土壤温度和养分等方面，其研究首先是选择不同的典型天气进行小气候观测，同时与空旷地进行比对，进而计算和分析植被改善小气候的各种效益。

（5）农田防护林对农作物的增产效益。计算农田防护林对农作物增产率的公式（4-1）是：

$$r = \frac{S - S_0}{S_0} \times 100\% \qquad (4\text{-}1)$$

式中：r——相对增产或减产率，正值为增产率，负值为减产率；

　　　S——有林带保护农田的平均单位面积产量，简称网格产量；

　　　S_0——无林带保护农田的平均单位面积产量，简称对照产量。

测算 S 方法：根据网格农田面积的大小，选出面积为 1m×1m 几十个或更多些样方。采取平均分配的方式布设样方，在林带附近设置密些。根据实测记录绘出林网作物产量等值线平面图，再根据此图按不同产量的面积进行加权平均，求出平均产量。其计算公式如下：

$$S = \frac{1}{A} \sum_{i=1}^{n} \frac{1}{2}(S_i + S_{i+1}) \cdot A_{i,\,i+1} \qquad (4\text{-}2)$$

式中：S_i，S_{i+1}——分别表示某一网格相邻两条等产量线的数值；

$(S_i + S_{i+1})/2$——2 条林带间的平均产量；

　　　$A_{i,\,i+1}$——这 2 条线之间的面积（m^2）；

　　　A——整个网格农田的面积。

（6）森林植被的游憩效益。国外对森林绿色植被的游憩效益评定，比较有代表性的有以下几种：

①政策性评估：是森林主管部门对所辖区森林作出最佳判断而赋予的价值。

②生产性评估：是从生产者的角度出发，森林游憩的价值至少应该等于开发、经营和管理游憩区投入的成本。

③消费性评估：从消费者的角度出发，森林游憩的价值至少应该等于游客游憩时的花费。

④替代性评估：以"其他经营活动"的收益作为森林游憩的价值。

⑤间接性评估：根据游客支出的费用资料求出"游憩商品"的消费者剩余，并以消费剩余作为森林的游憩价值。

⑥直接性评估：直接询问游客或公众对"游憩商品"的自愿支付价格。

⑦旅行费用法和条件价值法：是目前世界上最流行的两种森林游憩经济价值评估方法，但旅游费用法（TCM），只能评价森林游憩的利用价值。

⑧随机评估法（条件评估法）（CVM）：指可以评价森林游憩的利用价值又可评价它的非利用价值。

（7）碳氧平衡作用。

①供氧量：根据植物光合作用和呼吸作用方程式的计算结果，森林形成 1t 干物质可以放出 1.2t 氧气，再根据森林每年形成的干物质总量，可计算出森林的供氧量。

②固定 CO_2：国内外关于森林植被固定 CO_2 量的计算方法，是根据光合作用和呼吸作用方程来计算，可得知森林每生产 1g 干物质需要 1.6g CO_2。

（8）生态修复工程项目零缺陷建设经济效益分析。系统地研究生态修复工程项目的经济效益，不仅对国家的国民经济宏观决策，而且对地区的区域性国民经济发展具有十分重要的意义。对生态修复工程项目零缺陷建设植被经济效益的统计量一般有以下 4 种。

①净现值：是指从总量的角度反映生态修复工程项目建设从开始实施到评价年限整个周期的

经济效益大小。它是将各年所发生各项现金的收入与支出，一律折算为现值。也就是将从整地造林到评价年限不同年份的投资、费用和效益的值，以标准贴现率折算为基准年的收入现值总和与费用现值总和，二者之差为净现值，用公式（4-3）表示如下：

$$\text{NPV} = \sum_{i=1}^{n} \frac{B_i}{(1+e)^i} - \sum_{i=1}^{n} \frac{C_i}{(1+e)^i} \tag{4-3}$$

式中：NPV——净现值指标；

　　　　B_i——第 i 年的收入；

　　　　C_i——第 i 年的费用；

　　　　e——标准贴现率；

　　　　n——评价年限。

净现值指标可以一目了然地知道生态修复工程项目建设从项目开始实施到评价年份为止的整个周期经济效益，同时，也考虑了资金的时间基准和土地成本等因素的影响，因此，能够比较真实客观地反映生态修复工程项目建设效益的优劣。

②内部收益率：也称其为内部报酬率，是衡量生态修复工程项目建设经济效益最重要的指标，就其内涵而言，是指收益与费用现值和为零的特定贴现率。它反映从整体造林到评价年限时投资回收的年平均利润率，也就是投资生态工程项目建设的实际盈利率，是用来比较生态修复工程项目建设生态盈利水平的一种相对衡量指标。这一指标着眼于资金利用的好坏，也就是投入的资金每年能回收多少（利润率）。内部收益率的计算，一般是在试算的基础上，再用线性插值法求出精确收益率。其式（4-4）为：

$$\text{IRR} = e_1 + \frac{\text{NPV}_1(e_1 - e_2)}{\text{NPV}_1 - \text{NPV}_2} \tag{4-4}$$

式中：IRR——内部收益率；

　　　　e_1——略低的贴现率值；

　　　　e_2——略高的贴现率值；

　　　NPV$_1$——用低贴现率计算的净现值；

　　　NPV$_2$——用高贴现率计算的净现值。

③现值回收期：是指用投资费用现值总额与利润现值总额计算的投资回收期。它表明生态修复工程项目建设的投入，从每年获得的利润中收回来的年限，它着眼于尽早收回投资，但在时间上只算至按现值将投入本金收回为止，本金收回后的情况不再考虑。其具体计算方法，就是将一次或几次的投资金额和各年的盈利额，用贴现法统一折算为基准年的现值，当投资费用现值总额等于利润现值总额时，其年限即为现值回收期。因此，现值回收期的计算式必须满足以下所列公式（4-5）的要求：

$$\sum_{i=1}^{n} \frac{B_i}{(1+e)^i} = \sum_{i=1}^{n} \frac{C_i}{(1+e)^i} \tag{4-5}$$

式中：B_i——第 i 年的现金流入量收益；

　　　　C_i——第 i 年的现金流出量费用；

　　　　e——标准贴现率；

n——评价年限；

$(1+e)^i$——现贴系数。

④益本比：也叫利润成本比，反映生态修复工程项目建设评价年限内的收入现值总和与现值费用总和的比率。从国民经济的角度分析，生态修复工程项目建设产出的社会、经济、生态各方面都是有效益的，这对国家生态修复工程项目建设尤为重要。益本比的计算公式是：

$$益本比(B/C) = \frac{收入现值总和}{费用现值总和} \tag{4-6}$$

$$\frac{B}{C} = \sum_{i=1}^{n} \frac{B_i}{(1+e)^i} / \sum_{i=1}^{n} \frac{C_i}{(1+e)^i} \tag{4-7}$$

如果其比值大于1，说明生态修复工程项目建设收入大于费用，有利可得；反之则亏损。

对生态修复工程项目建设的经济效益评价，涉及生态学、林学、气象学、土壤学、造林学、技术经济学、地学、系统工程等许多学科。以上生态修复工程项目建设效益评价的一系列指标可借助于计算机，可极大减少人工计算工作量，提高工作效率。其中常用的方法有以下几种。

相关分析法：一是生态修复工程项目建设与复合农业的相关分析；二是生态修复工程项目建设内部各种产值的相关分析。

运用农村快速评估法（RRA）和参与评估法（PRV）获取调查资料，参与层次分析法对生态调查结果进行分析，从生态修复工程项目建设经营者的角度考察其经济效益。

运用乔灌林木资源核算法，以林木资源再生产过程为主要对象进行全面核算，系统地反映林木资源产业的经济运行过程、经济联系和经济规律，从而有助于从总体上全面评价生态建设的经济效益。

运用投入产出方法，编制生态修复建设投入产出模型，对生态建设过程中的各种投入与产出之间的内在联系加以分析，以提示生态投入与生态产出之间的内在规律性，并对生态修复建设进行预测和优化。

参与可行性研究法，是指对生态修复工程项目建设经济效益的分析。此外还有等效益替代法、指标法、因子分析法、相对系数法、模糊逆方程法和层次分析法等。

3.5.4 综合评价指标体系

（1）生态指标类和经济指标类分类法。以生态经济指标群来划分效益评价指标体系的生态修复工程项目建设综合效益评价指标体系，如图4-1。

（2）衡量指标、分析指标和目的指标分类法。大多数人认为，在目前生态修复工程项目建设发展情况下，其效益评价指标应由效益衡量指标、效益分析指标和效益目的指标3个部分组成。

（3）结构评价指标和功能评价指标分类法。结构评价指标和功能评价指标分类法的具体指标如图4-2。

对生态修复工程项目建设生态、经济、社会效益的具体评价，可参考相关专著、国家和地方有关生态、经济、社会效益的计算标准。

图 4-1　生态修复工程建设生态经济指标群评价指标体系

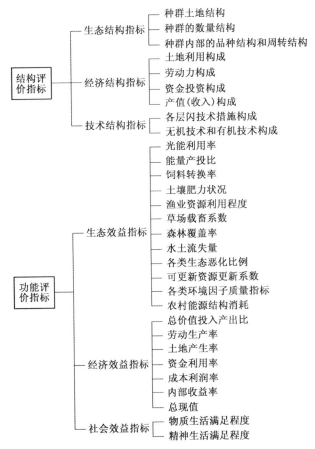

图 4-2　生态修复工程建设结构与功能评价指标体系

4 项目零缺陷建设可行性研究报告的编报

4.1 可行性研究报告的编写

对生态修复工程项目建设进行认真的可行性研究后，即可编制可行性研究零缺陷报告。可行性研究零缺陷报告既要全面、系统，又要精炼、实用。它对项目零缺陷建设的科学决策，报请上级主管部门进行项目评审和批准，以至项目实施，都具有重要意义。

4.1.1 可行性研究报告零缺陷编写的内容

可行性研究零缺陷报告由承担项目可行性研究的单位编制。然后由项目委托方或组织研究单位评审，修改定稿。报告要与项目建设规模和建设技艺复杂程度相适应。无论是何种规模的项目报告，都应包括可行性研究的各项内容，编写时应注意掌握要点。通常可按 9 大部分加附件的格式来编写。

（1）项目建设概要和目标。简要地介绍项目建设的背景、依据、目标、功能、规模和设计思想等，给审阅报告者以简明概括的了解。

（2）项目区环境资源条件。介绍项目建设所处的环境条件，包括地理位置及各项自然资源条件、社会经济技术条件、生态环境状况，从宏观上论述项目建设的理由。

（3）生态经济型项目的产品供需研究。提出项目区主要产品方案，从社会需求、项目区域条件进行论证，阐明为什么要投资种植和发展这些产品。另对所需要的投入，包括苗木、能源、生产设施设备等的选择与采供进行必要的论证分析。

（4）方案制定与技术评价。方案制定与技术评价是项目建设可行性研究报告的中心，要求具体细致，并切合实际和适用、实用，建设方向明确，要进行多方案比较与优化，措施要得力，安排要妥帖。通过分析论证，完善技术评价。

（5）项目建设实施及其安排。根据制订的方案要做好项目实施工程量的估算，计划安排好项目建设实施进度、工期和施工量。

（6）项目组织管理。组织管理是保证项目建设得以顺利实施并取得成功的关键。报告中要妥善处理好绘制项目建设实施的组织管理结构图。

（7）投资估算和资金筹集。投资估算和资金筹集是生态修复工程项目建设实施的基础。报告中需要分项估算，并列表后附以详细的说明。

（8）综合效益评价。实行定性和定量分析相结合，分别对项目建设的生态、经济、社会效益进行评价，要注意数据的来源真实可靠、符合实际。

（9）结论和建议。在对三大效益评价的基础上，应综观其效益，集中作出判断，提出主要的结论性意见，作出对项目建设的总评价，提出存在的问题及解决问题的建议。

报告除主体外，还需附件加以说明。附件主要应有以下 3 项内容。

①生态修复工程项目建设布置图。

②可行性研究的各项基础数据。

③重点子项目的可行性研究报告。

4.1.2　可行性研究报告零缺陷编写的要求

（1）编写报告的内容与质量的要求：在编写可行性研究报告时，必须实事求是，在认真调查研究的基础上，做多方案比较，按客观实际情况进行论证和评价，按自然生态规律、经济可持续发展规律办事，以保证报告的科学性；报告的基本内容要完整，数据必须要齐全，其深度应能满足确定项目建设投资决策的要求。

（2）可行性研究报告，应有编制单位的总负责人以及经济、技术负责人的签字，并对该报告的内容和质量负责。可行性研究报告的审查主持单位，对审查结论负责。可行性研究报告的审批单位，对审批意见负责。若发现在编制可行性研究报告工作中有弄虚作假的行为，要追究有关负责人的责任。

4.2　可行性研究报告的报审

承担项目可行性研究的单位提交项目可行性研究报告和有关文件，经委托可行性研究的项目建设主管单位确认后，项目主管单位即可备文，连同报告向上一级主管部门申请正式立项。上一级主管部门对报来的项目可行性研究报告应及时审查，并组织专家小组进行项目评估。如果认为可行性研究报告有必要修改补充时，应在组织评估前向提交可行性研究报告的单位提出初审意见。对审查单位提出的问题，报告提出单位应与承担可行性研究的技术咨询、设计单位和专家组密切合作，提供必要的情况资料和相关数据，并负责作出解释。

4.3　项目建设可行性研究零缺陷报告的编制模式

编制生态修复工程项目建设可行性研究零缺陷报告，应该按照规定的格式填写。现提供了生态修复工程项目零缺陷建设可行性研究报告的一般编制内容和格式，可供编制其可行性研究零缺陷报告时参照使用。

编制模式的第一页是封面，接着是扉页和设计单位资质证，然后是前言、目录，接下来是9个方面的正文，最后是附件。下面附一模式提纲，仅供参考。各个建设项目的具体情况不一，在编制方案中的分析论证叙述部分时，应灵活掌握。

附：可行性研究报告编制模式提纲（细目）

封面

生态修复工程项目建设可行性研究报告		
项目名称		
项目建设单位		
项目负责人：姓名	职务、职称	
姓名	职务、职称	
项目可行性研究承担单位		
技术负责人	职务、职称	
经济负责人	职务、职称	
可行性研究负责人资格审查单位		

资质证明

扉页

前言

目录

1 项目概要和目标

1.1 项目背景与依据

1.1.1 项目来源与依据

1.1.2 项目的优势条件

1.2 项目目标（简述）

1.2.1 产出目标

1.2.2 效益目标

1.2.3 不确定性因素及其风险分析

1.3 项目规模和设计筹划

1.3.1 项目范围和建设规模

1.3.2 项目组成部分

1.3.3 技术选择

1.3.4 进度安排和阶段划分

2 项目区环境资源条件

2.1 自然环境资源

2.1.1 地理位置及其条件

2.1.2 气候资源

2.1.3 土地资源

2.1.4 水资源

2.1.5 生物资源

2.1.6 农村能源和农用矿产资源

2.1.7 旅游资源和其他资源

2.2 社会经济环境资源

2.2.1 人力条件

2.2.2 物力条件

2.2.3 基础设施

2.2.4 原有各业生产情况

2.2.5 农牧民经济收入

2.3 生态环境状况

2.3.1 生态环境

2.3.2 环境污染面积及其治理保护

3 产品方案和供需研究

3.1 项目区主要乔灌草产品方案

3.1.1 乔灌草产品方案内容

3.1.2 产品方案形成及其说明

3.2 主要林产品的商品量预测

3.3 投入物的选择与采供

3.3.1 苗木种子

3.3.2 其他材料

3.3.3 主要生产工具与设备

4 方案和技术评价

4.1 方向和目标

4.1.1 战略发展方向

4.1.2 建设目标

4.1.3 实现目标的步骤

4.2 工程布局及评价

4.2.1 生态保护与改造性工程项目

4.2.2 生态防护型工程项目

4.2.3 生态经济型工程项目

4.2.4 农林复合型工程项目

4.2.5 环境改造型工程项目

4.3 技术措施及评价

4.4 设备方案选择

4.5 经营体制

4.5.1 所有权

4.5.2 经营形式与层次

4.5.3 横向经济联系与协作

4.5.4 区域开发的管理机构与经营机构

4.6 方案的技术评价

4.6.1 结构评价

4.6.2 规模评价

4.6.3 布局评价

4.6.4 工序评价

4.6.5 技术先进性评价

5 项目实施及其安排

5.1 项目实施工程量估算

5.2 项目实施进度安排

5.3 施工力量安排

6 项目的组织管理

6.1 项目组织形式

6.2 项目管理机构

6.3 项目技术支撑

6.4 项目组织管理结构图

7 投资估算与资金筹措

7.1 投资估算

7.2 资金筹措与来源

7.3 建设期资金运用管理

8 综合效益评价

9 结论与建议

附件

1 生态修复工程项目建设布置图

2 生态修复工程项目建设可行性研究基础数据库

3 重点子项目的可行性研究报告

参 考 文 献

1　关继东. 园林植物生长与发育环境 [M]. 北京：科学出版社，2009.

2　陈伟峰，达良俊，陈克霞，等. "宫胁生态造林法"在上海外环环城绿带建设中的应用 [J]. 中国城市林业，2004,(5).

3　达良俊，杨永川，陈鸣. 生态型绿化法在上海"近自然"群落建设中的应用 [J]. 中国园林，2004,(3).

4　达良俊，许东新. 上海城市"近自然森林"建设的尝试 [J]. 中国城市林业，2003,（2）.

5　李博. 生态学 [M]. 北京：高等教育出版社，2000.

6　温国胜，杨京平，陈秋夏. 园林生态学 [M]. 北京：化学工业出版社，2007.

7　张东林，王泽民. 园林绿化工程施工技术 [M]. 北京：中国建筑工业出版社，2008.

8　宋伟香. 建设工程项目管理 [M]. 北京：清华大学出版社，2014.

9　王新哲. 零缺陷工程管理 [M]. 北京：电子工业出版社，2014.

10　乐云. 建设工程项目管理 [M]. 北京：科学出版社，2013.

11　王治国，张云龙，刘徐师，等. 林业生态工程学 [M]. 北京：中国林业出版社，2009.

12　高尚武. 治沙造林学 [M]. 北京：中国林业出版社，1984.

13　张建国，李吉跃，彭祚登. 人工造林技术概论 [M]. 北京：科学出版社，2007.

14　姚庆渭. 实用林业词典 [M]. 北京：中国林业出版社，1990.

15　孙保平. 荒漠化防治工程学 [M]. 北京：中国林业出版社，2000.

16　张建锋. 盐碱地生态修复原理与技术 [M]. 北京：中国林业出版社，2008.

17　国土资源部土地整理中心. 土地复垦方案编制实务 [M]. 北京：中国大地出版社，2011.

18　张国良. 矿区环境与土地复垦 [M]. 徐州：中国矿业大学出版社，2003.

19　余新晓，毕华兴. 水土保持学（第3版）[M]. 北京：中国林业出版社，2013.

20　宋伟香. 建设工程项目管理 [M]. 北京：清华大学出版社，2014.

21　赵君华，蒋志高，等. 工程项目策划 [M]. 北京：中国建筑工业出版社，2013.

22　中国植被编辑委员会. 中国植被 [M]. 北京：科学出版社，1980.

第二篇

生态修复工程
零缺陷建设设计

第一章
林业防护林工程项目零缺陷建设设计

第一节
零缺陷建设设计概述

1 设计组成与要求

林业防护林工程项目建设一般由若干个单项工程组成，初步设计文件应分为2个层次：

第1层次，含项目设计说明、总概算书和总体规划设计图。

第2层次，含项目建设设计图、各单项工程设计及其详细设计说明书。

对设计文件的要求是：依据设计原则，经过必选确定设计方案、工程量和投资额；据此，就可进行项目建设实施的准备。

2 设计文件的审批

按现行林业防护林工程项目建设管理规定，编制出来的设计方案，未经审批，不得列入建设单位的基本建设投资计划，各级管理机构对项目建设设计的投资概算、用工、材料与设备等技术经济指标进行汇总审查，不得突破业已批准的可行性研究报告核定的有关指标。若因特殊原因而有所突破，必须按规定重新申报审议。项目设计文件经审定批准后，不得擅自变更修改项目建设设计内容。

第二节
零缺陷设计总说明书

林业防护林工程项目建设不同于其他的工业项目建设实施，其涉及的区域面积较大，项目建设实施分布范围较广。工程项目建设内部子、分项目组成间密切相关，综合构成复合型的有机整体。因此，设计文件必须编制总体说明书和总体规划设计图，明确各子、分项目之间的工序联系，以此来确定项目设计的具体内容。

1　设计总说明书组成内容

1.1　项目建设简况

要用精确、简练的语言，简要地说明林业防护林生态修复工程项目建设的依据、性质、范围、建设实施的主要内容和规模等，使审阅者对项目建设总体一目了然。

1.2　项目建设基本情况

主要介绍说明反映项目区域的自然、社会、经济状况和条件的基础资料，以及设计依据。有关区域自然情况的基础资料主要包括以下类型：

（1）反映项目区域现在地质、地貌状况的资料；

（2）区域土壤调查资料；

（3）区域内气候资料，包括降水、风速与风向、蒸发、气温、日照等；

（4）水文地质与水资源方面的资料。

以上基础资料包括文字与图纸资料，应注意把项目区域已有的生态修复建设项目作为重要的基础资料也一并予以收集。

1.3　项目设计总体设计说明

生态防护林项目建设设计总体设计说明是设计说明书的核心部分。其主要内容包括：

（1）设计依据：包括项目建设主管部门的有关批文和计划文件，如生态修复建设规划、可行性研究报告批复文件等；以及已经掌握的基本资料，通常包括地形测量资料、土壤资料、水文地质资料、气象水文资料、工程设计规范与标准和定额规定等方面资料等。

（2）项目区自然、社会及经济概况：依据项目可行性研究报告提供的有关资料，在设计中要进一步详细和具体化，并说明它们和设计方案的关联。

（3）项目建设指导思想、内容、规模、标准和建设技术与管理措施。

（4）土地利用：一般应包括4方面的内容：①项目建设设计区域划分的依据；②农、林、牧、副、渔业用地比例、面积和位置等；③子项目区的划分及其规模；④工程项目建设布局及用地方案的设计思路等。

（5）主要技术装备、主要设备选型和配置：说明主要设备的名称、型号及数量。

（6）种苗、交通、能源、化肥及外部协作配合条件等：主要说明项目区内交通运输条件、工程建设使用种苗、化肥等供应渠道和消耗情况等。

（7）生产经营组织管理和劳动定员情况：主要说明项目区所涉及的县、乡人口及劳力情况，根据项目区的生产规模和生产力水平，确定经营管理体制，确定技术人员、管理人员及社会服务等各类人员的最佳配置和构成。

（8）项目建设顺序和起止期限：根据项目建设实施中各道工序的主次关系、轻重缓急和资金到位情况，确定各主要建设内容的先后次序和建设起止期限。

（9）项目效益分析：通过设计，对项目建设的综合生态效益进行测算、分析和评价。

（10）项目总概算额及筹措办法：说明项目总概算额及其种类、工程费用的基本构成和工程建设耗用材料量等；以及项目建设资金来源和渠道构成、支付管理制度等。

2 总体设计图内容

2.1 基础资料图

基础资料图是林业防护林工程项目建设进行总体设计的基础性资料图纸，是总体设计的重要依据，其内容包括以下4类型的图纸：

（1）项目区土地利用现状图：农、林、牧、副、渔各业用地状况，通常图纸的比例为1∶10000～1∶100000。要注重项目区荒滩地等，可作为林业利用的土地分布。

（2）项目区林业资源分布图：指森林、经济林、灌草坡等的分布情况，通常图纸的比例为1∶10000～1∶100000。

（3）区域土壤分布图：绘制各类型土壤的区域分布情况，并绘制可反映各类土壤特性的说明表、各类型土壤面积统计表。图纸的常见比例为1∶50000。

（4）其他图纸：根据不同项目的具体要求确定，如水资源图等。

2.2 总体设计图

总体设计图是项目设计图纸中最重要的部分，各单项工程必须围绕着总体设计图进行设计，总体设计图通常包括：

（1）项目区域林业防护林工程项目建设总体布局：比例为1∶10000～1∶100000，如涉及城市、工矿区绿化，可单独附大比例尺的建筑物分布及绿化总体设计平面图纸。

（2）土地利用总体设计图：主要反映林业防护林工程项目建设后的土地利用状况，并要求在图纸上附有土地利用面积分类统计表，图纸的比例有1∶10000～1∶100000。

（3）其他图件：根据不同项目的要求确定，如与林业防护林工程项目建设有关的水土保持、沙质荒漠化治理和水利工程项目布局图等。

3 单项工程说明书及设计图基本内容

林业防护林工程项目建设是一项系统工程，一般含有多个子工程（即单项工程），并都具有自身的特性，可独立成为一个单元。可根据实际需要编制出单项工程的说明书、概算书和设计图。它们是林业防护林工程项目建设设计总说明及总体设计图的进一步分类、分项和精细化、具体化；是编制项目总概算书以及编制施工图和指导施工的依据。

4 设计说明书零缺陷编写

项目零缺陷设计说明书一般分为以下7部分：项目区概况、自然条件、林业防护林项目设计、年度计划和施工组织设计、投资概算与效益分析、实施管理措施、附表与附图。

4.1   项目区概况

简单叙述项目区的地理位置、经纬度、所属行政区划（省自治区直辖市、地或盟、县或旗、乡、村）、范围、面积；交通运输与通讯条件；各项生产简况及农林牧副关系；林业防护林工程项目建设的基础及历史，林业生态建设发展方向，林业生态工程效益，造林种草技术与管理措施；社会可提供的劳动力及其分布状况，种苗生产运输情况，以及上述条件与林业防护林工程项目建设的关系及对工程建设运行的影响。

4.2   自然条件

项目区的气候条件（年平均气温、1月平均气温、7月平均气温、极端最低气温、活动积温和有效积温、大风次数、风力风向、平均风速、无霜期等）、土壤条件（母质、土类、物理化学性质、微生物情况、土壤利用历史等）、地形（大、中、小地形及特殊地形）、水文（降水量、蒸发量、相对湿度、地下水及含盐量、河流等情况）、植物病虫害等情况，主要是综合分析，找出该地区自然条件的特点与规律，指出在林业造林工程项目建设设计中应注意的问题。如某地区春季干旱多风，雨季集中于7、8、9三个月，对春季造林极为不利，设计中就要抓住这一主要特点，采取抗旱保墒和雨季造林等相应措施，以保证林业防护林工程项目建设的成功。

项目区的植被情况，主要是指林业资源情况，包括森林资源（树种、起源、年龄、组成、面积、生长量、蓄积量）、草地资源、宜林宜牧地资源等。

4.3   林业防护林工程项目建设布局

在可行性研究的基础上，根据项目区域生态经济分布规律及林业、草业、牧业的发展状况，分析确定林业防护林工程项目建设布局的指导思想、原则、发展方向、任务等。据此，提出林业防护林建设的主体工程及其他各类工程，如山西沿黄河中部地区林业防护林工程项目建设的主体应是水土保持林业生态修复工程和以红枣为主的经济林基地建设，在个别土石山地区实施水源涵养林业生态工程。在此基础上进行立地类型的小区划分，不同的小区确定不同的林业防护林生态工程单项工程建设。

4.4   单项林业防护林工程项目设计

分析造林（种草）地立地条件，划分立地条件类型，选择适宜的树种、草种，进行造林种草的典型设计。造林典型设计是单项工程设计的核心部分。如果有城市、工矿区林业生态工程项目，特别是园林设计项目，应根据国家有关规范的规定，进行大比例尺平面图设计。林业防护林工程项目建设中的造林种草典型设计主要包括：

（1）造林种草设计图：以1:5000~1:10000的地形图为底图，在外业调绘的小班上设计，并在设计图上标明小班因子。

（2）各典型设计图式及说明：包括典型设计所适用的林班、小班号；造林整地时间、年份及季节；整地密度、带间距、带中心距；整地方法、整地规格、整地排列图式及整地图式、整地技术措施、造林密度及株行距、造林图式、造林方法、混交方法、混交比例、树种组成、种植点、苗木年龄及规格，并说明造林树种的主要生物学特性及造林地、产地条件的主要特点及该典型设计的合理性、可行性。

（3）填写防护林设计有关表格。

4.5 计算工程量

对林业防护林项目实施工程量进行计算，为概算做准备。主要包括：

（1）种苗需要量：先按小班或造林种类型求出各树种草种所需量以后进行累加，所依据的面积一律为纯造林种草地面积。计算中应该注意整地方法、种植点配置及丛植等对种苗用量的影响。最后，把计算出的种苗量再加 10%，作为造林实施时种苗的实际消耗量。

（2）造林种草工程量：包括整地、挖穴、运苗运种、栽植与播种、浇水等的工程量，以及材料用量、土方量、机械的台班或台时等。

（3）其他附属设施工程量：指道路、房建、灌溉、引水、苗圃建设等的工程量，以及土方量、材料用量等。

（4）计算分部工程工程量：根据上述工程量合计分部工程量，如油松造林工程量、红枣造林工程量、人工林下种草工程量、砌石工程等工程量。

（5）计算单项工程工程量：合计分部工程量并计算单项工程量，如天然林保护工程量，水土保持林工程量、果园灌溉工程量等。

（6）项目总工程量：合计单项工程工程量，即为项目总工程量。

4.6 施工组织设计及施工进度安排

（1）林业防护林工程项目建设组织设计：是指确定如何组织施工，包括施工设备、施工场地、专业队伍人员编制、劳力计划、作业工序和安全文明施工等注意事项。同时，根据计划任务、工程量安排建设实施进度，一般为年度进度，一些外资项目要求季度进度或月度进度。

（2）施工图设计：由于林业防护林工程项目建设期长，以及林业造林受气候限制、每年建设实施条件变动很大的特殊性，需做各年度的年度施工设计。

以防护林施工为例，年度造林施工设计的主要任务，就是在充分运用已有造林设计成果的基础上，按照下一年度的林木栽培计划任务量，选定拟于下一年度进行栽培林木的小班，外业实施复查各小班的状况，若各小班的情况与造林设计完全相符，则应根据近年来积累的林木栽培经验、种苗供应情况及小班的具体情况，对小班原设计决定做全部或部分修改，然后进行各种统计说明。确定年度实施的种苗需要量、用工量及支付承包费用，计算依据是将要施工的小班面积，一定要保证其精度。若在外业调绘的小班面积精度不能满足要求时，应该实测小班实际造林面积。通常在进行造林施工设计时用罗盘仪导线测量的方法实测小班面积和形状，也有在检查验收时才实测或抽样实测小班面积。需要说明的是用罗盘仪导线测量的误差比较大，因而在外业调绘的小班面积误差较小时，通常不再实测小班面积。

4.7 投资概算

其内容分为计算各项单价、其他费用计算、汇总和计算年度季度投资额。

（1）计算各项单价：指确定人工、材料和机械台班的单价等，并计算分部工程单价，再计算单项工程费用，最后汇总为项目总工程费用。

（2）其他费用计算：确定费率；继而根据建筑工程计算费用的办法，计算出其他费用。

（3）汇总计算项目总投资。

（4）根据施工进度安排，计算年度、季度项目建设分期投资额。

4.8　效益分析

其内容参见本书第一篇第四章第二节的"3　项目零缺陷建设可行性研究的内容"中的"3.5　生态修复工程项目零缺陷建设综合效益评价"。

4.9　实施管理

指林业防护林工程零缺陷建设过程中的技术、组织、合同、档案、信息和安全管理等。

4.10　附表附图

（1）附表：林业防护林工程项目零缺陷建设是在原工程造林的基础上发展起来的，这里仅以（表1-1至表1-11）为例，供设计者参考。

表1-1　项目设计任务及成果

项目名称							批准文号					
项目规模		hm²		建设区域								
权属					投资指标					万元（元/hm²）		
设计建设任务							总投资概算					
总任务（hm²）	林种及比例			树种及比例				分项投资				
	林种	林种	林种	林种	林种	林种	林种	合计（万元）	预整地	造林	幼抚	补植	苗木费	设计费	其他
小班数	%	%	%	%	%	%	%		元/hm²	元/hm²	元/hm²	元/hm²	元/hm²	元/hm²	元/hm²
年进度安排（hm²）	5年		10年		15年		20年		30年	合计			备注		
说明														

表1-2 项目建设条件

社会经济情况	基本情况			人口及劳动力			人均占有		其他统计资料				
	统计单位	乡镇数	村庄数	总人口	农业人口	劳动力数	耕地（hm²）	粮食（kg）	人均收入（元）	主要工副业	交通条件	可为造林提供劳动力	其他

	总土地面积	林业用地							农业用地			
		林业用地合计	天然林		人工林		宜林荒山荒地	苗圃	总面积	其中25°以上坡耕地	牧业用地	其他用地
			树种	面积	树种	面积						
			小计		小计							

自然条件概况及分析	地形地势	气候条件	土壤条件	水源及灌溉条件		自然条件对造林的影响	
造林历史及现状	已造幼林成活、保存情况		主要经验教训		造林主要树种生长情况	当地育苗现状	

表1-3 项目建设立地类型划分

立地类型名称	类型编号	立地因子								面积（hm²）
		地形	地形部位	海拔范围	坡向	土壤种类	植被状况	水源及灌溉条件	其他	小班数
立地类型划分依据										

表1-4 项目建设条件

设计编号	立地类型编号	造林设计										面积（hm²）
		林种	树种	混交方式	整地			造林技术			幼林抚育设计	小班数
					季节	方法	规格（cm）	株行距（m）密度（株/hm²）	苗木	方法		
									种类	规格（cm）		

表 1-5　小班造林一览表

林班号与小班号	面积（hm²）		造林地类型	立地条件类型	造林图式			整地方式与规程	造林方式、季节及种苗规格	抚育内容、年限及次数	备注
	总面积	纯造林面积			树种组成	密度	配置				

表 1-6　造林年进度与苗木需要量

年度	预整地（hm²）	造林		幼林抚育（hm²）	补植（hm²）	需苗量			备注
		面积（hm²）	小班数			树种	苗木种类	数量（万株）	

表 1-7　造林年进度与用工需要量

造林典型设计号	面积（hm²）	每公顷用工定额标准						总用工量	其中		备注
		合计	预整地	造林	幼抚	补植	其他		预整地用工量	造林用工量	

表 1-8　预整地、造林年度、劳动力核算

年度	预整地			造林			备　注
	需劳动力	可供劳动力数量	满足情况	需劳动力	可供劳动力数量	满足情况	
							全年度需劳力数量＝年度任务量×每公顷用工量/计划作业天数

表 1-9　育苗安排与购苗计划

年度	育苗地点	树种	育苗面积（hm²）						本年度出圃苗木		购苗计划	
			总计	新育苗			留床		种类	数量（万株）	种类	数量（万株）
				合计	新播种	新定植	合计	其中：移植苗				

表 1-10　项目建设造林直接费用概算

造林典型设计号	面积（hm²）	每公顷单价标准（元）							分项概算（万元）						
		合计	预整地	造林	幼抚	补植	苗木费	其他	合计	预整地	造林	幼抚	补植	苗木费	其他
合计	—	—	—	—	—	—	—								
投资额（元/hm²）	—		—	—	—	—	—								

表 1-11　项目建设审批意见

签字：	设计单位：		建设单位：	
	单位全称：		单位全称：	
	设计负责人：	（公章）	项目负责人：	（公章）
			技术负责人：	
审批意见：	项目建设主管部门	行业主管部门		
	审批人： 年　月　日	审批人： 年　月　日	审批人： 年　月　日	审批人： 年　月　日

（2）附图：土地利用现状与规划图、林业防护林造林工程项目建设布局图、单项工程设计总图、分项与分部工程典型设计图、附属工程设计图等。

第三节
零缺陷建设设计总概算书

总概算书是确定林业防护林工程项目零缺陷建设全部投资费用的文件；是根据各个单项工程和单位工程项目的综合概算及其他与项目建设有关的费用概算汇总编制而成的。它是项目建设设计文件中的重要组成部分之一，是控制项目零缺陷建设总投资和编制项目零缺陷建设年度投资计划的重要依据。

1　总概算书的内容

林业防护林项目总概算书一般应包括编制说明和总概算计算表。

（1）编制说明，包括工程项目建设概况、编制依据、投资分析、主要设备数量和规格，以及主要建设实施材料用量等内容。

①工程项目概况：扼要说明项目建设依据、项目构成、建设内容和工程量、建设规模、建设标准、建设期限，以及建设实施所需苗木（种子）、化肥、水泥、木材、钢材等材料用量。

②编制说明：说明项目概算采用的工程定额、概算指标、取费标准和材料预算价格的依据。概算定额标准有国家标准、部颁、省颁、地颁和企颁之分，在编制说明中均应说明。

③投资分析：重点对各类工程投资比例和费用构成进行分析。如果能掌握现有同类型工程项目建设的资料，可对两个或几个同类型项目进行分析对比，以说明该项目建设投资的经济效果。

（2）总概算计算表，是指在汇总各类单项工程综合概算书和整个项目其他综合费用概算基础上编制而成。其他综合费用包括勘察设计费、建设单位管理费、项目建设期间必备的办公和生活用具购置费等。

2 总概算书编制程序

（1）首先，收集基础资料，包括各种有关定额、概算指标、取费标准、材料与设备预算价格、人工工资标准、施工机械使用台班费等资料。

（2）根据上述资料编制单位估价表和单位估价汇总表。

（3）熟悉设计图纸并计算工程量。

（4）根据工程量和工程单位估价表等计算编制单项工程项目建设综合概算书。

（5）根据单项工程综合概算书及其他有关综合费用，汇编成总概算书。

3 单项工程概算书

林业防护林单项工程项目建设概算书是在汇总各单位工程概算的基础上编制而成。单位工程又是由各分部工程组成，分部工程又是由各分项工程所组成。概算计算表的基本单位一般以分部工程为基础。所谓单项工程，是具有独立的设计文件，竣工后可以独立发挥效益的建设工程项目；所谓单位工程，是指具有独立施工条件的工程，是单项工程的组成部分。

第二章
流域水土保持工程项目
零缺陷建设设计

第一节
零缺陷建设设计须知须做的工作

1 设计目的

（1）设计目的：对水土保持项目零缺陷建设设计是指在一定地区范围内，根据水土流失危害状况、自然经济条件和国民经济可持续发展的要求，在规划方案的基础上进行科学、严谨、合理的具体技术措施与工序布设。

（2）设计目标：在设计中，要明确制定出治理方向和土地利用布局，要有明确的水土保持目标，确定水土保持治理技术措施平面和立体布置，计算其技术经济指标，确定治理水土流失措施实施步骤，阐述按设计方案完成后所能产生的生态经济效益。

2 设计分级

（1）水土保持设计分级办法：对区域性水保项目设计是指以大流域，支流或省、地、县为单元进行的区域性水土保持设计。设计基本任务是：在综合考察基础上，依据水土保持规划，划分出若干不同的水土流失类型区，并根据当地生态系统环境治理与发展要求以及各类型区自然、社会经济情况，分别确定一定时期内当地的农林牧发展方向、治理措施布局、治理目标、治理进度、治理效益，确定各类型内的主要建设项目，提出分期实施计划安排意见。

（2）小流域水土保持设计：小流域水土保持设计，是指以小流域为单元进行的水土保持技术与管理的计划和安排。其基本任务是：根据支流、地、县区域规划指定的治理目标和要求，结合小流域的自然条件，具体确定农林牧业生产用地比例和位置，布设水土保持综合治理技术与管理措施，安排各项治理所需劳力、物资、经费和进度，制定技术经济指标，并就对实施综合治理技术措施提出具体的要求。

3　设计的水平年及规划阶段

（1）水土保持设计的水平年及规划阶段确定：应根据治理水土流失生态发展要求，以及上一级区划、规划目标，结合本设计单元的自然社会经济条件而定。

（2）水土保持区域规划阶段划分：水土保持区域性规划应提出长期、中期、近期规划。不同水平年度要求达到的指标，应参照省、地、县区域生态经济发展计划的各项目标，针对当地水土流失危害的主要问题，在协调农、林、水、牧各业生产的基础上，科学而合理地确定。

（3）小流域水保治理设计：应在支流水保规划和县级水保规划的指导下，设计制定长短期时段治理实施计划和对应的治理实施技术措施。

4　设计的基本原则

（1）水土保持设计单元的农林牧业生产发展方向应符合当地自然、社会和经济条件。

（2）设计单元内的农、林、牧用地比例及位置，应根据规划发展方向合理安排。

（3）按支流统一规划，以小流域为单元进行综合治理设计，小流域水土保持综合治理实施后的验收应按自查初验、复验的程序进行，或者结合本地情况而定。

（4）水土保持综合治理措施设计要求是：必须做到工程技术措施、林草技术措施与耕作技术措施相结合；治坡措施与治沟措施相结合；造林种草与封山育林、育草相结合；水土保持骨干工程与一般工程相结合；治理、管护、利用与管理相结合。

（5）水土保持治理技术措施实施设计顺序，应先坡面后沟道，先支沟与毛沟后干沟，先上游、中游后下游。

（6）水土保持设计其他要求，必须做到技术经济上合理，各项治理技术措施应符合水保林草措施、工程措施和耕作措施的规范设计要求，技术经济效益费用比及净效益高，投资回收年限短；有明显的蓄水保土效益、生态效益、经济效益和社会效益。

5　设计准备工作

（1）选择设计单位：选择具有水土保持工程项目建设设计资质的单位，制定设计工作计划、规划设计提纲、培训人员，并做好必要的设计所需设施仪器的准备。

（2）全面收集资料：根据设计范围收集相应比例尺的地形图、航片、土地利用现状图、植被图、土壤图、土壤侵蚀图、坡度图等；收集水文、气候、地质、地貌、土壤、植被等自然条件资料，以及主要河流特征及现状资料；收集当地社会经济、水土保持治理经验教训等调查资料。对收集到的资料应进行认真分析整理，不足部分进行补充调查。

第二节
零缺陷建设设计中的水文计算方法

1　流域水保水文计算的一般规定

（1）设计流域洪水量和输沙量的计算原则：应从水土保持工程项目建设治理的实际出发，

深入调查了解流域特性，注重调查基本资料的真实可靠性。

（2）掌握流域洪水、泥沙实测资料时的计算规定：应根据资料条件及水保工程设计的要求，采取多种方法计算设计洪水量和输沙量，经论证、复核后选用。

（3）缺乏流域洪水、泥沙实测资料时的计算规定：当缺乏洪水、泥沙资料时，可利用同类地区或工程项目附近地区的水文站径流实测资料，或实测调查洪水、泥沙资料，通过综合分析来计算项目设计洪水量和输沙量。

（4）流域项目区域内的梯田和林草影响确定：应按照当地水文试验值确定项目治理建设区域内的梯田和林草对设计洪水的影响。

（5）其他应注意事项：项目治理建设区域内的小型淤地坝、塘坝、谷坊等沟道工程对设计洪水的影响一般不予考虑。

2　设计流域洪峰流量计算

（1）采用推理公式法计算设计流域洪峰流量：可按公式（2-1）、公式（2-2）计算设计洪峰流量。

$$Q_p = 0.278 \times \frac{h}{\tau} F \tag{2-1}$$

$$\tau = 0.278 \times \frac{L}{mJ^{1/3}Q_p^{1/4}} \tag{2-2}$$

式中：Q_p——设计频率最大洪峰流量（m^3/s）；

　　　h——净雨深（mm），在全面汇流时代表相应于 τ 时段的最大净雨，在部分汇流时代表单一洪峰对应的面平均净雨；

　　　F——流域面积（km^2）；

　　　τ——流域汇流历时（h）；

　　　L——沿主沟道从出口断面至分水岭的最长距离（km）；

　　　m——汇流参数；

　　　J——沿流程 L 的平均比降（以小数计）。

（2）采用洪水调查法计算流域洪峰流量：若坝址处沟道有历史性大洪水调查资料时，可借用邻近沟道的最大流量变差系数 C_v 及偏态系数 C_s，采用洪水调查法进行设计洪峰流量的计算。

①测定洪峰流量。应根据洪痕高程、过水断面、沟道比降，按公式（2-3）、公式（2-4）计算：

$$Q = \omega C \sqrt{Ri} \tag{2-3}$$

$$C = \frac{1}{n} R^{1/6} \tag{2-4}$$

式中：Q——明渠均匀流公式计算的洪峰流量（m^3/s）；

　　　ω——沟道横断面过水面积（m^2）；

　　　C——谢才系数；

　　　R——沟道横断面的水力半径（m），指过水断面面积与湿周的比值；

　　　i——水力比降，由上下断面洪痕点的高差除以两断面间沿沟间距而得；

　　　n——糙率，可根据沟道特征选用。

②调查洪水经验频率。可按公式（2-5）计算：

$$P = \frac{m}{n+1} \times 100\%$$ 　　　　　　　（2-5）

式中：P——调查洪水经验频率；

　　　　m——在已调查的几次洪水系列中由大到小的顺序位；

　　　　n——调查年代与洪水发生年代之差（a）。

③调查洪水的重现期与经验频率。可用公式（2-6）所示关系：

$$N = \frac{1}{P}$$ 　　　　　　　　　　　（2-6）

式中：N——调查洪水重现期（a）；

　　　　P——调查洪水经验频率。

④设计洪峰流量的计算式1。当有1个洪水调查值时，设计洪峰流量应按公式（2-7）进行计算：

$$\left.\begin{aligned} \overline{Q} &= \frac{Q'_{\text{p}}}{K'_{\text{p}}} \\ Q_{\text{p}} &= K_{\text{p}}\overline{Q} \end{aligned}\right\}$$ 　　　　　（2-7）

式中：$\overline{Q}$——最大流量系列的均值（m^3/s）；

　　　　Q'_{p}——已知重现期的洪水调查值（m^3/s）；

　　　　K'_{p}——相应于调查洪水频率 P' 的模比系数；

　　　　Q_{p}——频率为 P 的设计洪峰流量（m^3/s）；

　　　　K_{p}——频率为 P 的模比系数，由 C_{v} 及 C_{s} 的皮尔逊-Ⅲ型曲线 K_{p} 表中查得。

⑤设计洪峰流量的计算式2。若有2个洪水调查值时，设计洪峰流量应按公式（2-8）进行计算：

$$\left.\begin{aligned} \overline{Q}_1 &= Q'_{\text{p1}} \\ \overline{Q}_2 &= \frac{Q'_{\text{p2}}}{K'_{\text{p2}}} \\ Q_{\text{p}} &= K_{\text{p}}\left(\frac{\overline{Q}_1 + \overline{Q}_2}{2}\right) \end{aligned}\right\}$$ 　　（2-8）

式中：$\overline{Q}_1$、$\overline{Q}_2$——对应于2次调查洪水的设计洪峰流量均值（m^3/s）；

　　　　Q'_{p1}、Q'_{p2}——已知重现期的洪水调查值（m^3/s）；

　　　　K'_{p2}、K'_{p}——相应于调查洪水频率 P_1 和 P_2 的模比系数。

（3）经验公式法推算流域洪峰流量 Q_{p}：推算洪峰流量 Q_{p} 可采用洪峰面积相关法或综合参数法的经验公式进行推算。

①采用洪峰面积相关法，可按公式（2-9）计算：

$$Q_{\text{p}} = CF^{\text{n}}$$ 　　　　　　　　　　（2-9）

式中：F——流域面积（km^2）；

　　　C、n——分别指经验参数和指数，可采用当地经验值。

②采用综合参数法，可按公式（2-10）至公式（2-12）计算：

$$Q_p = C_1 H_p^\alpha \lambda^m J^\beta F^n \tag{2-10}$$

$$\lambda = \frac{F}{L^2} \tag{2-11}$$

$$H_p = K_p H_{24} \tag{2-12}$$

式中：　C_1——洪峰地理参数；

　　　　H_p——频率为 P 的流域中心点 24h 雨量（mm）；

　　　　λ——流域形状系数；

　　　　J——主沟道平均比降；

　　　　F——流域面积（km²）；

　　　　L——流域长度（m）；

α、β、m、n——经验参数，可采用当地经验值；

　　　　K_p——频率为 P 的模比系数，由 C_v 及 C_s 的皮尔逊—Ⅲ型曲线 K_p 表中查得；

　　　　H_{24}——流域最大 24h 暴雨均值（mm），可由当地水文手册查得。

3　设计流域洪水总量的计算

（1）采用推理公式法推算设计洪水总量，可按公式（2-13）进行计算：

$$W_p = \alpha H_p F \tag{2-13}$$

式中：W_p——设计洪水总量（10⁴m³）；

　　　α——洪水总量径流系数，可采用当地经验值；

　　　其他符号含义同前。

（2）采取经验公式法推算设计洪水总量，可按公式（2-14）计算：

$$W_p = A F^m \tag{2-14}$$

式中：A、m——分别代表洪水总量地理参数及其指标，可由当地水文手册查得；

　　　其他符号含义同前。

4　设计流域洪水过程线推算

（1）采用概化三角形洪水过程线法来推算设计流域洪水过程线，其推算方法如图 2-1。

（2）流域洪水总历时的测算，可按公式（2-15）进行计算：

$$T = 5.56 \frac{W_p}{Q_p} \tag{2-15}$$

式中：T——洪水总历时（h）；

　　　W_p——设计洪水总量（10⁴m³）；

　　　Q_p——设计洪峰流量（m³/s）。

涨水历时可按公式（2-16）计算：

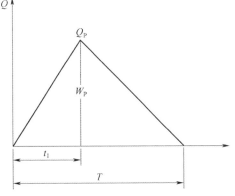

图 2-1　概化三角形洪水过程线

$$t_1 = a_{t1}T \tag{2-16}$$

式中：t_1——涨水历时（h）；

α_{t1}——涨水历时系数，视洪水产生汇流条件而异，其值变化在 $0.1 \sim 0.5$ 之间，可根据当地情况取值；

T——洪水总历时（h）。

5 流域调洪演算

（1）单坝调洪的演算，可按公式（2-17）进行计算：

$$q_p = Q_p\left(1 - \frac{V_z}{W_p}\right) \tag{2-17}$$

式中：q_p——频率为 P 的洪水时溢洪道最大下泄流量（m^3/s）；

V_z——滞洪库容（$10^4 m^3$）；

其他符号含义同前。

（2）当在拟建工程上游设置溢洪道骨干坝时，其调洪演算可按公式（2-18）计算：

$$q_p = (q_p' + Q_p)\left(1 - \frac{V_z}{W_p' + W_p}\right) \tag{2-18}$$

式中：q_p'——频率为 P 的上游工程最大下泄流量（m^3/s）；

Q_p——区间面积频率为 P 的设计洪峰流量（m^3/s）；

W_p'——本坝泄洪开始至最大泄流量的时段内，上游工程的下泄洪水总量（$10^4 m^3$）；

W_p——区间面积频率为 P 的设计洪水总量（$10^4 m^3$）；

其他符号含义同前。

6 流域输沙量计算

（1）流域输沙量的分项计算：输沙量应包括悬移质和推移质两部分输沙量，可按公式（2-19）进行计算。

$$W_{sb} = W_s + W_b \tag{2-19}$$

式中：W_{sb}——多年平均输沙量（$10^4 t/a$）；

W_s——多年平均悬移质输沙量（$10^4 t/a$），可按本规范的规定计算；

W_b——多年平均推移质输沙量（$10^4 t/a$），可按本规范的规定计算。

（2）流域悬移质输沙量的计算：对流域悬移质输沙量的计算，可采用以下 2 种方法之一进行运算。

①输沙模数图查算法，可按公式（2-20）计算：

$$\overline{W}_s = F_i\Sigma M_{si} \tag{2-20}$$

式中：M_{si}——分区输沙模数〔$10^4 t/(km^2 \cdot a)$〕，可据输沙模数等值线图确定；

F_i——分区面积（km^2）；

其他符号含义同前。

②输沙模数经验公式法，可按公式（2-21）进行计算：

$$M_s = KM_0^b \tag{2-21}$$

式中：M_s——多年平均输沙模数（$10^4 t/km^2$）；

M_0——多年平均径流模数（$10^4 m^3/km^2$）；

b、K——分别为指数和系数，可采用当地经验值。

（3）推移质输沙量计算：对于推移质输沙量的计算，可采用以下 2 种方法之一进行计算。

①比例系数法，可按公式（2-22）计算：

$$W_b = BW_s \tag{2-22}$$

式中：W_b——多年平均推移质输沙量（$10^4 t/a$）；

B——比例系数，一般取 $0.05 \sim 0.15$；

其他符号含义同前。

②已成坝库淤积调查法，可采取公式（2-23）计算：

$$W_b = W_1 - (W_s - W_2) \tag{2-23}$$

式中：W_1——多年平均坝库拦沙量（$10^4 t/a$）；

W_2——多年平均坝库排沙量（$10^4 t/a$）；

其他符号含义同前。

（4）缺乏水文资料地区的流域输沙量计算：在缺乏水文资料的地区计算流域输沙量，可采用侵蚀模数的方法来计算输沙量。

第三节
零缺陷建设综合设计

1　建设区域单元土地利用设计

1.1　流域当地社会生产发展预测

（1）人口增长预测：按人口的自然增长率和机械增长率，结合人口年龄组成和计划生育措施，计算当地水保项目建设实施期间的人口增长率。

（2）农业产品需求量预测：根据人口、生活水平、国民经济发展的需要及商品流通情况，预测本地区在水保工程项目建设期间的农、林、牧、副产品需要量。

（3）农业生产水平预测：根据当地水保项目建设期间农林牧生产条件、技术与经营管理水平，参考历史最佳水平，对可能达到的生产水平进行预测。

（4）各类土地需要量预测：按照规划期末农、林、牧业等产品的需要量及农业生产水平推算各业生产实际用地面积。

1.2　流域项目区土地利用现状分析

调查了解项目区土地面积、组成及配置，分析农、林、牧业等用地比例、投入产出和土地利用对生态环境的影响，以便实行土地集约化经营，提高土地投资效果。

1.3　流域土地评价

（1）评价指标：应根据项目区农、林、牧业用地要求确定土地评价指标。通常包括有地形、坡度、坡向、有效土层厚度、土壤特性和土壤改造情况等。

（2）评价单元：要以土地利用现状图为基础。根据项目区规划设计范围及地质、地貌、土壤、植被等土地特性，划分为若干层次的评价单元。省、地、县、大流域、支流规划，应对耕地、园地、林地、牧草地等做出适宜性评价，对小流域规划设计，则应对水田、水浇地、旱地、有林地、灌木林、人工草地、天然草地等各种农林牧用地按地块做出适宜性评价。

（3）评定土地等级：要按照水保项目区不同用地的评价指标对照评价单元的土地特征，评定出土地等级。

（4）确定土地利用界线：在土地利用现状图上勾绘出各类用地的适宜区、次适宜区、不适宜区的界线，并填写土地评价等级统计表。

1.4　研究流域项目区各类用地的余缺情况

按照水保项目区农林牧等各业产品在经济发展中的地位，土地利用的经济效果和土地适宜程度，进行综合平衡，编制土地利用设计。其综合平衡方法如下：

（1）在土地利用现状图上，按照"整体控制，局部推进"的原则，首先配置农业用地及对土地要求严格的行业部门用地。

（2）对于土地评价结论比较合理的那部分土地，应优先进行第一轮配置。

（3）对某些土地用途明显不适宜或有争议的那部分土地，应参照当地农林牧业生产的发展方向、用地需要量，经过充分的分析对比后，进行第二轮合理配置。

2　综合治理工程项目零缺陷建设设计

2.1　水保流域综合治理技术措施零缺陷设计指导思想

在对各种规模水土流失流域项目区土地利用规划基础上，根据水土保持各地类的自然条件、水土流失状况、土地利用现状，设计配置相应的水土保持工程项目零缺陷建设技术措施，并应根据各地类的土壤侵蚀危害程度，治理的难易及工程量规模、受益的快慢和治理技术措施间的相互关系，以及人力物力财力的额度，设计安排水土保持林草措施、工程措施、蓄水保土耕作措施的建设实施顺序及进度，并经过综合平衡和充分论证后，具体布设在项目设计图上。

2.2　流域水土保持工程项目零缺陷建设技术设计要求

应根据流域水保综合治理规划设计单元范围的农林牧业发展目标和土地利用规划方向，具体设计确定治理措施的种类和数量，流域整体性的平面布局，建设规模和治理进度。以大流域、支流域、省、地、县为单元进行的区域性水土保持规划设计，除开展面上宏观的调查研究外，还必须在每个类型区选取若干条有代表性的小流域进行典型设计，做到点面结合，编制各类型区及整个设计单元的治理技术措施规划，提出综合治理水土流失的技术措施方案设计。以小流域进行的规划设计，则应按乡、村等为单元，提出水土保持综合治理措施的数量、平面布置、建设规模和治理进度安排等。

第四节
林草措施零缺陷建设设计

1 造林零缺陷设计方针

对流域水保设计单元内的林地，应根据不同的地形部位、水力侵蚀程度和水保防护目的，本着因害设防的原则，进行多林种、多林型、多树种的设计配置，并根据当地群众农林牧业的生产、生活需要，设计布置一定数量的薪炭林、放牧林、用材林、经济林等。应根据不同立地条件类型及相应的林种要求，确定适宜的树种及乔灌草比例，做到适地适树。造林应与水土保持工程项目建设整地措施相结合，应按照造林任务分年度、分树种核算和准备所需苗木。对于人少地多和偏远地区，则应大力提倡封山培育林草的办法。

2 造林种草措施零缺陷设计规定

流域水保植被恢复与建设工程布设于工程扰动占压的裸露土地，以及工程项目建设治理范围内未扰动的土地，它应包括下列区域。

（1）弃渣场、料场及各类开挖填筑扰动面土地；

（2）建设工程项目永久性办公生活区域；

（3）未采取复垦技术措施的施工生产生活区、施工道路等临时占地区；

（4）移民集中安置及专项设施复（改）建区域。

3 流域水土保持造林种草措施零缺陷设计原则

水保植被恢复与建设工程总体布置应符合下列原则。

（1）统筹整体布局：生态修复防护和环境景观要求相结合，工程措施与林草措施相结合。

（2）建设工程开挖或填筑形成的边坡，在保证安全稳定的前提下，应优先设计林草措施或工程与林草相结合的措施；采取混凝土和砌石等护坡措施的区域，若条件允许，应进行覆绿设计。

（3）涉及城镇范围时，应与城镇环境绿化美化景观规划密切相结合。

4 林草措施零缺陷设计标准

在执行"弃渣场、料场、施工生产生活区需采取永久截（排）水措施的，其排水设计标准宜采用 3~5 年一遇 5~10min 短历时设计暴雨"的前提下，其布设不应影响水利水电工程防洪安全，并应符合相关技术标准对工程项目建设周边配置乔灌草水保植被的规定。

5　林草措施零缺陷设计要求

在具体开展水土保持造林种草措施设计时，应严格执行以下 3 项规定要求。

5.1　水保立地类型划分规定

应按以下具体的 3 项规定进行水保立地类型划分。

（1）按水保工程项目建设所处自然气候区和植被分布带，确定其基本植被类型区。

（2）立地类型宜按地面物质组成、覆土状况、特殊地形和条件等主要因子确定。

（3）线型建设工程跨越若干地域时，首先，应以水热条件和主要地貌为依据，划分出若干立地类型组，继而再细划分立地类型。

5.2　水保造林种草设计选择树（草）种的规定

在设计选择树（草）种时，应符合下列规定。

（1）应根据基本植被类型、立地类型的划分、水保防护功能与要求和适地适树（草）的原则，设计确定林草措施的基本类型。

（2）应根据水土保持林草措施的基本类型、土地利用方向，选择适宜的树、草种。树种设计选择可参照表 2-1 执行。

表 2-1　中国分区主要水土保持造林树种

区域	主要水土保持造林树种
东北区	兴安落叶松、长白落叶松、日本落叶松、樟子松、油松、黑松、红皮云杉、鱼鳞云杉、冷杉、中东杨、群众杨、健杨、小黑杨、银中杨、旱柳、白桦、黑桦、枫桦、蒙古栎、辽东栎、槲栎、紫椴、水曲柳、黄波罗、胡桃楸、色木、刺槐、白榆、火炬树、山杏、暴马丁香
三北区	兴安落叶松、樟子松、杜松、油松、云杉、侧柏、祁连圆柏、群众杨、中东杨、健杨、箭杆杨、银白杨、二白杨、胡杨、灰杨、旱柳、旱布 329 柳、垂暴 109 柳、白榆、白蜡、槭、刺槐、大叶榆、复叶槭、臭椿、心叶饭、四翅滨藜、山杨、青杨、桦树
黄河区	油松、白皮松、华山松、樟子松、云杉、侧柏、旱柳、新疆杨、群众杨、河北杨、健杨、白榆、大果榆、杜梨、文冠果、槲树、茶条槭、山杏、刺槐、泡桐、臭椿、蒙椴、山杨、楸、槭树、白桦、红桦、青杨、桦树、麻栎、栓皮栎、苦楝、中林 46 杨、沙兰杨、毛白杨、黄连木、山茱萸、辛夷、板栗、核桃、油桐、漆树、臭椿、四翅滨藜
北方区	油松、赤松、华山松、云杉、冷杉、落叶松、麻栎、栓皮栎、槲栎、蒙古栎、白桦、色木、桦树、山杨、槭树、椴树、柳树、刺槐、槐树、臭椿、泡桐、黄栌、毛白杨、青杨、沙兰杨、旱柳、漆树、盐肤木、白檀、八角枫、天女木兰、中林 46 杨、黄连木、板栗、香椿
长江区	马尾松、云南松、华山松、思茅松、高山松、落叶松、杉木、云杉、冷杉、柳杉、秃杉、黄杉、滇油杉、墨西哥杉、柏木、藏柏、滇柏、墨西哥柏、冲天柏、麻栎、栓皮栎、青冈栎、滇青冈、高山栎、高山栲、元江栲、樟树、桢楠、檫木、光皮桦、白桦、红桦、西南桦、枫杨、响叶杨、滇杨、意大利杨、红椿、臭椿、苦楝、旱冬瓜、桤木、榆树、朴树、旱莲、木荷、黄连木、珙桐、山毛榉、鹅掌楸、川楝、楸树、滇楸、梓木、刺槐、昆明朴、柚木、银桦、相思、女贞、铁刀木、银荆、楠竹、慈竹

（表）

区域	主要水土保持造林树种
南方区	马尾松、黄山松、华山松、油松、湿地松、火炬松、杉木、铁杉、水杉、柳杉、池杉、墨杉、墨柏、柏木、栓皮栎、茅栗、槲树、化香树、川桦、光皮桦、红桦、毛红桦、枫杨、青冈栎、刺槐、银杏、杜仲、旱柳、苦楝、樟树、朴树、白榆、楸树、侧柏、麻栎、小叶栎、檫木、小叶杨、黄连木、香樟、木荷、榉树、枫香、青冈栎、乌桕、喜树、泡桐、毛竹、刚竹、淡竹、茶秆竹、孝顺竹、凤尾竹、漆树
热带区	马尾松、湿地松、南亚松、黑松、木荷、红荷、枫香、藜蒴、椎树、榕属、台湾相思、大叶相思、马占相思、绢毛相思、窿缘桉、赤桉、雷林 1 号桉、尾叶桉、巨尾桉、刚果桉、黑荆、新银合欢、夹竹桃、勒仔树、千斤拔、青皮竹、勒竹、刺竹

（3）弃渣场、料场、高陡边坡和裸露土地等建设工程项目扰动土地，应根据其限制性立地因子，选择适宜的树草植物种。树草种设计选择可参照表 2-2 执行。

表 2-2 工程扰动土地主要适宜水土保持树草种

区域或植被类型区	耐旱植物	耐水湿植物	耐盐碱植物	沙漠化（三北）、石漠化（西南）植物
东北地区	辽东桤木、蒙古栎、黑桦、白榆、山杨、胡枝子、山杏、文冠果、锦鸡儿、枸杞、狼牙根、紫花苜蓿、爬山虎[a]	兴安落叶松、偃松、红皮云杉、柳树、白桦、榆树	青杨、樟子松、榆树、红皮云杉、红瑞木、火炬树、丁香、旱柳、紫穗槐、枸杞、菝葜草、冰草、沙打旺、紫花苜蓿、碱茅、鹅冠草、野豌豆	樟子松、大叶速生槐、花棒、杨柴、柠条锦鸡儿、小叶锦鸡儿、沙打旺、草木犀、菝葜草
三北地区	侧柏、枸杞、柠条、沙棘、梭梭、怪柳、胡杨、花棒、杨柴、胡枝子、沙柳、沙拐枣、黄柳、樟子松、文冠果、沙蒿、高羊茅、野牛草、紫苜蓿、紫羊茅、黄花菜、无芒雀麦、沙米、爬山虎[a]	柳树、怪柳、沙棘、胡杨、香椿、臭椿、旱柳	怪柳、旱柳、沙拐枣、银水牛果、胡杨、梭梭、柠条、紫穗槐、枸杞、白刺、沙枣、盐爪爪、四翅滨藜；菝葜草、盐蒿、芦苇、碱茅、苏丹草	樟子松、柠条、沙棘、沙木蓼、花棒、杨柴、梭梭霸王、沙打旺、草木犀、菝葜草
黄河流域地区	侧柏、柠条、沙棘、旱柳、怪柳、爬山虎[a]	柳树、怪柳、沙棘、旱柳、刺柏	怪柳、四翅滨藜、柠条、沙棘、沙枣、盐爪爪	侧柏、刺槐、杨树、沙棘、柠条、怪柳、杞柳、沙打旺、草木犀
北方地区	侧柏、油松、刺槐、青杨；伏地肤、沙棘、柠条、枸杞、爬山虎[a]	柳树、怪柳、沙棘、旱柳、构树、杜梨、垂柳、钻天杨、红皮云杉	怪柳、四翅滨藜、银水牛果、伏地肤、紫穗槐	樟子松、旱柳、荆条、紫穗槐、草木犀
长江流域地区	侧柏、马尾松、野鸭椿、白皮松、木荷、沙地柏、多变小冠花、金银花、爬山虎[a]	柳树、水杉、池杉、落羽杉、冷杉、红豆杉、芒草	南林 895 杨、乌桕、落羽杉、墨西哥落羽杉、中山杉、双穗雀稗、香根草、芦竹、杂三叶草	南林 895 杨、马尾松、云南松、干香柏、苦刺花、蔓荆、印尼豇豆
南方地区	侧柏、马尾松、黄荆、油茶、青檀、香花槐、藜蒴、桑树、杨梅、黄栀子、山毛豆、桃金娘、假俭草、百喜草、狗牙根、糖蜜草、铁线莲、爬山虎[a]、五叶地锦[a]、鸡血藤	水杉、池杉、落羽杉、樟树、木麻黄、水翁、湿地松、榕树、大叶桉、铺地黍、芒草	木麻黄、南洋杉、怪柳、红树、椰子树、棕榈、苇状羊茅、苏丹草	球花石楠、干香柏、旱冬瓜、云南松、木荷、黄连木、清香木、火棘、化香、常绿假丁香、苦刺花、降香黄檀、任豆、象草、香根草、五叶地锦[a]、常春油麻藤[a]

（续）

区域或植被类型区	耐旱植物	耐水湿植物	耐盐碱植物	沙漠化（三北）、石漠化（西南）植物
热带地区	榆绿木、大叶相思、多花木兰、木豆、山楂、澜沧栎、假俭草、百喜草、狗牙根、糖蜜草、爬山虎[a]、五叶地锦[a]	青梅、枫杨、水杉、喜树、长叶竹柏、长蕊木兰、长柄双花木	木麻黄、柽柳、红树、椰子树、棕榈	砂糖椰、紫花泡桐、直干桉、任豆、顶果木、枫香、柚木

注："三北"指东北、华北、西北防护林区所确定的区域。

a：指攀缘植物。

5.3 流域水土保持林草措施典型设计

进行水保林草措施典型设计时，应满足下列要求。

（1）流域水保林草典型设计内容包括：林种、树种（草种）；苗木、插条、种子的数量、规格；造林种草方式方法，乔灌木树种与草本、藤本植物的结构、密度、株行距、行带走向等配置方案；以及整地方式与规格。

（2）流域典型设计图包括：乔灌草水土保持造林种草种植配置平面图、立体图，以及整地平面与立体样式图，具体参照执行 SL73.6 的有关规定。

6 林草措施零缺陷设计

水土保持造林措施的零缺陷设计，根据实际情况分为防浪林、河道工程等绿化、水库绿化、扰动平缓地绿化、边坡绿化、高陡边坡绿化和工程项目永久办公场所 7 项绿化设计。

6.1 防浪林设计要求

防浪林布设应满足河道治理和防洪规划要求，并应符合下列规定：

（1）防浪林布设的行方向：应顺着堤岸的导线方向布设，林带与水流方向构成 30°～45°夹角，并在河床两侧或一侧营造雁翅形丛状林带。

（2）平缓河岸与陡峭河岸交错存在时，应做好防浪林带配置和陡岸防护的协调。

（3）防浪林起点：应考虑波浪高度；通航河道应考虑对船行波的防护。

（4）防浪林的树种选择和造林方法，应参照 GB/T 18337.3—2001 执行。

6.2 河道工程、输水和灌溉工程中渠道、堤防林草措施设计

其设计应符合下列规定：

（1）树草植物种宜根据工程运行管理要求和对立地条件深刻分析后设定。

（2）堤防迎水坡设计水位以上坡面及背水坡宜铺设草皮，护堤地宜设计种植乔灌木或乔灌草结合，渠道边坡可结合工程实际设计种植灌草，护渠地可乔灌草结合。

（3）堤（渠）顶部道路、上堤（渠）路路肩和台应根据实际情况布设林草措施。

（4）河道等林草具体设计应参照 GB/T 18337.3—2001 执行。

6.3　流域水库、水闸及泵站工程林草措施设计

应符合下列 3 项规定：

（1）确需布设库岸防护林时，其设计应满足以下 5 项要求：

①设计起点应根据水库（闸上）设计水位，结合运行调度和消落带情况，以及林草植物种的耐淹能力设计确定。

②林带宽度应根据库岸水力侵蚀状况设计确定。

③应设计适当加大防浪林林带迎风面宽度和种植密度。

④防风林林带设计应采用稀疏结构，乔灌结合，选择耐水湿乔灌造林树种。

⑤岸坡防蚀林应设计以耐干旱的灌木为主。

（2）水库、水闸及泵站周边绿化设计应符合下列 2 项要求：

①坝后低湿地带造林宜选择耐水湿、耐盐碱的造林树种。

②工程管理范围内的可绿化区域林草措施种植，应结合景观设计要求配置。

（3）具体设计应参照执行 GB/T 18337.3—2001 及有关城市园林绿化的技术规范。

6.4　扰动平缓地林草措施设计

应符合下列 8 项规定：

（1）扰动平缓地主要包括地面坡度 5°以下的弃渣场、料场、裸露地等平缓区域。

（2）应根据受扰动地块土地恢复利用方向，设计确定相应林草植物措施类型以及需要的覆土厚度。

（3）应在土地整治基础上确定整地方式、方法和林草种植方法；以覆土为主的土地地块应对其全面整地，设计直接种植林草。以覆盖碎石为主的地块，且无覆土条件时，可采用穴状整地、带土球苗、客土和容器苗方式造林；土壤来源困难时，可对植树穴填注塘泥、岩石风化物等造林；对砂页岩、泥页岩等强风化地块，宜采取提前整地等加速风化的措施后，直接种植林草水保植被。

（4）开挖形成的裸岩地块，无覆土条件时，可采取爆破整地方式，形成植树穴后采用带土球苗、容器苗和客土造林，或填注塘泥、岩石风化物等造林。

（5）成片造林宜设计采取混交方式，包括行状、带状、块状和植生组混交。

（6）低洼积水和存在盐渍化的地块，应选择耐水湿、耐盐渍化的造林树种；靠近水系的地块，可结合周边景规设计选择耐水湿的乔灌草景观植物。

（7）恢复为草地景观，疏松土质地块可设计采用播种、铺植草皮方式；密实土质地块可设计采取穴植（播）法；风沙地块应结合防风固沙林草措施造林、播种。

（8）造林密度及整地规格可参照 GB/T 18337.3—2001 的规定执行；干旱、半干旱与半湿润地区，其整地规格宜通过林木需水量确定整地设计蓄水容积，并进行相应计算。南方地区应视降水量确定整地方式，采用穴状、竹节壕等形式整地。

6.5　一般边坡林草措施设计

除执行上述扰动平缓地林草措施设计的 8 项规定外，还应符合下列 5 项设计规定：

（1）一般边坡主要包括弃渣场、料场、裸露土地等坡度为 5°~45°的各类边坡。

（2）应选择速生型的乔灌木造林树种、攀缘植物和低矮匍匐型地被植物。

（3）土壤母质层较厚的采挖坡面、土质填埋坡面和覆土坡面，可设计采用鱼鳞坑、反坡梯田、水平阶及水平沟整地。有抗旱拦蓄要求的地段，其整地设计应满足林木生长需水要求。

（4）应根据边坡的坡度、坡向、土层厚度等条件，采用乔、灌、草和其组合的防护措施，种植条件困难的地段可设计采用藤本植物护坡。

（5）常用坡面植物防护型式及其适用条件参见表 2-3。

表 2-3　设计坡面植物防护型式及其适用条件

防护型式	适　用　条　件
种草或喷播植草	土质边坡；坡比小于 1：1.25
铺植草皮	土质和强风化、全风化岩石边坡；坡比小于 1：1.0
种植灌草	土质、软质岩和全风化硬质岩边坡；坡比小于 1：1.5
喷植混生植物	漂石土、块石土、卵石土、碎石土、粗粒土和强风化、弱风化的岩石路堑边坡；适用于坡比小于 1：1，对于坡比小于 1：0.75 也可适用
客土植生	漂石土、块石土、卵石土、碎石土、粗粒土和强风化的软质岩及强风化、全风化、土壤较少的硬质岩石路堑边坡，或由弃渣填筑的路堤边坡；坡比小于 1：1.0
植生带（植生毯）铺设	可用于土质、土石混合等经处理后的稳定边坡；坡比小于 1：1.5

6.6　高陡边坡林草措施设计

其设计应符合下列 5 项规定：

（1）高陡边坡包括料场、裸露土地和工程开挖砌筑形成的 45°~75°的边坡。

（2）高陡边坡宜采取客土绿化、喷播绿化、生态植生袋等林草绿化措施。

（3）客土绿化措施适用于我国大部分地区，干旱地区应配套灌溉设施。常用坡面客土绿化主要技术应用条件参见表 2-4。

表 2-4　坡面客土绿化技术应用条件

防护型式	适用范围			绿化方向	技术特点
	适宜边坡类型	坡比	高度		
格状框条、正六角框格	泥岩、灰岩、砂岩等岩质边坡，以及土质或沙土质道路边坡、堤坡、坝坡等稳定边坡	<1：1	<10m	播种草灌、铺植草皮	框格内客土栽植
小平台或沟穴修整种植	土质边坡、风化岩石或沙质边坡	<1：0.5	8m 开阶	乔、灌、攀缘植物、下垂灌木（浅根、耐干旱贫瘠）	人工开阶、客土栽植

（续）

防护型式	适用范围			绿化方向	技术特点
	适宜边坡类型	坡比	高度		
开凿植生槽	稳定石壁	<1：0.35	10m 开阶	灌木、攀缘植物、下垂灌木、小乔木	植生槽规格长 1~2m、宽 0.4m、深 0.4~0.6m、客土栽植
混凝土延伸植生槽	稳定石壁	<1：0.35	10m 开阶	乔、灌、攀缘植物、下垂灌木	植生槽规格长 1~2m、宽 0.4m、深 0.4~0.6m、客土栽植
钢筋混凝土框架	浅层稳定性差且难以绿化的高陡岩坡和土壤贫瘠的土坡	<1：0.5	—	植草	框架内客土栽植

注：高陡边坡不宜种植乔木。

（4）陡坡喷播绿化措施主要设计适用于年降水量>800mm 以上地区，以及具备持续供给养护用水能力的其他地区。陡坡喷播绿化主要技术应用条件见表 2-5。

表 2-5 喷播绿化技术应用条件

技术名称	适用范围			绿化方向	技术特点
	适宜边坡类型	坡比	高度（m）		
水力喷播植草		1：1.5	<10	草/草灌	喷播按设计比例配合草种、木纤维、保水剂、黏合剂、肥料、染色剂及水的混合物料
直接挂网+水力喷播植草	石壁	<1：1.2	<10	草/草灌	将各种织物的网（如土工网、麻网、铁丝网等）固定到石壁上，后水力喷播植草
挂高强度钢网+水力喷播植草	石壁	<1：1.2~1：0.35	<10	草/草灌	网下喷一层厚度为 50~100mm 的混凝土作为填层；后水力喷播植草
厚层基材喷射植被护坡	适用于无植物生长所需的土壤环境，也包括无法供给植物生长所需水分和养分的坡面	>1：0.5	<10	草/草灌	首先喷射不含种子的基材混合物，然后喷射含种子的基材混合物，含种子层厚度为 20mm。基材混合物为绿化基材、纤维、种植土及混合植被种子按设计比例与混凝土的混合物
钢筋混凝土框架+厚层基材喷射植被护坡	浅层稳定性差且难以绿化的高陡岩坡和贫瘠土坡	>1：0.5	<10	草/草灌	覆盖三维网或土工格栅、种子、肥料、土壤改良剂等的混合料液压喷播，厚 10~30mm

（续）

技术名称	适用范围			绿化方向	技术特点
	适宜边坡类型	坡比	高度（m）		
预应力锚索框架地梁+厚层基材喷射植被护坡	稳定性很差的高陡岩石边坡，且无法用锚杆将钢筋混凝土框架地梁固定于坡面的情况	>1：0.5		草为主	厚层基材喷射：在框架内喷射种植基和混合草种，其厚度略低于格子梁高度2cm
预应力锚索+厚层基材喷射植被护坡	浅层稳定性能优越，但深层易失稳的高陡岩土边坡	>1：0.5		草为主	液压喷播或厚层基材喷射植被护坡

（5）生态植生袋边坡绿化设计：植生袋绿化适用于坡比小于1：0.35的土质边坡和风化岩石、沙质边坡，特别适宜于不均匀沉降、冻融、膨胀土地区和刚性结构等难以开展边坡绿化的区域。

①坡度较缓地段可按照坡面直接堆放；坡度较大时应采用钢索拦挡固定或与框格梁结合，若需要配套灌溉设施时，应以滴灌、微喷灌为主，其设计参考有关规范执行。

②设计应以灌草措施为主，多树种、多草种混播。

6.7 办公区与道路绿化设计

工程永久办公生活区和永久道路的林草措施设计应符合下列3项要求：

（1）设计的林草措施应满足运行管理和功能要求，并不影响交通安全。

（2）工程永久办公生活区绿化设计，应按表2-6规定确定植被恢复与建设工程的设计标准。

表2-6 植被恢复与建设工程级别

主要建筑物级别	绿化工程所处位置	
	水库、闸站等点型工程永久占用地区	渠道、堤防等线型工程永久占用地区
1~2	1	2
3	1	2
4	2	3
5	3	3

注①临时占用弃渣场和料场的植被恢复与建设工程级别宜取3级；对于工程永久占用地区内的弃渣场和料场，执行相应级别。

②渠堤、水库等位于或通过5万人以上城镇的水利工程，可提高1级标准。

③饮用水水源及其输水工程，可提高1级标准。

④对于工程永久办公和生活区，植被恢复与建设工程级别可提高1级。

（3）永久道路区应选择抗污染、吸尘、降噪声树种并兼顾水保景观绿化要求。

7　林草措施零缺陷设计原则

对设计单元内的草地，应根据不同地形部位、水力侵蚀程度和防护目的，本着因害设防、因地制宜的零缺陷设计原则，进行草地合理设计。放牧草场应设计选择在面积大、坡度缓的地块；割草场可选在地块较小、坡度较陡的地方。人工造林种草要进行整地，天然草场要实行封育措施；种草品种应选择适应性强、经济价值高与家畜适口性强的牧草；对项目区内畜牧业的发展设计，应根据草地面积和产草量，以草定畜。

8　林草措施零缺陷设计与配置要求

（1）在水保规划的基础上，编制不同立地条件下的林草典型设计方案。其内容是：造林种草配置、树草种选择、整地规格、造林种草技术及其抚育管理措施等。

（2）水土保持工程项目建设设计方案应遵循因地制宜、因害设防和适地适树适草的原则，做到乔灌草相结合，带片网相结合，林草措施与工程措施相结合，人工造林种草与天然植被封育管护相结合。

（3）设计要注重生态经济效益，做到水保治理与生态、经济、社会效益相兼顾。水保防护与经济、用材、燃料、饲料、肥料等用途密切结合，以短养长，长短结合。

9　造林种草零缺陷设计

按照治理水土流失的类型，划分为分水岭、护坡、沟头、沟坡、沟底、水库6种水土保持防护林的方式进行具体设计。

9.1　分水岭水保防护林零缺陷设计

在对分水岭进行水保防护林零缺陷设计时，可分为以下2种类型进行设计。

（1）对石质和土石质山丘梁顶地宜全面造林，沿等高线布设造林带。

（2）对土质丘陵梁顶为农田的地块，应实行带状造林方式配置在农田边缘地带。林带宽度一般为6m。

9.2　水保护坡林零缺陷设计

水保护坡林零缺陷设计划分为以下2种设计方式。

（1）以涵养水源为目的地带可布设全面造林。也可布设一定宽度的径流调节林带，林带宽度一般设计为10~30m；其带间距离为带宽的4~6倍，最大不超过10倍。

（2）土层深厚肥沃湿润的地块，宜设计营造经济林。

9.3　沟头水保防护林与沟头防护工程零缺陷设计

沟头防护林与沟头防护工程相结合进行设计；其林带宽度按沟深1/2~1/3设计。

9.4　沟坡水保防护林零缺陷设计

在进行沟坡水保防护林零缺陷设计时，应根据所防护坡度进行具体的设计。

（1）坡度<35°的稳定沟坡地，其造林设计同水保护坡林。

（2）对坡度>35°的不稳定沟坡地，应设计全面造林；崩塌严重的应先削坡整地，然后造林，对施工作业困难地块，要先封育后造林种草。

9.5　沟底水保防冲林零缺陷设计

按沟道比降的大小分为2种水保防冲林带设计方式。

（1）对沟道比降小且冲刷不严重的沟底地块，应设计造林树行垂直水流方向，其布设方式分为以下2种：第1种为栅状造林，指每隔10~20m栽植3~10行树木；第2种为片段造林，指每隔30~50m营造20~30m宽的乔灌带状混交林或灌木林。灌木林应配置在迎水面，一般设计5~10行。

（2）对沟道比降大且冲刷严重的沟底部位，必须结合谷坊工程措施进行造林设计。

9.6　水库水保防护林零缺陷设计

水库水保防护林设计，可分为库岸水保防护林带和库区山坡水保防蚀林进行设计。

（1）库岸水保防护林带设计，应根据岸坡的陡缓情况，分为2种库岸水保林设计。

①对岸坡缓、浸水浅且冲蚀不严重的库岸地块，一般在常水位或周期性水淹的地段布设灌草防浪林带，其下部布设宽2~3m草带，其上部密植灌木林或灌木型乔木林带。防浪林带之上部设计带宽20~40m的乔灌过滤林带。

②对岸坡陡、浸水深且冲蚀严重的库岸地块，应结合水保工程措施，设计栽植带宽为30~50m的灌木林；对易于崩塌、土层浅薄和基岩裸露的库岸地段，则应设计封禁育林育草措施。

（2）库区山坡水保防蚀林设计，库岸林带以上至第一层山脊间坡地，应设计造林。

10　耕作措施零缺陷设计

流域水保耕作措施零缺陷设计的要点是：对设计单元内的农耕坡地，应设计制定相应的水土保持耕作技术措施方案。要根据水保项目区当地的自然条件，因地制宜地设计布设和选用等高线耕作、带状间作、沟垄种植、坑田种植、水平防冲犁沟、覆盖耕作、少耕、旱三熟和免耕法等蓄水保土耕作技术措施。

10.1　流域等高横坡耕作零缺陷设计

（1）等高横坡耕作设计要求：等高横坡耕作适用于25°以下坡耕地，以改变微地形，增加地面糙度，保持水土，改良土壤，提高农作物产量。

（2）等高横坡耕作设计：设计耕作措施时应沿等高线进行布设横坡耕作；耕挖的横向犁沟，北方地区要求等高水平，南方地区要有适当坡比降。

10.2　流域等高带状间作（轮作）零缺陷设计

（1）适用于 25°以下坡耕地上，以增大植被覆盖度、改良土壤、提高农作物产量；并根据坡度大小，设计适宜农作物与草带宽度，划分若干等高条带，按条带进行间作（轮作）；轮作的年限、顺序、方式及比例，要因地制宜。

（2）在坡耕地上条带设计要求等高水平；在坡陡雨量充沛而强度大、土壤紧实且吸水性能小的地区，条带可窄一些，反之条带应宽一些。实行间作时坡度越大密生作物或牧草比重要越大。在风蚀区条带与主风向要垂直。

10.3　流域沟垄种植零缺陷设计

在实施流域沟垄种植零缺陷设计时，要按以下沟垄种植、水平套犁沟播种植、垄作区田、等高沟垄、蓄水聚肥耕作法 5 项进行具体的设计。

（1）沟垄种植设计，是指在等高种植的基础上，运用机械、畜力、人力将地面修成有沟有垄，沟垄相间的一种耕作措施。采取沟垄种植可以有效地改变小地形，保持水土，改良土壤，增加农作物产量。

（2）水平套犁沟播种植设计，适应于少雨而干旱地区 25°以下的坡耕地。可布设沿山地等高线套犁开沟，即先犁 1 次，继而在原犁沟内再犁一次，然后将作物种在沟里，顺序是由上而下、深浅均匀，犁底入土深度 18~20cm。要求沟底等高水平，无土块，垄面无残缺。

（3）垄作区田设计，应按照以下 3 项要求、规定进行设计。

①设计垄作区田种类及适用条件：垄作区田包括平播培垄、中耕换垄 2 种方式。适用于少雨而干旱地区 15°以下的坡耕地以及川地、坝地、梯田。

②从坡耕地下方开始，沿水平等高线先犁一次后向下翻土，按播深要求将种子和肥料撒在犁沟坡上，再犁一次将种子覆盖，然后按作物行距再起犁，犁沟深约 15cm，垄间宽 40~60cm，垄沟中每隔 2~3m 修一土挡，土挡呈品字形排列。

③沟垄的深浅和距离以播种作物的种类而定，玉米、高粱、马铃薯等要求垄高约 15cm，垄间距 60~70cm，谷子、小麦等垄间距应适当缩小。作土挡时应从上垄下部取土，以免将种子、肥料刨出，上下两沟的土挡要错开排列成品字形。

（4）等高沟垄（横坡开行）设计，等高沟垄适用于水土流失 20°以下坡耕地区。在这类坡耕地上，沿等高线开沟作垄；沟垄宽约为 80cm，高约为 40cm，具体尺寸视其地块坡度、土层厚度和不同作物而定。横坡斜度（即垄沟比降）：要根据当地降雨量大小、坡度大小和土壤质地等具体情况而定，一般以 1/100~1/200 为宜。

（5）蓄水聚肥耕作法设计，也称为抗旱丰产沟法设计，该法适应于干旱少雨地区 15°以下的坡耕地。分为人工耕作过程设计、人畜配合耕作过程设计 2 项具体内容。

第 1 项内容是人工耕作过程设计。按筑地边埂、培生土垄 2 项设计内容。

①筑地边埂：分为挖沟翻土、加高地埂、沟里深翻、填种植沟 4 项内容。

a. 挖沟翻土：将距田块宽 30~33cm，深 12~15cm 的表土翻到田块里侧；

b. 加高地埂：再从表土以下取 20~25cm 生土加高地埂，拍光踏实，并高出地面18~20cm；

c. 沟里深翻：再在取过生土的沟里深翻约 25cm；

d. 填种植沟：将靠田埂第一沟内侧 60cm 宽，12~15cm 深的表土全部翻入沟内，即为 1 条种植沟。

②培生土垄：分为挖沟翻土、培生土垄、沟里深翻、填种植沟 4 项设计内容。

a. 挖沟翻土：将靠近第一个种植沟内侧 0~30cm 的生土深翻约 25cm，并将靠近第一种植沟内侧 30~60cm 范围内的生土翻到外侧；

b. 培生土垄：培修高出地面 12~15cm 的生土垄挖出第 2 条种植沟；

c. 沟里深翻：将沟内底土再深翻约 25cm；

d. 填种植沟：再回填上部 60cm 宽肥土入沟内，即为第 2 条种植沟，余类推。

第 2 项内容是人畜配合耕作过程设计。根据项目所在地的具体情况分为以下 5 种设计方式：

①在田埂内侧用山地犁耕二犁，人工辅助用耙刮平。

②第一沟内深套二犁，人工辅助翻到田埂上加高边埂。

③沟内底土深套二犁。

④第一沟内侧耕四犁表土（12~15cm）人工辅助用锨翻入第 1 种植沟。

⑤表土以下生土套耕四犁并将里侧二犁放在外侧二犁上培加生土垄，即完成一沟一垄，依次挖沟培垄。边埂要坚实，种植沟要水平，并要镇压保墒，分段作横土挡。

10.4　流域坑田（区田、掏钵种植）零缺陷设计

（1）坑田的概念与设计范围：设计坑田是以改变小地形，增加地面粗糙度的一种水保耕作法。适宜 20°以下坡耕地和平地。

（2）坑田设计规格：在坡耕地上，沿等高线在每 1m² 的范围挖一方坑，坑的长、宽、深均为 50cm；设计工序是：先将表土铲在上面后，用生土在坑的下沿和左右两侧作土埂，把坑上方和左右两侧各 50cm 范围的表土集中放在坑内，然后在坑内施肥播种。

（3）挖筑坑田要求：做到坑底平，坑壁直，上下两行坑要成品字形交错排列。

10.5　流域水平防冲犁沟设计

（1）水平防冲犁沟设计目的：为改善休闲地和牧草坡小地形、增大地表粗糙度，以减轻水土流失的一种水土保持耕作法。

（2）水平防冲犁沟设计适宜地类：适于 <20°的夏季休闲草场地和牧草坡。

（3）水平防冲犁沟设计做法：在坡面上沿等高线每隔 3~5m，套二犁翻耕一次，形成一条条的犁沟，沟间距随坡度而定，陡则密，缓则疏。

（4）水平防冲犁沟设计要求：犁沟要等高且水平，犁沟宽宜 30cm，深为 17cm。若为双层犁沟，沟宽为 35cm，深为 25cm。

10.6　流域覆盖耕作方式零缺陷设计

（1）留茬覆盖（残茬覆盖）设计：适宜于缓坡地、平地；其设计做法是：在收割前浇水造墒，收割时留茬高 15~20cm，贴茬抢种，适宜农作物不翻耕。待作物出苗约 10d，前茬基部已腐

烂，继而再中耕灭茬，前茬即可散铺在地面形成前茬覆盖层，要覆盖厚度均匀。

（2）秸秆覆盖设计：适宜缓坡地、平地。在作物分枝和拔节后，把铡碎的秸秆覆盖在行间，也可结合追肥在行间挖穴压埋，碎秸秆覆盖厚度要均匀。

（3）砂田设计：适于我国甘肃、新疆等西北干旱区缓坡、平地有砂卵石来源的地区。应选土壤肥沃、地形较平坦、不易被水冲侵，宿根草少的地块。适宜地块选择确定后，先进行平整，在整地的同时挖防洪沟，以防洪水淤漫砂田和混入泥土。然后耕翻靶磨，使土壤松碎且绵软，然后压实。将肥料撒在土壤表面，不要与土壤拌混。施肥后即可开始压砂。压砂最佳时间在土壤结冻以后，以免车辆人畜作业时碾压土壤，造成砂土混合。铺设的砂源以洞子砂、崖砂等为宜，应不含泥土和有害杂质。铺砂厚度要均匀适宜，一般阳坡地铺 10~14cm 为宜，阴坡地约铺 10cm 为宜。设计适用的砂田耕作技术，才能确保高产、稳产，延长砂田寿命。

10.7　流域少耕、旱三熟耕作及免耕零缺陷设计

（1）少耕深松设计：适用于黑龙江、宁夏等北方地区土壤肥沃的缓坡和平地。选择土壤较为富含肥力的土地，布设沿等高线用深松铲作业，每隔 5~8 年对土壤深松一次（只松不翻），深松深度以 30cm 为宜，深松铲间距以 25cm 为宜，播前要靶磨一次。深松时间是提高深松效益的关键，伏天深松效益较佳。

（2）少耕覆盖设计：适用于缓坡及平地。前作小麦收割后，不需翻地整地，只用牛或开沟机沿等高线开出倒茬作物玉米的播种沟，要求播种沟内土质细碎松软。播种沟宽 20cm，沟深 15~20cm，沟间距即为倒茬作物玉米的行距 80~100cm，沟间保留残茬，作物出苗后 20~30d 铲草皮 1 次，同时每亩用作物秸秆 750~1000kg 覆盖地面。或在行间播种牧草作为覆盖物，直至收获不再进行中耕培土。收割玉米后，清除地表杂草不翻地整地，用人工开挖深宽 15~20cm 的小麦播种沟，条播小麦后覆盖秸秆，5 年以后全面深耕 1 次。

（3）旱三熟耕作设计：该项耕作设计分为目的与适宜范围、耕作程序设计、作业要求和免耕设计 4 项内容。

①设计目的与适宜范围：是指采取间种、套种、复种、轮作耕作方式，以增加地表面覆盖、改良土壤，保持水土，这是有效提高农业产量的一种水保耕作方法；适用于南方地区各种坡度。

②耕作程序设计：沿等高线将坡面划分为 0.8~1m 的条带，播种时一条带种小麦，一条带种绿肥饲料或蔬菜，翌年 3 月刈割绿肥后整地播种 1~2 行春玉米，收割小麦后翻耕作垄于玉米宽行正中，5 月中旬套栽双行错窝红苕。在玉米收割后的带中，于 8 月末抢播一季短期绿肥或蔬菜与红苕间作，10 月末收割绿肥或蔬菜后，立即套种冬小麦，即为一个分带轮作周期。也称为"三粮两肥"间套复种轮作制。

③设计作业要求：条带要等水平，便于轮作倒茬。

④免耕设计：按照以下 2 种情况进行具体设计：

a. 在一定时间内对土壤不进行较大的翻动，以保护地面被覆、减少冲刷，是保持水土的一种耕作方法。适用于风蚀地区缓坡，并需结合使用除草剂。

b. 免耕必须在土壤有机质含量较高的地块设计与实施，在密植覆盖的条件下，设计采取免耕播种机等新式农业多功能农机具技术措施配合，才能发挥出显著的效益作用。设计的免耕年限

应因地制宜，通常为 5~6 年。

第五节
工程措施零缺陷建设设计

1　实行以小流域为单元的水土保持工程项目零缺陷建设设计

在规划的小流域单元范围内，要合理布设坡面、沟道和堤坝工程措施，工程措施与林草措施必须同步协调实施，以此来建立完整的水土保持工程项目零缺陷建设防护体系。应因地制宜、就地取材地进行水保工程措施设计，设计的水保工程措施应能拦蓄一定频率的暴雨泥沙径流，水保工程措施防御水土流失的标准规定如下。

（1）坡面水保工程措施设计，均应按 5~10 年一遇 24h 最大暴雨标准设计。

（2）沟道水保工程措施设计，应按表 2-7 防御洪水标准设计。

表 2-7　沟道工程措施防御洪水标准

工程名称		淤地坝、拦沙坝		沟头防护崩岗治理谷坊	蓄水塘坝	引洪漫地
工程规模		1~10（万 m³）	10~50（万 m³）	<10（万 m³）	1~10（万 m³）	<10（亩）
洪水重现期（a）	设计	10	10~20	10	10~20	5~10
	校核	50	50~100		50~100	
设计淤积年限（a）		2~5	5~10	<2		

（3）沟道水保工程设计规模，淤地坝库容<50 万 m³，谷坊、拦沙坝、蓄水塘坝库容<10 万 m³，引洪漫地工程范围<100 亩。

（4）治沟骨干工程防御洪水设计，其设计标准应按水利部发布的《水土保持治沟骨干工程技术规范（SL 289—2003）》执行。

2　流域坡面水土保持工程措施零缺陷设计

要因地制宜地对坡面布设蓄水沟、截流沟、塬边埂、梯田等水保工程措施，以拦蓄坡面径流，防止土壤侵蚀造成危害。

2.1　蓄水沟（水平沟、竹节沟）设计

蓄水沟按照以下 3 项内容进行设计。

（1）蓄水沟设计要求。蓄水沟设计要求有以下 2 项：

①蓄水沟布设位置要求：应将蓄水沟布设在坡耕地和基本农田上方<25°的荒坡地上；

②蓄水沟布设要求：应沿荒坡等高线环山布设和修筑蓄水沟，或与鱼鳞坑配合布设。

（2）蓄水沟设计公式。按公式（2-24）、公式（2-25）计算后设计蓄水沟：

$$W = d_1 h_1 \phi L \tag{2-24}$$

$$L = \frac{v_1^2}{\lambda^2 \cdot C \cdot \phi \cdot I} \cos\alpha \tag{2-25}$$

式中：W——单位长度来水量（m^3）；

　　L——蓄水沟最大水平间距（m）；

　　d_1——土壤透水缩减系数，$d_1 = 0.8 \sim 1.0$；

　　h_1——设计频率24h最大降雨量（mm）；

　　ϕ——径流系数，按当地经验值估算；

　　v_1——临界冲刷流速（m/s），采用当地经验值；

　　λ——流速系数，$\lambda = 1 \sim 2$；

　　C——谢才系数；

　　I——降雨强度（mm/min）；

　　α——地面坡角（°）。

（3）蓄水沟间距和断面设计。应以确保频率暴雨径流不引起土壤流失为原则。

①蓄水沟水平间距：中、缓坡为5~17m，陡坡4~10m，降雨量大时取小值。

②蓄水沟断面尺寸：沟深0.5~1m，沟底宽0.4~0.8m，沟口宽0.8~1.2m；蓄水土埂高0.4~0.7m，埂顶宽0.8~0.5m，埂底宽1.2~1.5m。

③沟间横土挡布设：每隔5~10m应设一道横土挡，土挡高度为沟深的1/3。

2.2　鱼鳞坑设计

在进行鱼鳞坑设计时，如某一地区5年一遇24h最大暴雨量81.7mm，则应先计算其径流量。

（1）计算径流量。按公式（2-26）计算坡面每公顷径流量：

$$q = \beta s h / 1000 \tag{2-26}$$

式中：q——径流量（m^3/hm^2）；

　　β——径流系数，取值0.5；

　　s——面积10000m^2；

　　h——5年一遇24h最大暴雨量81.7mm。

则每公顷产生的径流量：$q = 0.5 \times 10000 \times 81.7/1000 = 408.5 m^3$

（2）鱼鳞坑蓄水量计算。设定鱼鳞坑断面为半圆形，其规格为：坑长0.8m（半径 $r = 0.4m$）、坑宽0.4m、坑深0.4m，则按下式计算每穴鱼鳞坑蓄水量 q_0：

$$q_0 = 2/3 \times \pi r^2 h = 2/3 \times 3.14 \times (0.4)^2 \times 0.4 = 0.13 m^3$$

（3）鱼鳞坑设计数量计算。通过公式（2-27）计算每公顷坡面鱼鳞坑设计数量 N：

$$N = q/q_0 = 408.5 \div 0.13 = 3142(穴) \tag{2-27}$$

经过统筹衡量，鱼鳞坑设计密度为1.5m×2.0m，即3333穴/hm^2。

2.3　截流沟（引洪渠）设计

（1）截流沟布设。应视截流沟具体情况分为以下2种布设方式：

①应将截流沟均匀分布在坡面或布设在天然集水洼地内，沟底应保持一定坡降，以便将暴雨径流引至坡面蓄水工程、农田、林地、草场。

②应查明坡面蓄水工程的位置、容积、地形、植被等特征及当地降雨量，以确定截流沟的线路。

（2）截流沟设计。应按照公式（2-28）、（2-29）计算和设计：

$$Q_{\max} = \frac{(I_1 - I_2)F}{0.8} \tag{2-28}$$

$$A = \frac{Q_{\max}}{C\sqrt{Ri}} \tag{2-29}$$

式中：$Q_{\max}$——最大径流量（m^3/s）；

　　　I_1——设计频率降雨强度（mm/min）；

　　　I_2——土壤平均入渗强度（mm/min）；

　　　F——集水面积（m^2）；

　　　A——截流沟断面面积（m^2）；

　　　C——谢才系数；

　　　R——沟面半径（m）；

　　　i——截流沟沟底坡降。

2.4　塬边埂设计

（1）塬边埂布设：塬边埂应与沟头防护工程密切相结合布设；应沿塬边连续等高布设；塬边埂可筑成埂沟式，埂前挖排水沟，并与截流沟相结合，以便将暴雨径流引至塬面蓄水池（涝池）内。

（2）塬边埂设计：分为塬边埂来水量、埂沟蓄水量及其断面尺寸计算等。

①来水量 W 计算：按下列公式计算来水量。

$$W = F \cdot h_1 \cdot \phi \tag{2-30}$$

式中：W——来水量（m^3）；

　　　F——集水面积（m^2）；

　　　h_1——设计频率 24h 最大降雨深度（m）；

　　　ϕ——径流系数，采用当地经验值。

②埂沟蓄水量 V 及其断面尺寸计算：可按埂沟式沟头防护工程设计要求设计，并应满足 $V \geq W$ 要求。

③埂沟距沟壑距离确定：埂沟距沟壑距离可采用 2~3 倍的沟壑深度，距塬边至少 20m 以上。

2.5　梯田设计

梯田设计分为梯田布设和梯田设计 2 项内容。

梯田布设，分为以下 5 种形式和要求进行梯田布设：应根据水保规划方案合理确定梯田数量；应将梯田位置布设在距村近、土质中等以上、小于 25°坡度的缓坡且距离水源较近的位置上；应沿山坡等高线布设梯田，且做到大弯就势，小弯取直；布设梯田的地段要集中连片，田、路、渠、林相结合；应设置梯田防止洪水冲刷措施。

梯田设计，分为水平、石坎、隔坡、坡式、波浪式 5 种梯田设计形式。

（1）水平梯田（水平条田、埝地）设计：分为断面、规格设计 2 项内容。

①梯田断面设计：按公式（2-31）、公式（2-32）计算和设计梯田断面。

$$B = H(\mathrm{ctg}\alpha - \mathrm{ctg}\beta) \tag{2-31}$$

$$B_L = H/\sin\alpha \tag{2-32}$$

式中：B——梯田面净宽（m）；

　　　B_L——梯田面斜宽（m）；

　　　H——梯田坎高度（m），$H \leqslant 4\mathrm{m}$；

　　　α——地面坡角（°），$\alpha = 3° \sim 25°$；

　　　β——梯田坎侧坡坡角（°），$\beta = 55° \sim 76°$；

其中：北方黄土取 $\beta = 70° \sim 76°$，南方风化残积土取 $\beta = 55° \sim 70°$。

②水平梯田规格设计：分为水平、宽度、埝高、横档、田坎和灌溉设计。

梯田面水平设计：指对梯田水平面的高度设计。

梯田面宽度设计：应考虑农作物的生长需要。对于农耕地，当坡度（$\alpha = 3° \sim 15°$）较缓时，北方地区，田面宽度不小于 8m，南方地区不小于 5m。坡度（$\alpha = 15° \sim 25°$）较陡时，北方地区不小于 4m，南方地区不小于 2m。有机耕条件的地区，应考虑机耕作业时需要的宽度。

地边埝高度设计：应能拦蓄设计频率暴雨，超标准暴雨应设排水沟、溢水口，以便排出田面。一般地边埝高度不小于 0.35m，顶宽大于 0.3m，内坡比降为 1：1.5，外坡为 1：1，埝顶水平。

梯田横档设计：每隔 30~50m 加筑 1 道横档，其高度略低于地边埝。

梯田田坎设计：田坎要坚固稳定，并且干容重不低于 1.4t/m³。

梯田灌溉设计：当有灌溉要求时，田面纵坡为 1/500~1/300。

（2）石坎梯田设计：分为断面、规格 2 项设计内容。

①石坎梯田断面设计：按公式（2-33）、公式（2-34）计算和设计。

$$B = 2(T - h)\mathrm{ctg}\alpha \tag{2-33}$$

$$H = B\mathrm{tg}\alpha \tag{2-34}$$

式中：B——田面净宽（m）；

　　　H——石坎高度（m）；

　　　T——土层厚度（m）；

　　　h——挖方处保留的土层厚度，$h \geqslant 0.5\mathrm{m}$；

　　　α——地面坡角（°）。

②石坎梯田规格设计：分为田面、过沟 2 项设计内容。

田面水平设计：净宽不小于 4.5m；坎高 1~2.5m，外坡比降 1：0.2，内坡垂直，坎顶宽 0.3~0.4m，并应高出田面 0.2~0.3m。

石坎梯田过沟设计：应封沟打坝，使沟台地和梯田连接成一片。

（3）隔坡梯田设计：分为断面、规格 2 项设计内容。

①断面设计：隔坡段（产流面）自然坡面宽度 B_1 可按公式（2-35）计算。

$$B_1 = \eta B \tag{2-35}$$

式中：B——水平段（承流面）田面宽度，应按梯田设计中断面 B 的规定计算；

η——产流面积与承流面积的经验比值。

②隔坡梯田规格设计：分为隔坡段宽度、地边埂 2 项设计内容。

隔坡段宽度设计：为水平段田面宽度的 1~3 倍，坡陡、土壤干旱取大值，或按当地经验值。

地边埂设计：应能拦蓄隔坡段自然坡面及水平段田面设计频率降雨径流泥沙，一般地边埂高采用 0.5~0.6m。

（4）坡式梯田（地埂）设计：分为断面设计、规格设计 2 项内容。

①坡式梯田断面设计：地埂高度及其间距应能全部拦蓄设计频率暴雨的地面径流，来水量可按公式（2-36）计算，地埂间距应按水平梯田要求设计。

$$W = F h_1 \phi \tag{2-36}$$

式中：W——来水量（m^3）；

F——集水面积（m^2）；

h_1——设计频率 24h 最大降雨深度（m）；

ϕ——径流系数，采用当地经验值。

②坡式梯田规格设计：坡式梯田规格设计分为以下 2 项内容。

坡式梯田具体规格设计：地埂高度 0.5m，顶宽 0.35~0.5m，外坡 45°~75°，内坡 45°。

坡式梯田地埂间距设计：应按耕地坡度、土层厚度及水平梯田规划要求确定。

（5）波浪式梯田（软埝）设计：波浪式梯田（软埝）设计的具体内容有以下 2 项。

①波浪式梯田断面设计：软埝高度和间距，应能全部拦蓄设计频率降雨的地面径流，可按公式（2-36）计算来水量，软埝间距应按水平条田要求设计。

②波浪式梯田规格设计：应按以下 2 项内容及要求进行设计。

波浪式梯田设计：适用地面坡度小于 3°的地块，相邻 2 埝的高程差 1~2m，软埝高度 0.3~0.35m，埝后有效蓄水深度 0.2~0.3m，软埝的边坡为 1:5~1:6。

设计要求：当坡面有集流槽时，埝埂线应修筑成弯度较小的弧形状。

3   水土保持边坡分类及容许坡度零缺陷设定

（1）水土保持工程项目建设设计中涉及的边坡，对其分类可按表 2-8 进行划分。

表 2-8   建设工程项目边坡分类

分类依据	边坡名称	各边坡简述
坡高	超高边坡	岩质边坡，>30m；土质边坡，>15m
	高边坡	岩质边坡，15~30m；土质边坡，10~15m
	中高边坡	岩质边坡，8~15m；土质边坡，5~10m
	低边坡	岩质边坡，<8m；土质边坡，<5m
坡度	缓坡	坡度<15°
	中等坡	坡度15°~30°

（续）

分类依据	边坡名称	各边坡简述
坡度	陡坡	坡度30°~60°
	急坡	坡度60°~90°
	倒坡	坡度>90°
坡长	长边坡	>300m
	中长边坡	100~300m
	短边坡	<100m

（2）岩质、土质边坡容许坡比降，应按表2-9进行设计确定。

表2-9　基岩与土质边坡容许坡比降

岩土类别	岩土性质	容许坡比降			
硬质岩石	坡高（m）	<8	8~15	15~30	
	微风化	1:0.1~1:0.2	1:0.2~1:0.35	1:0.35~1:0.5	
	中高风化	1:0.2~1:0.35	1:0.35~1:0.5	1:0.5~1:0.75	
	强风化	1:0.35~1:0.5	1:0.5~1:0.75	1:0.75~1:1	
软质岩石	坡高（m）	<8	8~15	15~30	
	微风化	1:0.35~1:0.5	1:0.5~1:0.75	1:0.75~1:1	
	中高风化	1:0.5~1:0.75	1:0.75~1:1	1:1~1:1.5	
	强风化	1:0.75~1:1	1:1~1:1.25		
碎石土	坡高（m）	<5	5~10		
	密实	1:0.35~1:0.5	1:0.5~1:0.75		
	中密	1:0.5~1:0.75	1:0.75~1:1		
	稍密	1:0.75~1:1	1:1~1:1.25		
粉土	坡高（m）	<5	5~10		
	$S_r \leqslant 50\%$	1:1~1:1.25	1:1.25~1:1.5		
黏性土	坡高（m）	<5	5~10		
	坚硬	1:0.75~1:1	1:1~1:1.25		
	硬塑	1:1~1:1.25	1:1.25~1:1.5		
黄土	坡高（m）	<6	6~12	12~20	20~30
	次生坡积黄土Q_5	1:0.5~1:0.75	1:0.5~1:1	1:0.75~1:1.25	
	次生洪积冲积黄土Q_4	1:0.2~1:0.4	1:0.3~1:0.6	1:0.5~1:0.75	1:0.75~1:1
	马兰黄土Q_3	1:0.3~1:0.5	1:0.4~1:0.6	1:0.6~1:0.75	1:0.75~1:1
	离石黄土Q_2	1:0.1~1:0.3	1:0.2~1:0.4	1:0.3~1:0.5	1:0.5~1:0.75

（续）

岩土类别	岩土性质	容许坡比降			
黄土	午城黄土 Q_1	1：0.1~1：0.2	1：0.2~1：0.3	1：0.3~1：0.4	1：0.4~1：0.6

注1. 使用本表时，可根据项目区水文、气候等自然条件，予以校正。

2. 本表不适用于岩层层面和主要节理面有顺坡向滑动可能的边坡。

3. 混合土可参照表中相近的土类使用。

4. 表中碎石土的充填物为坚硬或硬塑状的黏性土、粉土，对于砂土或充填物为砂土的碎石土，其边坡坡度允许值均按安息角确定。

5. S_r 指粉土土体的饱和度。

4 流域水土保持沟道措施零缺陷设计

4.1 流域沟头水保防护工程零缺陷设计

对沟头采取水保防护工程零缺陷设计，分为沟头水土保持防护工程部位、沟头水土保持防护工程设计格式和沟头水土保持防护工程设计 3 种设计种类。

（1）沟头水保防护工程设计部位：沟头产生的水土侵蚀对道路、农田、坡面会造成严重的危害，为此，应布设沟头水土保持防护工程。

（2）沟头水保防护工程设计格式：沟头防护工程有埂沟式、挡墙蓄水池式、泄水式等，可根据当地地形地貌、建筑材料和建设技术条件选择。

（3）沟头水保防护工程设计：分为埂沟式、挡墙蓄水池式和泄水式沟头 3 种形式。

①埂沟式设计：根据水保治理具体情况，分为以下 7 种设计方式。

a. 沟首以上来水量设计：来水量 W 按坡式梯田断面公式（2-36）计算。

b. 埂沟蓄水量计算：首先拟定埂高、埂长、撇水沟尺寸，然后用公式（2-37）计算蓄水容积 V：

$$V = L\left(h_0^2/2 + \Omega\right) \tag{2-37}$$

式中：L——沟头水保防护长度（m）；

　　　h_0——蓄水深度（m）；

　　　Ω——撇水沟断面面积（m^2）。

c. 根据蓄水容积 V 与来水量 W 比值设计：当 $V \geq W$ 时，表明埂沟尺寸满足设计要求；当 $V < W$ 时，应重新设计尺寸计算或增设第二、第三道埂沟。

d. 埂沟与沟壑的距离可采用 2~3 倍的沟壑深度。

e. 埂与埂间距采用公式（2-38）进行计算：

$$D = \frac{h}{tg\alpha} \tag{2-38}$$

式中：D——埂间距离（m）；

　　　h——埂高度（m）；

α——地面坡角（°）。

f. 当沟头以上坡地完整时，可修建成连续式等高埂沟。沟头以上坡地形破碎，可修建成断续式等高埂沟。

g. 各条埂沟要与地面等高线基本平行，沿埂方向每隔10~20m设1个溢水口，并用草皮、片石砌护。

②挡墙蓄水池式设计：其设计方法与埂沟式相同，其差别是在沟头以上利用洼地或开挖蓄水池蓄存水量。其蓄水池设计按照蓄水池设计进行。

③泄水式沟头防护工程设计：其设计除沿沟道修埂挡水外，泄水主要采取陡坡、跌水等工程。具体设计可参照当地小型水利工程建设经验确定。

4.2　流域土坝零缺陷设计

在零缺陷设计流域土坝时，应执行以下8项原则、依据、标准、规定和计算方法设计。

（1）土坝设计原则：当土质适宜、水源有保证时，应优先选用水坠坝；若缺乏水源时，可设计选用碾压坝。

（2）土坝土料设计要求：土坝土料选择及填筑标准应满足以下要求。

①水坠坝土料选择与填筑要求标准：应按以下3项要求标准进行设计。

a. 修建水坠坝的土料（黄土、类黄土）应符合表2-10的规定。

表2-10　筑坝土料指标

项目	黏粒含量（%）	塑性指数	崩解速度（min）	渗透系数（cm/s）	有机质含量（%）	水溶盐含量（%）
指标	3~20	<10	<10	>1×10⁶	<3	<8

b. 边埂设计应规定实行分层碾压施工，其设计干容重不应低于1.5t/m³。

c. 充填泥浆的起始含水量应控制在40%~45%范围，相应稳定含水量应控制在20%~24%，干容重不得低于1.5t/m³。

②碾压坝土料选择与填筑标准：应符合以下2项规定。

a. 土料有机质含量设计规定：一般性黄土、类黄土均可作为碾压筑坝土料，其有机质含量应小于2%，水溶盐含量不得大于5%。

b. 坝体干容重设计要求：其应按最优含水量控制，不得低于1.55t/m³。

（3）骨干坝库容计算：分别对骨干坝总库容、拦泥库容和滞洪库容的计算。

①骨干坝总库容计算：应按公式（2-39）计算。

$$V = V_L + V_Z \tag{2-39}$$

式中：V——总库容（$10^4 m^3$）；

V_L——拦泥库容（$10^4 m^3$）；

V_Z——滞洪库容（$10^4 m^3$）。

②拦泥库容计算：应按公式（2-40）计算。

$$V_L = \frac{W_{sb}(1 - \eta_s)N}{\gamma_d} \tag{2-40}$$

式中：W_{sb}——多年平均总输沙量（$10^4 t/a$），可按水文计算中的输沙量公式（2-19）规定计算；

　　　η_s——坝库排沙比，可采用当地经验值；

　　　γ_d——淤积泥沙干容重，可取 $1.3\sim1.35 t/m^3$；

　　　N——设计淤积年限（a），可按表 2-11 的规定设计确定。

表 2-11　骨干坝等级划分及其设计标准

总库容（$\times10^4 m^3$）		$100\sim500$	$50\sim100$
工程等别		四	五
建筑物级别	主要建筑物	4	5
	次要建筑物	5	5
洪水重现期（a）	设计	$30\sim50$	$20\sim30$
	校核	$300\sim500$	$200\sim300$
设计淤积年限（a）		$20\sim30$	$10\sim20$

③滞洪库容计算：当不设溢洪道时，应按一次校核洪水总量计算；当确定设置溢洪道时，应按调洪演算公式的规定计算。

（4）坝体断面设计：按以下 7 项指标规定进行设计确定。

①坝高确定：分为以下 3 项指标设计确定坝高度。

a. 坝高 H 确定：坝高 H 应由拦泥坝高 H_L、滞洪坝高 H_Z 和安全超高 ΔH 三部分组成，按下列公式（2-41）计算。

$$H = H_L + H_Z + \Delta H \tag{2-41}$$

b. 拦泥坝高和滞洪坝高确定：应按骨干坝库容计算的相应库容查水位—库容曲线确定。

c. 坝体设计：坝体安全超高应按表 2-12 的规定设计确定。

表 2-12　土坝安全超高　　　　　　　　　　　单位：m

坝高	$10\sim20$	>20
工程等级	$1.0\sim1.5$	$1.5\sim2.0$

②坝顶宽度确定：分为以下 3 项指标设计确定坝顶宽度。

a. 水坠坝坝顶最小宽度设计：当坝高>30m 时取 5m，坝高<30m 时取 4m。

b. 碾压坝坝顶宽度设计：应按表 2-13 的规定确定。

表 2-13　碾压坝坝顶宽度　　　　　　　　　　单位：m

坝高	$10\sim20$	$20\sim30$	$30\sim40$
坝顶宽度	3	$3\sim4$	$4\sim5$

c. 坝顶交通设计：坝顶有交通要求时，应按交通需要设计确定。

③坝坡设计：应按表 2-14 的规定设计确定。坝高超过 15m 时，应在下游坡每隔约 10m 设置 1 条马道，马道宽度应取 $1.0\sim1.5m$。

表 2-14　坝坡坡率

坡型	土料或部位	坝高（m）		
		10~20	20~30	30~40
水坠坝	砂壤土	2.00~2.25	2.25~2.50	2.50~2.75
	轻粉质壤土	2.25~2.50	2.50~2.75	2.75~3.00
	中粉质壤土	2.50~2.75	2.75~3.00	3.00~3.25
碾压坝	上游坝坡	1.50~2.00	2.00~2.50	2.50~3.00
	下游坝坡	1.25~1.50	1.50~2.00	2.00~2.50

注：水坠坝上下游坝坡一般采用相同坡率。砂壤土采取碾压筑坝时，坝坡坡率还应经稳定分析后确定。

④水坠坝边埂顶宽设计：应按照表 2-15 的规定进行设计。

表 2-15　水坠坝边埂顶宽

土料名称	黏粒含量（%）	在下列坝高情况下的边埂顶宽（m）		
		10~20	20~30	30~40
砂壤土	3~10	3~4	4~6	6~8
轻粉质壤土	10~15	3~5	5~7	7~10
中粉质壤土	15~20	4~6	7~10	10~13

⑤坝体排水设计：应遵循以下 5 项规定进行具体的设计。

a. 坝体设计：应根据工程项目建设规模和运用情况设置反滤体，其形式可结合工程项目具体条件选定，一般可采用图 2-2 形式。

b. 棱式反滤体高度设计：应由坝体浸润线位置确定，顶部高程应超出下游最高水位 0.5~1.0m，坝体浸润线距坝面的距离应大于该地区的冻结深度；顶部宽度应根据建设施工条件和检查观察需要设计确定，但不宜小于 1.0m；应避免在棱体上游坡脚处出现锐角。

c. 贴坡反滤体顶部高程设计：其高程设计应高于坝体浸润线出逸点，超过的高度应使坝体浸润线在该地区的冻结深度以下 1.5m；坝底脚应设置排水沟或排水体；材料应满足护坡设计规定的要求。

d. 水坠坝临时排水设施设计要求：对水坠坝在施工期设置砂井、砂沟等临时排水设施时，砂沟应铺设在坝基上，出口必须与坝体反滤体相连接，不得从坝坡引出。砂井结构及布置如图 2-3。

e. 砂石料缺乏地区的坝体排水设计：砂石料缺乏地区，坝体排水可采用土工织物或聚乙烯微孔波纹管等材料，并参照有关规范、标准执行。

⑥土坝护坡设计：土坝表面应设置护坡，护坡材料可因地制宜选用。

a. 土坝护坡设计的形式、厚度及材料粒径等，应根据土坝的级别、运用条件和当地材料情况，经技术经济比对后设计确定。

b. 土坝护坡设计的覆盖范围：上游面自坝顶至淤积面，下游面自坝顶至排水棱体，无排水棱体时应护至坝脚。

⑦土坝下游坡面设计：应对土坝设计设置纵向、横向排水沟，其排水沟可采用浆砌石砌筑或

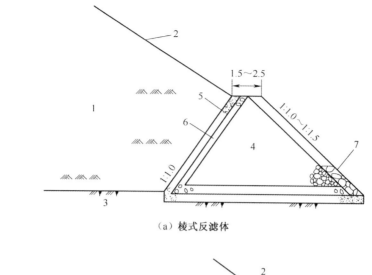

（a）棱式反滤体

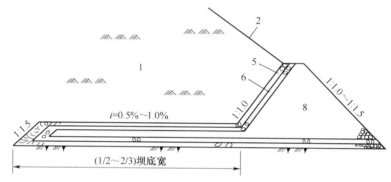

（b）带水平砂沟的棱式反滤体

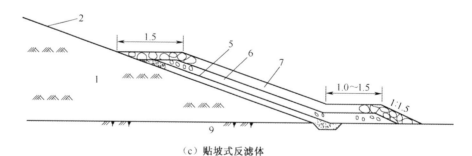

（c）贴坡式反滤体

图 2-2 反滤体设计示意图

1—坝体；2—坝坡；3—透水地基；4—卵石；5—粗沙；6—小砾石；

7—干砌块石；8—块石；9—非岩石地基

混凝土现浇筑。

（5）坝体填筑前设计：应在坝体填筑前，对坝基和岸坡进行处理，主要有 8 项内容。

①拆除各种建筑物，清除草皮、树根、腐殖土等，清理并回填夯实水井、洞穴、坟墓等低洼部位。

②采用截渗或排渗措施处理透水坝基，使之满足渗透稳定和允许渗流量要求。

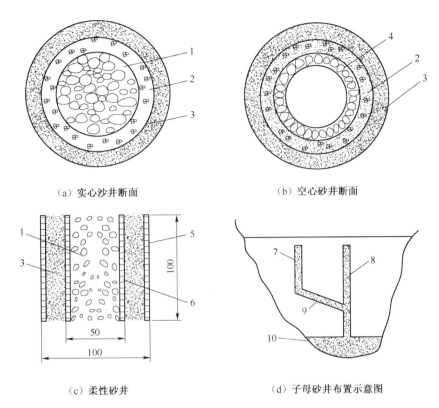

（a）实心沙井断面　　　　　（b）空心砂井断面

（c）柔性砂井　　　　　　（d）子母砂井布置示意图

图 **2-3**　砂井结构及布置示意图

1—卵石；2—砾石；3—粗砂；4—块石；5—外井圈；6—内井圈；7—子砂井；

8—母砂井；9—砂道；10—沙砾垫层

③土质岸坡削坡要求，水坠坝不应陡于 1：1，碾压坝不应陡于 1：1.5；岩石岸坡削坡不应陡于 1：0.5。

④坝基、岸坡应开挖 1~3 道结合槽，底宽应不小于 1.0m，深度应不小于 1.0m，边坡可取 1：1.0。

⑤对湿陷性较强、厚度较大的黄土地基或台地，应采用预浸水法处理。

⑥对于淤土坝基应选用下列 3 种工序处理：

a. 截断上游来水，使淤土自然固结；

b. 开挖导渗沟，促使淤土排水后逐渐固结；

c. 淤土强度较低时，可采用填干土（或抛石）挤淤修筑阻止滑体或修筑人工盖重的技艺办法。

⑦对岩石地基应先彻底清除表层覆盖物，再打眼放小炮开挖；接近设计高程 0.5m 时，应改用人工开凿；对断层破碎带应设计采用深挖充填置换方法处理。

⑧对于坝基泉眼和裂隙渗水，应设计采用箱堵塞法和水玻璃（硅酸钠）掺水泥等方法处理；当泉水和裂隙渗水较大时，应补设排水管，将水排出坝外。

（6）坝体渗流计算：应确定坝体设计水位情况下，坝体浸润线的位置，计算坝体及坝基的渗流量和渗透坡降，作为坝体稳定计算的依据。

（7）坝体稳定计算：对于水坠坝在其应进行施工中、后期坝坡整体稳定及边埂自身稳定性计算，竣工后应进行稳定渗流期下游坝坡稳定计算。碾压式土坝应进行运用期下游坝坡稳定计算。发生地震区还应进行抗震稳定性验算。

①土坝的强度指标确定：应按坝体设计干容重和含水量制样，采用三轴仪测定其总应力或有效应力强度指标，抗剪强度指标的测定和应用方法可按照《碾压式土石坝设计规范》（SL 274—2001）的有关规定选用。试验值可按表 2-16 的规定取值进行修正。

表 2-16   土坝强度指标修正系数

计算方法	试验方法	修正系数
总应力法	三轴不固结不排水剪	1.0
	直剪仪快剪	0.5~0.8[a]
有效应力法	三轴固结不排水剪（测孔压）	0.8
	直剪仪慢剪	0.8

a：根据试样在试验过程中的排水程度选用，排水较多时取小值。

②坝坡整体稳定计算：应按平面圆弧滑动面，采用简化毕肖普法计算公式（2-42）或瑞典圆弧法计算公式（2-43）计算，如图 2-4。

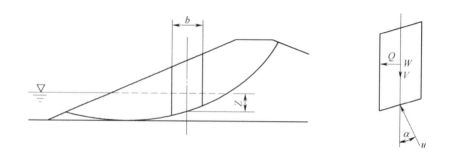

图 2-4   圆弧滑动条分法示意图

简化毕肖普法计算公式如下：

$$K = \frac{[1/(1 + \tan\alpha\tan\phi/K)]\sum\{[(W \pm V)\sec a - ub\sec\alpha]\tan\varphi' + c'b\sec\alpha\}}{\sum[(W \pm V)\sin\alpha + M_c/R]} \qquad (2\text{-}42)$$

瑞典圆弧法计算公式如下：

$$K = \frac{\sum\{[(W \pm V)\cos\alpha - ub\sec\alpha - Q\sin\alpha]\tan\varphi' + c'b\sec\alpha\}}{\sum[(W \pm V)\sin\alpha + M_c/R]} \qquad (2\text{-}43)$$

式中：K——抗滑稳定安全系数；

　　　W——土条重量；

　Q、V——水平和垂直地震惯性力（向上为负，向下为正）；

　　　u——作用于土条底面的孔隙压力；

　　　α——条块重力线与通过此条块底面中点的半径之间的夹角；

　　　b——土条宽度；

c'、φ'——土条底面的有效应力抗剪强度指标；

M_c——水平地震惯性力对圆心的力矩；

R——圆弧半径。

③坝坡整体稳定性计算：当进行水坠坝施工期的坝坡整体稳定性计算时，采用总应力法应计算坝体含水量分布，有效应力法应计算坝体孔隙水压力分布。坝高15m以下的水坠坝可采用土坡稳定数图解法。

④坝边埂自身稳定性计算：水坠坝施工期边埂自身稳定性计算，应采用折线滑动面总应力法（图2-5）按公式（2-44）至公式（2-48）进行计算：

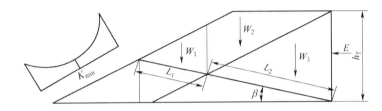

图 **2-5** 折线滑动面力系图

$$K = \frac{R}{E\cos\beta} \tag{2-44}$$

$$R = (W_1 + W_2 + W_3)\sin\beta + W_1\cos\beta\tan\phi_1 + c_1 L_1 + (W_2 + W_3 + E\tan\beta)\cos\beta\tan\phi_2 + c_2 L_2 \tag{2-45}$$

$$E = \frac{1}{2}\xi\gamma_T h_T^2 \tag{2-46}$$

$$\xi = 1 - \sin\varphi_2 \tag{2-47}$$

$$h_T = \lambda H \tag{2-48}$$

式中：K——边埂允许抗滑稳定安全系数；

E——泥浆水平推力（9.8×10^3N）；

β——滑动面与水平面的夹角（°）；

W_1——滑动面 L_1 以上边埂土的重量（t）；

W_2、W_3——滑动面 L_2 以上边埂土及冲填土的重量（t）；

ϕ_1、c_1——边埂的总强度指标；

ϕ_2、c_2——冲填土的总强度指标；

L_1、L_2——通过边埂及冲填土的滑动面长度（m）；

ξ——泥浆侧压力系数，可按公式（2-47）计算，或者采用经验值 0.8~1.0；

γ_T——计算深度范围内的泥浆平均容重（t/m³）；

h_T——计算深度（m），采用试算确定，对黄土、类黄土按流态区深度计算，也可按经验公式（2-48）计算；

λ——系数，可按表2-17的规定进行确定；

H——计算坝高（m）。

表2-17 系数λ

渗透系数 k ($\times 10^{-6}$cm/s) 充填速度 V (m/d)	1	2	4	6	8	10	12	14	16
0.1	0.92	0.75	0.50	0.34	0.25	0.20	0.16	0.13	0.11
0.2	0.95	0.83	0.67	0.54	0.44	0.35	0.28	0.21	0.15
0.3	0.97	0.85	0.74	0.63	0.53	0.44	0.36	0.28	0.20

注：1. 本表适用于透水地基，对不透水地基，可提高表中数值50%；

2. k 为初期渗透系数，是指冲填土在0.1kg/cm²荷重下固结试样的渗透系数。

⑤坝体允许抗滑稳定安全系数：应按照正常运用条件和非常用条件分别采用1.25和1.15。

（8）坝沉降计算：应计算坝体和坝基的总沉降量和施工期的沉降量。

①坝总沉降量计算：可根据坝体和坝基的压缩曲线采用分层总和法计算，将各分层的沉降量相加，即为总沉降量，可按公式（2-49）计算：

$$S = \sum_{i=1}^{n} \frac{e_{oi} - e_i}{1 + e_{oi}} h_i \qquad (2-49)$$

式中：S——总沉降量（m）；

n——分层数目；

e_{oi}——第 i 层土起始孔隙比；

e_i——第 i 层土上部荷载作用下的孔隙比；

h_i——第 i 层土层厚度（m）。

②土坝沉降量确定：施工期坝体的沉降量，对于土坝可取最终沉降量的80%。将总沉降量减去施工期沉降量，得竣工后沉降量。水坠坝预留沉降值一般取坝高的3%~5%；碾压坝预留沉降值一般取坝高的1%~3%。

4.3 流域溢洪道零缺陷设计

溢洪道零缺陷设计内容分为溢洪道构筑组成设计、溢洪道进口段设计、泄槽设计计算、溢洪道出口设计。

（1）溢洪道构筑组成设计：溢洪道宜采用开敞式，由进口段、泄槽和消能设施3部分组成（图2-6）。

（2）溢洪道进口段设计：进口段组成由引水渠、渐变段和溢流堰组成。引水渠进口底高程一般采用设计淤积面高程，可选用梯形断面，其尺寸可按水土保持水文计算中的测定洪峰流量公式计算。溢流堰一般采用矩形断面，堰宽可按宽顶堰公式（2-50）和公式（2-51）进行计算。溢流堰长度一般取堰上水深的3~6倍。溢流堰及其边墙一般采用浆砌石修筑，堰底靠上游端应做深1.0m、厚0.5m的砌石齿墙。

$$B = \frac{q}{MH_0^{3/2}} \qquad (2-50)$$

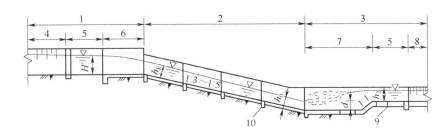

（a）A—A剖面图

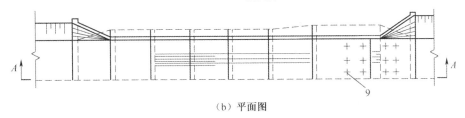

（b）平面图

图 2-6　溢洪道设计示意图

1—进水段；2—泄槽；3—出口段；4—引水渠；5—渐变段；
6—溢流堰；7—消力池；8—尾渠；9—排水孔；10—截水齿墙

$$H_0 = h + \frac{V_0^2}{2g} \tag{2-51}$$

式中：B——溢流堰宽（m）；

　　　q——溢洪道设计流量（m³/s）；

　　　M——流量系数，可取 1.42~1.62；

　　　H_0——计入行进流速的水头（m）；

　　　h——溢洪水深（m），即堰前溢流坎以上水深；

　　　V_0——堰前流速（m/s）；

　　　g——重力加速度，可取 9.81m/s²。

（3）泄槽设计计算：泄槽在平面上宜采用直线、对称布置，一般采用矩形断面，采用浆砌石或混凝土衬砌，坡度根据地形可采用 1：3.0~1：5.0，底板衬砌厚度可取 0.3~0.5m。顺水流方向每隔 5~8m 应做一沉陷缝，遇地基变化时，应增设沉陷缝。泄槽基础每隔 10~15m 应做一道齿墙，可取深 0.8m、宽 0.4m。泄槽边墙高度应按设计流量计算，高出水面线 0.5m，并满足下泄校核流量的要求。矩形断面的临界水深可按公式（2-52）计算：

$$h_k = \sqrt[3]{\frac{aq^2}{g}} = 0.482 q^{2/3} \tag{2-52}$$

式中：h_k——临界水深（m）；

　　　a——系数，可取 1.1；

　　　q——陡坡单宽流量 [m³/(s·m)]；

　　　g——重力加速度，可取 9.81m/s²。

正常水深 h_0，可采用水文计算中的测定洪峰流量公式计算。

（4）溢洪道出口设计：一般采用消力池消能和挑流消能 2 种设计形式。

①设置在土基和破碎软弱岩基上的溢洪道，宜选用消力池消能，采取等宽的矩形断面，其水力设计主要包括确定池深和池长。

a. 消力池深度 d 计算：可按公式（2-53）、公式（2-54）计算。

$$d = 1.1h_2 - h \tag{2-53}$$

$$h_2 = \frac{h_0}{2}\left(\sqrt{1 + \frac{8aq^2}{gh_0^3}} - 1\right) \tag{2-54}$$

式中：h_2——第二共轭水深（m）；

h——下游水深（m）；

h_0——陡坡末端水深（m）；

a——流速不均匀系数，可取 1.0~1.1；

其他符号含义同前。

计算简图如图 2-6。

b. 消力池长 L_2 计算：可按公式（2-55）计算。

$$L_2 = (3 \sim 5)h_2 \tag{2-55}$$

②设置在较为坚固岩基上的溢洪道，可采用挑流消能，在挑坎的末端应做一道齿墙，基础嵌入新鲜而完整的岩石，在挑坎下游应做一段短护坎。挑流消能水力设计主要包括确定挑流水舌挑距和最大冲坑深度。

a. 挑流水舌外缘挑距可按公式（2-56）计算，计算简图如图 2-7。

$$L = \frac{1}{g}\left[v_1^2\sin\theta\cos\theta + v\cos\theta\sqrt{v_1^2\sin^2\theta + 2g(h_1\cos\theta + h_2)}\right] \tag{2-56}$$

式中：L——挑流水舌外缘挑距（m），自挑流鼻坎末端算起至下游沟床床面的水平距离；

v_1——鼻坎坎顶水面流速（m/s），可取鼻坎末端断面平均流速 v 的 1.1 倍；

θ——挑流水舌水面出射角（°），可近似取鼻坎挑角，挑射角度应经比较选定，可采用 15°~35°，鼻坎段反弧半径采用反弧最低点最大水深的 6~12 倍；

h_1——挑流鼻坎末端法向水深（m）；

h_2——鼻坎坎顶至下游沟床高程差（m），如计算冲刷坑最深点距鼻坎的距离，该值可采用坎顶至冲坑最深点高程差。

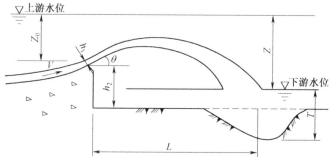

图 2-7 挑流消能计算简图

其中，鼻坎末端断面平均流速 v，可按下列 2 种方法计算：

第 1 种，按下列 3 个流速公式（2-57）至公式（2-59）进行计算：使用范围是 $s < 18q^{2/3}$。

$$v = \phi \sqrt{2gZ_0} \tag{2-57}$$

$$\phi^2 = 1 - \frac{h_f}{Z_0} - \frac{h_j}{Z_0} \tag{2-58}$$

$$h_f = 0.014 \times \frac{S^{0.767} Z_0^{1.5}}{q} \tag{2-59}$$

式中：v——鼻坎末端断面平均流速（m/s）；

　　q——泄槽单宽流量〔$m^3/(s \cdot m)$〕；

　　ϕ——流速系数；

　　Z_0——鼻坎末端断面水面以上的水头（m）；

　　h_f——泄槽沿程损失（m）；

　　h_j——泄槽各局部损失水头之和（m），可取 h_j/Z_0 的值是 0.05；

　　S——泄槽流程长度（m）。

第 2 种，按推算水面线方法计算：鼻坎末端水深可近似利用泄槽末端断面水深，按推算泄槽段水面线方法求出；单宽流量除以该水深，可得鼻坎断面平均流速。

b. 冲刷坑深度计算：可按公式（2-60）计算。

$$T = kq^{1/2} Z^{1/4} \tag{2-60}$$

式中：T——自下游水面至坑底最大水垫深度（m）；

　　k——综合冲刷系数；

　　q——鼻坎末端断面单宽流量〔$m^3/(s \cdot m)$〕；

　　Z——上、下游水位差（m）。

4.4　流域放水工程零缺陷设计

其设计分为放水工程设计类别、卧管式放水工程构造设计和竖井式放水工程设计 3 类。

（1）放水工程设计类别：放水工程一般设计采用卧管式放水工程和竖井式放水工程，由卧管或竖井、涵洞和消能设施组成。

（2）卧管式放水工程构造设计：其结构布置如图 2-8。

①卧管设计部位：卧管应布置在坝上游岸坡，底坡应取 1∶2.0～1∶3.0，在卧管底板每隔 5～8m 设置一道齿墙，并根据地基变化情况适地设置沉降缝，采用浆砌石或混凝土砌筑成台阶，台阶高差 0.3～0.5m，每台设 1～2 个放水孔，卧管与涵洞连接处应设置消力池。

②卧管放水孔直径设计：可按公式（2-61）至公式（2-63）分别进行计算：

开启 1 台：

$$d = 0.68 \sqrt{\frac{q}{\sqrt{H_1}}} \tag{2-61}$$

同时开启 2 台：

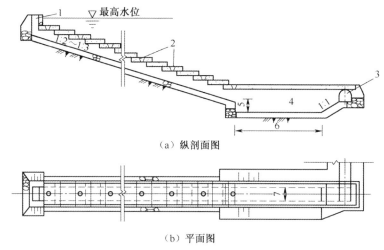

（a）纵剖面图

（b）平面图

图 2-8 卧管示意图

1—通气孔；2—放水孔；3—涵洞；4—消力池；5—池深；6—池长；7—池宽

$$d = 0.68 \sqrt{\frac{q}{\sqrt{H_1} + \sqrt{H_2}}} \tag{2-62}$$

同时开启 3 台：

$$d = 0.68 \sqrt{\frac{q}{\sqrt{H_1} + \sqrt{H_2} + \sqrt{H_3}}} \tag{2-63}$$

式中：d——放水孔直径（m）；

q——放水流量（m³/s）；

H_1、H_2、H_3——孔上水深（m）。

③设计计算卧管、消力池的断面时：应考虑由于水位变化而导致的放水流量调节，比正常运用时的流量加大 20%~30%。

④设计确定卧管高度时：应考虑放水孔水流跌落卧管时的水柱跃起，对方形卧管，其高度应取卧管正常水深的 3~4 倍；对圆形卧管，其直径应取卧管正常水深的 2.5 倍。

⑤卧管消力池尺寸：应按溢洪道出口设计的规定计算。消力池下游水深应取涵洞的正常水深。

⑥涵洞水深尺寸：应按测定洪峰流量公式计算，底坡取 1∶100~1∶200。混凝土涵管管径应不小于 0.8m；方涵和拱涵断面宽应不小于 0.8m，高不小于 1.2m。涵洞内水深应小于涵洞净高的 75%。沿涵洞长度每隔 10~15m 应砌筑一道截水环，截水环厚 0.6~0.8m，伸出管壁外层 0.4~0.5m。

⑦涵洞结构尺寸：应根据涵洞断面结构（图 2-9）及洞上填土高度计算确定。

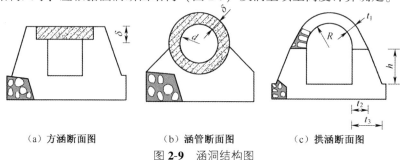

（a）方涵断面图 （b）涵管断面图 （c）拱涵断面图

图 2-9 涵洞结构图

a. 混凝土涵管尺寸：可按公式（2-64）、（2-65）分别计算：

$$\delta = \sqrt{\frac{0.06pd_0}{[\sigma_b]}} \qquad (2-64)$$

$$d_0 = d + \delta \qquad (2-65)$$

式中：δ——管壁厚度（m）；

　　　p——管上垂直土压力（t/m）；

　　　d_0——涵管计算直径（m）；

　　　$[\sigma_b]$——混凝土弯曲时允许拉应力（t/m²）；

　　　d——涵管内经（m）。

b. 方涵混凝土盖板尺寸：应按最大弯矩和最大剪切力分别计算其厚度，取较大值。

按最大弯矩公式（2-66）计算板厚：

$$\delta = \sqrt{\frac{6M_{max}}{b[\sigma_b]}} \qquad (2-66)$$

按最大剪切力公式（2-67）计算板厚：

$$\delta = 1.5\frac{Q_{max}}{b[\sigma_\tau]} \qquad (2-67)$$

式中：δ——盖板厚度（m）；

　　　b——盖板单位宽度，取 1.0m；

　　　$[\sigma_b]$——钢筋混凝土弯曲时的允许拉应力（t/m²）；

　　　Q_{max}——最大剪切力，取值：9.8×10^3N；

　　　$[\sigma_\tau]$——钢筋混凝土允许拉应力（t/m²）。

方涵钢筋混凝土盖板配筋计算，应按现行规范执行。方涵侧墙和底板尺寸，可根据涵洞上填土高度计算确定。

c. 拱涵的半圆拱拱圈、拱台尺寸计算：可按公式（2-68）至公式（2-70）计算。

$$t_1 = 0.8 \times (0.45 + 0.03R) \qquad (2-68)$$

$$t_2 = 0.3 + 0.4R + 0.17h \qquad (2-69)$$

$$t_3 = t_2 + 0.1h \qquad (2-70)$$

式中：t_1——拱圈厚度（m）；

　　　t_2——拱台顶宽（m）；

　　　t_3——拱台底宽（m）；

　　　R——拱圈内半径（m）；

　　　h——拱台高度（m）。

⑧涵洞泄水应经消能后送至沟床，消能建筑物结构尺寸计算应按溢洪道出口设计中的采用消力池消能或挑流消能形式的规定执行。

（3）竖井式放水工程设计：其设计结构布置如图 2-10。

①竖井设计：竖井一般采用浆砌石修筑，断面形状采用圆环形或方形，内径取 0.8~1.5m，井壁厚度取 0.3~0.6m，井底设消力井，其井深为 0.5~2.0m，沿井壁垂直方向每隔 0.3~0.5m

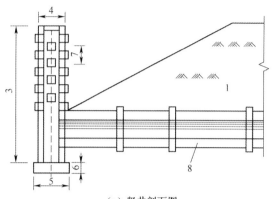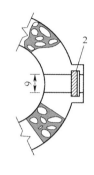

（a）竖井剖面图　　　　　　　　　（b）放大孔大样图

图 2-10　竖井结构图

1—土坝；2—插板闸门；3—竖井高；4—竖井外径；5—井座宽；6—井座厚；

7—放水孔距；8—涵洞；9—放水孔径

可设一对放水孔，应相对交错排列，孔口处修有门槽，插入闸板控制放水，竖井下部应与涵洞相连。当竖井较高或地基较差时，应在井底砌筑 1.5～3.0m 高的井座。

②竖井放水孔尺寸设计：按下列公式经计算后就可得知。

a. 采用单排放水孔放水，按公式（2-71）计算：

$$\omega = 0.174 \frac{q}{\sqrt{H_1}} \tag{2-71}$$

b. 采用上下 2 对放水孔同时放水，按公式（2-72）计算：

$$\omega = 0.174 \frac{q}{\sqrt{H_1} + \sqrt{H_2}} \tag{2-72}$$

式中：ω——孔口面积（m^2）；

q——放水流量（m^3/s）；

H_1、H_2——孔口中心至水面距离（m）。

③竖井式放水工程的涵洞设计和出口消能设施设计：应按卧管式放水工程构造设计和溢洪道出口采用消力池消能和挑流消能两种设计形式的有关规定执行。

4.5　流域坝体配套加固零缺陷设计

对坝体配套加固工程的零缺陷设计，应按以下 9 项要求或规定进行加固设计。

（1）先行勘测调查：在对坝体进行配套加固设计时，应对原坝体进行勘探、测量调查，以掌握坝体的质量、安全和淤积状况，作为配套加固坝体设计的依据。

（2）核实核算原坝体的泄洪能力：对原坝进行配套加固时，应对原工程坝基处理、坝坡稳定、填筑质量，以及坝体与岸坡和其他建筑物的连接进行安全复核，核算坝体放水工程和溢洪道的泄洪能力。

（3）土坝加高设计：可根据工程现状与运用条件，采用坝后式加高、坝前式加高和骑马式加高 3 种形式，具体设计形式如图 2-11。

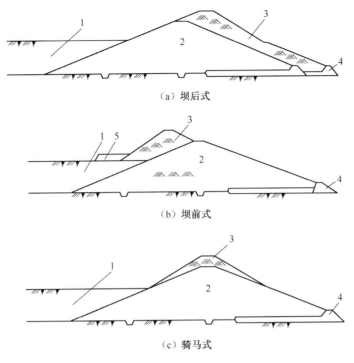

图 **2-11**　土坝加高形式设计示意图

1—坝前淤积层；2—旧坝体；3—加高体；4—排水反滤体；5—盖重体

（4）土坝加高方式设计：土坝加高宜采用从下游面培厚加高的坝后式加高方法。如采用在淤泥面上加高的坝前式加高方法，应根据淤泥面固结情况，进行变形和稳定分析。当采取上述加高措施有困难，加高相对高度不大时，也可采用骑马式加高的方法，但需对原坝体的填筑质量、坝坡安全裕度以及坝基地质条件等情况进行论证，使坝体的整体安全性满足设计标准的要求。

（5）土坝加高土料不相同设计：配套加固坝体的土料与原坝体填土性质不同时，应研究增设反滤层和过渡层的必要性。

（6）坝前式加高设计：淤积层为砂性土或轻、中粉质壤土，当其固结性较好时，可不加盖重；淤积层黏粒含量大于 20%，脱水固结速度较慢时，应设置盖重体。

（7）坝体渗流计算和稳定性验算：应进行坝体渗流计算和稳定性验算，应按坝体渗流计算方法和坝体稳定计算的方法有关规定计算。

（8）放水工程的配套加高设计：可采用加长涵洞、加高卧管或竖井等方式。

（9）溢洪道的配套改造设计：应根据坝体配套加固工程实际情况和地形条件，设计采用原溢洪道进行改造或新开挖溢洪道等形式。

4.6　流域谷坊零缺陷设计

谷坊零缺陷设计分为以下 4 项具体的设计内容。

（1）谷坊设计原则：谷坊是指在沟壑山区、丘陵区和土石山区水土流失严重的支毛沟内，为防治沟底水力下切、沟头侵蚀前进、沟岸侵蚀扩张，以及抬高侵蚀基准面而修建的 5m 以下的小坝；其种类分为干砌石、插柳等透水性谷坊和土质筑坝、浆砌石等不透水性谷坊。应根据水保工程措施目的、地质、经济、建筑材料、施工条件等情况进行设计。

（2）谷坊设计要求：土质、石质谷坊一般布设在支毛沟中地质坚硬、工程量小、拦蓄径流泥沙多且工程材料充足的地区；植物型谷坊应设在坡度平缓、土层较厚、湿润的沟道内。

（3）谷坊设计内容：具体分为谷坊间距、高度和断面3种。

①谷坊间距设计：按公式（2-73）计算谷坊间距：

$$I = \frac{h_0}{i - i_0} \tag{2-73}$$

式中：I——谷坊间距（m）；

h_0——谷坊高度（m）；

i——原沟床比降（%）；

i_0——淤沙比降（%），可选用各省区调查值。

②谷坊高度设计：对于不透水性谷坊，必须在设计高度上加 0.25~5m 的安全超高。各类谷坊高度可根据不同的建筑材料选用以下经验数值：

杨柳谷坊：　　$h_0 = 1.0m$

干砌石谷坊：　$h_0 = 1.5m$

浆砌石谷坊：　$h_0 = 3 \sim 3.5m$

土碣石谷坊：　$h_0 = 4 \sim 5m$

③谷坊断面设计：土质、石筑谷坊断面通常设计为梯形，可参照表2-18拟定谷坊断面尺寸。

表 2-18　谷坊设计断面尺寸

谷坊类别	断面尺寸			
	高度（m）	顶宽（m）	迎水坡坡降比	背水坡坡降比
土质谷坊	1.0~5.0	0.5~3.0	1：1.0~1：2.5	1：1.0~1：2.0
干砌石谷坊	1.0~5.0	0.5~1.2	1：0.5~1：1.0	1：0.2~1：0.5
浆砌石谷坊	2.0~4.0	1.0~1.5	1：1.0	1：0.3
土碣石谷坊	1.0~2.0	0.8~1.5	1：1.0	1：1.0
杨柳谷坊	1.0~1.5	2.0~4.0		

（4）谷坊溢水口设计：具体分为石谷坊溢水口布设和设计2项内容。

①石谷坊溢水口布设：将其直接布设在谷坊顶部的中间或靠近地质条件优越的岸坡一侧；土谷坊溢水口一般布设在坝址一侧的山坳处或坡度平缓的实土上。

②谷坊溢水口设计：溢水口一般设计为矩形，堰宽可用下列宽顶堰公式（2-74）计算，或者参照表2-19设定。

$$B = \frac{Q}{MH_0^{3/2}} \tag{2-74}$$

式中：B——溢流口宽度（m）；

Q——最大流量（m³/s）；

M——流量系数，$M = 0.35\sqrt{2g}$；

g——重力加速度，取 9.81m/s^2；

H_0——计算水头，可采用溢洪水深 H 值，H 可按技术经济合理的原则设定。

表 2-19 土质谷坊溢洪道断面设计尺寸

集水面积（亩）	黄土丘陵山区		土石丘陵山区		侧　坡
	水深（m）	底宽（m）	水深（m）	底宽（m）	
5	0.2	0.6	0.2	0.4	
15	0.2	0.9	0.2	0.6	
45	0.3	0.9	0.3	0.7	1：1.25
75	0.4	0.9	0.4	0.8	
105	0.5	1.0	0.5	0.9	
150	0.6	1.2	0.6	1.0	

第六节
零缺陷建设设计效益测算

1 零缺陷建设效益 9 项测算原则

（1）水土保持工程项目建设设计效益测算，应按《水利经济计算规范（SD 139—1985)》规定执行。水土保持工程项目建设设计效益测算内容应包括蓄水保土效益、经济效益、社会效益和其他生态效益 4 个方面。

（2）水土保持工程项目建设效益应进行定量测算，不能直接测算的项目可用等效替代法测算，确系是难以定量测算的项目，可作定性阐述。水土保持工程项目建设投资、竣工后的年运行费和项目经济效益均应以货币指标表示。

（3）在测算水土保持工程项目建设投资和其效益时，只进行经济效益分析，不做财务分析。若有单位或个人开发治理流域的水保建设项目需做财务分析，其分析内容、方法按《水利经济计算规范》的规定执行。

（4）在水土保持工程项目建设效益测算时，对建设所需水泥、钢材、木材等各种施工材料等，可按项目地市场价格的平均水平计算测定。

（5）治理施工、管护运行等劳务工值可采用当地当时标准工资或当地各历史时期平均劳务日工资值进行测算。

（6）单项水保治理措施的效益，可采用该措施的受益年限进行测算；水保综合治理措施效益，应按措施的经济使用年限测算；其中有些措施经济效益周期短，可采用几个周期进行测算。

（7）水土保持工程项目建设措施产生工程损毁损失负效益时，应根据实际情况进行计算，并在总效益中予以扣除。

（8）进行水土保持工程项目建设效益计算，需要概算定额、各种措施的蓄水保土指标、农林牧业单位面积产出量、建设物资和社会劳动力工资水平等很多的技术经济指标。在上述资料数据缺乏时，应积极开展试验或对类似地区进行调查，以获取数据，使测算结果与实际相吻合。

（9）水土保持工程项目建设效益因受水文、气象条件的影响，各年度均会有所差异，在进行效益测算分析时，应尽量调查、收集和采用多年限期的资料数据。

2 零缺陷建设投资测算

（1）水土保持工程项目零缺陷建设投资主体：包括国家、企业和个人投入的资金、物资、劳力等，一般应逐年计入。但国家、企业和个人投资不可重复计算。

（2）水土保持工程项目零缺陷建设投资内容、科目：主要包括如下4项：

①林草措施投资；

②耕作措施投资；

③工程措施投资；

④水土保持工程项目建设规划设计费、可行性研究费、移民费、损失赔偿费等应计入其建设投资范畴之内。

（3）水土保持工程项目零缺陷建设投资计算原则：在进行水保规划设计和可行性研究时，要用对应采取的措施概算投资；在分析项目治理完成效益时采用实际投资数额；对于续建、扩建、改建的项目治理措施，可计算新增部分的投资数额。

（4）水土保持工程项目零缺陷建设投资折算规定：在对流域实施水保工程项目零缺陷建设治理中，企业和个人所投入的物资和劳力折算为投资数额时，可采用当地市场价格。水土保持区域规划、项目建设设计和可行性研究的投资，可采用概算定额进行取费计算投资额。

（5）水土保持工程项目零缺陷建设总投资 K 值计算：采用公式（2-75）进行 K 值计算。

$$K = K_1 + K_2 + K_3 + \cdots + K_n \tag{2-75}$$

式中：K_1——林草措施投资（万元）；

K_2——耕作措施投资（万元）；

K_3——工程措施投资（万元）；

K_n——其他措施投资（万元）。

①林草、耕作措施的投入资金数额：可采用实施某种措施的总面积（亩）乘以单位面积平均造价（元）来计算。

②工程措施投资数额：小规模工程项目可用工程项目总个数乘以单位工程项目平均造价计算。中、大型工程应按其具体实施工程项目类别分别计算，如淤地坝、挡水坝、塘坝、拦沙坝、崩岗治理、引洪漫地等工程项目。

3 零缺陷建设年运行费测算

年运行费是指水土保持工程项目建设措施在生产管护中每年需要支付的各项费用。在进行水保经济效益分析时，应包括生产费、维修费、管理费等。

（1）生产费：是指水土保持工程项目建设措施竣工完成后，提供了生产条件，每年进行生产所需的经费。如梯田、坝地、坑田、沙田等种植时需要的籽种、化肥、植保费等；水面养殖需要的鱼种、捕捞设备、饲料费等；机械运行需要的电、油费等；林草补植及抚育养护劳务费等。按其投入物资及劳动工日的数量乘以单价来计算生产费。

（2）维修费：是指水土保持措施每年需要支付的维修、养护费用。包括日常维修、养护、年修及大修等费用。大修等费用包括水毁后的修缮及机械运行中规定使用年限的大修，其费用可分摊到各年度。维修费一般可按水保设施投资的一定比率进行估算。年度维修费可采用类似措施的调查值，其中某些措施大修费率也可按照《水利经济计算规范》进行确定。在对已完成的水保工程项目建设措施效益计算时，可采用实际达到的数值。

（3）管理费：包括项目管理人员的工资和附加工资，办公行政开支及当年的防汛、观测、科学试验等费用。可参照各省区有关规定或比照类似流域措施的实际开支确定。

4 零缺陷建设效益测算

4.1 水保项目零缺陷建设效益测算年限

在测算水土保持效益时，可计算各项治理措施的毛效益，一般应逐年计算直至计算到确定到期的经济使用年限。

4.2 水保项目零缺陷建设经济效益

指水土保持工程项目建设实施后获得的直接经济效益 B，可按公式（2-76）计算：

$$B = B_1 + B_2 + B_3 \tag{2-76}$$

式中：B_1——林草措施效益（万元），包括林业、牧业增加的经济效益；

B_2——耕作措施效益（万元），包括该项措施实施后增加的经济效益；

B_3——工程措施效益（万元），包括梯田、坝地、引洪淤灌地、蓄水灌溉，水生动物养殖、植物种植，城镇工业用水，人畜用水等经济效益。

（1）B_1 可按公式（2-77）计算如下：

$$B_1 = b_1 + b_2 \tag{2-77}$$

式中：b_1——乔灌木经济效益；

b_2——牧业经济效益。

①水保乔灌木林经济效益计算公式是：

$$b_1 = \sum \alpha q_1 P_1 - b_{原} \tag{2-78}$$

式中：α——每年新增乔木、灌木林面积（亩）；

q_1——乔灌林年平均单产量（乔木：m^3/亩，经济林、薪炭林：kg/亩）；

P_1——产品单价（元/m^3、元/kg）；

$b_{原}$——原土地的毛经济效益（元）。

水保乔木林积蓄的木材量没有作为商品进行销售，应按成材来计算材积量的价值，计算方法可用木材蓄积量乘以收购价算出价值；乔灌木林生产出的籽种、枝条、柴等应根据数量及单价计算出其产值。

②水土保持牧草经济效益计算：b_2可用公式（2-78）算出水土保持牧草的直接经济效益。对于种草养畜的效益可作为一部分社会效益进行计算。

（2）B_2计算公式是：

$$B_2 = \Sigma A_1 P(q - q')$$ (2-79)

式中：A_1——每年实行各种耕作措施的面积（亩）；

$\quad P$——农作物产品单价（元/kg）；

$\quad q$——实行耕作措施后某种作物单位面积年平均产量（kg/亩）；

$\quad q'$——实施水保耕作措施前某种农作物单位面积年平均产量（kg/亩）。

（3）B_3计算公式是：

$$B_3 = b'_1 + b'_2 + b'_3 + b'_4$$ (2-80)

式中：b'_1——梯田、引洪淤灌地、坝地等种植农作物经济效益（元）；

$\quad b'_2$——蓄水灌溉经济效益（元）；

$\quad b'_3$——水生动物养殖、植物种植经济效益（元）；

$\quad b'_4$——城镇工业及人畜用水经济效益（元）。

①梯田、引洪淤灌地的增产经济效益计算：可用在自然条件和农业种植技术措施基本相同的条件下，其措施的毛经济效益减去原土地的毛经济效益来计算。坝地种植经济效益可用年总产量乘以产品单价来计算。

②城镇工业及人畜用水经济效益计算：可按照《水利经济计算规范（SD 139—1985）》第四章第三节规定的方法计算。也可按年内各个时期的用水量乘以水费单价进行计算。

③养殖经济效益计算：可用年水产总量乘以单价来计算。

4.3 蓄水保土效益

水土保持工程项目零缺陷建设的蓄水保土效益一般采取定量指标表示，可以计算和反映出蓄水效率、保土效率、洪峰流量消减效率。

（1）水土保持效益计算依据：指各种蓄水保土指标与水保措施的规格、质量、配置、管护水平、治理年限等因素，与所在地区、地类、土壤、地表坡度、水文气候条件有关，为此，应调查收集水保措施治理区域与非治理区域的蓄水保土指标，作为水土保持效益计算依据。

（2）水保蓄水效率计算：按蓄水总量、平均径流量和蓄水效率指标进行计算。

①水保措施蓄水总量计算：计算各年度水保措施的蓄水总量 ΔW_n 的计算公式是：

$$\Delta W_n = \Delta W_1 + \Delta W_2 + \Delta W_3$$ (2-81)

式中：ΔW_1——耕作措施年度总蓄水量（万 m^3）；

$\quad \Delta W_2$——林草措施年度总蓄水量（万 m^3）；

$\quad \Delta W_3$——工程措施年度总蓄水量（万 m^3）。

水保耕作措施年度蓄水量计算：可用实施措施面积乘以径流模数及拦蓄径流指标（%）进行计算。但若因某种原因使耕作措施遭受破坏时，蓄水量应予以扣除，扣除比例采用当地调查值。

林草措施年度总蓄水量计算：与耕作措施年度蓄水量计算方法相同。

工程措施年度总蓄水量计算：小型水保工程可用工程个数乘以平均容积计算，较大工程应分别计算。若因某种原因使工程遭受破坏者，蓄水量应再乘以折减系数，系数可采用当地调查值。

②水保措施年度蓄水总量计算：可采用治理流域的河（沟）道出口断面实测流量，以及通过流域出口控制性工程实测调查数据资料，分析计算出年度径流总量。采用治理前多年平均径流量减去治理后各年度径流量，得出各年度水保措施的蓄水总量。

③治理前流域多年平均径流量 W 计算：可采用《水土保持治沟骨干工程技术规范》（SL 289—2003）规定的方法计算，或采用各省份的水文规范进行计算。但至少需采取 2 种方法计算，并对其结果进行相互校核。

④水保蓄水效率 η_1 计算：采用公式（2-82）进行计算。

$$\eta_1 = \Delta W_n / W \times (H_n / H_{cp})^n \times 100\% \tag{2-82}$$

式中：H_n——治理后某年汛期降雨量，可采用流域内或临近相似流域的各年度汛期降雨量（mm）；

H_{cp}——治理前流域多年汛期平均降雨量，可采用实测资料或临近流域的调查值进行计算（mm）；

n——年度径流量与汛期降雨量相关指数。可采用当地实测资料分析值。

（3）水土保持保土效率计算：按照以下 4 种计算方法计算求得保土效率。

①采取水保法计算治理措施各年度保土总量：计算保土总量 ΔS_n 的公式是：

$$\Delta S_n = \Delta S_1 + \Delta S_2 + \Delta S_3 \tag{2-83}$$

式中：ΔS_1——林草措施各年度总保土量（万 t）；

ΔS_2——耕作措施各年度总保土量（万 t）；

ΔS_3——工程措施各年度总保土量（万 t）。

林草、耕作措施的保土量可用实施该措施面积乘以侵蚀模数及保土指标求得。若因为某种原因使措施遭受破坏，其保土量应予以扣除，其扣除比例可采用当地调查值。工程措施的年度总保土量：小型水保工程可用工程个数乘以平均保土量计算；较大工程应分别计算。若由于某种原因使工程遭受破坏，其保土量应再乘以折减系数，折减系数按当地调查值计算。

②采取水文法计算水保措施各年度保土总量：应采用治理流域河（沟）道出口断面实测的多年输沙量除以输移比计算出侵蚀量；采用治理前多年平均侵蚀量减去侵蚀量，求得各年度水保措施保土总量。输移比可采用当地调查值或实测值。

③计算治理前流域多年平均水土流失量 S：应用《水土保持治沟骨干工程技术规范（SD 175—1986）》规定的方法计算。但最少要用 2 种计算方法相互进行校核。

④保土效率 η_2 计算：可采用公式（2-84）计算求得 η_2。

$$\eta_2 = \Delta S_n / S \times (H_n / H_{cp})^{n'} \times 100\% \tag{2-84}$$

式中：n'——年土壤流失总量与汛期降雨量相关系数，可采用当地实测资料分析值。

（4）洪峰流量削减效率计算：可采用以下 3 种方法进行洪峰流量消减效率计算。

①治理前某一频率暴雨产生的洪峰流量 Q_m 计算：可采用径流观测值、调查值和经验公式推算（m³/s）。

②治理后同等频率暴雨产生的洪峰流量 Q 计算：可采用当地径流观测值、调查值。在具体设计时，可采用相似流域的调查资料进行估算（m³/s）。

③洪峰流量削减效率 η_3 计算：可按公式（2-85）计算。

$$\eta_3 = (Q_m - Q)/Q_m \times 100\% \tag{2-85}$$

4.4   水保措施的其他生态效益计算

可按照以下 3 项内容进行计算和定性阐述。

（1）水保措施带来的其他生态效益科目：水土保持工程项目建设措施实施后，项目区域生态环境向良性循环发展的效益可作为生态效益计算。其主要内容有增大地被植被覆盖度效益、防风固沙效益等。

（2）水保措施增加植被生态效益计算：分为增大植被覆盖度和防护林增产农田等其他生态环境多方面效益计算与阐述。

①水保措施增大植被覆盖度计算：水保措施实施后，有效地增加了地表植被的覆盖度。其效益可用增加的植被率表示，可按公式（2-86）计算：

$$\eta_4 = \frac{F_{后} - F_{前}}{F} \times 100\% \tag{2-86}$$

式中：$F_{后}$——治理后植被覆盖面积（亩）；

$F_{前}$——治理前植被覆盖面积（亩）；

F——流域内土地总面积（亩）。

②防护林增产效益计算：可用农田有无防护林的增产值来计算。

（3）水保措施其他生态效益：水土保持工程项目建设产生的生态效益还有减少减轻风暴危害、减少水质污染、调节气候、净化空气、减轻噪声、美化环境、保护野生珍贵动植物的效益，可进行定性阐述。

4.5   社会效益计算

水土保持工程项目零缺陷建设社会效益的计算，分为社会效益内涵和计算方法 2 项。

（1）水土保持社会效益内涵。水土保持工程项目建设实施后给国家带来的收益可作为社会效益来计算。其主要内容有水保措施的蓄水保土、防洪御灾等受益。

（2）水土保持社会效益计算方法。分为蓄水、保土、削峰和节省路桥基本建设投资等各方面效益进行计算。

①蓄水效益 B' 计算：可采用公式（2-87）进行计算。

$$B' = \Delta W_n \cdot P_2 \tag{2-87}$$

式中：ΔW_n——水土保持措施年度蓄水总量（万 m^3）；

P_2——当地建蓄水工程每立方米库容造价，可用各省区调查平均值计算（元）。

水保建设后蓄水供给农林牧业用水、工业用水、人畜饮用水的效益已在经济效益中计算，社会效益就不再重复计算。蓄水供给农作物、林业、种草生产用水，其蓄水量小于植物生长蓄水量时，可不计算效益；若蓄水量大于植物需水量，部分水量转为地下径流，增大了河道非汛期水量，并被利用时，可计算其利用水量的经济效益。若因为拦蓄水量，给上、下游带来负效益时，应在总效益中予以扣除。

②保土效益 B_1^t 计算：应采用公式（2-88）进行计算。

$$B_1^t = \Delta S_n P_3 + \Delta S_n^t P_3^t \tag{2-88}$$

式中：ΔS_n——流域水土保持工程项目建设治理措施各年度保土数量（即减少下游水库淤积泥沙量）（万 m^3）；

ΔS_n^t——各年度保土数量（指减少下游河道淤积泥沙数量或加高堤防土方量）（万 m^3）；

P_3——每立方米有效库容的工程造价（元/m^3）；

P_3^t——清除河道每立方米泥沙或加高堤防单位土方量的造价（元/m^3）。

每条流域的水库淤积量、河道清淤量均不相同，可根据实际情况计算其中一部分。由于保土产生的负效益应在总效益中予以扣除。

③坝路效益计算：坝路结合工程节省了公路桥涵建设投资，其社会效益可用单位工程造价减去坝体增加的投资来计算。

④水保措施削减暴雨洪水峰值效益计算：水土保持工程项目建设措施对流域洪水起一定的削峰作用，其社会效益为治理前后多年同频率暴雨洪水削减峰值多少，使下游工程、城镇、农田、工矿交通等免受灾害损失的效益，可按《水利经济计算规范（SD 139—1985)》第四章第二节进行计算，也可以用为免遭灾害而修建防洪堤投资和被保护的小型工程投资来计算。

⑤水保措施增大耕种面积效益计算：水保措施实施后，增大基本农田耕种面积，促进陡坡退耕，其效益可用退耕后土地面积的毛效益减去坡地的毛效益计算。

⑥水保措施增加粮食和"三料"的效益计算：水土保持工程项目建设措施实施后增加农民口粮，避免和减少了粮食由外地调进，部分解决了燃料、饲料、肥料这三料及吃水等问题，其社会效益可以定性阐述。

5 零缺陷建设设计方案的经济效果分析

（1）水土保持设计方案经济效果分析内容：一般应做动态分析，即将水保工程项目建设投资和其效益应计入时间价值。有关时间价值的计算和经济效益分析内容，可依据《水利经济计算规范（SD 139—1985)》第五章执行。

（2）水土保持措施设计方案的经济使用年限：水土保持措施可定为 30~50 年，经济报酬率指标可采用 6%~7%。

（3）水保项目设计经济效果分析：采用经济效益费用比（R_0）、净效益（P_0），内部经济回收率（r_0）、投资回收年限（T_0）等指标，以判明设计方案经济效益上的合理性和经济效果的高低，最后进行水土保持设计方案经济效果的评价和对设计方案的选优与确定。

第七节
零缺陷建设设计成果

1 零缺陷建设设计技术经济指标

（1）水土保持项目零缺陷建设设计方案选优：应按水利部发布的《水利水电工程水土保持

技术规范（SL 575—2012）》进行效益计算。分析水保工程项目建设投入、产出及进度指标，进行方案比较，选择最佳方案。

（2）制定水保治理设计科学、无缺陷的设计概算定额：在设计单元内应进行多点调查，采取统计分析与成因分析相结合的方法制定各类水土保持治理技术措施的概算定额。

（3）设计进度指标与劳动力平衡零缺陷计算：水土保持工程项目零缺陷建设设计应计算可能投入水土保持的劳动力数量；计算完成进度需要的劳动力数；并进行劳动力平衡，以确定水保工程项目建设合理的进度指标。

①可能投入劳动力计算：根据每年劳动力总数及每年劳动力的净增率（％），深入调查和预测当地农牧业生产发展情况，估算单元内每年可能投入的劳动工日数。

②需用劳动力计算：分为以下3项内容计算水保工程项目建设需用劳动力数量。

a. 计算新增水保治理措施需用劳动力：根据各项水保综合治理技术措施的新增数量及用工概算定额，分别计算各项水保技术措施每年需用工日，累加求得新增水保治理技术措施的年需用工日；

b. 计算管理养护需用劳动力：根据原有各项水保技术措施数量及管理养护用工定额，分别计算各项措施每年需用工日，累加求得每年总需管理养护工日；

c. 完成进度指标需用劳动力计算：为每年新增水保治理技术措施需用劳动力与原有水保措施管理需用劳动力之和。

③水保工程项目建设劳动力平衡计算：是指将每年可能投入劳动力与需用劳动力比较，并调整确定每年进度指标。

（4）水土保持工程项目零缺陷建设设计投资：是指包括项目建设治理投资及年运行费，应按照水土保持项目零缺陷建设投资和其年运行费这两种计算方法进行测算。

（5）水土保持工程项目零缺陷建设设计效益：包括项目建设带来的经济效益、蓄水保土效益及社会效益。应按水土保持工程项目建设效益计算和经济效果分析的规定进行计算分析。同时应对项目建设规划设计各个阶段末的农业总产值与总收入水平，农、林、牧各业产值所占的比重、农业结构的变化进行综合分析。

（6）零缺陷建设设计方案选优：在水土保持项目零缺陷建设设计过程中，应进行水保项目零缺陷建设的经济效果分析，从中选出最优设计方案，以达到土地利用率高、投入少、产出高，投资回收年限短，治理效益显著。在进行方案比较时，一般采用经验方法，有条件时，可采用线性规划、动态规划等系统工程方法，充分论证项目零缺陷建设的可行性。

2　零缺陷建设设计成果

（1）设计说明书的主要内容：有以下4项。

①项目地区的基本情况与面临的水土流失主要问题；

②项目地区水土保持现状及其主要经验；

③项目地区农业生产发展方向、土地利用规划、水保治理措施布局；

④项目建设主要技术经济指标及其效益分析；实现规划的措施。

（2）设计图纸的主要内容：有如下2项。

①重点、大型流域水保设计应有地形图、地貌图、土壤类型图、侵蚀类型图、土地利用类型

现状图、规划图及其年度实施图。

②中小型流域水保设计应有土地利用类型现状图、设计图及其年度实施图。

（3）设计方案附表的主要内容：中、小型流域水保治理附表应按以下附表格式（表2-20至表2-24）填写。即项目地区人口劳动力发展规划设计表、项目水保措施设计表、水土保持项目建设设计效益表、水土保持工程项目建设设计投资表等，还可根据项目建设需要制定补充其他表格。

表2-20 项目地区人口劳动力发展规划设计表1

项目 / 年度	单位	基期	规划期末年
自然增长率	%		
净增加人数	人		
年末总人数	人		
总劳动力数	个		
用于水保项目劳动力	个		
水保劳动力占总劳动力数量的百分比	%		

表2-21 项目地区人口劳动力发展规划设计表2（亩）

年度 / 项目	基期			规划期末年		
	数量	人均	占总面积（%）	数量	人均	占总面积（%）
总土地面积						
一、生产用地						
（一）农业用地						
其中基本农田						
（二）林业用地						
其中果园						
（三）牧业用地						
其中：人工草场						
自然草地						
（四）其他生产用地						
二、非农牧业用地						
农林牧用地比例						

表2-22 项目水保措施设计表 年 月 日

项目 / 年度	单位	基期	设计建设期末	
			工程量合计	期末达到
建设治理面积	亩			
占水土流失面积	%			
设计耕作措施 等高耕作	亩			
带状间作	亩			
沟垄种植	亩			
其他方式	亩			
合计	亩			

（续）

项目 年度			单位	基期	设计建设期末	
					工程量合计	期末达到
设计林草措施	造林	防护林	亩			
		用材林	亩			
		经济林	亩			
		薪炭林	亩			
		合计	亩			
	种草	苜蓿	亩			
		沙打旺	亩			
		其他	亩			
		合计	亩			
	种子基地		亩			
	封山育林		亩			
	其他		亩			
	合计		亩			
设计工程措施	淤地坝	座数	座			
		土方	万 m³			
		库容	万 m³			
		可淤面积	亩			
	拦沙坝	座数	座			
		土石方	万 m³			
		库容	万 m³			
	谷坊	座数	座			
		土方	万 m³			
	蓄水塘坝	座数	座			
		土方	万 m³			
		总库容	万 m³			
		灌溉面积	亩			
	沟头防护	沟埂长度	km			
		土方	万 m³			
	涝池	座数	座			
		库容	万 m³			
	水窖	座数	座			
		库容	万 m³			
	截流沟		km			
	梯田	水平	亩			
		反坡	亩			
		其他	亩			
	引洪漫地	地块数	块			
		面积	亩			
	水平沟		m			
	鱼鳞坑		亩			
	其他方式					

表 2-23 水土保持项目建设设计效益表

项 目			单位	规划设计建设前基数	规划设计建设期末效益	规划设计期末占基数（%）
经济效益	耕作措施	等高耕作	万元			
		带状间种	万元			
		沟垄种植	万元			
		其他	万元			
		合计	万元			
	林草措施	木材	万元			
		枝叶	万元			
		果品	万元			
		种子	万元			
		牧草	万元			
		其他	万元			
		合计	万元			
	工程措施	梯田	万元			
		坝地	万元			
		蓄水塘坝	万元			
		蓄水池	万元			
		水窖	万元			
		谷坊	万元			
		其他	万元			
		合计	万元			
	总效益		万元			
	年均效益		万元			
蓄水保土效益	蓄水效率		%			
	保土效率		%			
	削峰效率		%			
	其他		%			
社会效益	蓄水效益		万元			
	保土效益		万元			
	削峰效益		万元			
	其他		万元			
	合计		万元			

（续）

项目		单位	规划设计建设前基数	规划设计建设期末效益	规划设计期末占基数（%）
其他生态效益	防风效益	万元			
	固沙效益	万元			
	植被增加率	万元			
	其他效益	万元			

表 2-24　水土保持工程项目建设设计投资表

项目　　造价			单位	工程量	总造价（万元）	国家投资（万元）			企业（万元）	其他（万元）	单位面积、单项工程投资额（元/亩、元/座）
						专项	省地市	其他			
林草措施	造林	防护林	亩								
		用材林	亩								
		经济林	亩								
		薪炭林	亩								
		小计	亩								
	种草	苜蓿	亩								
		沙打旺	亩								
		其他	亩								
		小计	亩								
	封山育林		亩								
	退耕还林		亩								
	种子基地		亩								
	合计		亩								
耕作措施	等高耕作		亩								
	带状间作		亩								
	其他		亩								
	合计		亩								

（续）

项目 造价		单位	工程量	总造价（万元）	国家投资（万元）			企业（万元）	其他（万元）	单位面积、单项工程投资额（元/亩、元/座）
					专项	省地市	其他			
工程措施	坝库	座								
	谷坊	座								
	蓄水塘坝	座								
	沟头防护	km								
	涝池	座								
	水窖	座								
	截流沟	km								
	梯田	座								
	其他									
总计										

第三章
植物防护土坡工程项目
零缺陷建设设计

目前，在我国的土坡水土保持工程设计中，仍然采用传统的挡墙、喷锚、抗滑桩等护坡技术，采用植物进行生态护坡技术仅被当做一种"绿化"和"点缀"环境的行为。然而，在倡导生态修复保护的今天，大量栽植一些根系发达、固结土体作用强的植物，适地适技地把环境景观绿化工艺学和土体力学与生态环境岩土工程技术密切结合在一起，因地制宜地应用到生态护坡生产实践中去，就可以珠联璧合地实现生态防护土坡的巨大生态经济效益和社会效益。为此，需要从土体力学、土壤学、植物学、造林学等多专业的技术角度出发，说明植物根系防护土坡的机理、种类及其计算方法和零缺陷设计的原则与典型案例。

本书所介绍的植物防护边坡零缺陷设计及其技术，是从土体力学、土壤学、植物学等综合性的专业角度出发，充分研究了植物防护边坡土体的机理和类型。在一系列的试验和理论研究基础上，提出了植物防护边坡零缺陷设计的计算分析方法和原则。其零缺陷设计核心主要包括以下6项内容：

第一，香根草根系生态加固土体的研究成果。通过室内外香根草根系生态加固土体的试验研究，发现香根草根系能够很好地提高土体的抗剪强度和改善延展性，同时得知，土体中香根草植株的根系含量越多，其固结土体的效果越明显。通过开展不同固结应力、不同应变速率作用下饱和土体，以及不同控制吸力作用下非饱和土体的单轴/三轴压缩试验，发现应力应变曲线表现出渐进变形破坏的特性，如应变速率效应、剪胀与软化、表观超固结特性等。

第二，边坡土体本构模型的模拟作用。通过对边坡土体的各向异性、黏滞性、结构性、非饱和特性，以及植物根系固土特性等多因素共同作用下土体的广义结构性本构理论与模型的探索研究，得知所建立的模型能够很好地模拟土体（包括植物根系加固土体）的强度与变形特性。通过与饱和土体在不同应变速率下的三轴压缩和伸长试验，以及非饱和土体在不同控制吸力作用下的固结仪和三轴压缩试验结果的对比分析，发现本构模型很好地数值模拟了不同围压的压硬效应、不等向固结应力影响、剪胀与软化现象、应变速率效应，以及不同控制吸力作用下的压缩、剪切和变形特性。

第三，边坡土体渐进变形与裂隙的影响因素。在沈珠江院士的非饱和土体简化固结理论基础上，建立了综合性部分排气的水—土—气耦合的弹塑性有限元数值分析模型、计算方法及程序；

基于土坡的渐进变形会受到土体的各向异性、黏滞性、结构性以及非饱和特性等多种因素的影响，为此开展了土坡裂缝形成与发展机理分析；并利用预裂进气压力代替一般进气压力值，以考虑降雨时边坡土体裂隙更多的吸力丧失，同时通过不断扩大渗透系数来模拟土体裂隙产生和进一步开裂受到的影响。

第四，植物护坡对有效控制土坡渐进变形和持续稳定边坡。推导出饱和土体与非饱和土体的弹塑性矩阵，以及由于黏滞性或吸力改变引起的初应变对应的具有确切物理意义的"外荷"增量，以便替代传统的"强度折减法"或"软化模量法"来模拟岸坡的变形问题。应用 Newton-Raphson 数值积分格式的增量迭代收敛算法和有限元数值分析模型，对香根草等植物根系生态加固土坡的渐进变形、蒸发失水变形和降雨入渗变形，都进行了更佳的数值模拟。计算分析的结果表明，香根草等植物根系固坡对有效控制土坡渐进变形起着很强的作用，有助于边坡的持续稳定。

第五，影响边坡的渐进变形参数。采用所建立的综合了各向异性、黏滞性、结构性、非饱和特性和植物根系固土作用特性等多因素共同作用下土体的广义结构性本构理论模型，根据应变—速率相关方程推导出植物覆盖下的无限边坡渐进变形分析近似解析模型；并结合参考了土体的各向异性、黏滞性、结构性、植物根系固土特性、非饱和特性等对土坡滑移的影响；其结果表明，边坡土体的整个滑移区从下向上基本可以划分为稳定层、剪切层和随动层。考虑植物根系的固土作用可以很有效地控制或减小岸坡土体的渐进变形，边坡土体的渐进变形随着各向异性参数 ak_0 的减小、黏滞性参数 Ψ_0 的减小、植物根系固土强度参数 μ_0 的减小、结构破损度 D 的增大，以及广义吸力 S 的减小而增大。

第六，通过近似解析模型的计算结果表明，在边坡渐进破损变形过程中，边坡土体的归一化不排水抗剪强度 S_u/σ'_z 随着初始裂隙发育程度参数 μ_0 的增加（植物根系固土作用使得初始裂隙数量减少）而增大，随着各向异性参数 ak_0 的增加而增大，随着塑性体应变率的增加而增大，随着破损比 D（表征次生裂隙影响）和 Lode 角 θ 的增大而减小。

第一节
植物防护土坡概论

1 土坡水土流失的危害

1.1 土坡发生水土流失的机理

土坡一般会面临水土流失、崩塌和滑移等生态灾难问题，因此非常需要了解这些问题的原因及其防治技术措施。一般而言，重力是驱使土坡土体滑移的主要因素，风力、水力的作用则是产生水土流失危害的主要原因，而采取植物防护可以有效防止水土流失和土坡滑移。

水力、风力与冰冻等外力的冲击作用、拖拽和掀翻作用、冻融干湿循环变化等物理风化作用以及化学或生物风化作用，使岩体破裂粉碎和土颗粒之间的胶结断开，从而使得面层土脱离地表并随外力作用迁移，通常人们把这一过程称为水土流失。边坡表层受风力、水力的物理风化作用，使面层土开裂碎解成细粒状、条片状，在重力、水力、风力作用下沿坡面"剥落"下来；边坡松散土层在降雨或地表径流的集中水流冲刷侵蚀作用下，沿坡面形成沟状"冲蚀"破坏；首先形成密集的"纹沟"，继而发展成"细沟"，逐步加大直至发展成"切沟"或"冲沟"，并密布于坡面，最终造成坡面坍滑等破坏现象；另外，松散坡土被水流挟裹搬运形成"泥流"。水土流失一般从几厘米到几十厘米深，其中以"细沟"侵蚀破坏作用最强。

影响边坡水土流失的因素很多，有干旱程度、降雨强度、降雨冲蚀力、径流量的大小、水流速度和流量、水流冲刷挟带泥沙的能力、地表粗糙度、坡度、坡长、土质类型及其组构、土颗粒间的胶结程度、土壤含水量、植被类型等。其中，水土流失的外因——水力、风力和冰冻的作用大小一般受流速、流量和土坡坡度、坡长及粗糙度的影响，而决定抵抗水土流失的内因——土体土壤的内在摩擦和黏结作用的强弱则会受到土体的基本特性、土体颗粒之间的胶结程度、土体颗粒间的物理化学作用等的影响。一般地讲，级配良好的粗砾石的可蚀性较低，而均匀的粉土和砂土的可蚀性较高。土体的可蚀性随黏粒和有机质的含量及含水量的增加而降低，随离子强度的减少而增加。在较长较陡的土坡中设置横向截流浅沟，利用植被防护增加地表粗糙度、降低水力冲刷和风力搬运的能量，以及利用植物根系增大土体的强度，能够很好地抑制水土流失危害的程度。

1.2   综合治理土坡水土流失事关国家生态安全战略

根据交通部出台的《交通、水运交通发展三阶段战略目标》，2010 年全国公路总里程将达 180 万 km，其中二级以上公路达 36 万 km；到 2020 年全国公路总里程将达 230 万 km，其中：二级公路达 55 万 km；2040 年公路总里程将超过 300 万 km，其中高速公路总里程达 8 万 km。我国有 2/3 国土处于山区或丘陵地区，公路的大量建设势必会形成大量的边坡。边坡的开挖使地表植被遭到破坏，水土流失危害加剧，同时还可能造成崩塌、滑坡等，给工农业生产和人民生活带来严重危害。

我国目前正在面临的主要水利生态环境难题有两个：一是水土流失，水土流失面积约占国土面积的 1/3；二是水资源严重短缺和水环境极度恶化。

黄河流经的黄土高原是世界上水土流失最为严重的地区，平均每年向黄河输入泥沙 16 亿 t，造成黄河下游泥沙淤积、河床抬高、水资源紧缺。长江上游金沙江、嘉陵江及三峡区间、中游支流等地区水土流失也非常严重，常常会发生滑坡和泥石流。水土流失、水资源短缺和水污染等生态安全问题已经成为我国可持续发展的重要制约因素，切实完善水土保持工程综合治理以及加强水环境的改善需要有创新、实用且适用的理论支撑。

1.3   探索和实践植物防护土坡技术势在必行

按照传统水利工程学的建设方法，江、河、湖、海的堤防岸坡为了防止水流和波浪对岸坡土体的冲蚀和淘刷造成侵蚀、塌岸等破坏，经常采用砌石护坡、堆石护坡、现浇或预制混凝土板护坡等做法。这些传统工艺的做法，不仅费时耗财，而且有时还会产生工程质量等问题。另外，在大气、水和生物作用下的地表面层会发生劣化/风化。干湿、冷热和冻融等引起的物理风化，以及溶解、水化、水解、酸化、氧化等引起的化学风化甚至生物风化，均会引起面层材料的劣化或失效。堤坝与边坡中由于长期经受风力和水力侵蚀、湿胀干缩、热胀冷缩等的作用，往往还会在土坡内部引起许多裂隙等严重问题。裂隙是危及土工建筑物安全的主要灾害之一，如何解决堤坝与边坡中的裂隙问题，多年来也一直是土体力学专家致力研究的重大攻关课题。这些问题如果长期还只是采用传统水利工程学的建设做法（例如灌浆）去解决，通常还会直接或间接地带来更为恶劣的生态环境问题。

水土流失和岸坡失稳破坏问题已经成为人类与自然环境间相互作用、相互冲突的重要问题。为了做好水土保持以及水环境改良等生态修复环境建设工作，保护和恢复水生态系统，维护河流的绿色和健康生命，必须想办法解决上述诸如水土流失、侵蚀、崩岸、风化以及裂隙等水土保持工程建设中的岸坡防护技术难题，协调好"工程水利"与"生态水利/资源水利"这一对矛盾。人为活动所形成的许多岸坡，若仅凭自然界自身的力量去恢复生态平衡，需要经过数以千百年计的漫长年代。因此，非常有必要研究出取代传统"硬质、非生态型"岸坡防护的"活性、生态型"岸坡防护的复合型理论和技术，找到一种既可确保岸坡稳定而又有助于持续稳定改良生态环境的岸坡有效加固的生态防护技术方法。

生态环境的修复建设已经成为 21 世纪生态文明、绿色发展的重要课题。世界发达国家都重视环境绿化，如美国、法国、加拿大、澳大利亚等国家到处是绿草如茵，日本、我国香港的岸坡绿化起步也比较早，在工程建设中他们的主导思想是建设与绿化同步实施。随着我国经济实力的增强和环保意识的提高，对生态环境的保护与研究越来越受到重视，国家颁布的《中华人民共和国水土保持法》等一系列法规，都对保护植被环境有明文规定。许多研究都有力地表明，植被复合型系统既有利于涵养水源、保持水土、改造生态环境，而且遇有突发性暴雨，也能有效拦截雨水，延长汇流时间，削减洪峰流量，减少、减轻洪水对堤坝的冲击力。复合型植被系统能够使水利电力等经济建设工程的实施与水土流失、水生态系统环境恶化这一矛盾得以缓解。

2　土坡滑移和渐进变形产生的破坏

在重力和渗透水压力作用下，边坡表层土呈流塑状态，随之发生"溜坍"等局部破坏现象，一般破坏深度约为 1m。边坡内部形成一定贯通滑移面，会发生"坍塌"，并伴有局部坍落，厚度一般为浅层 1~3m。当坡土发生连续破坏，形成整体滑移面，则会发生整体性的位移"滑坡"，大多具有浅层性，一般为 1~3m，有些可深达 5~6m。

2.1　土坡产生的滑移破坏

一般可以从土的剪应力增加或抗剪强度降低 2 个方面去分析其中的成因，认识和分析这 2 个方面的各个因素对于防治土坡的滑移破坏非常重要。

（1）增加土坡剪应力的诱因。增加土坡剪应力的诱因主要有地震、土坡上新建筑物或填方、坡脚挖方或挡土墙拆除、土坡地下水位降低、降雨或地下水位上升或降雨入渗到土坡裂隙等。

（2）降低坡土抗剪强度的原因。有效降低坡土抗剪强度的原因主要有风化、孔隙水压力上升、浸水膨胀和离子交换溶解、材料软化等化学过程。

天然土的时效特征是目前水利等大型土木工程建设成败的控制因素之一。其产生的客观原因可归咎于天然土在各种赋存环境中所具有的不同强度和变形特性，以及土体所受到的荷载水平、加载方式和降雨、风化等其他外在的扰动条件。我国地域辽阔，地质、地形变化复杂，在蓄水、防洪、道路和铁路等工程建设中，经常会遇到在复杂的地基中筑建堤坝等土工建筑物的技术难题。在天然土坡的灾害预测与防治过程中也会遇到许多复杂的岩土体力学与工程问题，其中较为关键的是这些土工建物在建成使用期间发生的变形破坏性问题，诸如大坝、堤防的变形破坏，路堤工后沉降、侧向变形以及边坡滑移与泥石流等。无数的岸坡在各种赋存环境中，就因为受到不同荷载作用和其他如洪水、降雨、冻融、风化等外在扰动的影响会发生破坏现象。

自然过程引起的岸坡破坏主要有以下 2 种类型：①短期外在作用引起的破坏：是指在地震和风浪作用下的砂土液化和水流冲刷下的滑坡、崩坍破坏现象；②缓慢发展的风化作用引起的破坏：缓慢发展的风化过程使得岸坡土体经历一个从量变到质变的积累过程，在某一诱因作用下发生突然破坏，典型的如泥石流。

2.2   天然土坡的变形破坏

天然土坡的变形破坏大致表现为渐进式和突变式 2 大类。例如边坡的变形有些是长期的，以较低的变形速率进行，有些则以较大的变形速率推进，观测到的变形速率包括了从一年几毫米到数小时几千米的范围。风力和水力侵蚀、湿胀干缩、热胀冷缩可能引起土体内裂隙的形成。岸坡土在水分蒸发、降雨入渗的干湿循环过程中历经裂隙产生、发展或缩小、闭合，最后吸力完全丧失的整个过程，往往就会产生渐进的变形破坏。通常而言，在主动性重力型滑坡过程中，位移速率的大小主要取决于随季节变化的土体中孔压。在直线形滑坡中由于驱动力不会随时间发生很大的变化，这一特点尤为突出，位移速率一般从每年几厘米到每年几米。相比之下，由于受到快速的孔压增长、应力改变或强度减少等因素的影响，被动性牵引型滑坡往往具有突发性或较大位移速率等特点。边坡的破坏滑移面往往是从 1 个潜在的由于结构性扰动造成的薄弱区开始，逐渐形成扩大的剪切面区，然后从此区发展渐进地形成潜在的滑移面，根据 Mohr Coulomb 理论，剪切面一般会在与最小主应力方向成（$45+\phi'/2$）的倾斜面上发展。短暂的暴雨一般只会引发浅层滑坡，而深层滑坡往往要历经一段长时间的雨水入渗浸泡过程。这一入渗浸泡破坏过程与土体的饱和度、渗透性及裂隙发展程度相关。土层深处孔压的消散一般要比浅层的慢，通常边坡会在降雨之后一段时间后才发生破坏。上述表明，天然土坡土体的变形破坏一般是土体的位移渐进发展到一定程度的结果。即使是突变式的变形破坏，往往也是从渐进式变形的量变累积而成的质变。

2.3   植物防护岸坡的失稳破坏

岸坡的失稳破坏已经成为全球性的重大地质灾害源之一，是一种常见多发的自然地质灾害，具有群发性、重复性和广泛性等特点。人类的理论研究与工程实践历来重视这一领域。土质岸坡的传统防护、加固措施大多是采用砌筑挡墙或打设抗滑桩等，这些刚性措施除了造价较高的缺点之外，对生态环境也会造成明显的损伤与破坏。同时人们也已经意识到，普通的植被系统如草皮或浅根系植物只适于水土保持以及浅层土体的防护等。为此，需要寻求一种不仅适合于浅层土，又适合于一定埋深土的"活性、生态型"防护技术工艺措施，进行复合型生态防护理论与技术的研究，将工程建设与生态环境保护有机地结合起来，在确保岸坡稳定的前提下，通过植物不断改善周围环境，从而达到帮助解决水土保持以及水环境改善等生态修复建设环境难题的目的。

3　植物防护土坡的生态修复作用

3.1　植物护坡对土坡生态稳定性的影响

植物根系一般穿透力强，能向面层以下的土壤横纵发育，可以减弱雨水、河流与地表径流对岸坡表面的冲蚀，再加上植物群落的覆盖面积大，从而可以防止水土流失。因此，近 20 多年来，植物的绿色护坡已经由于可自修复的"活性"而得到人们的推崇。

（1）植物防护土坡的特点：植物对坡面有针对性的防护相应地表现为以下 3 个特点：

①缓和雨水的冲击，起到消能作用，降低了雨滴对坡面的冲击。

②增大岸坡贮水量，担当浅层"地下水库"，相应地减少了坡面径流量。随着覆盖度增加，使得径流水分的入渗量也随之增大，而坡面径流量和径流速度则相应随之减少。

③植物根系交织形成了巨大的根系网络，将其周围土壤缚紧，具有较好的护坡作用。

边坡生长植物根系的影响范围约为土深 2m 以内，表现为浅层破坏，主要发生在风化岸坡上；这种发生在风化岸坡上的滑坡一般有以下 3 个特点：a. 土体结构一般松散，内部黏聚力小；b. 诱因一般为暴风雨，即由于雨水的入渗造成土体的强度下降和土体中孔隙水压力的增加；c. 滑动面为近似浅层平面，一般位于松散土体与坚硬土体或基岩的接触面附近。

（2）植物防护土坡的影响效应问题：Greenway（1987）较为全面地从水文和力学效应 2 个方面深入地探讨了植物对岸坡的有效加固作用以及植物对岸坡稳定的影响力（表 3-1）。

表 3-1　植物对岸坡的影响效应

	测定研究项目	对边坡稳定影响效果评价
水文效应	植物叶茎拦截降雨，减少雨水入渗量	好
	植物蒸腾会致土体干裂，加大雨水入渗量	坏
	植物蒸腾作用致使土体丧失水分，减少土体的空隙水压力	好
	植物可增大河道粗糙率，致使水的流速不畅或减慢	坏
力学效应	植物根系对土体有加筋作用，增大土体的抗剪强度	好
	植物根系对土体起到锚固、支撑作用	好
	植物自重增大岸坡载荷、传递风载荷给岸坡	坏
	植物根系能约束地表土体的颗粒，减轻土壤流失程度	好

对于不同边坡，植物根系的垂直延伸对岸坡的稳定作用有以下 4 种状况（Tsukamoto 和 Kusuba，1984）：

①岸坡土层浅薄，植物根系贯穿土层，但岸坡基岩表面坚硬，根系不能扎入基岩，这种状况下垂直根对边坡稳定贡献不大，新开挖的完整岩石岸坡上实施喷射植被混凝土绿化工程就属此种类型。

②基岩有裂缝，植物直根可以深入基岩裂隙中，对岸坡稳定起很大作用，在破裂岩石岸坡上实施喷射植被混凝土绿化工程也属于此种类型。

③土层较厚，在表层土体和基岩之间有过渡层，过渡层土体的强度随深度增加而增大，根系深入到过渡层，起到加固岸坡的作用，这种类型常见于一般天然岸坡。

④覆土太厚，植物根系不能延伸到滑动面，根系对岸坡稳定作用不大，这种情况在深厚的黄土高原常见。

被植被覆盖下土坡的稳定具有复杂性，其面临的主要问题有：如何准确得到现场植物根系随土体深度而展现的分布特征图？如何设计植物根系的锚固作用？如何考虑植物根系含量与土的抗剪强度的关系？如何选取计算模型？因此，就有必要开展植物生态护坡的加固机理与计算模型的研究。

3.2　植物根系的分布特性

在具体设计植物护坡工程项目建设时必须考虑坡度对植物根系发育的影响，根系具备的锚固作用由于很难事先知道根系的分布情况，一般难以准确估测。当坡度增大时，草本植物的根系一般只会向坡面下方延伸，但几乎不会向坡面上方和土体深层处延伸，且有植物根系分布的土体层会变薄，这种分布形态不利于土坡的植被防护。木本植物根系在坡面变陡时，根系会向边坡的侧面和深部延伸，容易构成一个立体根系网络。草本植物的根系一般为直径小于1mm的须根。通常植被总根系的90%主要分布在0~30cm的土层以内，30~70cm约占8%，而70cm以下仅占2%。草本植被根系的分布特征决定了它对土体只能影响30cm深度以内的土体。由于草本植物生长所形成的群落非常浓密，因此，它完全适宜用于控制地表土体的侵蚀。

3.3　植物根系的强度

树种、生长环境、季节、树根直径以及树根位置都会对树根强度产生影响。由于影响树根强度的因素很多，一般而言，树根抗拉强度最大可达70MPa，但多数树木植物的树根抗拉强度在10~40MPa之间。

3.4　植物根系的固土理论与模型

植物根系有助于提高土体的强度。植物根系提高土体强度的大小取决于根茎的强度、根系在土体中的空间分布、土-根系相互作用等因素。而根系的分布和强度又取决于植物类型、土体结构组成等。大量的实验证明：砂土中含有少量的根纤维就能显著提高其抗剪强度，类似于纤维土的强度特性。

国内外学者从不同侧面对根-土相互作用机理及林木根系的固土作用进行了的大量的研究和探索。Wu等（1979，1986）与Abe和Ziemer（1991）深入探讨了土-根系的相互作用和根系对土体抗剪能力的影响。Watson和Dakessian（1981）研究了岸坡稳定性分析中植物根系的作用。刘国彬等（1996）认为草本植物的根系与土体之间具有网络串联作用、根土黏结作用及根系生物化学作用。程洪和张新全（2002）认为植物根系具有本身材料力学作用的同时，还存在着根系网络串联作用、土-根系有机复合体的黏结作用及土-根系间的生物化学作用。

Wu等（1988）与Abe（1990）提出考虑了植物根系分布特征的模型。杨亚川等（1996）提出了土-根系复合体的概念，认为复合体的抗剪强度与法向压力的关系符合库仑定律，复合体抗剪强度随含根量增加而增大，随含水量增多而减小；复合体的黏聚力随含根量呈正相关关系，而内摩擦角与含根量关系不大。Sakals 和 Sidle（2004）利用土-根系黏着力的时间和空间模型，研究了根系对岸坡的作用。周辉和范琪（2006）根据植物护坡作用机理和应力应变模式，建立了根系固土作用力学模型，并推导出植物根系抗滑力的一般计算式。

有关带根系土体的室内与现场试验情况，Wu 等（1988）开展了现场植物根系与土复合体的试验研究。Endo 和 Tsuruta（1969），以及 Wu 和 Watson（1998）等开展了现场原位直剪试验，证实了树根对土体抗剪强度的提高。李绍才（2006）通过野外原位拉拔试验，研究了护坡植物根系与岩体相互作用的力学特性。

4　结构性防护土坡技术

4.1　技术种类

传统防护土坡挡墙支护技术，分为混凝土或砌石重力式挡墙、悬臂式挡墙、扶臂式挡墙、锚定板挡墙、柱板式锚杆挡墙、板桩或卸荷板桩式挡墙、拉杆卸荷板柱板式挡墙、卸荷板—托盘式挡墙、排桩支护挡墙、金属拉条或土工合成材料加筋土挡墙、复合土钉挡墙，其中土钉或锚杆、抗滑桩护坡技术，主要针对深层滑移造成的破坏，适用于空间狭小地段或挡墙结构难以满足土坡稳定性的情况。另外，还有主要用于护岸的诸如抛石护岸、石笼护岸、砌石或混凝土面层护岸、混凝土铰链排等技术。对于胀缩变形较大或膨胀力较大的边坡，结构防护以柔性防护为宜，切不可盲目采用刚性结构去防护。

4.2　技术原理

重力式挡墙主要依靠其自重来抵抗水平推力，需要通过合理设计预防外力导致的倾覆破坏、水平滑移破坏以及地基承载力不足导致的破坏。堆石或砌石挡墙还需验算水平推力造成局部的墙体剪切破坏以及基底不均匀沉降造成的局部破坏。采用金属拉条或土工合成材料加筋土，还需要考虑金属拉条或土工合成材料的局部拉断或抗拔破坏。填充土石材料的钢木石笼或混凝土铰链排建造的挡墙，还需考虑钢木结构或混凝土框架构件接头应力过大或梁柱弯扭应力过大造成的局部破坏。抛石护岸、石笼护岸、混凝土面层护岸、混凝土铰链排护岸主要考虑土坡的局部或整体崩塌和冲蚀性破坏，一般需要在坡底建造挡墙结构以便稳定上部护岸结构。

5　常规植物防护土坡技术

5.1　植物生态修复护坡技术凸显出的科技进步意义

工业文明造就了大量廉价、耐久和安全的钢筋混凝土产品，使人类不再需要利用树木等原始材料去防护土坡堤岸，对此人们已经习以为常。但是，各类边坡的环境条件普遍较差，特别是开凿山体与填埋沟谷形成的边坡大多呈现出土石裸露、侵蚀与滑坡相当严重的不协调环境景象。混凝土或砌石挡墙工程能在一定程度和一定时间内解决侵蚀与滑坡问题，但在人们对绿色生态环境的要求日益高涨的今天，缺少生态绿色效益且造价昂贵的混凝土或砌石挡墙也越来越得不到人们的青睐。相反，价格低廉的植物生态修复护坡工程技术正日趋受到重视和推广，表现出更佳的护坡效果与生态建设效益，而且它在公路凉荫、消除噪声、改善公路小气候以及建设绿色廊道等方面都具有重要作用。

5.2   植物生态修复护坡工程技术的特点

随着近几十年来人们对资源、环境和生态问题的日益关注，植物防护的理念逐渐进入人们的视野，欧美国家率先开始研究和使用植物防护土坡技术，已推广应用到适合植被防护土坡的各个工程建设领域，例如废矿复垦、公路铁路护坡、噪音隔断、固体废弃物处理、大气环境保护、建筑工地美化、河道防冲刷、地面排水系统、水库大坝护岸、海岸抗风浪侵蚀、管道工程防护等。植物防护土坡技术造价低、环境相容性强，因而极具吸引力。植物防护土坡可以有效地降低引起土坡滑移破坏的风险，植物根系可以有效增加土体抗剪强度，植株的蒸腾作用可以减小孔隙水压力，相邻植物根系之间的土拱效应及植物本身的护垫作用能够增加土坡的整体稳定性。通过植被储存或蒸腾水分，调整了坡土的湿度，减少和降低了干湿循环作用的效应，从而增强坡面防冲刷、防变形的能力。然而，对于高大乔木类植被防护，树木自身的重量、风吹树干引起的上拔作用以及粗壮根茎的顶胀作用，则不太有利于防治土坡的滑移破坏。

5.3   植物防护土坡的方式

植物防护土坡的方式可分为厚层客土种子喷播护坡、生态混凝土基材喷播护坡、挂网植草护坡、植生带育种护坡、铺草皮护坡、液压喷播植草护坡、干砌片石或浆砌片石方格或拱形骨架内植草护坡、预制混凝土框格内植草护坡、三维植被网护坡、土工格室植草护坡、香根草篱护坡、马道植草护坡、藤蔓植物护坡等。其中，厚层客土种子喷播护坡技术，是指借助于机器把由泥炭、草纤维、木纤维、谷壳、秸秆、木屑、蛭石、矿物、肥料、保水剂、黏合剂与部分自然土等组成的人工土壤喷播吹附到坡面上，作为基层供植物根系固着、提供植物营养。比较新颖的土工材料联合植物护坡技术，利用土工合成材料网与坡土接触面的摩擦作用，使土体的压应力和剪应力经网格面层扩散成网格—土界面的接触应力，从而相应降低土体的应力，起到固土防滑作用。例如，挂网植草护坡技术，利用土工合成材料植被网垫与植物根系和坡土牢固地结合在一起，形成一层坚固的绿色防护层，防止雨水冲蚀、边坡溜坍和滑坡。植生带育种或者预制草坪土工合成材料网垫护坡技术，将草籽置于两层无纺布之间，利用无纺布的抗拉强度保护草籽，在出苗前防止坡面冲刷，草籽出苗及根系长成后与无纺布交互缠绕网结使坡土连成一个整体，形成网络状结构。三维土工网垫及土工格室植草技术，是由多层塑料凹凸网和高强度平面网或土工格室组成的立体网室结构，植物根系与土工网垫或格室连接成一体形成有力的护坡面层。

5.4   常规植物护坡技术简介

植物常规工程护坡技术还有移植苗木护坡、植物扦插造林护坡、成捆林木枝茎扦插护坡、灌木丛枝茎成捆扦插护坡等。其中，植物扦插造林护坡技术，适用于一般坡度的边坡，坡高可大可小，可防护一定深度的土层，适用于中等强度的土坡，填方挖方边坡均可采用，可控制坡面侵蚀破坏，能控制浅层滑移。成捆林木枝干扦插护坡技术，适用于一般坡度到较陡边坡，坡高可大可小，可防护一定深度的土层，能防治各种强度的水土流失，适合于中低强度的土质，填方挖方边坡都可以采用，可控制坡面侵蚀破坏，能控制浅层滑移。灌木丛枝干成捆扦插护坡技术，适用于一般坡度到中等坡度边坡，坡高可大可小，可防护一定深度的土层，能防治水土流失，适合于中低强度的土质，填方挖方边坡都可以采用，能控制浅层或中等深度滑移。

在常规情况下上述多种植物护坡方式可联合使用，例如复合土工材料网室植物防护土坡技术用来加固坡脚，灌木丛枝干成捆扦插技术用来防护坡顶面，形成开挖边坡的绿色屏障，成捆林木枝干扦插护坡技术用来防护中等高度的坡面，特别是易滑移的坡面，造林木扦插技术被应用于整个坡面，以便把所有护坡植物嵌固成一个整体，同时作为补缺拾遗绿化之用。植物防护越早其效果越显著，一般在稳定边坡的坡面形成或整平后，即结构防护措施例如土石方施工完成后，马上种植植物。一般在生长季节之前种植，使幼苗在不利环境条件到来之前植物群落就已长成。

5.5　适用于我国公路边坡的植物防护边坡技术

目前我国的公路边坡一般坡度较大，坡比降一般为 1∶1，有些甚至达到倾角 60°以上。当边坡坡度较大时，降水落于土坡表面后，极易由于重力的作用，沿坡面往下流失，造成坡土缺水干旱，直接影响坡面植物的正常生长发育，甚至导致植物的死亡，这一点在北方干旱地区的边坡上表现得尤为突出。对于坡度小于 45°的土坡，可在坡面种植灌木和草本植物，同时设置护栏或浆砌石框格围护，以及采用上述植物护坡技术进行防护。当土质边坡坡度大于 45°、坡高大于 8m 时，必须结合结构措施实现土坡植物防护，设置坡面框架等绿化基础工程来确保植物生长在坡面的稳定性。植物防护土坡技术，是利用结构体满足土坡的力学要求，利用植物满足护坡的环境要求，从而防治土坡水土流失、面层风化、土坡破坏。结构体支护和植物防护相互配合补充，相得益彰。在支护工程设计和施工中，工程力学及其原理起主导作用，在植物防护设计和施工中，植物学和土壤学的理论知识指导植物种类选择和种植技术。同时也会顾及植物根系和植株茎干本身具有一定的力学强度，它们埋入地下可以起到固土和排水的双重作用。

5.6　各种植物防护边坡技术的复合应用技术

坡面绿化基础工程联合植物护坡技术的技艺包括：坡底挡墙上方土坡植物防护技术、在坡面架设钢木结构或混凝土框架并在框后坡土中扦插植物构成绿色挡墙的护坡技术、复合土工材料网室植物防护土坡技术、抛石间隙植物护岸技术、石笼护岸间隙植物技术、铰链排间隙植物技术等。其中，坡底挡墙上方土坡植物防护技术，适用于一般坡度到较陡边坡，坡高较小，填方边坡可以采用，能够控制浅层滑移。框架内扦插植物绿色挡墙技术，适用于一般坡度到较陡边坡，坡高可大可小，能够有效防治水土流失，挖方边坡可以采用。复合土工材料网室植物防护技术，适用于一般坡度到较陡边坡，坡高可大可小，可防护一定深度的土层，能够防治水土流失，填方边坡可以采用，能够有效地控制中等深度的土层滑移。

5.7　灌草混播混植防护土坡技术

目前，我国公路边坡生态防护用植物在多数情况下是采用草本植物。这是由于草本植物种植方法简便、费用低廉、早期生长速度快、对防止初期产生的土壤侵蚀效果较好。但是，草本与灌木相比而言则具有较浅根系、抗拉强度较小、固坡护坡效果较差、需要持续性的管理措施等缺点。草本与灌木植被在地面以下 0.5～1.5m 处有明显的固持土体作用，乔木植被根系的固结土体作用可达 3m 甚至更深。但是在坡面大量栽植乔木势必会提高坡面荷载，当风力较大时，树木把风力转变为对地面的推力，从而造成坡面的不稳定和对坡面的破坏，因此，一般不宜在边坡栽植乔木。在持续降雨季节里，高陡边坡有的会出现草皮层和基层剥落现象。故此，若单纯种植草本植物用于公路边坡的绿化并不理想。灌木作为护坡植物主要的缺点是成本较高、早期生长慢、植被覆盖度低、对早期的坡土侵蚀防治效果不佳。但是可以通过与草本植物混播和混植，草本植物早期迅速覆盖坡面以防止坡土侵蚀，后期则由灌木发挥作用。藤本植物主要应用于岩石或喷射混凝土边坡的垂直绿化，其优点是投资少、占地少、美化效果好，但由于边坡一般较长，藤本植物完全覆盖住坡面所需要的时间较长。

第二节
常见土坡的滑移破坏和渐进变形计算方法

1　土坡水土流失的测算方法

1.1　植物防护土坡因子的计算

研究水土流失时都需要分析其成因与颗粒迁移的力学规律，研究土坡滑移时则需要重点考虑其影响因素及其计算分析方法。对土坡水土流失的测算一般可以按照规范采用实地测量法、类比预测法和数学模型法。基于半经验方法建立的一般水土流失公式（USLE）（Gray 和 Sotir，1996；唐德富和包忠漠，1991），通过一系列因子的量化来估算降雨及其产生的表层流引起的年平均土壤侵蚀状况（流失量），这是一种经验性的坡面模型。利用降雨因子 R、土体可蚀性值 K、土坡影响因子 LS、植物防护因子 C、土壤保持措施因子 P 的乘积来估算每公顷面积的土坡在一定时间范围内水土流失量的大小（单位：t）。这里需要提示的是，一般水土流失公式（USLE）不适用于渠道中水流冲刷引起的水土流失，更不能用于泥沙沉积和迁移。降雨因子 R 和土体可蚀性值 K 变化范围仅限于一个数量级，而且其值对于划定的区域一般是定值，主要由土体的物理化学特性决定（如有机质含量等）。土壤可蚀性因子 K 值的确定，可以采取 Wischmeier 等的方法，依据土壤质地、土壤有机质百分含量、土壤结构、土壤透水性等几个主要因子，查阅土壤可蚀性因子诺漠图来确定。降雨侵蚀力因子 R 可以根据 Wischmeier 的经验公式来确定。植物防护因子 C 的大小主要受植被覆盖率、植被防护土坡条件值的影响，对于不同类型与高度的植被覆盖率和植被防护土坡的条件值，可查表 3-2 确定，植物防护因子 C 在连续裸地时取 1.0。土壤保持措施因子 P 的大小受土坡施工条件影响，其值可通过表 3-3 确定，P 在未采取土壤保持措施时取 1.0。土坡影响因子 LS 可通过计算坡度和坡长来确定，对于具体的坡度和坡长，可由表 3-4 中的 LS 值插值确定，或者按照 Wischmeier 公式估算。

表 3-2　植物防护因子 *C*

坡面防护类型	植物防护因子 *C*	坡面防护类型	植物防护因子 *C*
无防护	1.0	棕绳网垫层植草防护	0.3
天然密集植被防护	0.01	木屑草种散播防护	0.5
人工精制草皮防护	0.1		

表 3-3　土壤保持措施因子 *P*

坡面施工条件	土壤保持措施因子 *P*	坡面施工条件	土壤保持措施因子 *P*
整平压实	1.3	坡面上下方向压实	0.9
坡面整修马道压实	1.2	坡面 30cm 表层松散	0.8

表 3-4　土坡影响因子 *LS*

坡比 *S*	坡长 *L*（m）						
	3	9	15	30	90	150	300
1:1	13.4	23.1	29.8	42.2	73.2	94.5	133.6
1:2	5.6	9.7	12.6	17.8	30.9	39.9	56.4
1:3	2.9	5.1	6.6	9.4	16.3	21.1	29.8
1:4	1.8	3.2	4.1	5.8	10.2	13.1	18.6

1.2　土坡水土流失量的计算

土坡水土流失量的确定还可以采用一些针对工程经验建立的公式来计算。如扰动地面新增水土流失量，可按公式（3-1）计算：

$$L = (M_1 - M_2)AT \tag{3-1}$$

式中：*L*——新增水土流失量（t）；

　　　A——影响面积（km²）；

　　　M_1——再塑地貌土壤侵蚀模数 [t/(km² · a)]；

　　　M_2——原地貌土壤侵蚀模数 [t/(km² · a)]；

　　　T——影响时间（a）。

弃土弃渣产生的水土流失量，可按公式（3-2）计算：

$$L = \omega L_0 \tag{3-2}$$

式中：*L*——弃土弃渣产生水土流失量（t）；

　　　L_0——弃土弃渣总量（t）；

　　　ω——弃土弃渣流失系数。

2　土坡发生滑移破坏的极限平衡理论分析方法

极限平衡分析方法经常被用来计算土坡的稳定安全系数。具体的运算步骤如下。

（1）首先，假定 1 个滑坡的破坏模式，可以从最简单的线性滑移、圆弧滑移到更复杂的滑移面破坏。

（2）其次，在假定滑移面的基础上计算滑移面上土体的抗剪强度，一般把滑移体划分成许多土条即条分法。最后，引入 1 个安全系数对整体滑移面的抗剪强度进行折减以便使土坡滑移体部分接近极限平衡状态。计算可以采用总应力法或有效应力法，可能要涉及迭代收敛的问题。

（3）最后，针对不同的滑移面位置比较对应安全系数的大小，把对应最小安全系数的滑移面作为最危险滑移面进行设计和施工。

对于挡墙防护土坡的结构，除了利用极限平衡理论进行抗深层滑移分析之外，还需要进行挡墙结构的抗水平滑移、抗倾覆破坏、抗地基破坏计算，一般抗水平滑移和抗倾覆破坏的安全系数要大于 1.5，抗地基破坏的安全系数要大于 2.5。另外，抗地基破坏除了验算由于偏心荷载引起挡墙基础的最大压应力外，还应当验算挡墙基础另一端的最小压应力，防止出现拉应力，一般控制基础反力的合力作用点距离最大压应力边缘的距离不小于基础宽度的 1/3。其计算公式可参见《土工原理与计算》（钱家欢和殷宗泽，1994）。

3　土坡渐进变形的数值分析方法

3.1　土坡土体的渐进式破坏性描述

传统土坡的极限平衡理论在稳定分析时采用刚塑性理论，它假定土坡破坏时塑性区内各点的剪应力同时达到抗剪强度。这种情况只有对理想塑性材料和应变硬化材料才有可能，而对于应变硬化材料，只有当变形很大时才能近似地达到这一状态。但是，实际上大多数土坡或多或少具有软化特征，尤其是带有一定胶结的天然土坡和超固结土坡。由于土坡内的应力总是不均匀的，应力大的点先超过峰值强度而出现软化。软化后强度降低，原先承担的剪应力将超过抗剪强度。超额的剪应力转嫁给相邻的未软化的土体，引起这一部分土体的剪应力增大而超过其峰值强度，随之而发生软化。这一过程的持续进行将导致土坡的最终被破坏，这一现象就是渐进式破坏。

Terzagh（1936）在 20 世纪 30 年代提出土体渐进破坏的概念，用土体中的不均匀应力和抗剪强度的重分布来解释渐进破坏性的过程。Skemptom（1964）、Bjerrum（1967）和 Bishop（1971）等早期研究集中在长期荷载作用下强度丧失的机理及稳定分析中强度指标的取值问题上（残余强度问题）。土体的渐进破坏主要与硬黏土强度的逐步丧失有关，可以用沈珠江院士归纳的减压软化、剪胀软化和损伤软化 3 种机理来解释（沈珠江，2000）。也曾有学者提出蠕变软化的主张（Vaugh 和 Walbanckle，1973），即长期强度问题。土体的渐进破坏是土体力学中最早受关注的渐进破坏性问题，但描述这一过程的理论至今尚不完善。

此后，许多研究发现土体的残余强度具有应变速率效应，一般而言，残余强度随应变速率（对数）的增多而增大（Skempton，1985）。最近几年出现了一些应用应变速率相关的残余强度理论来描述天然土体渐进破坏过程的研究工作（Wedage 等，1998）。当荷载增加或水位改变等外在扰动条件使土体剪切滑动产生潜在滑动面时，相应的应变速率增加就会导致暂时的强度提高。当然也有可能产生的孔压在位移发生时由于消散而导致强度提高。总之强度的提高增加了额外的抗力，从而会延缓荷载对土体的扰动向低应变速率区的转移。当该处的应变速率降低时，滑动面上的抗力也会降低，因而导致从高应变速率区向低应变速率区的应力重分布。在施工作业期间，土体的变形速率较大会导致一个较高强度，在运行期随着位移的进一步发展和应力重分布的进行，直至应变速率会进一步下降，但变形仍然在随时间继续进行，直至应变速率和相应的强度都降到最小值。可以把应变速率相关的残余强度理论看做是 Terzaghi 关于土体的渐进破坏概念的延伸。

3.2　土坡土体滑移理论的提出

由于天然土体的强度与应变速率相关，这就导致虽然有时土体中应力水平已经很大，但仍然有很多的强度盈余，采用极限平衡理论可能会低估了天然土体本该提供的安全系数。Law（1978）、Chugh（1986）、Srbulov（1995）和 Yamagami（1998）等对常规滑弧法进行了修改，以局部安全系数取代常规总体安全数，从而可以近似估算土体的渐进性破坏过程。虽然极限平衡分析方法可以提供总体安全系数，改进后的极限平衡分析方法可以求出局部安全系数来代替常规方法的总体安全系数，以近似模拟土体的渐进性破坏，但它们均不能给出土体的动态滑移和变形分布，这对于建立开发以变形控制理论为基础的设计施工方法与预警监测技术意义不大。

有许多学者应用饱和土体的本构理论和模型进行了岸坡变形的有限元数值分析。例如，Desai 等（1995）提出了一个用有厚度界面单元来代替滑移剪切层的弹黏塑性界面模型，并通过利用与现场观测到的滑移剪切层厚度相对照来调整界面单元厚度的方法来模拟现场边坡的滑移变形。Samtani 等（1996）对此模型进行改进，并把模型结合进有限元程序，对一天然边坡的渐进变形进行了分析。Lo 和 Lee（1973）曾用考虑应变软化特性的有限元法进行过土坡土体的渐进性破坏分析。Ports 等（1990）曾用有限元法分析了 Carsingto 坝的渐进性破坏过程，一般而言，与表面加载的地基问题和土压力问题不同的是，边坡土体的变形和破坏是体积力引起的，从而会增加应用有限元分析的难度。Benko 和 Stead（1998）还利用有限差分法和离散元技术分析了加拿大的一个突变滑坡。总的来说，改进的极限平衡法只能给出一个安全系数评估结果，谈不上变形控制。以上所述的有限元模型，只是基于既定剪切层做出的分析，并不是真正意义上的从剪切带扩展到剪切层的渐进性变形数值模拟。

3.3　土坡防护雏形理论

近几十年来，出现了很多关于剪切带形成的应变局部化理论研究成果。例如分叉理论、Cosserat 理论、非局部应变理论、梯度塑性理论、复合体理论和广义孔隙压力理论等。相应地也出现了一些估测应变局部化的数值分析方法，如自适应有限元法、嵌套单元法、混合单元法以及硬化区和软化区分开解法等。但目前这些理论和分析方法的研究对象大多为室内试验土样中单一剪切带的问题。由于现场复杂的应力会在土体中形成多组合、多方向的剪切面，最终形成剪切层的厚度要比室内试验中土样的剪切带的厚度要大得多。不同厚度的剪切层中也会表现出不同的应变速率效应。因此，目前这些尚处于初步研究阶段的理论和数值分析方法往往还很难用于分析解决土坡防护工程建设中涉及的实际问题。

利用有限元数值模型进行土体渐进性变形分析时，Zhou 曾用弹塑性固结有限元方法分析水泥土桩复合地基从初始加载直至桩体破坏的固结与流变问题。当水泥土桩承担的应力超过极限抗压强度而发生部分桩体碎裂软化时，对水泥土桩用一个较小的正模量值来形成整体刚度矩阵，而把桩体碎裂软化产生的负模量转化为一个虚荷载。这样一来，既可以避免整体刚度矩阵在形成过程或在分解过程中主对角元素可能出现 0 或接近于 0，从而导致计算无法进行或出现很大误差；又能合理地分析应变软化对复合地基固结变形的影响。这实际上也是采用了硬化区和软化区分开解法的思路。由于认为只是水泥土桩发生碎裂破坏等原因而发生了软化，因此无须考虑硬化区和软化区之间分界线的位置事先无法确定的问题。但该思路应用于天然土体渐进性变形破坏的分析仍有很多的工作要做。

3.4　非饱和土体固结理论推动了土坡防护工程建设的进程

当雨水入渗到岸坡防护土体中时，由于吸力的丧失使得土体的抗剪强度随之下降。于是即使没有施加其他任何外荷，岸坡的变形也会渐增。因为土体中的吸力改变和水分的迁移影响到土体骨架的变形，因此很有必要开展应用非饱和土体固结理论来分析岸坡渐进性变形的数值分析方法。非饱和土体的全耦合固结理论出现于 20 世纪 80 年代，但当时仅局限于简单的一维问题分析。两个著名的有限元程序 SEEP/W 和 SIGMA/W 一直被工程界应用于非饱和土体的计算分析，但它们在做渗流分析和应力变形分析时必须结合一个假定，即空气压力值恒为大气压。Yang 等（1998）提出了一个热—水—气变形耦合的非饱和土体有限元分析理论框架，但论文当时并没能给出进一步的验证和应用工作。Gatmiri 等（1998）利用一个邓肯模型式的非线性本构模型开发出了一个强大的水—气—变形耦合的非饱和土体有限元软件 UDAM，但其却只考虑了力的平衡和水气的质量守恒。Wong 等（1998）和沈珠江（2003）先后提出了非饱和土体的简化固结方程，它综合涵括了力的平衡和水流的连续性。这一做法极大地推进了非饱和土体固结理论被应用于土坡防护工程建设实践中。

4　土坡渐进性变形的近似解析方法

在土坡防护实践中，人们还选用一些非线性流变解析模型来分析天然土坡在自重作用下的滑移变形，如 Bingham-Norton 模型、Newton-Norton 模型和 Prandtl-Eyring 模型等（Cristescu 等，2002）。周成等（2005，2006，2007）建立了无限边坡渐进变形分析近似解析模型并考虑了土体的黏滞性、结构性等特点。Angeli 等（1996）将浅层滑坡问题简化成平面问题，基于 Bingham 流变理论在无限边坡滑移分析中提出一个涵盖土体黏塑性的模型。Zhou 等（2003）又修改了该模型，综合进了土坡土体的黏滞性、结构性对滑移产生的影响。这些基于流体力学理论范畴的分析方法曾被成功用于一些工程建设分析，但是非线性流变模型只能局限于考虑简单边坡值问题。在非饱和土坡的渗流计算分析中也出现了一些解析方法，例如 Zhan 和 Ng（2004）曾提出一维非饱和土体边坡雨水入渗的解析结果。

第三节
植物防护土坡的土体力学本构理论与模型

建立植物根系生态加固土体的广义结构模型以及一般和广义隐式积分数值算法，就可以把所建立的生态加固土体的广义结构性模型编入有限元分析程序，运用有限元法计算分析岸坡生态加固土体的渐进变形破坏过程。其中，本构模型综合考虑了各向异性、流变性、结构性、非饱和特性及植物根系固土特性的作用，它完全可以用于描述和模拟坡土体的渐进变形破坏过程。

采用低围压和不同控制吸力技术模拟岸坡表层土体的有效应力状态，使得非饱和土体的三轴压缩试验条件最大可能接近原型应力状态，从而可以研究坡土体的渐进变形破坏特性。与不等向固结的饱和土体在不同应变速率下的三轴压缩和伸长试验，以及非饱和土体在不同控制吸力作用下的固结力和三轴压缩试验结果的对比分析表明，本构模型很好地数值模拟了不同围压的压硬效应、不等向固结应力影响、应变速率效应、剪胀和软化现象，以及不同控制吸力作用下表观超固结的压缩、剪切和变形特性。

1　常规土坡土体的强度与变形特性

在自然生态系统中，大多数常见的常规土体都呈现出各向异性、黏滞、微结构胶结和饱和或非饱和的特性。这些特性是由于受到现场复杂地质等条件的制约，而使天然土体的力学变形特性难以被准确确定并应用于工程数值分析中。

1.1　土坡土体的各向异性

（1）天然沉积土一般都具有初始各向异性：在复杂应力路径作用下，各向异性的天然结构性土体的强度与变形一般与重塑土不同。自然界尤其是天然沉积的天然土体是由许多颗粒在相对静水中沉积而成，由此导致一个 K_0 固结过程。天然土体的材料特性诸如硬度、强度和水力特性在竖直和水平方向不尽相同，但在水平方向基本表现为常量，这就是所谓的横观各向同性或正交各向异性。复杂加载与边界条件下不同应力路径的作用也会引起天然土体的各向异性变形特征。另外，海水的波浪荷载和在海洋沉积土体上的建筑物荷载都会引起天然土体中主应力大小与方向的变化。外荷引起天然土体的应力应变在主应力从沉积方向发生偏转后必然会产生改变，并由此影响天然土体的强度。曾有人对世界范围内 40 多种天然黏土体进行了研究，发现土体的屈服面都表现出强烈的各向异性，例如 K_0 加载条件下的屈服应力是各向同性加载的 1.6 倍（Leroueil 和 Vaughan，1990，Diaz-Rodriguez 等，1992）。Tavenas 和 Leroueil（1979）发现天然土体的极限状态屈服面都或多或少地关于 K_0 线对称分布。Cudny（2003）认为这些各向异性特性一般都源自于天然沉积或人工击实过程。Dafalias 和 Wheeler 通过室内试验和本构理论研究了各向异性对土体变形特性的影响。

（2）天然土体的各向异性决定土体强度的不同：天然土体的各向异性决定了潜在滑动面上土体强度是不相同的（Zdravkovic 等，2002），堤坝等土工建筑物的建设工程也会导致天然地基中土体的主应力发生较大的偏转。当主应力偏转角为 0° 时，一般土体强度最大；随着主应力偏转角的增加，土体强度减小。在目前的设计理论中，人们在选用土体的强度和变形指标时还没有顾及到结构性和各向异性对天然土体的渐进性变形破坏产生的影响。常规设计中各向同性的假定往往使土工建筑物的设计高度（荷载大小）具有不确定性。最简单的一个例子，就是采用直剪强度指标通常会低估堤坝的设计高度，而采用三轴压缩强度指标又可能会高估堤坝的设计高度。实际上堤坝地基中大部分土体并不完全都是处于直接单剪或三轴压缩状态。

1.2 土坡土体的黏滞性

（1）天然土体的流变性是引起土渐进性变形的另一个主要原因。土体的流变性是指土体的强度和变形随应力和时间的变化规律，包括应变速率效应、蠕变、松弛、长期强度和流动等。在正常固结的土体中，固结和流变是土体变形的主要原因。Leroueil 等（1985）以及 Leroueil（2006）研究表明，天然土体的先期固结压力随黏塑性应变速率增加而提高。Leroueil 等（1985）以及 Leroueil 和 Marques（1996）从大多数无机黏土体的实验中发现有 7% ~ 12%（对数坐标轴下）的增长率。先期固结压力和黏塑性应变速率的双对数曲线的斜率是 0.03 ~ 0.5。Mesri 等（1995）的研究也给出类似的结果。

（2）土体的流变性对天然土体与土工建筑物影响最大的是蠕变变形和应力松弛，这一特征或者表现为应力不变、应变增加（如土坡工程等），或者表现为应变不变、应力降低（如挡土工程等）。应变速率效应对天然土体的强度特别是残余强度的影响可能也会影响天然土体渐进性变形破坏的过程。许多研究者例如 Leroueil 等（1985）、Kabbaj 等（1986）、Yin 和 Graham（1994）、Leroueil（1996）、Leroueil 和 Marques（1996）以及 Kim 和 Leroueil（2001）、Zhou（2005）等许多研究者都指出：由于黏滞效应，较高的应变速率往往对应于同一应变下较大的有效应力。随着时间的推移，变形的发展会伴随着应变速率的递减。Leroueil（1996）研究还发现，由于现场的应变速率一般均会小于实验室中仪器的加载速率，以有效应力表示的现场一维压缩曲线经常位于室内压缩曲线的下方。在许多土坡工程建设实践中人们发现，在有效应力超过先期固结压力之后，有效应力会变为随着时间减小，而超静孔隙水压力却变为不是消散而是增加。Zhou 和 Yin（2004）认为这是黏滞性的作用结果。Crawford（1986）认为还可能是微结构破坏造成的。

1.3 土坡土体的结构性

（1）天然土体的结构渐进性破损和各向异性变形机制是土体产生渐进性变形的 2 个重要原因。随着结构的渐进性破损，土体的强度不断降低，因而天然土体也就表现出渐进性变形破坏的特征。天然土体的渐进性变形破坏是一个随着结构渐进性破损而强度逐渐降低和发生软化的时变过程。不同土体具有不同的微结构，微结构对土体变形特性的影响是国内外许多研究项目的重点（Saihi 等，2002）。但至今尚无人深入研究天然土体在从未破损状态至完全重塑状态的整个时变过程中结构渐进性破损对强度变形的影响。采用残余强度进行设计，参考的也只是天然土体结构破损最终阶段的强度变形特性，并未能分析土体的渐进性变形破坏的整个过程对土工建筑物的影响。天然土体的结构性必然导致各向异性，在天然土体结构渐进性破损的同时，各向异性的程度也会逐渐降低。这种与时俱变的各向异性是不可能在现场地质资料中获取到的。同时考虑结构渐进性破损与各向异性的时变机制对土体强度和渐进性变形的影响，可以更加合理、更加准确地预测天然土体的渐进性变形与破坏。遗憾的是，目前开展这方面的工作尚不多见。

（2）至今为止，越来越多的人认识到天然土体内部的颗粒之间存在着微结构胶结作用，以至于它们表现出与重塑土迥异的力学变形特性（Burland，1990；Cuceovillo 和 Coop，1999）。例如，天然土体经常比同质组成的重塑土体拥有较大的刚度和抗拉强度。超固结土体的峰值强度也可以被认为是微结构胶结作用的贡献（Leroueil 等，1997；Saihi 等，2002）。但是微结构胶结作用通常也会给天然土体造成一些大孔隙的易坍塌失稳破坏的结构（Nova，2000；Nova 和 Cast-cllanza，2001；Nova 等，2003）。

Leroueil 和 Vaughan（1990）指出，可以利用天然土体的极限屈服面来描述团粒孔隙比、应力历史以及颗粒间的胶结强度。因此可以判断，当有效应力路径途经该极限屈服面时，大量的胶结微结构被破坏，天然土体的刚度、峰值强度、屈服应力和压缩指数等都会相应降低。Zhou 等（2006）认为，天然土体的不排水强度在结构破损过程中相应降低。

1.4　土坡土体的非饱和特性

（1）地球陆地上非饱和土体的覆盖面积远大于饱和土体。目前水利、土木工程、交通建设等工程中涉及较多的膨胀土、黄土和人工填土等都属于非饱和土。Fredlund（1993，2000）、沈珠江（2000）把非饱和土体概括为以下 3 种状态，即：气封闭而水连通；气连通而水封闭；气和水均连通。

一般认为，对于第 1 种情况，孔隙气以小气泡形式封闭在孔隙水中，并随孔隙水一起流动，土体可以近似认为处于饱和状态。对于第 2 种情况，孔隙水以薄膜水和水蒸气的形式存在，不需要考虑它的流动，土体可以近似地认为处于干润状态。工程中需主要解决的是第 3 种情况，即土体处于部分饱和状态，例如黏土饱和度在 50%~90% 之间，砂土饱和度在 30%~80% 之间。

（2）非饱和土体的工程特性一般比饱和土体更为复杂、更难理解。非饱和土体的抗剪强度随着吸力增加而增大，并与水土特征曲线（SWCC）中的干湿路径有关（Fredlund 等，1978；Fredlund 等，1987；Gan 等，1988；Fredlund 和 Rahardjo，1993；Vanapalli，1994；Fredlund 等，1996；Vanapalli 等，1996）。水土特征曲线（SWCC）中的干湿路径决定了滞回圈的存在（Fred-lund，2000）。吸力和饱和度坐标轴下的水土特征曲线（SWCC）的位置和形状由多种因素决定，例如土体结构、固结和击实压力等（Barbour，1998；Leroueil 和 Hight，2003）。正如 Wheeler 等指出，土体从饱和状态到非饱和状态之间的干湿状态的往返迁移转化过程中水土特征曲线（SWCC）大为迥异。

①非饱和土体压缩曲线表现出不同的趋向性：人们经过系统试验研究发现，由于应力状态的差异，非饱和土体的压缩曲线表现出不同的趋向性。例如，Alonso 等（1990）、Wheeler 和 Siva-kumar（1995）、Wheeler 和 Karube（1996）、Sharma 和 Wheeler（2000）、Leroueil 和 Barbosa（2000）的研究表明，由于应力范围的不同，非饱和土体的压缩曲线表现为趋向于饱和土体的压缩曲线或远离饱和土体的压缩曲线。Wheeler 和 Sivakumar（1995）研究发现，不同吸力状态下非饱和土体的临界状态线并不都是平行的，可能会相交于某一较大的压力值处。Maatouk 等（1995）研究发现不同吸力作用下粉土的强度曲线趋向于一个唯一的临界状态点。

②岸坡土体渐进性变形与稳定问题涉及非饱和土体力学理论的研究与应用：在大气、水和生物作用下地表面层会发生劣化、风化。干湿、冷热和冻融等引起的物理风化，以及溶解、水化、水解、酸化和氧化等引起的化学风化甚至生物风化，都会引起地表面层的劣化或失效。天然岸坡由于长期遭受到风力和水力的侵蚀、湿胀干缩、热胀冷缩等作用，往往还会在土体内部引起许多裂隙等，因此天然岸坡的土体大多具有部分饱和特性与裂隙特征。在岸坡土体的渐进性变形与稳定问题的分析中，通常要涉及非饱和土体力学理论的研究与应用。

2　常规土体力学的本构理论与模型

自从 Roscoe（1963）等提出剑桥模型和 Roscoe 与 Burland（1968）提出修正剑桥模型以来，剑桥模型已经非常流行地被作为一个基本的本构理论和模型，并与基于极限状态理论后续开发的其他弹塑性模型应用于正常固结黏土的工程建设实践中。然而，经典的剑桥模型还不能够描述土体的各向异性、黏滞性、微结构特性、非饱和特性等。因此，后来又有 Zienkiewicz 和 Pande（1977）、Carter 等（1982）、Alonso 等（1990）、MuirWood（1995）、Sheng 等（2000）、Liu 和 Carter（2000，2002）、Rouainia 和 MuirWood（2000）、Asaoka（2003）、Wheeler（2003）等进行广泛而深入的研究后，提出了大量的弹塑性临界状态理论本构模型，以弥补经典剑桥模型的上述不足。

2.1　土坡土体的各向异性模型

为了研究应力各向异性的影响，最近 30 多年来涌现了许多考虑各向异性土体的本构模型。大家也都认识到理想的各向异性模型应该能够描述土体的各向异性的弹性变形和塑性屈服过程，而且还能够考虑主应力轴的旋转效应。遗憾的是，由于天然土体的各向异性特征不容易描述，也不易于用现场实验的结果来确定，因而目前能成功应用于岩土工程设计的各向异性的本构模型和理论还不多见。人们经常是假定天然土体在弹性变形阶段是均匀各向同性的，而只修正塑性屈服面来描述各向同性及各向异性的屈服过程。许多研究针对修正剑桥模型展开并已成功应用于三轴初始各向同性固结的土体。如 Wood（1990）建议把 Mohr-Coulomb 破坏准则结合到修正的剑桥模型中去，Wroth（1984）结合 Matsuoka 破坏准则和 Mohr-Coulomb 破坏准则定义的内摩擦角，应用修正剑桥模型来模拟分析平面应变实验。这样做虽然顾及了应力引起的各向异性对变形与破坏强度的影响，但还不能准确地考虑应力路径的影响。Dafalias（1987）与 Graham 和 Houlsby（1983）分别通过室内试验和本构理论，从弹性变形和塑性屈服这 2 个方面研究了应力各向异性对饱和土体变形特性的影响。目前国际上比较流行的 2 个饱和土体力学模型 S-CLAY 模型（Wheeler 等，1997、2003）和 MIT 模型（Whittle，1991、1993）都很好地考虑了土体的应力各向异性。前者利用倾斜屈服面来反映初始应力各向异性，用转动硬化考虑加载引起的应力各向异性；后者则利用边界面理论和随动硬化模型来模拟各向异性的塑性变形。松岗元和孙德安、姚仰平（1999、2006）利用应力矢量变换的办法来展示应力各向异性的作用。Zienkiewicz 和 Pande（1977）、Pande 和 Sharma（1983）以及 Pietruszczak 和 Pande（1987）利用多层沉积面理论来描述应力各向异性，即利用无数交织的沉积面上的局部正应力和剪应力来描述应力各向异性的滑动变形。Pietruszczak 和 Mroz（2001）还利用微结构张量取得一个各向异性的系数，从而可以通过把各向同性的破坏准则修改为各向异性的破坏准则的方法来模拟应力各向异性的作用。

2.2　土坡土体的弹黏塑性模型

目前，有关流变模型的研究工作已经开展了不少，人们已提出了很多弹黏塑性模型（EVP），如 Yin 和 Graham（1999）、Kim 和 Leroueil（2001）等。Bjerrum 认为在试验中应尽力使土体样接近原状 K_0 固结未扰动的应力条件，以使试验结果能够更准确更可靠地反映现场天然土体的强度和变形特性。一般认为，本构模型的研究也应当基于这样的考虑。但目前基于 K_0 固结的三轴和一般应力条件下关于天然土体弹黏塑性的应力应变特性的试验、本构模型和理论研究非常有限，大多数关于土体的黏弹塑性变形特性的研究都是利用等向固结的重塑土体样进行的。人们普遍认为，要想准确地预测建筑物的早期和施工竣工后的沉降，必须在计算中充分考虑天然土体的各向异性及与应力路径相关的结构渐进性破损的黏弹塑性变形特点。

关于相应的流变模型应用到实际工程的数值分析工作已经开展了不少（Rowe 和 Hinchberger，1998；Zhou 和 Yin，2004），有限元分析结果表明，应用弹黏塑性模型模拟的结果比采用弹塑性模型的模拟结果更为接近现场实测值，这是由于前者更能体现除变形与渗流耦合（固结）之外的、固结和流变对超静孔隙压力复杂耦合作用的影响。

2.3　土坡土体的结构性模型

天然土体都具有一定的结构性，现场取样、试验与风化等因素均会改变天然土体的结构性。天然土体的强度、压缩性与应力应变关系特征都与重塑土体有着很大的不同。为了研究结构性对土体变形特性的影响，人们提出了许多天然土体的结构性模型（Kavvadas 和 Amorosi，2000；沈珠江，2000；Zhou 等，2001；周成等，2003、2004）。这些结构性模型大多集中于各向同性效应的描述上，未能同时考虑结构性和各向异性的共同作用特性对天然土体渐进性变形的影响。关于结构性本构理论的研究成果基本上都还没能应用到实际土坡防护工程建设的数值分析中去。

Nova（1986）就指出，结构性土体模型的开发可以基于现有重塑土体的模型进行，Leroueil 和 Vaughan（1990）也持有类似观点。Nova（2000、2001）和 Castellanza（2001）从这一框架性理念出发开发了结构性模型，用于岩石风化的力学特性模拟。另外，Nova 等（2003）还基于此法提出了力学—化学耦合的结构性模型。Gens 和 Nova（1993）、MuirWood（1995）、Rouainia 和 MuirWood（2000）、Kavvadas 和 Amorosi（2000）以及 Liu 和 Carter（2000、2002）等均提出了许多结构性模型。

Zienkiewiez 和 Pande（1977）、Pande 和 Sharma（1983）以及 Pietruszczak 和 Pande（1987）还提出了多层沉积面的理论来描述结构性。其基本思路是：各个不同方向沉积面划割开来的各个块体为均匀各向同性体，在正应力和剪应力的作用下，各个面上发生滑动变形。弹性变形视为各向同性，按照胡克定律进行计算；塑性变形利用微结构沉积面上的局部应力矢量综合分析计算。Cudny（2003）提出来一个兼容到天然软土体结构性和各向异性的多层沉积面微结构模型。其中剪切屈服面采用 Mohr-Coulomb 破坏面及非关联流动法则，帽盖压缩屈服面采用相关联屈服函数和流动法则。

2.4　土坡的非饱和土体模型

近20多年来基于临界状态理论和剑桥模型（Roscoe 和 Burland，1968），人们开发了很多非饱和土体的模型（Alonso 等，1990、1994、1999；Maatouk 等，1995；Wheeler 和 Sivakumar，1995；Cui 和 Delage，1996），其中最为著名的当属巴塞罗那模型（BBM）和巴塞罗那扩展模型（BExM）。巴塞罗那模型采用2个独立的变量——总净应力和吸力来建立模型，即双变量法公式（3-3）如下：

$$d\widetilde{\varepsilon} = [C_\sigma]\{d\widetilde{\sigma} - \delta du_u\} + [C_s]\hat{\delta} ds \tag{3-3}$$

其中 $[C_\sigma]$ 和 $[C_s]$ 分别为对应于总净应力和吸力的柔度矩阵。加载—塌陷（LC）屈服面给出了基于饱和土体剑桥模型的屈服应力随吸力变化的规律。Schrefler 和 Zhan（1993）、Kohgo 等（1993）、Modaressi 和 Abou-Bekr（1994）、Cui 等（1995）、Bolzon 等（1996）等的模型中也沿用了这一方法。Loret 和 Khalili（2000）提出了采用单一有效应力变量建模的非饱和土体模型，其公式（3-4）如下：

$$d\widetilde{\varepsilon} = [C]\{d\widetilde{\sigma} - \delta du_\sigma\} + \chi\hat{\delta} ds \tag{3-4}$$

其中 $[C]$ 代表对应于单一有效应力变量的柔度矩阵，但是矩阵中的元素包含了吸力。不过，吸力又被作为另一个变量出现在屈服函数和塑性函数中，这就使得该模型类似于巴塞罗那模型（BBM）。

考虑非饱和土体应力各向异性的模型研究一直很少，其研究成果国内外仅见到几例，如 Cui 和 Delage（1995、1996）、Leroueil 和 Barbosa（2000）等，而且他们考虑的也只是非饱和土体中净应力的各向异性作用。目前非饱和土体理论的研究仍然假定吸力发挥着类似于饱和土体中孔隙水压力一样的各向同性的作用。在非饱和土体中，力学作用表现为一个弯液面上的毛细管力的吸力只是作用在众多颗粒接触点处的，吸力将会随土体的各向异性组构分布的不同表现出各向异性的分布特征，进而对非饱和土体的变形产生各向异性的影响。简而言之，吸力的各向异性作用是由于颗粒接触点的各向异性分布引起的，也可以认为，吸力在非饱和土体的颗粒接触点处产生了一种类似于天然土体的各向异性的结构性胶结的作用（meniscusbonding）。遗憾的是，目前非饱和土体的理论研究还未能考虑到吸力随颗粒接触点分布的不同而产生的各向异性的作用。

同时考虑净应力和吸力的各向异性作用对非饱和土体强度和变形的影响，可以更合理、更准确地预测非饱和土体的强度、变形与破坏。举一个简单的例子，一般情况下水分会从含水率高的地方向含水率低的地方迁移，但如果后者孔隙中吸力大的话，水分也可能从含水率低的地方向含水率高的地方迁移，这取决于吸力的各向异性分布程度。再比如，在不同的大小主应力比值作用下，均匀重塑饱和土体的压缩曲线是不同的，这可以认为是有效应力的各向异性对饱和土体变形的影响。对于均匀重塑非饱和土体，试验也发现在不同吸力值的作用下，非饱和土体的等向压缩曲线也是不同的。一个是均匀重塑饱和土体的不等向压缩，一个是均匀重塑非饱和土体的等向压缩，都表现出相似的压缩曲线特征。这就让我们似乎可以有理由推测，正是由于吸力的存在，才使均匀重塑非饱和土体在等向压缩条件下表现出与均匀重塑饱和土体在不等向压缩条件下（不同大小的主应力比值）相似的压缩曲线特征。

Zhou（2007）初步提出了考虑吸力各向异性作用的建模设想。在净应力方面，定义应力各向异性线（AL），把各向异性的先期固结压力作为硬化变量，利用倾斜帽盖屈服面和具有不同方向黏聚力的 Mohr-Coulomb 准则来反映应力各向异性，利用随动硬化模型模拟加载引起的应力各向异性的塑性变形。在吸力方面，通过比较进气压力值和各向异性的先期固结压力的大小，决定吸力对应力各向异性线（AL）位置的影响，进而带动帽盖屈服面的随动变化。这样做，一定程度上可以同时考虑净应力和吸力的各向异性作用，但这种研究仍然是初步尝试，还有大量的试验研究工作要做。

众所周知，水土特征曲线中的干湿循环后会产生一个滞回圈，这实际上是非饱和土体中吸力的非线性作用特征的一个反映。许多学者提出通过在非饱和土体模型中引入水土特征曲线以考虑水分与力学特性的弹塑性耦合对变形所产生的共同影响。如，近年来 Wheeler 等（2003）在模型的研究中把水土特征曲线中的滞回圈看做是一个弹塑性变化过程，Gallipoli 等（2003）在模型中考虑引入一个在等压状态下与吸力和饱和度相关的内变量，并把它与通常应用的孔隙比相联系，以考虑吸力的非线性作用。Tamagnini（2004）在剑桥模型的基础上，把塑性体应变和饱和度作为双硬化参数，通过引入水土特征曲线中的滞回圈建立了一个考虑吸力非线性作用的弹塑性模型。Zhou（2007）Fredlund 强度公式中引入了水土特征曲线函数，以便反映吸力的非线性作用对表观黏聚力的影响，进而利用 Leroueil 的 GFY 理论（GivenFabricYield）描述与表观黏聚力相关联的先期固结压力的变化。

2.5 土坡的饱和土体与非饱和土体的统一模型

关于饱和土体的结构性、各向异性、流变性的本构模型，以及非饱和土体模型的研究及相应的数值分析工作也已经开展了不少，但统一对这二者考虑结构性、各向异性、流变性、特别是轻度至中等非饱和（部分饱和）特性的土体本构理论与数值分析的研究成果国内外还很少见到。

为了开发能够完整描述从饱和到非饱和状态或者反之的、适用于饱和与非饱和土体的统一本构模型，Georgiadis 等（2005）定义了等效净应力和等效吸力，以便可以用同一套模型系统来描述饱和与非饱和土体的变形特性，Ghorbel（2006）则把 Bishop 的有效应力重新定义为修正净应力，以便能够描述从饱和到非饱和状态或者反之的连续光滑的数学转变，并基于 Leroueil 和 Barbosa（2000）能够描述从饱和到非饱和状态或者反之的、从结构性土体到重塑土体或者反之的 GFY（既定组构屈服）模型，开发出了一个三轴应力状态下的统一本构模型。

3 植物防护土坡的土体力学本构理论与模型

建立的植物防护土坡的土体力学本构理论与模型应当是一个广义的概念，它应能综合考虑土体的各向异性、流变性、结构性、非饱和特性及其根系固结土体作用的特性，同时也应有更加便捷的数值积分格式和运算法来保证计算的精确性和收敛性。

3.1 植物根系生态固结土坡的土体力学模型及建模方法

根据 GFY 模型（Ghorbel，2006；Zhou，2007），当考虑植物例如香根草根系增加了土体的抗剪强度时，对应有屈服应力的提高。即极限状态屈服面的标志屈服应力 σ'_{aLb} 和 σ'_{rLb} 可以表示为公式（3-5）：

$$\sigma'_{aL} = \sigma'_{aLb} + \Delta\tau_f \frac{1+\sin\phi'}{\sin\phi'\mathrm{con}\phi'} \tag{3-5}$$

式中：σ'_{aLb}——饱和的、五香根草根系的土体竖向屈服应力。

假定组构在饱和状态下保持不变，则各向异性应力可以表示为公式（3-6）：

$$K_{AL} = \frac{\sigma'_{rL}}{\sigma'_{aL}} = \frac{\sigma'_{rLb}}{\sigma'_{aLb}} \tag{3-6}$$

因此联合以上 2 式就可以得到由于香根草植物根系的存在而增加的抗剪强度导致的增大了的横向屈服应力 σ'_{rL} 计算公式（3-7）：

$$\sigma'_{rL} = \sigma'_{rLb} + K_{AL}\Delta\tau_f \frac{1 + \sin\phi'}{\sin\phi'\cos\phi'} \tag{3-7}$$

通过把植物根系的固土作用转化成土体的先期固结压力的数学表达式，便可以沿用常规的建模方法来建立植物根系生态加固土体的土体力学模型。

3.2　饱和至非饱和状态下植物根系生态加固土体的广义弹塑性模型

（1）应变构成与分解。应变增量分为弹性应变和黏塑性/塑性应变 2 种：

①一般弹塑性式：
$$\mathrm{d}\widetilde{\varepsilon} = \mathrm{d}\widetilde{\varepsilon}^e + \mathrm{d}\widetilde{\varepsilon}^p \tag{3-8a}$$

②弹黏塑性：
$$\mathrm{d}\widetilde{\varepsilon} = \mathrm{d}\widetilde{\varepsilon}^e + \mathrm{d}\widetilde{\varepsilon}^{vp} \tag{3-8b}$$

非饱和土体弹性（分别对应净应力和吸力双变量）公式（3-8c）如下：

$$\mathrm{d}\widetilde{\varepsilon}^e = \mathrm{d}\widetilde{\varepsilon}^{e,\,\sigma} + \mathrm{d}\widetilde{\varepsilon}^{e,\,s} \tag{3-8c}$$

非饱和土体塑性（分别对应净应力和吸力双变量）公式（3-9）如下：

$$\mathrm{d}\widetilde{\varepsilon}^p = \mathrm{d}\widetilde{\varepsilon}^{p,\,\sigma} + \mathrm{d}\widetilde{\varepsilon}^{p,\,s} \tag{3-9}$$

（2）弹性方程。其公式（3-10a）、公式（3-10b）分别如下：

$$\mathrm{d}\widetilde{\varepsilon}^{e,\,\sigma} = ([D]^e)^{-1}\mathrm{d}\widetilde{\sigma}' \tag{3-10a}$$

其中
$$[D]^e = \frac{E}{(1+v)(1-2v)}$$

$$\begin{bmatrix} 1-v & v & v & 0 & 0 & 0 \\ v & 1-v & v & 0 & 0 & 0 \\ v & v & 1-v & 0 & 0 & 0 \\ 0 & 0 & 0 & (1-2v)/2 & 0 & 0 \\ 0 & 0 & 0 & 0 & (1-2v)/2 & 0 \\ 0 & 0 & 0 & 0 & 0 & (1-2v)/2 \end{bmatrix}$$

E 和 v 分别为弹性模型常数。

$$\mathrm{d}\varepsilon_V^{e,\,s} = \mathrm{d}s/h_e(s) \tag{3-10b}$$

其中
$$h_e(s) = \frac{(1+e)(s+p_{atm})}{k_s}$$

式中：k_s——吸力小于 s_0 的压缩指数；

　　　p_{atm}——大气压力。

（3）塑性方程。应力屈服以后，整合塑性应变公式（3-8）、公式（3-9）可以写成：

①一般弹塑性式：

$$\mathrm{d}\widetilde{\varepsilon}^{p} = A\left\{\frac{\partial Q}{\partial \widetilde{\sigma}'}\right\}^{T} \tag{3-11}$$

②弹黏塑性式：

$$\mathrm{d}\widetilde{\varepsilon}^{vp} = A\left\{\frac{\partial Q}{\partial \widetilde{\sigma}'}\right\}^{T} \tag{3-12}$$

非饱和土体对应吸力的塑性应变计算式（3-13）是：

$$\mathrm{d}\varepsilon_{V}^{p,t} = (<s-s_{0}>)\ \mathrm{d}s/h_{p}(s) \tag{3-13}$$

式中：A——塑性应变乘子；

　　Q——塑性势函数。

当 $s-s_{0}>0$ 时，$<s-s_{0}>=1$，否则为 0，$h_{p}(s)$ 的计算式（3-14）是：

$$h_{p}(s) = \frac{(1+e)(s+p_{\alpha tm})}{\lambda_{s}-k_{s}} \tag{3-14}$$

λ_{s} 是吸力大于 s_{0} 的压缩指数。

（4）屈服面函数和相关联流动势面函数。具体内容为以下饱和土体和非饱和土体：

饱和土体

$$F = Q = \frac{(q-ak_{0}p')^{2}}{M^{2}} - \frac{1-\alpha^{2}k_{0}}{M^{2}} \times (p'k_{0}-p')p' = 0 \tag{3-15a}$$

非饱和土体

$$F = Q = \frac{(q-ak_{0}p')^{2}}{M^{2}} - \left(\frac{1-\alpha^{2}k_{0}^{2}}{M^{2}}\right) \times (p'k_{0}-p')(p'-ps') = 0 \tag{3-15b}$$

其中

$$p = \frac{\sigma_{x}'+\sigma_{y}'+\sigma_{z}'}{3}$$

$$q = \sqrt{\frac{3}{2}\left[(\sigma_{x}'-\sigma_{y}')^{2}+(\sigma_{x}'-\sigma_{z}')^{2}+(\sigma_{y}'-\sigma_{z}')^{2}+\tau_{yz}^{2}+\tau_{zx}^{2}+\tau_{xy}^{2}\right]} \tag{3-16}$$

$$p_{\kappa_{0}}' = \frac{\sigma_{aLb}'+2\sigma_{rLb}'}{3} \tag{3-17}$$

式中：ak_{0}——表征各向异性程度的参数（各向异性线 AL 的坡度）；

　　M——临界状态应力比；

　　ps'——表征吸力影响下的状态参数；

　σ_{aLb}'、σ_{rLb}'——分别是饱和土的未考虑黏滞性、根系固土特性、结构性、非饱和特性或吸力作用时的初始竖向与横向屈服应力。

（5）黏滞性影响时的竖向与横向初始屈服压力计算。当考虑黏滞性影响时，因为先期固结压力随塑性体应变的增加而增大（图 3-1），竖向与横向初始屈服压力的计算式（3-18a）、（3-18b）分别是：

$$\sigma_{aL}' = \sigma_{aLb}'\Gamma(\varepsilon_{V}^{vp})^{C_{p}} \tag{3-18a}$$

$$\sigma_{rL}' = \sigma_{rLb}'\Gamma(\varepsilon_{V}^{vp})^{C_{p}} \tag{3-18b}$$

（6）胶接强度影响时的竖向与横向初始屈服压力计算。当考虑结构性影响时，因为胶接强度致使抗剪强度提高，竖向与横向初始屈服应力计算式（3-19a）、（3-19b）分别是：

$$\sigma_{aL}' = \sigma_{aLb}' + \Delta\tau_{f}\frac{1+\sin\phi'}{\sin\phi'\cos\phi'} \tag{3-19a}$$

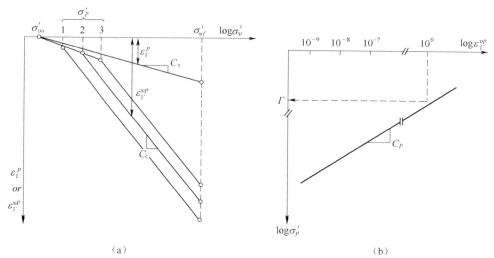

(a)   (b)

图 **3-1** 屈服应力随塑性体应变率的增加而扩大

$$\sigma'_{rL} = \sigma'_{rLb} + K_{aL}\Delta\tau_f \frac{1 + \sin\phi'}{\sin\phi'\cos\phi'} \tag{3-19b}$$

或者以另一种数学计算式（3-19c）进行表示：

$$\sigma'_{a/r,\ L} = \sigma'_{a/r,\ L,\ b} + \sigma_c \left(\frac{\sigma'_{a/r,\ L,\ b0} + \sigma_c}{\sigma'_{a/r,\ Lb}}\right)^{b_\sigma} \tag{3-19c}$$

式中：σ_c——胶接强度；

b_σ——破损指数。

破损土体的压缩曲线可以看做是 1 组从结构性原状样到重塑样的具有不同先期固结压力的等值线，如图 3-2。

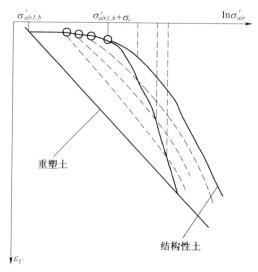

图 **3-2** 先期固结压力不断减少的结构性土体破损过程

（7）非饱和特性影响时的竖向与横向初始屈服力增大计算。当考虑非饱和特性影响时，因为吸力的增大，竖向与横向初始屈服力应分别相应增大（图 3-3），其中 $e_w = e_{sr}$。

$$\sigma'_{sL} = \sigma'_{aLb} + \frac{1 + \sin\phi'}{\cos^2\phi'}\left[s\left(\frac{e_w - e_w}{e_w - e_w}\right) - s_b\right] \tag{3-20a}$$

$$\sigma'_{rL} = \sigma'_{rLb} + K_{aL}\frac{1 + \sin\phi'}{\cos^2\phi'}\left[s\left(\frac{e_w - e_w}{e_w - e_w}\right) - s_b\right] \tag{3-20b}$$

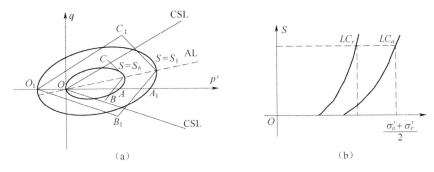

（a）　　　　　　　　　　　　　　　（b）

图 3-3　非饱和土体的屈服面随吸力增大而扩大

（a）椭圆屈服面随吸力增大而扩大；（b）横向与竖向先期固结压力随吸力增大而增大

（8）抗剪强度增大时的竖向与横向初始屈服应力计算。当考虑植物根系固土作用特性时，因抗剪强度的增大，竖向与横向初始屈服应力分别如公式（3-5）、（3-7）所示。

（9）硬化规律计算。可按公式（3-21a）进行计算：

$$\mathrm{d}\sigma'_{a/r,\,Lb} = \frac{1 + e}{\lambda(0) - \kappa}\sigma'_{a/r,\,Lb}\mathrm{d}\varepsilon_V^p \tag{3-21a}$$

特别地，对于非饱和土体（图 3-4）则有公式（3-21b）、（3-21c）如下：

$$\mathrm{d}\sigma'_{a/r,\,Lb} = f_k\mathrm{d}\varepsilon_v^p \tag{3-21b}$$

$$\frac{\mathrm{d}s_0}{s_0 + p_{utm}} = \frac{1 + e}{\lambda_s - \kappa_s}\mathrm{d}\varepsilon_v^p \tag{3-21c}$$

式中：　$\dfrac{1}{f_k} = \dfrac{\lambda(0) - \kappa}{(1 + e)}\left\{\dfrac{1}{\sigma'_{a/r,\,Lb}} \mid b_s(e_{w0} - e_w)(\sigma'_{a/r,\,L0})^{b_s}\left(\dfrac{1}{\sigma'_{a/r,\,Lb}}\right)^{1+b_s}\right\}$；

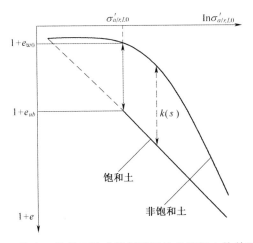

图 3-4　与饱和土体的压缩曲线相联系的非饱和土体的压缩曲线

b_s 是饱和指数，它可以控制不同吸力作用下的非饱和土体转化于饱和土体的程度，不同应力状态下饱和土体与非饱和土体压缩曲线之间的距离（图3-4），其计算式如下：

$$k(s) = (e_{u0} - e_w) \left(\frac{\sigma'_{a/r,\ l0}}{\sigma'_{a/r,\ lb}} \right)^{b_s}$$

（3-22）

这样，沿用常规建模方法便可以建立饱和至非饱和状态下植物根系生态加固土体的广义弹塑性模型。

4 土体防护本构模型计算的收敛算法

土坡土体植物防护模型的开发、验证和应用离不开科学、系统的计算方法。为了把模型编入有限元计算程序之中，必须在输入的每个增量环节计算中不断更新应力、应变和硬化变量等（Crisfield，1991）。除非增量微乎其微地小，否则必然会在计算过程中造成一些无法容忍的误差。而实际上为了提高计算效率，所输入的增量又不可能过于小，这样，只通过向前试算式的欧拉算法格式便无法保证误差的消除。数值积分时能否保证应力、应变和硬化变量等的不断更新，对于计算精度和准确性影响巨大。在对模型数值进行分析应用中，饱和土体的模型数值积分无论是显式算法还是隐式算法都已经比较成熟。

4.1 向前试算式的欧拉算法

当给定屈服面内一个初始应力状态时，可以应用向前试算式的欧拉算法格式找到一个试算弹性应力状态点和相应新的屈服面，即公式（3-23）：

$$t + \Delta t \widetilde{\sigma}'^{tr} = t \widetilde{\sigma}' + [D]^e \{ \mathrm{d}\widetilde{\varepsilon} \}$$

（3-23）

如果试算应力点仍然位于屈服面内，则可以继续试算；若试算应力点位于屈服面外，塑性变形就会发生。在这种情况下，必须采取措施使该试算应力点适当地回到新的屈服面上，否则就会违反屈服法则。

4.2 向后迭代式的欧拉算法

向后迭代式的欧拉算法一般会有以下3种方法可供选择：

第1种，采用多级微小增量向前试算式的欧拉算法格式，虽然仍会有一定的误差；

第2种，在多级微小增量向前试算式的欧拉算法格式的基础上，最后强迫该误差消除，即加上一步向后迭代式的欧拉算法格式；

第3种，采用向后迭代式的欧拉算法格式进行循环时步计算。

向后迭代式的欧拉算法格式一般又可细分为显式和隐式2种，这2种算法的精确度一般还要取决于所选用的本构模型。已经有大量的显式和隐式算法得以开发应用（Potts 和 Gens，1985；Simo 和 Taylor，1985；Ortiz 和 Simo，1986；Runesson，1987；Sloan，1987；Borja 和 Lee，1990；Borja，1991；Crisfield，1991；Chaboehe 和 Cailletaud，1996；Sheng 等，2000；Borja 等，2001；Hickman 和 Gutierrez，2005）。Gens 和 Potts（1988）还研发了一种显式和隐式算法混合的算法格式，并应用于临界状态模型的验证。

对于屈服面有拐角的模型，人们还专门研究了一些光滑抹平技术（Zienkiewicz 和 Pande，1977）或局部奇异点消弥技术（Sloan 和 Booker，1986）。Crisfield（1997）在向后迭代的欧拉算法格式基础上，专门为多拐点 Mohr-Coulomb 屈服面研究出了 3 种向后迭代技术，即单矢量、双矢量和顶点混合向后迭代。

①显式积分格式：显式积分格式是基于权分算子法建立起来的。初始应力到试算应力的应力路径会和新的试算屈服面相交于一点，以此点为分割点，试算增量将会被分为两部分。在屈服面以外的部分，会被作为新的试算增量再次细分后，采用多级微小增量向前试算式的欧拉算法格式进行收敛分析计算并控制误差大小。

显式算法只需要 1 阶屈服面和塑性势面函数的导数，因此对于复杂的本构模型应用此法就较为合适。一般说来，显式算法比较有效，虽然在有些情况下也会不太准确。但这种有效性总的来说还是依赖于细小微增量的大小（Wissmann 和 Hauck，1983；Sloan，1987），特别是对于那些复杂非线性模型就必须采用极其小的增量才能保证收敛。当分析黏塑性模型或者固结问题时，采用显式积分格式要求时步要很小，否则就会增加收敛的难度。由此也可以看出，精确性是显式算法最大的弱点，但最近 Zhao 等（2005）通过引入自动微量增量划分联合误差调控技术使显式算法大为改善。

②隐式积分格式：隐式欧拉向后积分的算法格式应用于增量形式表示的本构模型时，通过采用 Newton-Raphson 迭代格式而取得渐进式的收敛。在隐式积分格式中，不需要预先确定初始应力到试算应力的应力路径会和新的试算屈服面的相交点。向后迭代式的欧拉算法格式可以不断通过迭代计算把试算应力点拽回到新的试算屈服面上。隐式积分格式虽然会面临多次重复迭代的计算工作量，但这些都可以由计算机程序完成直至收敛。也正由于此，在许多著名的商业软件中，例如 ABAQUS、ANSYS 和 ADINA，均采用隐式积分格式来保证计算收敛。

但到目前为止，出现的大多数隐式算法模型都局限于简单本构模型和静力单调加载条件。对于复杂的本构模型，有时在复杂特殊的应力状态下，2 阶连续一致的塑性势面函数的导数一般会难以得到，这也会使得该算法原有的牛顿迭代渐进式收敛的优点有时会得不到保证。在一些高度非线性弹塑性模型的分析计算中，甚至会发散。

尽管在把隐式积分格式应用于复杂弹塑性模型时面临一些困难，但因为土坡土体防护工程建设实践的需要，仍然有一些研究者尽力于该算法的尝试研究。例如 Rouainia 和 Wood（2001）为他们的随动硬化边界面塑性模型研究出了一个隐式算法。Bojar 等（2001）在研究中也为各向异性边界面模型和非线性次弹性模型找到一种较好的隐式算法。Tamagnini 等（2002）也为复杂的考虑力—化学作用耦合的、各向同性硬化的结构性土体的弹塑性模型研究出相对应的隐式欧拉反向积分算法。在隐式积分算法研究中，Wang 等（2004）应用三维 Mohr-Coulomb 及 Matsuoka-Nakai 模型，采用球应力和偏应力表示应力分量，分 2 步分别就应力和硬化变量进行迭代更新。

4.3 本构模型的一般隐式数值积分格式

初始屈服后 Euler 向前试算及向后迭代如图 3-5。

（1）向前试算 Euler 算式。向前 Euler 试算应力公式（3-24）是：

$$t + \Delta t_{\sigma_B}^{t_\sigma} = t_{\sigma}{}' t t_{\sigma} + [D]^e \{ d\widetilde{\varepsilon} \} \tag{3-24}$$

式中：$\{d\widetilde{\varepsilon}\}$ ——每一荷级作用下试算弹性应变矢量；

　　　　$t_{\widetilde{\sigma}}{}'\mathrm{tr}_o$ ——每步试算前的初始应力。

（2）向后 Euler 迭代算式。其内容分别为初值设定、应力更新、塑性应变乘子更新、每一时步内迭代收敛后增量累积、逐步增量迭代和土体的变形特性本构模拟注释 6 项。

①初值设定：初始向后迭代应力可以写成公式（3-25）：

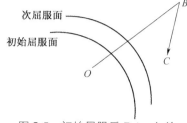

图 3-5　初始屈服后 Euler 向前试算与向后迭代演示

$$\Delta\overline{\sigma}'_{BC} = -\Lambda[D]^e\left\{\frac{\partial Q}{\partial\widetilde{\sigma}}\right\}^T_R \tag{3-25}$$

迭代初始，屈服面计算式更新为公式（3-26）：

$$F^{(C)} = F^{(B)} - H_a\Lambda + \left\{\frac{\partial F}{\partial\overline{\sigma}'}\right\}(\Delta\widetilde{\sigma}') = 0 \tag{3-26}$$

这里：$\left\{\dfrac{\partial F}{\partial\widetilde{\sigma}'}\right\} = \left(\dfrac{\partial F}{\partial p'}\dfrac{\partial p'}{\partial\widetilde{\sigma}'} + \dfrac{\partial F}{\partial q}\dfrac{\partial q}{\partial\widetilde{\sigma}'} + \dfrac{\partial F}{\partial\theta}\dfrac{\partial\theta}{\partial\widetilde{\sigma}'}\right)$，$\dfrac{\partial p'}{\partial\widetilde{\sigma}'} = \dfrac{1}{3}\overline{\delta}$，$\dfrac{\partial q}{\partial\widetilde{\sigma}'} = \dfrac{3}{2q}[(2-\overline{\delta})\widetilde{\sigma}' - p'\overline{\delta}]$，

$\dfrac{\partial\theta}{\partial\widetilde{\sigma}'} = \dfrac{27\sqrt{3}}{2\cos3\theta q^3}\left\{\dfrac{\mathrm{dct}\widetilde{s}}{q}\dfrac{\partial q}{\partial\widetilde{\sigma}'} - \dfrac{\partial(\mathrm{det}\widetilde{s})}{\partial\widetilde{\sigma}'}\right\}$，$-30° \leq \theta = -\dfrac{1}{3}\sin^{-1}\left(\dfrac{81\sqrt{3}\,\mathrm{dets}}{2q^3}\right) \leq 30°$

$\mathrm{det}\widetilde{s} = (\sigma'_x - p')(\sigma'_y - p')(\sigma'_s - p') - (\sigma'_x - p')\tau^2_{yz} - (\sigma'_y - p')\tau^2_{zx} - (\sigma'_z - p')\tau^2_{xy} + 2\tau_{xy}\tau_{zx}$。

因此，初始塑性应变乘子的计算式（3-27）是：

$$\Lambda_B = \frac{F_B}{\left\{\dfrac{\partial F}{\partial\widetilde{\sigma}'}\right\}_B [D]^e\left\{\dfrac{\partial Q}{\partial\widetilde{\sigma}'}\right\}^T_B + H_a} \tag{3-27}$$

当有应变软化发生时，即应力路径达到临界状态线左侧的锥形剪切屈服面，极限状态屈服面将会发生收缩，并产生了负值的硬化屈服面应力增量 $\Delta\sigma'_{aLb} = -H_a(\Delta\Lambda)$，这将会对应一额外的应力增量（图 3-6）。

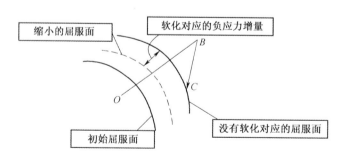

图 3-6　应变软化后最后屈服面更新所产生的附加应力增量

②应力更新：为了实现应力迭代循环，必须先建立 1 个矢量算式（3-28）$\widetilde{R}_s$。

$$\widetilde{R}_s = t + \Delta t \, \widetilde{\sigma}' - t + \Delta t \, \widetilde{\sigma} t_{tr} + [D]^e \Lambda \left\{ \frac{\partial Q}{\partial \widetilde{\sigma}'} \right\}^T \tag{3-28}$$

当最终应力满足了更新后的应力屈服准则以后 $\widetilde{R}_s$ 应当减小直至为零。试算弹应力 $t + \Delta t \widetilde{\sigma}/tr$ 保持不变，Taylor 展式代入式（3-28）以便产生 1 个新的 $\widetilde{R}_s^{(n)}$ 式（3-29）：

$$\widetilde{R}_s^{(n)} = \widetilde{R}_s^{(n-1)} + \Delta \overline{\sigma}' + [D]^t \Delta \Lambda^{(n-1)} \left\{ \frac{\partial Q^{(n-1)}}{\partial \overline{\sigma}'} \right\}^T + [D]^e \Lambda^{(n-1)} \frac{\partial^2 Q^{(n-1)}}{\partial \widetilde{\sigma}' \partial \widetilde{\sigma}'} \Delta \overline{\sigma}' \tag{3-29}$$

式中：$\Delta \overline{\sigma}'$——应力增量；

$\Delta \Lambda^{(n-1)}$——塑性应变乘子增量。

令 $\widetilde{R}_s^{(n)} = 0$，将会得到更新后的应力增量式（3-30）：

$$\Delta \overline{\sigma}'(n) = - \left([I] + [D]e\Lambda^{(n-1)} \frac{\partial^2 Q^{(n-1)}}{\overline{\sigma}' \partial \overline{\sigma}'} \right)^{-1} \times \left(\widetilde{R}_s^{(n-1)} + \Delta \Lambda^{(n)} [D]^e \left\{ \frac{\partial Q^{(n-1)}}{\partial \overline{\sigma}'} \right\}^T \right) \tag{3-30}$$

这里 $\Delta \Lambda^{(n-1)}$ 是 Δt 时步内当前应力和向后迭代 Euler 应力的循环差值。

③塑性应变乘子更新：应用 1 阶 Taylor 展式就可得到公式（3-31）：

$$F^{(n)} = F^{(n-1)} + \frac{\partial F}{\partial \Lambda} (\Delta \Lambda)^{(n-1)} + \frac{\partial F}{\partial p'_{\kappa_0}} \Delta'_{\kappa_0} + \left\{ \frac{\partial F}{\partial \widetilde{\sigma}'} \right\} (\Delta \widetilde{\sigma}')^{(n-1)} = 0 \tag{3-31}$$

这里 $\Delta p'_{\kappa_0} = \dfrac{\Delta \sigma'_{aL} + 2\Delta \sigma'_{rL}}{3}$，并且考虑到了黏滞性时，根据公式（3-32）可以得到公式（3-33）、（3-34）：

$$\sigma'_{aL} = \sigma'_{aLb} \Gamma (\dot{\varepsilon}_V^{vp})^{c_p} \tag{3-32}$$

$$\Delta \sigma'_{aL} = H_a (\Delta \Lambda) \Gamma \times (\dot{\varepsilon}_V^{vp})^{c_p} + \sigma'_{aLb} \Gamma \times C_p (\dot{\varepsilon}_V^{vp})^{(C_p-1)} \frac{\partial Q}{\partial p'} \frac{1}{\Delta t} (\Delta \Lambda) \tag{3-33}$$

$$\Delta \sigma'_{rL} = H_r (\Delta \Lambda) \Gamma \times (\dot{\varepsilon}_V^{vp})^{c_p} + \sigma'_{rLb} \Gamma \times C_p (\dot{\varepsilon}_V^{vp})^{(C_p-1)} \frac{\partial Q}{\partial p'} \frac{1}{\Delta t} (\Delta \Lambda) \tag{3-34}$$

当吸力为常值时就有公式（3-35）、（3-36）：

$$\Delta \sigma'_{aL} = \Delta \sigma'_{aLb} = H_a (\Delta \Lambda) \tag{3-35}$$

$$\Delta \sigma'_{rL} = \Delta \sigma'_{rLb} = H_r (\Delta \Lambda) \tag{3-36}$$

因为每级极限屈服面对应有同一个吸力，只考虑对应于有效应力的应变硬化/软化的过程，即硬化规律不像巴塞罗那模型（BBM）那样考虑吸力对塑性体应变的影响。当然这只是一个特例。

这样，对于饱和土体的黏弹塑性就有公式（3-37a）：

$$\Delta \Lambda^{(a)} = \left[F^{n-1} + \left\{ \frac{\partial F}{\partial \widetilde{\sigma}'} \right\} (\Delta \widetilde{\sigma}')^{(n-1)} \right] \bigg/ \left\{ - \left\{ \frac{\partial F}{\partial \widetilde{\sigma}'} \right\} \left\{ \frac{\partial \sigma'}{\partial \Lambda} \right\}^{(n-1)} \right.$$
$$\left. - \frac{\partial F}{\partial p'_{\kappa_0}} \left[\frac{H_a + 2H_r}{3} \Gamma \times (\dot{\varepsilon}_V^{vp})^{c_p} + \frac{\sigma'_{aLb} + 2\sigma'_{rLb}}{3} \Gamma \times C_p (\dot{\varepsilon}_V^{vp})^{(C_p-1)} \frac{\partial Q}{\partial p'} \frac{1}{\Delta t} \right] \right\} \tag{3-37a}$$

对于恒值吸力非饱和土体的一般弹塑性就有公式（3-37b）：

$$\Delta \Lambda^{(n)} = \cfrac{F^{(n-1)} + \left\{\cfrac{\partial F}{\partial \overline{\sigma}'}\right\} (\Delta \overline{\sigma}')^{(n-1)}}{-\left\{\cfrac{\partial F}{\partial \overline{\sigma}'}\right\}\left\{\cfrac{\partial \overline{\sigma}'}{\partial \Lambda}\right\}^{(n-1)} - \cfrac{\partial F}{\partial p'_{\kappa_0}}\cfrac{H_a + 2H_r}{3}} \tag{3-37b}$$

采用向后迭代 Euler 算式，回归应力式（3-38）是：

$$t + \Delta t \overline{\sigma}' = t + \Delta t \overline{\sigma}' tr - [D]^t \{\Delta \widetilde{\varepsilon}'^p\} = t + \Delta t \widetilde{\sigma}'^{tr} - [D]^e \Lambda \left\{\frac{\partial Q}{\partial \overline{\sigma}'}\right\} \tag{3-38}$$

从式（3-28）可以得到下列矢量方程式（3-39）：

$$\left\{\frac{\partial \widetilde{\sigma}}{\partial \Lambda}\right\}^{(n-1)} = -[D]^e \left\{\left[\frac{\partial Q}{\partial \overline{\sigma}'}\right]^{(n-1)} + \Lambda^{(n-1)}\left[\frac{\partial^2 Q}{\partial \overline{\sigma}'\partial \widetilde{\sigma}'}\right]^{(n-1)}\left[\frac{\partial \widetilde{\sigma}'}{\partial \Lambda}\right]^{(n-1)}\right\} \tag{3-39}$$

对式（3-39）重新整理即可得到公式（3-40）：

$$\left\{\frac{\partial \widetilde{\sigma}}{\partial \Lambda}\right\}^{(n-1)} = -\left[[I] + \Lambda^{(n-1)}[D]^e \frac{\partial^2 Q^{(n-1)}}{\partial \widetilde{\sigma}'\partial \widetilde{\sigma}'}\right][D]^e \frac{\partial Q^{(n-1)}}{\partial \widetilde{\sigma}'} \tag{3-40}$$

把式（3-39）、式（3-40）代入式（3-37）后再进行整理，就可得到对于饱和土体弹塑性式（3-41a）：

$$\Delta \Lambda^{(n)} = \left[F^{(n-1)} - \left\{\frac{\partial F}{\partial \overline{\sigma}'}\right\}\left([I] + [D]^t \Lambda^{(n-1)}\frac{\partial^2 Q^{(n-1)}}{\partial \widetilde{\sigma}'\partial \widetilde{\sigma}'}\right)^{-1}\widetilde{R}_r^{(n-1)}\right] \Big/ \left\{2\left\{\frac{\partial F}{\partial \overline{\sigma}'}\right\} \times \left[[I] + \Lambda^{(n-1)}[D]^e \frac{\partial^2 Q^{(n-1)}}{\partial \overline{\sigma}'\partial \overline{\sigma}'}\right]^{-1}\right.$$

$$\left.[D]^t \left\{\frac{\partial Q^{(n-1)}}{\partial \overline{\sigma}'}\right\}^T - \frac{\partial F}{\partial p'_{\kappa_0}}\left[\frac{H_a + 2H_r}{3}\Gamma \times (\dot{\varepsilon}_V^{vp})^{C_p} + \frac{\sigma'_{aLb} + 2\sigma'_{rLb}}{3}\Gamma \times C_p(\dot{\varepsilon}_V^{vp})^{(C_p - 1)}\frac{\partial Q}{\partial p'}\frac{1}{\Delta t}\right]\right\} \tag{3-41a}$$

对于恒值吸力非饱和土体的一般弹塑性式（3-29），其式为：

$$\Delta \Lambda^{(n)} = \cfrac{F^{(n-1)} - \left\{\cfrac{\partial F}{\partial \overline{\sigma}'}\right\}\left([I] + [D]^e \Lambda^{(n-1)}\cfrac{\partial^2 Q^{(n-1)}}{\partial \overline{\sigma}\partial \overline{\sigma}'}\right)^{-1}\widetilde{R}_s^{(n-1)}}{2\left\{\cfrac{\partial F}{\partial \overline{\sigma}'}\right\}\left[[I] + \Lambda^{(n-1)}[D]^e \cfrac{\partial^2 Q^{(n-1)}}{\partial \overline{\sigma}'\partial \overline{\sigma}'}\right]^{-1}[D]^t\left\{\cfrac{\partial Q^{(n-1)}}{\partial \overline{\sigma}'}\right\}^T - \cfrac{\partial F}{\partial p'_{\kappa_0}}\cfrac{H_a + 2H_r}{3}} \tag{3-41b}$$

④每一时步内迭代收敛后增量累积：见公式（3-42a）至公式（3-42e）所示。

$$\Lambda^{(n)} = \Lambda^{(n-1)} + (\Delta\Lambda)^{(n)} \tag{3-42a}$$

$$\overline{\sigma}'^{(n)} = \sigma'^{(n-1)} + \Delta\overline{\sigma}'^{(n)} \tag{3-42b}$$

$$\overline{\varepsilon}^{p(n)} = \overline{\varepsilon}^{p(n-1)} + \Delta\overline{\varepsilon}^{p(n)} \tag{3-42c}$$

$$\sigma'^{(n)}_{aLb} = \sigma'^{(n-1)}_{aLb} + H_a(\Delta\Lambda)^{(n)} \tag{3-42d}$$

$$\sigma'^{(n)}_{rLb} = \sigma'^{(n-1)}_{rLb} + H_r(\Delta\Lambda)^{(n)} \tag{3-42e}$$

计算中收敛准则设为$-10^{-3} \leqslant F_{fin} \leqslant 10^{-3}$。

⑤逐步增量迭代：在连续加载过程中的每 1 时步内不断采用向前试算和向后迭代收敛的 Euler 算式（图 3-7），这样就可以得到连续的应力应变过程。

⑥土体的变形特性本构模拟注释：当进行本构模型数值模拟时，先应用式（3-18）、式（3-

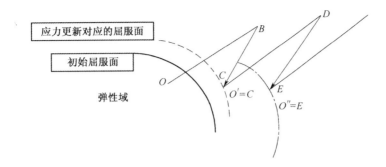

图 **3-7**　连续加载过程逐步向前试算和向后迭代收敛的 Euler 算法应力更新（*O-B-C*，*O'-D-E*）

19）找到初始应力增量，然后再利用式（3-30）、式（3-41）开展增量迭代计算，便可以很好地模拟出黏滞性、结构性、非饱和特性和植物根系固土特性的影响。

当模拟流变时，固结仪压缩试验对应的垂直应力或三轴仪剪切试验对应的偏应力增量设为 0，以便保持 $\sigma'_a = \text{cst}$ 或 $q = \sigma'_a - \sigma'_r = \text{cst}$。

利用上一级时步得到的屈服应力硬化增量，即公式（3-43）：

$$(\Delta\sigma'_{aL})^{(n-1)} = H_a(\Delta\Lambda)\,\Gamma \times (\dot{\varepsilon}^{vp}_V)^{C_p} + \sigma'_{aLb}\Gamma \times C_p(\dot{\varepsilon}^{vp}_V)^{(C_p-1)}\frac{\partial Q}{\partial p'}\frac{1}{\Delta t}\Delta\Lambda \tag{3-43}$$

由此就可得到塑性应变乘子增量 $\Delta\Lambda$，这样便可得到恒应力下随时间发展的"流变"。

当模拟应力松弛时，固结仪压缩试验对应的垂直应变或三轴仪剪切试验对应的轴向应变，即公式（3-44）：

$$\Delta\varepsilon_a = \Delta\varepsilon'_a + \Delta\varepsilon^{ep}_a = 0 \tag{3-44}$$

在三轴排水剪应力条件下 $\Delta\sigma'_r = 0$，根据本构方程，利用柔度系数 $C(i, j)$，可得到式（3-45）：

$$\Delta\sigma'_a = -\Delta\Lambda\frac{\partial Q}{\partial\sigma_a}\frac{1}{C(1,\,1)} \tag{3-45}$$

类似地可得到三轴不排水条件下的式（3-46）：

$$\Delta\sigma'_a = -\Delta\Lambda\frac{\partial Q}{\partial\sigma_a}\frac{1}{C(1,\,1)} + \Delta u\frac{C(1,\,2) + C(1,\,3)}{C(1,\,1)} \tag{3-46}$$

同时极限状态屈服面会有一定的收缩 $\Delta\sigma'_{aLb} = -H_a\Delta\Lambda$，即可以把应力松弛看作一种特殊的应变软化。

当模拟恒值吸力作用下的压缩特性时，先采用式（3-20）确定由于吸力存在导致的初始屈服应力增量，然后利用式（3-30）与式（3-41）开展增量迭代计算便可以很好地模拟出恒值吸力作用下的压缩特性。在许多试验中可以发现，吸力越大，三轴压缩对应的体积应变越小，这是因为吸力使得很少的自由水排出。因此使用式（3-20）虽然能够较好地模拟峰值强度，但很难准确地描述体积应变对应的吸力特性和剪胀特性。

4.4　饱和土体与非饱和土体的广义隐式数值积分格式

在模型数值分析应用过程中，饱和土体模型的数值积分无论是显式算法还是隐式算法都已经比较成熟，但非饱和土体则因为吸力的存在而使其难度相对增大，这是因为模型中的屈服函数、塑性势函数、硬化定律等都与吸力相关。目前比较成熟的关于非饱和土体模型数值积分的显式算法与隐式算法主要以 Sheng 等（2003）和 Vaunat 等（2000）为代表。前者把吸力增量作为一种应变增量的形式，从而可以借鉴饱和土体的显式积分算法. 但显而易见这就改变了吸力作为与净应力同等重要的应力变量的物理含义。后者则把吸力仍然作为应力变量，但需形成一个广义的应力应变系统以形成隐式算法需要的刚度方阵，而且在借鉴饱和土体的隐式算法时积分迭代计算要不时地交替进行，以保证最终的应力状态位于吸力确定的屈服面上。这 2 个模型算法均较好地对巴塞罗那模型实现了数值积分收敛，从而验证了模型并确保了其在数值分析中的应用。为了建立饱和土体与非饱和土体的广义隐式数值积分格式，把吸力作为一种形式的"应变"，但是在其物理意义上仍然扮演着与净应力类似的应力变量作用。

（1）广义应力应变增量形式矢量定义。其定义为公式（3-47）、公式（3-48）：

$$\{d\widehat{\widetilde{\sigma}}\} = \{d\sigma'_x, \ d\sigma'_y, \ d\sigma'_z, \ d\tau_{xx}, \ d\tau_{yx}, \ ds\}^T \tag{3-47}$$

$$\{d\widehat{\widetilde{\varepsilon}}\} = \{d\varepsilon_x + \frac{1}{3}d\varepsilon^s_V, \ d\varepsilon_y + \frac{1}{3}d\varepsilon^s_V, \ d\gamma_{xy}, \ d\gamma_{yz}, \ d\gamma_{yx}, \ ds\}^T \tag{3-48}$$

其中　$d\varepsilon^s_V = \dfrac{\kappa_s + (\lambda_s - \kappa_s) <s - s_0>}{(1 + e)(s + p_{atm})}ds = \dfrac{ds}{h(s)}$

（2）广义弹性应力应变本构方程式。即公式（3-49）：

$$d\widehat{\widetilde{\sigma}}' = [\widehat{D}]_{7\times7}\left\{\begin{array}{c} d\overline{\varepsilon^e} + \dfrac{1}{3}d\varepsilon^{e, \ s}_V \overline{\delta} \\ \\ ds \end{array}\right\}_{7\times1} \tag{3-49}$$

式中：

$$[\widehat{D}]_{7\times7} = \begin{bmatrix} K + \dfrac{4}{3}G & K - \dfrac{2}{3}G & K - \dfrac{2}{3}G & 0 & 0 & 0 & -K/h_e(s) \\ K + \dfrac{2}{3}G & K + \dfrac{4}{3}G & K - \dfrac{2}{3}G & 0 & 0 & 0 & -K/h_e(s) \\ K + \dfrac{2}{3}G & K - \dfrac{2}{3}G & K + \dfrac{4}{3}G & 0 & 0 & 0 & -K/h_e(s) \\ 0 & 0 & 0 & 2G & 0 & 0 & 0 \\ 0 & 0 & 0 & 0 & 2G & 0 & 0 \\ 0 & 0 & 0 & 0 & 0 & 2G & 0 \\ 0 & 0 & 0 & 0 & 0 & 0 & 1 \end{bmatrix};$$

$K = \dfrac{1 + \varepsilon \sim}{3\kappa}\sigma_u$;

G——与 K 和泊松比相关的剪切模量；

$h_s(s) = \dfrac{(1 + e)(s + p_{atm})}{\kappa_s}$; $d\varepsilon^{e, \ s}_v = \dfrac{\kappa_s}{(1 + e)(s + p_{atm})}ds$。

（3）广义弹塑性应力应变本构方程式。其公式（3-50）如下：

$$d\widehat{\widetilde{\sigma}}' = [D'_{cp}]d\widehat{\widetilde{\varepsilon}}' = [\widehat{D'_{cp}}]_{7\times7}\left\{\begin{array}{c} d\widetilde{\varepsilon} + \dfrac{1}{3}d\varepsilon^s_V\overline{\delta} \\ \\ ds \end{array}\right\}_{7\times1} \tag{3-50}$$

作为一种形式的"应变"，$ds = ds^e + ds^p$，其中 ds^e 与 ds^p 分别是吸力增量的弹性和塑性分量。这样，本构方程就可以表现为纯应变驱动的形式，从而可以借用饱和土体的数值积分格式来计算非饱和土体的应力应变发展过程，构建统一的饱和土体与非饱和土体的广义隐式数值积分格式。

（4）塑性应变乘子更新。对于每个屈服面函数，其计算式（3-51）如下：

$$\hat{\Lambda}_{(n)}^{(m)} = \hat{\Lambda}_{(n-1)}^{(m)} - \frac{F^{(m)}(\hat{\Lambda}_{(n-1)}^{(m)}, \hat{\chi}) - \left\{\frac{\partial \hat{\chi}}{\partial \widetilde{\varepsilon}}\right\}^T \sum_m \left[\hat{\Lambda}_{(n-1)}^{(m)} \frac{\partial Q^{(m)}}{\partial \widetilde{\hat{\sigma}}'}\right]}{F'^{(m)}(\hat{\Lambda}_{(n-1)}^{(m)}, \hat{\chi})} \tag{3-51}$$

式中：$F^{(m)}(\hat{\Lambda}_{(n-1)}^{(m)}, \hat{\chi}) - \left\{\frac{\partial F^{(m)}}{\partial \widetilde{\hat{\sigma}}'}\right\}^{(n-1)} \left\{\frac{\partial \widetilde{\hat{\sigma}}'}{\partial \hat{\Lambda}}\right\}_{(m)}^{(n-1)} - \hat{H}^{(m)}$ ；

$\hat{\chi} = \hat{H}\hat{\Lambda}$ ——广义硬化变量；

$\hat{H}^{(m)}$ ——对应屈服面的硬化模量；

$$\frac{\partial \hat{\chi}}{\partial \widetilde{\varepsilon}^p} = \frac{\partial \hat{\chi}}{\partial \varepsilon_V^p} \frac{\partial \varepsilon_V^p}{\partial \widetilde{\varepsilon}^p} = \frac{1}{3}\widetilde{M}^T H^{(m)} = \frac{1}{3}\widetilde{M}^T \hat{H}^{(m)}, \quad \widetilde{M}^T = \{1 \quad 1 \quad 1 \quad 0 \quad 0 \quad 0\}$$

为了推导得到 $\left\{\frac{\partial \widetilde{\hat{\sigma}}'}{\partial \hat{\Lambda}}\right\}_{(m)}^{(n-1)}$，需要采用下列多矢量向后迭代欧拉算式（3-52）进行计算：

$$t + \Delta t \widetilde{\hat{\sigma}}'_{7\times 1} = t \widetilde{\hat{\sigma}}'_{7\times 1} + [\hat{D}]_{7\times 7}^{e, s} \left\{\begin{array}{c} d\widetilde{\varepsilon} + \frac{1}{3}d\varepsilon_V^s \overline{\delta} \\ ds \end{array}\right\}_{7\times 1} - [\hat{D}]_{7\times 7}^{e, sp} \left\{\sum_m \Lambda_{(m)}^{(n-1)} \left\{\frac{\partial Q}{\partial \widetilde{\sigma}'}\right\}^{(m)} + \frac{1}{3}de_V^{p, s}\overline{\delta}\right\}_{7\times 1}$$

$$= t \widetilde{\hat{\sigma}}'_{7\times 1} + [\hat{D}]_{7\times 7}^{e, s} \left\{\begin{array}{c} d\widetilde{\varepsilon} + \frac{ds\overline{\delta}}{3h(s)} \\ ds \end{array}\right\}_{7\times 1} - [\hat{D}]_{7\times 7}^{e, sp} \left\{\sum_m \Lambda_{(m)}^{(n-1)} \left\{\frac{\partial Q}{\partial \widetilde{\sigma}'}\right\}^{(m)} \\ ds^p\right\} - [\hat{D}]_{7\times 7}^{e, sp} \left\{\begin{array}{c} \frac{ds\overline{\delta}}{3h_p(s)} \\ 0 \end{array}\right\}_{7\times 1}$$

$$\tag{3-52}$$

其中 $h_p(s) = \frac{(1+e)(s+p_{atm})}{(\lambda_s - \kappa_s)}$, $d\varepsilon_V^{p, s} = \frac{(\lambda_s - \kappa_s) <s - s_0>}{(1+e)(s+p_{atm})}ds$,

$$[\hat{D}]_{7\times 7}^{e, s} = \begin{bmatrix} K + \frac{4}{3}G & K - \frac{2}{3}G & K - \frac{2}{3}G & 0 & 0 & 0 & -K/h_p(s) \\ K - \frac{2}{3}G & K + \frac{4}{3}G & K - \frac{2}{3}G & 0 & 0 & 0 & -K/h_p(s) \\ K - \frac{2}{3}G & K - \frac{2}{3}G & K + \frac{4}{3}G & 0 & 0 & 0 & -K/h_p(s) \\ 0 & 0 & 0 & 2G & 0 & 0 & 0 \\ 0 & 0 & 0 & 0 & 2G & 0 & 0 \\ 0 & 0 & 0 & 0 & 0 & 2G & 0 \\ 0 & 0 & 0 & 0 & 0 & 0 & 1 \end{bmatrix}$$

对式（3-48）微分，就可以得到下列矢量方程式（3-53）（这里需要提示，吸力作为一种形式的"应变"，但是在物理学意义上它仍然扮演着与净应力类似的应力变量作用）。

$$
\left\{ \frac{\partial \hat{\widetilde{\sigma}}}{\partial \hat{\Lambda}} \right\}^{(n-1)}_{(m)} = \left\{ \begin{array}{c} \left\{ \dfrac{\partial \widetilde{\sigma}}{\partial \hat{\Lambda}} \right\}^{(n-1)}_{(m)} \\ \dfrac{\mathrm{d}s}{\mathrm{d}\Lambda^{(n)}} \end{array} \right\} = - \left[\hat{D} \right]^{e,s}_{7\times7} \left\{ \begin{array}{cc} \left\{ \sum_m \Lambda^{(n-1)}_{(m)} \dfrac{\partial^2 Q^{(m)}}{\partial \widetilde{\sigma}'\partial \widetilde{\sigma}'} \right\}^{(n-1)}_{6\times6} & \{\widetilde{0}\}_{6\times1} \\ \{\widetilde{0}\}_{1\times6} & \dfrac{\mathrm{d}s^p}{\mathrm{d}s} \end{array} \right\} \times \left\{ \begin{array}{c} \left\{ \dfrac{\partial \widetilde{\sigma}}{\partial \hat{\Lambda}} \right\}^{(n-1)}_{(m)} \\ \dfrac{\mathrm{d}s}{\mathrm{d}\Lambda^{(n)}} \end{array} \right\}_{7\times1}
$$

$$
- \left[\hat{D} \right]^{e,s}_{7\times7} \left\{ \begin{array}{c} \left\{ \dfrac{\partial Q^{(m)}}{\partial \overline{\sigma}'} \right\}^{(n-1)} \\ \dfrac{\mathrm{d}s^p}{\mathrm{d}\Lambda^{(s)}} \end{array} \right\}_{7\times1}
$$

$$(3-53)$$

在 $\mathrm{d}s = \mathrm{d}s^e + \mathrm{d}s^p$ 中弹性部分可以忽略，假定 $\mathrm{d}s^p/\mathrm{d}s \approx 1$，因此重新整理式（3-53）就可以得到式（3-54）：

$$
\left\{ \begin{array}{c} \left\{ \dfrac{\partial \hat{\widetilde{\sigma}}}{\partial \hat{\Lambda}} \right\}^{(n-1)}_{(m)} \\ \dfrac{\mathrm{d}s}{\mathrm{d}\Lambda^{(n)}} \end{array} \right\} = - \left[[I] + \left[\hat{D} \right]_{e,2p} \left\{ \begin{array}{cc} \left\{ \sum_m \Lambda^{(n-1)}_{(m)} \dfrac{\partial^2 Q^{(m)}}{\partial \widetilde{\sigma}'\partial \widetilde{\sigma}'} \right\}^{(n-1)}_{6\times6} & \{\widetilde{0}\}_{6\times1} \\ \{\widetilde{0}\}_{1\times6} & 1 \end{array} \right\} \right]^{-1} \times \left[\hat{D} \right]_{e,2p} \left\{ \begin{array}{c} \left\{ \dfrac{\partial Q^{(m)}}{\partial \overline{\sigma}'} \right\}^{(n-1)} \\ \dfrac{\mathrm{d}s^p}{\mathrm{d}\Lambda^{(s)}} \end{array} \right\}
$$

$$(3-54)$$

其中　$\dfrac{\mathrm{d}s^p}{\mathrm{d}\Lambda^{(s)}} = \dfrac{(s_0 + p_{atm})(1+e)}{\lambda_s - k_s}$

（5）应力更新：为了实现应力迭代循环，必须要先建立 1 个矢量算子 $\hat{\widetilde{R}}_s$ 式（3-55）：

$$
\hat{\widetilde{R}}_s = t + \Delta t \hat{\widetilde{\sigma}}' - + \Delta t \hat{\widetilde{\sigma}}' + \left[\hat{D} \right]^{e,s}_{7\times7} \left\{ \begin{array}{c} \sum_m \Lambda^{(n-1)}_{(m)} \left\{ \dfrac{\partial Q}{\partial \widetilde{\sigma}'} \right\}^{(m)} + \dfrac{1}{3}\mathrm{d}\varepsilon^{p,s}_V \overline{\delta} \\ \mathrm{d}s' \end{array} \right\}_{7\times1}
$$

$$
= t + \Delta t \hat{\widetilde{\sigma}}' - t + \Delta t \hat{\widetilde{\sigma}}' tr + \left[\hat{D} \right]^{e,s}_{7\times7} \left\{ \begin{array}{c} \sum_m \Lambda^{(n-1)}_{(m)}, \left\{ \dfrac{\partial Q}{\partial \widetilde{\sigma}'} \right\}^{(m)} \\ \mathrm{d}s' \end{array} \right\} + \left[\hat{D} \right]^{e,s}_{7\times7} \left\{ \begin{array}{c} \dfrac{\mathrm{d}s\overline{\delta}}{3h_p(s)} \\ 0 \end{array} \right\}_{7\times1}
$$

$$(3-55)$$

当最终应力满足了更新后的应力屈服准则以后，$\hat{\widetilde{R}}_s$ 应当减小至为零。试算弹应力 $t + \Delta t \hat{\widetilde{\sigma}}' tr$ 保持不变，Taylor 展式代入式（3-54），并且通过式（3-56）：

$$\mathrm{d}s^p = (\Lambda^{(s)})h_p(s) \tag{3-56}$$

便可以产生一个新的公式（3-57）$\hat{\widetilde{R}}^{(n)}$，：

$$
\hat{\widetilde{R}}^{(n)}_s = \hat{\widetilde{R}}^{(0)}_s + \Lambda \hat{\widetilde{\sigma}}' + \left[\hat{D} \right]^{e,s}_{7\times7} \left\{ \begin{array}{c} \sum_m \Delta\Lambda^{(n-1)}_{(m)}, \left\{ \dfrac{\partial Q}{\partial \widetilde{\sigma}'} \right\}^{(n-1)}_{(m)} \\ (\Delta\Lambda)^{(s)(n-1)}_{(m)} h_p(s) \end{array} \right\} + \left[\hat{D} \right]^{e,s}_{7\times7} \left\{ \begin{array}{cc} \left\{ \sum_m \Lambda^{(n-1)}_{(m)} \dfrac{\partial^2 Q^{(m)}}{\partial \widetilde{\sigma}'\partial \widetilde{\sigma}'} \right\}^{(n-1)}_{6\times6} & \{\widetilde{0}\}_{6\times1} \\ \{\widetilde{0}\}_{1\times6} & 1 \end{array} \right\} \Delta\hat{\widetilde{\sigma}}
$$

$$(3-57)$$

式中：$\Delta\hat{\tilde{\sigma}}$——广义应力 $\hat{\tilde{\sigma}}'$ 的增量；

$\Delta\Lambda_{(m)}^{(s)}$——对应净应力的塑性乘子 $\Lambda^{(m)}$ 的增量；

$\Delta\Lambda^{(s)}$——对应吸力的塑性乘子 $\Lambda^{(s)}$ 的增量。

令 $\widetilde{R}_s^{(n)} = 0$，将得到更新后的广义增量式（3-58）：

$$
d\hat{\tilde{\sigma}} = \left\{ \begin{matrix} d\hat{\tilde{\sigma}}' \\ ds \end{matrix} \right\} = - \left([I] + [\hat{D}]_{7\times7}^{e,s} \left\{ \begin{matrix} \left\{ \sum_m \Lambda_{(m)}^{(n-1)} \dfrac{\partial^2 Q^{(m)}}{\partial\widetilde{\sigma}'\partial\widetilde{\sigma}'} \right\}_{6\times6}^{(n-1)} & \{\widetilde{0}\}_{6\times1} \\ \{\widetilde{0}\}_{1\times6} & 1 \end{matrix} \right\} \right)^{-1}
$$

$$
\times \left(\hat{\widetilde{R}}_s^{(0)} + [\hat{D}]_{7\times7}^{e,s} \left\{ \begin{matrix} \sum_m \Delta\Lambda_{(m)}^{(n-1)}, \left\{ \dfrac{\partial Q}{\partial\widetilde{\sigma}'} \right\}_{(m)}^{(n-1)} \\ (\Delta\Lambda)_{(m)}^{(s)(n-1)} h_p(s) \end{matrix} \right\} \right) \tag{3-58}
$$

5 模型的验证与应用

5.1 数值模拟的模型参数和初始应力设定

数值模拟的模型参数和初始应力的设定，可按照以下 4 项要求进行具体设定：

（1）$\phi' = 31^0$，$M_c = 6\sin\phi'/(3-\sin\phi) = 1.243$，$E = 6000\text{kPa}$，$v = 0.3$，$H_a = \dfrac{(1+e_0)}{\lambda(0)-\kappa}\sigma'_{aLb}$ $\dfrac{\partial Q}{\partial p'}$，$\sigma'_{aLb} = 140\text{kPa}$，$K_0 = 1-\sin\phi' = 0.485$，$e_0 = 1.109$，$k = 0.025$，$\lambda = 0.165$。

（2）考虑黏滞性时，$C^p = 0.03$，$\Gamma = 1.5$。

（3）考虑各向异性时，$\sigma'_{aLb} = 140\text{kPa}$，$\sigma'_{rLb} = 100\text{kPa}$，$\alpha k_0 = 0.75$。

（4）考虑非饱和特性时，进气压力值（AEV）$s_b = 60\text{kPa}$，试算模拟时向前试算弹性应变增量是 $\Delta\varepsilon^{trial} = 1.0e^{-4}$，三轴有效固结压力分别是 $\sigma'_r = 50\text{kPa}$，$\sigma'_r = 150\text{kPa}$，$\sigma'_r = 400\text{kPa}$。

5.2 饱和软土体的数值模拟

试验天然软黏土土样 $G_s = 2.679$，$w_1 = 48.8\%$，$I_p = 23\%$。利用天然软黏土体开展多阶段等向固结不排水剪切试验，剪切速率为 $+2\%/h$。有效室内围压分别是 50kPa、150kPa 和 400kPa。试验曲线示于图 3-8 中，结果用于确定临界状态土体的内摩擦角。

三轴试验由计算机自动控制的 GDS 三轴试验系统完成，三轴压缩和伸长试验采用 K_0 固结的土体样。试样在逐步增加围压和反压的过程中达到饱和状态，其中 1 周的饱和过程始终保持围压比反压高 5kPa。最终饱和围压为 205kPa，反压为 200kPa，B 值达到 0.98。饱和完成以后，在等向 10kPa 的有效围压下开始初始固结，然后再在 K_0 条件下开始不等向固结，直至有效围压分别达到 σ'_{ho} 等于 50kPa、150kPa 或 400kPa。压缩试验对应有效围压编号为 C50、C150、C400，伸长试验按照有效围压顺序编号为 E50、E150 或 E400。完成 K_0 固结后，保持有效围压不变开展多阶段不同应变速率的压缩和伸长试验。压缩试验应变速率从 $+2\%/h$ 到 $+0.2\%/h$，$+20\%/h$，$-2\%/$

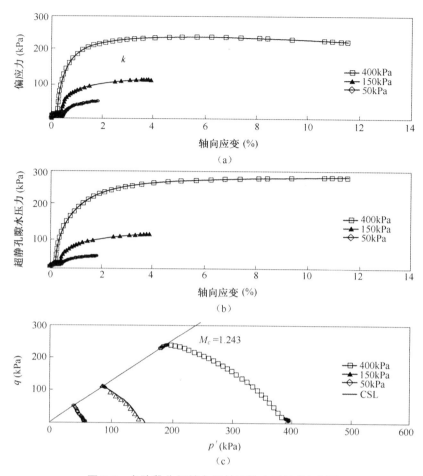

图 **3-8**　多阶段分级等向固结不排水三轴剪切试验

（a）偏应力与轴向应变；（b）超静孔压与轴向应变；（c）有效应力路径

h，+2%/h。伸长试验应变速率从-2%/h 到-0.2%/h，-20%/h，+2%/h，-2%/h。把土样作为一个土体单元，应用本构方程和收敛算法进行本构模拟，并与试验结果进行比较。试验结果和本构模拟的 2 种结论是：

第 1 种：偏应力 $q = \sigma'a - \sigma'_r$ 对应轴向应变 ε_a；

第 2 种：超静孔隙水压力对应轴向应变 ε_a 结果同时示于图 3-9 至图 3-14 中以便比较。

从图 3-9 至图 3-14 中可以看出以下 3 点：①本构模型较好地模拟了三轴压缩和伸长中的应变速率效应，其应变速率越高，偏应力也就越大；②三轴压缩和伸长中的应变硬化和应变软化也被很好地模拟，特别是在高达 20%/h 应变速率下的软化现象；③超静孔隙水压力在高达 20%/h 的应变速率下表现为不随加载而积聚，却是有所减小，表现出表观超固结的特征，这是由于时间效应与加卸荷过程所造成。

顾及到黏塑性问题比一般塑性问题更为复杂，再加上试样的差异性、超静孔隙水压力在测试过程中传递、均化的滞后性，以及试验过程中多阶段不同应变速率之间的对接过程毕竟不是瞬时无缝完成的，因此对试样应力应变状态的扰动不可避免。总之，本构模拟结果和试验数据比较一致，虽然有些差异也较大。

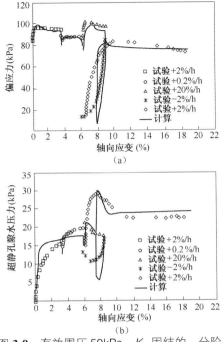

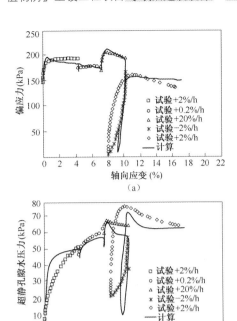

图 **3-9**　有效围压 50kPa、K_0 固结的、分阶段
应变率控制的三轴压缩试验结果

（a）偏应力和轴向应变；（b）超静孔隙水压力和轴向应变

图 **3-10**　有效围压 150kPa、K_0 固结的、分阶段
应变率控制的三轴压缩试验结果

（a）偏应力和轴向应变；（b）超静孔隙水压力和轴向应变

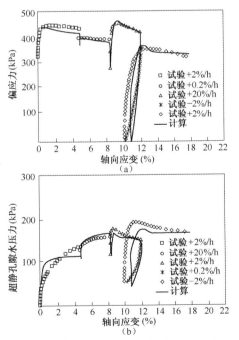

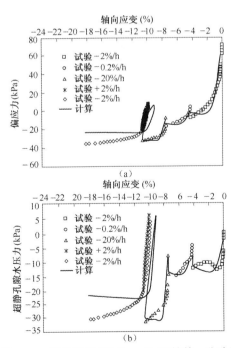

图 **3-11**　有效围压 400kPa、K_0 固结的、分阶段
应变率控制的三轴压缩试验结果

（a）偏应力和轴向应变；（b）超静孔隙水压力和轴向应变

图 **3-12**　有效围压 50kPa、K_0 固结的、分阶段
应变率控制的三轴伸长试验结果

（a）偏应力和轴向应变；（b）超静孔隙水压力和轴向应变

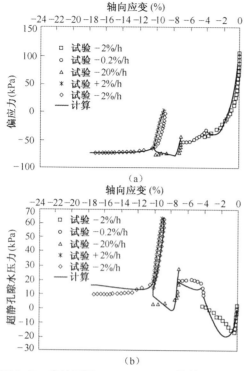

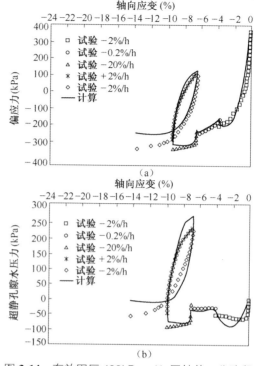

图 3-13   有效围压 150kPa、K_0 固结的、分阶段
         应变率控制的三轴伸长试验结果

（a）偏应力和轴向应变；（b）超静孔隙水压力和轴向应变

图 3-14   有效围压 400kPa、K_0 固结的、分阶段
         应变率控制的三轴伸长试验结果

（a）偏应力和轴向应变；（b）超静孔隙水压力和轴向应变

5.3   非饱和软土体的数值模拟

将试验土体颗粒分为 53% 黏土、27% 粉土和 20% 砂土；击实试验土样的含水率是 22%，孔隙比是 0.76；采用几个试样获得水土特征曲线。水土特征曲线 e_w—s（$e_w = eS_r$）如图 3-15。其他土样用于不同恒值吸力的固结仪和三轴压缩试验。

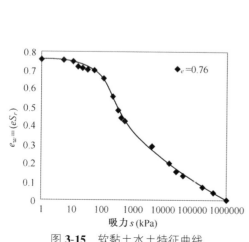

图 3-15   软黏土水土特征曲线

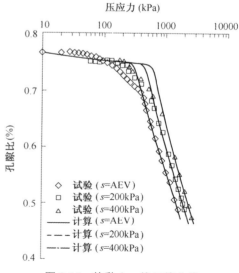

图 3-16   软黏土一维压缩曲线

（1）本构模型模拟结果与固结仪压缩试验结果的比较。不同恒值吸力（$s = 60\text{kPa}$、200kPa、400kPa）作用下固结仪压缩试验结果示于图 3-16 之中。可以明显看出先期固结压力随吸力增加而增大，本构模型也给出了较为良好的模拟结果。

（2）本构模型模拟结果与三轴试验结果的比较。不同恒值吸力（$s = 60\text{kPa}$、200kPa、400kPa）作用下三轴压缩试验结果示于图 3-17 之中。

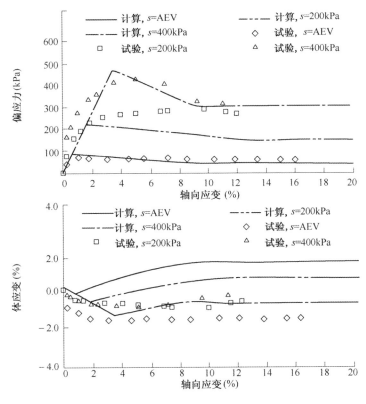

图 **3-17** 非饱和软黏土体三轴剪切曲线

从图 3-17 可以看出，吸力越大，偏应力峰值也越高。在 20kPa 的有效围压下，吸力越高，土体越表现出表观超固结和剪胀软化的特征，本构模型的数值模拟结果与实测资料吻合度较高。虽然能够模拟剪胀软化体积应变减小的现象，但未能模拟出吸力越高，排水体积应变越小的特征，这还需要进一步的深入试验研究。

第四节
植物防护土坡的有限元数值计算方法

1 植物防护土坡的有限元数值计算方法综述

1.1 建立植物防护土坡变形和影响稳定性因子的数值模型

影响植物防护土坡稳定性和变形的因素有多方面，其中降雨影响最大。大量资料表明，绝大多数滑坡是发生在降雨期间或降雨之后，降雨所造成的土坡不稳定现象，是土坡失稳中最为常见的一种。因此，应该建立和开发如香根草等植物覆盖下土坡的水土气耦合的弹塑性有限元分析模型、计算方法及其程序，以便分析降雨等因素对植物防护土坡的变形和稳定性的影响效应。

1.2　土坡土体渐进变形受到的综合性影响因素

土坡的渐进变形受土体的各向异性、黏滞性、结构性以及非饱和特性等多种因素的影响。特别是对于降雨入渗等情况，土坡变形的数值分析无法不考虑土体的非饱和特性。非饱和土体有限元模型的建立一般必须依赖于非饱和土体的固结理论，而该理论又常常涉及众多的控制方程，例如应力平衡方程、孔隙水压和气压的连续流量方程、质量守恒方程、变形与应变协调方程、本构方程、水土特征曲线方程等。理论分析需要三个方向的位移、孔隙水压力、孔隙气压力、温度等变量。初始边界条件也比较难以确定，例如位移荷载边界条件、孔隙水气边界水头压力条件、孔隙水气边界流量条件等。因此对于非饱和土体的固结理论必须作一些简化才能方便在工程建设设计中进行推广应用。

1.3　单相流和双相流固结理论

关于非饱和土体中水和气，通常有 2 种简化固结理论。如果水和气在渗流过程中相互影响较大，必须采用双相流固结理论。这是由于单相流固结理论只能近似考虑高饱和度土体（忽略气）、低饱和度土体（忽略水）或者部分饱和土体在气压假定等于大气压且土体主要以排气为主的情况。在气连通情况下，其排气过程很快。因此，一般情况下假定孔隙气压力等于大气压力是完全可以接受的。但是，也有少数的土体防护建设情况会发生排气边界被堵塞的情况。例如大雨时整个地面被雨水覆盖，这时孔隙气压力的积累将不可避免。边坡中孔隙气压力的存在将对其稳定性产生不利影响，但如果把全部地面当作不透水面也不合理，因为孔隙气可能以冒泡的形式排出一部分。为了考虑这一部分孔隙气压力，沈珠江建议了给定排气率的简化固结理论，并且推导出了排气率和孔隙气压力之间的关系式。当排气率等于 1 时即为相当于孔隙气压力等于大气压力的一个特例。简化固结理论的有限元数值模型为解决这一问题提供了新的合理方法（沈珠江，2003、2004、2006）。这一理论已经用于对某一膨胀土体边坡的降雨入渗试验进行数值分析。

1.4　应采用增量迭代法进行土坡土体有限元模型数值计算

除了非饱和土体有限元模型难以建立之外，本构理论的选取也会对数值分析产生很大的影响。例如有一个平面应变边值的问题。即对于饱和土体，有 3 个变量需要求解：位移变量 u_x，u_y，超静孔隙水压力 u_w。而对于非饱和土体，则需要 4 个变量需要求解：位移变量 u_x，u_y，超静孔隙水压力 u_w，孔隙气压力 u_a，不过二者都对应有相同的应力—应变关系和分量 σ'_x，σ'_y，τ'_{xy}，σ'_z 及 ε_x，ε_y，γ_{xy}。但是，这在有限元分析引入本构矩阵方程时便会产生麻烦，特别是在采用双变量理论时。在采用单变量或双变量方法时必须注意，如果采用单变量形成矩阵方程，饱和土体和非饱和土体拥有相同形式的本构矩阵，但是非饱和土体的本构矩阵中的元素不只和有效应力状态相关，而且还受吸力大小的影响。同时，把吸力当作类似球应力的形式，在处理遇水湿陷时可能会出现一些问题（模型只能反映出随吸力的丧失而膨胀或随吸力的增加而收缩），考虑结构性损伤并采用广义结构性模型可能有助于问题的解决。如果采用双变量方法，则难以在应力矢量 $\{\sigma'_x\sigma'_y\sigma'_z\tau'_{xy}s\}^T$ 和应变矢量 $\{\varepsilon_x\varepsilon_y0\gamma_{xy}\}^T$ 之间建立对应的本构矩阵（方阵），以便在数值算法（例如隐式积分）中方便地应用。目前常用的方法似乎还是经典的初应变法，应用增量迭代法进行数值求解。

2　常见土坡变形分析的影响因素及其作用

2.1　土坡土体的裂隙

土质堤坝及岸坡中的裂缝经常是危及土工建筑物等安全的主要灾害之一。向阳坡裂隙一般较发育，背阴坡气候变化小，裂隙相对发育较为均匀。非饱和土岸坡在干湿循环作用下产生裂缝，破坏了土体的完整性和均匀性，为地表水的下渗和土体中水分的蒸发提供了通道，从而加剧了干缩湿胀循环，导致微结构胶结破坏，抗剪强度降低，继而在雨水入渗下因膨胀软化而发生滑坡，这是岸坡工程建设过程中最为常见的破坏方式。一般边坡上部裂隙以垂直向为主，坡面下部则以向下倾斜或水平向为主，这样就容易构成上陡下缓的组合贯通裂隙，极不利于边坡的稳定。

岸坡土体中的裂缝大致可以分为以下 3 类。①整体变形引起的大裂缝：主要指滑坡前坡顶开裂与坡脚隆起面上的裂缝和地面不均匀沉降引起的裂缝；②卸荷引起的裂缝：指土坡土体的不均匀膨胀或回弹以及拉裂或剪切破坏引起的裂缝；③黏土表面的干缩裂缝：指黏土土体干缩引起的裂缝。

第 1 类裂缝的数量有限，分析时可以逐条跟踪；而第 2 类和第 3 类裂缝数量众多，目前的分析手段只能把含裂缝的土体当作等效连续介质，相应地增大其渗透系数和降低其变形模量。在稳定分析中强度指标的选取，深层滑动可以不考虑裂缝的影响，浅层滑动则取软弱面的强度参数进行分析（沈珠江，2006）。

如何解决土质堤坝及岸坡中的裂缝问题，很多年来一直是国内外岩土力学专家致力研究的重大课题。然而，对这种普遍发生的现象人们却几乎还没有较为全面合理的分析方法。土质堤坝及岸坡中裂缝的研究目前基本上处于宏观调查分析的判断和模型试验上，需要花费大量的人力、物力和财力，所得到的试验结果又经常囿于试验、环境等的变化及土体本身的复杂性，导致试验结果的离散性较大。商业软件中一般通过在有限元中设立 Goodman 单元来模拟岩体的弱结构面。在进行裂缝的数值模拟过程中，单元的尺寸需要很小，随着裂缝的增加又要重新划分单元，这样就极大地降低了有限元的效率。离散元方法可以较好地描述岩体裂隙的力学行为、裂隙的张开和块体破裂过程。但它对于裂隙土体由于水的入渗引起应变软化的物理特征由于缺少了可变形块体模型的完备性而不能合理地进行模拟。国外的研究者从线弹性断裂力学出发研究黏土表面裂缝的形成过程，例如早期的有限元分析大多致力于裂缝的形成、愈合的模拟。断裂力学则围绕裂缝的发展机制开展裂缝传播方向和过程的研究，假定开裂方向与目前主拉应变的方向相关，因此会发生裂缝方向的旋转或边翼裂缝的再生。

要想真正把握土质堤坝与岸坡中的裂缝变形及其破坏规律，对土工建筑物可能产生的破坏进行准确的预测和采取适当的工程措施，就必须从裂隙土体的变形机理上进行综合考证，建立适宜的理论分析模型、变形控制理论和数值分析计算方法。这样才能正确地确定裂隙土体的变形性态和破坏规律。通过寻求一种分析计算方法，再结合理论、试验与数值模拟来研究土质堤坝与岸坡中的裂缝发生和发展，以求在细观裂缝发展和宏观力学性能之间架起一座桥梁。研究由于土体的非均匀性和微破裂过程引起的非均匀应力场、应变场的时间与空间分布规律，从而求得裂隙土体的变形、破坏全过程。这不仅对于土体力学理论有重要的创新意义，而且对于土工建设工程的设计、施工、灾害预测与防治也有着迫切的实际建设工程意义，其理论价值和应用前景非常巨大。

假定失水过程的土体处于等向受力状态，表现为非线性弹性变形特征。根据 Kodikara 等（2004）的研究思路，收缩应力 $\Delta\sigma_{sh}$ 和收缩应变 $\Delta\varepsilon_{sh}$ 的应力应变关系可以写成公式（3-59）：

$$\Delta\varepsilon_{sh} = \frac{(1-2\nu)}{E}\Delta\sigma_{sh} + \frac{\Delta s}{H} \tag{3-59}$$

式中：E——切线弹性模量；

ν——泊松比；

Δs——由于失水导致的吸力增量；

H——与吸力相关的切线变形模量。

在应力开始增加初期，可以认为变形很小，$\Delta\varepsilon_{sh} = 0$。因此就有公式（3-60）：

$$\Delta\sigma_{sh} = -\frac{E}{(1-2\nu)H}\Delta s \tag{3-60}$$

此时收缩应力对应一个负值的拉应力，因而土体即将开始开裂。忽略外界的摩擦约束作用，在无其他外荷作用的情况下，土体初始受拉并伴随一个对应的收缩应变 $\Delta\varepsilon_{sh} = \Delta s/H$。

拉应力随着应变增加，当达到土体的抗拉强度时，土体出现开裂并形成裂缝。

$$\Delta\sigma_{sh} = -\frac{E}{(1-2\nu)}\Delta\varepsilon_{sh} \tag{3-61}$$

通过上述土坡裂隙发展的机理分析，结合植物根系生态护坡可以显著提高土体的抗剪和抗拉强度的研究结果不难发现，利用植物防护土坡可以有效控制裂隙的产生、减小裂隙对土坡变形造成的影响程度。

2.2 预裂进气压力

裂隙形成初始的临界吸力（或称为顶裂进气压力，类似于非饱和土体的进气压力值，以此来判断土体的饱和或非饱和状态）在土体失水收缩和开裂过程中，受土体的抗拉强度、初始应力状态、应力路径、应力历史等影响（Abu-Hejleh 和 Znidarcic，1995；Konrad 和 Ayad，1997）。根据 Konrad 等的研究思路，借助于图 3-18 的示意可以更易理解。初始开裂以前，位于土坡一定深度的土体单元可以用 s'—t 平面（图 3-18）中的 A 表示，所对应的屈服面也示于图中。为简便起见，假定开裂允许土体单元气连通于地表大气压，当土体开裂到该单元深度时，土体单元总应力状态从 A 点移到 C 点，并位于 $\sigma_v = 0$ 线上。假定水位随开裂降低到土体单元的底部，这样该单元孔压为 0。因此 C 点也就是土体单元开裂前的有效应力状态，土体开裂后土体单元应力点处于卸荷状态（无上覆荷载），由于土体应力状态仍然在屈服面内，可以认为土体变形为弹性，因而就可以推导出公式（3-62）：

$$\Delta\sigma'_h = \Delta\sigma'_v \times \left(\frac{\nu}{1-\nu}\right) \tag{3-62}$$

这样，图 3-18 中所示的有效应力路径（卸荷）可以用一条通过 A 点、坡度为（$1-2\nu'$）的直线来表示。在 C 点代表的应力状态土体单元初始开裂，孔压开始变为负值，吸力随开裂时间增加。随后，水平面上总横向应力减小，但 A 点代表的应力状态仍然在 $\sigma_v = 0$ 线上。在非常小的应变和土体仍处于饱和状态时，假定这一收缩固结过程的有效应力路径与卸荷路径 CAB' 相同。当总横向应力 σ_h 达到抗拉强度 σ_t 时，裂缝形成初始的临界吸力（预裂）进气压力 s_{bc} 可以用 BB' 长度代表的负孔压值表示。很明显，这一数值会小于未开裂土体的进气压力值 s_b。因此，在降雨入渗条件下，具有裂隙的坡土将会有更大的吸力损失（$s - s_{bc}$）。利用香根草等植物根系可以提高土体的抗剪强度和抗拉强度，从而抑制岸坡土体裂隙的产生和发展。故此可以说，降雨入渗将会使香根草等植物根系所防护的土坡产生小一些的吸力损失。

2.3　应力变量（单变量与双变量）

对于一般建设工程材料，人们经常使用总应力来描述。但是对于土体而言，总应力有时候难以解释土体的一些工程特性，于是太沙基提出用有效应力即总应力减去孔隙水压力来描述土体的实际应力状态，从而可以进一步应用现有的力学理论和材料破坏准则来研究饱和土体的强度和变形。随着非饱和土体工程问题的增多，人们发现非饱和土体由于干湿变化过程引起力学性质的变化与工程问题非常复杂，用饱和土体的方法难以反映由非饱和到

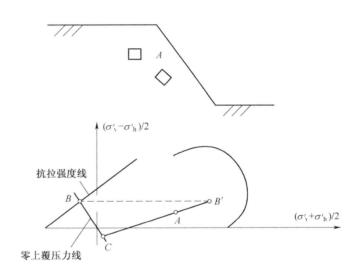

图 3-18　预裂进气压力值的确定

饱和所引起的力学性质变化。例如一般情况下正常固结和超固结土体会发生失水干缩和吸水湿胀，膨胀土和具有膨胀性的泥岩和页岩遇水后也会迅速劣化。但是对于湿陷性土体来说，吸力的减少则会引起压缩（例如黄土的湿陷）；特别是对于诸如水分蒸发引起的硬壳层，湿胀干缩的作用在土体内部引起的裂隙，以及雨水入渗引起的滑坡等工程问题的理论分析，当时人们几乎是一筹莫展。于是从 20 世纪 30 年代开始，科研人员正式对非饱和土体进行研究，并一直致力于寻找类似于饱和土体有效应力理论的单一应力变量，并经过多年科学探索，最终在 20 世纪 70 年代出现了净应力和吸力双变量理论。

应力变量定义为单变量式（3-63a）与双变量式（3-63b）：

（1）单变量。其计算式是：$\overline{\sigma'}^* = -\widetilde{\sigma} - u_w \widetilde{m}$ 及 $\widetilde{s} = 0$，$s \leqslant s_b$ $\qquad$ (3-63a)

式中：s——吸力；

$\qquad s_b$——进气压力值。

（2）双变量。其计算式是：$\widetilde{\sigma}'^* = \widetilde{\sigma} - u_a \widetilde{m}$ 及 $\bar{s} > 0$

$$s > s_b \left[\bar{s} = \chi(u_a - u_w), \chi = \left(\frac{s}{s_b} \right)^{-m_1} \right] \tag{3-63b}$$

2.4 考虑部分排气时气压对土体的影响

当考虑部分排气时气压对土体的影响时，可分为以下 3 项内容进行部分排气时气压的影响计算。

（1）定义孔隙含水率。其计算式（3-64）为：

$$n_a = [1 - (1 - c_h)S_r]n \tag{3-64}$$

式中：c_h——Henry 溶解系数；

n——孔隙率。

（2）定义单位排气量。其计算式（3-65）为：

$$\Delta q_a = \rho_a \xi \Delta n_a \tag{3-65}$$

式中：ξ——排气率。

（3）沈珠江推导出的计算式。根据 Boyle 定律，沈珠江推导出的计算式（3-66）如下：

$$\Delta u_a = -\frac{p_a + u_a}{n_a}(1 - \xi)\Delta n_a \tag{3-66}$$

同时推导出式（3-67）、式（3-68）：

$$\Delta n_a = \frac{\partial n_a}{\partial S_r}\frac{\partial S_r}{\partial s}(\Delta u_a - \Delta u_w) + \frac{\partial n_a}{\partial n}\Delta n \tag{3-67}$$

$$\Delta n = -\Delta \varepsilon_V \tag{3-68}$$

于是也就有公式（3-69）：

$$\Delta n_a = \frac{\partial n_a}{\partial S_r}\frac{\partial S_r}{\partial s}(\Delta u_a - \Delta u_w) - \frac{\partial n_a}{\partial n}\Delta \varepsilon_V \tag{3-69}$$

同时综合考虑太沙基有效应力原理与毕肖普有效应力公式，便推导出公式（3-70）：

$$\Delta \bar{\sigma} = \Delta \bar{\sigma}'^* + \alpha_1(\Delta \varepsilon_V)\widetilde{m}^T + \alpha_2(\Delta u_w)\widetilde{m}^T \tag{3-70}$$

式（3-67）是太沙基饱和土体有效应力公式的广义形式，"$m = 1$" 的式子，a_1、a_2 计算式（3-71）、式（3-72）分别如下：

$$a_1 = \frac{\dfrac{p_a + u_a}{n_a}(1 - \xi)\dfrac{\partial n_a}{\partial n}\left(\chi + s\dfrac{\partial \chi}{\partial s} - 1 \right)}{1 + \dfrac{p_a + u_a}{n_a}(1 - \xi)\dfrac{\partial n_a}{\partial S_r}\dfrac{\partial S_r}{\partial s}} \tag{3-71}$$

$$a_2 = \frac{\dfrac{p_a + u_a}{n_a}(1 - \xi)\dfrac{\partial n_a}{\partial S_r}\dfrac{\partial S_r}{\partial s} + \chi + s\dfrac{\partial \chi}{\partial s}}{1 + \dfrac{p_a + u_a}{n_a}(1 - \xi)\dfrac{\partial n_a}{\partial S_r}\dfrac{\partial S_r}{\partial s}} \tag{3-72}$$

其中，利用图 3-19 水土特征曲线方程式（3-73）：

$$S_r = S_{r0} + (S_{r1} - S_{r0})\left(\frac{S_b}{s}\right)^{m_2} \qquad (3\text{-}73)$$

可以得到公式（3-74）：

$$\frac{\partial S_r}{\partial u_w} = \frac{\partial S_r}{\partial s} = \frac{-m_2(S_{r1} - S_{r0})}{s}\left(\frac{s_b}{s}\right)^{m_2} \qquad (3\text{-}74)$$

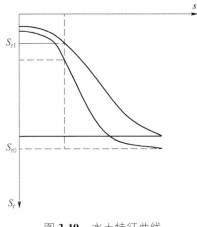

图 **3-19**　水土特征曲线

2.5　土体渗透系数

非饱和土体的渗透系数可以采用下面经验关系式（3-75）进行计算：

$$k_{msat} = k_{sat}\exp\left(-c_k\frac{s - s_b}{p_a}\right) \qquad (3\text{-}75)$$

为了模拟土坡土体裂隙的作用特性，对于裂隙土体而言，其渗透系数扩大 10 倍之多。当土体开裂时，渗透系数扩大至 100 倍。

3　常规土坡的有限元数值计算模型与方法

3.1　土体的有效应力屈服面模型

本构模型的内容已经在本章"第三节的 3 植物防护土坡的土体力学本构理论与模型"中详细介绍，这里只给出土体的有效应力屈服面方程供以下推导使用。

①饱和土体方程。其式（3-76a）如下：

$$F = Q = \frac{(q - \alpha k_0 P')^2}{M^2} - \left(\frac{1 - \alpha^2 k_0}{M^2}\right)(P'k_0 - P')P' = 0 \qquad (3\text{-}76a)$$

②非饱和土体方程。其式（3-76b）是：

$$F = Q = \left[\frac{(q - \alpha k_0 P')^2}{M^2} - \frac{1 - \alpha^2 k_0}{M^2}\right](P'k_0 - P')(P' - P'_s) = 0 \qquad (3\text{-}76b)$$

当考虑香根草根系等植物生态护坡增加土体的抗剪强度时，根据 GFY 模型（Ghorbel，2006；Zhou，2007），用来计算 $P'k_0$ 的极限状态屈服面的横向和竖向屈服应力 σ'_{aLb} 与 σ'_{rLb} 应当表示为 σ'_{aL} 与 σ'_{rL}，即考虑由于植物根系的存在而增加的抗剪强度导致增大了的横向与竖向屈服应力。

3.2　土体的有限抗拉强度模型

土体的结构组成决定了它只能承受有限的拉应力甚至不能受拉，但相对而言却能较好地受压。在模型开发时应考虑土体的有限抗拉强度，最好还能对于拉裂的形成与裂缝的发展进行模拟。在数值分析中，对于有限的抗拉材料，可以考虑各向异性的刚度作用（拉、压），可采用应力转移的方法进行拉裂修正，但有时难失公允。当土体被拉裂时，应力状态会发生旋转。可以通过改变材料的各向异性组构主轴、或者当拉应力主轴偏转角超过一个界限值时允许另外裂缝的形成，或者在开裂形成后不再顾及该处土体的刚度等办法来考虑这种应力状态的旋转。

总体而言，一个较好的拉裂模型应该满足以下 4 个方面的要求：①允许裂缝走向的自由转动；

②能分别模拟裂隙形成及随后可能的闭合；③能分别模拟拉裂后土体的应力应变模式与未拉裂状态土体的应力应变关系；④能同时处理可能同时受拉和受剪破坏的土体单元（Crisfield，1997）。

当土体开裂后，强度可能会瞬间下降至零，这样拉裂后的土体可以被认为是理想塑性。但考虑有限抗拉作用时，似乎仍有必要引入一个软化定律来描述这种下降。一般是比较有效最小主应力和抗拉强度的大小。当最小主应力为负值时，可以在等于抗拉强度的拉应力和对应于剪切屈服面顶点的正的压应力之间，线性截取 1 个有限抗拉屈服面。在拉裂时土体的应力状态可以沿着该段屈服面流动，这样就有可能模拟裂隙连续形成、自由发展（包括旋转），直至发展成大的裂缝。因此可以建立一个统一的塑性势面模型，包括了上述非线性抗拉屈服面、锥状剪切屈服面和帽盖型压缩屈服面。我们只需要给出对应于剪切屈服面顶点的正的压应力，它可以由抗拉屈服面方程和压剪屈服面方程联合求得。这样，就可以应用一个统一的本构方程来描述土体的拉裂、剪坏和压缩屈服等过程。这样消除奇异点也容易实现模型的数值积分。不过，所面临的困难是，当应用三屈服面时，土体的拉裂、剪坏及压缩屈服破坏有可能同时存在。这样就必须根据模型的特点、不同应力边值条件和土体的变形限制条件等判断应该选用的屈服面。

在实际中，只要土坡土体所受到的拉应力超过抗拉强度就会产生裂缝，因此可以在现有模型中引入 1 个拉裂屈服面，以便进行裂缝产生或闭合过程的模拟。

式（3-77）、式（3-78）如下：

$$\begin{Bmatrix} \sigma'_1 \\ \sigma'_2 \\ \sigma'_3 \end{Bmatrix} = p' \begin{Bmatrix} 1 \\ 1 \\ 1 \end{Bmatrix} + \frac{2q}{3\sqrt{3}} \begin{Bmatrix} \sin\left(\theta + \dfrac{2\pi}{3}\right) \\ \sin\theta \\ \sin\left(\theta - \dfrac{2\pi}{3}\right) \end{Bmatrix} \tag{3-77}$$

$$\sigma'_3 = p' + \frac{2q}{3\sqrt{3}} \sin\left(\theta - \frac{2\pi}{3}\right) \tag{3-78}$$

令 $\sigma'_3 = T_0$（土体的抗拉强度），则可进一步得到三角锥极限抗拉屈服面方程式（3-79）：

$$F(p',\ q,\ \theta) = p' + \frac{2q}{3\sqrt{3}} \sin\left(\theta - \frac{2\pi}{3}\right) - T_0 = 0 \tag{3-79}$$

3.3　土坡地下水位以下饱和土体的弹塑性矩阵与初应变法

根据一致性条件和链式法则公式（3-80）：

$$\mathrm{d}F^{(m)} = \left(\frac{\partial F(m)}{\partial p'} \frac{\partial p'}{\widetilde{\sigma}'} + \frac{\partial F^{(m)}}{\partial q} \frac{\partial q}{\widetilde{\sigma}'} + \frac{\partial F^{(m)}}{\partial \theta} \frac{\partial \theta}{\overline{\sigma}'} \right) \mathrm{d}\widetilde{\sigma}'$$

$$+ \frac{\partial F^{(m)}}{\partial p'_{\kappa_0}} \left[\frac{\partial p'_{\kappa_0}}{\widetilde{\varepsilon}^{vp}_V} \mathrm{d}\dot{\varepsilon}^{vp}_V + \varGamma (\dot{\varepsilon}^{vp}_V)^{C_r} \mathrm{d}p'_{\kappa_0} \right] = 0 \tag{3-80}$$

可以直接推导出公式（3-81）：

$$\left(\frac{\partial F^{(m)}}{\partial p'} \frac{\partial p'}{\widetilde{\sigma}'} + \frac{\partial F^{(m)}}{\partial q} \frac{\partial q}{\widetilde{\sigma}'} + \frac{\partial F^{(m)}}{\partial \theta} \frac{\partial \theta}{\overline{\sigma}'} \right) [D]^e \left[\mathrm{d}\dot{\varepsilon} - \sum_m \widetilde{r}^{(m)} \varLambda^{(m)} \right]$$

$$+ \frac{\partial F^{(m)}}{\partial p'_{\kappa_0}} \left(\frac{\partial p'_{\kappa_0}}{\partial \sigma'_{aL}} \frac{\partial \sigma'_{aL}}{\partial \dot{\varepsilon}_V^{vp}} + \frac{\partial p'_{\kappa_0}}{\partial \sigma'_{rL}} \frac{\partial \sigma'_{rL}}{\partial \dot{\varepsilon}_V^{vp}} \right) d\dot{\varepsilon}_V^{vp} + \frac{\partial F^{(m)}}{\partial p'_{\kappa_0}} p'_{\kappa_0} \Gamma(\dot{\varepsilon}_V^{vp})^{C_p} \frac{1+e_0}{\lambda - \kappa} \sum \Lambda^{(m)} \frac{\partial Q^{(m)}}{\partial p'} = 0 \qquad (3-81)$$

继而应用弹性胡克定律公式（3-82）：

$$\Delta \overline{\sigma}' = [D^c](\Delta \overline{\varepsilon} - \Delta \overline{\varepsilon}^p) \qquad (3-82)$$

以及塑性应变方程式（3-83）：

$$\Delta \widetilde{\varepsilon}^p = \sum_m \Lambda^{(m)} \frac{\partial Q^{(m)}}{\partial \overline{\sigma}'} = \sum_m \Lambda^{(m)} \widetilde{r}^{(m)} \qquad (3-83)$$

再经整理后又可得到公式（3-84）：

$$[A]_{2\times 6}\{d\widetilde{\varepsilon}\}_{6\times 1} + [B]_{2\times 2}\{\Lambda^{(m)}\}_{2\times 1} + \{C\}_{2\times 1}ds = \{0\}_{2\times 1} \qquad (3-84)$$

其中

$$[A]_{2\times 6} = \begin{bmatrix} \left(\frac{\partial F^{(1)}}{\partial p'}\frac{\partial p'}{\partial \overline{\sigma}'} + \frac{\partial F^{(1)}}{\partial q}\frac{\partial q}{\partial \overline{\sigma}'} + \frac{\partial F^{(1)}}{\partial \theta}\frac{\partial \theta}{\partial \overline{\sigma}'} \right)[D]^e \\ \left(\frac{\partial F^{(2)}}{\partial p'}\frac{\partial p'}{\partial \overline{\sigma}'} + \frac{\partial F^{(2)}}{\partial q}\frac{\partial q}{\partial \overline{\sigma}'} + \frac{\partial F^{(2)}}{\partial \theta}\frac{\partial \theta}{\partial \overline{\sigma}'} \right)[D]^e \end{bmatrix}$$

$$[B]_{2\times 2} = -\begin{bmatrix} \left\{\frac{\partial F^{(1)}}{\partial \widetilde{\sigma}'}\right\} \\ \left\{\frac{\partial F^{(2)}}{\partial \widetilde{\sigma}'}\right\} \end{bmatrix}_{2\times 6} [D]^e_{6\times 6} \begin{bmatrix} \frac{\partial Q^{(1)}}{\partial \widetilde{\sigma}'} & \frac{\partial Q^{(2)}}{\partial \widetilde{\sigma}'} \end{bmatrix}_{6\times 2} + \begin{bmatrix} \frac{\partial F^{(1)}}{\partial p'_{\kappa_0}} \\ \frac{\partial F^{(2)}}{\partial p'_{\kappa_0}} \end{bmatrix}_{2\times 1}$$

由式（3-84）经推算可得公式（3-85）：

$$\{\Lambda^{(m)}\}_{2\times 1} = -[B]^{-1}_{2\times 2}[A]_{2\times 6}\{d\widetilde{\varepsilon}\}_{6\times 1} + \{C\}_{2\times 1}d\dot{\varepsilon}_V^{vp} \qquad (3-85)$$

再利用式（3-85）可推导出公式（3-86）：

$$\left\{\sum_m \widetilde{r}^{(m)}\Lambda^{(m)}\right\}_{6\times 1} = [R]_{6\times 2}\{\Lambda\}_{2\times 1} = -[R]_{6\times 2}[B]^{-1}_{2\times 2}[A]_{2\times 6}\{d\widetilde{\varepsilon}\}_{6\times 1} + \{C\}_{2\times 1}d\dot{\varepsilon}_V^{vp}\} \qquad (3-86)$$

把式（3-86）代入式 $\Delta\overline{\sigma}' = [D]^e\{\Delta\widetilde{\varepsilon} - \sum_m \widetilde{r}^{(m)}\Lambda^{(m)}\}$ 中，可得到公式（3-87）：

$$\{\Delta\widetilde{\sigma}'\}_{6\times 1} = [D]^e_{6\times 6}\{[I]_{6\times 6} + [R]_{6\times 2}[B]^{-1}_{2\times 2}[A]_{2\times 6}\}\{d\widetilde{\varepsilon}\}_{6\times 1} + \{d\widetilde{\sigma}_{V_p}\}_{6\times 1} \qquad (3-87a)$$

或者

$$\{\Delta\widetilde{\sigma}'\}_{6\times 1} = [D]^{ep}_{6\times 6}\{d\widetilde{\varepsilon}\}_{6\times 1} + \{d\widetilde{\sigma}_{V_p}\}_{6\times 1} \qquad (3-87b)$$

其中

$$[D]^{ep}_{6\times 6} = [D]^e_{6\times 6} + [D]^e_{6\times 6}[R]_{6\times 2}[B]^{-1}_{2\times 2}[A]_{2\times 6}$$

$$\{d\overline{\sigma}_{V_p}\}_{6\times 1} = [D]^e_{6\times 6}[R]_{6\times 2}[B]^{-1}_{2\times 2}\{C\}_{2\times 1}d\dot{\varepsilon}_V^{vp}(\text{为正})$$

3.4 土坡地下水位以下饱和土体的骨架应力平衡方程

根据应变协调方程式（3-88）：

$$\Delta \overline{\varepsilon} = - \widetilde{B}_u^T \Delta \overline{u} \tag{3-88}$$

其中

$$\widetilde{B}_u^T = \begin{bmatrix} \dfrac{\partial}{\partial x} & 0 & 0 & \dfrac{\partial}{\partial y} & 0 & \dfrac{\partial}{\partial z} \\[2ex] 0 & \dfrac{\partial}{\partial y} & 0 & \dfrac{\partial}{\partial x} & \dfrac{\partial}{\partial z} & 0 \\[2ex] 0 & 0 & \dfrac{\partial}{\partial z} & 0 & \dfrac{\partial}{\partial y} & \dfrac{\partial}{\partial x} \end{bmatrix}$$

经对式（3-87b）进行推导，并结合有效应力原理可得到式（3-89）：

$$\widetilde{B}_u^T \Delta \widetilde{\sigma} = - \widetilde{B}_u^T [D]_{6\times6}^{vp} \widetilde{B}_u \Delta \widetilde{u} + \widetilde{B}_u^T [w]_{6\times1} \Delta u_w + \widetilde{B}_u^T \{d\overline{\sigma}_{vp}\}_{6\times1} \tag{3-89}$$

再利用应力平衡方程公式（3-90）：

$$\widetilde{B}_u^T \widetilde{\sigma} + \widetilde{b} = \widetilde{0} \tag{3-90}$$

又可得到公式（3-91）：

$$- \widetilde{B}_u^T [D]_{6\times6}^{ep} \widetilde{B}_u \Delta \widetilde{u} + \widetilde{B}_u^T [w]_{6\times1} \Delta u_w + \widetilde{B}_u^T \{d\overline{\sigma}_{vp}\}_{6\times1} + \overline{b} = 0 \tag{3-91}$$

对式（3-32）进一步整理可得到公式（3-92）：

$$\widetilde{B}_u^T [D]_{6\times6}^{ep} \widetilde{B}_u^T \Delta \widetilde{u} - \widetilde{B}_u^T [w]_{6\times1} \Delta u_w = \widetilde{B}_u^T \{d\overline{\sigma}_{vp}\}_{6\times1} + \overline{b} \tag{3-92}$$

经计算域数值积分后写成矩阵方程式（3-93）：

$$[K_{ep}] \{\Delta U\} + \widetilde{L}(\Delta U_w) = \Delta \widetilde{F} \tag{3-93}$$

其中

$$[K_{ep}] = \sum \int \widetilde{B}_u^T [D_{ep}] \widetilde{B}_u \mathrm{d}V$$

$$\widetilde{L} = - \sum \iiint \widetilde{B}_u^T [w]_{6\times1}^{ep} \mathrm{d}V$$

$$\Delta \widetilde{F} = \sum \iint \widetilde{N}_u^T \Delta t_A \mathrm{d}A + \sum \iiint \widetilde{N}_u^T \Delta \widetilde{b} \mathrm{d}V + \sum \iiint \widetilde{B}_u^T \{d\overline{\sigma}_{vp}\}_{6\times1} \mathrm{d}V$$

3.5 土坡地下水位以上非饱和土体的弹塑性矩阵与初应变法

根据一致性条件和链式法则，可推导出公式（3-94）：

$$\mathrm{d}F^{(m)} = \left(\frac{\partial F^{(m)}}{\partial p'} \frac{\partial p'}{\partial \overline{\sigma}'^*} + \frac{\partial F^{(m)}}{\partial q} \frac{\partial q}{\partial \overline{\sigma}'^*} + \frac{\partial F^{(m)}}{\partial \theta} \frac{\partial \theta}{\partial \overline{\sigma}'^*} \right) \mathrm{d}\overline{\sigma}'^* + \frac{\partial F^{(m)}}{\partial s} \mathrm{d}s + \frac{\partial F^{(m)}}{\partial p'_{\kappa_0}} p'_{\kappa_0} = 0 \tag{3-94}$$

进一步整理后可得到式（3-95）：

$$\left(\frac{\partial F(m)}{\partial p'} \frac{\partial p'}{\partial \widetilde{\sigma}'} + \frac{\partial F^{(m)}}{\partial q} \frac{\partial q}{\partial \widetilde{\sigma}'^*} + \frac{\partial F^{(m)}}{\partial \theta} \frac{\partial \theta}{\partial \overline{\sigma}'^*} \right) [D]^e \left[\mathrm{d}\widetilde{\varepsilon} - \sum_m \widetilde{r}^{(m)} \Lambda^{(m)} \right]$$

$$+ \frac{\partial F^{(m)}}{\partial p'_s} \frac{\partial p'_s}{\partial s} \mathrm{d}s + \frac{\partial F^{(m)}}{\partial p'_{\kappa_0}} p'_{\kappa_0} \frac{1 + e_0}{\lambda - \kappa} \sum_m \Lambda^{(m)} \frac{\partial Q^{(m)}}{\partial p'} = 0 \tag{3-95}$$

继而再应用弹性胡克定律公式（3-96）：

$$\Delta \widetilde{\sigma}'^* = [D^e](\Delta \widetilde{\varepsilon} - \Delta \widetilde{\varepsilon}^p) \tag{3-96}$$

以及塑性应变方程式（3-97）：

$$\Delta \widetilde{\varepsilon}^p = \sum_m \Lambda^{(m)} \frac{\partial Q^{(m)}}{\partial \widetilde{\sigma}'} = \sum_m \Lambda^{(m)} \widetilde{r}^{(m)} \tag{3-97}$$

再经整理后可得式（3-98）：

$$[A]_{2\times6}\{\mathrm{d}\widetilde{\varepsilon}\}_{6\times1} + [B]_{2\times2}\{\Lambda^{(m)}\}_{2\times1} + \{C\}_{2\times1}\mathrm{d}s = \{0\}_{2\times1} \tag{3-98}$$

其中

$$[A]_{2\times6} = \begin{bmatrix} \left(\dfrac{\partial F^{(1)}}{\partial p'}\dfrac{\partial p'}{\partial \overline{\sigma}'} + \dfrac{\partial F^{(1)}}{\partial q}\dfrac{\partial q}{\partial \overline{\sigma}'} + \dfrac{\partial F^{(1)}}{\partial \theta}\dfrac{\partial \theta}{\partial \overline{\sigma}'} \right)[D]^e \\[3mm] \left(\dfrac{\partial F^{(2)}}{\partial p'}\dfrac{\partial p'}{\partial \overline{\sigma}'} + \dfrac{\partial F^{(2)}}{\partial q}\dfrac{\partial q}{\partial \overline{\sigma}'} + \dfrac{\partial F^{(2)}}{\partial \theta}\dfrac{\partial \theta}{\partial \overline{\sigma}'} \right)[D]^e \end{bmatrix}$$

$$[B]_{2\times2} = -\begin{bmatrix} \left\{ \dfrac{\partial F^{(1)}}{\partial \widetilde{\sigma}'} \right\} \\[3mm] \left\{ \dfrac{\partial F^{(2)}}{\partial \widetilde{\sigma}'} \right\} \end{bmatrix}_{2\times6} [D]^e_{6\times6} \begin{bmatrix} \dfrac{\partial Q^{(1)}}{\partial \widetilde{\sigma}'} & \dfrac{\partial Q^{(2)}}{\partial \widetilde{\sigma}'} \end{bmatrix}_{6\times2} + \begin{bmatrix} \dfrac{\partial F^{(1)}}{\partial p'_{\kappa_0}} \\[3mm] \dfrac{\partial F^{(2)}}{\partial p'_{\kappa_0}} \end{bmatrix}_{2\times1}$$

$$\times \begin{bmatrix} p'_{\kappa_0}\dfrac{1+e_0}{\lambda-\kappa}\dfrac{\partial Q^{(1)}}{\partial p'} - DT_0\dfrac{\partial Q^{(2)}}{\partial p'} \end{bmatrix}_{1\times2}$$

$$[C_{2\times1}] = \left\{ \begin{array}{c} \dfrac{\partial F^{(1)}}{\partial p'_s}\dfrac{\partial p'_s}{\partial s} \\[3mm] \dfrac{\partial F^{(2)}}{\partial p'_s}\dfrac{\partial p'_s}{\partial s} \end{array} \right\}(\text{为正})$$

由式（3-98）可得到下式（3-99）：

$$\{\Lambda^{(m)}\}_{2\times1} = -[B]^{-1}_{2\times2}\{[A]_{2\times6}\{\mathrm{d}\widetilde{\varepsilon}\}_{6\times1} + \{C\}_{2\times1}\mathrm{d}s\} \tag{3-99}$$

经对式（3-99）进行推导，可得到式（3-100）：

$$\left\{ \sum_m \overline{r}^{(m)}\Lambda^{(m)} \right\}_{6\times1} = [R]_{6\times2}\{\Lambda\}_{2\times1} = -[R]_{6\times2}[B]^{-1}_{2\times2}\times\{[A]_{2\times6}\{\mathrm{d}\widetilde{\varepsilon}\}_{6\times1} + \{C\}_{2\times1}\mathrm{d}s\}$$

$$\tag{3-100}$$

把式（3-100）代入式 $\Delta \overline{\sigma}' = [D]^e\left\{\Delta \overline{\varepsilon} - \sum_m \widetilde{r}^{(m)}\Lambda^{(m)}\right\}$ 可得到公式（3-101a）：

$$\{\Delta \overline{\sigma}'^*\}_{6\times1} = [D]^e_{6\times6}\{[I]_{6\times6} + [R]_{6\times2}[B]^{-1}_{2\times2}[A]_{2\times6}\}\{\mathrm{d}\widetilde{\varepsilon}\}_{6\times1} + \{\mathrm{d}\widetilde{s}\}_{6\times1} \tag{3-101a}$$

或者公式（3-101b）：

$$\{\Delta \widetilde{\sigma}'^*\}_{6\times1} = [D]^{ep}_{6\times6}\{\mathrm{d}\varepsilon\}_{6\times1} + \{\mathrm{d}\overline{s}\}_{6\times1} \tag{3-101b}$$

其中

$$[D]^{ep}_{6\times6} = [D]^e_{6\times6} + [D]^e_{6\times6}[R]_{6\times2}[B]^{-1}_{2\times2}[A]_{2\times6}$$

$\{\mathrm{d}\overline{s}\}_{6\times1} = [D]^e_{6\times6}[R]_{6\times2}[B]^{-1}_{2\times2}\{C\}_{2\times1}\mathrm{d}s$（计算值可为正或为负，取决于吸力变化）。

因为考虑了土体的部分排气作用，因此就有了式（3-102）：

$$\Delta\widetilde{\sigma} = \Delta\widetilde{\sigma}'^* + \alpha_1(\Delta\varepsilon_V)\widetilde{m}^T + \alpha_2(\Delta u_w)\widetilde{m}^T \tag{3-102}$$

于是也有了公式（3-103）：

$$\Delta\widetilde{\sigma} = [\overline{D}]_{6\times6}^{ep}\{d\varepsilon\}_{6\times1} + [w]_{6\times1}^{ep}\Delta u_w + \{d\overline{s}\}_{6\times1} \tag{3-103}$$

其中

$$[\hat{D}]_{6\times6}^{ep} = [D]_{6\times6}^{ep} + [Det]_{6\times6}$$

$$[Det]_{6\times6} = \alpha_1\begin{bmatrix} \widetilde{1}_{3\times3} & \widetilde{0}_{3\times3} \\ \widetilde{0}_{3\times3} & 0 \end{bmatrix}_{6\times6}$$

$$[w]_{6\times1}^{ep} = \alpha_2\widetilde{m}^T$$

由此就可知，非饱和土体的骨架应力平衡方程式便会与饱和土体有所不同。

3.6 土坡地下水位以上非饱和土体的骨架应力平衡方程

根据应变协调方程进行推导，就会有式（3-104）：

$$\Delta\widetilde{\varepsilon} = -\widetilde{B}_u^T\Delta\widetilde{u} \tag{3-104}$$

并结合式（3-101b）、式（3-102），就可推导出式（3-105）：

$$\widetilde{B}_u^T\Delta\widetilde{\sigma} = -\widetilde{B}_u^T[\overline{D}]_{6\times6}^{ep}\widetilde{B}_u^T\Delta\widetilde{u} + \widetilde{B}_u^T[w]_{6\times1}^{ep}\Delta u_w + \widetilde{B}_u^T\{d\overline{s}\}_{6\times1} \tag{3-105}$$

再采用应力平衡方程式进行推导就有式（3-106）、式（3-107）：

$$\nabla^T\widetilde{\sigma} + \overline{b} = \widetilde{0} \tag{3-106}$$

$$\widetilde{B}_u^T\widetilde{\sigma} + \widetilde{b} = \widetilde{0} \tag{3-107}$$

由此可得到式（3-108）：

$$-\widetilde{B}_u^T[\hat{D}]_{6\times6}^{ep}\widetilde{B}_u\Delta\widetilde{u} + \widetilde{B}_u^T[w]_{6\times1}^{ep}\Delta u_w + \widetilde{B}_u^T\{d\overline{s}\}_{6\times1} + \widetilde{b} = 0 \tag{3-108}$$

进一步整理后就有式（3-109）：

$$\widetilde{B}_u^T[\hat{D}]_{6\times6}^{ep}\widetilde{B}_u\Delta\widetilde{u} - \widetilde{B}_u^T[w]_{6\times1}^{ep}\Delta u_w = \widetilde{B}_u^T\{d\overline{s}\}_{6\times1} + \widetilde{b} \tag{3-109}$$

在计算域数值积分后可推导出矩阵方程式（3-110）：

$$[K_{ep}]\{\Delta U\} + \widetilde{L}(\Delta U_w) = \Delta\widetilde{F} \tag{3-110}$$

其中

$$[K_{ep}] = \sum\int\widetilde{B}_u^T[D_{ep}]\widetilde{B}_u dV$$

$$\widetilde{L} = -\sum\iiint\widetilde{B}_u^T[w]_{6\times1}^{ep} dV$$

$$\Delta\widetilde{F} = \sum\int\widetilde{N}_u^T\Delta t_A dA + \sum\iiint\widetilde{N}_u^T\Delta\widetilde{b} dV + \sum\iiint\widetilde{B}_u^T\{d\widetilde{S}\} dV$$

3.7 土体中孔隙水流量连续性方程

根据孔隙水流量连续性方程可推导出公式（3-111）：

$$\text{div}\left(\frac{\widetilde{k}}{\gamma_w}\nabla u_w\right) + \frac{\partial}{\partial t}(nS_r) = 0 \qquad (3\text{-}111)$$

对公式（3-111）进一步推导就可得到公式（3-112）：

$$-S_r\widetilde{m}^T\frac{\partial\bar{\varepsilon}}{\partial t} + \text{div}\left(\frac{\widetilde{k}}{\gamma_w}\nabla u_w\right) + n\frac{\partial S_r}{\partial u_w}\frac{\partial u_w}{\partial t} = 0 \qquad (3\text{-}112)$$

经对公式 3-112 整理，可得到公式（3-113）：

$$S_r\widetilde{m}^T\frac{\partial\bar{\varepsilon}}{\partial t} - \text{div}\left(\frac{\widetilde{k}}{\gamma_w}\nabla u_w\right) - n\frac{\partial S_r}{\partial u_w}\frac{\partial u_w}{\partial t} = 0 \qquad (3\text{-}113)$$

再结合应变协调方程进行推导，就有公式（3-114）：

$$\Delta\bar{\varepsilon} = -\widetilde{B}_u^T\Delta\bar{u} \qquad (3\text{-}114)$$

在计算域数值积分后可推导出矩阵方程式（3-115）：

$$\widetilde{L}'\Delta\widetilde{U} + (\widetilde{S} + \beta\Delta t\widetilde{H})\Delta U_w + \widetilde{H}U_{w,aLd} = \Delta\widetilde{Q} \qquad (3\text{-}115)$$

其中

$$\widetilde{L}' = -\sum\int\widetilde{N}_w^T S_r\widetilde{B}_u dV$$

$$\widetilde{S} = -\sum\int\widetilde{N}_w^T n\frac{\partial S_r}{\partial u_w}\widetilde{N}_w dV$$

$$\widetilde{N} = -\sum\int\widetilde{B}_w^T\frac{\widetilde{k}}{\gamma_w}\widetilde{B}_w dV$$

$$\Delta\widetilde{Q} = \sum\int\widetilde{N}_w^T q\widetilde{m} dA$$

3.8 有限元模型的整体支配方程

采用应力平衡方程、孔隙水连续性方程，并结合应变协调方程、本构方程和水土特征曲线方程等其他辅助方程，就可以建立非饱和土体的有限元支配方程式（3-116）。其形式与饱和土体相似，但是其中非饱和土体关于孔隙水压力的矩阵中的元素与饱和土体相比仍有很大的不同。

$$\begin{bmatrix} [K_{cp}] & \widetilde{L} \\ \widetilde{L}' & \widetilde{S} + \beta\Delta t\widetilde{H} \end{bmatrix}\begin{Bmatrix} \Delta\widetilde{U} \\ \Delta U_w \end{Bmatrix} = \begin{Bmatrix} \Delta\widetilde{F} \\ \Delta Q - \widetilde{H}U_{w,dd} \end{Bmatrix} \qquad (3\text{-}116)$$

式中：$[K_{cp}]$——刚度矩阵；

$[\widetilde{L}']$——水土耦合矩阵；

$[\widetilde{H}]$——流量矩阵；

$\{\Delta \widetilde{U}\}$ ——节点位移矢量；

$\{\Delta \widetilde{U}_w\}$ ——超静孔隙水压力增量；

$\{\Delta \widetilde{F}\}$ ——总外荷增量；

$\{\Delta Q\}$ ——流量增量。

3.9 有限元增量迭代收敛方法

在某一增量下应力和位移的确定，则可在下一时段的应力和位移计算可推导出式（3-117a）、式（3-117b）：

$$\{\sigma'^{n+1}\} = \{\sigma'^n\} + \{\Delta \sigma'^n\} \tag{3-117a}$$

$$\{U^{n+1}\} = \{U^n\} + \{U^n\} \tag{3-117b}$$

在每 1 时步的计算过程，Newton-Raphson 数值积分迭代格式可以用来求解上述非线性有限元。积分迭代收敛标准的计算式（3-118）是：

$$\frac{\parallel \Delta U^{n,\ i+1} - \Delta U^{n,\ i} \parallel}{\parallel \Delta U^{n,\ i} \parallel} \leqslant \Omega \tag{3-118}$$

其中

$$\parallel \Delta U^{n,\ i} \parallel = \sqrt{\sum_{j=1}^{m} (\Delta U_j^{n,\ i})^2}$$

式中：$\Delta U^{n,i}$——指 n 时段的 i 步迭代位移增量；

$\qquad m$——节点数；

$\qquad \Omega = 0.005$。

4 有限元计算植物生态防护土坡的功能简介

4.1 有限元计算所需的参数

根据本章第三节的"3 植物防护土坡的土体力学本构理论与模型"中的广义结构性模型以及有限元模型，有限元计算所需的参数如下所述。

（1）关于地下水位以下饱和土体的参数：地下水位以下饱和土体所涉及的参数有压缩和回弹指数 λ、κ，临界状态应力比 M_0，现场先期固结应力 $P'\kappa_0$，土体抗拉强度 T_0，现场土体的各向异性参数 $\alpha\kappa_0$，土体的泊松比 ν，土体渗透系数 k_{sat}。

（2）关于地下水位以上非饱和土体的系数：需另外考虑参数进气压力值 s_b，进气率 ξ，初始孔隙率 n_0，水土特征曲线干湿循环路径对应的初始饱和度 S_{r0}、S_{r1}，以及广义吸力修正系数 m_1，水土特征曲线曲率修正系数 m_2，非饱和土体渗透系数的修正系数 c_k。

4.2 有限元计算植物生态防护土坡的功能简介

在沈珠江 CONDEP 二维有限元程序的基础上，按照上述新的有限元模型及其算法格式，编入所建立的统一本构理论模型，并参考了增量迭代的收敛算法。同时，为了能够模拟岸坡流变以及降雨入渗导致吸力丧失引起的渐进变形，应用初应变法考虑了流变或吸力改变导致实际上岸坡

"外荷"的增加，而不是采用传统的"强度折减法"或"软化模量法"来模拟岸坡的变形问题。它继承和发展了沈珠江模型与程序，并具有以下6个鲜明的特点。

（1）仍然对单元和节点采用行、列二维编号，输入数据少，方便增加或减少单元的数量（指填方或开挖工程形成岸坡）。

（2）可以模拟岸坡加卸载与水分蒸发、入渗过程引起的固结变形（土体骨架变形与水渗流的耦合作用）过程。

（3）可以模拟地下水位以下饱和黏塑性单元土体的流变发展过程。

（4）可以模拟岸坡坡面在干缩条件下裂缝的形成过程，并能考虑由此对岸坡变形的影响。

（5）可以模拟土体开裂后裂隙增大土体的渗透系数，以及雨水通过裂隙入渗导致吸力丧失后土体变形的发展过程。

（6）根据植物根系生态固土的防护作用提高土体的抗剪强度与先期固结压力、植物枝茎防护土坡减少冲刷作用、提高土体的预裂进气压力，以及植物防护土坡的渗透系数修正等方法，可以有效地模拟植物防护土坡的变形发展过程，为植物防护土坡土体工程建设提供充实的设计科学依据。

第五节
植物防护土坡的数学模型近似解析方法

1　植物防护土坡的多项影响因子分析

1.1　边坡土体稳定安全系数求解

按照传统的极限平衡理论，可以建立植物根系生态防护无限长度边坡土体的稳定安全系数公式（3-119）是：

$$F_s = \frac{\left[\gamma'\cos\beta + \dfrac{T_a\sin\alpha}{Hb\cos\beta} - \gamma_w\sin\delta \right]\tan\phi'}{\left[\gamma'\sin\beta + \dfrac{T_a\cos\alpha}{Hb\cos\beta} - \gamma_w\cos\delta \right]} \tag{3-119}$$

式中：ϕ'——土体的有效内摩擦角；

　　　β——土坡倾角；

　　　α——植物根系作用力的合力方向与坡面的夹角；

　　　δ——渗流作用力的方向与坡面的夹角；

　　　γ'——土体的浮容重；

　　　γ_w——水的容重；

　　　H——滑坡体厚度；

　　　T_a——植物根系的允许抗拉强度；

b——植物栽植株距。

1.2　植物防护土坡的多项影响因子分析

由于土坡具有渐进变形的破坏特性，因此在研究植物防护土坡的分析方法时，如果只是给出1个传统稳定安全系数，还不能够充分彰显植物柔性防护技术主动性的防护机制优越性，因此需要建立植物防护土坡渐进变形的近似解析方法。可以先建立植物根系生态加固土体的广义弹塑性模型，同时也能够结合土体的各向异性、黏滞性、结构性、根系固结土体特性影响。然后通过分析土坡渐进变形的速度场与黏塑性应变率场的对应关系，建立1个植物防护土坡渐进变形的近似解析模型与方法，同时再引入广义吸力变量来考虑裂隙的形成及发展对边坡变形破坏的影响。

2　饱和状态下植物根系生态加固土体的广义弹黏塑性模型建立

2.1　综合性弹塑性模型

为了确切描述土体的渐进变形破坏特性，必须先建立1个综合了各向异性、黏滞性、结构性的弹塑性模型公式（3-120）：

$$\dot{\varepsilon}_{ij} = \dot{\varepsilon}_{ij}^{e} + \dot{\varepsilon}_{ij}^{vp} = \left(\frac{1}{2G}\dot{s}_{ij} + \frac{\kappa}{3V}\frac{\dot{p}'}{p'}\delta_{ij} \right) + S\frac{\partial Q}{\partial \sigma_{ij}'} \tag{3-120}$$

式中：$\dot{\varepsilon}_{ij}$、$\dot{\varepsilon}_{ij}^{e}$、$\dot{\varepsilon}_{ij}^{vp}$——分别指总应变率、弹性应变率、黏塑性应变率；

　　$\dot{s}_{ij}$——偏应力率（$i = 1,2,3$；$j = 1,2,3$）；

　　S——黏塑性应变力的大小；

　　$\dfrac{\partial Q}{\partial \sigma_{ij}'}$——黏塑性应变力的方向；

　　σ_{ij}'——有效应力；

　　p'——球应力；

　κ、G——弹性模型参数；

　　V——初始比容，$V = 1 + e_0$。

故此，黏塑性流动面函数式（3-121）如下：

$$Q = \frac{(q - \alpha\kappa_0 P')^2}{M^2} - \frac{1 - \alpha^2\kappa_0}{M^2}(\mu P'\kappa_0 - P')P' = 0 \tag{3-121}$$

2.2　土坡土体的初始各向异性

曾有人对世界范围内40多种天然黏土的土体进行研究，发现土体的屈服面都表现出强烈的各向异性，例如在 K_0 加载条件下的屈服应力是各向同性加载的1.6倍（Leroueil 和 Vaughan，1990，Diaz-Rodriguez 等，1992），为此引入 $\alpha\kappa_0$ 用来定义结构性土体的黏塑性流动面 Q 的初始倾度来考虑初始各向异性，计算 $\alpha\kappa_0$ 的公式（3-122）是：

$$\alpha\kappa_0 \approx \frac{3(1 - K_0)}{1 + 2K_0} \tag{3-122}$$

2.3　植物根系的固土作用

为了揭示植物根系固结土体作用的特性，引入 $\mu P' \kappa_0$ 用来定义结构性土体黏塑性流动面 Q 的大小。同时引入损伤变量 D 以及无破损状态和完全破损状态下的临界状态强度比 M_0、M_1，其中 D 值的计算式（3-123）是：

$$D = 1 - \exp\left(\frac{-\alpha\varepsilon_i^{vp}}{\lambda - \kappa}\right) \tag{3-123}$$

式中：α——定义损伤变量的模型参数；

　　　λ——正常固结土体的初始压缩指数；

　　　κ——正常固结土体的回弹指数；

$\mu = 1 + (\mu_0 - 1)\exp\left(\dfrac{-\alpha\varepsilon_i^{vp}}{\lambda - \kappa}\right)$ 或 $\mu = 1 + (1 - D)(\mu_0 - 1)$，$M = \dfrac{6\sin\phi'}{3 - \sin\phi'}$ 是 η 的临界状态值；

这里 $\eta = q/p'$，$q = \left(\dfrac{3}{2}s_{ij}s_{ij}\right)^{1/2}$，$P' = \sigma'_{kk}/3$，并且 $M = M_0 - D(M_0 - M_1)$。

假定存在 1 个"弹性核"，只有超出其范围才会发生黏塑性应变和破损变形。采用式（3-121），可以判断当平均有效应力 $p' \geqslant \dfrac{\mu p'\kappa_{0,0}}{1 + \dfrac{(\eta - \alpha\kappa_0)^2}{M^2 - \alpha_{\kappa_0}^2}}$ 时，将会发生黏塑性应变和破损变形。这里 $\mu P'\kappa_{0,0}$ 定义了该"弹性核"（在 P'-q 平面内为结构初始破损的临界黏塑性流动面）的大小。

2.4　土坡土体的黏塑性应变大小计算

以下简要介绍规定黏塑性应变大小 S 的求法。黏塑性体应变可以写为式（3-124）：

$$\varepsilon_{V\kappa_0}^{vp} = \frac{\lambda - \kappa}{V}\ln\frac{\mu p\kappa_0}{p'\kappa_{0,0}} + \frac{\psi_0}{V}\ln\frac{t_o + t_e}{t_0} \tag{3-124}$$

值得注意的是，流变不可能随时间无限制地发展，因此 $\varepsilon_{V\kappa_0}^{vp}$ 的值要小于或等于 1 个极限值 $\varepsilon_{V\kappa_0 l}^{vp}$。根据临界状态理论，在临界状态即使偏应变无限发展，仍然会存在 1 个有限的、恒值的黏塑性体应变。采用 $\varepsilon_{V\kappa_0}^{vp} \leqslant \varepsilon_{V\kappa_0 l}^{vp}$ 和式（3-124），可以得到与 $\varepsilon_{V\kappa_0}^{vp} \leqslant \varepsilon_{V\kappa_0 l}^{vp}$ 对应的平均有效应力式（3-125）：

$$p'_{\kappa_0} \leqslant \frac{p'_{\kappa_{0,0}}}{\mu}\exp\left[\left(\varepsilon_{V\kappa_0 l}^{vp} - \frac{\psi_0}{V}\ln\frac{t_o + t_e}{t_0}\right)\frac{V}{\lambda - \kappa}\right] \tag{3-125}$$

再采用式（3-124）还可以得到公式（3-126）：

$$t_e = -t_0 + t_0\exp\left\{\left[\varepsilon_{V\kappa_0}^{vp} - \frac{\lambda - \kappa}{V}\ln\frac{\mu p'_{\kappa_0}}{p'_{\kappa_{0,0}}}\right]\frac{V}{\psi_0}\right\} \tag{3-126}$$

对式（3-124）进行 t_e 求导，并把式（3-123）代入后整理可得式（3-127）：

$$\dot{\varepsilon}_{V\kappa_0} = \gamma_0\exp\left\{\left[\frac{\lambda - \kappa}{V}\ln\frac{\mu p'_{\kappa_0}}{p'_{\kappa_{0,0}}} - \varepsilon_{V\kappa_0}^{vp}\right]\frac{V}{\psi_0}\right\} \tag{3-127}$$

其中

$$\gamma_0 = \frac{\psi_0}{V t_0}$$

再利用式（3-120）中的 $\dot{\varepsilon}_{ij}^{vp} = S\dfrac{\partial Q}{\partial \sigma_{ij}'}$ 和式（3-127），以及流动面 Q 为黏塑性体应变率等值面的假定，可以得到公式（3-128）：

$$S = \gamma_0 \exp\left[\left(\frac{\lambda - \kappa}{V}\ln\frac{\mu p_{\kappa_0}'}{p_{\kappa_{0,0}}'} - \varepsilon_{V\kappa_0}^{vp}\right)\frac{V}{\psi_0}\right] \times \frac{1}{|\,2p' - \mu p_{\kappa_0}' - 2\alpha\kappa_0(q - \alpha_{\kappa_0}p')/(M^2 - \alpha_{\kappa_0}^2)\,|}$$

$$(3\text{-}128)$$

式（3-120）、式（3-121）、式（3-127）和式（3-128）则共同构成了弹黏塑性本构方程。整个模型中的 ψ_0/V 和 t_0 是通过 K_0 固结仪流变试验得到的模型参数；λ/V、$P'_{\kappa_{0,0}}$（在压缩曲线上对应的有体应变 $\varepsilon_{V K_{0,0}}$）是用于定义模型中 λ 线的位置和倾角的参数，其中 $P'_{\kappa_{0,0}}$ 还给定了"结构初始破损的临界黏塑性流动面"的大小；式（3-128）中的 $\varepsilon_{V\kappa_0}^{vp}$ 是实际累积黏塑性体应变，它实际上担当了类似于剑桥模型中硬化参数的作用。值得注意的是，$\varepsilon_{V\kappa_0}^{vp}$ 可以采用式（3-127）逐步积分求得，其值小于或等于 $\varepsilon_{V\kappa_0,l}^{vp}$，以便描述流变随时间渐进终止的变形特性；$\varepsilon_{V\kappa_0,l}^{vp}$ 是 K_0 压缩条件下的极限黏塑性体应变，求解计算 $\varepsilon_{V\kappa_0,l}^{vp}$ 的式（3-129）如下：

$$\varepsilon_{V\kappa,l}^{vp} \approx (0.5 \sim 0.9)\frac{e_0}{1 + e_0} \tag{3-129}$$

3 广义吸力作用下土坡土体的应力平衡方程及其解答

3.1 土坡土体的应力平衡方程

现在设定图 3-20 所示斜坡上等厚度是 h、天然密度为 ρ 的土层单元。在任意深度位置 $y(0 \leqslant y \leqslant h)$，采用对称假定，则有 $\tau_{xz} = \tau_{yz} = 0$。Cauchy 应力平衡方程式（3-130）如下：

$$\begin{cases} \dfrac{\partial \sigma_x'}{\partial x} + \dfrac{\partial \tau_{xy}}{\partial y} - \dfrac{\partial S}{\partial x} + \rho g\sin\beta = 0 \\[2mm] \dfrac{\partial \sigma_y'}{\partial y} + \dfrac{\partial \tau_{xy}}{\partial x} - \dfrac{\partial S}{\partial y} + \rho g\cos\beta = 0 \\[2mm] \dfrac{\partial \sigma_z'}{\partial z} - \dfrac{\partial S}{\partial z} = 0 \end{cases}$$

$$(3\text{-}130)$$

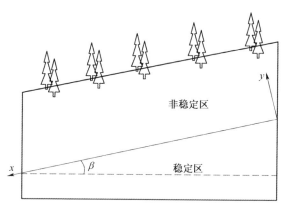

图 3-20 土坡滑移分区示意图

式（3-130）中的 S 表示广义吸力（负值则为超静孔隙水压力）。本文采用不同的吸力大小来模拟土坡土体的裂隙产生、发展或缩小、闭合这一复杂过程。令 S_h 是坡面土体处的吸力，$S_{(y)} = (S_h/h)y$，即吸力沿深度逐渐减弱。由于假定土体在 y 等于常数的平面内是各向同性的，应力变量包括剪应力只是深度的函数，由此垂直坡面方向的垂直应力公式为：

$$\sigma'_y = \int_h^y \left(\frac{S_h}{h} + \rho g \cos\beta \right) dy = \left(\rho g \cos\beta + \frac{S_h}{h} \right)(y - h) + \sigma'_y \big|_{y=h} \tag{3-131}$$

式中：$\sigma'_y \big|_{y=h}$——坡面 $y=h$ 处的垂直应力，一般无外荷时取值为 0。

3.2　土坡土体剪应力计算

沿坡面方向的剪应力计算式（3-132）如下：

$$\tau_{xy} = \int_h^y (-\rho g \sin\beta) dy = -\rho g (y - h) \sin\beta + \tau_{xy} \big|_{y=h} \tag{3-132}$$

式中：$\tau'_{xy} \big|_{y=h}$——表示坡面 $y=h$ 处的剪应力，一般无外荷时取值为 0。

对于横向无限长度的土坡，如设定为平面应变边值问题，则要采用各向同性 Hooke 定律，在 $y=$ 常数的平面内 σ'_x 值计算式（3-133）如下：

$$\sigma'_x = \sigma'_z = \frac{\nu}{1-\nu} \sigma'_y \tag{3-133}$$

式中：ν——泊松比。

4　植物防护土坡变形的近似解析模型及其方法

4.1　植物防护土坡变形速度与黏塑性的数量关系模型

（1）在土坡的蠕变变形过程中，速度 V 是一个不可逆的变量（Cristescu 等，2002；Zhou，2007），因此速度变量可以与黏塑性应变建立下列关系式（3-134）：

$$\dot{\varepsilon}_{ij}^{vp} = \frac{1}{2}(V_{i,j} + V_{j,i}) \tag{3-134}$$

假设图 3-20 中的 $(x \, , y)$ 坐标系中沿 x 方向（坡度 β 方向）的速度矢只是深度的函数，即 $V_x = V(y)$，$V_y = V_z = 0$，因此就有公式（3-135）：

$$\frac{dV}{dy} = 2\dot{\varepsilon}_{xy}^{vp} = 2S \frac{\partial Q}{\partial \tau_{xy}} \tag{3-135}$$

这里 $\dfrac{\partial Q}{\partial \tau_{xy}} = \dfrac{6(\eta - \alpha_{\kappa_0})\tau_{xy}}{\eta(M^2 - \alpha_{\kappa_0}^2)}$，把式（3-131）、式（3-132）、式（3-133）中各应力分量的表达式代入式（3-135）后就可得到式（3-136）：

$$\frac{dV}{dy} = 2\gamma_0 \exp\left[\left(\frac{\lambda - \kappa}{V} \ln\left(\frac{\mu p'_{\kappa_0}}{p'_{\kappa_{0.0}}}\right) - \varepsilon_{V\kappa_0}^{vp}\right)\frac{V}{\psi_0}\right] \times \frac{\dfrac{6(\eta - \alpha_{\kappa_0})\tau_{xy}}{\eta(M^2 - \alpha_{\kappa_0}^2)}}{|\, 2p' - \mu p'_{\kappa_0} - 2\alpha_{\kappa_0}(q - \alpha_{\kappa_0}p')/(M^2 - \alpha_{\kappa_0}^2)\,|} \tag{3-136}$$

（2）继而对式（3-136）进行积分，同时再设定"稳定层"与"剪切层"交界处无滑移，即有 $V \big|_{y=h_1} = 0$，得到土坡滑移区渐进变形的速度场 V 的计算式（3-137）：

$$V = \frac{12\gamma_0(\eta - \alpha_{\kappa_0})}{\eta\left(\dfrac{\lambda - \kappa}{\psi_0} + 1\right)(M^2 - \alpha_{\kappa_0}^2)} \times \frac{\sin\beta}{\dfrac{1+\nu}{3(1-\nu)}\left(\cos\beta + \dfrac{S_h}{\rho g h}\right)\left\{2 - \mu - \dfrac{(\eta - \alpha\kappa_0)[\mu\eta + (2-\mu)\alpha\kappa_0]}{(M^2 - \alpha_{\kappa_0}^2)}\right\}}$$

$$\times \exp\left\{\left(\frac{\lambda-\kappa}{V}\ln\frac{\dfrac{1+\nu}{3(1-\nu)}\mu\left(\rho g\cos\beta+\dfrac{S_h}{h}\right)\left[1+\dfrac{(\eta-\alpha_{\kappa_0})^2}{M^2-\alpha_{\kappa_0}^2}\right]}{p'_{\kappa_{0.0}}}-\varepsilon_{V\kappa_0}^{vp}\right)\frac{V}{\psi_0}\right\}$$

$$\left[(h-h_1)\left(\frac{\lambda-\kappa}{\psi_0}+1\right)-(h-y)\left(\frac{\lambda-\kappa}{\psi_0}+1\right)\right] \tag{3-137}$$

由此可以看出式（3-137）是坐标 y 的幂函数，速度将随 y 的增大逐渐趋向于一个稳定值［表现为 $y\geq h_2$ 的土层随"剪切层"（$h_2>y\geq h_1$）一起刚性滑动，该土层可以称为"随动层"］。整个土坡滑移区从下往上可以划分成为 3 个主要分层：土坡稳定层（$h_1>y\geq0$）、剪切层（$h_2>y\geq h_1$）和随动层（$y\geq h_2$），如图 3-21。

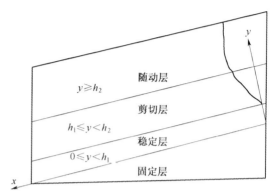

图 3-21　天然土坡滑移模式分布示意图

4.2　植物防护土坡的滑移分区

（1）根据本章第五节"2 饱和状态下植物根系生态加固土体的广义弹黏塑性模型建立"中模型部分给定的 2 个限定条件，也就是说只有结构初始临界破损后才有黏塑性变形的发生，即式（3-138）：

$$p'\geq\frac{\mu p'_{\kappa_{0.0}}}{1+\dfrac{(\eta-\alpha_{\kappa_0})^2}{M^2-\alpha_{\kappa_0}^2}} \tag{3-138}$$

以及在临界状态下产生有限的黏塑性体积变形，即式（3-139）所示：

$$p'_{\kappa_0}\leq\frac{p'_{\kappa_{0.0}}}{\mu}\exp\left[\left(\varepsilon_{V\kappa_\alpha}^{vp}-\frac{\psi_0}{V}\ln\frac{t_0+t_e}{t_0}\right)\frac{V}{\lambda-\kappa}\right] \tag{3-139}$$

（2）把限定条件表示成坐标 y 的函数，也就知道了在整个滑移区主要存在着 h_1、h_2 这 2 个分区高度，使 $0\leq y<h_1$ 层内基本无黏塑性变形（无滑移，可以认为该层是"稳定层"），而在 $h_1\leq y<h_2$ 层内产生主要的黏塑性变形（剪切滑移，可以认为该层是"剪切层"）。其实，由于天然沉积过程中上覆压力的不同，土坡不同埋深的土体结构初始破损强度 $\mu p'_{\kappa_0}$ 是不同的，利用不同位置 $p'_{\kappa_0|y}=(\mu p'_{\kappa_{0.0}})|_y$ 的临界条件，可以在 $p'_{\kappa_0|y}$—y 应力分布曲线上近似确定破损变形区分布范围。

（3）在利用式（3-137）求解滑移区的速度场时，需要随时更新不同时间模型中的黏塑性体应变。在初始时刻 $t=t_0$ 的黏塑性应变量设定为式（3-140）：

$$\varepsilon_{V\kappa_0}^{vp}\big|_{t=t_0}=\frac{\lambda-\kappa}{V}\left(\ln\frac{\mu_0 p'_{\kappa_0}}{p'_{\kappa_{0.0}}}+\ln OCR\right) \tag{3-140}$$

那么，则在任何时刻 $t=t_e$ 的黏塑性应变量计算式（3-141）是：

$$\varepsilon_{V\kappa_0}^{vp}\big|_{t=t_e}=\varepsilon_{V\kappa_0}^{vp}\big|_{t=t_0}+\gamma_0\exp\times\left\{\left(\frac{\lambda-\kappa}{V}\ln\frac{\mu p'_{\kappa_0}}{p'_{\kappa_{0.0}}}-\varepsilon_{V\kappa_0}^{vp}\big|_{t=t_0}\right)\frac{V}{\psi_0}\right\}(t_e-t_0) \tag{3-141}$$

依据式（3-137），就可以很方便地采用 Cffice 系统中的 Exccl 通用软件公式功能，求解土坡滑移区的速度随坡土深度的变化关系。然后乘以时间间隔，便可以得到土坡渐进变形量的大小。

5 植物防护土坡的近似强度解析模型

5.1 从天然土体到重塑土体过程中阶段的划分

土坡面层由于长期经受风力与水力的侵蚀、湿胀干缩、热胀冷缩等作用，因此会在土体面层及其内部引起许多裂隙。一般认为土体中的裂隙是由于拉应力大于土体的抗拉强度造成的，但从广义结构性角度看，在荷载作用下，土体结构破损要先从较弱的胶结面开始，然后是胶结致密的团粒或土块开始破碎，直到所有团粒或土块均被破坏，土质表现出重塑土体的特征，这也为许多试验结果所证实。从结构性黏土体的应力应变曲线中可以发现，从天然土体到重塑土体的过程基本上可以划分为 3 个阶段：

第 1 阶段，基本上是弹性变形，可以认为土体结构性保持完好，为结构初步调整阶段，土体内部还没出现裂隙；

第 2 阶段，土体的变形极大增加，说明变形不仅仅是由于颗粒位置调整或滑移产生的，还应包括结构破损、拉裂或剪切破坏产生的裂隙、局部应变促成的剪切带的形成等因素引起的变形，换言之，土团或土块已经被四分五裂，土体内部已经布满了大小不等的裂隙；

第 3 阶段，结构性土体的应力应变曲线渐渐趋近于重塑土体曲线，可以认为裂隙进一步发展到细部层次，即颗粒之间的紧密联结已经基本破坏完毕，土体内部颗粒的滑移已经成为塑性变形的主要原因。

5.2 边坡土体强度求解

（1）裂隙对坡土强度的影响程度计算。在边坡土体裂隙产生和发展过程中，坡土的强度是如何变化的呢？为了探究裂隙对坡土强度的影响，可以利用各向异性天然结构性土体的屈服面函数推导出土体的渐进破损归一化不排水强度的解析表达式，研究土体的渐进破损归一化不排水强度与裂隙发育程度、各向异性、黏滞性、应力路径等因素的相关性。

屈服面函数式（3-142）是：

$$Q = (q - \alpha_{\kappa_0} p')^2 / M^2 - (1 - \alpha_{\kappa_0}^2 / M^2)(\mu p'_{\kappa_0} - p')p' = 0 \tag{3-142}$$

其中裂隙发育程度参数 μ_0 用来表征初始裂隙的影响（考虑植物根系固土作用的特性，根系固土作用使初始裂隙数量减少），$M = 6\sin\phi' / (3 - \sin\phi')$ 是 η 的临界状态值 [这里 $\eta = q/p'q = (3s_{ij}s_{ij}/2)^{1/2}$，偏应力 $s_{ij} = \sigma'_{ij} - p'\delta_{ij}$，$\sigma'_{ij}$ 是有效应力张量，$p' = \sigma'_{kk}/3$ 是平均有效应力；这里 δ_{ij} 是 Kronecker delta 变量]，同时引入损伤变量 D（表征次生裂隙影响）以及无破损状态和完全破损状态下的临界状态强度比 M_0、M_1，并且 $M = M_0 - D（M_0 - M_1）$。为了要考虑加荷路径和一般应力条件，模型一般应用 Mises 屈服破坏准则、Mohr-Coulomb 屈服破坏准则、Matsuoka 屈服破坏准则或屈服破坏准则建立在三维应力空间。如果采用显式形函数 $g(\phi', \theta)$ 的形式，非对称的屈服面函数可以设为式（3-143）：

$$Q = (q - \alpha_{\kappa_0}p')^2/M^2 - [g(\phi', \theta)^2 - \alpha_{\kappa_0}^2/M^2](\mu p'_{\kappa_0} - p')p' = 0 \tag{3-143}$$

式中：$g(\phi', \theta) = K'/\left\{(2K' - 1) + (1 - K')\left[\sin\left(\theta - \dfrac{\pi}{6}\right) + \sqrt{3}\cos\left(\theta - \dfrac{\pi}{6}\right)\right]\right\}$；

$K' = (3 - \sin\phi')/(3 + \sin\phi')$。

但是，有些破坏准则难以直接给出 $g(\phi', \theta)$ 的显示表达式，在这种情况下也可以采用以 $M(\phi', \theta)$ 代替 $Mg(\phi', \theta)$ 的方法。例如，把式（3-144）：

$$\sigma'_2 = \sigma'_1(1 + \sqrt{3}\tan\theta)/2 + \sigma'_3(1 - \sqrt{3}\tan\theta)/2 \tag{3-144}$$

代入 Matsuoka 屈服破坏准则式（3-145）、Lode 屈服破坏准则式（3-146）中，

$$\frac{1}{2\sqrt{2}}\sqrt{\frac{(\sigma'_1 - \sigma'_3)^2}{\sigma'_1\sigma'_3} + \frac{(\sigma'_1 - \sigma'_2)^2}{\sigma'_1\sigma'_2} + \frac{(\sigma'_2 - \sigma'_3)^2}{\sigma'_2\sigma'_3}} = \tan\phi' \tag{3-145}$$

$$\frac{\sigma'_1\sigma'_2\sigma'_3}{(\sigma'_1 + \sigma'_2 + \sigma'_3)^3} = \frac{27(1 - \sin\phi')\cos^2\phi'}{(3 - \sin\phi')^3} \tag{3-146}$$

求出破坏状态下的 σ'_3/σ'_1 值，然后便可以得到不同 Lode 角 θ 时的临界状态强度比公式（3-147）：

$$M(\phi', \theta) = \frac{3\sqrt{1 + 3\tan^2\theta}(1 - \sigma'_3/\sigma'_1)}{(3 + \sqrt{3}\tan\theta) + (3 - \sqrt{3}\tan\theta)\sigma'_3/\sigma'_1} \tag{3-147}$$

（2）天然土体到裂隙土体的渐进破损状态下不排水强度的计算。基于 Potts 与 Zdravkovic 的思路，可以得到从天然土体到裂隙土体的渐进破损状态下考虑多种因素的不排水强度 S_u 的表达式（Zhou，2006），首先推导出式（3-148）：

$$S_{u, ds} = \sqrt{3}q_{ds}\cos\theta \tag{3-148}$$

式（3-148）中的下标"ds"表示破损状态（destructuration state）的含义。

由图 3-22 可得式（3-149）：

$$\frac{\mu p'_{\kappa_0}}{p'} = \left(\frac{\mu p'_{\kappa_0}}{p'_u}\right)^{\frac{\lambda}{k}} \tag{3-149}$$

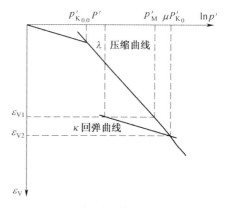

图 **3-22**　初始固结与回弹曲线

式中：$p' = \dfrac{1 + 2K_0^{OC}}{3}\sigma'_{vi}$；

K_0^{OC}——现有静止土体压力系数；

σ'_{vi}——现场初始有效应力。

定义 $OCR = \sigma'_{v,\max}/\sigma'_{vi}$，这里 $\sigma'_{v,\max}$ 是指土体单元历史上曾经受到过的最大应力。从而就有式（3-150）、式（3-151）、式（3-152）：

$$\sigma'_{hi} = K_0^{OC}\sigma'_{vi} \tag{3-150}$$

$$\sigma'_{v, \max} = (OCR)\sigma'_{vi} \tag{3-151}$$

$$\sigma'_{h,\ \max} = K_0^{NC}\sigma'_{v,\ \max} \tag{3-152}$$

式中：K_0^{NC}——正常固结状态下的静止土体压力系数。

采用式（3-150）、式（3-151）就可以得到 q_i、p'_i 的计算式（3-153）、式（3-154）：

$$q_i = (1 - K_0^{NC})(OCR)\sigma'_{vi} \tag{3-153}$$

$$p'_i = \frac{1 + 2K_0^{NC}}{3}(OCR)\sigma'_{vi} \tag{3-154}$$

因为与 $\sigma'_{v,\max}$、$\sigma'_{h,\max}$、q_i 和 p'_i 相关的应力状态为正常固结状态，采用式（3-143）可以获得式（3-155）：

$$\mu p'_{\kappa_0} = p'_i + \frac{(q_i - \alpha_{\kappa_0}p'_i)^2}{p'_i[M^2(\phi',\ \theta) - \alpha^2 M\kappa_0]} \tag{3-155}$$

根据 Kim、Leroueil（2001）关于先期固结压力（屈服应力）随塑性体应变率的增加而增大的研究结果（图 3-1），据此就可以设定式（3-156）：

$$\log(\mu p'_{\kappa_0}) = \log(\mu p'_{\kappa_0})_0 + C_p\left[\log(\dot{\varepsilon}^{vp}_{V\kappa_0}) - \log(\dot{\varepsilon}^{vp}_{V\kappa_0})_0\right] \tag{3-156}$$

式中：$\dot{\varepsilon}^{vp}_{V\kappa_0}$——实际塑性体积应变率；

$(\dot{\varepsilon}^{vp}_{V\kappa_0})_0$——参照塑性体积应变率（黏滞性极低）；

C_p——先期固结压力随塑性体应变率的增加而增大的比例系数。

把关系式（3-153）、式（3-154）代入式（3-155），并结合采用公式（3-156）就得到式（3-157）：

$$\mu p'_{\kappa_0} = (OCR)\sigma'_{vi}\left\{\frac{1 + 2K_0^{NC}}{3} + \frac{3\left[1 - K_0^{NC} - \dfrac{\alpha_{\kappa_0}(1 + 2K_0^{NC})}{3}\right]^2}{(1 + 2K_0^{NC})[M^2(\phi',\ \theta) - \alpha_{\kappa_0}^2]}\right\} \times \left\{\frac{\dot{\varepsilon}^{vp}_{V\kappa_0}}{(\dot{\varepsilon}^{vp}_{V\kappa_0})_0}\right\}^{C_p} \tag{3-157}$$

继而采用式（3-149）就可以得到 p'_u 的计算式（3-158）：

$$p'_u = \mu p'_{\kappa_0}\left(\frac{p'_i}{\mu p'_{\kappa_0}}\right)^{\frac{k}{\lambda}} = \mu(OCR)\sigma'_{vi}\left\{\frac{1 + 2K_0^{NC}}{3} + \frac{3\left[1 - K_0^{NC} - \dfrac{\alpha_{\kappa_0}(1 + 2K_0^{NC})}{3}\right]^2}{(1 + 2K_0^{NC})[M^2(\phi',\ \theta) - \alpha_{\kappa_0}^2]}\right\}$$

$$\times \left\{\frac{1 + 2K_0^{NC}}{(OCR)(1 + 2N_0^{NC}) + 9(OCR)\dfrac{\left[1 - K_0^{NC} - \dfrac{\alpha_{\kappa_0}(1 + 2K_0^{NC})}{3}\right]^2}{(1 + 2K_0^{NC})[M^2(\phi',\ \theta) - \alpha_{\kappa_0}^2]}}\right\}^{\frac{k}{\lambda}} \times \left\{\frac{\dot{\varepsilon}^{vp}_{V\kappa_0}}{(\dot{\varepsilon}^{vp}_{V\kappa_0})_0}\right\}^{C_p\left(1 - \frac{k}{\lambda}\right)}$$

$$\tag{3-158}$$

土体单元处于从天然土体到裂隙土体的渐进破损状态下，其计算式（3-159）如下：

$$q_{ds} = p'_{ds}M(\phi',\ \theta) \tag{3-159}$$

把式（3-159）代入式（3-143）后就可推导出式（3-160）：

$$p'_{ds} = \mu p'_{\kappa_0,\ ds}\frac{M(\phi',\ \theta) + \alpha_{\kappa_0}}{2M(\phi',\ \theta)} \tag{3-160}$$

综合式（3-149）、式（3-160）就会得到式（3-161）：

$$\frac{\mu p'_{\kappa_0,\,dt}}{p'_{ds}} = \left(\frac{\mu p'_{\kappa_0,\,ds}}{p'_u}\right)^{\frac{\lambda}{k}} = \frac{2M(\phi',\,\theta)}{M(\phi'\theta) + \alpha_{K_0}} \tag{3-161}$$

继而再进行推导，就可获得式（3-162）：

$$\mu p'_{\kappa_0,\,ds} = p'_u \left[\frac{2M(\phi',\,\theta)}{M(\phi',\,\theta) + \alpha_{\kappa_0}}\right]^{\frac{k}{\lambda}} \tag{3-162}$$

采用上述推导得到的一系列关系式（3-148）、式（3-158）、式（3-159）、式（3-160）和式（3-162），据此最终就可以得到式（3-163）：

$$
\begin{aligned}
S_u = \sqrt{3}\,q_{ds}\cos\theta &= \frac{\sqrt{3}\,p'_u\cos\theta\left[M(\phi',\,\theta) + \alpha_{\kappa_0}\right]}{2}\left[\frac{2M(\phi',\,\theta)}{M(\phi',\,\theta) + \alpha_{\kappa_0}}\right]^{\frac{k}{\lambda}} \\
&= \frac{\sqrt{3}\,\mu(OCR)\,\sigma'_{vt}\cos\theta\left[M(\phi',\,\theta) + \alpha_{\kappa_0}\right]}{2} \\
&\times \left\{\frac{1 + 2K_0^{NC}}{3} + \frac{3\left[1 - K_0^{NC} - \dfrac{\alpha_{\kappa_0}(1 + 2K_0^{NC})}{3}\right]^2}{(1 + 2K_0^{NC})\left[M^2(\phi',\,\theta) - \alpha_{\kappa_0}^2\right]}\right\} \\
&\times \left\{\frac{\dfrac{2(1 + 2K_0^{oc})M(\phi',\,\theta)}{3M(\phi',\,\theta) + 3\alpha_{\kappa_0}}}{OCR\dfrac{1 + 2K_0^{NC}}{3} + 3(OCR)\dfrac{\left[1 - K_0^{NC} - \dfrac{\alpha_{\kappa_0}(1 + 2K_0^{NC})}{3}\right]^2}{(1 + 2K_0^{NC})\left[M^2(\phi',\,\theta) - \alpha_{\kappa_0}^2\right]}}\right\}^{\frac{1}{\lambda}} \\
&\times \left\{\frac{\dot{\varepsilon}_{V\kappa_0}^{vp}}{(\dot{\varepsilon}_{V\kappa_0}^{vp})_0}\right\}^{C_r\left(1 - \frac{1}{\lambda}\right)}
\end{aligned}
\tag{3-163}
$$

第六节
植物防护土坡工程项目零缺陷建设设计

该部分详尽介绍了植物防护土坡需要做的一些重要的调查、计算分析方法及其设计原则等相关内容，即植物防护土坡工程项目建设程序、植物防护土坡工程项目建设场地调查与分析、植物防护土坡设计中的有限元数值计算与分析、植物防护土坡的近似解析计算与分析、防护土坡结构性工程措施零缺陷建设设计、植物防护土坡工程零缺陷建设设计。

在沈珠江非饱和土体简化固结理论的基础上，开发建立了综合部分排气的水土气耦合、统一弹塑性有限元数值分析模型、计算方法和程序，就可以同时对岸坡土体地下水位上下坡土的渐进变形破坏过程进行模拟。并把所开发的广义结构性本构理论模型编入植物防护土坡变形的有限元数值模型，恰当地模拟了植物防护土坡的变形特征，即在干燥天气水分蒸发失水时，其吸力增加使岸坡收缩与变形减小、降雨入渗吸水时吸力丧失使岸坡变形增加，以及干、湿循环作用下岸坡变形主要发生在坡面附近，不仅具有较大的竖向位移，而且具有较大的水平位移，降雨入渗时植物根系固土与面层遮水作用使得土坡变形程度减小。

将边坡土体的浅层滑坡问题简化成平面问题，通过在平衡方程中引入广义吸力变量，推导出与黏塑性应变率场对应的天然裂隙土坡的渐进变形解析模型，综合各向异性、黏滞性、结构性、结构破损程度与裂隙发育程度（相关于植物防护作用）等对边坡土体变形的影响。边坡的渐进变形还随着各向异性参数 $\alpha\kappa_0$ 的减小、黏滞性参数 $\varPsi_0$ 的减小、植物根系固土强度参数 μ_0 的减小、结构破损度 D 的增大，以及广义吸力 S 的减小而增大。推导出的归一化不排水强度解析解，可以用来分析评价初始裂隙与次生裂隙的发育程度、各向异性发育程度、流变大小和不同应力状态等因素，在天然边坡土体渐进破损过程中的影响，即天然边坡土体渐进破损的归一化不排水抗剪强度 S_u/σ'_r 随着初始裂隙发育程度参数 μ_0 的增加（植物根系固土作用使得初始裂隙数量减少）而增大，随着各向异性参数 $\alpha\kappa_0$ 的增加而增大，随着塑性体应变率的增加而增大，随着破损比 D（表征次生裂隙影响）和 Lode 角 θ 的增大而减小。

1　植物防护土坡工程项目建设程序

植物生态防护土坡工程项目设计及其建设程序，以及各阶段工作内容可依照图 3-23 所示的流程进行实施。

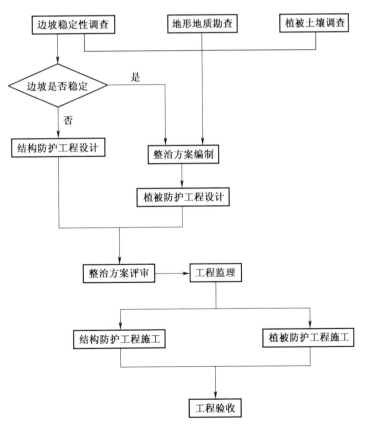

图 **3-23**　植物防护土坡生态建设工程设计与实施流程

2　植物防护土坡工程项目建设场地调查与分析

2.1　建设场地自然条件调查

实行土坡防护工程项目建设场地的调查，对植物生态防护土坡采取适地适技有着非常重要的建设设计意义。场地自然条件必须调查清楚，应调查的场地自然条件主要内容如下：

（1）土坡场地的水文地质条件、水土流失状况、滑移破坏土层深度、滑移破坏形式、坡脚地基状况等。

（2）准确查明其地下水类型、埋藏条件、水位高程和渗流规律，以及地表水径流和积聚排泄条件。

（3）调查边坡土体中裂隙的分布密度、延伸方向、发育特征，分析其对边坡稳定性的影响。

（4）土坡场地调查方法：边坡勘查主要采用地面测绘与钻探、坑探和槽探等方法结合进行，必要时可辅以钻探、静力触探和十字板剪切等测试手段相结合的物探方法。勘探线应垂直边坡走向或平行于可能滑动的方向布置，其间距应视地质条件复杂程度而定，对每一单独边坡段勘探不宜少于2条，每条勘探线不应少于2个勘探点。勘探点一般应布置在坡顶、坡中、坡脚处。边坡的勘查范围应包括不小于1.5倍土坡高度，以及可能对土坡有潜在安全影响的区域，勘探深度应根据边坡稳定性的需要，一般应达到软土层的底层，主要软弱土层应取样进行物理力学性能试验。

2.2　场地地貌与地形分析

对所防护土坡的规模、形状、坡长、宽度、高度、坡度、坡质、走向、风化程度、涌水状况与护坡马道、涌水处、渗水位置进行实地勘测及记录。查明边坡的地形和地貌特征、削坡或填方平整难易程度、排水条件和稳定状况，探明滑坡、地裂、流坍、冲沟等不良地质现象的类型、分布规律、水土流失状况等详细情况。

2.3　土坡场地区域气候条件调查与分析

（1）场地区域气候条件调查。要调查、收集影响边坡植物生长发育和生长期的当地气候资料。主要从当地气象站查询、收集土坡当地的年光照时间、年月平均降水量与蒸发量、年月平均气温、年绝对最高与最低气温、相对与绝对湿度、雨季与旱季的持续时间、最大降雨强度、土温变化情况、气候影响地层深度、冻土深度及风、霜、冻、雪灾害等天气资料。

（2）场地区域气候条件分析。在选择边坡植物时主要应考虑的气候因素是气温与降水。最高气温和最低气温决定着植物能否正常生长发育，能否顺利越夏、越冬等，降雨（雪）的时期及雨量也是决定采用植物种类的重要设计依据。

2.4　土坡土体的物理化学力学特性分析

在常规情况下，边坡开挖会使地表植被完全遭到破坏，原有表土与植物之间的平衡关系失调，土坡抗蚀能力减弱，在雨滴、重力与风蚀作用下水土极易流失，植物种子定植困难。再则坡土一般为没有经过熟化的生土，其养分含量一般很低，同时由于坡度大，土体的渗透性差等原因，使得坡土对降水截流量较小，极易造成水土和养分流失，使得坡土贫瘠且立地条件差，极不利于植物生长。另外，坡土有机质含量一般很少，坡土结构不良，经过一定时期的沉降作用后，容重增加，孔隙度降低，不利于土体中的水分、空气与肥料的有效运移，从而对植物正常生长产生不利影响。土壤的成分、结构、厚度、肥力、酸碱性、盐碱性等因素与植物的生长发育密切相关，它们决定着边坡植物能否良好地生长发育，因此必须对坡土进行物理、化学、力学特性等分析。

（1）坡土物理特性分析。对于土质边坡，在典型坡面上按照不同面积设置若干个土壤剖面，每个剖面按10cm间距依次沿深度取样，测定土壤质地、容重、密实度、孔隙率、水与气的含量、颗粒成分组成及粉粒含量、透水性、吸水性等指标。一般地，沙壤土、粉土拥有足量的粉粒，可以充分吸收水分与养分，保水持水状态。过于密实的土体其通透性差，很不利于植物根系的纵深生长。

（2）坡土化学特性分析。在设计选择土坡所栽植的防护植物时，土壤肥力状况与土壤 pH 值是比较重要的考虑因素。对于土质边坡，在典型坡面上设置若干个面积不等的土壤剖面，每个剖面按10cm间距依次沿深度取样，并分别测定土壤有机质、全氮、速效磷、速效钾、pH 值等理化指标，以及重金属成分、含盐量、离子强度、有毒成分、离子交换能力、污染状况等其他成分或要素。

（3）坡土力学特性分析。使用土壤硬度计检测坡土硬度，方法是沿垂直坡面的深度方向每隔10cm取样点进行测试，一般取 6 个测点，记录硬度平均值。当坡土抗压强度大于 1.5MPa 时，植物根系生长受阻，必须钻孔开沟后播种植物。

2.5 调查乡土护坡植物的工作内容

调查边坡防护项目地区自然野生植物种类，筛选和确定适宜的乡土树（草）种作为护坡植物种。在周边 10~50km 范围内，实地调查不同的自然植物生态环境类型，特别是生长在坡度大、土层薄、干旱地段的植物，要详细调查植物种类、高度、地径、盖度、密度、数量、生长势、分布状况等因子，并分析各植物种的生态适应性。通过评价其成活率、保存率、覆盖率等指标，选择繁殖方便、根系发达、生长快、适应性强、抗贫瘠、宜粗放管理的乡土四季常绿植物种为护坡主要设计植物种，外来植物种为辅。在设计选择护坡植物时，应该查询当地有关环境与物种应用和保护的法规。从营造优美环境景观的角度出发，一般对植被的高度要有所限制。

2.6 护坡植物的苗木与籽种质量标准要求

设计所选择的护坡植物苗木，必须要求其质量可靠，不应低于 GB 6000—1999 中所规定的二级质量标准，并充分满足适宜的湿度、温度、光照和氧气条件，植物种子应具有国家法定种子检验机构出具的检验合格报告。若是外地调入的种子还应有符合国家种子调拨规定的检疫报告。禾本科植物种子质量不应低于 GB 6142—1985 中所规定的二级质量标准，木本植物种子质量不应低于 GB 7908—1999 中所规定的二级质量标准；自行采集的乡土树种、乡土草种在使用前必须进行发芽试验测定，以确定适宜的播种量。

3　植物防护土坡设计中的有限元数值计算与分析

3.1　计算边坡剖面及其参数

经过测试与分析，计算出的有限元网络如图3-24。

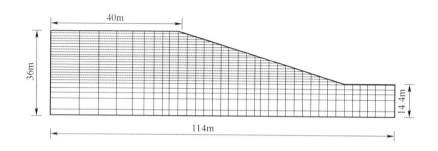

图 **3-24**　植物防护土坡的有限元网络图

边坡土体的天然容重 $\gamma = 21.85 \text{kN/m}^3$，土坡倾角 $\beta = 14°$，所计算出的参数如下。

（1）地下水位以下饱和土体的参数。所需计算的参数是：$\lambda = 0.048$，$\kappa = 0.006$，$M_0 = 1.24$，$p'k_0 = 110 \text{kPa}$，$T_0 = 25 \text{kPa}$，$\alpha \kappa_0 = 0.75$，$\upsilon = 0.3$，$k_{\text{sat}} = 10^{-7} \text{cm/s}$。

（2）地下水位以上非饱和土体的参数。另外需要考虑和计算的参数是：$s_b = 50 \text{kPa}$，$n_0 = 0.4$，$S_{r0} = 0.7$，$S_{r1} = 0.96$，$m_1 = 0.1$，$m_2 = 0.2$，$c_k = 0.2$，$\xi = 0.6$。

3.2　加载分级及其边界条件

为了更好地模拟植物根系加固岸坡土体的变形特性，较好地反映土体的非线性影响，计算中采用分级加载方式。共计使用 20 级模拟岸坡土体的形成过程，每级挖去 1 行单元，地下水位随之发生变化。关于流变变形或吸力丧失导致的"外荷"增量，分部时差按照增量迭代计算方法，以便减少计算误差。所计算的边界条件假定坡面为排水面，底面为不排水面；坡面和坡顶完全自由，左右两侧边界采用水平向约束、垂直向自由，底边界水平向、垂直向都受到约束。

3.3　计算结果及其分析

（1）图 3-25 至图 3-29 分别给出了模拟开挖土坡与岸坡形成过程。从 168d、216d、280d、376d 这 4 个时间段的水平位移、沉降隆起、超静孔隙水压力的有限元数值分析结果（等值线图）中得知，岸坡土体形成以后，在 168d、216d、280d、376d 的几个时段，岸坡土体的水平位移、垂直变形都随时间增加。可见，有限元数值模型很好地模拟了岸坡土体的流变变形。

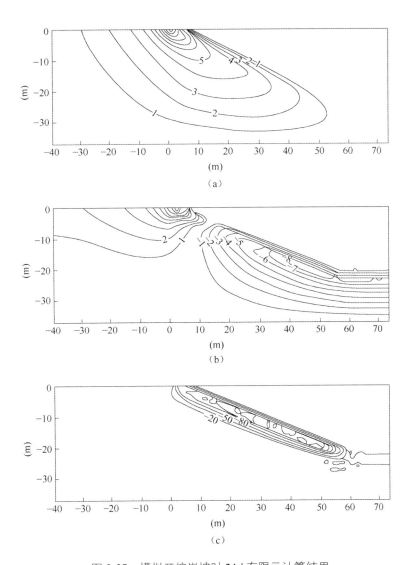

图 3-25　模拟开挖岸坡时 24d 有限元计算结果

（a）水平位移等值线（cm）；（b）垂直变形等值线（cm）；

（c）超静孔隙水压力等值线（kPa）

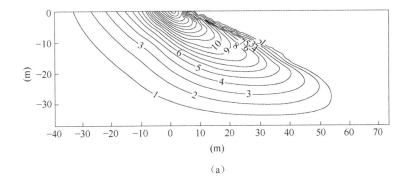

（a）

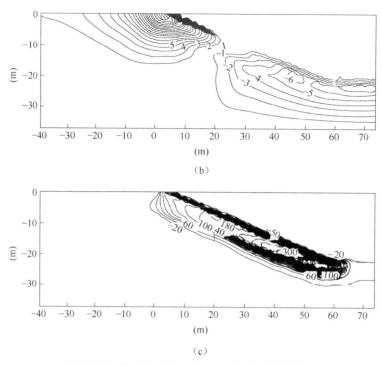

（b）

（c）

图 3-26 模拟开挖岸坡时 168d 有限元计算结果

（a）水平位移等值线（cm）；（b）垂直变形等值线（cm）；

（c）超静孔隙水压力等值线（kPa）

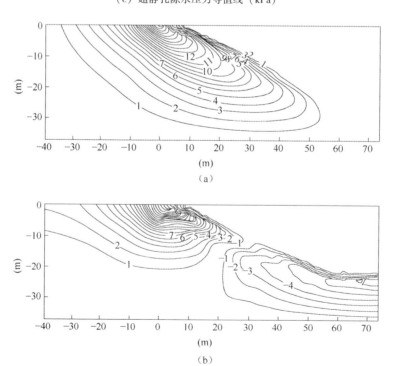

（a）

（b）

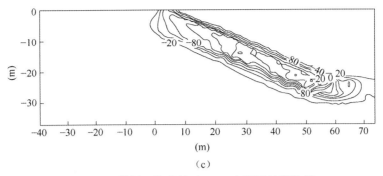

图 **3-27**　模拟开挖岸坡时 216d 有限元计算结果

（a）水平位移等值线（cm）；（b）垂直变形等值线（cm）；（c）超静孔隙水压力等值线（kPa）

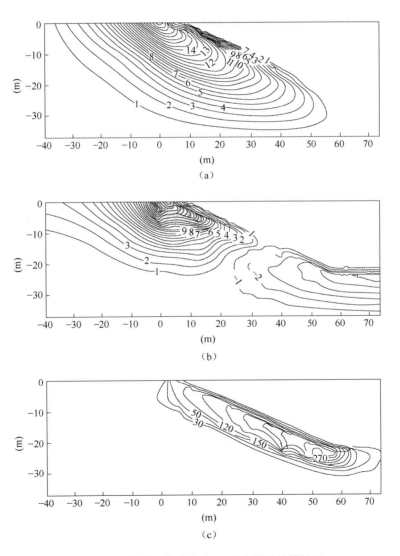

图 **3-28**　模拟开挖岸坡时 280d 有限元计算结果

（a）水平位移等值线（cm）；（b）垂直变形等值线（cm）；

（c）超静孔隙水压力等值线（kPa）

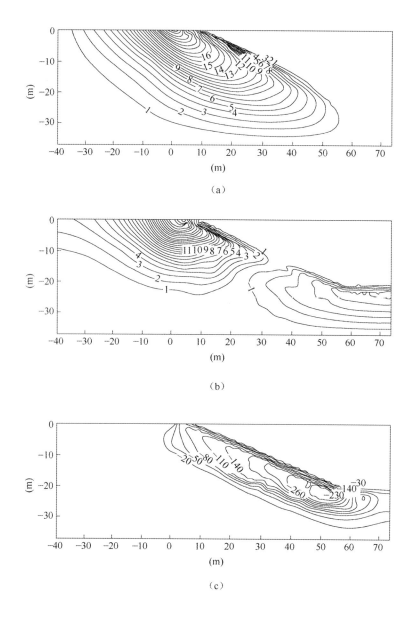

图 **3-29**　模拟开挖岸坡时 376d 有限元计算结果

（a）水平位移等值线（cm）；（b）垂直变形等值线（cm）；

（c）超静孔隙水压力等值线（kPa）

（2）图 3-30 至图 3-32 分别给出了模拟开挖土坡与岸坡土体形成后干燥天气水分蒸发，以及降雨入渗工况时的水平位移、沉降/隆起、超静孔隙水压力的有限元数值分析结果。

从图 3-30 至图 3-32 可以看出，土坡在蒸发失水后，其水平位移、垂直变形程度都有所减小（图 3-30 相比于图 3-25）。土坡在降雨吸水后，其水平位移、垂直变形幅度都有所增加（图 3-31 相比于图 3-25）。如果有香根草等植物进行生态护坡，在降雨后岸坡土体的水平位移、垂直变形幅度虽然都有所增加（图 3-32 相比于图 3-25），但仍小于无植物护坡时的变形（图 3-32 相比于图 3-31）。

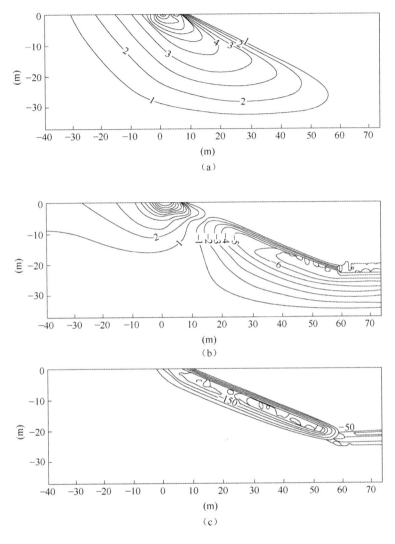

图 **3-30** 模拟开挖岸坡 20d 后蒸发有限元计算结果

（a）水平位移等值线（cm）；（b）垂直变形等值线（cm）；

（c）超静孔隙水压力等值线（kPa）

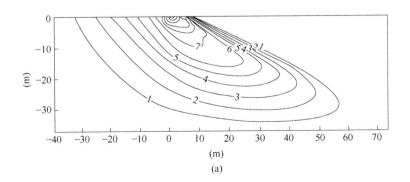

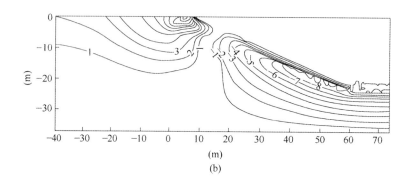

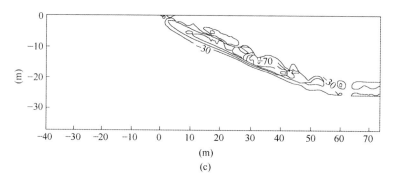

图 3-31　模拟开挖岸坡 20d 完成后降雨时的有限元计算结果
（a）水平位移等值线（cm）；（b）垂直变形等值线（cm）；
（c）超静孔隙水压力等值线（kPa）

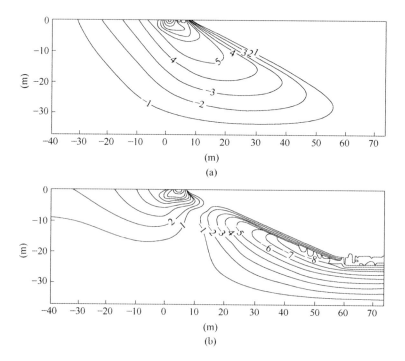

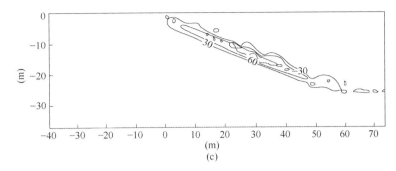

图 3-32　模拟开挖岸坡 20d 完成后降雨时有植物护坡的有限元计算结果

（a）水平位移等值线（cm）；（b）垂直变形等值线（cm）；（c）超静孔隙水压力等值线（kPa）

4　植物防护土坡的近似解析计算与分析

4.1　土坡滑移形态的主要分层

设定对厚约 18m 某边坡进行过超过 1 年的蠕动变形量测（Samtani、Desai，1996；Cristescu 等，2002），滑移形态从下向上基本可以分为以下 3 个主要分层：无滑移层（厚约 1m）；剪切流动层（厚约 5m）；刚性体滑移层（厚约 12m）。

边坡土体的天然容重是 $\gamma=21.85\text{kN/m}^3$，土坡高度 $h=18\text{m}$，初始参照时间 $t_0=1\text{d}$，土坡倾角 $\beta=14°$。其余计算参数参照文献"沈珠江. 非饱和土简化固结理论及其应用. 水利水运工程学报，2003（4）：1-6."和"Cristescu, N. D., Cazacu, O., Cristescu, C. A model for slow motion of natural slopes. Canadian Geotechnical Journal，2002，39：544-552."中的参数值，并通过反演分析后得到。在反演分析时，保证计算位移分布形态满足所观测到的以下 3 个主要分层：①无滑移层（厚约 1m），即滑移区分层高度 $h_1=1\text{m}$；②剪切流动层（厚约 5m），即 $h_2=6\text{m}$；③刚性体滑移层（厚约 12m）。

4.2　计算土坡渐进变形理论解析值

将上述所计算出的参数列于表 3-5 中，继而根据式（3-137）就可以计算出土坡渐进变形的理论解析值，并与 148d、196d、260d、356d 这 4 个时间段的观测位移数据一起示于图 3-33 之中。

表 3-5　植物防护土坡近似解析模型的计算参数

$\alpha\kappa_0$	υ	κ/V	λ/V	M_0	γ_0（1/d）	$p'\kappa_{0,0}$（kPa）
0.75	0.3	0.003	0.024	1.24	1.4×10^{-6}	110.0

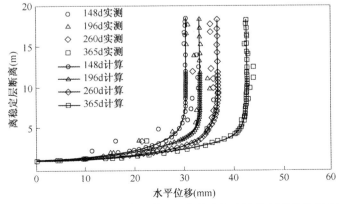

图 3-33　观测某天然土坡位移沿深度分布与理论解析值的比较图

从图 3-33 可以发现，边坡土体的滑移形态从下向上基本呈现稳定层、剪切层和随动层 3 个主要分层，且实测结果与理论值较为一致。

4.3　边坡土体的渐进变形与各参数的关系

①边坡土体的渐进变形与各种影响参数的数量关系。通过所计算出的参数分析得知，图 3-34 至图 3-38 给出了边坡土体的渐进变形随着各向异性参数 $\alpha\kappa_0$、黏滞性参数 Ψ_0、植物根系固土强度参数 μ_0、结构破损度 D，以及广义吸力 S 的变化关系。

②边坡土体的渐进变形与各种影响参数的变化关系。从图 3-34 至图 3-38 中还可以得知，边坡土体的渐进变形随着各向异性参数 $\alpha\kappa_0$ 的减小、黏滞性参数 Ψ_0 的减小、植物根系固土强度参数 μ_0 的减小、结构破损度 D 的增大，以及广义吸力 S 的减小而增大。

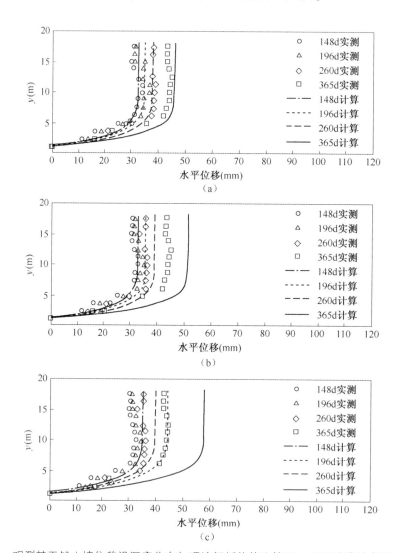

图 **3-34**　观测某天然土坡位移沿深度分布与理论解析值的比较图（不同黏滞性参数 Ψ_0/V_0）

(a) 0.002；(b) 0.0025；(c) 0.003

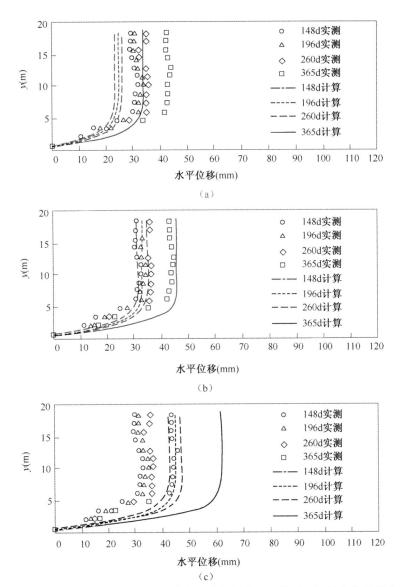

图 3-35　观测某天然土坡位移沿深度分布与理论解析值的比较图（不同各向异性参数 $\alpha\kappa_0$）

（a）0.78；（b）0.75；（c）0.72

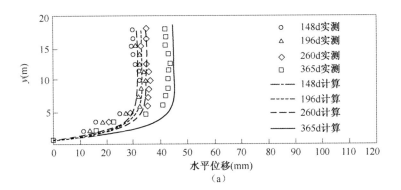

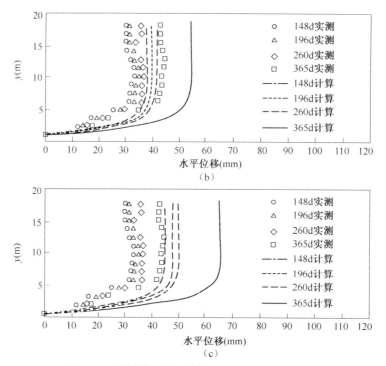

图 3-36　观测某天然土坡位移沿深度分布与理论

解析值的比较图（不同结构破损比 D）

（a）0.0；（b）0.1；（c）0.2

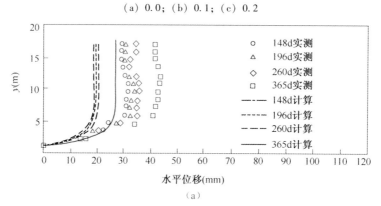

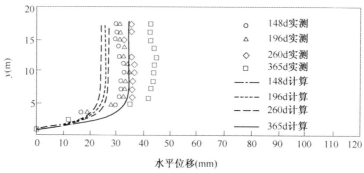

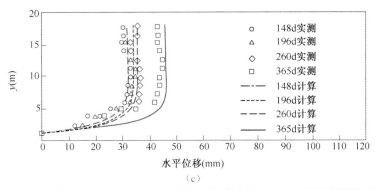

（c）

图 **3-37** 观测某天然土坡位移沿深度分布与理论解析值的比较图（不同植物根系故土强度参数 μ_0）

（a）1.12；（b）1.10；（c）1.08

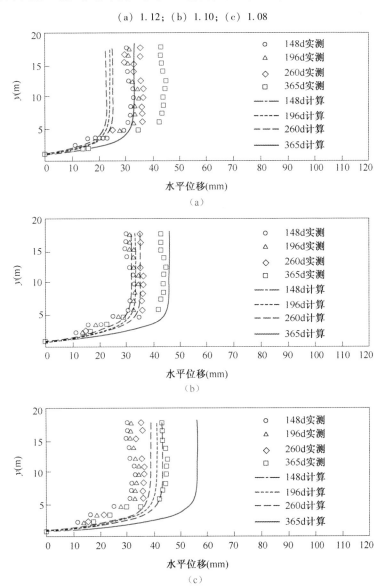

（a）

（b）

（c）

图 **3-38** 观测某天然土坡位移沿深度分布与理论解析值的比较图（不同广义吸力 S_y）

（a）10.0kPa；（b）0.0kPa；（c）5.0kPa

4.4 采用各项参数值计算后的结果

采用下列参数 $\lambda = 0.079$、$\kappa = 0.018$、$OCR = 1$、$M_0 = 1.243$、$M_1 = 1.143$、$K_0^{OC} = 0.5$ 与 $K_0^{NC} = 0.5$，根据式（3-163）可以计算得出 S_u/σ_z' 随初始裂隙发育程度参数或植物根系固土作用参数 μ_0、各向异性参数 $\alpha\kappa_0$、破损比 D、与应力路径相关的 Lode 角 θ 及塑性体应变率变化的关系，就可以得知：

（1）在 $\theta = -30°$ 时归一化不排水强度与裂隙发育程度参数或植物根系固土作用参数 μ_0 在各向异性参数 $\alpha\kappa_0 = 0.75$、破损比 $D = 0.4$ 时的关系曲线 1，如图 3-39；

（2）在 $\theta = -30°$ 时归一化不排水强度与各向异性参数 $\alpha\kappa_0$ 在破损比 $D = 0.4$ 时的关系曲线 2，如图 3-40；

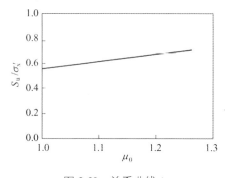

图 **3-39** 关系曲线 1

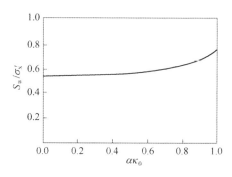

图 **3-40** 关系曲线 2

（3）归一化不排水强度与塑性体应变率 $\dot{\varepsilon}_{V\kappa_0}^{vp}$ 在 $\alpha\kappa_0 = 0.75$、破损比 $D = 0.4$ 和 Lode 角 $\theta = -30°$ 时的关系曲线 3，如图 3-41；

（4）在 $\theta = -30°$ 时归一化不排水强度与破损比 D 在各向异性参数 $\alpha\kappa_0 = 0.75$ 时的关系曲线 4，如图 3-42；

（5）归一化不排水强度与 Lode 角 θ 在 $\alpha\kappa_0 = 0.75$、破损比 $D = 0.4$ 时的关系曲线 5，如图 3-43。

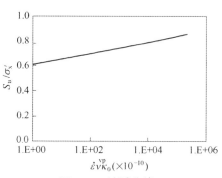

图 **3-41** 关系曲线 3

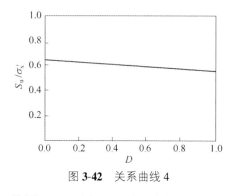

图 **3-42** 关系曲线 4

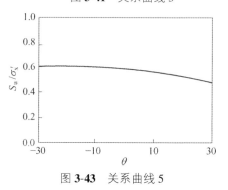

图 **3-43** 关系曲线 5

从图 3-39 至图 3-43 可以看出，天然边坡土体的渐进破损的归一化不排水抗剪强度 S_u/σ_z' 随着初始裂隙发育程度参数 μ_0 的增加（植物根系固土作用使得初始裂隙数量减少）而增大，随着各向异性参数 $\alpha\kappa_0$ 的增加而增大，随着塑性体应变率的增加而增大，随着破损比 D（表征次生裂隙影响）和 Lode 角 θ 的增大而减小。

5　防护土坡结构性工程措施零缺陷建设设计

5.1　土坡水土流失的估算

土体的剥落、冲蚀、泥流及溜塌一般均属于地表层变形破坏，对其进行防护工程建设设计时，只需做边坡表层的防护措施设计即可。对于坍滑与滑移破坏，就需要做边坡结构防护设施设计。土坡水土流失量估算可以按照本章"第二节常见土坡的滑移破坏和渐进变形计算方法"中的基于半经验方法建立的一般水土流失公式（USLE）进行测算，根据计算出的流失水土重量、坡土平均密度和土坡平均面积，计算流失破坏所致产生的坡土层厚度。

5.2　土坡滑移破坏的稳定安全系数计算

土体压力一般可以采用朗肯土压力公式或库仑土体压力公式进行计算。挡墙地基承载力可以采用普朗特极限承载力公式、太沙基极限承载力公式或迈耶霍夫极限承载力公式进行计算。稳定安全系数可以采用瑞典圆弧滑动法、毕肖普法、简布普遍条分法、不平衡推力传递法、复合滑动面简化计算。土质边坡宜采用圆弧滑动法计算，对可能产生平面滑动的边坡宜采用平面滑动法进行计算，当边坡破坏机制复杂时，宜结合数值分析法进行分析。计算时需要定量分析以下 10 个设计要素：

（1）土坡高度和坡度；

（2）土层深度及其负荷大小；

（3）水土流失状况；

（4）土体的密度与强度；

（5）削坡或填方的填料特性和压实条件；

（6）滑移破坏的土层深度、滑移机理和破坏形式；

（7）坡脚地基状况、坡脚设计挡墙的保护规格及其方式；

（8）土坡土体压力大小；

（9）设计防护挡墙的构件强度；

（10）土坡防护场地的水文地质条件、排水条件。

在对边坡稳定性验算时，稳定性系数应不小于表 3-6 所示的安全系数要求，如若达不到则应先对边坡采取工程措施进行治理。

表 3-6　边坡稳定安全系数指标

稳定安全系数计算方法	各种建设用途的边坡稳定安全系数	
	供工程建设用地指标	供农、林、渔业等其他建设用地指标
平面滑动法 折线滑动法	1.35	11.25
圆弧滑动法	1.3	1.2

5.3　土坡水土流失防治工程措施零缺陷设计

土坡水土流失防治工程措施零缺陷设计分为植物工程措施与排水工程措施 2 项内容。

（1）坡面植物防护措施设计。对坡面实施造林种草，进行植物护坡，应是量大面宽的土坡防治水土流失的主要手段。设计方案应尽量结合工地实际自然情况，制定削坡或回填平成约为 5°～10°的缓坡形状，避免过度平整坡地。一般植物防护土坡，可以允许坡面凸起，凹陷错落有致。从坡顶向下平整坡面场地时，要在坡面隔一定距离设置横向坎或马道，对坡面易滑移破坏的隆起宜削平。小冲沟要剔平，在一些较大的冲沟内填筑一些沙包或使用沙包整平成等高水平土埂带，或者将成活植物枝条打包成捆以扦插造林的方式来填土整平。土坡面层要做防雨溅或冻融处理，在坡面修建软质或硬质防护层、植物防护层、草皮垫层、石笼排、混凝土铰链排。尽量保留和保护工地现有植物。平整区域地面应设计种植有草本植被。加固坡底防止冲刷掏空，坡底修建淤积池，以限制流失的水土外溢。所设计坡面防治水土流失工程措施应在适宜季节快速施工，项目完工后应加强工程后期监测、维护和抚育作业的管理。

（2）坡面排水工程措施设计。坡面防护工程应设计截水沟，以便防止水流冲蚀坡面和渗入坡体，截水沟宜距离土坡边缘 10～15cm，以坡脊为顶点向两侧坡面排水。坡中部设置截水沟，使集中的水流变为漫流后水流速度降低，以应对可能发生的水毁，缓冲截排上部坡面的水流。在坡面设置排水沟，防治浅层渗流导致的水土流失和管涌破坏。应设计截水沟与排水沟形成网状的地表排水系统。排水沟断面形状一般为矩形或梯形，其断面尺寸设计应根据其拦截地坡面的汇水面积和洪峰流量等因素，并参考《滑坡防治工程设计与施工技术规范（DZ 0240—2004）》中的相应公式和要求进行。排水沟宜设计采用浆砌片石或块石砌筑，如遇地质条件较差，如坡体松软段，可用毛石混凝土或素混凝土构筑。排水沟和边沟应在坡土顶面以下至少 50cm 设置。在坡脚与边沟之间应设置平台，以便保护坡脚免遭水浸，并防止剥落物堵塞边沟。在坡底要设置水平方向盲沟，以便收集坡顶水流并防止其漫流到坡下的公路等公用设施造成水害。

设计堵住孔洞防止垂直坡面的水流向坡体渗流，应设置在边坡上开挖埋设沿坡面向下方向的地下排水盲管，以便防治边坡深层渗流破坏。通常设计在坡内安置 10cm 直径的有孔 PVC 排水管或土工合成材料盲管，把主沟与支沟连成地下排水网系。应设计边坡地下排水沟与挡土墙联合使用，以便疏导坡内地下水。所设计的泄水孔边长或直径不宜小于 10cm，外倾坡度不宜小于 5%，间距宜为 2m，并按梅花形布置。最下 1 个排泄水孔应高于地面或排水沟底面不小于 20cm，在泄水孔进水侧应设置反滤层，反滤层厚度不应小于 50cm，反滤层顶部和底部应设置厚度不小于 20cm 的黏土隔水层。在地下水较为丰蕴或有大股水流处，所设计的泄水孔应加密。

5.4　对土坡滑移破坏采取的结构防治工程措施零缺陷设计

（1）土坡防护设计的科学依据。结构防护土坡工程措施设计应依据《滑坡防治工程设计与施工技术规范（DZ 0240—2004）》及《建筑边坡工程技术规范（GB 50330—2002）》进行，并根据项目所在地的地质、水文、环境、材料和施工技术条件，进行技术经济性比较，根据先简后繁、就地取材和多种技术措施综合使用的原则设计边坡防治工程方案。采用结构防治工程措施虽然造价昂贵，但有时必不可少，因为它可有效分流雨水，并保证生物措施初期所植植物的成活与生长发育，特别是对于陡坡的植物防护尤为重要。设计工程措施作为保障，坡面植物系统就会更快、更有效地建立起来，生态防护土坡工程就能尽早发挥作用。在选择挡土墙结构形式时，应设计选择与植物防护土坡相匹配的结构措施施工技术，尽量选择少开挖、少填土、少扰动现场植被的挡土墙结构形式，尽量选用石笼堆砌或钢木结构框架架设挡土墙，以便于植物的扦插造林植绿。挡土墙结构要与地貌地形相适应，有马道的多级挡土墙可设计制作成植物景观平台。

（2）土坡防护设计中的土建措施规定。在对挡土墙设计时，应科学、全面地考虑挡土墙高度、回填土物理力学指标、挡土墙倾角、削坡或填方整平难易程度、填料特性与压实条件、墙底土体物理力学指标、挡土墙回填土体排水条件、连接件类型、挡土墙施工安装顺序、挡土墙结构构件强度等要素。采用干砌石或浆砌石、C10 或 C15 混凝土筑建挡土墙，基础埋深应大于 1m，坡顶或坡脚挡土墙高度不宜超过 3m，墙后留平台宽 1.5~2m，墙顶面宽不小于 1m，墙后沙砾料回填宽度大于 0.5m，应在墙身不同高度设置泄水孔。坡顶挡土墙应在坡顶处未发生大的变形之前及时构筑，需将基础置于裂缝下的深度为 1m。如果边坡需要设置抗滑桩进行加固，抗滑桩一般采用钢筋混凝土钻孔桩或人工挖孔桩，桩径粗是 0.5~1m，桩距宜为桩径的 3~5 倍，通常设置 2~3 排，桩端置于滑动面以下约为桩长 1/2 处。

6　植物防护土坡工程项目零缺陷建设设计

6.1　植物防护土坡零缺陷设计必须遵循和执行的生态法律法规

开展植物防护土坡工程零缺陷建设设计时，必须依据《滑坡防治工程设计与施工技术规范（DZ 0240—2004）》《建筑边坡工程技术规范（GB 50330—2002）》《开发建设项目水土保持方案技术规范（SL 204—98）》《土地复垦技术标准（试行）（UDC—TD）》《造林技术规程（GB/T 15776—1995）》《森林生态系统定位观测指标体系（LY/T 1606—2003）》《生态公益林建设技术规范（GB/T 18337.2—2001）》以及《环境监测方法标准汇编：土壤环境与固体废物》等规程进行。

6.2　植物防护土坡工程零缺陷建设设计原则

在具体实施植物防护土坡工程项目建设设计时，其最基本的原则上是将生物措施与工程措施相结合，以生物措施为主，将乔、灌、草、藤结合。治理目标是使植物尽快覆盖和稳定坡面，有效控制水土流失和滑坡，设计常规使用的生态护坡植物可以参照表 3-7 选取。在设计植物防护土坡类型选择时，要遵循以下 4 条具体原则：

（1）不要将强阳性植物布设在同一土坡防护场地中。

（2）不要盲目引进外来植物种，以防有害生物入侵造成生态损失。

（3）选用先锋植物时，同时也要兼顾不同植物树种的叶色，以营造出不同的季节景观。

（4）植物防护土坡设计必须结合场地的实际自然条件进行。如沟凹区常处于气温较低和积水较多的环境，在植物防护设计时就应当结合坡地平整选择乔、灌林木，而对于秃岭区域则应选择一些耐旱、抗性强的草本植物进行土坡防护。土坡的朝向决定坡面的气温、光照与降水量。通常情况下，朝北向的坡面气温会低，这将会减少蒸发和吸力作用对植物的影响。朝南向的土坡水分蒸发快，坡土层的昼夜温差变化大，干湿循环作用更加强烈，在迎风情况下降雨会几乎垂直击溅坡面，这就需要考虑坡地持水能力，设计栽种一些深根系的植物种。

设计用于防护土坡的草本植物大部分是禾本科、豆科的植物种。禾本科植物生长较快，根系量大，护坡效果佳。而豆科植物在其苗期生长较慢，但耐粗放管理。对于低洼多水区域，宜选用生长快、吸水和蒸腾量大的桉树。多年生黑麦草发芽快、出苗整齐，狗牙根能够很快长成草皮，可采用播种法或铺草皮法防护边坡水土流失。对于坡比降小于 1∶1.5，土层较薄的沙质或土质坡面，可设计采用种草护坡工程。种草护坡应先将坡面进行整治，并选用生长快的低矮匍匐型草种，应视坡面的不同情况，采用不同技艺方法。

一般土质坡面：宜采用直播法种草；

密实土质边坡：采用坑植法栽植；

风沙土质坡地：应先期设置固沙网格沙障后，于雨季播种草籽。

上述 3 种坡面种草后 1~2 年内，必须实行严格的封禁和抚育措施。在坡度小于 1∶1、高度小于 4m 且坡面有涌水的坡段，需采用砌石草皮进行护坡，坡面上部采取草皮护坡，坡面下部采取浆砌石护坡。对于在道路旁或人口聚居地的土质、沙质坡面，宜采用格状框条护坡，在网格内种植草皮。修建时须上下 2 层的格框呈"品"字形错开，采取深埋横向框条或固定框格交叉点等措施，防止格框向坡下滑动。

对于坡度 10°~20°，在南方地区的坡面土层厚 15cm 以上、北方地区土层厚 40cm 以上、立地条件较为优越的地带，适宜采用造林工程进行护坡。

表 3-7　生态防护土坡栽种植物名录

序号	类别	植物名称	科名	生态习性	生态防护特性
1	常绿乔木	香樟（Cinnamomum camphora）	樟科	树冠球形，喜光，深根性，抗风，耐寒力稍差，宜微酸性土壤	寿命长，耐不良气体，环保树种
2		雪松（Cedrus deodara）	松科	阳性树种，有一定耐阴能力，喜温凉气候，有一定耐寒能力，喜土层深厚而排水良好的土壤，忌积水	树体高大，树形优美，为著名的观赏树种；性畏烟，二氧化硫气体会使嫩叶迅速枯萎
3		女贞（Ligustrum lucidum）	木犀科	喜光又稍耐半阴，好温暖，较耐寒，也耐旱，对大气有害污染物、烟尘有抗性	作为防护隔离造林树种最为理想
4		蚊母（Distlium racemosum）	金缕梅科	阳性，喜温暖气候，抗有毒气体	枝叶密集，抗性强，是理想的绿化与观赏树种
5		山杜英（Elaeocarpus sylvestris）	杜英科	中性，喜温暖湿润气候及酸性土	对二氧化硫抗性强，可选作绿化与防护林带树种
6		桂花（Osmanthus fragrans）	木犀科	阳性，喜温暖、湿润气候	花黄色、白色、浓香，可选作绿化与防护林带树种

（续）

序号	类别	植物名称	科名	生态习性	生态防护特性
7	落叶乔木	枫香（*Liquidambar formosana*）	金缕梅科	树势雄伟，喜光，抗风耐旱，耐瘠薄，宜酸性土，生长快	适宜山麓、河谷绿化，秋叶红艳
8		银杏（*Ginkgo biloba*）	银杏科	深根性，喜凉爽，忌水涝，雄性株直立，雌株展开	寿命长，雄株可作景观绿化树种并遮阴
9		珊瑚朴（*Celtis koraiensis*）	榆科	高大浓荫，寿命长，喜光，深根性，宜中性至微酸性土壤，抗烟尘，生长快	遮阴，面积大
10		构树（*Broussonetia papyrifera*）	桑科	喜光，深根性，耐寒，耐湿，适宜性极强，速生	生长速度快，耐干旱瘠薄，荒坡造林优质树种
11		悬铃木（*Platanus acerifolia*）	悬铃木科	耐烟尘，适应性强，耐寒，速生浅根系	树冠高大，开展，浓密，适山麓造林，可用作遮挡树木
12		泡桐（*Paulownia fortunei*）	玄参科	深根性，主根发达，叶大，耐寒，耐旱，耐热	绿化优质树种
13		马褂木（*Liriodendron chinensis*）	木兰科	喜光、温和湿润气候，有一定耐寒性，喜深厚、湿润、肥沃且排水良好的土壤，忌干旱、水涝，生长速度快	树冠开展，高大，浓密，适山麓，可用作行道绿化树种
14		乌桕（*Sapium sebiferum*）	大戟科	喜光喜温暖湿润气候，有一定的耐旱、耐水湿与抗风能力，稍耐寒	适应性广，但过于干燥和瘠薄地区不宜栽植
15		栾树（*Koelreuteria paniculata*）	无患子科	速生，耐寒，耐旱，耐盐碱，喜石灰质土壤	树冠浓密，宜作背景和遮荫树
16		皂荚（*Gleditsia sinensis*）	蝶形花科	阳性，耐寒，耐干旱，抗污染力强	树冠广阔，叶密荫浓，宜做庭荫树
17		合欢（*Albizia julibrissin*）	含羞草科	阳性，耐寒，耐干旱瘠薄	花粉红色，6~7月；宜作庭荫观赏树、行道树
18		刺槐（*Robinia pseudoacacia*）	蝶形花科	阳性适应性强，浅根性，生长快	花白色，5月；宜作行道树、庭荫树、防护林树种
19		刺楸（*Kalopanax septemlobusseptemlobus*）	五加科	阳性，适应性强，浅根性，生长快	花白色，5月；宜作行道树、庭荫树、防护林
20		毛白杨（*Populus tomentosa*）	杨柳科	阳性，喜温凉气候，抗污染，速生	宜作行道树、庭荫树、防护林
21		垂柳（*Salix babylomica*）	杨柳科	阳性，喜温暖与水湿，耐寒，速生	枝细长下垂；宜作庭荫树、观赏树、护岸树
22		枫杨（*Pterocarya stenoptera*）	胡桃科	阳性，适应性强，耐水湿，速生	宜做庭荫树、行道树、护岸树
23		榔榆（*Ulmus parvifolia*）	榆科	弱阳性，喜温暖，抗烟尘与毒气	树形优美；宜作庭荫树、行道树、盆景
24		小叶朴（*Celtis bungeana*）	榆科	中性，耐寒，耐干旱，抗有毒气体	宜作庭荫树、绿化造林树种和盆景

（续）

序号	类别	植物名称	科名	生态习性	生态防护特性
25	落叶乔木	桑树 （Morus alba）	桑科	阳性适应性强，抗污染，耐水湿	宜作庭荫树，工厂区绿化树种
26		梧桐 （Firmiana simplex）	梧桐科	阳性，喜温暖湿润，抗污染，怕涝	枝干青翠，叶大荫浓；宜作庭荫树、行道树
27		重阳木 （Bischofia polycarpa）	大戟科	阳性，喜温暖气候，耐水湿，抗风	宜作行道树、庭荫树、堤岸林
28		丝锦木 （Euonymus bungeanus）	卫矛科	中性，耐寒，耐水湿，抗污染	枝叶秀丽，秋果红色；宜作庭荫树、水边绿化树种
29		枳椇 （Hovenia dulcis）	鼠李科	阳性，喜温暖气候	叶大荫浓；宜作庭荫树、行道树
30		柿树 （Diospyros kaki）	柿树科	阳性，喜温暖，耐寒，抗干旱	秋叶红色，秋季果橙黄色；宜作庭荫树、果树
31		臭椿 （Ailanthus altissima）	苦木科	阳性，耐干瘠、盐碱，抗污染	树形优美；宜作庭荫树、行道树、工厂绿化树种
32		楝树 （Melaia azedarach）	楝科	阳性，喜温暖，抗污染，生长快	花紫色，5月；宜作庭荫树、行道树、四旁绿化树种
33		无患子 （Sapindus mukorossi）	无患子科	弱阳性，耐干旱瘠薄，抗污染	树冠广卵形；宜作庭荫树、行道树
34		黄连木 （Pistacia chinensis）	漆树科	弱阳性，耐干旱瘠薄，抗污染	秋叶橙黄或红色；宜作庭荫树、行道树
35		南酸枣 （Choerospondias axillaries）	漆树科	阳性，喜温暖，耐干旱瘠薄，生长快	冠大荫浓；宜作庭荫树、行道树
36		火炬树 （Rhus chinensis）	漆树科	阳性，适应性强，抗旱，耐盐碱	秋叶红艳；宜作风景林、荒山造林树种
37		元宝枫 （Acer truncatum）	槭树科	中性，喜温凉气候，抗风	秋叶黄或红色；宜作庭荫树、行道树、风景林
38	竹类	鹅毛竹 （Shibataea chinensis）	禾本科	适生于山坡地或林缘、林下，可供观赏，宜作耐阴地被	根系较发达，固土作用强，景观效果佳
39		倭竹 （Shibataea kumasasa）	禾本科	适生于山坡地或林缘、林下，可供观赏，宜作耐阴地被	根系较发达，固土作用强，宜应用于竹草混植式边坡的生态防护
40		菲白竹 （Sasa fortunei）	禾本科	喜温暖湿润年气候，喜肥，较耐寒，忌烈日，宜半阴；著名观赏竹种，宜配置于疏林下	根系较发达，抗冲刷作用强，宜用作竹灌草混植式边坡的生态防护
41		铺地竹 （Sasinae argenteastriatus）	禾本科	枝叶丛密，竹鞭纵横，繁殖速度快，耐阴性较强	具备较强的护坡固土功能，宜作绿化、观赏竹，宜作边坡生态防护植物
42		宜兴苦竹 （Pleioblastus yixingensis）	禾本科	较耐寒，在低山、山麓、平地等一般土壤中均能正常生长	适应性强，具备较强的护坡固土功能

（续）

序号	类别	植物名称	科名	生态习性	生态防护特性
43	竹类	阔叶箬竹（*Indocalamus latifolius*）	禾本科	适应性较强，多见于荒坡和林下	防止山坡冲刷效果较强，宜用于竹灌草混植式边坡的生态防护
44		粉绿竹（*Phyllostachys viridiglaucescens*）	禾本科	叶翠绿，具有庭园观赏作用	固土护坡能力强，宜用于竹灌草混植式边坡生态防护
45		孝顺竹（*Bambusa glaucescens*）	禾本科	中性，喜温暖湿润气候，不耐寒，枝叶秀丽，宜作庭园观赏	适用于公路两侧与平缓地绿化、美化
46		篌竹（*Phyllostachys nidularia*）	禾本科	植株冠幅狭而直立，也下垂，体态优雅	适应性强，宜固土护坡，适用于灌草混栽式边坡生态防护
47	落叶灌木	马棘木蓝（*Indigofera pseridotinctoria*）	蝶形花科	喜光亦耐阴，耐贫瘠土壤，耐干旱	先锋植物，宜用于灌草混植式边坡生态防护。适作为护坡喷播材料
48		迎春（*Jasminum nudiflorum*）	木犀科	喜光，也稍耐庇荫；喜温暖湿润气候，也耐寒、空气干燥，耐干旱、土壤贫瘠	固土护坡能力强，防止边坡冲刷效果较佳，宜用于藤草混植式边坡生态防护
49		胡枝子（*Lespedeza bicolor*）	蝶形花科	耐阴、耐寒、耐旱、耐贫瘠性均很强，对土质要求不严	花紫红，8月；可固氮改良土壤，宜护坡用于灌草混植式边坡生态防护
50		大青（*Clerodendron cyrtophyllum*）	马鞭草科	原生长于苏南地区丘陵、平原与山坡路旁，庭园观赏、丛植、行植	适应性强，具有较强的护坡固土功能，适用于灌草混植式边坡生态防护
51		荆（*Vitex cannabifolia*）	马鞭草科	适应性强，生长于山地、平原与山坡路旁	防止山坡冲刷效果较强，适用于灌草混植式边坡生态防护
52		金银木（*Lonicera maackii*）	忍冬科	阳性，耐寒，耐旱，萌蘖性强	防止山坡冲刷效果较强，适用于灌草混植式边坡生态防护
53		接骨木（*Sambucus williamsii*）	忍冬科	弱阳性，喜温暖，抗有毒气体	防止山坡冲刷效果较强，适用于灌草混植式边坡生态防护
54		结香（*Edgeworthia chrysantha*）	瑞香科	阳性，抗旱、涝、盐碱与沙荒	花黄色，芳香，3~4月叶前开放；多植于庭园观赏
55		柽柳（*Tamarix chinensis*）	柽柳科	性喜光，耐寒、耐热、耐烈日暴晒，即耐干旱又耐水湿，抗风，抗盐碱，深根性萌芽力强	优质防风固沙植物，改良盐碱土树种
56		金丝桃（*Hypericum chinense*）	藤黄科	阳性，喜温暖气候，较耐干旱	花金黄色，6~7月；庭园观赏，宜草坪中丛植
57		石榴（*Punica granatum*）	石榴科	中性，耐寒，适应性强	花红色，5~6月，果红色；庭园观赏，果树
58		黄栌（*Cotinus coggygria*）	漆树科	中性，喜温暖气候，不耐寒	霜叶红艳美丽；宜片植，为风景林，荒山绿化先锋树种

（续）

序号	类别	植物名称	科名	生态习性	生态防护特性
59	落叶灌木	丁香 （Syringa oblata）	木犀科	弱阳性，耐寒，耐旱，忌低湿	花紫色香，4～5月；庭园观赏，宜草坪中丛植
60		连翘	木犀科	阳性，耐寒，耐干旱	适应性强，具有较强的护坡固土功能
61		金钟花 （viridissima）	木犀科	阳性，喜温暖气候，较耐寒	适应性强，具有较强的护坡固土功能
62		山楂 （Crataegus pinnatifida）	蔷薇科	弱阳性，耐寒，耐干旱瘠薄土壤	春白花，秋果红；适应性强，具有较强的护坡固土功能
63		海棠 （Malus prunifolia）	蔷薇科	阳性，耐寒性强，抗旱，耐碱土	适应性强，具有较强的护坡固土功能
64		蜡梅 （Chimonanthus praecox）	蜡梅科	阳性，喜温暖，忌水湿	适应性强，具有较强的护坡固土功能
65		紫荆 （Cercis chinensis）	豆科	阳性，抗干旱、瘠薄，不耐涝	花紫红，适应性强，具有较强的护坡固土功能
66		锦鸡儿 （Caragana sinica）	豆科	中性耐寒，抗干旱、瘠薄	花橙黄，适应性强，具有较强的护坡固土功能
67		山梅花 （Philadelphusincanus）	虎耳草科	弱阳性，较耐寒，抗旱，忌水湿	花白色，5～6月；庭园观赏，宜丛植、作花篱
68		红瑞木 （Cornus alba）	山茱萸科	中性，耐寒，耐湿，抗干旱	茎枝红色，果白色；庭园观赏，宜丛植于草坪中
69		锦带花 （Weigela florida）	忍冬科	阳性，抗寒，抗旱，怕涝	花玫瑰红色，4～5月；庭园观赏，宜丛植于草坪中
70		木本绣球 （Viburnum macrocephalum）	忍冬科	弱阳性，喜温暖，不耐寒	花白色，5～6月，成绣球形；庭植观花
71		榆叶梅 （Prunus triloba）	蔷薇科	弱阳性，耐寒，抗干旱	花粉、白、紫色，4月；庭园观赏，宜丛植
72		郁李 （P. japonica）	蔷薇科	阳性，耐寒，抗干旱	花粉色、白色，4月，果红色；庭园观赏，宜丛植
73		杏 （P. armeniaca）	蔷薇科	阳性，耐寒，抗干旱，不耐涝	花粉色，3～4月；庭园观赏，宜片植，果树
74		桃 （P. persica）	蔷薇科	阳性，耐干旱，不耐水湿	花粉色，3～4月；庭园观赏，宜片植，果树
75		盐肤木 （Rhus chinensis）	漆树科	喜光，抗寒、抗旱、抗贫瘠，深根性，萌蘖性强，生长快	先锋植物，是荒山荒坡瘠地常用栽植植物
76	常绿灌木	海桐 （Pittocporum tobira）	海桐科	喜光，对土壤要求不高，适应能力强，基础种植，绿篱	适应性强，具备较强的护坡固土功能，宜用于灌草混植式边坡生态防护

（续）

序号	类别	植物名称	科名	生态习性	生态防护特性
77	常绿灌木	石楠 （*Photinia serrulata*）	蔷薇科	为亚热带阳性树种，耐阴、抗寒，喜肥沃、湿润，抗干旱瘠薄，不耐水湿	能在石缝中生长，适应性强，固土护坡，宜用于灌草混植式边坡生态防护
78		夹竹桃 （*Nerium indicum*）	夹竹桃科	喜温暖湿润与阳光充足环境，耐寒性差，较耐阴，怕干旱，宜土层深厚、肥沃的沙壤土	适应性强，固土护坡，宜用于灌草混植式边坡生态防护
79		云南黄馨 （*Jasminum mesnyi*）	木犀科	小灌木，枝长3m，下垂；喜温暖湿润，略耐干旱与土壤瘠薄，喜光耐半阴，不耐寒	固土护坡能力强，防止边坡冲刷效果较强，宜用于灌草混植式边坡生态防护
80		火棘 （*Pyracantha fortuneana*）	蔷薇科	喜温暖气候，不耐寒，抗旱，耐瘠薄，冬果红艳	防止山坡冲刷效果较强，宜用于灌草混植式边坡生态防护
81		珊瑚树 （*Viburnum odoratissinum*）	忍冬科	中性，喜温暖，抗烟尘，耐修剪	白花6月，红果9~10月；绿篱；庭园观赏
82		胡颓子 （*Elaeagnes pungens*）	胡颓子科	弱阳性，喜温暖，抗干旱、水湿	秋花银白芳香，红果5月；适应性较强，具有较强的固土护坡功能
83		南天竹 （*Nandina domestica*）	小檗科	中性，耐阴，喜温暖湿润气候	枝叶秀丽，秋冬红果；庭园观赏，宜丛植、盆栽
84		笑靥花 （*Spiraea prunifolia*）	蔷薇科	阳性，喜温暖湿润气候	花小、白色4月；庭园观赏，丛植
85		珍珠花 （*S. thunbergii*）	蔷薇科	阳性，喜温暖气候，较耐寒	花小、白色4月；庭园观赏，丛植
86		麻叶绣线菊 （*S. cantoniensis*）	蔷薇科	中性，喜温暖气候	适应性较强，具有较强的固土护坡功能
87	地被草花	紫花苜蓿 （*Medicago sativa*）	蝶形花科	性强健，抗寒，抗旱，耐瘠薄，喜温暖半干旱气候	直根性植物，主根发达，宜用于草种混播式边坡生态防护
88		诸葛菜 （*Orychophragus violaceus*）	十字花科	耐半阴环境，对土壤适应性强，花初时紫色，后变白色，花成片聚生，是早春开花的优质地被	适应性强固土护坡，适用于草种混播式边坡生态防护
89		鸡冠花 （*Celosia argentea*）	苋科	喜光照充足的湿热环境，不耐霜冻、瘠薄，喜疏松、肥沃、排水良好的土壤	自播繁衍能力强，适用于草种混播式边坡生态防护
90		凤仙花 （*Impatiensbalsamina*）	凤仙花科	生长迅速，喜炎热，怕寒冷，需充足的阳光；适深厚、肥沃土壤，耐瘠薄	自播繁衍能力强，适用于草种混播式边坡生态防护
91		虞美人 （*Papaver rhoeas*）	罂粟科	喜充足阳光，宜温暖，不耐寒，不耐高温，亦不耐高湿，对土质要求不严	自播繁衍能力强，适用于草种混播式边坡生态防护

（续）

序号	类别	植物名称	科名	生态习性	生态防护特性
92	地被草花	波斯菊 （Cosmos bipennatus）	菊科	阳性，耐干燥瘠薄，肥水多宜倒伏，花色多	适应性强，适用于草种混播式边坡生态防护
93		金鸡菊 （Coreopsis grandiflora）	菊科	耐寒抗旱，喜光，对土壤要求不严，耐半阴，对二氧化硫有较强的抗性	自播繁衍能力强，适应性强，适用于草种混播式边坡生态防护
94		野菊 （Dendranthema indicum）	菊科	生长于山坡原野路旁，宜植于花境、花坛、地被和岩石园	适用于草种混播式边坡生态防护
95		菊花脑 （Chrysanthemum indicum）	菊科	耐寒怕热，冬季地上部分枯死，地下部分宿根越冬，第二年早春萌发新枝；对土壤适应性强，耐贫瘠与干旱，忌涝	适应性强，抗贫瘠与干旱，适用于草种混播式边坡生态防护
96		扫帚草 （Kochia scoparia）	菊科	阳性，抗干热、瘠薄，不耐寒	株丛圆整翠绿，适用于草种混播式边坡生态防护
97		千日红 （Gomphrena globosa）	苋科	阳性，喜干热，不耐寒	花色多，6~10月，适用于草种混播式边坡生态防护
98		半支莲 （Portulaca grandiflora）	马齿苋科	喜暖畏寒，抗干旱瘠薄	适用于草种混播式边坡生态防护
99		银边翠 （Euphor biamarginata）	大戟科	阳性，喜温暖，抗旱，直根性	梢叶白或镶白边，林缘地被，适用于草种混播式边坡生态防护
100		大花牵牛 （Pharbitis nil）	旋花科	阳性不耐寒，较抗旱，直根蔓性	花色丰富，6~10月；棚架，篱垣，适用于草种混播式边坡生态防护
101		矮牵牛 （Petunia hybrida）	茄科	阳性，喜温暖干燥，畏寒，忌涝	花大色繁，6~9月；花坛，自然布置，适用于草种混播式边坡生态防护
102		孔雀草 （T. patula）	菊科	阳性，喜温暖，抗早霜，耐移植	花黄带褐斑，7~9月；花坛，镶边，地被，适用于草种混播式边坡生态防护
103	草种	狗牙根 （Cynodon dactylon）	禾本科	阳性，喜湿耐热，不耐阴，蔓延快；蔓延力强，且具有耐踏特性	适用于草种混播式边坡生态防护
104		黑麦草 （Loliun perenne）	禾本科	喜温凉、湿润气候；喜光，抗寒，要求土壤中等肥沃、排水良好	用于混合草坪的先锋草种，适用于草种混播式边坡生态防护
105		高羊茅 （Festuca ovina）	禾本科	适宜于寒冷潮湿和温暖潮湿过渡地带生长；抗低温性差，对高温有一定的抵抗能力	丛生型，须根发达，具有广阔的适应性，适用于草种混播式边坡生态防护

（续）

序号	类别	植物名称	科名	生态习性	生态防护特性
106	草种	马尼拉 （*Zoysia matrella*）	禾本科	较抗寒、较抗旱、较抗盐、宜温湿，宜游憩草坪，固土护坡草坪	具有广泛的适应性，适用于草种混播式边坡生态防护
107		白三叶 （*Trifolium repens*）	蝶形花科	喜温暖，较耐阴，抗干旱、贫瘠、寒，不择土壤；可固氮提高土壤氮素含量；茎匍匐，成坪块，耐践踏	适用于草种混播式边坡生态防护
108	藤蔓	扶芳藤 （*Euonymus fortunei*）	卫矛科	根系发达抗逆性极强，抗干旱、抗贫瘠、抗高温、抗严寒，耐阴且耐光，繁殖迅速，易栽易活	固土力强，分枝能力极强，具有防止边坡塌方、滑坡的功效，适用于藤草混植式边坡生态防护
109		爬山虎 （*Parthenocissus tricuspidata*）	葡萄科	抗寒、旱、高温，对土壤、气候适应性强，喜荫，也耐阳光直射；生长快，在湿润、深厚、肥沃的土壤中生长最佳，秋叶红、橙色	常用于墙篱绿化，固土力强，分枝能力极强，适用于藤草混植式边坡生态防护
110		凌霄 （*Campsis grandiflora*）	紫葳科	大藤木，长达 10m 以上，以气生根吸附，喜温湿，喜光，稍耐寒，略耐阴，抗旱，喜肥，忌积水	根系发达，抗逆性强，适用于藤草混植式边坡生态防护
111		络石 （*Trachelospermum jasminoides*）	夹竹桃科	对土壤要求不严，喜光，抗寒性强，稍耐阴，抗旱，抗水淹能力也很强，攀缘山石、墙垣，盆栽	生长快，固土力强，适用于藤草混植式边坡生态防护
112		葛藤 （*Pueraria lobata*）	蝶形花科	较喜光，阳坡、阴坡均能生长，喜温暖湿润，抗旱、抗寒、贫瘠，适应性强，适用于庭院棚架、院墙、绿篱攀缘	固土力强，分枝能力也极强，适用于藤草混植式边坡生态防护
113		野蔷薇 （*Rosa multiflora*）	蔷薇科	阳性，喜温暖，较抗寒，落叶	花白、粉红，攀缘篱垣、棚架等，固土能力强
114		紫藤 （*Westeria sinensis*）	蝶形花科	阳性，抗寒，适应性强，落叶	花堇紫色，攀缘棚架枯树等，适用于山坡绿化
115		葡萄 （*Vitis vinifera*）	葡萄科	阳性，抗旱，怕涝，落叶	果紫红或黄白，8~9 月；攀缘棚架、栅篱等，适用于山坡面绿化
116		薜荔 （*Ficus pumila*）	桑科	耐阴，喜温暖气候，不耐寒，常绿	绿叶长青；攀缘山石、墙垣、树干等
117		金银花 （*Lonicera japonica*）	忍冬科	喜光，耐阴，性强健，根系发达，萌芽力强	适应性强，对土壤要求不严，适用于山坡面绿化

造林护坡应采用深根性与浅根性相结合的乔灌木混交方式，同时选用适应当地自然条件、乔灌速生树种。对于坡面坡度、坡向和土质较为复杂的地带，要将造林护坡与种草护坡相结合，实行乔、灌、草植物护坡，以充分发挥各自的优势，达到快速持久护坡的生态防护效果，同时也带来奇特的环境景观效果。坡面采取植苗造林时，宜带根系土球栽植苗木，并应适当密植。我国在边坡生态防护中灌木较少，目前已经使用的灌木植物主要有紫穗槐、柠条、沙棘、胡枝子、红柳和坡柳等。种植灌木可采用扦插、播种方式。

藤本植物宜设计栽植在靠山一侧裸露岩石下一般不易坍方或滑坡的地段，或者坡度较缓的土石边坡。可用于公路边坡垂直绿化的藤本植物主要是爬山虎、五叶地锦、蛇葡萄、三裂叶蛇葡萄、藤叶蛇葡萄、东北蛇葡萄、地锦、葛藤、扶芳藤、常春藤和中华常春藤等。藤本植物主要采用扦插方式进行繁殖或进行边坡扦插方式栽植护坡。

6.3　设计乡土植物防护土坡的重要性

设计选择适宜的植物种用来零缺陷实施土坡生态防护，是降低土坡生态防护工程造价、确保土坡生态防护安全的重要因素。因此选择乡土植物种就显得非常必要。天然野生乡土植物种应在首选之列，应设计和栽植与坡地自然条件较为接近的植物苗木，以便更容易在坡地建设场所建立护坡植物群落。

6.4　设计植物防护土坡具体实施内容

对土坡土石方结构防护工程完成后，实地测量土坡面积、坡度、坡面地质、土质等立地条件，根据设计图纸勾画出边坡位置、范围，框算出设计施工面积和植物种苗需要量。设计方案应明确配置方式、种植苗木或种子数量及规格、成活率等要求。施工计划的内容包括施工组织、工期进度、苗木供应、肥料配制、工具器械准备等。设计适宜开工时间，避免高温、暴雨、寒冷天气施工作业，更不能与土石方工程同时进行，以避免损坏种苗。根据防护场地的要求设计合适的植被配置类型，确定后划定施工安全线，确定好现场植被去留区域，对特殊部位要建围栏保护。坡面须要进行布线、布置界桩，并去除多余的砾石和易滑秃岭，坡面整平。然后，根据设计扦插种植沟的形状、沟面倾角、沟宽和沟深尺寸，按期施工挖沟。

6.5　设计植物防护土坡的具体规定

设计植物措施应与工程措施紧密相结合，并以植物措施为主，将乔、灌、草、藤相结合。将坡面上的防护植物多层次地配置形成一道立体防护网，从而充分辅助边坡综合工程措施来防治水土流失，稳固坡面和路基。另外，因地制宜地引入不同种类植物，还能较为有力地起到绿化美化交通运输通道的效果。设计和实施植物种植时必须要等高成带，行距要根据坡度而确定，通常先按 2m 行距和 15cm 株距沿等高线种植植物带，然后再在植物带带间间种其他植物。

6.6　设计土坡面上所植防护植物的后期抚育养护管理要求

公路边坡通常是开挖或填埋而成的坡面，坡土较为贫瘠，其水土流失状况属于中等程度严重，根据经验方法建议选取根系较长、生长较快、耐贫瘠的植物进行护坡，例如香根草等。香根草虽然具有较广的适应性和很强的抗逆性，为促使它能早生快长，尽快起到保持水土作用，应在栽植后规范采取必要的抚育养护措施和管理措施。香根草绿篱带的萌发生长速度快，不仅有利于坡面的稳固，更有利于其他自然植物的繁衍生长，从而使生物多样性在较短时间内得到大幅度提高。

6.7　设计护坡植物苗木栽植前的零缺陷要求

设计护坡植物苗木在栽植前需要具体执行的苗源采集、集运与假植的零缺陷要求如下。

（1）种苗采集要求：必须先确定所用护坡植物的来源地，其植苗、扦插枝应从野生或种植苗圃取得。剪取扦插枝条的作业要求是，工人必须穿戴安全防护服进行剪枝作业，剪枝离地表高30cm，斜面截取，以便保证剪枝后原地植被能够及时自我修复和繁殖。要将剪切下的扦插枝扎成小捆以便搬运方便，运输时剪枝末端朝向车尾方向，以免装卸时损伤枝条，并应对枝捆进行覆盖。

（2）苗木假植储存要求：当温度高于10℃时，扦插枝应在当天植入，而不须存储使用。硬木扦插种枝贮存条件为0℃以上、湿度约90%。扦插枝必须在剪枝后8h内运至施工现场，正常情况下，扦插枝在离地后2d之内必须栽入造林地，扦插造林成活率与扦插枝搁置时间成反比。当不能立即栽植时应妥当假植贮存和保护，应浸入水中或埋进湿润的土中。

6.8　设计植物防护土坡工程现场零缺陷栽植步骤

设计植物防护土坡零缺陷现场施工扦插、种植作业程序按下列5步骤实施。

（1）土质测试分析与改良设计：在植物防护土坡施工作业前，必须对土坡土质进行养分、化学特性等的分析与匹配试验。对于pH值大于7.5或小于4.5的土坡土质，必须进行中和化处理后才能实施植物防护土坡的施工作业。若土坡土体中含有毒、有害或放射性成分时，应先进行安全处置或进行去除措施，视废弃物性质、场地条件，必要时设置隔离层和防渗层之后，再覆盖土壤。所要覆盖土壤的pH值范围是5.5~8.5，含盐量不得大于0.3%。在植物防护工程施工前，应先清除土壤中的灰渣、石块、树根等杂物，并保证排水畅通。如果坡土中含有较多石粒，要设计平铺一层适合植物生长的土壤。并对不适宜植物生长的土体进行改良，更换为肥沃土壤，最好是pH值为6~8的壤土。覆土时可利用自然降水、机械压实等方法让土壤沉降，使土壤保持一定的紧实度。如果边坡已设置挡土墙时，挡土墙内覆土后需浇一定量水，使土层自然沉降变紧实，以便栽植植物。覆土后需要对场地实施平整作业，地面坡度一般不超过5°，局部土坡度不得超过15°。改良或回填的坡土应含有一定量的粉粒和有机质，这是植物生长不可或缺的重要养分。坡土中不能含有砾石，淤泥必须经过处理成一定湿度的松散土料后才能回填。高塑性、高液限的黏土必须掺入砂土和有机质来改善种植土壤的通透性。坡土、回填料都要经过活性匹配试验。回填必须适当压实，密度接近周围坡土，须要对护坡植物苗木根系四周土壤踏实。

（2）种植护坡植物的基肥准备设计：土坡中肥料、保水剂等材料的理化性状指标必须符合国家标准或行业标准。所有植物在种植前，结合换土或深翻，都应预先施入有机基肥，现多以复合肥为主，待植物返青成活后追施化肥1~2次。施入基肥深度视植物种类而定，以肥料不与根系直接接触为准，通常草坪10cm，地被15~20cm，灌木与乔木实行穴施，施入深度根据树种、树龄、根系发达程度及范围确定。追肥分为春施（3~4 月）、冬施（10~11 月）2 次，每次追施复合肥为 $30~50g/m^2$，可结合浇水作业或干施后浇水。

（3）边坡防护植物扦插栽植作业设计：扦插栽种护坡植物最重要的是确定适当的季节进行，通常栽植时间为当年 9 月至翌年 3 月。应仔细检查回填料、施肥质量，查看扦插枝的假植贮存情况、放置角度与朝向。苗木栽植后覆土厚度为 2~3cm，应将根系周围土壤踩实，并及时浇透水，扦插枝条长度一般为 60cm，正常情况下扦插造林栽植成活率达 40%~70%。

（4）边坡防护植物栽植后的喷灌养护设计：设计采用移动喷灌设施，并根据植物需水量情况直接进行喷灌，或在坡顶修筑蓄水池，汇集雨水，利用坡顶水池自流，以喷头方式进行喷灌。分为前、中、后 3 期进行水分养护管理。前期喷灌水养护期为 60d，播后第 1 次须浇透水，以后根据天气情况，第 1 个月每天浇水 1~2 次，第 2 个月每隔 3~5 天浇水 1 次，以保持坡体土壤湿润。中期依靠自然降水，若遇干旱，每月喷水 2~3 次。后期喷水频率和水量以使土壤保持湿润为宜。喷水时水量不宜太大，以免冲失土壤、种子和幼苗。要求草本、地被喷水深度是 15~20cm，灌木深度 30~50cm，乔木视种类、冠幅而定深度是 40~60cm。

（5）植物防护土坡施工后的检查护理设计：3 项具体内容如下：

①植物护坡工程施工完毕后的养护工作内容：坡面现场施工作业完毕后的前 2 个月每 2 周检查 1 次，重点是坡土湿度、病虫害发生状况等。防治护坡植物病虫害常用广谱性病虫害防治药物，如可用 50% 多菌灵可湿性粉剂 1000 倍液，甲基托布津 800~1000 倍液等，防治护坡植物乔、灌、草的立枯病、叶斑病、霜霉病、根腐病与小龄夜蛾、刺蛾、蚜虫、钻心虫、尺蠖等多种病虫害一般可用美曲膦酯 800 倍液，三氯杀虫螨 1000~1500 倍液等高效低毒农药。

②植物护坡工程施工后期养护管理工作内容：从第 3 个月开始，每月检查护坡植物的成活率及其生长状况，因干旱、雨水冲刷等客观原因导致一些苗木死亡，应及时对未成活部位采取补植苗或补播种作业。所补植植物，设计要求其高度、茎粗、密度等规格基本与坡面生长植物一致，以保证坡面绿化景观的整齐性。在此期间，要常注意观察苗株生长情况。每逢暴雨要做重点检查，对坡度大、土壤易受冲刷的坡面更要认真查看。发现被冲蚀处应立即采取修复措施，不能容许出现 ≥60cm 的块状裸露坡地。

③设计香根草养护管理措施：对于护坡植物香根草的养护管理措施是定期刈割、定期复壮。刈割可促进香根草生长与分蘖。刈割期设定为每年的 7~9 月期间每月 1 次。此外，还需对 4 年龄以上的香根草"老篱"采取间除老、弱、病株的复壮措施。

第四章

植被混凝土生态防护边坡工程项目
零缺陷建设设计

近年来，随着国家基础设施建设项目的大力开展，各种工程项目建设造成所在地生态环境不可避免地遭到不同程度的破坏。在机械、人力的介入下，工程项目建设活动大规模地改变了原地表结构，破坏了当地生态系统的空间连续性，对项目区域生态系统造成了强烈干扰，植被遭到大量破坏，次生裸地伴随出现，进而导致在工程项目建设扰动区域范围内出现生物多样性降低、水源涵养能力下降、水土保持功能丧失等一系列生态环境问题，严重地影响工程项目建设所在地及周边地区的人居环境、自然景观和社会可持续发展等。

2006年颁布的《国家中长期科学和技术发展纲要（2006~2020）》中，明确将"生态脆弱区域生态系统功能的恢复重建"确定为优先支持的主题，体现出了国家实施生态修复与治理的决心。相关数据显示，我国边坡生态修复面积自2000年起每年以2亿~3亿 m^2 的速度迅速增长。

工程项目的顺利建设实施离不开正确的技术措施。在政策引导及民众对自然生态内在需求的双重作用下，近十年来边坡生态修复技术在国内得以蓬勃发展。现阶段，常用较为成熟的边坡生态修复技术基本采用喷播方式，典型技术有厚层基材喷射护坡技术（TBS）、三维植被网喷播植草技术、客土喷播绿化技术、植生基材喷射技术等。但这些技术不同程度地存在基材强度低、抗冲刷能力弱、养分供给不持久等弱点，难以满足高陡边坡生态修复要求。

植被混凝土边坡生态防护技术正是在此种背景需求下应运而生。该技术在基材中加入了常规硬性凝结材料——水泥，从而使基材强度更高、抗冲刷性更强，广泛适用于坡度50°~80°各类边坡面的生态修复；同时基材中还加入了自主研发的绿化添加剂，其可有效调节基材物理、化学及生物特性，促进和形成适合植被生长的环境，属国际首创，实现了传统硬性加固措施与生态修复措施的有机结合，使边坡生态防护与绿化达到有机的统一，植被混凝土生态防护技术达到国际领先技术水平。

植被混凝土边坡生态防护技术已在全国20多个省（自治区、直辖市）得到推广应用，广泛涉及水利水电、铁路、公路、矿山料场、旅游景观区等工程项目建设领域。

第一节
生态治理边坡综述

生态护坡工程项目建设实施的对象是边坡，需针对不同类型边坡采取不同的生态护坡技术与管理方法，即根据边坡特性对生态护坡技术参数加以修改。

1 边坡的定义

（1）狭义的边坡定义。从狭义角度讲，边坡包括如公路、铁路、工业民用建筑、矿山、水利电力等各种工程项目，以及农业生产活动形成的具有一定坡度的斜坡、堤坝、坡岸、坡地，同时也包括自然力量如侵蚀、滑坡、泥石流等自然力量形成的山坡、岸坡、斜坡。其剖面如图4-1。

（2）广义的边坡定义。从广义角度讲，只要是存在角度的面都可以称作"坡"，因此广义的坡地包含山腰、山脚、丘陵、高地的末端等，因河流水与海水侵蚀形成的悬崖，以及公路、铁路、水库等施工时建造的坡面，采石场、土壤废弃料堆等多种类型。

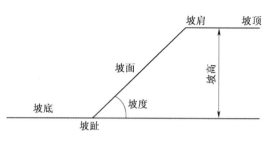

图 4-1 边坡剖面示意图

2 边坡的分类

在常规土木工程项目建设中，人们根据边坡的地质状况，对边坡进行了较为全面的分类。现从农学、地质学、工程力学及技术学科等综合角度，将边坡分类分别见表4-1和图4-2。

表 4-1 边坡种类

分类依据	边坡名称	各种类简述
成因	自然边坡	由地震等地质灾害、地质侵蚀与剥蚀等运动形成的边坡，细分如图4-2
	人工边坡	分为挖方和填方边坡，也可根据工程类别分类，其细分如图4-2
坡面	岩石边坡	坡地大部是由坚硬、未风化的岩石构成，或大部由经过某种程度风化的软岩构成
	土质边坡	由土砂构成，经过长期风化的坡地，可根据土壤情况进一步细分
	混凝土边坡	在岩石与土壤表面铺置混凝土、灰浆和混凝土块等坡地
坡高	超高边坡	岩质边坡>30m，土质边坡>15m
	高边坡	岩质边坡为15~30m，土质边坡为10~15m
	中高边坡	岩质边坡为8~15m，土质边坡为5~10m
	低边坡	岩质边坡<8m，土质边坡<5m
坡度	缓坡	坡度<20°
	斜坡	坡度20°~45°
	陡坡	坡度45°~90°
	倒坡	坡度>90°
朝向	向阳边坡	坡面方向朝南
	阴阳边坡	坡面方向朝东或朝西
	背阴边坡	坡面方向朝北

3 边坡具有的一般特征

3.1 边坡的坡度

（1）坡度与植物生长的关系。坡地具有一定的坡度，因此在降水量相同的情况下，坡度越大，平均坡面积的自然降水量就越少，而且坡面很难贮水，坡面植物的生长发育会受到影响。有关坡度与植物根系生长状态的调查见表4-2，从中可知坡度越大，根系越短、根层部越薄，越容易受异常气候的影响。

（2）坡度对植物生长的限制。坡地斜面坡度在45°以下，植物均能够正常生长。如果依靠坡地植物的自然生长

图 4-2 边坡细分类

来建成植被群落，其最大坡度约为35°；>35°会引起表层侵蚀、损毁。因此为了使坡面植物生长基础的稳定，就需要加设编织栅栏、网等辅助设施。培土坡面的坡度，最大不能超过33°，一般标准约为29°。岩石坡地的坡度一般在45°~60°，植物的生长会略有不良，为了使植物的生长基材稳定，需要用桩子固定金属网、框子等辅助设施。坡度超过60°则会使植物生长受限，而且绿化施工异常困难，建设施工造价高。

表 4-2 坡度与草根根系长度关系（山寺喜城，1996）

项目 坡度	根系长度（%）	根层部厚度（%）
0°	100	100
30°	80	77
60°	60	30
90°	30	13

3.2 边坡朝向的方位

（1）坡向朝南、朝西的坡面容易因日照强烈引起烧叶、干燥等；朝南的坡面，由于日照产生的融解热，即使白天最高温度在0℃以下时也容易发生因冻土融解而引起土壤侵蚀现象。

（2）朝北的坡面冬季表土常冻结，化冻时易引发土壤侵蚀，且夜间会形成霜柱，如果温度更低则会发生土壤冻结，由此会引起土砂上升，白天则由于温度升高和日照融解而从斜面滑落，这种情况在表土地温为0℃时常有发生。

3.3 边坡的质地

（1）开挖坡面的质地是由山地地质情况决定，质地类别跨越多种岩质。此外，受地质影响，以及pH值差异，大规模的土地开采有时甚至会达到质地条件恶劣的基岩部，这对边坡生态恢复与重建的建设实施是十分不利的。

（2）黏土质由于板结和不透水，对挖穴进行苗木移栽的生态修复效果影响较大。在硬岩和软岩构成的岩质坡面上，如果没有风化而产生的岩面龟裂和裂纹，植物根系很难扎入，未实施改良很难进行绿化。切开山体形成的坡面，其断面有表土层、上层、下层，甚至有基岩，大部分几乎没有养分；土壤的物理性状也不良，而且很干燥；存在着坡面侵蚀和岩石、石砾的崩落问题。所以在这样的开挖坡面上进行生态修复时，需要采取一些必要的技术工艺措施。

培土坡面的土质条件，因所培土土质、培土的施工作业方法不同而不同。所用培土一般取自现场附近，存在着 pH 值异常现象，如黏质、岩石、石砾多等问题，所以其性质对边坡生态恢复效果影响很大。

3.4　降雨量等水分因素对坡面绿化植物的影响

在坡地实施生态恢复绿化时，要充分注意栽培基材的含水量、水分供给等条件。我国地域辽阔，不同时期不同地区的降雨量均不同，使得水分条件差异较大，因此，在边坡生态修复时要充分考虑降雨量与基材含水量等因素。

3.5　日照对坡面绿化植物的影响

对坡面着生植物而言，光是生长必不可少的因子，光照强度、光照时间、光质等各种属性会对光合作用、花芽形成、茎的生长、分枝等植物生长过程产生影响。因此，坡面朝向是决定设计植物的重要依据。喜阳植物宜栽植在向阳边坡，喜阴植物适宜在背阴边坡生长。

3.6　气温对坡面绿化植物的影响

气温是指大气的温度，它是影响植物蒸腾、光合作用等代谢活动，以及植物发芽、生长、开花、结实、休眠等生活现象的重要因子。气温超过或低于一定温度，均会使植物产生各种生理障碍。超过极限温度，植物便很难正常生长。

4　边坡工程项目建设防护技术简介

为防止边坡水土流失和失稳，需要对边坡进行必要的工程防护。就是指采取工程项目建设技术与管理手段，对边坡进行加固，防止和减轻边坡的水土流失、滑坡、泥石流等灾害的发生。而要防止边坡水土流失，就需要运用水土保持工程学等各专业技术知识。而要对边坡进行加固，防止其失稳，就要运用地质学、力学（土力学、岩石力学）等技术知识。对于某一具体边坡的生态修复，要先分析边坡的稳定状况，然后采取适用、实用的工程项目建设技术与管理措施对边坡进行处理。

传统边坡防护（如喷锚护坡）是排斥绿色植物的刚性防护，而随着人类环保意识的增强，以及逐步认识到植物对边坡稳定所起到的生态积极作用，于是在治理边坡时，开始引入绿色植物柔性防护方法，即边坡生态修复技术。随着 20 世纪科技进步的飞速发展和中华民族建设生态文明社会的战略需求，单纯性质的工程护坡已经不能适应我国社会发展的需要。在护坡同时如何恢复生态已经被越来越多的专家学者关注，生态护坡就是在这样的背景下应运而生。近 10 年来，人们研发出了多种既能起到良好边坡防护作用，又能改善工程项目环境、体现人造生态环境优美的生态护坡新技术，它们与传统的坡面工程防护技术措施共同构成了边坡工程项目生态植物防护体系。

4.1　铺设草皮护坡技术简介

（1）草皮护坡技术的内涵。是指通过人工在边坡面铺设天然草皮的传统边坡植物防护措施，其防护作用与种草坡面防护相同。除具有施工简单、工程造价较低等特点外，铺设草皮护坡还起到迅速对工程建设扰动边坡实施坡而防护的效果。

（2）铺设草皮护坡技术的优势。铺设草皮进行护坡简单易行，取材方便，能快速恢复生态，并起到一定的防冲刷作用。目前，铺设草皮护坡多用在为防止洪水侵入、保护部分农田和村屯设施安全而修建的小型堤防工程中，既保证了小型堤防工程的运行，又节约资金，是一种投资少见效快的工程措施。

（3）铺设草皮护坡技术的缺陷。由于草皮只能在坡度较缓的土质边坡和风化较严重的岩石边坡上着生，因此铺设草皮护坡不适用于高陡岩石边坡，并且后期养护困难，草皮易被冲走，铺设成活率较低，工程质量难以保证，达不到符合要求的边坡防护效果；同时坡面冲沟、表土流失、坍滑等边坡病害，易导致已完成铺设草皮的边坡需要重新整治修复。另外，由于自然草皮缺乏，需要培植大量的人工草皮，不仅投资大且成活困难，这些不利因素极大地限制了铺设草皮护坡方法的应用。

4.2　植生带护坡技术简介

（1）植生带护坡技术特点。植生带是一种可供植物生长的载体；目前常见的植生带由基带层、加固层和草种承接层等组成。基带层内材料多为无纺布、纸、棕纤维、稻草、麦秸等；加固层则为尼龙网；草种承接层为天然纤维，其结构较为复杂。草坪护坡植生带是为满足坡地绿化要求而开发的产品，其应用范围为城市园林绿化、建植高档、重点绿地工程、园林景观、高速公路护坡、运动场场地建植，以及水土保持、国土治理等大型生态建设工程项目。

（2）植生带护坡技术的内涵。植生带护坡技术是一种综合性的护坡与绿化相结合的措施，其核心是采用多功能过滤毯状纤维技术、绿化辅料（含草种、灌木种、培养料、保水剂、溶岩剂和肥料等）的配方技术，采用针刺法和喷胶法生产出各种不同类型的绿化植生带，用于水土保持及护坡的一套严格而综合性的技术工艺。该技术是在吸取国外先进技术基础上，经过消化、改进、研制而成，是集工程与生物措施为一体的护坡新工艺，不仅能够有效防止和控制坡面水土流失，并且美化环境。

4.3　液压喷播植草护坡技术简介

（1）液压喷播植草护坡技术特点。液压喷播植草护坡技术是西方发达国家研发出的一种防护生态环境、防止水土流失、稳定边坡的机械化快速植草绿化技术。该技术以水为载体，采用水力实现喷敷式播种的过程，所以国际上也称其为水力播种。运用该项技术必须使用专门喷播机械，将加在搅拌箱中的草种、肥料和植生材料用喷射泵通过管路和喷枪，以足够高的压力喷敷在坡面土壤表面，形成松软而稳定的适生覆盖层（喷播层），在适宜的条件下草种便会很快萌芽和生长。

（2）液压喷播植草护坡技术的应用。采取该项技术喷播作业时，要求按照设定程序将水、草种、肥料、天然木纤维、保水剂、黏合剂、染色剂等材料，定量地加入喷播机搅拌箱中。在搅拌器工作时，边加水边加料，待物料搅拌均匀后，通过机械的喷射系统将均质黏稠的混合物敷在所要绿化作业的土质表面上，形成覆盖草种植物着生的绿色植物喷播层。

4.4 三维植被固土网垫护坡技术简介

（1）三维植被固土网垫结构组成。它是由多层塑料凸凹网和高强度平网复合而成的立体网结构。其面层外观呈现凸凹不平，材质疏松柔韧，留有90%以上空间可填充土壤及沙粒，将草籽及表层土壤牢牢镶嵌在立体网中间。网垫表面的凹凸不平，可使风及水流在网垫表层产生无数小涡流，起到缓冲消能作用，同时促使其携带物沉积在网垫中，这样就有效地避免了草籽及幼苗被雨水冲走流失，极大提高了植草覆盖率。当植草生长茂盛后，植物根系可以从网垫中舒适而均衡地穿过，扎根地下深达0.5m以上，与网垫、泥土三者形成交织在一起的牢固复合整体。植被根系可以有效增大土壤的透水性能，一旦遇有雨水可迅速渗透。植被的覆盖可使地表土壤免受雨水的直接冲击，并减缓雨水流速，阻止水流形成，即使形成的水流也是清澈而不含泥土砂。

（2）三维植被固土网垫的护坡功效。三维网垫及其植物根系还可起到浅层加筋作用。因此这种复合体系具有极强的抗冲刷能力，能够达到有效防护边坡的目的。实施该项技术造价低廉，实用性强，施工作业方便快捷，并且具有美化环境和环保作用。

4.5 喷混植生护坡技术简介

（1）喷混植生护坡技术的核心。喷混植生护坡技术是指在稳定岩质边坡上施打短锚杆、铺挂镀锌铁丝网后，采取专用喷射机，将拌和均匀的植生基材喷射到坡面上，植物依靠"基材"生长发育，形成植物护坡的生态建设技术，具有防护边坡、恢复植被的双重作用，可以取代传统的喷锚防护、片石护坡等措施。

（2）喷混植生护坡技术的种植基材。该项技术使用的种植基材由种植土、混合草灌种子、有机质、肥料、团粒剂、保水剂、稳定剂、pH缓解剂和水等组成，其配方是技术关键。适宜的配方具备一定的强度，既能够附着于坡度陡于1∶0.75边坡，又具有足够的孔隙率和肥力能够保证植物生长。同时，该项技术采用镀锌铁丝网和钢筋锚固，抗拉强度大，可有效防止岩面崩塌和碎石坠落，以确保山体稳定和道路运行安全。因此，该项技术适用于生态环境恶劣的岩石边坡的生态修复。其建设特点是：机械化高速施工作业，一台喷播机一天可喷播1万~2万 m^2，建坪速度快、效率高；建成的坡地草坪生长均匀、致密且质量优越；推广应用范围广，在复杂及恶劣条件下可实现强制绿化，成功建植。

4.6 香根草护坡技术简介

自从20世纪80年代 Dick Grimshaw 和 John Greenfield 在印度和斐济"重新发现"香根草后，香根草的种植应用有了突飞猛进的进展。这种应用多在农业水土保持方面，并且取得可观成果。

有研究表明，边坡农耕地种植香根草后，不易发生滑移。香根草具备的 3 个突出特点，使它成为防治土壤侵蚀，加固斜坡的理想绿化植物种。香根草技术（Vetiver Grass Technology，简称 VGT）是指应用香根草进行防治侵蚀和增强边坡稳固的技术。2000 年在泰国召开的第二届国际香根草会议上，又将香根草技术改名香根草系统（Vetiver Grass System），就是特指这种实用、价格低廉、维护简单的水土保持与坡地稳固的生物工程技术。香根草在中国的应用开始于 2001 年春，当时中国科学院南京土壤研究所与新长铁路有限责任公司合作，首次在铁路边坡上进行了香根草种植护坡试验，并且取得成功。此后，铁路部门于 2002 ~ 2003 年在专门在江苏、福建等地进行了更为广泛的种植应用，随后向南方地区普遍推广，取得了更为显著的生态护坡效果。

（1）香根草护坡的生态特性。香根草长势挺立、茎秆坚硬，生长 3 ~ 4 个月就可长成茂密的篱笆，能减慢径流流速，使之分配均匀，将侵蚀泥沙阻隔在篱笆之前；随着泥沙淤积增高，篱笆也随之长高和更加茂盛。

（2）香根草植物的生长特性。香根草根系长势甚猛、粗壮，其根系向下扎根能力强且深，种植 1 年后可扎根深入地下 2 ~ 3m，但据不同土壤而有所差异，如生长在泰国的香根草扎入土体深 5.2m。

（3）香根草的蒸腾作用。由于香根草具有强大而深扎的根系，浓密而宽阔的叶子，可以通过蒸腾作用来吸收土壤水分，从而有助于增强边坡的稳定性。

4.7　土工格室生态护坡技术简介

土工格室（Geocell）是 20 世纪 80 年代国外开发的一种新型特种土工合成材料，它是由高密度聚乙烯宽带经超声波焊接而成，并且具有蜂窝状格室结构的立体材料。与土工格栅、土工网等平面加筋材料相比，其最大的特点是具有立体结构、强度高、刚度大，整体性能优越，并且伸缩自如。土工格室运输时可折叠，使用时可张开并充填土石材料，构成具有强大侧向限制和大刚度的结构体，可广泛应用于公路、铁路、水电等土木工程领域。土工格室生态护坡是土工格室与植草技术密切结合而形成的一种新型护坡技术模式。由于土工格室对水径流起到缓解消能作用，可促使其携带物沉淀在格室中，有效避免了草籽及幼苗被雨水冲走流失，极大地提高了植草覆盖率。植物根系可增加土壤透水性能，遇到雨水便可迅速渗透；植被的覆盖则可使坡面免受雨水的直接冲击，减缓了雨水流速。随着植物地上枝叶的生长，其地下根系可深入表层土体达 0.5m 以上，起到浅层加筋作用；并与土工格室共同构筑成一个牢固的复合加筋体，它能够抵抗的极限冲刷流速是一般草皮的 2 倍多。因此，土工格室生态护坡具有更高的抗冲蚀能力，能达到长期有效防护边坡的目的。根据现有测试，该项技术在我国各地区均可应用，但在干旱、半干旱地区应保证养护用水的持续供给。该项技术一般应用于坡度低于 1∶1.0 的泥岩、灰岩、砂岩等岩质边坡；对于坡度大于 1∶1.0 而低于 1∶1.05 的边坡也可应用，但需要采用叠砌式施工作业。为了保证香根草种的正常发芽和生长，一般选择春、秋季施工，并尽量避开暴雨季节。

4.8　浆砌片石骨架植草护坡技术简介

（1）浆砌片石骨架植草护坡技术简介。这种植草护坡措施是一项类似于浆砌片石护坡的边坡生态修复技术，是指在修整完工后的边坡坡面上砌筑片石形成网格骨架后，在网格内铺填种植土，然后在网格内栽植植物的一项边坡生态修复技术措施。该项技术所用骨架受力结构合理，砌筑在边坡上能够有效地分散坡面雨水径流，减缓径流速度，防止坡面冲刷，保护植被生长。这种护坡方法施工作业简单，外观齐整，造型美观大方，具有边坡防护和生态修复的双重功效；其工程造价略高于浆砌片石骨架护坡。

（2）浆砌片石骨架植草护坡技术适用条件。根据现有经验，浆砌片石骨架植草护坡技术适用于于各类土质边坡、强风化岩质边坡，尤其在填方边坡的防护中应用较多。适宜的边坡坡度一般为 1∶1.0~1∶1.5，坡高不超过 10m，且必须是深层稳定性的边坡。在网格内填土、植草作业应避开暴雨季节，一般选择春、秋季进行较好。在干旱、半干旱地区应保证养护用水的持续供给。此外，浆砌片石骨架植草护坡需要大量的石料，所以该项护坡方法仅限于有石材来源丰富的地区使用。在降雨量大的地区不适宜采用此法护坡。

4.9　厚层基材植被护坡技术简介

厚层基材植被护坡技术是采用喷播机把基材与植被种子混合物，按照设计厚度均匀喷射到坡面的绿色护坡技术。该项技术由植被生长技术、植被维持技术和植被组合技术组成。基材由有机质、肥料、保水剂、稳定剂、团粒剂、酸度调节剂、消毒剂等按一定比例混合而成。该项技术可结合锚杆和锚索、防护网（土工网、铁丝网、纤维网、混凝土或轻钢格子梁、钢绳）等，对岩石边坡进行生态修复如图 4-3，从而形成与周围生态环境相协调的永久性生态护坡工程，恢复边坡的生态景观。

4.10　植被混凝土边坡生态防护技术简介

厚层基材植被护坡技术自 2000 年研发成功以来，在保证坡面防护稳定的同时，兼顾了生态恢复和环境绿化的统一。是集岩石工程力学、生物学、土壤学、肥料学、硅酸盐化学、园艺学、环境生态和水土保持等学科为一体的综合性环保技术，主要应用于坡度 50°~80° 的岩石边坡、混凝土边坡、硬化河道的生态修复工程项目建设上。此项技术根据边坡的地理位置、边坡角度、岩石性质、绿化要求等，来设计确定植被混凝土中水泥、土壤、有机

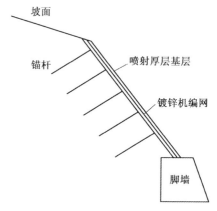

图 4-3　厚层基材植被护坡结构设计示意图

质、混凝土绿化添加剂及混合植绿种子的组成比例。混合植绿种子采用冷季型物种和暖季型物种混合优选而成，植被绿期长、多年生长、自然繁殖。该项技术的核心是混凝土绿化添加剂，它不仅可以增加植被混凝土中的水泥用量，增强护坡强度和抗冲刷能力，而且使植被混凝土层不龟裂。此外，绿化添加剂还有效改变植被混凝土的化学特性和生物学特性，为植物生长营造较为适宜的环境。植被混凝土层分底层和面层，其中底层厚度为 7~8cm 的植被混凝土，面层厚度为 1~2cm 的含混合植绿种子的植被混凝土，其剖面构造和锚钉挂网布置分别如图 4-4 和图 4-5。

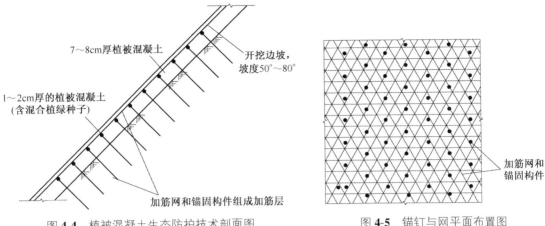

图 **4-4**　植被混凝土生态防护技术剖面图　　　　图 **4-5**　锚钉与网平面布置图

4.11　防冲刷基材（PEB）生态护坡技术简介

防冲刷基材（PEB）生态护坡技术是在植被混凝土生态防护技术基础上演化而来的新技术，它适用于坡度 30°~50° 各类边坡的生态修复。防冲刷基材由 3 层构成，由外至内分别是防冲刷层、加筋网和基材层。其关键之处在于防冲刷层采用厚度为 1~3cm 含混合植绿种子的植被混凝土。加筋层一般采用铁丝网（或土工网）配合钢筋锚钉，基材层一般采用腐殖土。植被混凝土具备很强的抗冲刷能力，故此技术称之为防冲刷基材（PEB）生态护坡技术。

第二节
边坡生态修复的必要性

1　边坡的水土流失危害

1.1　边坡的水土流失危害根源

边坡一般会面临水土流失、崩塌和滑移等生态危害问题，因此非常需要了解导致这些问题的原因及其防治技术与管理措施。一般而言，重力是驱使边坡产生滑移的主要因素，水力和风力作用则是水土流失的主要根源因素，而采取植被防护措施则可以有效防止水土流失和边坡滑移。

水力、风力和冰冻等外力的冲击作用、拖拽或掀翻作用、冻融干湿循环等物理风化作用，以及化学和生物风化作用，使岩体破裂粉碎和使土颗粒之间的胶结断开，从而使面层土脱离地表并随外力作用发生迁移，一般把这一过程称为水土流失。边坡表层受水力、风力的物理风化作用，使面层土开裂碎解成细粒状、条片状，并在重力、水力、风力作用下沿坡面"剥落"；边坡松散土层在降雨和地表径流的集中水流冲刷侵蚀作用下，沿坡而形成沟状"冲蚀"破坏现象：先形成密集的"纹沟"，继而发展成"细沟"，逐步加大直至发展成"切沟"和"冲沟"密布于坡面，引起坡面坍滑等破坏，另外，松散坡土被水流挟裹搬运形成"泥流"。水土流失一般从几厘米到几十厘米深，其中以"细沟"侵蚀破坏作用力最为强烈。

1.2　影响边坡水土流失的因素

有很多因素都会形成和加大边坡的水土流失，如干旱程度、降雨强度、降雨冲蚀力、径流量大小、水流速度和流量、水流冲刷挟带泥沙能力、地表粗糙度、坡度、坡长、土质类型及其组成与结构、土颗粒间胶结程度、土壤含水量、植被类型等。其中，水土流失的外因——水力、风力和冰冻的作用大小一般受流速、流量和边坡坡度、坡长及其粗糙度的影响，而决定抵抗水土流失的内因——土壤的内在摩擦和黏结作用的强弱则受土壤的基本特性、土壤颗粒之间的胶结程度、土壤颗粒间的物理化学作用等的影响。一般说，级配良好的粗砾石的可蚀性较低，而均匀的粉土和砂土的可蚀性较高，土壤的可蚀性随黏粒和有机质的含量及含水量的增加而降低，随离子强度的减少而增加。在较长较陡的边坡中设置横向截流浅沟，以便利用植被防护来增加地表粗糙度、降低水力冲刷和风力吹蚀能量，以及利用植被根系增加土壤结构强度，能够很好地抑水土流失危害的强度。

1.3　中国铁路与公路建设会形成大量亟待生态防护的边坡

2014 年 12 月 28 日，随着厦深铁路、西宝高铁、柳南客专、衡柳铁路、渝利铁路、广西沿海铁路等多条铁路的同时开通运营，中国铁路营运里程突破 10 万 km；在这 10 万 km 铁路中，时速120km 及以上线路超过 4 万 km，其中时速 160km 线路超过 2 万 km；高速铁路突破 1 万 km，在建规模 1.2 万 km，使我国成为世界上高速铁路运营里程最长、在建规模最大的国家；复线和电气化里程分别达到 4.6 万 km 和 5.4 万 km；西部铁路由昔日的不足千公里跃进到 3.8 万 km，在中国整个铁路网中的比重上升到 36.9%。根据我国调整后的《中长期铁路网规划》，到 2015 年，中国高速铁路运营里程将达到 1.9 万 km；到 2020 年中国铁路营业里程将达到 12 万 km 以上，快速客运网基本覆盖中国各省省会及 50 万以上人口城市。根据交通部颁布的《交通、水运交通发展三阶段战略目标》，2010 年全国公路总里程将达 180 万 km，其中二级以上公路达 36 万 km，2020 年全国公路总里程将达到 230 万 km，其中二级以上公路达 55 万 km，2040 年公路总里程将超过 300 万 km，其中高速公路总里程达 8 万 km。此外我国有 2/3 国土处于山区、丘陵地区，建设大量的铁路、高速铁路和公路势必会形成大量的边坡。边坡的开挖使地表植被遭到破坏，造成水土流失加剧，同时还可能发生崩塌、滑坡等地质灾害，给工农业生产和人民生活带来严重危害。

1.4　目前面临的两大水利生态环境难题

我国目前面临的两大主要水利生态环境难题：一是水土流失面积约占国土面积 1/3；二是水资源短缺和水环境恶化。

黄河流经的黄土高原是世界上水土流失最为严重的地区，平均每年向黄河输入泥沙 16 亿 t，造成黄河下游泥沙淤积、河床抬高、水资源紧缺。长江上游金沙江、嘉陵江及三峡区间、中游支流等地区水土流失也非常严重，经常会发生滑坡和泥石流。水土流失、水资源短缺和水环境污染等生态问题已经成为水利良性发展的重要制约因素，切实完善水土保持工程项目建设以及水环境的改良，需要有全新的理论支撑作为持续开展综合治理的依据。

西方国家非常注重水土保持以及水环境改良等生态环境建设问题。我国近几年水利建设工作的重点，如治淮等大江大河治理、南水北调工程、病险水库除险加固、人畜饮水工程、大型灌区节水改造等水利工程建设，都在遵循着合理开发利用水资源的同时，兼顾生态系统健康的研究思路和研究主题。我国近几年长江防洪建设工程建设方针也已经形成以堤防为基础、三峡工程为骨干、水土保持相结合的综合立体式防洪体系。

依照传统水利工程学的做法，江、河、湖、海的堤防岸坡为了防止水流和波浪对岸坡土体的冲蚀和淘刷造成侵蚀、塌岸等破坏，通常会采用砌石护坡、堆石护坡、现浇或预制混凝土板护坡等。传统建设施工工艺，不仅费时耗资巨大，而且有时还会产生工程项目建设质量问题。另外，在大气、水和生物作用下，地表面层会发生劣化/风化，干湿、冷热和冻融等引起的物理风化，以及溶解、水化、水解、酸化和氧化等引起的化学风化甚至生物风化，都会引起面层材料的劣化和失效。堤坝边坡由于长期经受风力和水力侵蚀、湿胀干缩、热胀冷缩等的作用，往往还会在其内部引起许多裂隙等。裂隙是危及土工建筑物安全的主要灾害之一，如何解决堤坝及边坡中的裂隙问题，多年来也一直是国内外岩土力学专家致力研究的重大课题。这些问题如果还只是采用传统水利工程学的灌浆做法去解决，往往还会带来生态环境等方面的其他不利问题。

1.5　对边坡采取生态型植被系统防护的优势

水土流失和岸边坡失稳破坏问题已经成为人类与自然环境间相互作用、相互冲突的重要问题。为了做好水土保持工程项目建设以及水环境改良等生态环境建设工作，保护和修复水生态系统，维护江河流域的健康生命，就必须想办法解决上述诸如水土流失、侵蚀、崩岸、风化以及裂隙等水利水电工程项目建设中的岸坡防护技术难题，协调好"工程水利"与"生态水利/资源水利"这一对矛盾。人为活动所形成的许多岸坡，若仅凭自然界自身的力量去恢复生态平衡，需要经过数以千百年计的漫长年代。因此，非常有必要研究出取代传统"硬质""非生态型"岸坡防护的方法，探索和研究出一种以"活性""生态型"岸坡防护的复合型理论和技术，实现既可确保岸坡稳定，又能帮助改良岸坡生态环境、有效加固岸坡稳定的经济合理的生态防护方法。

我国政府颁布的《中华人民共和国水土保持法》对植被环境保护也有明文规定。许多研究表明，植被系统不但有利于涵养水源、保持水土、帮助改良生态环境，而且如遇突发暴雨，也能有效拦截雨水，延长汇流时间，削减洪峰流量，减少洪水对堤坝的冲击力；总而言之，植被系统能够使铁路、公路和水利水电工程项目建设与水土流失、水生态系统环境恶化这一矛盾得到有效解决。

2　边坡的滑移与渐进变形破坏

2.1　边坡的滑移与渐进变形机理

（1）边坡造成的生态破坏现象。在重力和渗透水压力作用下，边坡表层土壤呈流塑状态，并随之发生"溜坍"等局部破坏，一般破坏深度约为1m。边坡内部形成一定贯通滑移面，会发生"坍塌"现象，伴有局部坍落，厚度一般为浅层1~3m。当边坡土发生连续破坏，形成整体滑移面，就会发生整体的位移"滑坡"，它们大多具有浅层性，一般为1~3m，但有些可深达

5~6m。

（2）边坡滑移破坏的机理。边坡滑移破坏一般可以从土壤的剪应力增加和抗剪强度降低两个方面去分析其成因，认识和分析这两个方面的各个因素对于防治边坡的滑移破坏非常重要。增大边坡剪应力的主要因素有地震、边坡上新建建筑物与填方、坡脚挖方与拆除挡土墙、边坡地下水位降低、降雨、地下水位上升与降雨入渗到边坡裂隙等。降低边坡土壤抗剪强度的原因有风化、孔隙水压力上升、浸水膨胀、离子交换溶解等化学过程、材料软化等。

2.2　边坡自然破坏种类

因为自然因素过程引起的边坡破坏主要分为以下 2 种类型。

（1）外力因素引发的破坏。指在短期外在作用力引起的破坏，如地震和风浪作用下的砂土液化和水流冲刷下的滑坡、崩坍。

（2）缓慢风化因素引发的破坏。是指在缓慢发展的风化过程中，使得边坡土体经历一个从量变到质变的积累过程，在某一诱因作用下发生突然性的破坏作用力，如泥石流现象。

边坡的失稳破坏已经成为全球性的重大地质灾害源之一，是一种常见多发的自然地质灾害，具有群发性、重复性和广泛性等危害特点。人们的理论研究与工程项目建设实践历来重视这一领域。对土质边坡的传统防护、加固措施大多是采用砌筑挡墙和打设抗滑桩等，这些刚性措施除了造价较高的缺点之外，对于当地的生态环境也会造成明显的损伤与破坏。同时人们也已经意识到，草皮和浅根系等普通植被只适宜于平缓性坡地的水土保持以及对浅层土体的防护等。为此，需要寻求一种不仅适合于浅层土，又适合于一定埋深土的"活性""生态型"防护办法，进行复合型生态防护理论与技术的实践研究，将各种工程项目建设与生态环境保护有机地结合起来，在确保边坡稳定的前提下，通过植被不断改善周围环境，从而达到帮助解决持续性水土保持以及水环境改良等生态环境建设难题的目的。

2.3　影响天然土壤组成边坡的变形因素及变形类型

（1）天然土壤的时效特征是目前土木工程项目建设成败的控制性因素之一。其产生的客观原因可归咎于天然土壤在各种赋存环境中所具有的不同的强度和变形特性，以及土壤所受到的荷载水平、加载方式和降雨、风化等其他外在因素的扰动条件。我国地域辽阔，地质地形条件复杂，在铁路、公路、蓄水、防洪、道路等各种工程项目建设中，经常会遇到在复杂的地基中修建堤坝等土工建筑物的技术难题。在天然土质边坡的灾害预测与防治上也会遇到许多复杂的岩土力学与工程问题，其中较为关键的是这些土工建筑物在建成使用期间发生的变形破坏性问题，例如大坝、堤防的变形破坏，路堤完工后沉降、侧向变形以及边坡滑移与泥石流等。许多岸坡在各种赋存环境中由于受到不同荷载作用和洪水、降雨、冻融、风化等外在扰动的影响下会发生破坏作用。

（2）天然土的变形破坏类型。其破坏类型大致表现为渐进式和突变式 2 大类。有些边坡的变形表现出长期持续性，它以较低的变形速率进行，有些则以较大的变形速率进行。观测到的变形速率包括了从一年几毫米到数小时几千米的范围。水力与风力侵蚀、湿胀干缩、热胀冷缩都会引起土体内部裂隙的形成。边坡土壤体在水分蒸发、降雨入渗的干湿循环的过程中，历经裂隙产生、发展扩大或缩小、闭合，最后吸力完全丧失的整个过程，往往就会产生破坏。一般而言，在主动性重力型滑坡过程，位移速率的大小主要取决于随季节变化的土壤孔隙压。在直线形滑坡中由于驱动力不会随时间发生很大的变化，这一特点尤为突出，位移速率一般从每年几厘米到每年几米。相比之下，由于快速的孔隙压增长、应力改变或强度减少等因素的影响，被动性牵引型滑坡通常具有突发性和较大位移速率等特点。边坡的破坏滑移面往往是从一个潜在的由于结构扰动造成的薄弱区开始，逐渐形成扩大形的剪切区，然后从此区发展渐进地形成潜在的滑移面。根据 Mohr Coulomb 理论，剪切面一般会在与最小主应力方向成（45°+ϕ/2）的倾斜面上发展。短暂的暴雨一般只会引发浅层滑坡，而深层滑坡则要历经一段长时间的雨水入渗浸泡过程。这一入渗浸泡破坏过程与土壤的饱和度、渗透性及裂隙发展程度相关。土壤层深处孔隙压的消散一般要比浅层的慢，通常边坡会在降雨之后间隔一段时间才发生破坏。上述这些特征现象表明，天然土壤体的变形破坏一般是土壤体的位移渐进发展到一定程度的结果。即使是突变式的变形破坏，其往往也是从渐进式变形的量变累积而成的质变。

3　边坡生态修复的必要性

3.1　国家生态文明建设政策的重要需求

（1）国家基本建设的大力发展引发了颇多的生态问题。自"十五"规划以来，国家加大了对铁路、公路、水电等基础设施项目建设的投入，如铁路系统在"四纵两横"既有路网基础上强化"八纵八横"的路网主骨架，公路系统"五纵七横"约 3.5 万 km 的国道主干线系统，西南水电资源丰富地区大中型水电枢纽大规模的规划和开发等。众多大型建设项目的实施，在机械、人力介入下，不可避免地对工程所在地造成巨大的工程建设扰动，大规模地改变了原地表结构，破坏了生态系统的空间连续性，对生态系统造成了强烈干扰，植被遭到大量破坏，次生裸地伴随出现，进而导致工程项目建设扰动区内出现生物多样性降低、水源涵养能力下降、水土保持功能丧失等一系列的生态环境问题，严重影响工程项目建设扰动区及周边的环境、景观及可持续发展。在开挖、回填、支护等工程建设活动中，自然生境遭到剧烈改变，植被赖以生存的土壤和环境丧失，植物在扰动区内自然定居过程极其缓慢。

（2）国家生态建设政策的导向。2000 年国务院 31 号文件明确指出了再造秀美山川的重大举措，要求我国从总体构建以重点林业生态为骨架，实现以城镇、村庄绿化为依托的国土绿化战略的需要；《国家中长期科学和技术发展纲要（2006~2020）》中要求将"生态脆弱区域生态系统功能的恢复重建"确定为优先支持的主题；同时随着国家对环境问题的重视，岩土工程学科中增加了环境保护的内涵，岩土体开挖创面的植被恢复技术、废弃渣体的合理利用等都已成为岩土与生态环境工程界研究的热点。此外，2010 年 10 月发布的《中共中央关于制定国民经济和社会发展第十二个五年规划的建议》也明确指出了"坚持把建设资源节约型、环境友好型社会作为加快转变经济发展方式的重要着力点，深入贯彻节约资源和保护环境基本国策"。党的十八大以来，以习近平总书记为首的党中央高瞻远瞩战略谋划，着力创新发展理念，大力建设生态文明，引领中华民族在伟大复兴的征途上奋勇前行。生态兴则文明兴，生态衰则文明衰。在生态文明政策引导及民众对自然生态的内在需求双重作用下，包括边坡等生态修复技术在国内近十多年来兴起并蓬勃发展。

3.2　水土保持植被生态建设需求

（1）水力侵蚀造成我国的水土流失非常严重。以黄土高原为例，有关数据显示在近30年间，黄土高原人口增加1倍多，森林砍伐严重，子午岭森林线已经后退20km，土壤侵蚀量由一百年前的13.3亿t增加到现在的22.3亿t，水土流失的加剧显而易见。

（2）"没有植被，也就无所谓土壤。"自然土壤退化的最直接原因就是植被遭到毁损，生物量明显下降。因此，保持良好的植被系统结构能够有效防治土壤退化、提升土壤肥力，同时能最大限度地防止水力侵蚀造成的水土流失危害。植被具有显著的水土保持功能，这种功能所产生的巨大作用，使林草植被建设在防治土壤侵蚀和控制水土流失的各项措施中，成为一项持久且有效的根本性措施。建设林草植被是融生态、经济和社会效益于一体的人与自然协调发展的生态工程，越来越受到人们的重视。只有弄清植被能够持续保持水土存在的规律以及表现出来特征，并总结植被保持水土的相关研究结果，才能在总体上把握植被在时间上和空间上保持水土的能力，进而阐释它对外界作用因素的影响，这对客观分析和评价植被的作用和效果、正确制定和实施水土保持技术与管理措施具有极其重要的意义。

（3）植被持续保持水土的功效。植被具有的水土保持功能主要与植被结构和降水有关，因此研究植被保持水土的作用，离不开这两个主要因子。但在边坡生态修复设计中，考虑更多的是构建合理的目标植被结构。植被结构对水土保持的贡献，可以划分为地上部分（茎叶作用）和地下部分（根系作用）。此外，植被水土保持过程中另一个发挥主导作用的是由植被残体构成的地被物层，因为这些地被物层直接覆盖地表。吴钦孝（2001）认为地被物层在保持水土、涵养水源方面有着独特的地位和主导作用，实施边坡生态修复工程项目的最终目的就是要在地表形成植被，其首要目的便是要能够发挥保持水土的功效。林地在去掉枯落物层后，径流量比原状林显著增加5.8倍，相当于农地径流量的70.8%；而在地被物层和植物根系共同保护和作用下的采伐地，土壤产沙量仅占农地产沙量的0.2%。油松林不同处理的产流产沙量比较情况见表4-3。

表4-3　油松林不同处理的产流产沙量比较

测定项目	雨季降水量（mm）	油松林		林地去枯落层		采伐地		农地	
1988~1996年平均值	345.6	径流深	泥沙量	径流深	泥沙量	径流深	泥沙量	径流深	泥沙量
		2.00mm	1.60t/km²	11.54mm	44.27t/km²	2.07mm	4.28t/km²	16.30mm	2213.94t/km²
相当于农地百分比（%）	—	12.3	0.1	70.8	2.0	12.7	0.2	100.0	100.0

由此可见，地被物层在保持水土、涵养水源方面有着独特的地位和主导作用。实施边坡绿化和生态修复工程项目的最终目的就是要在地表形成植被，其首要目的便是要能够发挥植被系统保持边坡水土的功效。

混交林（草）具有比纯林更佳的水土保持效益。混交林（草）由于其地上和地下部分彼此呈立体式交错镶嵌分布，可以有效利用不同空间和各土层深度的光、温度和水分、养分条件，形成协调的结构系统，比纯林（草）具有更强大的水土保持功能。吴钦孝（2001）通过对陕西省永寿县 7~8 年生沙棘、侧柏混交林的研究结果表明，在相同立地条件下，混交林比侧柏纯林更能改善小气候环境和土壤肥力状况，并能减少土壤流失，显著增加侧柏树高、胸径和材积生长量。

生态、社会、经济效益有机结合是确保边坡植被水土保持功能充分发挥的基础。对于水土保持林草植被，除以保持水土、实现社会公益为主要经营目的外，在改善农业经济结构和山区经济发展方面同样有着不可忽视的作用。

3.3　生态环境保护的迫切需求

（1）我国荒漠化形势严峻。国家林业局于 2003 年 11 月至 2005 年 4 月进行了第 3 次全国荒漠化和沙化监测，结果显示：截至 2004 年年底，中国荒漠化土地为 263.62 万 km^2，占国土面积的 27.46%；沙化土地面积为 173.97 万 km^2，占国土面积的 18.12%。与 1999 年相比分别减少 37924km^2 和 6416km^2，但荒漠化和沙化的形势依然十分严峻。以黄河为代表的河流断流问题日趋严重，草地退化愈演愈烈，森林生态功能不断退化，湿地破坏加剧。这些越来越严重的生态问题对人类的生存环境以及经济社会的可持续发展构成了严重威胁。如何整治日趋恶化的生态环境状况，防止以生物多样性降低、生态功能下降为特征的各式各样生态系统退化情况的加剧，恢复和重建已遭破坏的生态系统，成为保护生态环境、提高区域生产力、实现可持续发展的关键。

（2）综合治理和修复受损生态环境刻不容缓。20 世纪 60 年代以来，减缓和防止自然生态系统的退化萎缩，恢复和重建受损的生态系统，逐步受到国际社会的广泛关注和重视。在此种背景下，恢复生态学（Restoration Ecology）应运而生，目前已成为世界各国的研究热点和国际前沿学科之一。1996 年，美国生态学年会把生态学作为应用生态学的 5 大研究领域之一。而中国作为当今世界上生态破坏最为严重的国家之一，恢复和重建受损生态系统显得更加迫切和需要。当前我国正在中华民族伟大复兴的征途上奋勇前行，把"美丽中国"作为生态文明建设的宏伟目标，既要发展经济，又要保护生态环境，那么就必须将经济开发与生态治理有机结合起来。在人为合理干扰下，充分利用生态系统的自我修复功能，达到经济发展与生态环境的协调统一。因此，重视并开展包括边坡等生态修复项目的研究就具有十分重要的现实意义。

3.4　水质保护的严酷需求

按我国目前水质污染严酷的现状和生态修复面临的繁重而紧迫的任务，水质保护需求所面对的状况有以下 3 项。

（1）我国水质污染现状。随着我国经济的发展，水资源短缺和水污染已经成为我们面对的严重生态危机之一。各种调查数据显示，中国是一个"水资源紧缺的国家"，目前国内人均水资源占有量只是世界平均水平的 1/4。由于水资源分布不均，使得北方地区水资源的人均占有量更低，尤其是一些缺水山区，人畜生活饮水都很困难，连基本的生存都受到威胁。但就是在这种情况之下，全国 80% 的水库、河流都普遍出现使用过度的现象，过度使用水体导致地表、地下水位急剧下降，致使一些地区出现了水生物数量下降、海水入侵和地面沉降等严重的生物、生态问题。水资源日益短缺只是问题的一个方面，水污染日益加剧则是另一个重要的方面。水利部的数据显示：目前中国 70% 以上的河流湖泊遭受到不同程度污染。2004 年，淮河、黄河被污染反弹，其中淮河主要水质污染指标已经达到或超过历史最高水平；黄河干流 40% 河段的水质为劣 V 类，基本丧失水体水质要求的功能。

（2）植被及其生物链对净化水质的作用。俗话说，有水则灵。如果一个区域的水生态系统功能丧失的话，将会影响到整个地区的植物生长与生存、经济生产以及居民生活。面对目前出现的水资源困境，我们的策略就是一方面合理使用水源，做到开源节流，同时更要研究新技术，积极采用新工艺，净化和改善现有水资源恶化的状况。处理污染水使其能够再度被利用，国内外有很多方法和途径。近年来，生物处理方法普遍受到人们的重视，研究的广度和深度都有了长足进展。目前有一种观点认为：自然界是一个大生物圈，万事万物都融在其中，组成一条条生物链，一张张生态网，最后构成自然界这一有机整体，各种生物，包括动植物都在各自的生物链上发挥作用，有其用途，关键是如何有效地利用它们。植物作为生物链的基础生产环节，对水质净化有着不可替代的重要作用。

（3）生态建设修复是一项投资少、效益高、发展潜力大的新兴技术。生态修复在近几十年内才逐渐形成其理论和技术体系。目前解决水质污染问题比较成熟的方法有土地处理、氧化塘处理、湿地保护等。其中，土地处理系统是将污水经过土壤生物系统，去除污水中的营养成分和污染物，使处理后水质等于或超过传统 3 级污水处理后的水质标准。经过相关试验数据比较显示（表 4-4 和表 4-5）得知，污染水经过绿化植被过滤后，其典型水质指标得到了一定程度消减，说明植被对污染物进行了吸附—吸收—转化的作用过程，使得有机、无机和富营养化的物质减少。从理论上分析，植被净化作用主要表现有二：一是植物的根、茎、叶都起到吸收污染物质的作用；二是根、茎、叶表面附着的微生物可以有效地吸收和转化污染物质。

表 4-4　白三叶样地消减前后水质指标比较

指标 水样	TN	TP	BOD	电导	酚类	COD_{Cr}	Cr^{6+}
A 类（平均值）（mg/L）	11.99	73.54	7.00	554.00	47.78	1254.34	1.25
B 类（平均值）（mg/L）	8.03	57.69	3.40	281.00	33.12.	1016.46	1.00
消除平均值（mg/L）	3.96	15.85	3.60	273.00	14.66	237.88	0.25
去除率（%）	33.00	21.60	51.40	49.30	19.00	30.70	20.00

表 4-5　高羊茅样地消减前后水质指标比较

指标 水样	TN	TP	BOD	电导	酚类	COD_{Cr}	Cr^{6+}
A 类（平均值）（mg/L）	18.12	98.54	10.90	554.00	47.78	1254.34	1.25
B 类（平均值）（mg/L）	12.60	79.32	5.49	303.00	39.66	906.88	1.10
消除平均值（mg/L）	5.52	19.22	5.41	251.00	8.12	347.46	0.15
去除率（%）	30.20	19.50	49.06	45.20	17.00	27.70	19.20

植被对污染物有较好的消减作用，说明了绿化单体在处理水质问题方面所具有的实际应用价值。可见，生态建设修复工程项目不仅可以发挥保持水土、生态修复的功效，还具有净化受污染水体水质的功能作用，有效改善水体生态环境条件。

客观而言，边坡生态修复技术目前还存在一些问题，如：如何更好地发挥植被单体对污染物的降解作用；如何减小季节变化对水质净化作用的影响等。但不可否认的是，在当前大力倡导生态文明建设、保护环境的口号下，它是我们使自然尽可能向着有利于人类方向发展的有效方式。我们应该充分发挥生态修复技术的长处，在实践中广泛应用，同时注重改进与消除不利因素，进一步研究典型草种对不同污染物类型的消减作用和效应，使生态修复技术既能达到边坡绿化、环境美化的作用，又能起到治理典型污染区域水环境的多重功效。只有通过多方面努力，生态修复技术得到日臻完善，才能获得更广泛的应用。

第三节
植被混凝土化学生物学指标测定方法

植被混凝土化学生物学指标测定方法按其组成结构及其成分，分为基材化学肥力指标、基材土壤酶活性和基材微生物活性指标 3 种测定方法。

1　植被混凝土基材化学肥力的各项指标测定方法

1.1　土壤 pH 值测定

（1）测定方法。根据测定出的土壤 pH 值大致范围，使用标准缓冲液对 pH 计进行校准。开启电源，调节零点和温度补偿后，将挡板拨至 pH 档，反复调节"定位"和"斜率"调节旋钮调节读数至 2 个标准缓冲液的 pH。

（2）称样规定。称取风干土 10.0g 于 50mL 的烧杯中，加入二氧化碳蒸馏水 25mL，放在磁力搅拌器上剧烈搅拌 2min，使土样充分散开。静置半小时，然后用 pH 计直接测定读数。

1.2　土壤有机质测定

（1）依据原始土样有机质的大致含量，称取已经备好的风干土试样（过 100 目筛）0.05~0.5g，精确至 0.0001g。置入凯氏消化管中，然后准确加入 5mL 0.8000mol/L（$1/6K_2Cr_2O_7$）溶液和 5mL 浓硫酸溶液，摇匀。将盛有试样的凯氏消化管于凯氏消化炉上加热消煮，炉温设置为 195℃，当凯氏消化管上端出现冷凝液时，开始计时，消煮 8min±0.5min。

（2）消煮完毕后，稍冷片刻，补水至管内溶液的总体积在 50mL，加 3~5 滴邻菲罗啉指示剂。用硫酸亚铁标准溶液滴定剩余的重铬酸钾。试样滴定所用硫酸亚铁标准溶液的毫升数不到空白标定所耗硫酸亚铁标准溶液毫升数的 1/3 时，则减少土壤称样量，重新测定。同时以 0.500g 二氧化硅代替试样做空白试验。

（3）土壤有机质含量 W_{om}（g/kg）由公式（4-1）计算：

$$W_{om} = \frac{\dfrac{0.8000 \times 5.0}{V_0} \times (V_0 - V) \times 0.003 \times 1.1 \times 1.724}{m_1 \times K_2} \times 1000 \qquad (4\text{-}1)$$

式中：W_{om}——有机质含量（g/kg）；

0.8000——（$1/6K_2Cr_2O_7$）标准溶液的浓度（mol/L）；

5.0——重铬酸钾标准溶液的体积（mL）；

V_0——空白标定用去硫酸亚铁溶液体积（mL）；

V——测定土样用去硫酸亚铁溶液体积（mL）；

0.003——1/4 碳原子的摩尔质量（g/mmol）；

1.1——氧化校正系数；

1.724——将有机碳换算成有机质的系数；

m_1——风干土样质量（g）；

K_2——将风干土换算到烘干土的水分换算系数。

1.3   土壤全磷测定

分为以下 3 个步骤具体实施测定土壤的全磷含量。

（1）第 1 步：准确称取风干样品（过 100 目筛）0.25g，精确至 0.0001g，小心放入镍坩埚底部。加入无水乙醇 3~4 滴，润湿样品，在样品上平铺 2g 氢氧化钠。将坩埚放入高温电炉，当温度升至约为 400℃时，切断电源，暂停 30min。然后继续升温至 720℃，并保持 15min，取出冷却。加入约 80℃的水 10mL，待熔块溶解后，将溶液无损失地转入 100mL 容量瓶内，同时用 3mol/L H_2SO_4 溶液和 10mL 水多次洗涤坩埚，洗涤液也一并移入该容量瓶。冷却，定容。用无磷定性滤纸过滤。同时做空白试验。

（2）第 2 步：分别吸取 5mg/L 磷标准溶液 0mL、2mL、4mL、6mL、8mL、10mL 于 50mL 容量瓶中，同时加入与显色测定所用样品溶液等体积的空白溶液及二硝基酚指示剂 2~3 滴。并用 10%Na_2CO_3 溶液或 5%H_2SO_4 溶液调节溶液至刚呈微黄色。立即准确地加入钼锑抗显色剂 5mL，摇匀后加水定容，即得到含磷量分别为 0mg/L、0.2mg/L、0.4mg/L、0.60mg/L、0.80mg/L、1.0mg/L 的标准溶液系列。充分摇匀，于 15℃以上温度放置 30min 后，在波长 700nm 处，测定其吸光度。以吸光度（A）为纵坐标，磷浓度（mg/L）为横坐标，绘制标准曲线。

（3）第 3 步：吸取待测样品溶液 2~10mL（含磷 0.04%~1.0%）于 50mL 容量瓶中，用水稀释至总体积约 3/5 处。加入二硝基酚指示剂 2~3 滴，并用 10%Na_2CO_3 溶液或 5%H_2SO_4 溶液调节溶液至刚呈微黄色。准确加入 5mL 钼锑抗显色剂，摇匀，加水定容。在室温 15℃以上条件下，放置 30min。以空白试验为参比液调节仪器零点，测定同上。从标准曲线上查得相应的含磷量。

土壤全磷量 W_P（g/kg）由公式（4-2）、（4-3）计算求得：

$$W_P = \frac{c \times V \times t_s}{m \times 10^6} \times 1000 \tag{4-2}$$

$$t_s = \frac{待测液体积}{吸取待测液体积} \tag{4-3}$$

式中：W_P——土壤全磷量（g/kg）；

c——显色液磷含量，从标准曲线查得显色液的磷含量（mg/L）；

V——显色液体积；

t_s——分取倍数；

m——烘干土样质量（g）。

1.4　土壤速效磷测定

（1）测定方法。称取已经备好的风干土样品（过 20 目筛）2.5g（精确到 0.001g）于 100mL 锥形瓶中，加入一小勺无磷活性炭和 pH 值为 8.5 的 0.5mol/L $NaHCO_3$ 浸提液 50mL，然后塞紧瓶盖，在 20~30℃ 条件下振荡 30min，取出后立即用干燥漏斗和无磷滤纸过滤于塑料杯中，同时作试剂空白试验。

（2）标准曲线绘制。其绘制步骤同全磷。其方法是吸取滤液 10mL（含磷量高时吸取 2mL 或 5mL，同时应补加 0.5mol/L $NaHCO_3$ 溶液至 10mL）于 50mL 容量瓶中，加钼锑抗试剂 5.00mL 显色，充分摇动，赶净气泡后，加蒸馏水定容，摇匀，在室温高于 15℃ 的条件下放置 30min，在 700nm 波长的光进行比色，以空白溶液调零点，读出测定液的吸收值，在标准曲线上查出显色液的磷浓度。

土壤中速效磷含量 $W_{速P}$（mg/kg）应根据公式（4-4）计算：

$$W_{速P}(\text{mg/kg}) = \frac{\rho V t_s}{m} \tag{4-4}$$

式中：ρ——显色液磷含量，从标准曲线查得显色液的磷浓度（mg/L）；

　　　V——显色液体积，本实验为 50mL；

　　　t_s——分取倍数，浸提液总体积（50mL）/吸取滤液体积（mL）；

　　　m——风干土样质量（g）。

1.5　土壤全氮测定

（1）测定方法。称取已经备好风干土样（过 100 目筛）1.0000g（含氮约 1mg），将土样送入干燥 50mL 消化管底部，加 2g 加速剂，摇晃消化管使土样与加速剂充分混合均匀，加几滴蒸馏水湿润土样，然后缓缓加入 5mL 浓硫酸，摇匀。将消化管置于凯氏消化炉上，消煮温度以硫酸蒸气在管上部 1/3 处冷凝回流为宜。消煮至土液全部变为灰绿色，再继续消煮 1h。消煮完毕，冷却。在消煮土样的同时做空白测定。

（2）计算全氮的含量。待消化管中的消煮液冷却后，直接安接在凯氏自动定氮仪上蒸馏，吸取 5mL 2% 含指示剂的硼酸溶液于 150mL 锥形瓶中于承接口吸收蒸馏出的氨。设定加碱量为 20mL，蒸馏时间 4min。蒸馏完后（以馏出液约为 80~100mL 为宜），用 0.01mol/L HCl 标准溶液滴定硼酸液吸收的氨量。记录所用酸标准溶液的体积。

土壤中全氮含量 W_N（g/kg）应根据公式（4-5）计算：

$$W_N = \frac{(V - V_0)c \times 0.014}{m_1 K_2} \times 1000 \tag{4-5}$$

式中：W_N——土壤中全氮的含量（g/kg）；

　　　V——滴定样品用去盐酸标准溶液体积（mL）；

　　　V_0——滴定空白试剂用去盐酸标准溶液体积（mL）；

　　0.014——氮原子摩尔质量（g/mmol）；

　　　　c——盐酸标准溶液的浓度（mol/L）；

　　　K_2——将风干土换算到烘干土的水分换算系数；

　　　m_1——风干土样质量（g）。

1.6　土壤速效氮测定

（1）测定方法。称取风干土样（过 20 目筛）2g（精确到 0.001g）均匀铺在扩散皿外室，在内室中加入 2% 含指示剂的硼酸溶液，然后在皿的外室边缘涂上碱性甘油，盖上毛玻璃，并旋转之，使毛玻璃与扩散皿边缘完全黏合，再慢慢转开毛玻璃的一边，使扩散皿露出一条狭缝，迅速加入 10mL 2mol/L NaOH 溶液于扩散皿的外室中，立即将毛玻璃旋转盖严，在实验台上水平地轻轻旋转扩散皿，使溶液与土壤充分混匀，并用橡皮筋固定；随后小心放入 40℃ 的恒温箱中。24h 后取出，用 0.01mol/L HCl 标准液滴定内室硼酸液吸收的氨量，其终点为紫红色。记录所用酸标准溶液的体积（mL）。

　　另取 2 个扩散皿，做空白试验，不加土壤，其他步骤与有土壤的相同。

（2）计算速效氮的含量。土壤中碱解氮含量 $W_{碱N}$（mg/kg）应根据公式（4-6）进行计算：

$$W_{碱N}(\text{mg/kg}) = \frac{C_{HCl} \times (V - V_0) \times 0.014}{m} \times 10^6 \qquad (4\text{-}6)$$

式中：C_{HCl}——HCl 标准液浓度（mol/L）；

　　　　V——样品测定时用去 HCl 标准液的体积（mL）；

　　　V_0——空白测定时用去 HCl 标准液的体积（mL）；

　　0.014——氮原子的毫摩尔质量（mg/mol）；

　　　10^6——换算 mg/kg 系数；

　　　　m——烘干土样质量（g）。

1.7　土壤速效钾测定

（1）测定方法。称取 5g（精确到 0.001g）风干土样（过 20 目筛）于锥形瓶中，加 50mL 1mol/L 的中性 CH_3COONH_4 溶液，加塞振荡 30min，用干滤纸过滤，滤液直接供火焰光度计测钾用。记录检流计读数。

（2）计算速效钾的含量。将配制好的钾标准系列溶液中浓度最大的，定火焰光度计上检流计的满度，用 0mg/L 钾标准溶液调火焰光度计上检流计的零点。然后由稀至浓依序测定钾标准系列溶液的检流计读书。以检流计读数为纵坐标，钾浓度（mg/L）为横坐标，绘制标准曲钱。土壤中速效钾含量 $W_{速K}$（mg/kg）应根据公式（4-7）计算：

$$W_{速K}(\text{mg/kg}) = \rho \frac{V}{m} \qquad (4\text{-}7)$$

式中：ρ——从标准曲线上查得的钾含量值（mg/L）；

　　　　V——浸提液体积（mL）；

　　　　m——风干土样质量（g）。

2　植被混凝土基材土壤酶活性测定方法

2.1　土壤脲酶的测定

分为以下 3 个步骤具体实施测定土壤中脲酶的含量。

（1）第 1 步：取 5g 过 1mm 筛的风干土用样，置于 100mL 三角瓶中，加入 2mL 甲苯。处理 15min 后，加 10mL 10%尿素溶液和 20mL pH 值 6.7 的柠檬酸盐缓冲液，摇匀，在 37℃恒温箱中培养 24h。

（2）第 2 步：培养后，过滤，取 3mL 滤液注入 50mL 容量瓶中，加蒸馏水至 20mL。再加入 4mL 苯酚钠溶液和 3mL 次氯酸钠溶液，每加 1 次试剂，随加随摇匀，20min 后显色、定容。1h 内在分光光度计上于波长 578nm 处比色。同时，对每一个土样设置用水代替尿素基质的对照；对于整个实验，设置无土壤对照，以检验试剂的纯度。

（3）第 3 步：精确称取 0.4717g 硫酸铵溶于水并稀释至 1000mL，则得到含氮 0.1mg/mL 的标准液。绘制标准曲线时，可再将此液稀释 10 倍供用。吸取稀释的标准液 1mL、3mL、5mL、7mL、9mL、11mL、13mL，移于 50mL 容量瓶中，加蒸馏水至 20mL，再加 4mL 苯酚钠溶液和 3mL 次氯酸钠溶液，随加随摇匀。20min 后显色、定容。1h 内在分光光度计上于波长 578nm 处比色，以光密度值为横坐标、以氨的浓度为纵坐标绘制标准曲线。

土壤脲酶的活性以每克土重 24h 后产生的 NH_4^+-N 的毫克数表示。

2.2　土壤蔗糖酶测定

分为以下 4 个步骤测定土壤中蔗糖酶的含量。

（1）第 1 步：称取 5g 过 1mm 筛的风干土，置于 50mL 三角瓶中，注入 15mL 8%蔗糖溶液，5mL pH 值为 5.5 的磷酸缓冲液和 5 滴甲苯。摇匀混合物后，放入恒温箱，在 37℃下培养 24h。

（2）第 2 步：培养后迅速过滤。吸取滤液 1mL，注入 50mL 容量瓶中，加 3mL 3.5-二硝基水杨酸，并在沸腾的水浴锅中加热 5min，随即将容量瓶移至自来水流下冷却 3min。用蒸馏水稀释至 50mL，并在分光光度计上于波长 508nm 处比色。

（3）第 3 步：在分析样品的同时，取 0mL、1mL、2mL、3mL、4mL、5mL、6mL、7mL 葡萄糖工作液，分别注入 50mL 容量瓶中，并按与测定蔗糖酶活性同样的方法进行显色，比色后以吸光度为纵坐标，葡萄糖浓度为横坐标绘制标准曲线图。

（4）第 4 步：与此同时，对每一个土样设置用水代替 8%蔗糖溶液基质的对照；对于整个试验，设置无土壤对照，以检验试剂的纯度。

土壤蔗糖酶的活性以每克土重 24h 后产生葡萄糖的毫克数表示。

2.3　土壤中性磷酸酶的测定

分为以下 4 个步骤测定土壤中的中性磷酸酶含量。

（1）第 1 步：取 5g 过 1mm 筛的风干土，置于 100mL 三角瓶中，加 2.5mL 甲苯，轻摇 15min 后，加入 20mL 0.5%磷酸苯二钠溶液（中性磷酸酶用柠檬酸盐缓冲液），仔细摇匀后放入恒温箱中，在 37℃下培养 24h。

（2）第2步：培养后过滤。吸取1mL滤液于50mL容量瓶中，然后按绘制标准曲线所述方法显色。用硼酸缓冲液时，呈现蓝色，在分光光度计上于波长600nm处比色。

（3）第3步：1g重蒸酚溶于蒸馏水中，稀释至1L，贮于棕色瓶中，取10mL酚原液稀释至1L（每毫升含0.01mg酚）即为酚工作液。取1mL、3mL、5mL、7mL、9mL、11mL和13mL酚工作液，置于50mL容量瓶中，每瓶加入5mL缓冲液和6~8滴氯代二溴对苯醌亚胺试剂，显色后稀释至刻度，即得到系列梯度浓度的酚标准溶液梯度。30min后比色测定。绘制标准曲线图。

（4）第4步：与此同时，对每一个土样设置用水代替尿素基质的对照；对于整个实验，设置无土壤对照，以检验试剂的纯度。

土壤中性磷酸酶的活性以每克土重24h后产生酚的毫克数表示。

2.4 土壤过氧化氢酶的测定

分为以下2个步骤测定土壤中的过氧化氢酶含量。

（1）第1步：取5g过1mm筛的风干土，置于100mL三角瓶中，并注入40mL蒸馏水和5mL 0.3%过氧化氢溶液。将三角瓶放在振荡机上振荡20min。而后加入5mL 3mol/L硫酸溶液，以稳定未分解的过氧化氢。再将瓶中悬液用慢速滤纸过滤。然后，吸取25mL滤液，用0.02mol/L高锰酸钾滴定至淡粉红色终点。

（2）第2步：与此同时，设置对照，即三角瓶中注入40mL蒸馏水和5mL 0.3%过氧化氢溶液，但无须加入土样。

土壤氧化氢酶的活性以每单位土重消耗0.02mol/L高锰酸钾的体积（mL）表示。

2.5 土壤多酚氧化酶的测定

分为以下4个步骤测定土壤中的多酚氧化酶含量。

（1）第1步：取1g过1mm筛的风干土样，置于50mL磨口三角瓶中，然后注入1%邻苯三酚溶液10mL，将磨口三角瓶放在温度37℃恒温培养箱中，培养3h。

（2）第2步：培养后，往磨口三角瓶中加4mL pH 4.5柠檬酸-磷酸缓冲液，再加入25mL乙醚萃取，用力振荡三角瓶，使邻苯三酚溶液经酶促反应作用所生成的红棓紫精，从培养液的水相被萃取到乙醚相中，萃取30min。将含紫色没食子素的着色乙醚相在紫外分光光度计430nm处进行比色。再与标准曲线进行对比，查得红棓紫精的含量。

（3）第3步：取0.75g重铬酸钾溶于1L 0.5mol/L HCl溶液中，即相当于50mL乙醚中含有5mg红棓紫精。根据实验需要，稀释成不同浓度的梯度溶液，于紫外分光光度计430nm处进行比色，然后绘制标准曲线图。

（4）第4步：与此同时，对每一个土样设置用水代替1%邻苯三酚溶液基质的对照；对于整个实验，要设置无土壤的对照，以检验试剂的纯度。

土壤多酚氧化酶的活性以每克土重每小时内产生红棓紫精的含量（mg）表示。

3　植被混凝土基材微生物活性指标的测定方法

3.1　土壤微生物生物量碳的测定

分为以下 3 个步骤测定土壤中的微生物生物量碳含量。

（1）空白试验：称取湿土 20g 于 100mL 的塑料离心管中，加入 50mL 0.5mol/L K_2SO_4 溶液，在 25℃下，300r/min 振荡 30min。在 3000r/min 离心 5min，将上清液过滤。

（2）熏蒸试验：称取湿土 20g 于 25mL 小烧杯中，置于真空干燥器中，同时内放一装有用 50mL 精制氯仿的小烧杯，用 3 号真空油密封。将密封好的真空干燥器连到真空泵上，抽真空至氯仿沸腾 1~2min。将干燥器放入 25℃培养箱中 24h 后，抽真空 15~30min 以除尽土壤吸附的氯仿。然后将土样转移到 100mL 的塑料离心管中，如上提取。

（3）浸提取液：将提取液各取 5mL 加入消煮管中，再向每根消煮管中加入 5mL 0.8mol/L 的 1/6 重铬酸钾溶液和 10mL 浓硫酸。将消煮管温度设置在 121℃（保持消煮液微沸），消煮 2h。消煮完毕后，消煮液变成黄绿色。待消煮液冷却后，加邻菲罗啉指示剂 3~5 滴，用 0.2mol/L 的 $FeSO_4$ 标准溶液滴定至溶液变红色，记录滴定体积。

计算土壤中有机碳量 E_c 公式（4-8）如下：

$$E_c = \frac{(V_0 - V_s) \times c_{FeSO_4} \times \frac{12}{4} \times 1.08 \times 1000t}{W_s} \tag{4-8}$$

式中：E_c——有机碳量（mg/kg）；

　　V_0、V_s——分别为滴定空白和土样浸提液所消耗 $FeSO_4$ 溶液的体积；

　　c_{FeSO_4}——滴定液 $FeSO_4$ 的浓度（mol/L）；

　　12——C 的相对原子质量（g/mol）；

　　1.08——氧化转化系数；

　　1000——千克转化为克；

　　t——分取倍数；

　　W_s——干土质量。

微生物量碳 $C = \Delta C_E / K_{EC}$；ΔC_E 是熏蒸提取的可溶性碳和未熏蒸提取的可提取碳的差值；K_{EC} 是转换系数（把熏蒸提取的有机碳增量换算成土壤微生物量碳），通常认为，使用化学法测定微生物量碳时 K_{EC} 取 0.38，使用 TOC 自动分析仪时，K_{EC} 常为 0.45。

3.2　土壤微生物生物量氮测定

分为以下 2 个步骤测定土壤中的微生物生物量氮含量。

（1）第 1 步：熏蒸试验测定与浸提取液同土壤微生物生物量碳测定。

（2）第 2 步：取 20mL 土壤提取液于消化管中，加 2g 加速剂，缓缓加入 5mL 浓硫酸，摇匀。将消化管置于凯氏消化炉上，消煮的温度以硫酸蒸气在管上部 1/3 处冷凝回流为宜。消煮至全部变为灰绿色，再继续消煮 1h。消煮完毕，冷却。在消煮的同时做空白测定。其计算公式（4-9）

如下：

$$W_N = \frac{(V - V_0) \times c \times 0.014}{m_1 K_2} \times 1000t \tag{4-9}$$

式中：W_N——全氮含量（g/kg）；

　　　　V——滴定样品用去盐酸标准溶液体积（mL）；

　　　　V_0——滴定空白试剂用去盐酸标准溶液体积（mL）；

　　0.014——氮原子摩尔质量（g/mmol）；

　　　　c——盐酸标准溶液浓度（mol/L）；

　　　　K_2——将风干土换算到烘干土的水分换算系数；

　　　　t——分取倍数；

　　　　m_1——风干土样质量（g）。

土壤微生物量氮 $N = E_n / K_n$（g/kg）；E_n 为熏蒸与未熏蒸对照土壤矿质态氮的差值；K_n 为转换系数，取值 0.45。

3.3　土壤呼吸测定

（1）测定方法：分别取相当于 10g 干土的土样置于培养瓶中，在向其中各放 1 个装 5mL NaOH 的小烧杯。同时做空白实验，即培养瓶中只放装有 NaOH 的小烧杯做对照将培养瓶严格密封。每隔 24h 用所配的标准 HCl 溶液滴定 1 次。

（2）计算：滴定反应数据的计算公式（4-10）如下：

$$C(CO_2) = \frac{\Delta V \times c \times 0.022 \times \dfrac{22.4}{44} \times 1000}{m} \tag{4-10}$$

式中：$C(CO_2)$——土壤呼吸量（mg/kg）；

　　　　ΔV——样品组和对照组消耗的标准 HCl 的差值（mL）；

　　　　c——标准盐酸浓度（mol/L）；

　　0.022——1/2 CO_2 的摩尔质量（g/mmol）；

　22.4×1000/44——标准状态下每克 CO_2 的毫升数；

　　　　m——干土质量（g）。

第四节
边坡植被混凝土防护工程项目零缺陷建设设计

1　植被混凝土边坡生态防护技术

针对各类工程项目建设活动产生的高陡边坡，仅依靠生态措施来解决边坡植被修复问题显然行不通。应考虑将传统硬性加固措施与现有生态修复技术有机结合，开发新型复合生态护坡工程项目建设技术，使其既能达到力学防护要求，又能实现边坡受损区域生态结构与功能的重建。目前，已有一些喷射护坡技术在国内外得到广泛应用，但其基材抗冲刷能力不强，难以在高陡坡面附着，边坡生态修复工程常常出现坍塌现象。植被混凝土边坡生态防护技术正是在这种工程需求下应运而生。

植被混凝土生态防护技术在一般生态护坡基材中加入了常规硬性凝结材料——水泥，使基材强度更高、抗冲刷能力更强，生态基材在高陡坡面附着成为可能；同时基材中还添加了自主研发的绿化添加剂，它的应用不仅可以增加植被混凝土中的水泥用量，增强护坡强度和抗冲刷能力，而且使植被混凝土层不龟裂。此外，绿化添加剂还能有效地改变植被混凝土的化学特性和生物特性，营造良好的植物生长环境。植被混凝土边坡生态防护技术真正实现了传统硬性加固措施与单纯生态修复措施的有机结合，能对各种复杂创伤边坡的生态修复起到显著效果。

以下对植被混凝土边坡生态防护技术的原理、配比和技术指标做详细阐述。

1.1　植被混凝土边坡生态防护技术

（1）技术简介：植被混凝土边坡生态防护技术是三峡大学科研技术人员开发的具有自主知识产权的生态防护新技术，它是集岩石工程力学、生物学、土壤学、肥料学、硅酸盐化学、园艺学、环境生态学和水土保持学等学科于一体的综合型环保技术。该项技术主要应用于坡度 50°~80° 各类坡面的生态修复。

植被混凝土边坡生态防护技术根据边坡地理位置、边坡角度、岩石性质、绿化要求等来确定护坡基材中水泥、土壤、有机质、保水剂、长效肥、混凝土绿化添加剂及混合植绿种子等各组分比例，其技术的核心是混凝土绿化添加剂。植被混凝土边坡生态防护技术自 2000 年发明以来，已经广泛地应用于岩石边坡、混凝土边坡的生态修复以及废弃矿区、河道及库区消落带的植被恢复工程项目建设中，大量的现场工程建设实践证明，该项技术在边坡植被修复与坡面防护方面是较为成熟的。

植被混凝土基材主要成分为水泥土，但又与普通水泥土有着较大差异，主要体现在成分差异、功能差异、力学性能差异 3 方面。

①成分差异：普通水泥土的主要成分是土、水泥和水，而植被混凝土基材主要成分是土、水泥、植被混凝土绿化添加剂、有机质和水。其中植被混凝土绿化添加剂为三峡大学专利产品，用于中和水泥水化产生的碱性，为植物正常生长创造条件；有机质不但改善植被混凝土基材物理特性，还可为植物生长提供养分来源。要注意的是植被混凝土基材所用水泥标号和用量，应根据具体工程项目建设情况进行设计，否则会使基材理化性质发生较大变化而不利用植物生长。

②功能差异：水泥土主要起加固作用，而植被混凝土基材不仅能起加固作用，还能为植物生长提供条件，恢复边坡的自然生态环境，形成良好的生态和景观效应。这决定了植被混凝土基材不同于普通水泥土的特性，既具有一定强度和抗冲刷能力，又能适宜植物正常生长。但较高的强度和适宜植物生长的环境两者是相互矛盾的，强度过高势必令基材的孔隙率过低，植物的生长则需要适宜的孔隙率。简而言之，水泥土需要尽量增强其力学性能，能否有利于植物生长并不重要，而植被混凝土基材则兼顾了两者的需要，既满足其力学性能，又保持了一定量的孔隙率，从而营造出有利于植物生长的环境。

③力学性能差异：主要表现在植被恢复后期，植物根系会对基材产生"浅层加筋"效应。植物根系具有直径小、抗拉强度大的特点，在植被混凝土边坡生态防护工程竣工初期，植物刚生长出来的根系会使基材表面产生微裂缝，能降低基材力学性能。但这些微裂缝会随根系的生长进一步往基材内部延伸，当根系生长达到一定程度时，新长出来的根系又填满了这些微裂缝，使得根系和土体紧密结合在一起，这时根系对基材的作用类似于钢筋对混凝土的作用，使得基材力学性能得到增强。植物根系的这种"浅层加筋"效应令边坡在失稳前，发生的位移更大，经历的时间更长，储存的能量更多，有利于边坡防灾减灾。其中垂直于坡面生长的主根类似于锚杆，而平行于坡面沿各个方向生长的须根则类似于分布筋。此外，基材中满布的根系将基材连接为一个整体，当基材表面经冻融侵蚀成为小碎块石时，根系能将这些碎块连接在一起，减少基材重量损失。

（2）技术原理：植被混凝土边坡生态防护技术的工艺原理是：在岩体（混凝土）面上铺设铁丝或塑料网，并用锚钉、锚杆固定；将植被混凝土搅拌后，由常规喷锚设备喷射到岩石（混凝土）坡面，形成近8cm厚的植被混凝土基层（未含混合植绿种子）；随后喷射约2cm厚的植被混凝土面层（含混合植绿种子），面层中水泥和绿化添加剂用量均减半；喷射完毕后，覆盖一层无纺布用来防晒保墒，水泥在短时间内就能使植被混凝土形成具有一定强度的防护层；经过一段时间洒水养护，植被就会覆盖坡面，揭去无纺布，茂密的植物就可自然生长，能够对边坡起显著的生态修复效果。

植被混凝土边坡生态防护技术的剖面构造和锚钉挂网布置如图4-6和图4-7，其结构主要由锚钉与锚杆、网和植被基材混合物3部分组成。

①锚钉与锚杆：锚钉与锚杆一般用于边坡深层或浅层锚固，其主要作用是加强坡体稳定性，其次还将网固定在坡面上。设计使用的锚钉与锚杆一般为φ2—18的螺纹钢，其长度根据坡面岩石的岩性、结构类型、破碎状况等因素而定，一般硬质岩边坡可为30cm；软质岩边坡可为45~60cm；土石混合边坡、瘠薄土质边坡可为50~80cm。锚钉密度根据边坡坡度情况而定：边坡坡度<60°，锚钉密度为100cm×100cm；边坡坡度为60°~75°，锚钉密度为80cm×80cm；边坡坡度>75°，锚钉密度为60cm×60cm。对于边坡周边锚钉均须加密，软质岩边坡、土石混合边坡、瘠薄土质边坡的高陡边坡坡顶锚钉还须增长，可达到1.5m。当然，对于有特殊要求的实际工程项目，应根据实际需要提高钢筋的型号，增加钢筋的长度和密度。

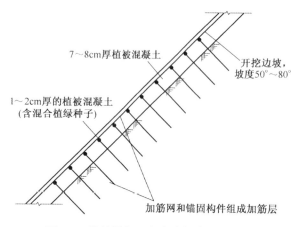

图4-6 植被混凝土生态防护技术剖面图

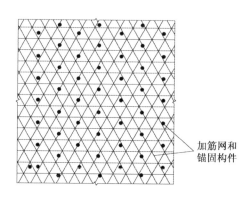

图4-7 锚钉与网平面布置图

②网片：网片的主要作用是结合锚钉把基材混合物与坡面岩土体紧密地连接在一起，以提供给坡面植物稳定的生长环境。在具体工程项目建设中可根据边坡类型选择普通铁丝网和土工网，有特殊要求和永久性网片必须过塑或镀锌防腐。

③植被基材混合物：植物基材混合物由水泥、种植土、有机质、混凝土绿化添加剂和混合植绿种子组成，其混合物是根据边坡地理位置、边坡角度、岩石性质、绿化要求等，按一定比例混合并拌和而成。该混合物理化性优越、保水、保肥能力强，是适宜于边坡植物生长的人工土壤。植被混凝土喷射时分基层与面层分别喷射。

1.2　基材配方

基材是边坡生态系统发育与存在的载体，基材质量不稳定就不可能保证生态系统的健康演替与发展。在已完成的边坡绿化工程项目建设实践经验基础上，根据扰动边坡防护及其生态恢复特点，植被混凝土边坡基材着重研究解决基材厚度、基材强度、基材成分、基材稳定性和物种适应性等问题。

（1）基材厚度：高陡岩石边坡和混凝土边坡缺乏植物生长的最基本条件——土壤、水分和养分，如需对其进行植被重建，就必须先在其表面营造一定厚度的生境基材，为植物的生长提供基本条件。然而，基材厚度过薄不利于基材混合物中水分的保持和植物根系的生长，厚度过大又加大了材料用量和用工日，加大了工程造价，而且不利于基材层自身的稳定。因此，需要确定基材混合物的合理喷播厚度，使其既满足植物根系生长需求，又能具备足够的边坡表面承载力。

①边坡生态修复常用植物根系生长需求：边坡生态修复常用草本植物根系的空间分布是：根系为直径小于 1mm 的须根，总根数的 90% 主要分布在 0~30cm 的土层以内，30~70cm 约占 8%，而 70cm 以下仅占总根数的 2%；根量的分布规律也相似，总根量的 86% 分布在 0~30cm，30~70cm 的土层中只有 8%，70~150cm 土层仅有 6%。

草本植物根系的分布特征是确定边坡防护生境基材厚度的重要因素，工程项目建设中常用草本植物的根系分布情况如下：狗牙根为须根系，其根系多分布于 0~10cm 土层中；白三叶为浅根性植物，其根系集中分布在表土 10cm 层；高羊茅草坪根系一般分布在地表以下约 10cm 土层；多年生黑麦草须根主要分布于 15cm 表土层中；早熟禾草根系较为发达，入土深度可达 30~50cm甚至以上，但主要根系层集中分布于 15~20cm 的表土层内；强壮匍匐紫羊茅根系发达，入土深度可达 100cm 以上，但主要根系层集中分布于 10~20cm 的表土层内。此外，国内外许多学者做了根系对斜坡稳定机制方面的研究，Green Way 总结出植物根系对大多数斜坡有净稳定作用，Gray&Leiser 认为在理想条件下垂直根系伸展到滑动浅层的斜坡中起稳定作用。封金财、王建华通过室内试验和现场试验分析了植物根系的存在对边坡稳定性的作用。试验证明，植物根系的存在大大提高了浅层土层（$H<1m$）的稳定性，甚至对于有渗流的情况也是如此。

②高陡边坡的表面承载力：目前，国内外大多在边坡上喷射由土壤、肥料、黏结剂等组成的混合物，以营造为植物生长提供生境的办法来改善边坡的生态环境，这就引发出另外一个问题，即喷射基材的自身稳定性问题。有关在实施边坡生态修复工程项目建设中对稳定性的研究，主要涉及边坡的整体稳定性、边坡喷射基材的浅层稳定性、边坡生态护坡结构的稳定性 3 个方面。

在边坡生态护坡结构的稳定性方面，赵华进行了边坡生态护坡结构（土工格室）的稳定性评价。在边坡喷射基材的稳定性方面，目前相关的测试研究报告在国内外还比较少见。杨俊杰在假定原边坡稳定的前提下，讨论了客土在原边坡上的稳定性问题。他通过室内模拟实验，讨论了客土的破坏模式，并根据破坏模式进行客土的稳定性分析，推导出在地震、渗流作用下客土稳定厚度的通式。并通过对通式中参数取值的讨论，给出了各种情况下客土失稳厚度 H_c 与坡角 α 的关系，见表4-6。

表4-6　客土失稳厚度 H_c 与坡角 α 的关系

砂　土		粉　土	
H_c（cm）	α（°）	H_c（cm）	α（°）
4.5	71.4	4.0	77.0
8.3	60.5	9.8	56.3
11.5	53.7	15.0	48.6
14.9	47.1	19.0	45.0
20.0	38.2	22.0	39.4

由表4-6可知，无论是砂土还是粉土，边坡越陡其坡角越大，客土失稳时的厚度越小。对于坡角>60°高陡边坡而言，客土的失稳厚度都<10cm。此外，在《植被护坡工程技术》（周德培，张俊云等，2003）一书中分析了边坡类型、年降水量和边坡坡度对喷射厚度的影响，并给出不同情况下厚层基材的喷射厚度，见表4-7。

表4-7　常见约束条件下基材混合物喷播厚度建议值

边坡类型	坡度	年平均降水量（mm）	喷射厚度（cm）
硬质岩边坡	1：0.3~1：0.5	≤600	9
		600~900	
		900~1200	
		≥1200	

综合上述研究成果，并结合边坡生态防护工程项目建设实践相应经验，确定基材厚度一般为8~12cm，为便于比较，选取植被混凝土厚度为10cm。在实际工程项目建设中，设定植被混凝土厚度可根据边坡立地条件，参照执行《植被混凝土生态防护技术规程》（暂行）进行上下微调。

（2）基材强度：分为植被混凝土成分等与强度的试验和抗冲刷性能2项内容。

①植被混凝土成分、配比与强度的试验：按照土壤学原理，植被混凝土质量评价参数包括物理、化学和生物学3方面。就其最主要的质地、厚度、孔隙率、pH值、有机质、肥力等6个参数对植被混凝土层质量进行评价。

质地：在植被混凝土的组分中土壤占最大比重，选择耕作性能与保水、保肥性能良好的土壤，可以极大地改善植被混凝土质地。砂壤土疏松、肥沃、排水性能强，有利于植物生长，因此在植被混凝土中选择砂壤土作主要成分。

厚度：植被混凝土层的土层厚度以适宜植物生长，并保证基材层在坡面自身稳定的一般要求，通过对边坡狭义与广义的分类定义分析，一般选择 8～12cm。

孔隙率：表示植被混凝土孔隙的多少，指在自然状态下，一定容积的基材内孔隙总容积占基材总容积的百分数称为土壤孔隙率。砂壤土孔隙率为 45%～50%，植被混凝土中因为有水泥、缓释肥、保水剂等成分的存在，降低了土壤孔隙率；而添加有机质，可有效地增加基材的孔隙率。

pH 值：酸碱度是基材的重要性质特征，它对植物生长、微生物活动、养分转化以及基材肥力都有很大影响。一般而言，土壤 pH 值在 6.0～7.8 时适宜植物生长，而植被混凝土层中因为加入了一定比例的水泥，就增大了基材的 pH 值，不利植物生长。

有机质：土壤有机质是土壤中的有机残体以及它们演变后的各种有机产物。植被混凝土中有机质主要为额外添加的有机质（锯末、稻壳等），它们能有效增大土壤孔隙率，并为植物生长提供营养。

肥力：土壤具有为植物生长提供并协调水、肥、气、热条件的能力，叫做土壤肥力。土壤中几乎含有作物所需的各种营养元素，但是只有其中一小部分，即溶解在土壤溶液中的营养元素才能被植物吸收利用。为了提高基材肥力，并延长其基材肥力的长效性，使植物在生长过程中能够获得足够的营养，在基材中添加了混凝土绿化添加剂，添加剂中含有缓释肥、保水剂等成分。

根据高陡边坡防护与生态恢复的双重要求，依据生态学和工程力学基本原理，初次设定基材的组成为 P.O.32.5 普通硅酸盐水泥、砂壤土、有机质（锯末、稻壳等）、混凝土绿化添加剂。

因为砂壤土、有机质（锯末、稻壳等）是有利于植物生长的成分，其中又以砂壤土为主，而水泥主要作用是增加基材强度，它是不利于植物生长的成分。因此，应以砂壤土用量为组合的基本单位，以水泥用量为关键指标进行植被混凝土的强度试验。试验中，其他组成材料用量均以基本单位的相对质量比表示。水泥关键指标初次设选用量为 4%～12%，分 9 组进行试验，见表 4-8。

表 4-8　植被混凝土成分、配比试验分组

材料＼分组	1	2	3	4	5	6	7	8	9
砂壤土	100	100	100	100	100	100	100	100	100
水泥（P.O.32.5）	4	5	6	7	8	9	10	11	12
有机质	5	5	5	5	5	5	5	5	5
绿化添加剂	3	3	3	3	3	3	3	3	3

注：表中材料按质量比进行配比。

把基材按配比分组进行掺水搅拌，制成 10cm×10cm×10cm 试块，形成 9 组×10 块样本，并对试块样本进行常规养护，然后进行 7d、14d、28d 的强度试验。各组强度试验平均值（充分浸水条件下，去除变异系数大于 0.3 的试验数据），见表 4-9。按初次设定配比组成的植被混凝土强度，会随着水泥掺入比的增加和龄期的增长而提高，其中水泥掺入比大于 10% 时，强度增长加快。

表 4-9　植被混凝土 7d、14d、28d 的强度试验结果

材料	分组	1	2	3	4	5	6	7	8	9
强度（MPa）	7d	0.16	0.18	0.20	0.24	0.28	0.33	0.38	0.47	0.66
	14d	0.20	0.23	0.26	0.29	0.33	0.37	0.42	0.59	0.76
	28d	0.24	0.28	0.32	0.35	0.38	0.42	0.47	0.65	0.84

②植被混凝土抗冲刷性能：通常的坡面冲刷过程包括降雨溅击和径流冲刷，根据现有的坡面冲刷机理分析，坡面生长植被后，溅蚀对坡面的冲刷可忽略不计，则坡面的冲刷主要由径流产生。

设计坡面植被混凝土抗冲刷性能实验如下：制作长 100cm、宽 10cm，与水平面分别成 60°、75°夹角的支架，铺设厚 10cm，配比同表 4-10 所示的植被混凝土，养护 7d、14d、28d 后，在支架顶部通过不同流量的水流，模拟不同降雨强度形成的径流，1h 后，称量支架底部收集的基材流失质量，计算出在一定降雨条件下、单位时间、单位面积基材侵蚀模数 $[g/(m^2 \cdot h)]$，数据见表 4-10。

表 4-10　坡面植被混凝土侵蚀模数监测

模拟降雨强度（mm/h）	坡面夹角（°）	设计流量（cm³/h）	养护天数（d）	基材侵蚀模数 $[g/(m^2 \cdot h)]$								
				1	2	3	4	5	6	7	8	9
80	70	4000	7	248	245	191	132	87	43	28	25	7
			14	216	195	167	128	65	34	24	20	4
			28	158	127	103	73	46	29	21	15	1
	80	2070	7	286	252	237	186	123	90	67	43	12
			14	234	210	198	164	117	82	63	39	8
			28	185	173	157	142	105	76	59	31	4
100	70	4000	7	408	357	302	242	194	140	97	75	35
			14	362	328	291	234	185	126	83	61	22
			28	341	306	271	230	172	114	76	54	13
	80	2070	7	416	375	332	270	216	158	114	83	51
			14	372	345	304	257	194	136	91	65	36
			28	357	319	273	241	189	128	86	57	19
120	70	4000	7	601	533	472	401	352	294	242	188	95
			14	574	512	449	387	331	278	236	171	79
			28	537	480	428	362	307	263	221	159	62
	80	2070	7	643	586	504	472	405	341	283	212	116
			14	607	554	471	436	371	309	257	186	87
			28	563	519	442	395	337	280	246	162	65

（续）

模拟降雨强度（mm/h）	坡面夹角（°）	设计流量（cm³/h）	养护天数（d）	基材侵蚀模数 [g/(m²·h)]								
				1	2	3	4	5	6	7	8	9
140	70	4000	7	1168	1084	995	903	821	729	641	568	362
			14	1131	1053	962	879	794	703	612	534	317
			28	1087	998	905	831	743	652	567	482	241
	80	2070	7	1238	1141	1058	962	875	788	703	612	394
			14	1207	1115	1034	931	852	761	684	592	346
			28	1167	1073	985	892	801	720	634	551	272

与常规客土土壤侵蚀模数相比，植被混凝土侵蚀模数显著减小。通过表 4-10 实验数据可知，随着植被混凝土强度的增加，即表现为随着水泥掺入比增大、龄期增长，其侵蚀模数逐渐减小；在同样降雨强度作用下，坡度越大（实验中表现为支架与水平面的夹角 α 越大），植被混凝土的侵蚀模数越大；降雨强度越大，植被混凝土侵蚀模数也越大，在降雨强度小于 120mm/h 时，侵蚀模数和降雨强度之间呈简单线性关系，降雨强度>120mm/h 时，侵蚀模数显著增加，此时降雨产生的径流对坡面植被混凝土的冲刷超过某一临界值。由水土流失通用方程可知，坡面植被生长情况良好时，可以很大程度降低因降雨产生的水土流失量。

综上可知，对基材添加一定水泥用量后，植被混凝土的强度和防冲刷性能都显著提高。在隔河岩水电站工程项目建设试验现场，植被混凝土坡面在至少 120mm/h 的强降雨冲刷考验下，其冲刷侵蚀量小于 500g/(m²·h)。从而充分证明，植被混凝土层与原始坡面的黏结力和抗冲刷能力是能够满足工程项目建设要求的。

（3）基材质量评价：分为植被混凝土初次组成质量和绿化添加剂应用试验 2 项内容。

①植被混凝土初次组成质量：按表 4-11 配方，植被混凝土水泥掺入比大于 4% 时，就能满足其强度、抗冲刷性能和力学变性的要求，肥力也符合要求。但是，对其质量评价是不乐观的，特别是孔隙率较低、pH 值偏大，是植物非适应的正常生长范围。同时，在试验田里，按表 4-8 配方组成的植被混凝土出现龟裂现象，整体性受损。在种子发芽率试验中，发芽率普遍极低，最高才达到 20%，特别是当水泥掺入比大于 12% 时，种子发芽极小。

表 4-11 绿化添加剂为 3% 时的试验配比（相对质量比）

材料 ＼ 分组	1	2	3	4	5	6	7
砂壤土	100	100	100	100	100	100	100
水泥（P.O. 32.5）	4	5	6	7	8	9	10
有机质	5	5	5	5	5	5	5
绿化添加剂	3	3	3	3	3	3	3

②混凝土绿化添加剂应用试验：为解决上述问题，经反复试验、分析，得出了既改变植被混凝土物理化学性质，又改善植物生长条件的混凝土绿化添加剂。同时，经过多次试验，将有机质

由 3% 增至 5%，提高了土壤孔隙率和透气性能，也有效改善了土壤板结性能。以下就混凝土绿化添加剂对植被混凝土物理、化学性能的影响进行试验研究。具体方案是：水泥用量 4%～10%、添加剂 3%～5%、有机质 5%、缓释肥 0.2%、保水剂 0.1%。按水泥用量 4%～10% 分为 7 组，再按添加剂用量分为 3%、4%、5%3 组进行试验。各试验成分配比情况和试验结果分别见表 4-11 至表 4-14。

表 4-12　绿化添加剂为 3% 时 28d 试验结果

材料 \ 分组	1	2	3	4	5	6	7
强度（MPa）	0.23	0.28	0.32	0.36	0.38	0.43	0.45
pH 值	6.49	6.93	7.50	7.92	8.65	9.82	10.87

表 4-13　绿化添加剂为 4% 时 28d 试验结果

材料 \ 分组	1	2	3	4	5	6	7
强度（MPa）	0.22	0.27	0.32	0.36	0.37	0.42	0.45
pH 值	6.23	6.45	6.71	7.10	7.49	8.14	8.72

表 4-14　绿化添加剂为 5% 时 28d 试验结果

材料 \ 分组	1	2	3	4	5	6	7
强度（MPa）	0.22	0.27	0.31	0.34	0.38	0.41	0.45
pH 值	5.89	6.28	6.43	6.54	6.82	7.32	7.53

通过表 4-11 至表 4-14 与表 4-9 的数据相比较，可以看出添加剂的使用对植被混凝土强度影响不大，但能够有效控制植被混凝土因添加水泥带来的强碱性，即当添加剂用量为水泥用量的 50%～100% 时，植被混凝土的 pH 值是 6.0～7.8 之间，适宜植物正常生长。同时，根据试验观察，添加剂的加入有效地减少了无添加剂时出现的龟裂现象，且当其用量大于水泥用量的 50% 时，龟裂现象不再出现。考虑到添加剂的成本，在试验和其工程项目建设中，一般选取添加剂用量为水泥用量的 50%。

（4）植物适应性试验：根据国内已有边坡绿化植物种类选择的成功经验，在草本植物常用品种中，选用狗牙根、狗尾草、根茎羊茅、黑麦草、白三叶等 5 种草种，在上述配比植被混凝土中做植物适应性试验。为在更大的地域范围地了解植物适应性，按边坡生态防护的结论，把水泥用量作为关键性控制指标，添加剂用量为水泥用量的 50%，从 4%～12% 分 9 组按 2 种工况进行试验比较，其中工况 1 为平地试验田，工况 2 为 75° 试验支架。具体试验方案是：先按 2 种工况铺设厚度为 9cm 的植被混凝土层，再将发芽率大于 95% 的草种分别以其播种量同植被混凝土一起搅拌，并按 1cm 的厚度敷设至 9cm 的基层之上，制作成 9 组×5 块×2 工况的植物发芽试验田。铺设无纺布进行保温、保墒，并进行日常洒水养护，观察其发芽情况。28d 后，植被混凝土中植物发芽情况见表 4-15。

表 4-15　植被混凝土中植物 28d 发芽情况

草种	工况	水泥掺入比（%）								
		4	5	6	7	8	9	10	11	12
狗牙根	1	☆	☆	☆	☆	☆	☆	☆	☆	◇
	2	☆	☆	☆	☆	☆	☆	☆	◇	△
狗尾草	1	☆	☆	☆	☆	☆	☆	☆	◇	◇
	2	☆	☆	☆	☆	◇	◇	◇	◇	△
根茎羊茅	1	☆	☆	☆	☆	☆	☆	☆	◇	◇
	2	☆	☆	☆	☆	☆	☆	◇	△	△
黑麦草	1	☆	☆	☆	☆	☆	☆	☆	◇	◇
	2	☆	☆	☆	☆	☆	◇	△	◎	◎
白三叶	1	☆	☆	☆	◇	◇	△	△	◎	◎
	2	☆	☆	☆	△	△	◎	◎	◎	◎

注：☆表示植物发芽率>80%；◇表示植物发芽率为 50%~80%；△表示植物发芽率为 20%~50%；◎表示植物发芽率为 0%~20%。其中：发芽率=出苗数/种子数。

从表 4-15 中数据可见，试验用草本植物在工况 1 的发芽率要优于工况 2 的发芽率，即边坡的坡度对草本植物发芽有一定影响；在水泥用量低于 10% 时，对于特定的草本植物而言，植被混凝土中的发芽情况与一般土壤中的发芽情况相比，并没有出现很大的差异。由此可见，草本植物在植被混凝土中表现出的适应性较为理想。

（5）植被混凝土基材配方试验结论：根据前述各项试验分析，获得以下 2 项研究成果。

①试验结果显示，既能满足植被混凝土强度，又达到防冲刷能力要求且适宜植物生长，较为理想的植被混凝土组成配方成果见表 4-16。

表 4-16　植被混凝土组成配方成果（相对质量比）

材料名称	砂壤土	P. O. 32.5 水泥	绿化添加剂	有机质
用量	100	8~10	4~5	5~7

②表中所述为初选配方比例，根据后续研究有一定调整，如通过有机质对植被混凝土孔隙率和无侧限抗压强度的影响试验，有机质最优含量调整为 5%~7%。此外，在边坡植被混凝土工程项目建设实际中，也可根据具体情况对配比做相应调整，如坡度较缓地区可适当减少水泥含量、增大有机质含量，绿化添加剂含量通常为水泥含量的 50%。

1.3　植被混凝土边坡生态防护技术指标

通过对大量已完建边坡项目的跟踪取样测试，并结合室内试验结果，得出植被混凝土主要技术指标见表 4-17。

表 4-17　植被混凝土主要技术指标

指标分类	指标名称		技术性能
物理力学性能指标	容重（g/cm³）		1.2~1.5
	厚度（cm）		7~10
	总孔隙率（%）		33~43
	连通孔隙率（%）		31~38
	长期无侧限抗压强度（MPa）		0.385~0.495
生物性能指标	pH 值		7.2~8.6
	有机质（g/kg）		5~30
	碱解氮（mg/kg）		25~70
	全氮（g/kg）		0.1~0.3
	速效磷（mg/kg）		50~300
	全磷（g/kg）		1.5~2.5
	速效钾（mg/kg）		200~500
	全钾（g/kg）		20~30
	微生物数目（CFU/g）		10^6~10^7
	微生物量碳（mg/kg）		150~350
	微生物量氮（mg/kg）		20~45
	基础土壤呼吸[mg/(kg·d)]		2~10
	酶活性	脲酶[mg/(kg·d)]	0.8~3.0
		磷酸酶[mg/(kg·d)]	0.5~2.0
		转化酶[mg/(kg·d)]	10~20

2　植被混凝土边坡生态防护工程项目零缺陷建设设计

2.1　边坡生态防护现场调查

对边坡生态防护现场进行调查，是指对目标区域的主要环境因子——地形地貌、土壤地质、水文气象、植被结构、交通状况、建设环境、水源、电力、施工材料供应情况等进行详细调查和勘验等。

2.2　植被混凝土厚度与基材配方设定

依据现场调查情况，结合对所防护边坡的坡度和性质、边坡土壤学性质，在实施植被混凝土边坡生态防护技术基础上，确定植被混凝土厚度和配方。

2.3　植被混凝土植物物种选择

根据现场调查情况和植物在边坡防护上时空配置的需要，特别是水文气象条件、本地植物群落结构特征，结合植物种在植被混凝土中的适应性，以外来先锋草种和本地植物种相结合，草灌藤合理搭配的原则选择混合植物种子，应优先选用本地植物种。

2.4 植被混凝土锚钉与加筋网的零缺陷设计

为有效增强植被混凝土层在生态防护边坡坡面上的整体稳定性，通常垂直于坡面方向等间距配置锚钉，随后铺设镀锌铁丝网、过塑网。网面铺设要张拉紧，网间用铁丝绑扎牢固，其搭接宽度不应小于5cm。网片距坡面要保持2/3喷层厚度的距离，否则用垫块支撑。锚钉露出坡面长度应与植被混凝土厚度一致，一般为10cm。一般情况下，边坡坡度小于60°，锚钉间距为100cm；边坡坡度60°~75°，锚钉间距为80cm；边坡坡度大于75°，锚钉间距为60cm；锚钉入坡深度根据边坡地质情况确定，不仅要保证锚钉本身牢固，而且能使加筋网及植被混凝土层局部稳定。通常，稳定完整岩石边坡及混凝土边为30cm；软质岩边坡位45~60cm；土石混合边坡、瘠薄土质边坡可为50~80cm。如果边坡坡度大于85°，每层锚钉上应加一道配置钢筋，并加大锚钉直径。对于有特殊稳定要求的混凝上边坡，不能随意打孔锚固，而应采用特制的等强度胶剂固定加筋网。

2.5 防护边坡的排水零缺陷设计

为有效减少所防护边坡的汇水面积，应在坡顶设置截水沟，坡面设置排水沟。并根据地形、降雨情况、汇水面积等设定截水沟在坡顶的位置及坡面排水沟间距、断面尺寸。

2.6 植被混凝土层零缺陷建设施工设计

按选定的边坡植被混凝土生态防护配方，把基材原材料通过搅拌机拌和，采用常规的喷锚设备，按植被混凝土生态防护技术规程规定的工艺要求，将基材喷射到坡面上。基材分2次喷射，第1次喷射称为基层，约为9cm；第2次喷射成为面层，约为1cm。面层喷射时，应将原材料与混合植物种子同时搅拌，并且水泥和添加剂用量各减少50%。

3 边坡防冲刷基材（PEB）生态防护零缺陷设计

3.1 边坡防冲刷基材层零缺陷设计

（1）纯氮量设计控制指标。在边坡生态绿化修复工程项目建设实施中，为促使边坡单位面积植物数量多，并且发芽生长一致，在初期有必要大量施肥。但施肥会对种子发芽引起障碍，所以应在建设施工时使用复合肥料，必须使纯氮量控制在$10g/m^2$以下。

（2）追施肥量设计控制指标。在使用稻科草时，完全生长必需的纯氮量为$20~30g/m^2$，因此$10g/m^2$的纯氮量还不达标，为此必须考虑追肥等措施。计算单位面积施肥量按公式（4-11）计算：

$$F = \frac{P}{G} \times 100\% \qquad (4\text{-}11)$$

式中：F——单位面积施肥量（g/m^2）；

P——单位面积施肥纯成分量（g/m^2），氮为$10g/m^2$以下；

G——使用肥料的成分比。

3.2   边坡防冲刷基材（PEB）加筋层零缺陷设计

加筋层通常采用铁丝网或土工网配合钢筋锚钉，或用竹条配合木桩、土工网配合木桩等，使得护坡层形成一个整体，有利于护坡的稳定性。图4-8给出了常用铁丝网或土工网与钢筋锚钉组合的构造。

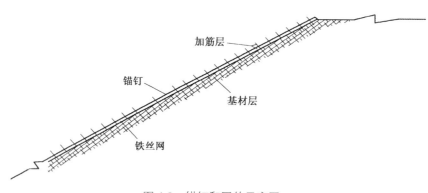

图 **4-8**   锚钉和网的示意图

3.3   防冲刷层工程项目零缺陷建设设计

（1）设计选用含混合植绿种子的植被混凝土。当地表径流流速过大，雨水冲刷能力强时，就会造成地表冲蚀。治理途径是不断降低地表径流的流速和加强表面抗冲刷能力。常规防冲刷的水保措施都是在地表径流的主要流向上设置障碍物，如设置"护土筋"、安放挡水石、构筑"谷坊"，以及设置消能石、植树种草，覆盖地面等。对于防冲刷基材生态护坡方法而言，其设计思路源于植被混凝土边坡生态防护技术，所以防冲刷层一般设计和选用含混合植绿种子的植被混凝土。

（2）设计使用其他材料构成坡面防冲胶结层。此外，其他符合防冲刷层功能要求的材料和方法也可使用，如生物膜、绿化植生带，或用其他黏结材料混合土壤形成的胶结体。

第五章

沙质荒漠化防治工程项目
零缺陷建设设计

第一节
沙质荒漠化造林立地条件类型划分

1　沙质荒漠化立地条件类型划分的因素

1.1　划分沙地立地条件类型的重要性

　　无论是地处什么生物气候带的沙质荒漠化土地，只要温度适宜，有一定的水分或灌溉条件，就能够实施植被建设，就可能营造各种固沙林、防护林、用材林、经济林、饲料林、薪炭林和草场，发展生态经济林草业。但沙质荒漠化土地的自然条件极为复杂，为了能在造林种草时正确设计选择树草种和拟定造林种草技术措施，就必须对沙质荒漠化土地划分立地条件类型。实际上就是把沙质荒漠化土地局部环境条件一致或近似的沙地归类。立地条件类型是指在这些局部地段上影响植物生长的自然因子（如气候、肥力、水文地质、沙丘流动性等）是相同或相近的，也就是植物生长的效果相同，在同样技术与管理条件下应采取相同的措施，这样的局部地段总和就划归为一个造林种草立地条件类型。

1.2　划分沙地立地条件类型的依据

　　确定沙地立地条件类型，首先就要搞清楚制约沙地植物成活、生长、发育的主要生态因子及其分级标准。植物所依附的沙质荒漠化土地区域生态环境因子如下：

　　（1）气候条件：指光、温度、降水、风等；

　　（2）沙地植物：指其种类、覆盖度；

　　（3）沙丘状况：指沙丘类型、沙丘密度、沙丘高度、沙丘部位；

　　（4）沙地土壤：指沙地土壤的机械组成、养分含量、盐渍化程度、沙地紧实度等；

（5）沙丘（地）下伏物：指其性质及下伏物分布深度、沙地黏质间层的厚度及分布深度；

（6）地下水状况：指地下水位深度、储量及地下水矿化度。

沙质荒漠化土地地处气候带不同，其沙地的光、温、降水等自然条件均有差别。机械组成相同的沙地，因处于不同气候带，沙地持水能力虽相同，但沙地实际含水量不同，这是由于降水量不同的缘故。根据我国各地气候条件，我国分为 5 个森林植物条件类型区：森林区、森林草原区、草原区、荒漠草原区、荒漠地区。在荒漠草原区和荒漠地区，对流动沙地实施造林种草仅靠降水已感不足，须特别注意地下水及其矿化度。实际上我国在降水量<400mm 以下的草原地区（高寒草原区除外），不适宜大面积营造乔木林。

植物种类和覆盖度是直接影响沙丘流动性和水分养分的因子。覆盖度<15%的沙地为流动沙丘地，5%~15%的沙地为弱植被沙丘地，15%~40%为半固定沙丘地，≥40%为固定沙丘地。沙地主要植物种与植被演替阶段是一致的，它反映了沙地的水分、养分状况。如在草原地带以黑沙蒿为主的固定沙地处在植被演替的旱生植物阶段，沙地水分比较缺乏，造林时必须设计采取适宜的农业整地技术措施。

流动沙丘高度和沙丘部位是划分沙地立地条件类型的主要依据，依据其二者可把流动沙丘风蚀沙埋程度划为 4 级：①强度风蚀：大型流动沙丘迎风坡中下部及中小沙丘迎风坡部位；②中度风蚀：大型流动沙丘迎风坡中上部位；③弱度风蚀：流动沙丘间的低凹丘间地；④沙埋部位：流动沙丘背风坡及其基部。

1.3 沙地立地条件类型的划分

（1）按水分与机械组成划分沙地立地条件类型。加也里按沙地水分状况把不同机械组成的沙地分为低容水沙地（田间持水量4%~5%）和高容水沙地（田间持水量>6%），二者在肥力和种植利用方面有很大不同。

（2）按沙地肥力状况划分沙地立地条件类型等级：

①贫瘠沙地：均属于低容水沙地。粗中粒沙地（田间持水量2.5%~3.5%）、中细粒沙地（田间持水量4%~5%）均属此类。一般流动沙丘地多属此类。在这类沙地上，乔木生长状况很差。属于森林草原带的冀西（老慈河）粗中粒沙地 5 年生刺槐植株高只有 0.5m，中粒沙地上 4 年生小叶杨植株高只有 0.94m，在细粉粒沙地土壤上刺槐才能生长较好，5 年高达 4.4m。草原区的榆林细粒流动沙丘地与固定沙地生长的小叶杨、旱柳均长成小老树。低容水沙地只有在特殊地形部位（如沙丘背风坡基部）生长的杨柳树才有一定生长量。

②较贫瘠沙地：黏质沙土或有不厚沙壤质间层或黏壤土层间的沙地，土壤营养条件较贫瘠沙地有所提高。但对大多数树种仍不能迅速生长。榆林这类沙地上生长的旱柳只有 2.75m 高，已出现枯梢现象，只有耐瘠薄的樟子松、刺槐、沙枣才能生长。

③较肥沃沙地：这类沙地有粉沙壤土、沙壤土，底层有黏壤土、黏土、沙土及有黏壤土、沙壤土间层，且间层较厚，分布不深的沙地，豫东沙地的睢杞林场就属于此类沙地。表层为腐殖质较多的粉沙壤土，下层为粉沙土。油松、侧柏、槐树、毛白杨、五角枫、刺槐、梓树等纯林、混交林均正常生长，34 年生毛白杨树高为 23m，胸径为 34cm。

1.4　地下水位与水质对植物生长的影响

地下水位影响制约着沙地水分。当地下水位在 $1 \sim 2m$ 深时，多数树种均可正常生长。当地下水位 $<0.5m$，就需设计选择耐湿树种；在 $>5m$ 的草原区要设计选择耐旱树种，在干旱区乔木树种则不能正常发育生长。

在植物根系分布范围内，地下水矿化度及其所含矿物盐种类对植物生长会有重要影响作用。地下水矿化度可分为以下 4 级。

（1）淡水及弱矿化水：指地下水含干物质 $<3g/L$，一般植物树种均能够适应；

（2）矿化水：指地下水含干物质 $>3 \sim 10g/L$，耐盐植物树种可生长；

（3）强矿化水：指地下水含干物质 $10 \sim 20g/L$，耐盐性极强树种才能适应生长；

（4）极强矿化水：指地下水含干物质 $>20g/L$，树木植物已经不能生长。

1.5　沙地紧实度对植物的影响

在沙质荒漠化土地区域，沙地紧实度是影响植物生长的因子。沙地在疏松情况下通气性能强，适宜形成凝结水，有利于植物根系发展，能在大范围土层中吸收养分和水分。在紧实沙地，植物根系难以穿越过紧实沙层，且通气性受阻，不利于植物生长。为此，要加强整地方式以提高造林种草成活率和生长量。

1.6　沙地下伏物种类

按沙地起源不同，其下伏物种类分为基岩、黄土、古冲积沉积物、埋藏土壤与黏土间层等。按其下伏物作用可分为 2 类：

（1）不利于植物根系生长下伏物：是指妨碍植物根系生长的基岩及极坚硬黏土、盐渍土、盐层等。此类下伏物分布越深对植物根系影响越小，小于 2m 则对植物根系不利。

（2）有利于植物根系生长下伏物：指不妨碍根系伸展且能增加养分，提高保水力，如埋藏黏土、黏质间层土类。该类下伏物若分布在 $0.5 \sim 2m$ 深，则对植物生长极为有利。覆沙厚度为 $20 \sim 30cm$ 的埋藏土壤沙区群众称之为"蒙金地"，这种土壤有利于水分下渗与保存，能够有效地抑制水分蒸发，极适于作物生长。

以上是对影响立地条件类型划分的 6 种因素简单分析及其等级标准。影响沙地立地条件类型划分的因子错综复杂，要全面正确分析和综合环境因素，掌握主要因子，确定主导因子。命名立地条件时只选择主导因子并采用其中 $1 \sim 2$ 个命名。

2　我国沙质荒漠化造林种草立地条件4级类型

我国沙质荒漠化土地区域立地条件的分类体系，是一项重要的基础理论与实践相结合的研究工作。在立地条件类型分类上我国基本采取以下 4 级分类系统。

（1）立地条件类型地区：以控制本区水热条件的基本因素为依据，反映地带性大尺度气候差异，地域上是相连的完整区域。它是分类系统的高级、中高级单位。

（2）立地条件类型区：在上述大尺度地域划分基础上，依据中尺度地域水热条件差异进一步划分，在地域上也是相对完整连片的区域。反映中尺度区域的气候差异。

（3）立地条件类型组：由地域不相连接，但能重复出现的生态条件相似的立地类型组合，反映小尺度地域的差异（基质、水分、地形、地貌等）。

（4）立地条件类型：这是立地条件类型划分的基本单位，可以落实到具体地块，是生态环境条件相同或近似的地段组合。

沙质荒漠化地区的流动沙丘在"分类系统"中常划分为"类型"，但由于其生态环境条件的复杂性，为更好地为沙质荒漠化生态工程项目治理服务，可以依据土质、水分条件和控制风蚀沙埋的地形因素以及其他因素划分到亚型，可同时评价其造林种草适宜性，拟定造林种草技术措施，指明改造利用方向。下面以榆林流动沙丘地立地条件类型为例（表5-1），说明沙地立地条件类型划分的形式。

表 5-1　榆林流动沙丘地立地条件类型

立地条件类型地区	立地条件类型区	立地条件类型组	立地条件类型	立地条件亚型	宜造林种草性质评价	固沙造林种草技术措施及改造利用方向
温带干草原地区	毛乌素沙地干草原区	沙丘类型组	流动沙丘	湿润沙质丘间地	湿润、贫瘠	乔灌草混交用材防护林
				干旱紧沙土丘间地	干旱、贫瘠	整地松土，抗旱灌木林
				覆沙厚度≤20cm 的干旱黄土丘间地	干旱、较肥沃	抗旱乔灌林，混交用材林
				中小型新月形沙丘迎风坡中下部	干旱贫瘠、强度风蚀	沙障固沙，密集式灌木固沙林，适度播种固沙灌木林
				新月形沙丘迎风坡中上部	干旱贫瘠、中度风蚀	沙障固沙，密集式固沙灌木林，适度播种固沙灌木林
				沙丘背风坡基部	沙埋、较贫瘠	高干造林，乔灌混交防护林

第二节
沙质荒漠化土地造林零缺陷设计

1　固沙造林树种零缺陷设计

沙质荒漠化土地造林树种零缺陷设计首先考虑干草原、半荒漠、荒漠气候带的适应性，然后综合分析影响造林成活及生长的不同环境因子，据此设计选择适应当地自然特点的乡土树种和引种成功的优良树种。沙质荒漠化区造林树种设计时主要考虑：

（1）树种的抗旱性。植物枝叶不但具有叶退化、小枝绿化兼营光合作用、枝叶披覆针毛、气孔下凹、叶和嫩枝角质层增厚等旱生型形态表现外，还应有明显的深根性和强大的水平根系，如毛条、沙柳、杨柴、沙拐枣等。

（2）树种的抗风蚀沙埋能力。树种的抗风蚀沙埋能力表现在茎干遭遇沙埋后能发育出不定根，植株具有根蘖与串茎繁殖新枝的能力。若沙埋深度不超过株高1/2，生长更旺，自身形成灌丛或繁衍成片。当遇到风蚀不太深时，仍能正常生长。这种灌木植物种通常称为沙生灌木或先锋固沙造林树种。

（3）树种的耐瘠薄能力。具有抗土壤瘠薄的根瘤菌固沙树种，如花棒、杨柴、踏郎、沙棘、沙枣等。

根据我国对沙质荒漠化实施造林实践和试验研究，得出如下3项结论。

①干草原带风沙区，由于水分条件较好，可设计选择差巴嘎蒿、油蒿、籽蒿、杨柴、小叶锦鸡儿、柽柳、黄柳、沙柳等灌木树种，以及白榆、桑树、小青杨、小叶杨、先锋杨、旱柳、油松、樟子松等乔木树种。

②半荒漠带，地下水位高或有灌溉条件时，可选择沙枣、旱柳、小叶杨、钻天杨、新疆杨、二白杨、白榆等；无灌溉条件可选择油蒿、籽蒿、柠条、花棒、沙拐枣、紫穗槐、杨柴、黄柳、沙柳等灌木树种。

③荒漠地带，有灌溉条件地带，可选择沙枣、白榆、旱柳、胡杨、二白杨、小叶杨、新疆杨、沙拐枣、柠条、花棒、柽柳等；无灌溉条件可选择梭梭、白刺等灌木树种。

2 灌木混交林零缺陷设计

在沙质荒漠化地区零缺陷设计营造以灌木为主的混交林。从水量平衡角度看，林木的蒸腾耗水是影响地下水动态平衡的主要原因，而乔木树种的蒸腾耗水量，要明显高于灌木树种。据甘肃民勤综合治沙试验站测试，沙枣的蒸腾耗水量约是梭梭、沙拐枣、花棒、柠条、白刺等灌木树种的5~10倍。又据马载涛、凌裕泉研究，从防风固沙角度分析，防风固沙林树高达1m以上，就足以起到预定生态防护作用。因此在干旱缺水的沙质荒漠化地区，必须设计以灌木为主、乔灌结合的造林固沙方针，这样才能建立起稳定的林分群体，起到改善沙质荒漠化地区生态环境的作用。

3 固沙造林密度零缺陷设计

（1）固沙造林密度零缺陷设计格式。在干草原地带的沙漠低地，降水量相对较高，土壤较湿润，造林密度应根据立地条件和不同树种进行合理确定，一般为1500~3000株/hm²。在流动、半流动沙丘地区，或地下水位较深的丘间低地，从保证造林后林木水分收支平衡和增强防沙固沙效果考虑，应设计采用单行或双行为1带的混交方式，一般株距为1~1.5m，行带距为3~6m，密度为1050~3000株/hm²。设计采用灌木林直接栽植代替机械沙障时，双行式株距为6~10cm，行距为2~3m；单行式株距为3~5cm，带距约8m，中间栽植1行乔木。

（2）确定固沙造林零缺陷设计密度的方法。荒漠地带降雨量比草原带显著减少，植物固沙因水分不足而非常困难。治理流沙实践中设计采用草沙障固定沙丘，设计造林密度主要考虑沙层水分问题。刘恕、石庆辉提出确定适宜密度的 3 种方法。

①由植物根系来确定密度：指采用一定年龄的植物密集根幅平均值确定密度；

②由植物耗水特点确定密度：在植物生长旺盛期，由沙层有效蓄水量和单株植物平均耗水量得到单株营养面积来确定密度；

③调查各种密度的人工林地及天然植被：经测定比较其生物量、生长势、盖度等来确定植物固沙造林密度。

上述第 1、2 种方法不易准确掌握，第 3 种比较可行。经调查得出的适宜密度是：花棒、柠条适宜密度为 30~40 株/hm²。

4 固沙造林季节零缺陷设计

（1）适宜固沙造林季节设计。适时造林，是保障沙质荒漠化地区造林成活率高的重要环节之一。适宜造林季节应该是土壤水分、温度最有利于苗木、种子生长和发芽的时期。造林苗木成活的生理条件，首先是要求体内水分代谢平衡，如果苗木体内吸收的水分不足以弥补蒸腾散失的水分，苗木就要受旱逐渐萎蔫，严重时直至枯萎导致死亡。因此，造林栽植作业期的选择，应该是在苗木茎叶水分蒸腾量最小，萌发新根能力强盛期的前期。

（2）影响设计固沙造林季节的因素。一般树种的根系，在春季生长期比地上枝叶发芽要早，而在秋季当地上部分已结束生长时，根系的生长仍要延续一段时间，因此，从生物学特性来讲，春秋两季均是植树造林的适宜时期。设计树种、造林方法和技术措施的不同，则造林季节设计也有所区别。

（3）干旱风沙地区植苗和插条造林季节。应以春季为主。春季土壤解冻后，土壤内部比较湿润，土壤的蒸发和植物的蒸腾作用也比较低，苗木根系的再生力旺盛，愈合发根快，造林后有利于苗木的成活生长。秋季造林，往往因为苗木干茎经过较长时间的风沙侵袭、干旱和霜冻，容易干枯死亡，同时，在漫长的干寒季节中又易遭受鼠兔害。在秋季插条造林时，若能设计和实施采取防止风蚀沙埋措施，反而比春季造林有利于植物先生根和促进成活、生长。

（4）春季造林。春季造林要宁早勿迟。通常于 3 月中下旬至 4 月中下旬这段时间进行，各地气温回暖有先后，通常流动沙丘解冻较早，丘间低地解冻较迟，造林地解冻后就应抓紧组织人力突击进行。

（5）秋季造林。秋季造林是指阔叶树落叶以后至土壤封冻以前这一段时间，通常在 10 月中旬至 11 月份。当土壤墒情较差和降雨较小的地区和年份，成活率较差；但在水土条件优越的丘间低地和滩地上，如果设计和实施造林技术措施得当，并设置防风蚀、防鼠兔害等保护性措施，就会取得良好的造林成活效果。

（6）雨季造林。在雨季，沙地水分和温度是种子萌芽的重要条件，我国沙质荒漠化地区降雨多集中在 7~9 月份，各地的雨季来临时间虽有迟有早，但这时正值高温期，种子遇连续 2d 以上降雨即可迅速发芽生长；籽蒿、油蒿、花棒、柠条、杨柴、山竹子、胡枝子等都适宜直播造林，幼苗当年木质化程度高，能够正常过冬，不受冻害。雨季还可以栽植樟子松、油松、杨柴、花棒、沙拐枣、柠条等容器苗。

第三节
机械沙障固阻流沙零缺陷设计

1　机械沙障的类型和固阻流沙原理

1.1　机械沙障在防治沙质荒漠化中的地位及作用

（1）机械沙障：是指采用柴、草、树枝、黏土、卵石、板条等材料，在流动沙地表面设置各种形式的障碍物，以此阻挡和控制风沙流动的方向、速度、结构，改变风沙流的蚀积状况，达到防风阻沙、改变风的作用力及地貌状况等目的，统称为机械沙障。

（2）机械沙障的地位及作用：机械沙障在防治沙质荒漠化中的地位和作用极其重要，是植物措施无法替代的前提和保护性措施。在自然条件恶劣的沙质荒漠化地区，机械沙障是固、阻流沙的主要措施。我国防治沙质荒漠化土地的实践证明，造林种草固沙与设置机械沙障相辅相成、缺一不可，二者发挥着同等重要的作用。

1.2　机械沙障类型

按防治沙质荒漠化原理和设置方式的不同，机械沙障划分为以下2大类：

（1）平铺式沙障。该类沙障按设置方法不同又分为带状铺设式和全面铺设式。

（2）直立式沙障。按设置高度将其又分为如下种类：

高立式沙障：高出沙面50~100cm；

低立式沙障：高出沙面20~50cm（也称半隐蔽式沙障）；

隐蔽式沙障：沙障材料几乎全部埋入并与沙地表面平或稍露障顶。

直立式沙障按透风度不同分为透风式、紧密式、不透风式3种结构型。

1.3　机械沙障固定流沙原理

（1）平铺式沙障固阻流沙原理：平铺式沙障是固沙型的沙障，利用植物枝条、草、卵石、黏土、沥青乳剂与聚丙烯酰胺等高分子聚合物等物质，铺盖和喷洒沙地表面，以此隔绝风与松散沙层的接触，使风沙流经过沙面时，不起风蚀作用，不增加风沙流中的含沙量，达到风虽过而沙不起，起到就地固定流沙的作用。但对过境风沙流中的沙粒截阻作用不大。

（2）直立式沙障固阻流沙原理：直立式沙障大多是积沙型沙障，在风沙流所通过的路径上，无论碰到任何障碍物的阻挡，风速都会受到影响而降低，所挟带的一部分沙粒就会沉积在障碍物的周围，以此来减少风沙流的输沙量，从而起到防治沙质荒漠化土地的风沙危害的作用。

（3）透风结构沙障固阻流沙原理：当风沙流经过沙障时，一部分分散为许多紊流穿过沙障间隙，使摩擦阻力加大，产生许多涡漩，并互相碰撞，消耗了动能，使风速减弱，风沙流的载沙能力降低，在沙障前后就形成积沙。在沙障前堆积沙量小，沙障不易被沙埋，而在沙障后的积沙现象严重，造成沙堆平缓地自纵向伸展，积沙范围延伸得较远，因而拦蓄风沙流沙粒的时间长，积沙量大。

（4）不透风与紧密结构沙障的固阻流沙原理：当风沙流经过该类型沙障时，在障前被迫抬升，越过沙障后又急剧下降，在沙障前后产生剧烈的涡动气流，由于相互阻碰和涡动的影响，极大地消耗了风沙流的动能，减弱了气流载沙能力，于是在沙障前后形成沙粒的大量堆积。

（5）隐蔽式沙障的防沙原理：该类沙障是埋在沙层中的立式沙障，障顶与沙面持平或稍露出沙面，因此对地上部分的风沙径流影响不大，而它的主要作用是制止地表沙粒以沙纹式移动。隐蔽式沙障起到控制风蚀基准面的作用，设置沙障后沙粒仍在动，但总的地形形态并不发生变化。因为有隐蔽式沙障存在，虽有一定程度的风蚀，但风蚀后即不再往下发展，保持着一定的水平，故而不会使地形发生改变。

2 设计机械沙障的技术指标

设计机械沙障主要是解决在设置沙障时，应该关注以下 6 项技术指标运用问题，并了解每项技术指标在沙障固阻流沙中的作用，只有这样设计的各种沙障才能符合当地自然条件的客观规律，发挥沙障在防治沙质荒漠化工作中的最大效能。

2.1 沙障设置孔隙度

把沙障孔隙面积与沙障总面积之比叫做沙障孔隙度。通常用沙障孔隙度作为衡量沙障透风性能的指标。当孔隙度在 25% 时，障前积沙范围约为障高的 2 倍，障后积沙范围为障高的 7~8 倍。而当孔隙度达到 50% 时，障前基本没有积沙，障后的积沙范围为障高的 12~13 倍。孔隙度越小，沙障越紧密，积沙范围越窄，沙障很快被积沙所埋没，失去继续拦阻沙的作用。反之，孔隙度越大，积沙范围延伸得越长，积沙作用也大，防护时间也长，为了发挥沙障较大的防护效能，在障间距离和沙障高度一定的情况下，沙障孔隙度的大小，应根据各地风力及沙源情况来具体设计确定。一般多设计 25%~50% 的透风孔隙度。风力较大的地区，而沙源又小的情况下孔隙度应小些；沙源充足时，孔隙度应大。

2.2 沙障设置高度

通常在流动沙丘地部位和沙障孔隙度相同的情况下，积沙量与沙障高度的平方成正比。沙障高度一般设计为 30~40cm，最高为 1m。

2.3 沙障设置方向

设置沙障应与主风方向垂直，要在沙丘迎风坡设置。设置时先顺主风方向在沙丘中部划一道纵轴线作为基准线，因为沙丘中部的风较两侧强烈，为此沙障与轴线的夹角要稍大于 90° 而不超过 100°，这样就可使沙丘中部的风沙流向两侧顺出去。若沙障与主风方向的夹角小于 90°，气流易趋中部而使沙障被掏蚀或沙埋，如图 5-1。

2.4　沙障配置形式

设计机械沙障的配置形式有行列式、格状式、人字形、雁翅形、鱼刺形等。设计与应用较多的配置形式主要是行列式、格状式。

（1）行列式配置：多用于单向起沙风为主害风的地区，在新月形沙丘迎风坡设置时，丘顶要留空一段，并先在沙丘上部按新月形划出一道设置沙障的最上范围线，然后在迎风坡正面中部，自最上设置范围线起，按所需间距向两翼划出设置沙障的线道，并使该沙障线微呈弧形。对在新月形沙丘链上设障时，可参照新月形沙丘进行。

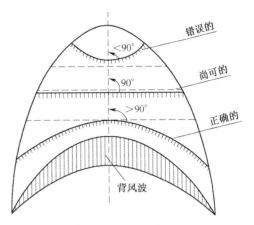

图 5-1　流动沙丘迎风坡设置沙障方向

但在两丘衔接链口处，因两侧沙丘坡面隆起，形成集风区，吹蚀力强，输沙量多，沙障间距应设计小些。在链身上有起伏弯曲的转折面出现处，标志着气流在此转向，风向很不稳定，可在此处根据坡面转折情况，加设横挡，以防止侧向风向的掏蚀危害。

（2）格状式配置：适宜设计在风向不稳定，除主害风外尚有侧向风较强的沙区和地段采用。根据多向风力的大小差异情况，分别设计正方形格、长方形格网状沙障。

2.5　沙障间距设置

沙障间距是指相邻两条沙障之间的距离。该距离过大，沙障容易被风掏蚀损坏，距离过小则会浪费材料、增加投资，因此，在设置沙障前必须设计沙障的合理行间距。

沙障间距与沙障高度和沙面坡度直接相关联，同时也与风力的强弱有关。沙障高度大，障间距应大，反之亦然。沙面坡度大，障间距应小；反之，沙面坡度小，障间距应大。风力弱处间距可大，风力强时间距就要缩小。一般在坡度小于 4°的平缓沙地上，障间距应设计为障高的 15~20 倍。一般在地势不平坦的流动沙丘坡面上，沙障间距的设定要根据障高和坡度进行计算。其计算公式（5-1）如下：

$$D = H \times \mathrm{ctg}\alpha \tag{5-1}$$

式中：D——沙障间距离（m）；

　　　H——障高（m）；

　　　α——沙面坡度（°）。

黏土沙障设计：其间距为 2~4m，埂高为 15~20cm。在沙质荒漠化风沙危害严重地区设计的最佳格式是 1m×1m、1m×2m 的黏土方格沙障。其设计用土量主要依据沙障间距和障埂规格计算，并根据取土运距核算用工量，其计算公式（5-2）如下：

$$Q = ahs\left(\frac{1}{c_1} + \frac{1}{c_2}\right) \times \frac{1}{2} \tag{5-2}$$

式中：a——障埂底宽（m）；

　　　h——障埂高（m）；

c_1——与主风垂直的障埂间距（m）；

c_2——与主风平行的障埂间距（m）；

s——设置沙障总面积（m²）；

Q——沙障需土量（m³）。

2.6　沙障类型及设障材料的选用

（1）应根据防护功能设计沙障材料：在设计选用沙障类型时，应根据防护目的因地制宜地灵活确定。设计防风蚀固沙沙障，应选用半隐蔽式沙障；设计载持风沙流沙障，应选用透风结构的高立式沙障为宜。

（2）设计选用沙障材料原则：须调查考虑取材容易、运距短、价钱低廉，且固沙效果显著的材料。一般要就地取材，多采用沙柳、沙蒿、麦草、板条、砾石和黏土等较易取得的材料作为沙障材料。

3　各类型沙障固阻流沙效果评价

3.1　高立式沙障

高立式沙障的固阻流沙效果显著，适合设计在沙源距被保护区较远、流动沙丘高大、沙量较多的地段使用。但易造成流沙堆积，使被保护对象——造林苗木仍有受沙埋危害现象的存在，因此在被保护对象附近不宜采用此类沙障；而且设置后需要经常维修，耗料多、费工多、成本造价大。

3.2　半隐蔽式沙障

对半隐蔽式沙障（低立式沙障）又可分为格状草沙障和黏土沙障2类进行评价。

（1）格状草沙障：其特点是取材方便，施工方法简单易行，成本相对较低，能够显著增大地表粗糙度，削减沙地表面风速，固沙效果较为优越，已被广泛应用。

（2）黏土沙障：其特点为成本低，可就地取材，有较强的保水能力，对植树造林固沙有利，但各地区受取土的限制性较大。

第四节
沙质荒漠化地区防护林体系建设零缺陷设计

沙质荒漠化风蚀地区干旱风沙严重，农牧业生产遭受到极其严重的制约。为此，必须因害设防，因地制宜地建立各种类型的生态防护林。沙质荒漠化风沙区自然条件复杂，必须因地制宜地总体设计乔灌草种相结合、带网片线点相结合，构成生态防护的完善体系，发挥综合防护效益。设计的零缺陷防护林体系组成类型如下。

1　干旱区绿洲防护林体系零缺陷设计

在我国干旱绿洲地区，设计生态防护林体系是绿洲生存与发展的生命线。设计建设的绿洲防护林体系原则上由 3 部分组成。一是绿洲外围的封育灌草固沙带；二是骨干防沙林带；三是绿洲内部农田林网、经济林等林种。

1.1　封育灌草固沙沉沙林带设计

该部分为绿洲最外缘的生态防护线，它直接接壤沙漠戈壁，其地表疏松，处于风蚀风积均很严重的生态脆弱带。为制止就地起沙和拦截外来流沙侵入，需设计建立宽阔的抗风蚀、耐干旱的灌草林带。设计建立的灌草林带必须设定一定的空间范围，并促使其达到一定的高度和盖度才能发挥削弱风速、抵抗风蚀的固沙作用。在对其林带宽度设计时，要遵循因地制宜、越宽越佳的原则，至少不应小于 200m。

1.2　防风阻沙林带设计

（1）防风阻沙林带设计目的：阻沙林带是绿洲防护林体系建设设计的第二道防线，位于灌草林带和农田之间。其生态防护作用是继续削弱越过灌草林带的风速，沉降风沙流中剩余沙粒，进一步减弱风沙危害。此带因各地绿洲区的自然条件不同，对其设计的差异性很大，勿要强求统一设计与建设模式。

（2）防风阻沙林带设计：在无需灌溉的区域，当流动沙丘带与农田之间存在有广阔低洼荒滩地时，可设计与营造大面积的乔灌防护林，多树种混交，形成生态防护上的立体式紧密结构。在大沙漠边缘、低矮稀疏松流动沙丘区，以设计选用耐沙埋的灌木，其他地方以乔木为主。因为流动沙丘前移必会使得林带遭受沙埋，为此要选用生长快、耐沙埋的树种。小叶杨、旱柳、黄柳、怪柳等生长速度较慢的树种不宜设计采用。为防止在流动沙丘背风坡脚造林受到过度沙埋，应设计留出一定宽度的安全距离。其计算公式（5-3）如下：

$$L = \frac{H - K}{S} \times (V - C) \tag{5-3}$$

式中：L——安全距离（m）；

　　　H——沙丘高度（m）；

　　　K——苗高（m）；

　　　S——苗木年生长量（m）；

　　　V——流动沙丘年前进距离（m）；

　　　C——沙埋苗木高 1/2 处的水平距离（m）；据生长快慢取数值 0.4 或 0.8。

（3）防风阻沙林带设计时应参照的情况：须要考虑的 3 种情况如下。

①若地势不宽林带较窄，林带应为乔灌混交林或保留乔木基部枝条不修剪，以提高阻沙能力。

②营造多带式林带，带宽不必严格限制，带间应种草固沙。

③当必须灌溉时，林带宽度设计约 20m 即可，只有在外缘沙源丰富、风沙危害严重的地带

才设计营造多带式窄带防沙林。其迎风面要设计选用枝叶茂盛抗性强的树种，其后面则高矮搭配。

1.3　绿洲内部农田防护林网设计

绿洲内部农田防护林网是干旱绿洲区的第 3 道防线。位于绿洲内部，在绿洲内部设计与建立成纵横交错的防护林网格。其生态防护目的是改善绿洲近地层小气候条件，形成有利于农作物生长发育、提高农业产量质量的生态环境。设计与建造绿洲内部农田防护林网是为控制绿洲内部土地在大风时不会起沙，其设计技术思路与方法详见沙地农田防护林设计。

2　沙地农田防护林零缺陷设计

沙质荒漠化地区的农田因干旱多风土地易被风蚀沙化，即使具备灌溉条件，也难以高产，为此，设计和营造农田防护林网对防治风蚀，保护农业生产有重要意义，是沙区农田基本建设内容。

沙区农田防护林的生态防护功能主要是控制土壤风蚀，保证农田地表耕作土壤不被风吹蚀。这主要取决于设计的主林带间距，即有效防护距离，在该防护范围内出现大风时，风速应被消减到起沙风速以下。因自然条件和经营水平不同，现设计营造的主林带距差异很大，根据不起沙的防护要求和实际观测，设计主带距应为 $15 \sim 20H$（H 为成年林带平均树高）。林带结构状况对防护作用有重要影响。林带结构为乔灌混交和密度大时，其透风系数小，林网中农田会积沙，形成驴槽地，极不便于耕作。而由乔灌木组成的透风结构林带，当其透风系数是 $0.6 \sim 0.7$ 时无风蚀和积沙，为林带设计中的最适结构。

所设计林带宽度影响林带结构，过宽必紧密。按透风结构设计要求不需过宽，小网格窄林带防护效果较佳。设计 $3 \sim 6$ 行乔木、带宽 $5 \sim 15m$ 宽即可。防护林建设中常见的"一路两沟四行树"就是这种格式。

我国半湿润地区降雨较多，气候条件较为优越，防护林可设计以乔木为主，主林带间距约 300m。半干旱沙质草原一般不产生风蚀危害，但大面积农田开垦旱作，引发地表风蚀发展，极需设置防护林带保护，因自然条件差，林带建设困难较多。东部地区设计主林带间距可为 $150 \sim 200m$；西部广大旱作区除条件较好地段可营造乔木防护林带，其他地区以设计营造耐旱灌木为主，设计主林带间距约为 50m。

干旱地区农田林网建设设计宜采用小网格窄林带。新疆北疆地区设计主林带间距 $170 \sim 250m$，副林带间距 1000m；针对南疆地区风沙危害严重状况，应设计营造 25m 宽林带、主副林带间距 500m 的防护林网格；风沙前沿设计建造 $120 \sim 150m \times 500m$ 的网格，设计树种应以灌木为主。

在设计农田防护林同时，还需设计农业防风沙技术措施，其内容如下：

（1）发展水利，扩大农田灌溉面积。

（2）增施牛羊家畜粪肥、绿肥等有机肥料，以便改良土壤。

（3）防风蚀旱农作业技术措施、带状耕作、伏耕压青、采取种高秆作物和作物留茬等有效措施。

3　沙区牧场防护林零缺陷设计

3.1　我国沙区草原沙质荒漠化发展现状

我国沙区草原广阔，发展畜牧养殖业潜力极大。但因气候干旱，自然条件恶劣加上长期过牧，草地滥垦，乱挖药材，多年来缺乏有效的建设管理，致使草地沙质荒漠化发展严重。草地沙质荒漠化泛滥的主要表现是：

（1）地表形态恶化表现：由平坦草原逐步演变为灌丛沙堆，以及斑、片、带状流动沙丘，最终使草原地貌变成为流动沙丘地貌。

（2）植被形态变化：由原草原植被蜕变为沙生植被，致使中生不耐旱优良植物种急剧减少以至丧失；造成旱生、沙生、耐瘠而低质甚至有害植物种增加，并逐渐成为群落优势种；植物群落的高度、密度降低，盖度减小，生物量与质量下降。

（3）地表机械组成和理化性质变化：地表若失去植被保护，就会增加土地裸露面积，致使土壤水分蒸发加剧、盐分上升；坡地草场会造成水土流失，使旱情加重，土壤、气候更加干燥，这就是草场退化、沙质荒漠化、干旱化、盐渍化的过程。测试结果表明，超限度的极端气候因子直接危害家畜的健康，据研究，超过 $7.123 \sim 7.542 kJ/(cm^2 \cdot min)$ 的太阳直接辐射，超过 40℃ 的气温和 65℃ 的地表温度，夏季过度干燥与干热风，冬季低于 -30℃ 的低温与暴风雪等自然灾害，都直接伤害牲畜的生理活动。为此，建设草场防护势在必行。

3.2　护牧林营造设计

护牧防护林设计树种与农田林网一致，但要注意其饲用价值，东部地区要以乔木为主，西部地区以灌木为主。灌木防护主林带距取决于风沙危害程度。风沙危害不严重地段设计以 25H 为最大防护距离；风沙危害严重地段主带距可为 15H；对病幼母畜放牧地段可设计为 10H。副林带距根据实际情况设定，一般设计为 400~800m，割草地不设副林带。灌木带主带间距设计为约 50m。林带宽设计规格是：主带 10~20m，副带 7~10m，考虑到草原地区干旱多风、地广林少，为建设成为防护林生态环境，林带可设计宽些，东部地区林带设计乔灌计 6~8 行，乔木 4~6 行，每边 1 行灌木。林带结构设计为疏透结构，或无灌木的透风结构。生物围栏设计为紧密结构。造林密度取决于水分条件，有水则密些，否则要稀些。

设计营造护牧林时，草原造林必须设计整地工序。为防风蚀可设计为带状、穴状整地。整地带宽 1.2~1.5m，保留带依行距而定。设计整地作业期为雨季前，以便尽可能积蓄水分。设计造林期为秋季或翌春。

在设计牧场防护林时，对牧区建造的薪炭林、用材林、苗圃、果园、居民点绿化等，都应合理统筹安排，纳入防护林体系之中。另外，为根治草场沙化，还应设计采取封育沙化草场、补播优良牧草和建设饲草饲料基地等其他措施。

4　沙区铁路防护林体系零缺陷设计

对沙区铁路防护林建设设计有着重大政治与经济意义，我国在该领域处于世界领先水平和地位。包兰线沙坡头铁路固沙获"科技进步特等奖""全球环境保护 500 佳"称号，铁路固沙极大地推动了沙质荒漠化防治事业的发展。

4.1　沙质荒漠化对铁路的危害

沙质荒漠化对铁路危害的主要形式是：风蚀掏空路基，积沙埋压线路，磨蚀机械传动部分、沿线通讯设备和钢轨等 3 种形式。

（1）风蚀：沙质铁路路基极易被风蚀掏空。路肩部位的风速最大，风蚀最为严重，路坡脚部位易积压沙。风蚀使路基宽度减小，枕木外露，甚至钢轨悬空引发事故。

（2）积沙：铁路线积沙是铁路沙害最为普遍的现象，积沙有以下 3 种形式：

①舌状积沙：风沙流经过路基，沙粒沉积成高如舌状的沙堆；埋压道床钢轨，长达几米至几十米，沙堆高出轨面达几十厘米。具有突发性，大风时积沙速度极快。

②片状积沙：是铁路线积沙最为普遍的形式，风沙流受到铁路线阻碍，沙粒就会均匀地沉积在道床上。沉积初期对铁路线影响不大，但对铁路线养护却造成了极大的困难。当沙粒大量堆积埋没钢轨时已经造成严重危害后果，使得清除极为困难。

③堆状积沙：流动沙丘前移，流沙成堆状埋压在铁路线上。此类积沙便于预测和提前采取措施。如已经形成险情，清除堆沙工作量很大。

不同路基形成的积沙形式不同，路堤越高，路暂越深长，越不易积沙；平坦地段的铁路基最易积沙，应加大巡道力度并随时清除堆沙。积沙对铁路线造成的危害形式主要有 6 种：

造成机车脱轨：当积沙厚度超过轨面 20cm，堆沙长度超过 2～3m，就可能会导致列车脱轨，毁坏铁路线，甚至翻车。

铁路线停运缓运：若沙区铁路线段发生大规模堆积沉沙的危害，就会造成铁路运输的重大经济损失，严重影响经济建设。

拱道：列车通过时产生的震动使沙粒渗落在铁道床底，使枕木和钢轨被抬高，因抬高不均匀会使列车车厢摇晃，严重时导致断钩脱轨。

低接头：在清除铁路线上积沙时，会使轨道碎石渣减少而影响道床不实，极易造成钢轨接头处下沉，严重时会造成车厢摇晃，甚至发生断钩危险。

湿度增大腐蚀枕木：铁路轨道上沉沙会腐蚀枕木，缩短其使用寿命。

流沙堵塞桥涵：大量流沙沉积时就会堵塞铁路桥涵洞，造成洪水期排洪不畅，直接导致冲毁线路及其设施。

（3）磨蚀：风沙流运动造成铁路线钢轨、机械、通讯设备受到严重磨蚀，严重影响其使用寿命，并干扰通讯以及造成电线混线事故的发生。风沙活动还极大地影响到司机操作视线，不利于正常行车；风沙严重时不能正常养路、巡道和维修作业。

4.2　铁路防治沙质荒漠化防护林体系建设设计

沙质荒漠化地区各铁路线段的自然条件差异很大，造成沙害的原因、形式、程度不同，治理技术与管理措施也不尽相同。在干草原地带，自然条件相对较为优越，沙害主要因植被破坏而造成，设计的防治措施要以植物固沙为主，工程措施为辅；半荒漠地带自然条件很差，植物造林固沙较草原地区困难得多，沙害防治设计必须采取植物固沙和工程固沙相结合的复合技术措施；荒漠地带自然条件更加恶劣，降雨过少，不能满足植物需要，沙害防治设计要以工程措施为主。只有具备引水灌溉条件时才能实施植物固沙与工程固沙紧密结合的复合技术措施。

（1）铁路沙质荒漠化防护林体系建设设计原则：我国通过长期的铁路防治沙质荒漠化实践证明，在铁路生态防护设计中就应由"阻、固、输"改为"以固为主，固阻结合"的防护建设设计总原则。并在设计中遵循以下5项具体原则：因地制宜，因害设防，适地适技，综合防治；植物措施与工程措施相结合；临时措施与永久性防护工程相结合；灾害防治与自然生态景观的环境美化相结合；生态工程项目防护建设与抚育、保护管理相结合。

（2）铁路选线与路基防沙害设计：具体分为铁路选线设计和路基设计。

①铁路选线设计：正确选择路线是防止沙灾害最有效、最经济的措施。线路选择的合理，可减轻沙害到最低程度，而且也利于防治。针对风沙对铁路危害的情况和我国多年来防治的实践经验，在风沙地区进行设计铁路选线时，应遵循的4项原则是：在线路延长不多和建筑费用增加不大时，应尽量绕过有流沙侵蚀的地段；如无法绕过或绕过方案投资造价过大时，线路应与主害风方向平行或成锐角；尽量避免弯道，若难以避免，弯道应设计在路堤部分，并以凸面迎风向；车站、房屋等建筑物应设计建在铁路背风一侧，以防止积沙埋路。

②路基设计：在风沙危害区，对铁路路基建设设计的基本要求是保证路基的稳定，避免受到风蚀和沙埋。为此在铁路建设设计时，就必须考虑路基的稳定性建设。如一级路堤路面宽是6m，在风蚀严重区就应适当加宽至7~8m；路基边坡度应不大于沙子的天然安息角（30°），坡比降约为1∶7.5。另外边坡应设计采用一坡到顶的均一坡为佳。同时为防止路基主体免遭风蚀，必须设计黏土包坡、平铺或叠铺草皮、铺设砾卵石防护和沥青防护等措施，加以全面保护。

（3）铁路沙害防护工程措施设计：在实施铁路防治沙害时，必须将工程措施与植物措施相结合进行综合设计，工程措施与植物措施具有同等重要的防护功效与地位。设置工程措施的优点是见效快、施工简便、便于就地取材，其不足之处是使用年限有限，且需要不断维修养护，仅是一种治标的方法。在防治前期，工程措施对植物的恢复和生长起着积极的保障作用。铁路常用工程措施如下：

①沙障：是指采用不同材料在沙面上设置各种形式的障碍物，以便控制风沙流的方向、速度、结构，以达到防风阻沙、改变风害的作用力及地貌状况等目的。某一地段沙障类型的设计选择因其防治目的不同而各异，根据沙障类型的不同设计不同高度的沙障。以截阻流沙防护为主时，设计选用高立式沙障，障高为50~100cm或更高，但沙障太高则费料费工，因此，最高不大于150cm；如以防风蚀为主时，宜设计采用低立式沙障，障高20~50cm；以固沙为主的地段，设计选择隐蔽式沙障，其高度与沙面持平。沙障设置位置一般设计在迎风侧距线路100~200m处，沙障的孔隙度、障间距、带数可根据风沙强度而设定。风沙流较强的地段，设多条沙障，障间距适当加密，相反，则设1条或几条沙障即可，障间距也可稍稍增大一些。

②防灾墙：可就地取材，设计建造1~3行川字形和品字形石墙、砖墙或土墙，用以防风沙与积雪。如集通铁路沿线设计建造的防雪石墙，就起到明显的防灾效果。

③半隐蔽式草方格沙障：设计设置在铁路两侧的防护带上，铺设初期，可能会遭到风蚀，一旦形成凹形面后就达到了稳定状态，有效增加地表粗糙度和减低风速，继而降低输沙量，为实施

植物固沙创造有利条件。

④护坡措施设计：防护材料以就地取材为宜，以碎石、卵石为佳，也可用黏土、草皮砖、水泥制品、泥浆或沥青混合物等护坡。目的是防护防止边坡被风蚀、水蚀。

⑤筑堤措施：在风沙大的地段，设计在线路一侧或两侧，距线路约50m距离挖沟，将弃土堆叠在迎风侧沟沿外50m处修筑成堤，然后采用卵石覆盖堤顶及迎风面。

（4）铁路沙害植物措施防治设计：在荒漠、半荒漠地区无灌溉条件下，设计选用耐旱植物固沙，营建植物防沙林体系。其设计内容如下：

①植物种设计：常用固沙灌草植物种有：花棒、沙拐枣、油蒿、差巴嘎蒿、小叶锦鸡儿、黄柳、桂柳、沙米、白茨、野枸杞等。在地下水资源较丰富或有河流等水源地区，可设计建立有灌溉设施的植物防沙林体系，设计选用的乔木树种有小叶杨、沙枣、槐树、榆树、合作杨、樟子松、旱柳等；灌木树种有黄柳、卫矛、胡枝子、梭梭、红柳、花棒等。

②防护林带设计：本着"因害设防"在线路两侧营造防沙林带，重点放在上风侧，其次是下风侧。沙害严重地段设计：在上风侧设置2~3条防护林带，下风侧设1条防护林带。沙害一般地区设计：上风侧设1~2条林带。防护林带宽30m，带间距50m。防护林带树种选择应以乡土树种为主，且栽植在土层深厚的地区。设计幼林期进行灌溉，可促使其迅速生长，尽早发挥生态防护效益。

③植物活沙障设计：设计植物活沙障是指将植物以密集式、簇式或线性密植的配置方法，在线路两侧合理配置，并利用活植物体的灌丛堆效应，将流沙固定在植物体周围，从而达到固沙的目的。植物活沙障应选择耐旱、耐风蚀沙埋的灌木树种。

④防风固沙林带设计：在线路两侧距线路较远的风沙活动强烈边缘地区，应因地制宜地建立乔、灌、草结合的防风固沙林带。其宽度上风侧为50~300m，下风侧为30~100m。设计与工程措施结合建立的防风固沙林带，既能有效防止外侧风沙流对铁路的风蚀沙埋危害，又起到绿化美化自然环境景观，为沙区提供薪材和饲料。

（5）封育措施设计：对铁路沿线生态防护林草区设计实施封育措施，是防治风沙流危害、保持水土流失有效的方法。我国铁路穿越风沙区各个地段的自然条件差异很大，而且风沙危害的方式和原因也各不相同，因此各地区采取的具体封育措施各异。如在固定半固定沙地线路两侧有目的的保护原有植被，并采取人工撒播草籽、植树造林，架设网围栏封沙育林育草，以促进植被的恢复和对线路的防护。在流动沙区宜设置草方格沙障进行封育保护。

铁路封育带设计应沿路线两侧呈带状布设，分主封育防护带和副封育防护带。一般主带比副带宽，以铁路线宽约10m、地表风速<5m/s计，主封育防护带宽度以300~400m为宜，副封育防护带宽度以100~150m为宜。

（6）草原沙区铁路防护林体系设计：该区域自然条件稍好，降水量为250~500mm，生态环境有利于植物生长，设计应以植物固沙为主，设置机械沙障为辅。防护林带宽度取决于风沙危害程度。防护设计重点在迎风面。设计多带式组成防护林体系，带宽约20m，带距约15m。设计林带间种草覆盖地表，林带外缘种草固沙。针对风沙危害呈现严重、一般、轻微3种状况，设计防护林带迎风面可设5带、3带到1带，背风面设3带、2带到1带。设计树种：东部地区应当以乔木为主或乔灌结合；西部地区应选用耐旱灌木，沙害立地条件严重地段，初期可设置平铺式、半隐蔽式、立式、立杆草把沙障，以固、阻风沙流保护造林苗木。

①树种设计选择：东部地区造林选择的乔木主要有樟子松、油松、旱柳、新疆杨、白榆等；灌木有胡枝子、紫穗槐、黄柳、沙柳、小叶锦鸡儿、山竹子等；半灌木有差巴嘎蒿、油蒿等；西部风沙严重地区应增设花棒、杨柴、柠条、籽蒿等灌木半灌木比重，乔木比重减少。配置上，东部应乔灌草结合，水分条件好的地段可乔木为主，较差地段以灌木为主；西部地区以灌木为主，可灌溉地段应乔灌草结合。

②设计造林技术工序上应注意的要点：主要应注意以下 4 个要点：防护林带远离路基 100m 以外的流动沙丘顶部、迎风坡上部不设障造林，待风力削低丘顶后再设障造林；要根据立地条件和树种生物学特性合理配置树种，针阔混交，提高树种多样性；严格造林实施技术与管理规程，保证造林工程项目建设质量；在降水量>400mm 地区，造林固沙工程项目建设应争取一次成功。

（7）半荒漠沙区铁路防护林体系设计：该沙区铁路线最长，有 750km。地处腾格里沙漠的包兰铁路沙坡头段可作为防治铁路沙害的成功项目。沙坡头地区年均降水量不足 200mm，年蒸发量在 3000mm 以上，年内起沙风多达 900h；区内流动沙丘高大，水位深，自然环境条件严酷。中卫固沙林场经过 30 年的防治沙质荒漠化土地实践，成功地建成了 5 带一体的铁路防护林体系。

包兰铁路沙坡头段防护林体系设计的指导思想是"因地制宜，因害设防，就地取材，综合治理"。采取了以固为主，固阻输相结合的综合治理设计技术措施思路，设计防护林带宽度是：迎风面≥300m，背风面≥200m，林带共计 500 多米。该铁路沙害防护林体系设计的防治措施是：固沙防火带、灌溉造林带、草障植物带、封沙育草带等；这几种植物带构成的立体复合防护屏障，有效地防护了铁路安全运行。

①固沙防火带设计：设置在铁路基迎风面 20m，背风面 10m，根据铁路运行固沙防火的需要，清除杂草、整平沙丘地表，铺设 10~15cm 厚卵石、黄土或炉渣。

②灌溉造林带设计：利用临近黄河水源的便利条件，通过 4 级扬水，提水输送至造林地段。设计在固沙防火带外侧迎风面 60m，背风面 40m 范围整修梯田，修筑灌渠，梯田设障，灌水造林，3~5 年即可建成稳定可靠的铁路生态综合防护林带体系。

设计乔灌木造林固沙树种为二白杨、刺槐、沙枣、樟子松、柠条、花棒、黄柳、沙柳、紫穗槐、小叶锦鸡儿、沙拐枣等。铁路防护混交林应以灌木为主。

③草障植物带设计：该带是沙坡头铁路防护林体系中的核心部分，采取机械沙障工程措施与植树造林相结合的综合治理手段。设计在灌溉带外侧，迎风侧 24m，背风面约 160m，在其防护范围内对流动沙丘地全部设置 1m×1m 半隐蔽式麦草方格沙障；然后 2 行 1 带（隔 1 行），株行距 1m×1m，栽植花棒、柠条等抗旱灌木。该带设计栽植的固沙植物主要有花棒、柠条、小叶锦鸡儿、头状与乔木状沙拐枣、黄柳、油蒿等。林带设计 2 行 1 带配置，株行带距为 1m×1m×2m，油蒿株距 0.5m，混交类型组合设计为：柠条×花棒、柠条×油蒿、花棒×小叶锦鸡儿。造林作业期设计在春秋 2 季进行，以秋季为主，方法以植苗造林为主；黄柳、沙柳采用扦插方式；油蒿可于雨季撒播。

④封沙育草带设计：在阻沙林带迎风面 100m 范围内，对局部流动沙丘迎风坡设计采取封

沙、设置沙障、栽植灌木的治理技术措施。

（8）荒漠地区铁路防护林体系设计：我国目前穿越西北部戈壁的铁路严重受到风沙危害，危害特点是来势猛、堆积快、能够急速形成片状积沙堆。防护林建设设计应根据风沙危害程度的不同，对其防护林体系迎风面设 1~3 带，背风面设 1 带；带宽 30~50m，带距 40~50m；应配置乔灌结合，林带结构设计为前紧后疏。

①树种设计选择：灌溉造林可选用较多树种，乔木有二白杨、新疆杨、银白杨、沙枣等；灌木有柽柳、柠条、锦鸡儿、花棒、梭梭等。

②设计造林方式：采用开沟积沙客土造林法。戈壁上石多土少，要先开沟积沙，设计沟深 40~50cm、宽 40cm，自然积沙，蓄满沙后挖穴造林。

③设计造林灌溉及抚育方法：戈壁地区土质干燥、渗水快，要少灌勤浇，半月灌 1 次，每次 1200m³/hm²；设计每年 4 月下旬至 10 月下旬，林内除草，带间种草。

5 沙区公路防护林体系零缺陷设计

5.1 公路选线设计原则

从公路线路选择及路基设计考虑，线路选择合理，可以最大限度地减少自然灾害造成的损失，降低防护工程造价，并且使路基稳定、行车安全、经济合理。因此，所设计的生态防护措施首先要建立在正确的选线方案上。在沙质荒漠化地区，公路建设设计路线选择应遵守以下 6 项原则：

（1）最短距离原则；

（2）绕避严重风蚀沙埋沙害地段原则；

（3）尽可能使线路与主导起沙风向平行或成锐角相交的原则，以减少路肩的风蚀；

（4）顺应自然地形原则；

（5）接近筑路材料和水源地原则；

（6）最佳生态经济效益原则。

5.2 公路路基设计

（1）公路路基设计原理：在砾石戈壁地区，公路路基防风蚀沙埋设计应多设低填方或零断面，不设或少设挖方。路基横断面最好把路肩与边坡相交的棱角削成圆弧状的流线型路基，以便创造平滑的环流条件，有利于风沙流的非堆积搬运通过路面，不产生路面积沙。

（2）公路路堑路基设计要求：在公路沿线必要处设计路堑路基时，深路堑线路段越短越佳，这样积沙较少；在设置浅路堑的地段，可设计敞开式的路堑横断面。敞开式路堑横断面可使堑内具有通畅的气流环境条件，使整个断面处于风沙非堆积搬运状态，造成整个路基无积沙危害现象的发生。

（3）公路路面设计要求：设计建造的公路面应尽量坚实平滑，线路中部略高，呈低流线型，可有效防止堆积沙埋压公路面和减少水蚀。

5.3　公路防护林区封育措施设计

其原理和方法与铁路相同，即应在线路两侧设计建立封沙育林育草区，并辅以人工更新措施，尽快恢复沿线植被，发挥植被的防风固沙作用。

5.4　路基防护体系设计

由于公路路基面宽线长，路基的生态防护工作量大，应本着因地制宜、就地取材、因害设防、适地适技的原则进行布设。

（1）平铺式叠铺草皮：平铺式叠铺草皮多设计用于公路线路附近有沼泽草甸和下湿滩地，有草皮的地区。草皮可截成长方形，平铺于路基边坡上，以防风蚀、水蚀。

（2）黏性土包坡：这是沙区对公路路基防护常用的一种经济而有效的措施，防护边坡要求设计黏土厚度5~10cm，防护路肩要求黏土厚度为10~15cm。

（3）砾卵石防护：设计将砾卵石全面平铺在边坡、路肩上，并在路肩上平铺砾卵石时可掺些黏土于孔隙中，以增强其稳固性。或者设计采用大块砾卵石砌成方格，格内平铺小粒径砾卵石防护。

5.5　路基两侧综合防治设计

为了防止公路路基免受沙埋，在其两侧100~200m或更远范围内进行防护。防护设计建设采取因地制宜、因害设防、适地适技，工程和植物固沙相结合的措施。

（1）设立各种固沙机械沙障：在公路两侧或只在迎风一侧设置隐蔽式方网格沙障，或者设计采取全面、带状平铺式沙障。沙障宽度和间距要根据防护地段的具体情况而定，以固定线路两侧流沙不危害正常通车为原则。如为阻截远处流沙，可在沙源前缘设置1带至数带高立式网格沙障。

（2）设置挡雪墙：可就地取材，修筑成砖、石墙，用来防沙、防雪堆积路面。

（3）铺设整平带：整平带铺设在路基两侧以切断沙源补给，延长饱和沙粒气流的路径长度，防止就近沙源直接危害路基。整平带愈宽愈佳，一般至少应铺设20~40m。要将整平带内的一切突起或灌丛均应夷平，并采用黏土、砾石等材料全面覆盖。

（4）设置下导风栅板输沙：下导风栅板也称为聚风板。设置下导风栅板，就是利用下口聚集气流的作用，加大贴地面层风速，以此来克服因路肩局部地形的突变所引起的气流分离，使风沙流以非堆积状态通过公路。制作风栅板常用的材料有木板、板皮、芦苇等。

（5）设置浅槽与风力堤输沙：浅槽是与路基相互平顺衔接的一种弧形断面形式，其原理是借助气流沿整个弧形浅槽运行时产生的升力和路基风速加强而达到输沙目的。该法适用于沙源不丰富的平坦流动沙地和戈壁起沙的风沙流区，整个浅槽挖成后，以黏土、砾卵石等覆盖封闭，设计封闭厚度为5~15cm，迎风面厚，背风面薄。

（6）防护林带：在公路两侧营造防护林带或片状固沙林，是防治公路风沙危害的有效防护措施，也是改善道路穿越恶劣风沙环境的根本性手段，具体设计设置方法可参阅铁路防沙措施设计。

6　沙质荒漠化区域矿区防护林体系零缺陷设计

6.1　矿区防护林体系设计原则

矿区荒漠化防治工程项目建设设计的最终目标是重建矿区生态系统，恢复土地生产力，实现水土资源与矿产资源的可持续利用，实现矿区生态、经济、社会的可持续发展。因此矿区荒漠化防治建设设计应遵循以下原则。

①以预防为主：将工矿区的荒漠化防治纳入矿产开发建设总体设计中，严格遵循"三同时"原则，实行谁开发，谁治理，谁受益。

②协调理顺整体与局部的关系：工矿区的荒漠化防治应与周围区域的荒漠化防治步调一致，即在土地利用、防护林建设布局等方面融会贯通、相互协调。

③防治技术要求：指防治荒漠化应满足工矿区建设综合性和层次性要求。

④防治措施设计要求：应以植物措施为主，植物和工程措施密切相结合。

⑤防治设计方案要求：工矿区的荒漠化防治建设设计，应充分考虑利用当地的自然、社会、经济条件，以及企业自身的经济承受能力，必须做到生态防护效益与资源开发经济效益相兼顾，开发和保护相兼顾；设计方案与技术措施可行且适用、实用，造价合理。

⑥防治设计应涵盖抚育管理内容：指注重造林治理和抚育管理相结合。

6.2　矿区工程固沙措施设计

对矿区边缘分布的高大流动沙丘，为尽快使之固定，不再继续前移沙埋矿床，应设计采用机械沙障进行固定。根据流动沙丘密度、流动速度和防护目标，因地制宜地设计设置各种类机械沙障；按组成机械沙障材料分为沙柳、沙蒿沙障，按设置规格分为网格立式沙障、带状沙障和平铺式沙障，按设置尺寸分为5m×5m、4m×5m、3m×5m、3m×3m、3m×2m等种类，均能够起到固沙效应。

6.3　矿区植物固沙措施设计

①营造防风阻沙林带设计：在矿区外围设计营造防沙林带，应考虑地带性的差异。在半干旱地区，降雨量、水分状况较好，适宜设计乔灌混交林，且要以灌木为主营造防沙林带。在干旱地区，在无灌溉情况下，常以植被的封育保护为主，如果地下水条件较好，也可设计营造耐旱灌木片状固沙林；在有灌溉条件下，可设计选用防护效能好，经济价值高，生长迅速的固沙树种，营造片状、块状和带状防风阻沙林；既发挥生态防护效益，又可产生良好的经济效益。

②植被恢复与重建设计：矿区植被恢复与重建工程，其类别见表5-2。

表5-2　工矿区植被恢复与重建类别

类　别	场　所	工矿区类型
松散堆垫物场地	煤矸石、排渣场、排土场、尾矿库、粉煤灰场	地下开采矿、露天矿山及其他矿山、选矿厂、火力发电厂

（续）

类　别	场　所	工矿区类型
密实堆垫物场地	各种人工夯实碾压形成的工程边坡	道路边坡、水库边坡、坎坡等
挖损地	未填充矿坑、采石场、取土场	露天采矿残坑、建材及各种建设工程项目残留的取土、采石场所、路堑等
塌陷地	地表裂缝、塌陷地	地下井巷开采形成的采空区
建设工程项目场地	水利工程及周围场地、原工程用建筑场地	水库、引水工程、工业广场及生活区等
工矿区周围防护区	各种自然、人为因素形成的地表裸露区	工矿区周围

　　③工矿区植被恢复与重建工程项目建设设计：设置 2 种途径来实现：一是改地适树；二是选树适地或改树适地。所选造林树种应满足的条件如下：适应能力较强；具有根瘤固氮能力；根系发达且生长迅速；较易播种栽植，成活率高。

6.4　矿区封育措施设计

　　工矿区在设计封育措施的基础上，如采取保护和施加人工促进措施，这类地段的植被就能够很快得以恢复，发挥其防止风蚀、阻截流沙的生态防护作用。如内蒙古吉兰太盐湖防沙试验中，设计采用围栏封禁，仅 2 年时间，天然植被即增加 0.92 倍，由封禁前 20% 的覆盖度提高到39.4%；与此同时，在围栏内还实行了人工喷灌措施试验，第 1 年喷灌 3 次，每次喷 2h（灌溉量约 600mm），植被恢复速度更显著，第 1 年植被盖度就由原来的 20% 提高到 52.26%；第 2 年改为1 次喷灌（约为 2h），覆盖度仍可达到 48.03%，比原覆盖度提高 1.4 倍，植被长势良好，并且发挥出显著的防治风蚀沙埋的生态防护效益。

6.5　矿区土地整治及田间工程项目建设设计

　　（1）土地整治设计：土地整治设计的基本方法有以下 4 大种类。
　　①对挖损地貌的整治主要采用回填推平或垫高，以适应新地势，对挖损地、坝体、坝址、凹坑要用岩土填补，并形成适合坡度，使整体达到规划平面和主体要求；
　　②对堆垫地貌采取整形、放坡以及防护加固等方法，采用机械设施一次开挖、落堆、搬运和对大量堆土整平作业，这必须与整个土地整治工艺流程结合起来；
　　③对于塌陷、特殊挖损地貌可设计改造成人工湖、水体、丘陵地、河床等；
　　④根据规划总平面布置，设计对地表进行梯田、道路、灌溉网等定形和整治。
　　（2）田间工程项目设计：指对包括坡式梯田、阶式梯田、非充填塌陷地貌的梯田及其他梯田工程项目的建设设计。

6.6　矿区排蓄水工程项目建设设计

　　（1）排水工程项目设计：
　　①山丘区新垦土地排水工程，包括田间排水毛沟、排水沟；
　　②低洼涝地排水工程，可采用条田、台田方式排水；

③盐渍地采取冲灌排水工程，如果无条件可采用无排水设施冲洗；

④道路边坡排水工程，有饰物侧沟（边沟）、排水沟、截水沟、吊沟、跌水槽、排水槽以及连接承泄区的倒虹吸和渡槽等。

（2）蓄水工程项目设计：设计有坡面蓄水池、蓄水池、蓄水防冲工程等。

6.7 防洪拦洪工程项目建设设计

设计主要包括：①防洪建筑物：防洪堤、防洪坝；②排洪渠道：排洪明渠、排洪暗渠；③拦洪坝：浆砌石坝、干砌石坝、土石混合坝、铁丝坝、格栅坝；④尾矿库；⑤贮灰场；⑥改河工程项目。

6.8 边坡固定工程项目建设设计

设计项目包括挡墙、抗滑桩、削坡和反压填土、排水工程、护坡工程、滑动带加固工程、植物固坡工程等。

6.9 泥石流防治工程项目建设设计

设计项目主要有以下3种方式：泥石流排导工程，即排洪道、导滤堤；拦挡工程与滞流建筑物；停淤场工程：沟道停淤场、堆积停淤场和围堰式停淤场。

第六章
盐碱地改造工程项目
零缺陷建设设计

第一节
盐碱地土壤改良技术零缺陷设计

1 物理改良措施零缺陷设计

盐碱地改造的物理改良措施零缺陷设计，是指平整地面，留一定坡度，挖排水沟，以便灌水洗盐；深耕晒垡，凡是质地黏重、透水性差的土地，在雨季到来之前先进行翻耕，以疏松表土增强透水性，阻止水盐上升；及时松土，保持土壤墒性，控制土壤盐分上升；封底式客土抬高地面和地上花盆式客土抬高地面；微区改土，大穴整地。

2 水利改良措施零缺陷设计

水利改良措施零缺陷设计，是指采取灌水压盐，采用淡水灌溉，淋溶土壤盐分，冲淡土壤中盐碱溶液浓度，使植物根系容易吸收水分，防止由盐分积累引起的生理干旱与盐害。大穴客土措施：下部设隔离层和渗管排盐，一是使用水泥渗漏管或塑料渗漏管，埋入地下适宜深度排走溶盐；二是挖暗沟排盐，沟内先铺鹅卵石，然后盖粗砂与石砾或铺未烧透的稻糠壳灰，然后填土。

3 化学改良措施零缺陷设计

化学改良措施的零缺陷具体设计内容是，增施有机肥、提高土壤肥力，采用坑施，每株施厩肥或堆肥 15~20kg；施用尿素、过磷酸钙、硫酸钾肥和 N、P、K 三元复合肥。每株先施用尿素（0.25kg）、过磷酸钙（2kg）、硫酸钾（0.25kg）或复合肥 3~4kg，并使肥料与根系隔离开、不直接接触根系。

4 生物改良措施零缺陷设计

生物改良措施的零缺陷设计，指种植盐生、抗盐生的绿肥植物，以破坏土壤的积盐和返盐运行活动。采用适应本地的地被植物对地面进行覆盖式种植，或使用土壤活化微生物菌肥，如草木犀、紫花苜蓿等草本植物。

第二节
盐碱地造林改良技术零缺陷设计

我国盐碱地分布很广，绝大面积分布在西北、华北、东北以及沿海一带。其中约为 2/3 是没有开垦的荒地，多分布在地形平缓，低洼易涝，不易排水的内陆冲积平原和盆地上。在盐碱土地上进行农业种植十分困难，并带来严重危害。而利用盐碱地实施植树造林，发展林业生态防护林，则具有多方面的重要作用，一可以扩大森林覆被率，改善盐碱地区域的生态环境；二可以改良盐碱化土壤，扩大耕地面积，消除盐害，促进农业生产；三可以改变生态防护林布局，增加木材、林副产品。

1　盐碱地造林技术零缺陷设计

1.1　盐碱地造林树种选择

正确设计盐碱地造林树种，首先要了解不同树种的耐盐能力，以及造林地土壤内含盐量和盐类。树木的耐盐能力，是指造林后 1~3 年幼树对盐碱的适应能力，随着林龄增大，其耐盐能力也随之增强。除此之外，树木的耐盐能力也受盐类、土壤质地、地下水位及矿化度等的影响与制约，其耐盐能力有一个变化幅度：一般树种为 0.1%~0.2%，耐盐能力较强树种为 0.4%~0.5%，耐盐能力强树种为 0.6%~1.0%。

（1）新疆地区耐土地盐碱化造林树种：新疆地区盐碱土以硫酸盐成分为主，耐盐能力强的树种有胡杨、沙枣、柽柳、紫穗槐、枸杞等，1m 深土层内平均含盐量在 1% 时，这些乔灌植物仍能正常生长；耐盐能力中等的树种有白榆、小叶白蜡、桑树、杏树、柳树、臭椿、刺槐、银白杨、新疆杨等。

（2）华北、西北地区耐土地盐碱化造林树种：位于甘肃、宁夏、内蒙古等省区的盐碱土地，其盐碱成分以硫酸盐、氯化物为主；设计造林树种可选用胡杨、沙枣、白榆、小叶杨、白城杨、芦热杨、小美旱杨、新疆杨、紫穗槐和柽柳等。

（3）东北地区耐土地盐碱化造林树种：东北地区盐碱土壤以硫酸盐、重碳酸盐为主，盐碱含量为 0.3%~0.4%，设计造林树种可选用柽柳、锦鸡儿、胡枝子、沙枣、白榆、小青杨、小叶杨、旱柳、蒙古柞、蒙古桑等乔灌木植物。

1.2　盐碱地造林方式零缺陷设计

在制定盐碱地造林设计方案前，要先进行土壤调查，掌握造林地土壤盐碱化状态，以便确定造林前是否需要实施土壤改良。若土壤盐碱成分含量超过树木的耐盐能力，就要设计作出土壤改良的计划和措施，并合理安排造林作业工序和选择适宜造林树种和苗木规格。因地制宜，设计盐碱地造林作业的零缺陷方式是：

（1）开沟造林零缺陷设计：为形成局部土壤环境脱盐的宜林环境，对其设计如下。

①设计开沟规格：分深沟和浅沟2种，其沟距均为3～4m，盐碱含量较高且地下水位较深地段，开深沟深60cm、宽50cm；盐碱含量较低，地下水位较浅的地段，宜设计开浅沟（深、宽均为40cm）。

②造林株行距设计：分为2种规格：窄沟每条沟底造林植树1行，株距1.5～2m；宽沟（开沟底宽1m、沟口宽1.5m）沟底植树2行，株行距为1.5～2m×0.6m。

（2）台田整地造林零缺陷设计：在地下水位≥50cm以上的高地下水位地段，设计台田与堆土造林措施，以降低地下水位，防止水溃，提高造林成活率。

①筑台田与堆土规格：每隔3～4m开挖1条深40cm、宽60cm沟，挖出土壤平铺于两条沟之间，或堆成40～50cm的土堆；

②植树位置：将树栽植于沟间平台或土堆上，株距为1.5m。

（3）沟坡造林零缺陷设计：在地下水位高，土壤盐碱含量居高的农田中，设计在农田排水渠边坡造林，把生物排水与工程排水结合起来，以充分有效地降低地下水位，改良盐碱土，同时兼顾固定排水渠边坡，增加林木覆被的功效。具体造林设计是：主干排水渠边植树2行，支排水渠海边植树1行，均植于边坡1/2处，株距1.0～1.5m，乔灌混交，造林后进行适当灌溉，至树木成活后，不再灌溉。

（4）客土造林零缺陷设计：在重盐碱土地上，造林苗木很难成活，为此，需设计采用沟状、穴状整地客土方式造林。其工序是：开沟、挖穴将盐碱土铲出，换进种植土或沙子与厩肥。设计该方式时须考虑其工程量大，只适宜小面积庭园绿化和果树定植。

2　盐碱地造林抚育管理措施零缺陷设计

（1）合理灌溉零缺陷设计：根据"大水压碱、小水引碱"的改良治理盐碱土地原则，要做到大雨排水，小雨灌水，尤其后者，因为小雨将地表盐分溶至植物根系层，会引起根系细胞内的水分外渗，造成死苗现象更为严重。降小雨后灌水，水量要一次性浇透，才能有效地抑制土壤返盐，保证植物正常生长。浇水方式设计采用淋灌和喷灌，水量以浇透为标准，不沟灌、不大水漫灌，灌溉时间宜在15：00～16：00开始，盛夏在傍晚浇水，并于第二天上午松土切断毛管水。另外要排灌分开，排水系统保持畅通，不使用排水渠的水灌溉。

（2）围埝蓄水零缺陷设计：造林定植苗木后须在树的周围做好围埝，采用人工浇水和蓄积雨水进行洗盐淋碱。有条件还可以在每单位面积筑修一蓄水池，用薄膜铺底防渗，蓄积雨水或抽取临近合格水做进一步淡化处理，以备浇淋之用。

（3）土肥管理零缺陷设计：加强土肥管理是保证树木正常生长的关键。及时松土，增施有机肥和铁肥，不仅可以保持土壤水分，改善土壤结构，还可以减少返盐现象的发生，有效提高盐碱地造林成活率、促进树木生长。在树休眠期环施有机肥、复合肥，生长期施追化肥。

第七章
土地复垦工程项目零缺陷建设设计

在我国矿产开采过程中所采出大量的矿石和岩石，必然会形成一定范围的采空区、塌陷区、废石场和尾矿地，因而破坏了采矿场地范围内外环境的土地及其植被，使区域生态系统环境遭到破坏，造成这部分土地丧失了生产力，且由于废水的排放以及其他污染源的作用。因此，从生态环境修复和保护的目的与要求出发，必须做到开采矿产资源生产期间尽可能不断地恢复被破坏的土地与植被，消除各种污染源的危害，使矿产开采波及范围的土地、植被进行全面的土地复垦工程项目建设后，仍可用于农、林、牧、渔业和旅游业，或者作为发展其他工业和城乡建设用地。

第一节
土地复垦设计原始资料零缺陷调查

1 矿产资源开发情况

应详细调查了解矿产资源开采地质条件、中长期开发发展远景废弃物排弃计划、土地利用方式，总土地平面布置，开采进度计划，排土排废石计划，以及开采方法对土地破坏和占用等内容。

2 矿区自然条件情况

矿区自然条件情况是指调查矿区地形、地貌、高程特征等，地震烈度，土地利用现状，土地利用总体规划，地区经济发展规划，水土保持规划，名胜古迹和国家重要设施、受保护的自然资源分布情况等。

3 地表水体状况

地表水体状况指对地表河流水系的分布、水资源利用情况、洪水位资料、水质分析资料和区域水利规划等。

4　矿区环境因素

矿区环境因素是指对矿区开发区域、周围城镇、交通、通讯、居民点的分布等条件，矿山开采前该地区环境现状及矿山开采后可能造成的污染。

5　矿区气候资料

矿区气候资料的内容包括：温度、湿度；风力风向；降水量、暴雨频率、暴雨时间分布等；冻土深度；积温状况及其他农业气候特征。

6　区域生态环境特征资料

矿区开发前原有植被状况、农作物类型及其生长分布状况；区域性环境质量状况及各种污染源分布；环境容量及"三废"排放量等；区域环境保护规划资料等。

7　矿区土壤状况调查

矿区土壤状况调查是指对矿区表层耕作土与覆盖岩土的厚度、物理机械性质、化学特性、表土肥沃程度等资料的调查取样、分析测定。内容包括：土壤类别及分布情况；松软、板结、透水性等物理性质；土壤 pH 值等化学性质与指标；采掘场、排土场范围土壤数量、腐殖土数量等。

8　矿区土地复垦项目建设影响因素调查

矿区土地复垦项目建设影响的相关因素应详细调查内容如下：

①开采废弃物结构和含酸程度；

②废石堆结构及其稳定性；

③废石岩性及其湿度；

④废石中的有毒元素；

⑤粉尘对人、动物与植物的危害。

第二节
土地复垦零缺陷设计原则和设计内容

1　设计原则

（1）遵循因地制宜、适地适技、植物措施与工程措施相结合的土地复垦原则；

（2）切实执行《土地复垦规定》中有关开发各类资源实施土地复垦规定的条款；

（3）设计必须符合国家有关生态环境、耕地保护的法规及地方环境保护规划；

（4）土地复垦工程项目建设实施应纳入矿产资源开发生产规划与计划之中，必须做到同时规划、同时开工、同步建设、同期竣工。

2　设计内容

2.1　矿产资源开发造成土地破坏预测

设计前需对挖损、压占破坏的土地及生态景观进行预测，包括破坏土地的类别、分布及数量、破坏程度；排弃物料类别及含有害元素物料状况；排土场稳定状况及其对复垦实施的影响；土壤的损失与贫化等。

2.2　覆土来源与土壤改良设计

覆土来源与土壤改良设计的具体内容又分为以下 2 项措施。

（1）覆土来源设计：首先，从采掘场剥离表土，设计时要严格计划与安排，不能将开采的地表耕作土表土任意排弃，而必须按设计圈定的种植土堆存场地堆放并采取保护措施；其次是排土场址范围内的地表土，不仅可作为复垦覆盖土源，而且对排土场的基层稳定十分有利，依据排土计划，按不同生产期进行表土的采运和堆存；三是在有条件的矿区，利用塘河湖泥进行覆盖。当上述 3 种覆盖土数量仍不满足复垦覆盖时，可选择剥离物中易风化的物料作为表层土。设计覆盖土的堆置场地，首先要谋划经济合理的运距，又要防止不稳定引起大块段塌方及水土流失，危害环境。

（2）土壤改良设计：对土壤进行改良是土地复垦设计的重要内容；改良分为物理、化学及生物措施，应设计这 3 种措施的综合运用。

2.3　土地复垦机械设备设计

土地复垦设备包括复垦工程项目建设实施设备和复垦种植设备。当运输距离在 50m 以内时宜采用推土机，当运输距离在 50~200m 时宜采用铲运机，当运输距离在 200~1000m 时，宜采用自卸卡车运输；装载设备一般选用与卡车吨位相匹配的挖掘机和前装机。平整场地一般采用推土机和平地机等。复垦种植需配备拖拉机、耙地机、收割机与载重汽车等。

2.4　土地复垦土地利用与林草、农作物设计

土地复垦土地利用类型与林草、农作物种植品种选择，应本着因地制宜、适地适种、综合考虑原则，在充分满足复垦区域土壤条件、排灌条件、土地利用总体规划的要求情况下进行科学、合理确定。

2.5　土地复垦区道路与排灌系统设计

应将排土场排土干线与支线道路设计用作复垦道路使用，同时根据复垦需要布置必要的道路，以供复垦设备及人员通行。应设计建设较低的道路等级标准。设计复垦区灌溉与排水系统采用远近结合的方法，逐步提高复垦区排灌标准。

2.6　土地复垦监测与管理设计

土地复垦与监测管理设计分为 2 项监测管理设计内容。

（1）土地复垦监测内容的设计，包括土壤改良定位监测、有害元素迁移转化规律监测、水位水质监测、沉降监测等。

（2）土地复垦管理内容的设计，包括劳动定员、管理机构、耕作制度、田间管理等。复垦监测与管理设计即是对前述 5 项内容的实施方法和步骤作出计划安排。

2.7 土地复垦投资效益分析

土地复垦投资效益分析中应先期对其工程量进行准确的测算，继而进行费用分析。

（1）估算土地复垦工程量的具体内容，应包括土方量、排灌沟渠规格及长度、道路及土建工程量等，并据此计算复垦项目建设投资。

（2）费用效益分析，通常根据土地复垦工程项目建设实际情况，计算单位面积建设成本、投资回收期、单位面积产出等指标，以此进行土地复垦项目建设投资效益分析。

第八章
退耕还林工程项目零缺陷建设设计

退耕还林工程项目零缺陷建设设计原则是，要利用生态经济学的复合理论和技术，开展生态产业集约化经营，在维护长期、高效的生态保土蓄水效益过程，追求合理、可持续的经济产出效益，以获得生态与经济效益双丰收。

第一节
退耕还林工程项目建设产业结构零缺陷设计类型

1 退耕还林生态产业类零缺陷设计

退耕还林生态产业类零缺陷设计以提高和维护生态效益为经营目标的生物工程产业。经营该产业需要以工程化生物技术为依托，营造高标准公益林草防护林体系，用以涵养水源、保持水土、防风固沙，维护和巩固高质量的生态环境。生态产业类属于基础公益型产业；该产业又分为2个亚类，一类是封禁防护产业亚类，一类是公益旅游产业亚类。

2 生态经济复合产业结构类零缺陷设计

通过实施退耕还林工程项目零缺陷建设，进一步改善区域生态环境恶劣面貌，在建立生态防护体系、维护生态效益过程，设计具有经济效益产出的产业。该产业同样需要依托工程化生物技术，营造经济林和用材林；同时还需要工业高新技术来进行加工，以提高其产品档次和经营效益。该产业分为2个亚类，一类是经济林产业亚类，另一类是生态工业用材林产业亚类。经济林产业包括林果业、林药业、森林花卉业、林牧业等，生态工业用材林产业包括工业用材纸浆业、工业用材制板业、工业用材化工业等。

3 退耕还林运行模式零缺陷设计

根据退耕还林地区的具体实际情况，设置以下3种运行模式。

（1）公司+科技人员+农户模式。公司与农户签订供销合同，科技人员现场技术指导。该种模式适用于退耕还林大规模实施造林种草和营造生态经济林的项目建设。在实施造林种草过程，公司与农户签订林草产品供销合同，项目组科技人员对农户进行种植与加工技术指导。在营造生态经济林过程，农户与公司签订果品供销合同，项目组科技人员对农户进行经济林种植、施肥、整形修剪、果实采收与加工等技术指导。

（2）政府+科技人员+农户模式。在分布坡耕地的区域内，在政府实行宣传、引导及相关优惠政策的配合下，农户生产的产品实行自用和自销形式。此模式主要适用于小规模造林种草和营造生态经济林项目建设。在实施造林种草过程，科技人员对农户进行林草种苗繁殖、种植与综合利用技术指导，指导农民进行果树施肥、整形修剪等，农民利用林草枝叶进行养牛、猪、鸡、鸭、鹅、竹鼠等。在营造生态经济林过程，项目组科技人员对农户进行育苗、种植、施肥、修剪整形、病虫害防治、果品采收与加工等技术工艺指导，农户通过销售果品获得经济收入。

（3）农户+科技人员模式。农民在退耕还林项目科技人员指导下自动退耕，科技人员先对农民进行种养加各项技术培训，并向其发放对应的专项技术资料，然后在退耕还林（草）过程中给予全程技术指导，帮助农民解决遇到的技术问题。

第二节
退耕造林工程项目零缺陷建设设计

我国由南至北、从东到西地理气候自然条件跨度大，适宜退耕后造林的树种较多，本着精中选优、具有示范推动性的原则，对厚朴、金银花、苦丁茶、顶坛花椒、柚木、山杏、柠条、沙柳、杨柴、沙棘、香椿、连翘和容器苗用于退耕造林的零缺陷技术设计如下。

1　厚朴退耕造林零缺陷设计

1.1　退耕种植厚朴的药用经济价值

厚朴是我国特有的常用中草药材，素有中国中药材"三木"（厚朴、杜仲、黄柏）之称。我国贵州省北部的习水县，从1978年开始人工栽培厚朴，在双龙、温水就进行育苗造林，现在全县种植厚朴的人工林面积居全省之首，现有中、近成熟林0.11万 hm^2，年产量20万t，有15农户年销售厚朴收入在5000元以上。采用种植厚朴实行退耕还林工程后，对厚朴采用环状剥皮和间伐剥皮工艺方法，让种植农户获得较高经济收益。厚朴具有极强的萌蘖能力，间伐后留下的树蔸，第二年春天即长出萌蘖苗，采用去劣留优的除萌措施，可连续经营4代。1株8年生厚朴产值28.8元。栽植厚朴1350株/ hm^2，8年后每年间伐150株/ hm^2，可收入288元，按9年一个周期，可周而复始4代，同时还可采收花、果产生经济效益。

1.2　设计厚朴适宜种植的自然条件

应选择在海拔高度在600~1700m，年平均气温14~18℃，1月平均气温3~9℃，极端最低气温不低于−8℃，年降水量800~1400mm，温凉潮湿、相对湿度大，多雾而光照充足，土壤疏松、肥沃、潮湿的微酸性中性山地黄壤、黄红（棕）壤、紫色土等适宜地区推广。

1.3　设计厚朴造林种苗与密度标准

设计厚朴造林的种苗与密度 3 项标准如下：①山地造林苗高≥50cm；②Ⅰ级苗木地径下限≥0.8cm；③山地造林初值密度 180~270 株/亩。

2　金银花退耕种植零缺陷设计

（1）退耕还林种植金银花的生态经济作用：金银花是我国广泛使用的中草药材。在我国华南山区坡耕地退耕后，可设计栽植金银花造林，可有效改善农业产业结构，加快植被建设速度，减少水土流失，是山区农民脱贫致富的有效途径。

（2）设计种植金银花适宜范围：种植金银花适宜在年均气温 16.5℃，年降水量 1300mm，海拔 1000~1300m，土壤为山地黄壤和黄棕壤，气候为干热河谷的石漠化区域均可种植。

（3）设计栽植树种：应选择以耐干旱、耐贫瘠的金银花为主，辅以车桑子、砂仁、云南松、栾树等混植。

（4）金银花种植整地与造林设计规格，分别如下所述：①造林前整地规格为 40cm×40cm×30cm，石山、半石山栽植密度为 1200~1500 株/hm²，整地挖坑后回填表土于坑底，并施以有机基肥；②造林设计：雨季造林时，可剪去裸根苗过长的侧根，采用保水剂蘸根，剪去 1/3 叶子、截干 1/2 后栽植。

3　苦丁茶退耕造林零缺陷设计

（1）退耕种植苦丁茶的药用经济价值：苦丁茶为亚热带常绿灌木和小乔木树种，据贵州大学农学院、贵州省茶科所等单位研究表明，台江县生长的苦丁茶浸出物为 61.64%，游离氨基酸 1.65%，可溶性糖 10.57%，多酚类 8.8%，咖啡碱含量极低，仅为 0.08%，此外，还含有锌、铜、铁、钴、钾、铷、镁、硒、钙等 16 种人体不可缺少的微量元素，其中铷是其他茶叶未含有的微量元素，也是预防中老年记忆衰退和防治老年痴呆的重要元素，被誉为"益寿茶""美容茶"，是中老年人的理想保健珍品。

（2）适宜退耕种植苦丁茶的设计范围：苦丁茶生长喜温暖湿润，适宜设计种植范围是海拔在 600~800m，年平均气温 14~16℃，无霜期 270~280d，年降水量 1100~1300mm，年日照时数为 1100~1300h，土壤为黄壤的区域均可栽植。

（3）苦丁茶种植设计：苦丁茶种植整地、施基肥量、栽植技术设计如下所述。①整地：在 11~12 月采取大撩壕整地方式，大撩壕：宽 0.6m、深 0.4m，壕间距约 1.7m；②施基肥量：在撩壕内施入腐熟有机肥 30000kg/hm²，然后回填土埂高出地表约 25cm；③栽植技术：设置在大撩壕中间开挖栽植穴，穴规格为 30cm×30cm×25cm，茶蔸下部要与垫土密接，茶蔸 4 周边根要填土紧围，盖土自下而上并分层踏实，即"三埋两踩一提苗"，"品"字形布设栽植，株行距 0.6m×2m，密度 8325 株/hm²。

4　顶坛花椒退耕种植零缺陷设计

（1）顶坛花椒的生态经济特性：

①植物生态学特性：顶坛花椒为常绿灌木植物，是竹叶椒的一个变种；高 2~5m，茎枝多锐刺，刺基部宽扁，红褐色，小枝上刺水平抽出，叶轴和小叶上均无刺；小枝、叶及嫩枝均无毛或偶有柔毛；羽状复叶互生，有小叶 3~7 片，少数多至 9~11 片，翼叶明显，宽 2~3mm；小叶在叶柄上对生，通常披针形或披针状椭圆形，长 4~9cm，宽 1.5~2.5cm，干后叶缘向背面明显反卷，顶端中央一片小叶最大，基部一对小叶最小；叶面稍粗糙，上面深绿色，背面黄绿色，光滑无毛，边缘有不规则之疏离小钝齿，齿凹处常有一油腺；主脉在叶上面下凹，侧脉不明显，在叶背面中脉明显隆起，侧脉纤细；小叶叶柄短约 1mm 或无。聚伞状圆锥状花序腋生或同时生于侧枝之顶，花序长短差异较大，为 2~7cm，多花，有小花 20~60 朵；花被片 6~8 片，卵状三角形，顶端钝尖，长 1~1.5mm；雄花蕊 4~6 枚，花丝细长，明显超出退化雌蕊，花药圆点状，药隔顶端过 1 天后变为黑褐色的油点；不育雌蕊凸起，顶端微裂成弯曲柱状；雌蕊有心皮 2 个，背部近顶侧各有 1 个油点，花柱斜向背面弯曲，不育雄蕊短线状，早落。果熟时果皮多为橄榄绿色，少有紫红色者，果皮上有明显凸起的圆点状油腺数个；单个直径 4~5mm，干后开裂，内果皮淡绿色；种子直径 2~3mm，种皮黑色，角质，有光泽。花期 3~4 月，果期 8~10 月。

②种植经济价值：顶坛花椒含油量较高，果皮之香麻味最浓，具有较高的经济种植价值。

（2）设计种植顶坛花椒的适宜自然条件：顶坛花椒适宜种植在年平均气温 8~16℃，年均降水量 400~700mm，年日照时数≥1800h，生长期日照时数≥1200h，适宜在地势开阔、背风向阳且分布有湿润性沙壤土和中壤土的地区种植。

（3）顶坛花椒造林设计：按照选择适宜造林地、整地方式、造林期、造林密度进行设计。

①造林地选择：顶坛花椒树在生长期喜温、喜光，抗寒性差，建园时应选择海拔≤1200m 背风向阳的阳坡、半阳坡中下部，或平缓梁峁和光照充足不积水的"四旁"。

②整地设计：平地和缓坡地宜提前半年至 1 年雨前实施整地作业，不大于 25°坡地沿等高线带状整地，带宽 1m，带间距 2m；大于 25°坡地及四旁地采用穴状整地，长×宽×深规格为 40cm×40cm×40cm。

③造林期设计：分为秋植、冬植和春植，若需要在生长季节栽植，在运输途中，应对带叶苗木采用稻草包根包装处理，然后再将幼苗根部装于塑料袋中保湿。

④造林密度设计：应根据立地条件、管理水平设定。在土层深厚、肥沃的土壤上建园，可采用 4m×5m、3m×4m 株行距；在土层较薄、肥力较差的地方建园，应采用 2m×3m、3m×4m 株行距；在田埂、地边的栽植株距设为 3m。

5　柚木退耕种植零缺陷设计

（1）适宜柚木栽植的自然环境条件：气候、土壤、地形条件是设计栽植柚木的决定因素。

①气候条件：柚木天然生长于缅甸、印度、泰国和老挝的热带季雨林区，适宜栽种在北纬 9°~25°，年平均气温 23~27℃，日平均气温≥10℃的年积温 6000~9000℃，绝对最低气温在 1.9℃以上；年降水量 1000~2000mm，干湿季节分明，无台风的地区。

②土壤条件：柚木能够生长在沙页岩、花岗岩、砂岩、片岩、片麻岩等多种母岩发育成的土壤及石灰性土壤中，设计种植土壤要求深厚、肥沃、湿润，特别是排水和透气性良好的土壤。在山坡下部，河岸和冲积平原等土壤肥沃的天然林中，柚木成为生长旺盛的优势种；在滨海沙地和

潮汐区一般没有生长；在土壤黏重板结和积水地区则生长不良。我国热带、南亚热带地区主要的成土母质与柚木原产地自然环境条件较为相似，因此成为柚木分布的主要地区。

③地形条件：适宜设计退耕后推广种植柚木的地形条件是：背风朝阳的山谷、山麓地带；以不大于 20°坡地为佳，南坡地更加有利于柚木生长。

（2）柚木造林设计：按照下述造林地选择、整地方式、造林季节进行设计。

①造林地选择：按柚木适生的自然环境条件选择造林地；选择柚木栽植的适宜造林地是坝地、坝边山地、丘陵缓坡、低山、坡下半部、坡脚的背风地带较为理想。

②造林地整地设计：对选择下的造林地先作带状整地后，按 50cm×50cm×50cm、60cm×60cm×60cm 规格打塘，塘底要平整，忌呈锅底形；坡度较大的造林地，宜设计沿等高线开挖成水平台地，再按上述规格打塘；造林密度采用 2m×3m、3m×3m 的株行距，若设计为 3m×3m，可设计间种农作物。

③造林季节设计：柚木造林宜选择雨季初期，以土壤湿透为宜。

④造林苗木规格设计：用于退耕造林的柚木切干苗规格：苗高度约为 5cm，须保留 1 个以上可发芽的节，干苗基径为 1.5~2.5cm 的 Ⅰ、Ⅱ 级壮苗。

6 山杏退耕造林零缺陷设计

在退耕还林工程项目实施过程，山杏兼有生态林和经济林的双重作用，农户可在已退耕地及宜林荒山荒地进行山杏造林。在自然环境条件较为优越的退耕地按经济林设计配置，以待今后嫁接仁用杏；在自然环境条件较差、长势弱的造林地块，可设计为低产林改造，增加经济收入；最终达到生态经济双丰收的目的。

（1）山杏生物学特性：山杏喜光、耐寒、耐旱、耐瘠薄土壤，对各种不良气候的适应性较强，可在−40℃的极端条件下越冬，但晚霜时常伤害山杏花，影响结实。山杏因根系发达，耐干旱、瘠薄土壤，是石质山地、丘陵地、沙荒地和草原绿化树种。

（2）种植山杏经济收益：山杏是我国具有悠久历史的油料树。种仁含油率高达 50%～55%，杏仁比重（15℃）0.9101，折光率（20℃）1.4659，碘值 90.4，酸值 3.75，皂化值 182.3。因此，杏油是重要的工业原料，可作高级油漆涂料，还可用作润滑油、钟表油、高级涂料和化妆品。在医药上还可以作软膏剂和注射溶剂，入药内服为营养剂和缓和剂。治疗胃黏膜炎，止咳不喘。杏油也可食用，且营养丰富。每 100g 稍熟杏仁含蛋白质 27.7g，糖 9g，脂肪 51g。杏仁粉是制糕点和糖果的原料。嫁接后的杏树，杏果味甜可生食，或作果干、杏脯、罐头及酿酒、制醋。杏树叶还是猪羊的优质饲料。退耕种植杏树第 5 个年头开始有收益，并且当年即可收回 5 年内的全部开支，其后便连年获益。

（3）山杏造林整地设计：应在造林前一年按设计进行局部整地。

①退耕坡地上穴状整地设计：沿等高线排列，穴规格为 60cm×60cm×60cm 和 50cm×50cm×50cm，上下坑穴呈"品"字形排列，表土置于上坡位，心土置下坡位作埂。

②丘陵山地整地设计：布设水平沟、反坡梯田、鱼鳞坑 3 种整地方式。

（4）山杏造林技术规格设计：根据造林立地条件分为以下 3 种设计格式。

①平坦退耕地山杏造林格式：退耕地山杏造林设计见表 8-1。

表 8-1 退耕地山杏造林设计

造林树种	株距	行距	种苗规格	初植密度	
				株/穴	株/亩
山杏	3~4m	2~3m	2年生实生苗	1	55~111

②不大于10°退耕坡地山杏造林格式：对位于向阳、坡度≤10°、土壤为沙土、壤土，土层厚度>1m 的坡耕地，退耕坡地山杏造林设计见表8-2。

表 8-2 退耕坡地山杏造林设计

造林树种	株距	行距	行数	带距	种苗规格	初植密度	
						株/穴	株/亩
山杏	1~1.5m	2m	2行	6m	1~2年生实生苗	1	111~167

③大于10°荒山坡地与荒地的山杏造林格式：对位于阳向山地坡度>10°的沟坡、沟底阶地，土壤为沙土、轻壤土，土层厚度>60cm 荒山坡地与荒地，其山杏造林设计见表8-3。

表 8-3 荒山坡地与荒地的山杏造林设计

造林树种	株距	行距	行数	带距	种苗规格		初值密度	
							株/穴	株/亩
山杏	2m	3m	2行	6~8m	1~2年生实生苗	种子	1	133~167

7 柠条退耕造林零缺陷设计

（1）柠条生物生态学特性：柠条是豆科多年生灌木，植株丛生，高 1~1.5m，最高达 3m，属于极阳性树种，耐旱、耐寒、耐高温。是干旱、半干旱草原、荒漠草原地带的旱生灌丛。在波状高平原、黄土丘陵地区也能生长；在土壤肥力贫瘠、沙层含水率仅 2%~3% 的流动沙地、丘间低地和固定、半固定沙地上均能正常生长。在地下水位高的地方生长不良。柠条一般在 4 月下旬发芽，5 月上旬展叶，5 月中下旬开花，6 月开始坐果，7~8 月种子成熟，9 月底至 10 月停止生长。柠条为深根性树种，当年直播，主根长为苗高的 3~4 倍。4 年生垂直根系长多达 4.1m，且主根明显，侧根系向四周水平方向延伸，纵横交错，固结沙土能力极强。

（2）柠条的经济价值：柠条的枝叶、花、果、种子富含营养物质，是优良饲料；可在其带间设计种植优良牧草紫花苜蓿、沙打旺、草木犀，能够获得优质饲草料。

（3）柠条造林设计适宜地理范围与立地条件：

①设计造林地理范围：适宜在华北和西北干旱、半干旱干草原地区、半荒漠地区的退耕地设计实施柠条造林；

②设计造林立地条件：直播造林适宜在波状高平原区和丘陵沟壑区实施；植苗造林在波状高平原区、丘陵沟壑区和沙区均可采用。

（4）柠条造林种植设计：柠条主要分为 4 种造林种植设计。

①整地设计：在干旱、半干旱丘陵沟壑区、波状高平原区，在播种前 1 年进行带状整地，规

格为：带宽 2m、深度 30cm、带间距 6m。

②直播造林：播种前不做种子处理，视土壤墒情好，春、雨季均可播种。为避免鸟、鼠危害种子，在播种前对种子采取 ASPT 包衣丸粒化处理。

③带状条播造林：整地后人工撒播或楼播，带宽 1m，每带播种 2 行，行间距 2m，带间距 6m，覆土 2~3cm 并稍加镇压，播种量为 7.5~15kg/hm²。

④覆膜直播造林：当年 4~5 月，播前先在带状整地后的地上铺设农用地膜铺，挖穴种植柠条。穴呈"品"字形排列，株距 1m，行距 2m，带间距 6m，穴深 4~5cm，将种子均匀撒播于穴内，6~8 粒/穴，覆土 3~4cm 并稍加镇压。

⑤植苗造林：在种植前 1 年先整地；整地方式分为带状、穴状整地。带状整地：带宽 2m，带长 30m，带间距 6m；穴状整地：穴深 40~50cm，穴径 40cm。

8　沙柳退耕造林零缺陷设计

（1）沙柳生物生态学特性：沙柳是杨柳科大灌木，高 3~4m，最高可达 6m，抗逆性强，较耐旱，亦喜水湿；抗风沙，喜适度沙压，不耐强度风蚀；耐严寒和酷热；容易繁殖，萌蘖力强，插条极易成活；生长迅速，枝叶茂密，水平根系发达，固沙保土能力极强；是我国沙质荒漠化地区固沙造林和退耕造林面积最大的树种之一。

（2）沙柳经济利用价值：沙柳枝条是发展柳编业的优质原料，也是生产纤维板和制浆造纸工厂的原料。在沙柳灌木带间种植优良牧草紫花苜蓿、沙打旺等，能够促进发展舍饲养畜业。

（3）沙柳造林设计：因沙柳种条来源广泛，加之其生根萌芽能力强，无需育苗，设计采取直接扦插造林方式。

①适宜造林立地类型：宜选在流动沙丘迎风坡中下部、半流动与半固定沙丘地、丘间低地、平缓沙地造林；

②沙柳造林设计：整地：采用随挖穴随插条方式，穴状整地，穴深 50~80cm，穴径 40cm，穴距 1m，行距 6m，呈品字形排列。栽植：扦插造林宜在早春季实施，水分条件较好的地段亦可秋季造林，选 2~3 年生直径 1~1.5cm 健壮枝条，截成 50~80cm 长的插条，浸水 5~7d，每穴竖直放入 2~4 根插条，并使插条上切口与地面持平，分层填土踏实。

9　杨柴退耕造林零缺陷设计

（1）杨柴生物生态学特性：杨柴是豆科小灌木，高 1~2m。通常 4 月下旬萌芽，10 月落叶，花期 6~9 月，盛花期 7~8 月，果熟期 9~10 月。杨柴适应性强，能在极为干旱瘠薄的流动、半流动、半固定、固定沙地上生长；喜适度沙埋并能忍耐一定程度风蚀。主根长一般 1~2m，侧根极发达，多分布在深 10~60cm 沙土层，不定根发育强大，侧须根具有根瘤固氮效能，防风固沙作用极强。

（2）杨柴经济利用价值：杨柴的根瘤具有强力改良沙土、提高肥力的作用；其枝叶含有丰富的粗蛋白，是牲畜喜食的优良饲草料；其花期是优质蜜源植物。

（3）杨柴造林设计：退耕还林工程种植杨柴，通常设计采用植苗造林方式。造林季节以春季为主，秋季造林宜选在风蚀较轻的沙丘部位。选用一年生Ⅰ、Ⅱ级实生苗，栽植深度约为 50cm，必须使根系栽在湿沙土层中，采用沿等高线 2 行 1 带模式造林；株距 1m，行距 2m，带间距 6m。

10　沙棘退耕造林零缺陷设计

（1）沙棘生物生态学特性：沙棘是胡颓子科落叶灌木或小乔木，树高 2~6m；喜光，属于阳性树种，能在疏林下生长，对造林自然立地条件适应范围较宽，可在砒砂岩坡地上生长。4~5 年就可以郁闭成林，栽植 3 年后根部即产生萌蘖苗，3~4 年生开始结实，8~15 年为结实盛期；树龄可达 60~80 年。根系发达，须根较多，水平根分布在 20cm 土层中，垂直根深 50~80cm，最深可达 2m。

（2）沙棘经济利用价值：沙棘的根、茎、叶、花、果，特别是沙棘果实含有丰富的营养物质与活性物质，可以广泛应用于食品、医药、保健等方面，也是优质饲料、肥料和燃料植物。以沙棘为原料可制成多种饮料食品和酒类。沙棘果汁富含维生素 C 和多种氨基酸，沙棘叶可制茶。在医药保健方面，沙棘具有祛痰、利肺、养胃、健脾、活血化瘀的药理功效。从沙棘果实中提取维生素 E 等营养物质，能够滋养皮肤，促进细胞代谢，是日用化工极好的原料。沙棘枝干木质坚硬，发热量高，既可用做燃料，也是一种优质木材；沙棘的果、叶、嫩枝含有丰富的蛋白质和脂肪，可用作饲料；设计采取沙棘造林，一次成林，永续利用，对改善退耕还林区生态环境，提高农牧民经济收入具有重要的现实意义。

（3）沙棘适生自然立地条件：沙棘喜生在疏松、湿润的微酸性、中性和微碱性沙土、砂壤土和壤土中。在年降水量 250~650mm 的地区能够正常生长，在年降水量 <250mm 的地区，地下水补给正常下能良好生长。

（4）沙棘适宜设计造林的立地类型：采用沙棘植苗造林方式，适宜设计在波状高平原区、丘陵沟壑区坡沟地段和水分条件相对优越的沙荒地和沙质退耕地。

（5）沙棘植苗造林设计：分为以下 2 项设计内容。

①整地设计：在栽植头 1 年先进行带状、穴状整地。带状整地：带宽 2m，带间距 6m；穴状整地：穴径 40cm，深 30cm，株距 1m，行距 2m，带间距 6m，呈品字形排列。

②栽植设计：植苗造林季节选在早春，选用一年生Ⅰ、Ⅱ级实生苗；可设计沙棘苗条冷藏于冷库窖中，温度控制在 0~3℃；以便用于等雨造林，造林期可延长至当年 6~7 月。

11　香椿退耕造林零缺陷设计

（1）香椿生物生态学特性：香椿是落叶乔木，气味芳香，生长迅速，树干通直，高 10m 以上，叶互生，奇数羽状复叶，小叶 10~12 对，幼叶紫红色，成年叶绿色，叶背红色；圆锥状花顶生，下垂，两性花，白色；果实为蒴果，狭椭圆形或近卵形，10~11 月果实成熟；种子椭圆形且有木质长翅，种粒小。香椿喜温，适宜生长和栽植在平均气温 8~10℃地区，抗寒能力随苗龄增加而增强，造林适宜土质为中性土壤，土壤 pH 值以 5.5~8.0 为宜。

（2）香椿经济利用价值：香椿主要有以下 3 方面的生态经济价值。

①药食兼用价值：香椿是传统的木本蔬菜，其叶脆嫩多汁，香气深郁，风味独特，营养丰富，富含蛋白质、氨基酸、多种维生素和微量元素，是蔬菜中的上品。香椿根、皮、叶、果均可入药，对防治感冒、肠炎、肺炎、慢性痢疾、膀胱炎、尿道炎等均有疗效；目前，大众化栽植以

采芽、采叶加工利用为主。

②家具木材价值：香椿树干高大、挺拔、材色红润，纹理清晰且美观，是优良家具用材，具有很强的开发潜力。

③生态学作用：香椿树品种很多，但主要是紫香椿、绿香椿2大类。一般紫香椿树冠开张，树叶、芽厚嫩，芳香，籽含油脂高；绿香椿树干通直，叶较薄，纤维含量高，籽含油脂较低。在退耕还林中设计栽培香椿，可根据培育的目的和土质状况选择栽培树种。

（3）香椿造林苗木选择：设计选择3年实生苗木，一二年生苗易抽梢影响成活率。

（4）香椿造林整地方式：设计整地时间以上一年伏天实施为佳，或秋季整地，一般不宜随整地随栽植。整地深度为30~40cm，山地整地格式为水平阶、水平沟方式，沿等高线水平整地，外高内低，每隔5~10m沟长做一隔断。

（5）香椿造林造林设计：分为以育代植、保护地栽植、荒山荒地造林、矮化密植栽培。

①以育代植：退耕地通常土地条件较为优越，选择较平缓地块采取播种造林方式，须细致整地，采取条播，播种量：$37.5 \sim 45 kg/hm^2$，行距40cm。出苗后按株行距30cm×40cm定植苗，3年后，可按照目的要求再次定苗，间出苗木可用作荒山造林苗木。

②荒山荒地造林：选择3年生苗木，在荒山和坡地采取隔坡水平沟整地方式，按带宽60~80cm，深40cm，在翌年秋季前完成整地作业，造林株行距为1~1.5m×1.5~2m。设计以采叶为目的的造林密度，应当密植株行距为0.4~0.5m×1.5~2m；设计用材林的造林株行距为1.5~2.0m×2m。

12 连翘退耕造林零缺陷设计

（1）连翘生物学形态特征：连翘是木犀科连翘属落叶灌木。别名连壳、黄花条，古称异翘、竹根；是一种药用灌木植物；连翘高2~4m，茎直立，枝条开展下垂或蔓性，有4棱，髓中空。连翘叶片、花枝、果实和种子具有的形态特征如下。

①叶片：单叶对生，有时3裂或成3小叶；叶柄具沟，长8~15mm；叶片卵形或披针形，长3~9cm，宽2~4cm，先端渐尖，基部楔形，边缘有不整齐的锯齿，基部常无锯齿；上面绿色，下面淡绿色；网状脉，叶下面主脉侧常隆起。

②花枝：花先叶开放，1~5朵叶腋对生或顶生，花柄长4~6mm，常有苞片2枚；花萼合生，上部4深裂，裂片倒卵圆形，长5mm，宽4mm，绿色；花冠基部联合成钟状，上部4深裂，裂片卵圆形，长1.5cm，宽1~1.5cm，金黄色，雄蕊2枚，着生于花冠基部，花丝长约1.5mm，花药长约2mm，呈箭头状，黄色，背着药，外向，纵裂，雌蕊1枚，花柱细，不同植株花柱长短各异；一种花柱较长，柱头高于花药；另一种花柱较短，柱头略低于花药。柱头均为2裂。

③果实：其果实子房上位，2室，每室有多数胚珠，蒴果狭卵形或卵圆形，长7~25mm，宽5~10mm，两侧各有一条凸棱线，中央有1凹沟，顶端尖，成熟时自尖端向外张开，似鸟嘴，基部有果柄或残痕，外皮黄棕色，有小颗粒凸起，2裂。

④种子：种子多数为长条形或半月形，长6.4~7.5mm，宽1.6~2.2mm，厚1.2mm，表面黄褐色，腹面平直，背面突起，外延成翅状，在解剖镜下观察具网状突起。千粒重5.13g。

（2）连翘生态经济价值：连翘不但具有耐干旱、抗风沙、耐瘠薄的生态功效，而且还具有颗粒大、颜色佳、药用含量高的药用经济价值。

①绿化观赏作用：连翘是早春先叶开花，满枝金黄花朵，艳丽可爱，是早春优良的观花灌木；可用作花篱、护堤树栽植，宜栽植于宅旁、亭阶、墙隅、篱下与路边配置，也宜于溪边、池畔、岩石、假山下栽种，具有极高的绿化美化环境作用。

②药用经济价值：据全国中药材资源普查资料统计，连翘年需要量约为350万kg，连翘生物活性多样，为清热解毒的药材，在治疗热病方剂中应用十分广泛，疗效确切，毒副作用低，是不少中成药的原料。连翘性微寒，味苦，具有清热解毒、消肿散结之功效。用于治疗痈疽、瘰疬、乳痈、丹毒、风热感冒、温病初起、温热入营、高热烦渴、热淋尿闭等。连翘还具有降压、抑菌作用，它能抗细菌、抗真菌、抗病菌、杀钩端螺旋体。除此之外，连翘还可用于医疗保健、食品、日用化工等方面。连翘挥发油可作优质香料，种子油为制作化妆品的上佳原料。用连翘生产的护齿牙膏、连翘茶等产品深受市场欢迎。

③连翘造林效益分析：连翘造林后，连翘林不但发挥出绿化、美化环境和保持水土的生态效益和社会效益，还可以取得可观的经济效益。造林后第二年即开始结实，第3、4年可产干果975kg/hm²。进入盛果期后，产量可达1875kg/hm²，按现行平均价格8元/kg计，产值可达15000万元/hm²。

（3）连翘造林设计：其造林设计主要分为以下2类。

①退耕地造林、荒山造林设计：设定株行距为1m×4m、2m×2m。连翘属于同株自花不孕植物，自花授粉结实率极低，约占4%，若单独栽植长花柱或短花柱连翘，均不结实。因此，设计定植时要将长、短花柱的植株相间种植，才能开花结果并增产。

②混交模式造林：乔灌混交，采用侧柏+连翘；灌+灌混交，采用文冠果+连翘、杜梨+连翘。为提高连翘结实率，混交方式采用行间与块状混交。

13　容器苗退耕造林零缺陷设计

容器苗在干旱、半干旱丘陵山区和沙质荒漠化地区的退耕还林工程项目建设中发挥着重要的作用，它是有效提高造林成活率、保存率的关键性技术之一。

（1）容器苗造林的优点：设计适用容器苗造林有以下5项优点：①能够提高造林成活率：容器苗能充分发挥容器杯（袋）中营养土的作用，即使短期干旱仍可维持苗木体内水分平衡，在石质山地干旱阳坡造林与裸根苗造林相比，可提高造林成活率38%~64%。②没有明显的缓苗期：由于容器苗不用起苗，且在运输和栽植过程中不会伤根，因此，栽植后不需要缓苗，能够保证幼苗生长整齐。③可延长造林时间：造林时间比裸根苗长，便于合理安排劳动力和造林时间。④有效缩短育苗、造林周期：容器育苗成苗速度快，培育樟子松、油松、侧柏等苗木，育苗100d即可出圃造林。⑤节省种子：容器育苗每个容器内只需播种3~5粒种子，使用0.5kg侧柏、油松种子培育出的苗木可造林0.4~0.47hm²，而用0.5kg种子培育裸根苗只能造林0.13~0.2hm²；并且容器苗的出圃率较高，较少有废苗。

（2）容器苗造林适宜范围和条件：油松、落叶松容器苗造林主要适宜于在华北、西北地区高海拔的土石丘陵区阴坡、半阴坡和陡坡；应采取鱼鳞坑、水平沟（阶）整地方式，春、雨、秋3季栽植，栽植密度为3330~6660株/hm²。

（3）容器苗造林适宜时间：春季、雨季、秋季都适合容器苗造林，特别是在6月下旬至8月上旬雨季适宜造林，在此期间，可于降1~2次透雨后立即造林。

第九章

水源涵养林保护工程项目零缺陷建设设计

第一节
水源涵养林造林地选择

我国各河川水源地区多为石质山地和土石山区，一般都保存有一定数量的原始林，但是没有多余的土地供造林之用，仅能利用林中空地、草坡、灌草坡造林；同时，应在对大中型流域进行生态治理过程，对江、河、川上游地区，特别是大型水库上游地区不宜作农田的坡地和不宜放牧的阴坡，尽可能地规划为水源涵养林地。

应选择沟谷底、陡坡和水源头作为营造水源涵养林植被的立地。

第二节
水源涵养林树种组成及密度的合理确定

水源涵养林地处我国边远深山、地广人稀、交通不便的地区，因此，在设计选择营造水源涵养林树种时，应遵循以下 7 项原则。

（1）为充分满足本地区植物区系和分布类型的规律，使形成的水源涵养林分较为稳定，应以营造乡土树种为主的林分。

（2）应选择寿命长、不早衰、不自枯、树干挺拔且树冠大、自我更新能力强的树种，作为营造水源涵养林的组成林分。

（3）应营造深根性、根量多且根域广的针阔树种为主。

（4）应选择树冠大、郁闭度高、枝叶繁茂、枯枝落叶量大的树种。

（5）应选择具有根瘤固氮改土作用的豆科植物树种造林。

（6）为使水源涵养林地表能够形成具有深厚松软的死地被物层，应以营造混交立体厚层林为主，为此，水源涵养林应由主要树种、次要树种（伴生树种）和灌木组成，要营造乔灌结合、针阔结合、深浅根性树种结合的林型。南方主要树种可选马尾松、侧柏、杉木、云南松、华山松，伴生树种可选麻栎、高山栎、光皮桦、荷木等，灌木可选胡枝子、紫穗槐等。北方主要树种可选落叶松、油松、云杉、杨树等，伴生树种可选垂柳、椴树、桦树等，灌木树种可选胡枝子、紫穗槐、小叶锦鸡儿、沙棘、灌木柳等。

（7）应根据造林立地条件情况，具体确定水源涵养林的造林密度，基本原则是可适当密一些，以便尽快成林郁闭，及早发挥保土蓄水的生态作用。

第三节
水源涵养林工程项目零缺陷建设技术设计

营造水源涵养林的整地造林技术与常规造林作业技术内容基本相同。但因水源涵养林地处高山峻岭地区，降水量丰沛，造林苗木易于成活，因此主要是完善对其林地的清理和整地工序作业。应以带状水平沟、水平阶整地方式为主，若条件允许可全面整地；应选择地势平坦且土质肥沃土地作为临时苗圃，就地育苗、就地栽植。

第十章

天然林保护工程项目
零缺陷建设设计

天然林保护工程项目建设设计与实施，是我国对生态系统环境治理与保护的一大转折，既是林业生态环境建设的良机，但同时也给森工企业带来巨大的压力，它涉及资金、技术、机械设备、人力、劳力等诸多技术与管理问题，这就必须要依靠科技、技术进步、强化管理，强化对森工企业的改革力度，构建森林植被生态经营的多元化结构。为此，天然林保护工程项目零缺陷建设设计必须采取的技术与管理措施如下所述。

（1）落实各级领导负责制、健全天然林保护工程项目建设组织机构。严格实行从国家到省（自治区、直辖市）、地区、县（区）、林业局、乡镇、村及工程区各级领导责任制，健全天然林保护组织领导机构。国家林业局设立的全国天然林保护工程管理中心，负责对全国范围的天然林保护工程进行技术指导与管理，省（自治区、直辖市）、地区、县（区）、林业局、乡镇、村也应设立相应机构与专人负责管理。

（2）建立完善的天然林保护法规管理体系和执法监测队伍。这是指国家林业局已经制定出台了一整套的天然林保护管理条例，并加强对天然林保护工程项目建设资金使用、建设标准、检查验收标准、采伐林木规程、规划设计等进行专业化、规范化管理与监督，以保障天然林保护工程项目建设的长期性和稳定性，进一步促进天然林保护工程项目建设的发展。同时，应在贯彻执行《中华人民共和国森林法》基础上，建立健全天然林保护的执法监测队伍，依法加强对天然林的管护，杜绝破坏森林植被现象发生，严防病虫害和火灾的发生。

（3）编制切实可行的天然林保护工程项目建设规划实施方案。应加强对森林植被经营分类及区划，以作为编制国家和省级天然林保护工程项目建设规划方案的依据。在规划方案指导下，确实制定出适地适技的天然林保护工程项目建设实施方案。把禁伐区、限伐区、商品林区落实到林班、小班作业区，确保天然林保护工程项目建设的顺畅实施。

（4）坚持高标准、高起点、高质量，增大对天然林保护的科技含量。在实施天然林保护工程项目建设过程中，从开始就应坚持高标准、高起点、高质量的技术与管理措施，加强对森林植被分类经营和合理区划的研究，掌握森林植物生产发育规律，制定合理的成熟龄标准，确定合理采伐限额，对禁伐林和限伐林进行严格管理。同时，在经营商品林及其林副产品加工经营上，应加大科技投入力量，实施高投入、高产出的战略，进一步盘活天然林区经济，保障天然林保护工程项目建设顺利进行。

（5）强化对天然林宜林荒山造林管理、封禁管护与人工造林相结合。在天然林保护区采取禁伐保护管理的同时，也应该加大天然林区宜林荒山地的造林绿化步伐，在天然林区实现无林地变为有林地、疏林地变为密林地、纯林地变为混交林地、单层林地变为立体复层结构式林地，最终建设成复层异龄林结构式的天然林森林植被。

（6）扩大自然保护区、森林公园、风景林面积，禁伐与旅游相结合。在禁伐林区应扩大自然保护区、森林公园和风景林面积，禁伐与旅游相结合，加强天然林区的各项基础设施建设，以此带动和发展绿色生态旅游创收的服务与管理，进一步激活天然林区经济。

参 考 文 献

1 张东林，王泽民. 园林绿化工程施工技术 [M]. 北京：中国建筑工业出版社，2008.

2 唐学山，李雄，曹礼昆. 园林设计 [M]. 北京：中国林业出版社，1997.

3 陈祺. 庭院设计图典 [M]. 北京：化学工业出版社，2009.

4 王治国，张云龙，刘徐师，等. 林业生态工程学 [M]. 北京：中国林业出版社，2009.

5 许国祯. 林业系统工程 [M]. 北京：中国林业出版社，2010.

6 高尚武. 治沙造林学 [M]. 北京：中国林业出版社，1984.

7 张建国，李吉跃，彭祚登. 人工造林技术概论 [M]. 北京：科学出版社，2007.

8 康世勇. 园林工程施工技术与管理手册 [M]. 北京：化学工业出版社，2011.

9 姚庆渭. 实用林业词典 [M]. 北京：中国林业出版社，1990.

10 江波，袁位高，朱锦茹，等. 森林生态体系快速构建 [M]. 北京：中国林业出版社，2010.

11 周成. 植被防护土坡的计算方法 [M]. 北京：中国水利水电出版社，2008.

12 水利电力部农村水利水土保持司. 水土保持技术规范 [M]. 北京：水利电力出版社，1988.

13 余新晓，毕华兴. 水土保持学（第3版）[M]. 北京：中国林业出版社，2008.

14 余明辉. 水土流失与水土保持 [M]. 北京：中国水利水电出版社，2013.

15 王青兰. 水土保持生态建设概论 [M]. 郑州：黄河水利出版社，2008.

16 孙保平. 荒漠化防治工程学 [M]. 北京：中国林业出版社，2000.

17 马世威，马玉明，姚洪林，等. 沙漠学 [M]. 呼和浩特：内蒙古人民出版社，1998.

18 冯道. 防沙治沙与生态环境建设实务全书 [M]. 长春：吉林科学技术出版社，2008.

19 吴海洋，刘仁芙，罗明. 土地复垦方案编制务实 [M]. 北京：中国大地出版社，2011.

20 乐云. 建设工程项目管理 [M]. 北京：科学出版社，2013.

21 张国良. 矿区环境与土地复垦 [M]. 徐州：中国矿业大学出版社，2003.

22 许文年，夏振尧，周明涛，等. 植被混凝土生态护坡技术理论与实践 [M]. 北京：中国水利水电出版社，2012.

23 张建锋. 盐碱地生态修复原理与技术 [M]. 北京：中国林业出版社，2008.

24 秦向华. 退耕还林实用技术 [M]. 北京：中国林业出版社，2006.

第三篇

生态修复工程
零缺陷建设
投资估算与质量管理

第一章
生态修复工程项目零缺陷建设设计投资额估算指标

为了合理确定和控制生态修复工程项目建设投资额，充分满足生态修复工程项目零缺陷建设管理的需要，科学测算和确定项目零缺陷建设投资指标，提高生态修复工程项目零缺陷建设成效，根据国家生态修复工程项目建设技术与管理的需要，现摘录由国家林业局发展计划与资金管理司计划安排，国家林业局调查规划设计院具体编制，中国林业出版社于 2009 年 1 月正式出版的《防护林造林工程投资估算指标》，作为生态修复工程项目零缺陷建设设计投资估算的参考（其内容略有删改）。

第一节
总　则

第一条　为了加强生态防护林造林工程造价的科学管理，提高防护林建设工程项目的质量、决策水平和投资效益，推动技术进步，特编制《防护林造林工程投资估算指标》（以下简称《投资估算指标》）。

第二条　本《投资估算指标》是编制、评估、决策生态防护林建设工程规划、设计、项目可行性研究的重要依据，是编制林业建设长远规划的基础，也是主管部门审查防护林建设工程初步设计和监督检查防护林工程项目建设的标准之一。

第三条　本《投资估算指标》适用于政府投资或以政府投资为主的防护林造林工程项目。特用林造林工程项目可参照本《投资估算指标》的相关标准执行。

第四条　防护林造林工程项目建设必须遵守和执行国家相关法律、法规和标准。

第五条　防护林造林工程项目以提高工程建设质量、实现高效率培育和发展森林资源为目标，以改善生态环境、促进林业可持续发展为建设方针。防护林造林工程项目建设执行投资估算指标应遵循以下 4 项基本原则：

①充分利用生态造林区域内原有的各项工程设施，并与其他林业重点建设工程项目相结合，不得重复投资建设。

②必须在现地综合踏查、调查的基础上，根据生态造林项目区域内的自然、社会经济状况、工程建设条件、原有工程设施状况等确定生态防护林工程项目建设的内容与规模。

③从实际出发，按生态建设不同造林分区、造林方式、林种、造林模型，实事求是地估算造林工程项目建设投资额。

④生态防护林工程项目建设应坚持适地适树，多林种、多树种结合，突出混交林造林。

第二节
投资估算指标的体系构成

第六条 生态修复工程项目建设投资估算指标体系由造林分区、造林方式、防护林二级林种和造林模型构成。

第七条 造林方式按人工造林、飞机播种造林和封山（沙）育林划分。

第八条 造林分区按东北区、三北风沙区、黄河上中游区、华北中原区、长江上中游区、中南华东（南方）区、东南沿海及热带区和青藏高原冻融区划分（各造林分区范围见附录）。

第九条 防护林二级林种按水源涵养林、水土保持林、防风固沙林、农田牧场防护林、护路林、护岸林和海岸防护林划分。

第十条 投资估算指标体系以造林模型为基本单元，其主要构成要素和因子是控制造价的主导因素。

①人工造林模型主要因子为：林地清理、整地方式、整地规格、树种、苗木（种子）规格、初植密度、混交树种与比例、造林方式、抚育年限、抚育次数、管护方式和管护年限等。

②飞机播种造林模型主要因子为：飞播造林适宜地类型选择、种子及种子处理、地面处理（植被处理、简易整地）、飞行作业、播后管护等。

③封山（沙）育林模型主要因子为：封育类型、封育方式、封禁设施（机械围栏、封育牌、标语牌）、育林措施（补植、补播、平茬复壮与人工整地促进）和管护等。

第十一条 生态防护林造林工程项目建设投资由直接工程费用、工程建设其他费用和基本预备费 3 大项构成。

第十二条 人工造林直接工程费用项目基本构成为：林地清理、整地、苗木（种子）、栽植（播种）和未成林管护抚育等工程项目建设投资。

特殊地区辅助工程项目可包括沙障、机械围栏、灌溉、地膜覆盖、施肥等工程投资。

第十三条 飞机播种造林直接工程费用项目基本构成为：种子处理、地面处理、飞行作业、播后幼林管护和施工现场管理等工程投资。

第十四条 封山（沙）育林直接工程费用项目基本构成为：封禁设施、育林措施、幼林管护和施工现场管理等工程投资。

第十五条 生态工程项目建设其他费用由建设单位管理费、勘察设计费、监理费、招投标费和竣工验收费等构成。

第十六条 生态工程项目建设基本预备费由直接工程费用与工程建设其他费用之和按规定比

例计算确定。

第三节
投资估算指标的主要技术参数

第十七条　下列表格内容为投资估算指标的主要技术参数，编制防护林工程项目建设规划、设计、项目建议书和可行性研究报告时，应按要求选取或调整。

1. 人工造林主要技术参数

（1）造林苗木技术参数：造林工程项目实施所用苗木应符合表 1-1 的要求。

表 1-1　生态修复工程项目建设人工造林苗木技术参数

项　目		苗木类别	苗龄	质量等级	备注
针叶树	播种苗	实生苗	1-0	Ⅰ、Ⅱ	容器苗
	百日苗	实生苗	0.5-0	Ⅰ、Ⅱ	容器苗
	插条苗	无性系苗	1-0	Ⅰ、Ⅱ	
	移植苗	实生苗	1-1	Ⅰ、Ⅱ	容器苗
	移植裸根苗	实生苗	2-1	Ⅰ、Ⅱ	
			2-2	Ⅰ、Ⅱ	
	带土坨苗	实生苗	3+2	Ⅰ、Ⅱ	
阔叶树	插条苗	插条苗	$1_{(1)}-0$	Ⅰ、Ⅱ	
			1-0	Ⅰ、Ⅱ	
	播种苗	播种苗	1-0	Ⅰ、Ⅱ	容器苗
			1-0	Ⅰ、Ⅱ	裸根苗
			1-0	Ⅰ、Ⅱ	
	杨树插条苗	插条苗	$1_{(2)}-1$	Ⅰ、Ⅱ	
	经济林苗木	实生苗	1-0	Ⅰ、Ⅱ	
		嫁接苗	1-0	Ⅰ、Ⅱ	
竹林		地下茎		Ⅰ、Ⅱ	母竹 1~2 年生 竹鞭 3~6 龄的壮龄鞭
灌木		实生苗	1-0、2-0	Ⅰ、Ⅱ	容器苗

（2）造林初植密度技术参数：

生态修复工程项目建设造林初植密度应符合表 1-2 的要求。设计初植密度技术参数调整不应突破指标限额。

表 1-2 生态修复工程项目建设人工造林初植密度技术参数

项目内容		单位	初植密度	备注
主要造林树种	林种			
松类、云杉、柏木、阔叶类（元宝枫、楠木、臭椿、刺槐、木荷、杨、柳等）	水源涵养林 水土保持林	株/hm²	1660～2500	适用一般山区
樟子松、油松、杨、榆、山杏、柠条、梭梭、柽柳等	防风固沙林	株/hm²	1660～2220	乔木林
		株/hm²	2500～3300	乔灌混交、灌木造林
杨、柳、白蜡、竹类、油松、刺槐、柏树、灌木等	水土保持林	株/hm²	1660～3300	适用石漠化地区有效造林面积
杨、榆、水杉、池杉等	农田牧场防护林	株/hm²	500～1660	
柳、杨、枫杨、乌桕、桤木、桉树等	护路护岸林	株/hm²	625～1660	
漆树、花椒、竹类、杜仲、板栗、核桃、茶叶树、枣等	生态经济型防护林	株/hm²	660～1660	适用八大分区生态经济型防护林的营造（含竹林）
木麻黄、桉树、湿地松、相思、海桑、红海榄、秋茄等	海岸防护林	株/hm²	500～1660	含平地、台地、山地、丘陵和滩涂造林
	其中：红树林	株/hm²	500～1660	

（3）造林树种混交与比例技术参数：

防护林造林提倡设计和营造混交林，其树种混交与比例宜采用表 1-3 中的参数。

表 1-3 生态修复工程项目建设人工造林树种混交与比例技术参数

林分类型 项目树种混交比例	针叶树	阔叶树	灌木	乔木（针或阔）	备注
纯林	10	10	10		
针针混交	3：7～5：5 或者 3：3：4				
针阔混交	5	5			含人工、天然混交林树冠下造林
	7：3	3：7			
	6：4	4：6			
乔灌混交			3	7	
阔阔混交		7：3～8：2			
		3：3：4			
灌灌混交	3：7～5：5				

（4）造林林地清理技术参数：

造林林地清理用工定额应符合表 1-4 的要求，用工定额调整不应突破指标上限。

表 1-4 生态修复工程项目建设人工造林地清理技术参数

清理方式	地段	单位	用工量	备注
带状或团块状清理	一般地段	工日/hm²	2～10	不采取全面清理的方式
	难度稍大地段	工日/hm²	8～15	
	难度很大地段	工日/hm²	15～20	

（5）造林整地技术参数：

造林整地用工定额应符合表 1-5 的要求，其用工定额调整不应突破指标上限。

表 1-5 生态修复工程项目建设人工造林整地主要技术参数

整地方式		单位	用工量	备 注
穴状（或块状）整地		工日/hm²	30~60	普通采用穴状整地
鱼鳞坑整地		工日/hm²	70~80	
带状整地	窄带（1m）	工日/hm²	60~65	
	中带（3m）	工日/hm²	75~80	
	宽带（4m）	工日/hm²	112~125	

（6）造林栽植技术参数：

栽植用工定额应符合表 1-6 的要求，其用工定额调整不应突破表中指标上限。

表 1-6 生态修复工程项目建设人工造林栽植主要技术参数

项目内容	单位	用工量	备注
一般山区	工日/hm²	18~35	常规初植
难度大的陡坡山地	工日/hm²	25~40	密度条件
带土坨大苗木	工日/hm²	24~33	

（7）未成林抚育管护技术参数：

未成林抚育管护的抚育用工量、管护面积、管护年限应符合表 1-7 的要求。

表 1-7 生态修复工程项目建设造林未成林抚育管护主要技术参数

项目内容		单位	抚育用工量	管护面积	管护年限
抚育管护	南方	年			3
	北方	年			5
抚育用工	一般山区	工日/hm²	15~25		
	平原、沙区	工日/hm²	5~15		
管护定额		hm²/人	kg	150	

注：南方（下同）指长江上中游区、中南华东（南方）区、东南沿海及热带区和青藏高原冻融区，北方（下同）指东北区、三北风沙区、华北中原区和黄河上中游区。

2. 飞播造林主要技术参数

飞播造林的主要技术参数应符合表 1-8 的要求。

表 1-8　生态修复飞播造林主要技术参数

项目内容			补植补播率（%）	用工量（工日/hm²）	飞行作业费（元/架次）	管护面积［hm²/（人·年）］
地被处理	植被处理	南方		10		
		北方		8		
	简易整地	南方		8		
		北方		6		
飞行作业	飞行费				5200	
	调机费				4200	
	飞行作业费				15000	
播后管护	管护面积					200
	补植补播（南方）		15~25	2.0		
	补植补播（北方）		20~30	5.0		
施工现场管理				0.5		

3. 封山（沙）育林技术参数

封山（沙）育林主要技术参数应符合表 1-9 的要求。

表 1-9　生态修复封山（沙）育林主要技术参数

项目内容			单位	封禁标牌	补植补播率	用工量	数量	管护年限
封禁	机械围栏	南方全封	m/hm²				60	
		南方半封	m/hm²				60	
		北方山区	m/hm²				60	
		北方沙区	m/hm²				50	
	标牌	封育牌	个/100hm²	1~2				
		宣传牌	个/100hm²	3~5				
飞行作业	补植	补植率	%		15~30			
		南方	工日/hm²			2~4		
		北方山区	工日/hm²			3~8		
		北方沙区	工日/hm²			2~3		
播后管护	补播	补播率	%		15~30			
		南方	工日/hm²			3		
		北方	工日/hm²			1~2		
	平茬复壮	山区	工日/hm²			4~5		
		沙区	工日/hm²			3~4		
	人工促进天然更新整地	南方全封	工日/hm²			4~5		
		南方半封	工日/hm²			3~4		
		北方山区	工日/hm²			2~5		
		北方沙区	工日/hm²			2		

（续）

项目内容		单位	封禁标牌	补植补播率	用工量	数量	管护年限
管护	管护定额	hm²/人				150	
	管护年限 南方	年					3~7
	北方	年					4~9
施工现场管理	山区	工日/hm²			0.5		
	沙区	工日/hm²			0.3		

4. 造林种子、苗木价格技术参数

造林工程建设所用种子、苗木的价格宜采用表 1-10、表 1-11 参数。造林种子、苗木的价格可随各地市场进行浮动调整。

表 1-10 生态修复造林工程种子价格主要技术参数

序号	种子名录	单位	单价（元/kg）	备注
1	红松	kg	26.0	
2	落叶松	kg	60.0	
3	赤松、樟子松	kg	80.0	
4	侧柏	kg	16.5	
5	油松	kg	25.0	
6	马尾松	kg	15.0	
7	云南松	kg	16.5	
8	黄栌	kg	80.0	
9	刺槐	kg	10.0	
10	山杏	kg	80.0	
11	胡枝子	kg	20.0	
12	梭梭	kg	20.0	
13	沙棘	kg	16.5	
14	花棒、杨柴等	kg	40.0	
15	柠条	kg	30.0	
16	小叶锦鸡儿	kg	20.0	
17	柄扁桃	kg	40.0	
18	刺玫	kg	25.0	

表 1-11 生态修复造林树种苗木价格技术参数 单位：元/株

序号	树种	苗龄	Ⅰ级苗	Ⅱ级苗	容器苗	序号	树种	苗龄	Ⅰ级苗	Ⅱ级苗	容器苗
1	杨树	1(2)-0	1~1.5	0.8~1		33	香椿	1-0	0.35	0.3	
		1(2)-1	1.5~3	1.2~1.6		34	西南桦	1-0			0.35
2	柳树	1(2)-0	2.5~3	2		35	梭梭	1-0	0.1~0.3	0.08~0.2	0.2~0.5
3	榆树	1-0	0.15~0.2	0.1~0.15		36	花棒	1-0	0.~0.15	0.1~0.12	0.25~0.3
		2-0	2	1.5		37	沙拐枣	1-0	0.1~0.3	0.1~0.2	0.3
4	刺槐	1-0	0.2~0.5	0.1~0.4		38	柽柳	1-0	0.15	0.12	
5	臭椿	1-1	2.5			39	沙枣	1-0	0.25	0.2	
6	白蜡	1-1	3					2-0	0.4	0.35	0.6
7	桦树	1-1	0.5	0.4		40	沙棘	1-0	0.1~0.15	0.08~0.1	0.1~0.25
8	落叶松	1-1	0.2~0.5	0.15~0.45	0.5~0.6	41	柠条	1-0	0.1~0.2	0.05~0.15	0.2~0.35
9	樟子松	1-1	0.3	0.25	0.6	42	沙柳	1-0	0.2	0.15	
		1-2	0.5~0.6	0.4~0.5	1	43	锦鸡儿	1-0	0.2~0.25	0.18~0.23	0.25~0.28
10	油松	1-1	0.4	0.3	0.45			2-0			
		2-1	0.45~0.5	0.35~0.4	0.8	44	紫穗槐	1-0	0.2	0.15	
11	云杉	2-2	1	0.9	1.2	45	山桃、山杏	1-0	0.3		
12	杉木	1-0	0.2	0.18		46	核桃	1-0	6	4	
13	侧柏	1-0	0.2	0.18		47	红枣	1-0	4.5	3	
14	圆柏	1-2	1.5~1.7	1.2~1.4		48	巴旦木	1-0	3	2.5	
15	马尾松	1-0	0.2	0.15	0.25	49	杜梨	1-0	0.8		
16	建柏	1-0	0.15	0.12		50	枸杞	1-0	0.2	0.15	
17	柳杉	1-0	0.25	0.2				2-0			
18	黄山松	1-0	0.15	0.12		51	板栗	1-0	1.5	1.2	
19	湿地松	1-0	0.18	0.15		52	花椒	1-0	0.3		
20	火炬松	1-0	0.18	0.15		53	柿子	2-0	5		
21	泡桐	1-0	3~3.2	2.5~2.8		54	任豆	1-0	0.25	0.2	
22	五角枫	2-0	0.4			55	八角	1-0	0.6	0.5	
23	火炬树	1-0	1			56	厚朴	2-0	1.2	1.1	
24	连翘	1-0	0.3			57	毛竹	2	1.5	1.2	
25	樟树	1-0			1	58	吊丝竹	1-1.5	1.8	1.5	
26	火力楠	1-0			0.9	59	杂交竹	1	2	1.8	
27	锥栗	1-0			0.9	60	桐花	1-0	1		
28	山乌桕	1-0			0.9	61	无瓣海桑	1-0	2.5		
29	枫香	1-0			0.8	62	木麻黄	1-0	0.6	0.4	1.1
30	桉树	1-0			0.3	63	秋茄	1-0	1	0.8	
31	大叶栎	1-0	0.35	0.3		64	木榄	1-0	1.5	1.2	
32	红锥	1-0	0.35	0.3		65	海桑	1-0	2		
						66	红海榄	1-0	2		

注：苗木价格均为市场价。

5. 劳动力工价技术参数

劳动力工价应符合表 1-12 要求。

表 1-12 生态修复各造林分区劳动力工价技术参数 单位：元/工日

工价参数标准 造林分区	40	45	50
东北区		√	
三北风沙区	√		
华北中原区		√	
黄河上中游区	√		
长江上中游区		√	
中南华东（南方）区			√
东南沿海及热带区			√
青藏高原冻融区	√		

6. 特殊地区辅助工程技术参数

我国干旱、半干旱地区、沙区及干热河谷与石漠化等特殊地区，在实施造林工程中需要设置沙障、机械围栏、灌溉管网和地膜等辅助性工程措施，土地贫瘠的山区、平原区以及培育生态经济型的防护林地区应符合表 1-13 的要求。选用指标不应突破其指标上限。

表 1-13 生态修复造林人工辅助工程措施技术参数与费用指标

项目内容			单位	规 格	单价（元）	备 注
机械沙障	麦秸沙障	材料费	元/hm²	2m×2m	1050.0	
		用工费	元/(hm²·次)		3320.0	
		总费用	元		4370.0	
		材料费	元/hm²	1m×1m	2100.0	
		用工费	元/(hm²·次)		6640.0	
		总费用	元		8740.0	
	灌木沙障	材料费	元/hm²	4m×3m	2916.0	
		用工费	元/(hm²·次)		2320.0	
		总费用	元		5236.0	
	黏土沙障	材料费	元/hm²	2m×2m	2000.0	
		用工费	元/(hm²·次)		6000.0	
		总费用	元		8000.0	
	砾石沙障	材料费	元/hm²	2m×2m	3750.0	
		用工费	元/(hm²·次)		6000.0	
		总费用	元		9750.0	

（续）

项目内容		单位	规　格	单价（元）	备　注
围栏设施	水泥柱费用	元/hm²	10cm×10cm×200cm	170.0	有9种配套组合费用
		元/hm²	12cm×12cm×200cm	200.0	
		元/hm²	15cm×15cm×180cm	230.0	
	铁丝网片费用	元/hm²	7 道	286.9	
		元/hm²	8 道	336.0	
		元/hm²	9 道	385.3	
灌溉	滴灌	滴灌1	元/hm²	2500 株	192.8	1：0.5~0.75
		滴灌2	元/hm²	1660 株	145.3	
	沟灌	沟灌1	元/hm²	2500 株	327.7	
		沟灌2	元/hm²	1660 株	252.7	
	浇灌	浇灌1	元/hm²	2500 株	788.7	
		浇灌2	元/hm²	1660 株	525.8	
地膜覆盖	措施1		元/hm²	3330 株	1186.0	
	措施2		元/hm²	2500 株	920.0	
	措施3		元/hm²	1660 株	612.0	
	措施4		元/hm²	1250 株	480.0	
施肥	基肥	农家肥	元/hm²	2500 株	1730.0	
		复合肥	元/hm²	2500 株	1632.5	
	追肥	复合肥	元/hm²	2500 株	1177.5	

第四节
投资的使用及其指标技术参数调整

　　第十八条　生态造林工程规划、可行性研究报告中造林模型的技术参数与人工造林投资估算指标表（附表 1-1 至附表 1-8）、飞机播种造林投资估算指标表（附表 2-1 至附表 2-2）、封山（沙）育林投资估算指标表（附表 3-1 至附表 3-2）中造林模型规定的技术参数相一致时，应按附表中的造林工程费用进行投资估算。

　　第十九条　在下列情况下，若实际生态造林费用估算值超出模型费用值 10% 以上，在编制造林工程项目建设规划、可行性研究报告投资估算时，可对人工造林投资估算指标表（附表 1-1 至附表 1-8）、飞机播种造林投资估算指标表（附表 2-1 至附表 2-2）、封山（沙）育林投资估算指标表（附表 3-1 至附表 3-2）中的造林工程费用进行调整。

　　①苗木、种子实际价格与附表中的造林模型不一致，可对其价格进行调整。

　　②初植密度、立地条件等与附表中的造林模型不一致，可进行用工定额调整。

　　③特殊地区造林需增加沙障、机械围栏、灌溉、地膜、施肥等各种类辅助工程措施，可进行增项调整。

　　参数调整时，必须在技术参数表规定范围进行一项或多项调整，不得随意增减。

　　第二十条　苗木、种子价格按当地市场价格调整。

第二十一条　用工定额调整

1. 初植密度用工定额调整

当实际初植密度与投资估算指标表中的模型差异较大时（±10%以上），可参照最接近实际初植密度的某一个模型，用实际初植密度与该模型初植密度之比乘以用工量，即可调整为实际造林密度的用工量。

2. 林地清理用工定额调整

生态修复工程项目建设造林地清理以一般山区每公顷2500穴（块）状和中带带状林地清理为基准，用工定额系数为1.0，穴状林地清理用工量为2~6个工日/hm²，带状林地清理每公顷为6~10个工日。其他地貌类型、清理方式按表1-14所列系数调整。

表1-14　生态修复造林地清理用工定额调整系数表

清理方式及用工系数　地貌类型	穴状清理	带状清理		
		窄带	中带	宽带
石质山区	0.67	0.70	1.60	2.50
一般山区	1.00	0.60	1.00	1.25
高寒山区		1.20	2.00	2.80
沙区	0.50	0.70	0.80	1.00
平原区	0.50	0.70	0.80	1.00

3. 整地用工定额调整

生态修复造林整地用工量以一般山区、壤土与砂壤土、穴（块）状整地初植密度为2500株（穴）/hm²，整地规是40cm×40cm×30cm为基准，用工定额系数为1.0，整地用工量为30~60个工日/hm²。其他地貌类型、土壤类型整地规格按表1-15所列系数调整。

表1-15　生态修复造林人工整地用工定额调整系数

各地貌类型　用工系数　整地规格		20×20×20（cm）	30×30×30（cm）	40×40×30（cm）	50×50×40（cm）	60×60×50（cm）	80×80×60（cm）	80~150×60~80×30~40（cm）（鱼鳞坑）	带状整地		
									窄带（1m）	中带（3m）	宽带（4m）
石质山区	壤土、砂壤土			1.10	1.60	3.00		1.60~4.00	1.20	1.50	2.20
	黏土			1.20	2.00	3.30		2.00~4.30	1.30	1.60	2.40
	石质土	0.50	1.00	1.20	2.08	3.75		2.10~4.50	1.40	1.60	2.80
一般山区	壤土、砂壤土	0.50	0.80	1.00	1.60	2.20	4.40	1.60~4.00	1.10	1.30	1.80
	黏土	0.60	0.80	1.05	1.80	2.40	4.60	1.80~4.40	1.20	1.40	1.90
	石质土	0.60	0.96	1.10	2.00	2.60	5.20	2.00~4.80	1.20	1.50	2.00
高寒山区	壤土、砂壤土		1.00	1.20	1.30	1.50	1.60	1.60~3.50	1.20	1.50	2.00
	黏土		1.10	1.20	1.30	1.60	1.80	1.80~4.00	1.40	1.60	2.20
沙区	砂土	0.36	0.80	0.90	1.60	2.00	4.00		1.10	1.20	1.40
	风沙土	0.36	0.80	0.90	1.60	2.00	4.00		1.10	1.20	1.40
平原区	砂土		0.80						1.10	1.20	1.40
	壤土、砂壤土	0.40							1.10	1.20	1.40
	黏土	0.40	0.85	0.95	1.80	2.00	4.00				
	盐渍土	0.75~1.60									

4. 造林苗木栽植用工定额调整

造林苗木栽植以一般山区的初植密度 2500 株（穴）为设计基准，植苗造林用工定额系数是 1.0，栽植用工量为 18~35 个工日/hm²；其他如地貌类型、栽植方式按表 1-16 所列系数进行调整。

表 1-16　生态修复造林人工栽植苗木用工定额调整系数

各栽植方式的用工系数 地貌类型	植苗造林		播种造林		分殖造林		地下茎造林		
	容器苗	裸根苗	穴播	条播	插条	插干	移植母竹	移鞭	分蔸造林
石质山区	1.25	1.00	1.00		1.00		1.00	1.00	1.00
一般山区	1.00	1.00	1.00		1.00		1.00	1.20	1.00
高寒山区		1.10	1.10		1.20		1.20	1.25	1.25
沙区	0.67	1.00							
平原区	0.67	1.00							

5. 造林抚育用工定额调整

造林抚育用工以一般山区的砂壤土、壤土土质，未成林造林地的抚育为基准，用工定额系数是 1.0，抚育用工量是 15~25 个工日/hm²；其他如地貌类型、土壤类型按表 1-17 所列系数进行调整。

表 1-17　生态造林人工抚育用工定额调整系数

各土壤类用工系数 地貌类型	砂土	砂壤土、壤土	黏土	石质土	盐渍土
石质山区	0.80	1.10	1.20	1.60	
一般山区	0.86	1.00	1.20	1.50	
高寒山区	1.10	1.40	1.60		
沙区	0.70	0.90	1.10	1.20	
平原区	0.90	1.00	1.40		0.70

6. 管护面积定额调整

管护面积以一般山区、林地相对集中连片且交通条件较好的地段为基准，用工定额系数为 1.0，管护面积为 150hm²/（人·a）。其他地貌类型、立地条件的管护面积定额按表 1-18 所列系数调整。

表 1-18　生态修复造林人工管护面积定额调整系数

各立地条件管护系数 地貌类型	林地集中连片 交通条件较好	林地相对集中、 交通条件一般	林地较分散、 交通条件较差	林地分散、地形 破碎、交通不便
石质山区	0.75	0.60	0.40	0.30
一般山区	1.00	0.75	0.60	0.50
高寒山区	0.70	0.50	0.40	
沙区	1.00	0.75	0.60	0.50
平原区	1.00	0.90	0.75	0.50

第二十二条　辅助工程措施增项调整。机械沙障、机械围栏、灌溉、地膜、施肥等造林辅助工程措施项目，必须根据提高造林成活、保存率等目的，并按相关技术规程规范，可将其中各项建设内容纳入生态修复工程项目建设造林投资成本之中。

7. 沙障

本《投资估算指标》中沙障系指采用麦秸沙障、灌木沙障、黏土沙障和砾石沙障等形式。三北风沙区流动、半流动沙丘地带确需设置沙障时，应按附表 4 中规定的技术经济指标对造林模型进行调整。

8. 机械围栏

本《投资估算指标》中机械围栏是指采用水泥柱、铁丝网片 3 种规格形式，可根据需要选用。生态修复工程项目建设造林确需设置机械围栏，应按附表 5 中规定的技术经济指标对造林模型进行调整。

9. 灌溉

在 400mm 年降水线以下的干旱、半干旱地区，以及南方干热河谷和石漠化地区的灌溉方式，本《投资估算指标》系指采用滴灌、沟灌和浇灌方式。生态造林工程项目建设确需灌溉时，应根据供水水源等条件，选择灌溉方式，并按附表 6 中规定的技术经济指标对造林模型进行调整。

10. 地膜

在北方远离水源，难以实行灌溉的干旱地区地段造林，可选择地膜覆盖技术设施进行土壤保墒。生态造林工程项目建设确需设置地膜，应按附表 7 中规定的技术经济指标对造林模型进行调整。

11. 施肥

在土地养分瘠薄的山区、平原以及培育生态经济型防护林的地区与地段，可施用基肥和追肥方式增加土壤肥力。基肥在造林当年与造林同时进行，追肥一年一次应与抚育结合进行。生态造林工程项目建设确需施肥，应按附表 8 中规定的技术经济指标对造林模型进行调整。

第五节
生态修复工程项目建设其他费用及基本预备费

第二十三条　生态修复工程项目建设其他费用包括建设单位管理费、勘察设计费、监理费、招投标费、出苗及成效调查费（仅飞播造林含此项）、竣工验收费。工程建设其他费用应按国家有关标准和规定计取。

1. 建设单位管理费

指生态修复工程项目建设单位（包括省、地市、县三级）在工程项目的立项、筹建、建设施工、检查验收、接待、办公、旅差、总结等工作所发生的管理费用。

2. 勘察设计费

指可行性研究、初步设计和施工设计阶段发生的咨询费、勘察费、设计费。

3. 工程监理费

指工程开工后，聘用监理单位对工程项目建设质量、进度、投资进行监理所发生的全部费用。

4. 招投标费

指生态修复项目建设在开工前进行招投标所发生咨询费、工作经费的全部费用。

5. 出苗及成效调查费

指飞播造林 1 年后，对播区进行出苗调查发生的费用。成效调查费指飞播后南方和北方 5 年、沙区 3~5 年，对播区进行成效调查所发生的费用。

6. 竣工验收费

指在生态修复工程项目建设过程，为保证工程质量而进行的年度检查和竣工验收工作等发生的全部费用。

第二十四条　基本预备费。指在生态修复工程项目建设中，经上级批准的可行性研究、规划设计变更和为预防意外事故而采取的措施，所增加的工程项目和费用。基本预备费应按国家有关标准和规定计取。

第六节
《投资估算指标》 附则

第二十五条　本《投资估算指标》的编制是以控量为主，控价为辅，实行静态控制，主要施工劳力与苗木等施工材料价格是以 2005 年底物价水平基准的市场价格。随着社会经济发展，以及各地区市场价格的变化，投资估算指标将实施动态管理，根据政策及价格水平变化情况，本《投资估算指标》适时进行调整，重编报批后执行。

第二十六条　本《投资估算指标》由国家林业局负责管理和解释。

《投资估算指标》附表：详见附表 1-1 至附表 1-8、附表 2-1 至附表 2-2、附表 3-1 至附表 3-2、附表 4 至附表 8 所示。

附表 1-1　生态修复建设造林投资估算指标

项目	序号	项目内容	单位与规格	1	2	3	4	5
分级分类	1	林种		水源涵养林水土保持林				农田、牧场防护林
	2	造林模型		模型 1	模型 2	模型 3	模型 4	模型 5

（续）

项目	序号	项目内容		单位与规格	1	2	3	4	5
立地条件	3	地貌类型			山地	山地	山地	丘陵、山地	平原
	4	地形海拔			斜坡、缓坡 50~1000m	斜坡、缓坡 500~700m	斜坡、缓坡 500~1000m	斜坡、缓坡 1300m 以下	
	5	土壤			砂土、砂壤土、壤土、黏土、石质土	砂土、砂壤土、壤土、黏土、石质土	砂土、砂壤土、壤土、黏土、石质土	砂土、砂壤土、壤土	砂土、砂壤土、壤土
造林模型	6	树种			樟子松、落叶松、红松、云杉等针叶树种	胡桃楸、水曲柳、黄檗	槲栎、蒙古栎、辽东栎、麻栎、椴等硬阔叶树种	红松、红皮云杉	杨树、榆树等
	7	初植密度		株/hm²	2500	2500	2000	1110	1660
	8	株行距		m	2×2 或 1.6×2.5	2×2 或 1.6×2.5	2×2.5	3×3	2×3
	9	混交方式与比例			纯林或混交	纯林或混交	纯林或混交	疏林地、次生林冠下造林	纯林
	10	造林方式			植苗	植苗（或直播）	植苗（或直播）	植苗	植苗
	11	整地方式			穴状整地	穴状整地	穴状整地	穴状整地	穴状整地
	12	整地规格（长×宽×深）		cm	40×40×30	40×40×30	40×40×30	40×40×30	60×60×50
	13	苗木规格			Ⅰ、Ⅱ级	Ⅰ、Ⅱ级	Ⅰ、Ⅱ级	Ⅰ、Ⅱ级	Ⅰ、Ⅱ级
	14	种子规格							
	15	灌溉年限		年					
	16	灌溉次数		次/年					
	17	抚育年限		年	5	5	5	5	3
	18	抚育次数		次/年	2、2、1、1、1	2、2、1、1、1	2、2、1、1、1	2、2、1、1、1	2、2、1
造林作业用工及费用	19-1	整地	林地清理用工定额	工日/hm²	10	10	10	10	3
	19-2		整地数量	m、穴/hm²	2500	2500	2000	1110	1660
	19-3		整地用工定额	工日/hm²	48	48	40	30	48
	19-4		小计 整地用工	工日/hm²	58	58	50	40	51
	19-5		整地费用	元/hm²	2610	2610	2250	1800	2295
	20-1	苗木（种子）	树种1	株（kg）/hm²	2875	2875	2300	1277	1909
	20-2			元/株（kg）	0.50	0.40	0.40	0.50	0.80
	20-3			元/hm²	1438	1150	920	638	1527

（续）

项目	序号	项目内容			单位与规格	1	2	3	4	5
造林作业用工及费用	20-4	苗木（种子）	树种2		株（kg）/hm²					
	20-5				元/株（kg）					
	20-6				元/hm²					
	20-7		小计	苗木费用	元/hm²	1438	1150	920	638	1527
	21-1	栽植（播种）	人工栽植用工定额		工日/hm²	28	28	24	18	21
	21-2		小计	人工栽植费用	元/hm²	1260	1260	1080	810	945
	22-1	管护抚育	抚育用工定额		工日/hm²	17	17	15	15	12
	22-2		管护	年限	年	5	5	5	5	5
	22-3			管护定额	hm²/人	150	150	150	150	150
	22-4			工资	元/（人·年）	7200	7200	7200	7200	7200
	22-5			管护费用	元/（hm·年）	48	48	48	48	48
	22-6		小计	管护抚育费用	元/hm²	4065	4065	3615	3615	1860
	23	直接工程费用合计			元/hm²	9373	9085	7865	6863	6627

注：苗木数量包括5%~15%的保证系数。

附表1-2　生态修复建设造林投资估算指标（造林分区三北风沙区）

项目	序号	项目内容	单位与规格	1	2	3	4	5	6	7	8	9	10
分级分类	1	林种		水源涵养林、水土保持林				防风固沙林				农田、牧场防护林	
	2	造林模型		模型1	模型2	模型3	模型4	模型1	模型2	模型3	模型4	模型1	模型2
立地条件	3	地貌类型		山地、丘陵	山地、丘陵	山地、丘陵	丘陵	沙区	丘陵、沙区	丘陵、沙区	沙区	平原	平原
	4	地形、海拔		缓坡、平地	阴坡、缓坡	阴坡、缓坡	缓坡	平坡	平缓地	平缓地	缓坡、斜坡	平地	平坡
	5	土壤		各类土壤	壤土	壤土	壤土	沙土	风沙土、栗钙土	风沙土、栗钙土	沙土、沙壤土	沙土、壤土	沙壤土、壤土
造林模型	6	树种		落叶松	落叶松、云杉	落叶松、桦树等	榆树、沙枣等	梭梭、柽柳、沙棘、柠条等	樟子松或油松	榆树或杨树	柠条等	杨树	杨树、榆树等
	7	初植密度	株/hm²	2500	2500	1660	2220	2500	2220	2220	3330	1660	1660
	8	株行距	m	2×2	2×2	2×3	1.5×3	2×2或1.6×2.5	1.5×3	1.5×3	1×3	2×3	2×3
	9	混交方式与比例		纯林	混交（1∶1）	混交（1∶1）	混交（1∶1）	纯林或混交	纯林	纯林	纯林	纯林	混交（1∶1）

（续）

项目	序号	项目内容			单位与规格	1	2	3	4	5	6	7	8	9	10
造林模型	10	造林方式				植苗	植苗	植苗	植苗	植苗	植苗	植苗	播种	植苗	植苗
	11	整地方式				穴状整地	穴状整地	穴状整地	鱼鳞坑整地	穴状整地	穴状整地	穴状整地	水平带	穴状整地	穴状整地
	12	整地规格（长×宽×深）			cm	40×40×30	40×40×30	50×50×40	100×60×40	30×30×30	40×40×30	50×50×40	60×40	60×60×50	60×60×50
	13	苗木规格				Ⅰ级	Ⅰ、Ⅱ级	Ⅰ、Ⅱ级	Ⅰ、Ⅱ级	Ⅰ、Ⅱ级	Ⅰ级	Ⅰ级		Ⅰ级	Ⅰ级
	14	种子规格											Ⅰ级		
	15	灌溉年限			年		3	3	3	3	3	3	2	2	3
	16	灌溉次数			次/年	2	2	2	2	2	2	2	2	2	2
	17	抚育年限			年	4	4	4	3	3	4	3	3	3	3
	18	抚育次数			次/年	2、2、1、1	2、2、1、1	2、2、1、1	2、2、1	2、1、1	2、2、1、1	2、2、1	2、2、1	2、2、1	2、2、1
造林作业用工及费用	19-1	整地	林地清理用工定额		工日/hm²	8	8	8	8		6	6		6	6
	19-2		整地数量		m、穴/hm²	2500	2500	1660	2220	2500	2220	2220	3330	1660	1660
	19-3		整地用工定额		工日/hm²	68	68	43	75	35	43	53	75	52	52
	19-4		小计	整地用工	工日/hm²	56	56	51	83	35	49	59	75	58	58
	19-5			整地费用	元/hm²	2240	2240	2040	3320	1400	1960	2360	3000	2320	2320
	20-1	苗木（种子）	树种1		株(kg)/hm²	2875	1438	955	1277	2875	2553	2553	6	1909	955
	20-2				元/株(kg)	0.45	0.60	0.60	1.00	0.25	0.60	1.00	25.00	1.00	1.00
	20-3				元/hm²	1294	863	573	1277	719	1532	2553	150	1909	955
	20-4		树种2		株(kg)/hm²		1438	955	1277						955
	20-5				元/株(kg)		1.20	1.00	0.30						0.80
	20-6				元/hm²		1725	955	383						764
	20-7		小计	苗木费用	元/hm²	1294	2588	1527	1659	719	1532	2553	150	1909	1718
	21-1	栽植（播种）	人工栽植用工定额		工日/hm²	28	28	21	25	28	25	25	18	21	21
	21-2		小计	人工栽植费用	元/hm²	1120	1120	840	1000	1120	1000	1000	720	840	840

（续）

项目	序号	项目内容		单位与规格	1	2	3	4	5	6	7	8	9	10
造林作业用工及费用	22-1		抚育用工定额	工日/hm²	17	17	15	16	11	15	15	15	7	7
	22-2	管护抚育	管护 年限	年	5	5	5	5	5	5	5	5	5	5
	22-3		管护定额	hm²/人	150	150	150	150	150	150	150	150	150	150
	22-4		工资	元/(人·年)	7200	7200	7200	7200	7200	7200	7200	7200	7200	7200
	22-5		管护费用	元/(hm²·年)	48	48	48	48	48	48	48	48	48	48
	22-6	小计	管护抚育费用	元/hm²	2960	2960	2640	2160	1560	2640	2040	2040	1080	1080
	23	直接工程费用合计		元/hm²	7614	8908	7047	8139	4799	7132	7953	5910	6149	5958

注：苗木数量包括5%~15%的保证系数。

附表1-3　生态修复建设造林投资估算指标（造林分区黄河上中游区）

项目	序号	项目内容	单位与规格	1	2	3	4	5	6	7	8	9	10	11	12	13	14	15
分级分类	1	林种		水土保持林							水源涵养林		水源涵养林 水土保持林			防风固沙林	护路林	农田防护林
	2	造林模型		模型1	模型2	模型3	模型4	模型5	模型6	模型7	模型1	模型2	模型1	模型2	模型3	模型1	模型1	模型1
立地条件	3	地貌类型		山地	山地	山地、丘陵	山地	低山区	低山区	山地	山地	山地	山地	山地	山地	沙区	平原	平原（渠道）
	4	地形海拔		斜坡1700~2700m	斜坡1700~2800m	平缓坡800~1300m	斜陡坡700~1500m	缓坡1000m以下	缓坡1000m以下	斜陡坡700~1300m	斜坡2300~3000m	斜坡1700~2900m	斜坡1700~3000m	斜坡2300~3000m	斜坡2300~3200m	缓坡	缓坡	斜坡
	5	土壤		壤土、黏土	壤土、黏土	砂土、砂壤土	石质土、砂土	壤土	壤土	石质土、黏土	壤土、黏土	壤土、黏土	壤土、黏土	壤土、黏土	沙壤土	壤土	灌淤土
造林模型	6	树种		油松、落叶松等	山杏、山桃等	刺槐	油松、侧柏	刺槐	刺槐、紫穗槐	刺槐+侧柏	云杉、桦树等	青杨	沙棘等	云杉	柏木	柠条、花棒等	柳树	杨树
	7	初植密度	株/hm²	3330	830	2500	1660	1660	1660	1660	2500	1660	3330	2500	3330	2500	1660	1660
	8	株行距	m	1.5×2.0	3×4	2×2	2×3	3×2	3×2	2×3	2×2	2×3	1.5×2.0	2×2	1.5×2.0	2×2	2×3	2×3

（续）

项目	序号	项目内容	单位与规格	1	2	3	4	5	6	7	8	9	10	11	12	13	14	15
造林模型	9	混交方式与比例		纯林或混交(1:1)	纯林或混交(1:1)	纯林	混交(1:1)	纯林	混交(1:1)	混交(1:1)	混交(1:1)	纯林	纯林或混交(1:1)	纯林	纯林	纯林或混交(1:1)	纯林	纯林
	10	造林方式		植苗	植苗	植苗	植苗	植苗	植苗	植苗	植苗	植苗	植苗	植苗	植苗	植苗	植苗	植苗
	11	整地方式		水平沟	水平沟	水平阶	穴状	穴状	穴状	穴状	大穴状	大穴状	小穴状	小穴状	小穴状	穴状	穴状	穴状
	12	整地规格（长×宽×深）	cm	80×40	80×40	80×50	40×40×30	60×60×50	50×50×50	60×60×50	60×60×50	60×60×50	40×40×30	40×40×30	40×40×30	30×30×30	50×50×40	50×50×50
	13	苗木规格		I、II级	I、II级	I、II级	I、II级	I级	I级	I、II级	I、II级	I级	I级	I级	I、II级	I级	I级胸径>3cm	I级2年生以上
	14	种子规格																
	15	灌溉年限	年		3	2	3	3	3	2		3	3	3	3		3	2
	16	灌溉次数	次/年		2	2	2	2	2	2		2	2	2	2		2	2
	17	抚育年限	年	3	3	3	3	3	3	3	3	3	3	3	3	3	3	3
	18	抚育次数	次/年	1、1、1	1、1、1	2、1、1	2、1、1	2、1、1	2、1、1	2、1、1	1、1、1	2、1、1	1、1、1	1、1、1	1、1、1	1、1、1	1、1、1	1、1、1
造林作业用工及费用	19-1	林地清理用工定额	工日/hm²	10	6	6	7	6	6	6	8	6	10	8	10	3	3	3
	19-2	整地数量	m,穴/hm²	3330	830	2500	1660	1660	1660	1660	2500	1660	3330	2500	3330	2500	1660	1660
	19-3	整地用工定额	工日/hm²	70	60	70	40	52	48	52	60	52	60	50	60	42	48	48
	19-4	小计 整地用工	工日/hm²	85	66	76	47	58	54	58	68	58	70	58	70	45	51	51
	19-5	小计 整地费用	元/hm²	3400	2640	3040	1880	2320	2160	2320	2720	2320	2800	2320	2800	1800	2040	2040
	20-1	苗木(种子) 树种1	株(kg)/hm²	3830	955	2875	955	1909	955	955	1438	1909	3830	2875	3830	1438	1909	1909
	20-2		元/株(kg)	0.50	0.50	0.60	0.50	0.40	0.40	0.40	0.60	0.80	0.25	0.60	0.60	0.20	1.00	1.00
	20-3		元/hm²	1915	477	1725	477	764	382	382	863	1527	957	1725	2298	288	1909	1909
	20-4	树种2	株(kg)/hm²				955		955	955	1438					1438		
	20-5		元/株(kg)				0.60		0.25	0.60	0.50					0.25		
	20-6		元/hm²				573		239	573	719					359		
	20-7	小计 苗木费用	元/hm²	1915	477	1725	1050	764	620	955	1581	1527	957	1725	2298	647	1909	1909

（续）

项目	序号	项目内容		单位与规格	1	2	3	4	5	6	7	8	9	10	11	12	13	14	15
造林作业用工及费用	21-1	栽植（播种）	人工栽植用工定额	工日/hm²	29	7	21	14	18	18	18	23	18	29	21	29	18	21	21
	21-2		小计 人工栽植费用	元/hm²	1160	280	840	560	720	720	720	920	720	1160	840	1160	720	720	720
	22-1	管护抚育 抚育 管护	抚育用工定额	工日/hm²	25	10	18	12	12	12	18	12	20	18	25	4	4	4
	22-2		年限	年	5	5	5	5	5	5	5	5	5	5	5	5	5	5	5
	22-3		管护定额	hm²/人	150	150	150	150	150	150	150	150	150	150	150	150	150	150	150
	22-4		工资	元/(人·年)	7200	7200	7200	7200	7200	7200	7200	7200	7200	7200	7200	7200	7200	7200	7200
	22-5		管护费用	元/(hm²·年)	48	48	48	48	48	48	48	48	48	48	48	48	48	48	48
	22-6		小计 管护抚育费用	元/hm²	3240	1440	2400	1680	1680	1680	1680	2400	1680	2640	2400	3240	720	720	720
	23	直接工程费用合计		元/hm²	9715	4837	8005	5170	5484	5180	5675	7621	6247	7557	7285	9498	3887	5389	5389

注：苗木数量包括5%~15%的保证系数。

附表 1-4 生态修复建设造林投资估算指标（造林分区华北中原区）

项目	序号	项目内容	单位与规格	1	2	3	4	5	6	7	8
分级分类	1	林种		水源涵养林水土保持林	防风固沙林水土保持林	生态经济型防风固沙林		农田防护林	农田、牧场防护林	海岸防护林	
	2	造林模型		模型1	模型1	模型1	模型2	模型1	模型1	模型1	模型1
立地条件	3	地貌类型		山地	平原	山地	山地	平原	平原	平原、滩涂	平原
	4	地形、海拔		海拔2300m以下	海拔700m以下	沟谷川地海拔500m以下	沟谷川地海拔500m以下	平原海拔300m以下	海拔700m以下	平原海拔300m以下	海拔700m以下
	5	土壤		沙土、沙壤土、壤土、黏土、石质土	沙土、沙壤土、壤土、黏土	褐土、风沙土	褐土、风沙土	潮土、风沙土、盐碱土	沙土、沙壤土、壤土	潮土、风沙土、盐碱土	潮土、风沙土、盐碱土

（续）

项目	序号	项目内容		单位与规格	1	2	3	4	5	6	7	8
造林模型	6	树种			油松、落叶松、侧柏、元宝枫、栓皮栎、黄栌、臭椿、香椿等	刺槐、毛白杨、沙兰杨、柳树、栾树、五角枫、白蜡、槐树等	核桃	扁杏、红枣、柿子	枣树	毛白杨、新疆杨、沙兰杨、榆树等	柳、白蜡	榆树、柽柳等
	7	初植密度		株/hm²	2500	1110	200	840	830	1660	1660	1660
	8	株行距		m×m	2×2	3×3	7×7	3×4	2×6	2×3	2×3	2×3
	9	混交方式与比例			小块状纯林或混交	小块状纯林或混交	纯林	纯林	枣粮间作	纯林	混交（1∶1）	纯林
	10	造林方式			植苗	植苗	植苗	植苗	植苗	植苗	植苗	植苗
	11	整地方式			穴状	穴状	穴状	穴状	穴状	穴状	穴状	穴状
	12	整地规格（长×宽×深）		cm	40×40×30	60×60×50	60×60×50	60×60×50	60×60×50	60×60×50	40×40×30	40×40×30
	13	苗木规格			Ⅰ、Ⅱ级	Ⅰ、Ⅱ级	Ⅰ、Ⅱ级	Ⅰ、Ⅱ级	Ⅰ、Ⅱ级	Ⅰ、Ⅱ级	Ⅰ级	Ⅰ级
	14	种子规格										
	15	灌溉年限		年								
	16	灌溉次数		次/年								
	17	抚育年限		年	5	5	以耕代抚	5	以耕代抚	3	3	3
	18	抚育次数		次/年	1、1、1、1、1	1、1、1、1、1		1、1、1、1、1		1、1、1	1、1、1	1、1、1
造林作业用工及费用	19-1		林地清理用工定额	工日/hm²	10	6	10	8	3	3	3	3
	19-2	整地	整地数量	m、穴/hm²	2500	1110	200	840	830	1660	1660	1660
	19-3		整地用工定额	工日/hm²	40	36	30	34	34	44	34	34
	19-4		小计 整地用工	工日/hm²	50	42	40	42	37	47	37	37
	19-5		整地费用	元/hm²	2250	1890	1800	1890	1665	2115	1665	1665

（续）

项目	序号	项目内容		单位与规格	1	2	3	4	5	6	7	8
造林作业用工及费用	20-1	苗木（种子）	树种1	株（kg）/hm²	2875	1277	230	966	955	1909	955	1909
	20-2			元/株（kg）	0.50	0.50	3.00	2.50	2.50	0.80	2.50	0.50
	20-3			元/hm²	1438	638	690	2415	2386	1527	2386	955
	20-4		树种2	株（kg）/hm²							955	
	20-5			元/株（kg）							0.50	
	20-6			元/hm²							477	
	20-7	小计	苗木费用	元/hm²	1438	638	690	2415	2386	1527	2386	955
	21-1	栽植（播种）	人工栽植用工定额	工日/hm²	29	18	12	18	18	21	21	21
	21-2		小计 人工栽植费用	元/hm²	1305	810	540	810	810	945	945	945
	22-1	管护抚育	抚育用工定额	工日/hm²	18	4	8	10	6	8	8	8
	22-2		管护	年限	年	5	5	5	5	5	5	5	5
	22-3			管护定额	hm²/人	150	150	40	100	40	150	150	150
	22-4			工资	元/（人·年）	7200	7200	6000	6000	6000	7200	7200	7200
	22-5			管护费用	元/（hm²·年）	48	48	150	60	150	48	48	48
	22-6		小计	管护抚育费用	元/hm²	4290	1140	1110	2550	1020	1320	1320	1320
	23	直接工程费用合计		元/hm²	9283	4478	4140	7665	5881	5907	6316	4885

注：苗木数量包括5%～15%的保证系数。

附表 1-5 生态修复建设造林投资估算指标（造林分区长江上中游区）

项目	序号	项目内容	单位与规格	1	2	3	4	5	6	7	8
分级分类	1	林种		水源涵养林、水土保持林				护路林护堤（岸）林	生态经济型防护林		
	2	造林模型		模型1	模型2	模型3	模型4	模型1	模型1	模型2	模型3
立地条件	3	地貌类型		低山、中山	低山、丘陵	低山、丘陵	低山、丘陵	平原	山地、丘陵	丘陵	低山、丘陵
	4	地形、海拔		斜坡缓坡<3300m	斜坡缓坡<1000m	斜坡缓坡<1000m	斜坡缓坡200~800m		斜坡缓坡500~1000m	斜坡缓坡300~600m	斜坡缓坡250~600m
	5	土壤		沙土、沙壤土、壤土、黏土	沙土、沙壤土、壤土、黏土	沙土、沙壤土、壤土、黏土	沙壤土、壤土	沙土、沙壤土、壤土、潮土	沙壤土、壤土	沙壤土、壤土	
造林模型	6	树种		针叶树（杉木、马尾松、柳杉、华山松、云杉等）与阔叶树（木荷、楠木、红桦等）混交	常绿、落叶阔叶树种	杉木、马尾松、柳杉、华山松、云杉等	生态、经济复合型，如茶树与板栗组合	杨树、枫杨、乌桕、漆树、棕木、红椿等乡土树种	漆树、花椒等地区特有生态经济树种	大叶麻竹、慈竹等竹类	花椒、杜仲
	7	初植密度	株/hm²	2500	1660	2500	板栗333；茶叶8000	830	830	625	1660
	8	株行距	m×m	2×2	2×3	2×2	板栗3×4；茶叶条植于水平带外围	3×4	3×4	4×4	2×3
	9	混交方式与比例		木荷、楠木、桦树等(8:2)	纯林或混交	纯林或混交	混交	纯林	纯林	纯林	纯林
	10	造林方式		植苗	植苗	植苗	植苗	植苗	植苗	分植	植苗
	11	整地方式		穴状	穴状	穴状	水平带	穴状	穴状	穴状	穴状
	12	整地规格（长×宽×深）	cm	40×40×30	40×40×30	40×40×30		60×60×50	40×40×40	60×60×50	40×40×40
	13	苗木规格		Ⅰ、Ⅱ级	Ⅰ、Ⅱ级	Ⅰ、Ⅱ级	Ⅰ、Ⅱ级	Ⅰ、Ⅱ级	Ⅰ、Ⅱ级	Ⅰ、Ⅱ级	Ⅰ、Ⅱ级
	14	种子规格									
	15	灌溉年限	年								
	16	灌溉次数	次/年								
	17	抚育年限	年	3	3	3	3	3	3	3	3
	18	抚育次数	次/年	2、1、1	2、1、1	2、1、1	2、1、1	1、1、1	2、1、1	2、1、1	2、1、1

（续）

项目	序号	项目内容		单位与规格	1	2	3	4	5	6	7	8
造林作业用工及费用	19-1	整地	林地清理用工定额	工日/hm²	10	8	10	10	6	10	6	8
	19-2		整地数量	m、穴/hm²	2500	1660	2000		830	830	625	1660
	19-3		整地用工定额	工日/hm²	48	34	48	60	33	30	30	33
	19-4		小计 整地用工	工日/hm²	58	42	58	70	39	40	36	41
	19-5		整地费用	元/hm²	2610	1890	2610	3150	1755	1800	1620	1845
	20-1	苗木（种子）	树种1	株（kg）/hm²	2300	1909	2875	833	955	955	719	1909
	20-2			元/株（kg）	0.20	0.4	0.2	1.2	0.5	0.9	2.5	0.9
	20-3			元/hm²	460	764	575	1000	477	859	1797	1718
	20-4		树种2	株（kg）/hm²	575			8000				
	20-5			元/株（kg）	0.40			0.30				
	20-6			元/hm²	230			2400				
	20-7		小计 苗木费用	元/hm²	690	764	575	3400	477	859	1797	1718
	21-1	栽植（播种）	人工栽植用工定额	工日/hm²	23	21	23	35	18	18	18	21
	21-2		小计 人工栽植费用	元/hm²	1035	945	1035	1575	810	810	810	945
	22-1	管护抚育	抚育用工定额	工日/hm²	18	12	18	25	10	10	10	12
	22-2		管护 年限	年	3	3	3	3	3	3	3	3
	22-3		管护定额	hm²/人	150	150	150	150	150	150	150	150
	22-4		工资	元/（人·年）	7200	7200	7200	7200	7200	7200	7200	7200
	22-5		管护费用	元/（hm²·年）	48	48	48	48	48	48	48	48
	22-6		小计 管护抚育费用	元/hm²	2574	1764	2574	3519	1494	1494	1494	1764
	23	直接工程费用合计		元/hm²	6909	5363	6794	11644	4536	4963	5721	6272

注：苗木数量包括5%~15%的保证系数。

附表1-6 生态修复建设造林投资估算指标［造林分区中南华东（南方）区］

项目	序号	项目内容	单位与规格	1	2	3	4	5	6	7	8	9
分级分类	1	林种		水源涵养林、水土保持林					护路林护堤（岸）林		海岸防护林	
	2	造林模型		模型1	模型2	模型3	模型4	模型5	模型1	模型2	模型1	模型2
立地条件	3	地貌类型		低山、丘陵、山地	低山、丘陵	低山、丘陵	低山、丘陵	低山、丘陵	平原	平原、滩地	滩涂	滩地、盐碱地
	4	地形、海拔		斜坡缓坡 <1200m	斜坡缓坡 <1400m	斜坡缓坡 <1200m	斜坡缓坡 <1000m	斜坡缓坡 200～800m				
	5	土壤		沙土、沙壤土、壤土、黏土	沙土、沙壤土、壤土、黏土	沙土、沙壤土、壤土、黏土	沙壤土、壤土	沙壤土、壤土	沙土、沙壤土、壤土、黏土	沙土、沙壤土、黏土	沙壤土、盐渍土	沙壤土、盐渍土
造林模型	6	树种		松、杉等针叶树种	常绿落叶阔叶树种	各种针、阔叶树混交组合	毛竹	生态、经济复合型，如茶树与板栗组合	杨树	池杉、水杉	木麻黄、紫穗槐、柽柳	桉树、台湾相思、青皮竹
	7	初植密度	株/hm²	2500	1660	2000	500	板栗833；茶叶8000	830	1660	乔2500 灌3300	乔2500 竹3600
	8	株行距	m×m	2×2	2×3	2×2.5	4×5	板栗3×4；茶叶条植于水平带外围	3×4	2×3	乔2×2 灌1.5×2	乔2×2 竹1.7×1.7
	9	混交方式与比例		纯林或针叶混交	纯林或针叶混交	1：1	纯林		纯林	纯林	混交（1：1）	混交（6：3：1）
	10	造林方式		植苗	植苗	植苗	植苗	植苗	植苗	植苗	植苗	植苗
	11	整地方式		穴状	穴状	穴状	穴状	水平带	穴状	穴状	穴状	穴状
	12	整地规格（长×宽×深）	cm	40×40×30	40×40×30	40×40×30	100×60×40		80×80×80	50×50×40	开沟筑台、块状挖穴	50×50×40 开沟筑台、挖穴
	13	苗木规格		Ⅰ、Ⅱ级	Ⅰ、Ⅱ级	Ⅰ、Ⅱ级	Ⅰ、Ⅱ级	Ⅰ、Ⅱ级	Ⅰ级	Ⅰ级	Ⅰ级	Ⅰ级
	14	种子规格										
	15	灌溉年限	年									
	16	灌溉次数	次/年									
	17	抚育年限	年	3	3	3	3	3	3	3	3	3
	18	抚育次数	次/年	2、1、1	2、1、1	2、1、1	1、1、1	2、1、1	1、1、1	1、1、1	1、1、1	1、1、1

（续）

项目	序号	项目内容			单位与规格	1	2	3	4	5	6	7	8	9
造林作业用工及费用	19-1	整地	林地清理用工定额		工日/hm²	10	8	9	6	10	6	6	6	6
	19-2		整地数量		m、穴/hm²	2500	1660	2000	500		830	1660	乔1250灌1650	乔2580灌360
	19-3		整地用工定额		工日/hm²	48	35	40	24	75	40	45	75	75
	19-4		小计	整地用工	工日/hm²	58	43	49	30	85	46	51	81	81
	19-5			整地费用	元/hm²	2900	2150	2450	1500	4250	2300	2550	4050	4050
	20-1	苗木(种子)	树种1		株(kg)/hm²	2875	1909	1150	575	833	955	1909	1438	1725
	20-2				元/株(kg)	0.20	0.4	0.2	8.00	1.2	1.5	0.3	0.8	0.3
	20-3				元/hm²	575	764	230	4600	1000	1432	573	1150	518
	20-4		树种2		株(kg)/hm²		1150			8000			1898	1656
	20-5				元/株(kg)		0.4			0.30			0.25	0.40
	20-6				元/hm²		460			2400			474	662
	20-7		小计	苗木费用	元/hm²	525	764	690	4600	3400	1432	573	1624	1180
	21-1	栽植(播种)	人工栽植用工定额		工日/hm²	23	18	21	6	35	8	21	30	30
	21-2		小计	人工栽植费用	元/hm²	1150	900	1050	300	1750	400	1050	1500	1500
	22-1	管护抚育	抚育用工定额		工日/hm²	20	15	18	6	25	4	5	10	10
	22-2		管护	年限	年	3	3	3	3	3	3	3	3	3
	22-3			管护定额	hm²/人	150	150	150	150	150	150	150	150	150
	22-4			工资	元/(人·年)	7200	7200	7200	7200	7200	7200	7200	7200	7200
	22-5			管护费用	元/(hm²·年)	48	48	48	48	48	48	48	48	48
	22-6		小计	管护抚育费用	元/hm²	3144	2394	2844	1044	3894	744	894	1644	1644
	23	直接工程费用合计			元/hm²	7719	6208	7034	7444	13294	4876	5067	8818	8374

注：苗木数量包括5%~15%的保证系数。

附表 1-7　生态修复建设造林投资估算指标（造林分区东南沿海及热带区）

项目	序号	项目内容	单位与规格	1	2	3	4	5	6	7	8	9	10	11	12
分级分类	1	林种		海岸防护林								水源涵养林 水土保持林		护路林	
	2	造林模型		模型1	模型2	模型3	模型4	模型5	模型6	模型7	模型8	模型1	模型2	模型1	模型2
立地条件	3	地貌类型		平地	台地平原	山地、丘陵	山地、丘陵	滩涂	滩涂	丘陵、平原	低山、丘陵	低山、丘陵	低山、丘陵	低山、丘陵	平原滩地
	4	地形、海拔		平坡	斜坡50m以下	海拔10~500m	海拔10~500m			<500m	<800m	<800m	<800m	<500m	
	5	土壤		沙土	黏土、盐渍土	壤土、黏土、石质土等	壤土、黏土、石质土等	泥质盐碱土	泥质盐碱土	红壤土	沙土、沙壤土、黏土	沙土、沙壤土、壤土、黏土	沙土、沙壤土、壤土、黏土	沙土、沙壤土、壤土、黏土	沙土、沙壤土、壤土、黏土
造林模型	6	树种		木麻黄	木麻黄、相思树等	湿地松	湿地松等松类与相思树等阔叶树种	无瓣海桑、海桑、红海榄	秋茄、白骨壤、木榄	桐花等	松类	马尾松	马尾松、木荷或大叶栎	桉树	黑松、水杉、白榆、紫穗槐
	7	初植密度	株/hm²	2500	2500	1800	2500	4440	10000	50000	1250	2500	2500	1660	2500
	8	株行距	m×m	2×2	2×2	2.2×2.5	2×2	1.5×1.5	1×1	1×2	2×4	2×2	2×2	1.5×4	2×2
	9	混交方式与比例		纯林	纯林或混交(1:1)	纯林	混交	纯林	混交	纯林	纯林	纯林	混交6:4	纯林	行间混交(1:1)
	10	造林方式		植苗	植苗	植苗	植苗	植苗	植苗	植苗	植苗	植苗	植苗	植苗	植苗
	11	整地方式		穴状	挖沟穴状	穴状	穴状	挖沟筑台穴状	挖沟筑台穴状	带状	穴状	穴状	穴状	穴状	穴状
	12	整地规格（长×宽×深）	cm	40×40×30	40×40×30	40×40×30	40×40×30	20×20×20	20×20×20	80(宽)×20(深)	40×40×30	40×40×30	40×40×30	50×50×40	40×40×30
	13	苗木规格		I、II级	I、II级	I、II级	I、II级	I级	I级	I级	I、II级	I、II级	I级	I级	I、II级
	14	种子规格													
	15	灌溉年限	年												
	16	灌溉次数	次/年												
	17	抚育年限	年	3	3	3	3	3	3	3	3	3	3	3	3
	18	抚育次数	次/年	2、1、1	2、1、1	2、1、1	2、1、1	1、1、1	1、1、1	1、1、1	1、1、1	1、1、1	1、1、1	1、1、1	1、1、1

（续）

项目	序号	项目内容		单位与规格	1	2	3	4	5	6	7	8	9	10	11	12
造林作业用工及费用	19-1		林地清理用工定额	工日/hm²	6	6	13	15	6	6	6	10	15	15	12	15
	19-2	整地	整地数量	m、穴/hm²	2500	2500	1800	2500	4440	10000	5000	1250	2500	2500	1660	2500
	19-3		整地用工定额	工日/hm²	44	48	40	50	75	75	75	30	48	48	43	48
	19-4		小计 整地用工	工日/hm²	50	54	53	65	81	81	81	40	63	63	55	63
	19-5		整地费用	元/hm²	2500	2700	2650	3250	4050	4050	4050	2000	3150	3150	2750	3150
	20-1	苗木（种子）	树种1	株(kg)/hm²	2875	1438	2070	1438	4662	10500	9250	1438	2875	2875	1909	2875
	20-2			元/株(kg)	0.80	0.80	0.18	0.18	2.00	1.00	1.00	0.20	0.25	0.25	0.30	0.25
	20-3			元/hm²	2300	1150	373	259	9324	10500	5250	288	719	719	573	719
	20-4		树种2	株(kg)/hm²		1438		1438						1000		1250
	20-5			元/株(kg)		0.40		0.40						0.35		0.2
	20-6			元/hm²		575		575						350		250
	20-7		小计 苗木费用	元/hm²	2300	1725	373	834	9324	10500	5250	288	719	1069	573	969
	21-1	栽植（播种）	人工栽植用工定额	工日/hm²	23	23	21	23	26	35	26	15	23	23	21	23
	21-2		小计 人工栽植费用	元/hm²	1150	1150	1050	1150	1300	1750	1300	750	1150	1150	1050	1150
	22-1	管护抚育	抚育用工定额	工日/hm²	15	15	15	20	25	25	25	15	20	20	15	15
	22-2		年限	年	3	3	3	3	3	3	3	3	3	3	3	3
	22-3		管护定额	hm²/人	150	150	150	150	150	150	150	150	150	150	150	150
	22-4		管护工资	元/(人·年)	7200	7200	7200	7200	7200	7200	7200	7200	7200	7200	7200	7200
	22-5		管护费用	元/(hm²·年)	48	48	48	48	48	48	48	48	48	48	48	48
	22-6		小计 管护抚育费用	元/hm²	2394	2394	2394	3144	3894	3894	3894	2394	3144	3144	2394	2394
	23	直接工程费用合计		元/hm²	8344	7969	6467	8378	18568	20194	14494	5432	8163	8513	6767	7663

注：苗木数量包括5%~15%的保证系数。

附表 1-8　生态修复建设造林投资估算指标（造林分区青藏高原冻融区）

项目 分级分类	序号	项目内容	单位与规格	1	2	3	4	5	6	7	8	9
立地条件	1	林种		水源涵养林		水源涵养林、水土保持林		防风固沙林				
	2	造林模型		模型 1	模型 2	模型 1	模型 2	模型 1	模型 2	模型 3	模型 4	模型 5
	3	地貌类型		山地	山地	山地	山地	沙地	沙地	沙地	沙地	沙地
	4	地形、海拔		斜坡 2600~3400m	斜坡 2600~4000m	斜坡 2600~3800m	斜坡 2600~3800m	斜坡 2600~3500m	斜坡 2600~3200m	斜坡 2600~2900m	斜坡 2600~2800m	斜坡 2600~3000m
	5	土壤		壤土	壤土	壤土、沙壤土	壤土、沙壤土	沙土	沙土	沙壤土	沙壤土	沙土
造林模型	6	树种		云杉类	侧柏	青杨	沙棘	青杨	梭梭、沙拐枣	柽柳、乌柳	柠条	枸杞、白刺
	7	初植密度	株/hm²	3330	3330	3330	2500	1660	4995	4995	4995	3300
	8	株行距	m×m	1.5×2.0	1.5×2.0	1.5×2.0	2×2	2×3	1×2	1×2	1×2	1.5×2
	9	混交方式与比例		纯林	纯林	纯林	纯林	纯林	纯林或混交	纯林	纯林	纯林
	10	造林方式		植苗	植苗	植苗	植苗	植苗（插杆）	植苗	植苗（插杆）	直播	植苗
	11	整地方式		鱼鳞坑	鱼鳞坑	鱼鳞坑	鱼鳞坑	穴状	穴状	穴状	穴状	带状
	12	整地规格（长×宽×深）	cm	60×60×40	80×60×50	80×60×50	80×60×50	50×50×40	40×40×30	40×40×30	40×40×30	80×30
	13	苗木规格		I、II级	I、II级	I、II级	I、II级	I、II级	I、II级	I、II级	I、II级	I、II级
	14	种子规格										
	15	灌溉年限	年									
	16	灌溉次数	次/年									
	17	抚育年限	年	3	3	3	3	3	3	3	3	3
	18	抚育次数	次/年	1、1、1	1、1、1	1、1、1	1、1、1	1、1、1	1、1、1	1、1、1	1、1、1	1、1、1

（续）

项目	序号	项目内容		单位与规格	1	2	3	4	5	6	7	8	9
造林作业用工及费用	19-1	整地	林地清理用工定额	工日/hm²	10	10	10	6	2	2	2	2	2
	19-2		整地数量	m、穴/hm²	3330	3330	3330	2500	1660	4995	4995	4995	3300
	19-3		整地用工定额	工日/hm²	70	75	75	70	44	75	60	60	54
	19-4		小计 整地用工	工日/hm²	80	85	85	76	46	77	62	62	56
	19-5		整地费用	元/hm²	3200	3400	3400	3040	1840	3080	2480	2480	2240
	20-1	苗木（种子）	树种1	株(kg)/hm²	3663	3663	3663	2875	1909	5245	5245	2	3630
	20-2			元/株(kg)	1.20	1.40	1.00	0.20	1.00	0.20	0.25	10.00	0.20
	20-3			元/hm²	4396	5128	3663	575	1909	1049	1311	20	726
	20-4		树种2	株(kg)/hm²									
	20-5			元/株(kg)									
	20-6			元/hm²									
	20-7		小计 苗木费用	元/hm²	4396	5128	3663	575	1909	1049	1311	20	726
	21-1	栽植（播种）	人工栽植用工定额	工日/hm²	28	28	28	23	18	32	32	12	28
	21-2		小计 人工栽植费用	元/hm²	1120	1120	1120	920	720	1280	1280	480	1120
	22-1	管护抚育	抚育用工定额	工日/hm²	25	25	25	20	15	25	25	25	20
	22-2		管护 年限	年	3	3	3	3	3	3	3	3	3
	22-3			管护定额	hm²/人	150	150	150	150	150	150	150	150	150
	22-4			工资	元/(人·年)	7200	7200	7200	7200	7200	7200	7200	7200	7200
	22-5			管护费用	元/(hm²·年)	48	48	48	48	48	48	48	48	48
	22-6		小计 管护抚育费用	元/hm²	3144	3144	3144	2544	1944	3144	3144	3144	2544
	23	直接工程费用合计		元/hm²	11860	12792	11327	7079	6413	8553	8215	6124	6630

注：苗木数量包括5%～15%的保证系数。

附表 2-1 生态修复建设飞播造林投资估算指标（南方区）

项目	序号	项目内容		单位与规格	模型 1	模型 2	模型 3	模型 4	模型 5	备注
飞播类型	1	造林分区			长江上中游区、中南华东（南方）区、东南沿海及热带区、青藏高原冻融区					
	2	地貌类型			山地					
	3	飞机型号			运-5				运-12	
	4	种子名称			马尾松	马尾松-柏木	油松-漆树	刺槐	云南松	
	5	播种量（kg/hm²）			3	2.5 1.5	1.5 1.5	3.5	4.0	
飞播作业用工及费用	6-1	种子处理	种子1 材料费	元/kg	15.0	15.0	15.0	10.0	16.5	含运费
	6-2			kg/hm²	3.0	2.5	1.5	3.5	4.0	
	6-3		种子1 用工费	工时/100kg	1	1	1	1	1	含包衣等
	6-4			元/工时	5	5	5	5	5	
	6-5		种子1 费用计	元/hm²	45	38	23	35	66	
	6-6		种子2 材料费	元/kg		15.0	25.0			含运费
	6-7			kg/hm²		1.5	1.5			
	6-8		种子2 用工费	工时/100kg		1	1			含包衣等
	6-9			元/工时		5	5			
	6-10		种子2 费用计	元/hm²		23	38			
	6-11		小计种子处理费用	元/hm²	45	60	60	35	66	
	7-1	地面处理	植被处理	工日①/hm²	10	10	10	10	10	
	7-2			元/hm²	500	500	500	500	500	
	7-3		简易整地	工日/hm²	8	8	8	8	8	
	7-4			元/hm²	400	400	400	400	400	
	7-5		小计地面处理费用	元/hm²	900	900	900	900	900	
	8-1	飞行作业	飞行费合计 飞行费	元/架次	5200	5200	5200	5200	5200	
	8-2		飞行费合计 调机费	元/架次	4200	4200	4200	4200	5200	
	8-3		飞播作业费	元/架次	15000	15000	15000	15000	20000	
	8-4		小计飞机飞播费用	元/hm²	92	92	92	92	114	
	9-1	播后管护	管护 年限	年	5	5	5	5	5	
	9-2		管护 管护定额	hm²/人	200	200	200	200	200	
	9-3		管护 工资	元/(人·年)	7200	7200	7200	7200	7200	
	9-4		小计播后管护费用	元/hm²	180	180	180	180	180	
	9-5		补植苗木	株/hm²						
	9-6			元/株						
	9-7			工日/hm²						
	9-8			元/hm²						
	9-9		补播种子	kg/hm²	0.5	0.6	0.9	0.7	0.8	
	9-10			元/kg	15.0	15.0	15.0	10.0	16.5	
	9-11			工日/hm²	2	2	2	2	2	
	9-12			元/hm²	108	109	114	107	113	
	9-13		小计播后补植费用	元/hm²	108	109	114	107	113	
	10	施工现场管理用工		工日/hm²	0.5	0.5	0.5	0.5	0.5	
	11	施工现场管理用工费用		元/hm²	25	25	25	25	25	
	12	建设工程费用合计		元/hm²	1349	1366	1370	1339	1398	

①1 工日劳动报酬＝50 元。

附表 2-2 生态修复建设飞播造林投资估算指标（北方区）

项目	序号	项目内容			单位与规格	模型 1	模型 2	模型 3	模型 4	备注
飞播类型	1	造林分区				东北区、三北风沙区、黄河上中游区、华北中原区				
	2	地貌类型				山地			沙区	
	3	飞机型号				运-5				
	4	种子名称				油松	侧柏或臭椿、沙棘、柠条等	油松、侧柏	花棒、扬柴、沙打旺、沙拐枣、沙蒿等	
	5	播种量（kg/hm²）				6.0	6.0	7.5	7.5	
飞播作业用工及费用	6-1	种子处理	种子 1	材料费	元/kg	25.0	16.5	25.0	40.0	含运费
	6-2			用工费	kg/hm²	6.0	6.0	4.5	6.8	
	6-3			费用计	工时/100kg	1	1	1	1	含包衣等
	6-4				元/工时	4	4	4	4	
	6-5				元/hm²	150	99	113	270	
	6-6		种子 2	材料费	元/kg			14.0	15.0	含运费
	6-7			用工费	kg/hm²			3	0.75	
	6-8			费用计	工时/100kg			1	0.5	含包衣等
	6-9				元/工时			20	30	
	6-10				元/hm²			43	11	
	6-11	小计种子处理费用			元/hm²	150	99	155	282	
	7-1	地面处理	植被处理		工日①/hm²	8	8	8		
	7-2				元/hm²	320	320	320		
	7-3		简易整地		工日/hm²	6	6	6		
	7-4				元/hm²	240	240	240		
	7-5	小计地面处理费用			元/hm²	560	560	560		
	8-1	飞行作业	飞行费合计	飞行费	元/架次	5200	5200	5200	5200	
	8-2			调机费	元/架次	4200	4200	4200	4200	
	8-3		飞播作业费		元/架次	15000	15000	15000	15000	
	8-4		小计飞机飞播费用		元/hm²	92	92	92	92	
	9-1	播后管护	管护	年限	年	5	5	5	5	
	9-2			管护定额	hm²/人	200	200	200	200	
	9-3			工资	元/(人·年)	6000	6000	6000	6000	
	9-4		小计播后管护费用		元/hm²	150	150	150	150	
	9-5		补植苗木		株/hm²	450	450	450		
	9-6				元/株	0.5	0.5	0.5		
	9-7				工日/hm²	5	5	5		
	9-8				元/hm²	425	380	425		
	9-9		补播种子		kg/hm²				2.25	
	9-10				元/kg				40	
	9-11				工日/hm²				5	
	9-12				元/hm²				290	
	9-13		小计播后补植费用		元/hm²	425	380	425	290	
	10	施工现场管理用工			工日/hm²	0.5	0.5	0.5	0.5	
	11	施工现场管理用工费用			元/hm²	20	20	20	20	
	12	建设工程费用合计			元/hm²	1397	1301	1402	833	

①1 工日劳动报酬 = 40 元。

附表 3-1 生态修复建设封山（沙）育林投资估算指标（南方区）

项目	序号	项目内容		单位与规格	模型1	模型2	模型3	模型4	模型5	模型6	模型7	模型8	备注
封育类型	1	封育分区			长江上中游区、中南华东（南方）区、东南沿海及热带区、青藏高原冻融区								
	2	地貌类型			山区　山地								
	3	封育类型			乔木型	乔灌型	灌木型	竹林型	乔木型	乔灌型	灌木型	竹林型	
	4	主要封育树种			栎、栲、樟等阔叶树与松、杉、柏等针叶树	栎、松、柏、刺槐、黄栌等	黄栌、马桑、黄荆、盐肤木等	箭竹等竹类	松、杉、柏等针叶树与栎类等阔叶树	柏、松等针叶树+黄栌等灌木	黄栌、盐肤木等	箭竹、毛竹丛生竹等竹类	
封育×作业用工及费用	5-1	封禁	封禁类型		全封				半封				
	5-2		机械围栏	材料费	m/hm²	60	60	60	60	50	50	50	50	按100 hm²计
	5-3				元/m	8	8	8	8	8	8	8	8	
	5-4			用工费	工日①/100m	3	3	3	3	3	3	3	3	
	5-5				元/hm²	90	90	90	90	75	75	75	75	
	5-6		封育牌宣传牌	材料费	元/hm²	40	40	40	40	40	40	40	40	封禁标牌
	5-7				元/hm²	20	20	20	20	20	20	20	20	
	5-8		小计	封禁费用	元/hm²	630	630	630	630	535	535	535	535	
	6-1	育林	补植	材料费	株/hm²	375	500		100	375	500		100	
	6-2				元/株	0.8	0.4		1.0	0.8	0.4		1.0	
	6-3			用工费	工日①/hm²	3	4		2	3	4		2	
	6-4				元/hm²	150	200		100	150	200		100	
	6-5		补播	材料费	kg/hm²			1				1		
	6-6				元/kg			80				80		
	6-7			用工费	工日/hm²			3				3		
	6-8				元/hm²			150				150		
	6-9		平茬复壮		工日/hm²			5	5			5	5	
	6-10				元/hm²			250	250			250	250	
	6-11		人工促进整地		工日/hm²	5	5	4	4	4	4	3	3	
	6-12				元/hm²	250	250	200	200	200	200	150	150	
	6-13		小计	育林费用	元/hm²	700	650	680	650	650	600	630	600	
	7-1	管护	管护面积及用工	管护年限		7	6	4	3	7	6	4	3	
	7-2			管护面积	hm²/人	150	150	150	150	150	150	150	150	
	7-3				元/（人·年）	7200	7200	7200	7200	7200	7200	7200	7200	
	7-4		小计	管护费用	元/hm²	336	288	192	144	336	288	192	144	

（续）

项目	序号	项目内容	单位与规格	模型1	模型2	模型3	模型4	模型5	模型6	模型7	模型8	备注
	8	施工现场管理用工	工日/hm²	0.5	0.5	0.5	0.5	0.5	0.5	0.5	0.5	
	9	施工现场管理用工费用	元/hm²	25	25	25	25	25	25	25	25	
	10	建设工程费用合计	元/hm²	1691	1593	1527	1449	1546	1448	1382	1304	

①1 工日劳动报酬=50 元。

附表 3-2　生态修复建设封山（沙）育林投资估算指标（北方区）

项目	序号	项目内容		单位与规格	模型1	模型2	模型3	模型4	模型5	模型6	模型7	模型8	备注
封育类型	1	封育分区			东北区、三北风沙区、黄河上中游区、华北中原区								
	2	地貌类型			山区　山地				沙区　沙地				
	3	封育类型			乔木型	乔灌型	灌木型	灌草型	乔木型	乔灌型	灌木型	灌草型	
	4	主要封育树种			落叶松、云杉、桦树、圆柏、侧柏等	落叶松、油松、云杉、桦树、栎类、山杨、山榆、臭椿、柳树等	柳类、金露梅、沙棘、山桃等	榛子、荆条、胡枝子、柠条、冬青、锦鸡儿、红砂、草类等	圆柏、樟子松等	樟子松、杨、山杏、锦鸡尔、黄柳、杨柴等	梭梭、白刺、柠条、沙冬青、藏锦鸡儿等	梭梭、柠条、花棒、杨柴、白刺、披碱草等	
封育作业用工及费用	5-1	封禁	封禁类型		全封								
	5-2		机械围栏　材料费	m/hm²	60	60	60	60	50	50	50	50	按100 hm²计
	5-3			元/m	8	8	8	8	6	6	6	6	
	5-4		机械围栏　用工费	工日①/100m	3	3	3	3	2	2	2	2	
	5-5			元/hm²	72	72	72	72	40	40	40	40	
	5-6		教育牌宣传牌　材料费	元/hm²	40	40	40	40	40	40	40	40	封禁标牌
	5-7			元/hm²	20	20	20	20	20	20	20	20	
	5-8		小计　封禁费用	元/hm²	612	612	612	612	400	400	400	400	

（续）

项目	序号	项目内容		单位与规格	模型1	模型2	模型3	模型4	模型5	模型6	模型7	模型8	备注
封育作业用工及费用	6-1	育林	补植 材料费	株/hm²	375	500	500	660	375	450	500	500	
	6-2			元/株	1.0	0.5	0.3	0.3	0.8	0.5	0.3	0.3	
	6-3		用工费	工日①/hm²	3	4	6	8	2	3	3	3	
	6-4			元/hm²	120	160	240	320	80	120	120	120	
	6-5		补播 材料费	kg/hm²				1			8	1	
	6-6			元/kg				20			20	20	
	6-7		用工费	工日/hm²				1			2	1	
	6-8			元/hm²				40	0		80	40	
	6-9	平茬复壮		工日/hm²			5	5			4	4	
	6-10			元/hm²			200	200			160	160	
	6-11	人工促进整地		工日/hm²	5	4	3	2	2	2	2	2	
	6-12			元/hm²	200	160	120	80	80	80	80	80	
	6-13	管护	小计 育林费用	元/hm²	695	570	710	858	460	425	740	570	
	7-1		管护面积及用工	管护年限	9	7	5	4	9	7	5	4	
	7-2			hm²/人	150	150	150	150	150	150	150	150	
	7-3			元/(人·年)	6000	6000	6000	6000	6000	6000	6000	6000	
	7-4		小计 管护费用	元/hm²	360	280	200	160	360	280	200	160	
	8	施工现场管理用工		工日/hm²	0.5	0.5	0.5	0.5	0.3	0.3	0.3	0.3	
	9	施工现场管理用工费用		元/hm²	20	20	20	20	12	12	12	12	
	10	建设工程费用合计		元/hm²	1687	1482	1542	1650	1232	1117	1352	1142	

①1工日劳动报酬=40元。

附表 4 生态修复建设沙障设置单位面积投资估算指标

沙障种类 单位内容		麦秸沙障		灌木沙障	黏土沙障	砾石沙障
沙障规格	m	2×2	1×1	4×3	2×2 (土埂 20cm×20cm)	平铺（厚度 5cm、宽 30cm）
单价	元/kg 或 m³	0.1	0.1	0.2	5	25
用量	kg 或 m³/100m	105	105	250	4.0	1.5
单位长度	m/hm²	10000	20000	5833	10000	10000
单位用料	kg 或 m³/hm²	10500	21000	14582	400	150
用料费用	元/hm² 或 m³	1050	21000	2916	2000	3750
设障用工	m/工日	120	120	100	66	66
单位用工定额	工日/hm²	83	166	58	150	150
工价	元/工日	40	40	40	40	40
单位用工费用	元/hm²	3320	6640	2320	6000	6000
单位面积总费用	元/hm²	4370	8740	5236	8000	9750

用材用工计量公式：

1. 沙障长度（m/hm²）= 10000m² ÷（行距 m×带距 m）×（行距 m+带距 m）。

2. 沙障用料量（kg/hm²）= 每公顷沙障长度÷100×100m 用量。

附表 5 生态修复建设机械围栏设置单位面积投资估算指标

水泥桩					
材料	单位	长×宽×高	长×宽×高	长×宽×高	备注
规格	cm	10×10×200	12×12×200	15×15×180	
单价	元/根	25	30	35	
用量	根/100m	10	10	10	
单位用量	根/hm²	6	6	6	
用料费用	元/hm²	150	180	210	按 100hm² 计桩距 10m
埋桩用工量	根/工日	12	12	12	
工价	元/工日	40	40	40	
用工费用	元/hm²	20.0	20.0	20.0	
水泥桩费用	元/hm²	170.0	200.0	230.0	
铁丝网片					
材料规格	单位	7 道	8 道	9 道	备注
单价	元/m	4.6	5.4	6.2	
单位用量	m/hm²	60	60	60	
用料费用	元/hm²	276	324	372	
安装用工量	m/工日	220	200	180	按 100hm² 计铁丝规格 2.8mm
工价	元/工日	40	40	40	
用工费用	元/hm²	10.9	12	13.3	
铁丝网费用	元/hm²	286.9	336.0	385.3	

附表6 生态修复建设灌溉单位面积投资估算指标

滴灌方式投资估算指标

项目	单位	滴灌1	滴灌2	备注
造林密度	株/hm²	2500	1660	
DN90管	m/hm²	100	100	
综合单价	元/m	21.5	21.5	
单位费用	元/hm²	43	43	
PE管Φ20	m/hm²	5000	3330	
综合单价	元/m	1.0	1.0	
单位费用	元/hm²	100	66.6	
滴头40L/H	个/hm²	2500	1660	滴管材料使用年限5年，每年灌溉按10次计。单位费用=单位材料用量×单价÷材料使用年限÷每年灌溉次数
单价	元/m	0.8	0.8	
单位费用	元/hm²	40	26.6	
材料费合计	元/(hm²·次)	183	136.2	
用水量	t/(hm²·次)	5	3.2	
水价	元/t	1.00	1.00	
单位费用	元/hm²	1.8	1.1	
单位用工定额	工日/hm²	0.2	0.2	
工价	元/工日	40	40	
单位费用	元/hm²	8	8	
单位面积总费用	元/(hm²·次)	192.8	145.3	

沟渠方式投资估算指标

项目	单位	7道	8道	备注
造林密度	株/hm²	2500	1660	
农渠（40cm×30cm）	m/hm²	100	100	
单位用工定额	工日/hm²	2	2	
单位费用	元/hm²	6.7	6.7	
毛渠（20cm×20cm）	m/hm²	5000	3330	
单位用工定额	工日/hm²	40	32	
单位费用	元/hm²	200	160	
单位用工费合计	元/hm²	206.7	166.7	农渠材料使用年限3年，毛渠材料使用年限2年，每年灌溉按4次计。单位费用=挖渠用工定额×工价÷使用年限÷每年灌溉次数
用水量	t/(hm²·次)	300	200	
水价	元/t	1.00	1.00	
单位费用	元/hm²	105	70	
单位用工定额	工日/hm²	0.4	0.4	
工价	元/工日	40	40	
单位费用	元/hm²	16	16	
单位面积总费用	元/(hm²·次)	327.7	252.7	

（续）

浇灌方式投资估算指标				
项目	单位	7 道	8 道	备注
造林密度	株/hm²	2500	1660	
运水设备(小型拖拉机)	元/台班	200	200	
单位费用	元/hm²	300	200	
用水量	t/(hm²·次)	25	16.6	
水价	元/t	1.00	1.00	
单位费用	元/hm²	8.7	5.8	
单位用工定额	工日/hm²	12	8	
工价	元/工日	40	40	
单位费用	元/hm²	480	320	
单位面积总费用	元/(hm²·次)	788.7	525.8	

附表7 生态修复建设覆盖地膜单位面积投资估算指标

项目	单位	措施 1	措施 2	措施 3	措施 4
造林密度	株/hm²	3330	2500	1660	1250
地膜单价	元/kg	20	20	20	20
单位用量	cm×cm/穴	60×80	60×80	60×80	60×80
单位用量	kg/hm²	5.3	4.0	2.6	2.0
材料费用	元/hm²	106	80	52	40
用工量	穴/工日	120	120	120	120
单位用工量	工日/hm²	27	21	14	11
工价	元/工日	40	40	40	40
用工费用	元/hm²	1080	840	560	440
单位面积覆盖地膜总费用	元/hm²	1186	920	612	480

附表8 生态修复建设施肥单位面积投资估算指标

项目	单位	基肥		追肥
		农家肥	复合肥	复合肥
造林密度	株/hm²	2500	2500	2500
肥料单价	元/t	50	1500	1500
施肥量	kg/株	10	0.35	0.25
单位用量	kg/hm²	25000	875	625
肥料费用	元/hm²	1250	1312.5	937.5
用工量	株/工日	200	320	400
单位用工量	工日/hm²	12	8	6
工价	元/工日	40	40	40
用工费用	元/hm²	480	320	240
单位面积施肥总费用	元/hm²	1730	1632.5	1177.5

第二章
生态修复工程项目零缺陷建设
3S 技术应用

在现代空间信息技术中，遥感（Remote Sensing）、地理信息系统（Geographichc Information System）和全球定位系统（Global Positioning System）既密不可分、相互融合，又各有不同的技术功能应用，因为这 3 个概念对应的英文中都分别含有 1 个"S"字母的单词，故此将其合称为 3S。目前 3S 技术系统已在国防、空间试验、工程建设等领域得到了广泛的研究和应用。在生态修复工程项目零缺陷建设中应用 3S 进行精准设计，可为确保和打造生态修复零缺陷精品工程做出更加有利的贡献。

第一节
3S 技术系统的概念和特征

1　3S 技术系统的概念

3S 技术是指遥感（RS）、地理信息系统（GIS）和全球定位系统（GPS）的集成。GIS 是一种决策支持系统，它具有信息系统的各种功能和特征。GIS 与其他信息系统的主要区别在于，其存储和处理信息是经过地理编码的地理位置及与该位置相关的地理属性信息成为信息检索的重要部分。在地理信息系统中，现实中的物质世界被表达成一系列的地理要素和地理现象，这些地理特征至少由空间位置参考信息和非位置信息 2 个部分组成。RS 利用飞机、卫星等作为遥感平台，搭载具有高分辨率的摄影机、TV 摄像机、扫描仪和电荷耦合元件（CCD）、合成孔径雷达等传感器，实时对地表及其要素的几何形态进行观测，对太空、大气层、地表面以及表层进行物理探测。GPS 利用卫星及其传播出来的信号，实现对海陆空运动目标进行导航和对地面固定目标进行精密定位。

2　3S 技术系统的特征

2.1　遥感（RS）

（1）遥感（RS）的概念和其功能应用的作用：遥感的确切含义就是指遥远地感知。即类似传说中的"千里眼""顺风耳"所具有的超人能力。人类通过大量的科学实践，发现地球上的每一个物体都在不停地吸收、发射信息和能量，其中有一种人类已经认识到的形式——电磁波，并且发现不同物体具有的电磁波特性不同。遥感就是依据这个科学原理来探测地表物体反射和发射的电磁波，从而提取这些物体的信息，从而完成远距离精确识别物体和各种自然现象。

例如，大兴安岭森林火灾发生的时候，如果正好有一个载着热红外波段传感器的卫星经过大兴安岭上空，传感器就会拍摄到大兴安岭周围方圆上万平方千米的摄像。因为着火的森林植被在热红外波段比没有着火的森林植被辐射出更多的电磁能量，在摄像上就会显示出比没有着火的森林植被更亮的浅色调。当影像经过处理，灭火指挥部会立即依据图像上发亮的面积范围大小来判断着火地点和需要调动的消防器械规模和消防人员数量，达到有效扑灭森林火灾的效果。

上述例子简单说明了遥感的基本原理和其功能作用过程，同时也涉及遥感科技领域的许多方面。除上文所述的不同物体具有不同的电磁波特性这一基本特征外，还有遥感平台，即上述例子中的卫星，它的作用就是稳定地运载传感器。除卫星之外，人类常用的遥感平台还有飞机、气球等；当在地面进行科学试验时，还会用到像三脚架这样简单的遥感平台。传感器就是安装在遥感平台上探测物体电磁波的仪器。针对不同的应用目标、目的和波段范围，人类已经研究出多种传感器，探测和接收物体在可见光、红外线和微波范围内的电磁辐射。传感器会把这些电磁辐射按照一定的规律转换为原始图像。原始图像被地面站接收后，要经过一系列复杂的技术处理，才能提供给不同的用户使用，用户才能使用这些经过处理过的影像开展自己对应的专业的工作。

（2）遥感（RS）技术在国际和我国的应用：据不完全统计，美国、俄罗斯、法国、中国、印度、加拿大、日本、德国、意大利等国发射的人造卫星总数已超过 2000 颗，其中遥感卫星超过 500 颗，全球大型地面遥感卫星接收站超过 100 个。在 21 世纪的最初十年将会有超过 30 颗的地球观测卫星发射。光谱分辨率高达纳米级，商品化遥感影像地面分辨率高达米级，雷达图像实现了多波段、多极化，遥感所采集到的数据极为丰富，仅地球行星计划一天的数据量就达 10^{15} 字节（杨崇俊，2001）。我国已经发射了 68 颗卫星，其中科学技术卫星 10 颗，气象卫星 5 颗，资源卫星 1 颗，返回式遥感卫星 17 颗，获取了高分辨率的全景摄影图像，建立了多个遥感卫星地面接收站，能够接收和处理 Landsat TM、SPOT 和 RADARSAT 等卫星图像数据；建立了许多气象卫星接收台站，接收和处理 NOAA 及静止气象卫星等数据；建立了中、低空高效机载对地观测组合平台和大量的地面观测台站。

（3）遥感（RS）技术的发展预测：由于遥感在资源环境监测、农作物估产、灾害监测、全球气候变化等许多方面均具有显而易见的先端优势，从而促使它处于飞速发展中，科技的进步和发展，为研制出更理想的平台、更先进的传感器和影像处理技术搭建了更加便捷的通道，必将会促进遥感技术在更广泛的领域里发挥出更大的作用。

2.2　地理信息系统（GIS）

地理信息系统（GIS）是一门新兴的科学技术，它是 20 世纪 60 年代中后期发展起来的先进科研成果。初期研制出的系统主要应用于城市和土地利用方面的信息系统，进入 80 年代，由于西方国家工业化进程的加快，城市人口迅速膨胀，导致水源匮乏、能源短缺、用地紧张、良田锐减等严重窘况，加之地球生态环境屡遭严重破坏，迫使人类寻找保护生态环境和资源的有效办法，因此，地理信息系统应运而生。例如，在美国三里岛核扩散事件中，美国政府就是采用地质调查局建立的GIS在24h内作出了各种可能扩散范围和损失的估计。日本筑波科学城的选址，应用国土信息系统作出了决策分析。加拿大的GIS对全国土地资源和土地适应能力快速清查和综合分析。全球性大面积小麦估产、世界海洋测深的自动制图、火山爆发的预测、周期性全球天气的分析预报等都是在不同类型的地理信息系统支持下实现的。

（1）遥感、遥测等新技术的应用和迅速发展，使自然资源与环境信息的数量激增。人类社会上对这些信息的需求日趋迫切，对质量的要求也越来越高。从定性分析发展到定量、定性和定位密切相结合，从单一要素发展到多要素、多时空的综合分析，传统方法已经不能适应资源与环境信息的科学管理和综合开发的需要，必须从现代科学技术中吸取营养。

（2）信息科学、计算机科学、网络技术、人工智能特别是数据库技术的发展，促进了数字测图技术和制图自动化技术的发展，使资源与环境信息的数字化采集、存储、处理、显示和自动输出成为可能，并能够很便捷地为人类社会发展服务。

（3）随着信息时代以多学科、跨领域为特征的科学思维的发展，使人类社会发展和国家宏观决策更加趋向于从纵观全局的高度进行系统分析，必须把自然界和人类社会作为一个有机的整体，必须将资源与环境作为一个巨大的系统来对待。这就促进了各种类型的经济信息系统与自然环境信息系统相结合的综合性信息系统的相继建立和广泛得到了运用。

（4）地理信息系统的广泛运用，极大地提高了资源与能源的有效利用率，为人类社会带来了巨大的经济效益、社会效益和生态环境效益。

（5）国际上与GIS有密切相关学术组织的诞生，也是促进GIS迅速发展的原因之一。

2.3　全球定位系统（GPS）

全球定位系统（GPS）是20世纪70年代由美国国防部批准，陆海空三军联合研制的新一代空间卫星导航定位系统。其主要目的是为陆、海、空三大领域提供实时、全天候和全球性的导航定位服务，并用于情报收集、核爆监测和应急通讯等一系列军事目的，是美国全球军事战略的重要组成系统。经过20多年的研究试验，耗资200多亿美元，至1994年全面建成时覆盖全球高达98%的24颗GPS卫星星座已经布设完成。

（1）全球定位系统（GPS）共由以下3部分构成：

①地面控制部分：指由主控站（负责管理、协调整个地面控制系统的工作）、地面天线（在主控站的控制下，向卫星注入导航电文）、监测站（数据自动收集中心）和通讯辅助系统（数据传输）组成。

②空间组成部分：主要由24颗卫星组成，分布在地球空间的6个轨道平面上。

③用户装置部分：主要由GPS接收机和卫星天线组成。

（2）全球定位系统的主要特点：能够全天候运作和测量，且不受天气变化的任何影响；全球覆盖；3维定点，并且定速、定时和高精度；快速、省时、高效；应用领域广泛，功能多样化。

（3）全球定位系统的主要用途：

①陆地应用：主要指包括车辆导航、景点导游、应急反应、高精度时频对比、大气物理观

测、地球物理资源勘探、工程测量、变形监测、地壳运动监测、市政规划控制等。

②海洋应用：指包括远洋船只最佳航程航线测定、船只实时调度与导航、海洋救援、海洋探宝、水文地质测量以及海洋油井平台定位、海平面升降监测等。

③航空航天应用：指用于飞机导航、航空遥感姿态控制、低轨卫星定轨、导弹制导、航空救援和载人航天器防护探测等。

GPS 卫星接收机种类有很多，根据其型号分为测地型、全站型、定时型、手持型、集成型；根据其用途又分为车载式、船载式、机载式、星载式、弹载式等。

实践证明，GPS 系统是一个高精度、全天候和全球性的无线电导航、定位和定时的多功能系统。GPS 技术已经发展成为多领域、多模式、多用途、多机型的高新技术国际性产业。

现在，除了美国的全球定位系统 GPS 之外，具有 GPS 同类功能的卫星系统还有俄罗斯的全球卫星导航系统，以及正在发展中的欧洲导航定位卫星系统和日本的多功能卫星增强系统。全球定位系统或 GPS 仅是这类系统的代名词而已。

人类从航空摄影测量转向基于遥感的航空航天数字摄影测量，从单一的地图制图转向电子地图数据库、地理信息系统的建设，技术结构也从单一技术向 3S 集成技术、基于网络环境的 3S 运行体系发展，这已经是一个人类时代发展的必然和需要。

第二节
3S 技术系统集成

1　3S 技术系统集成的概述

1.1　3S 技术系统集成的简述

集成指的是一种有机的结合，在线的连接、实时的处理和系统的整体性。目前，由于对"集成"的含义理解不清，似有"集成"泛滥化之势头。例如，对于已经得到的航空航天遥感影像，到实地用 GPS 接收机测定其空间位置（X、Y、Z），然后通过遥感图像处理，将结果经数字化送入地理信息系统中，同样也使用了 3S 技术，但它则不是一种集成。因为它不符合上述的集成概念。

1.2　3S 技术系统集成的案例

一个较为典型的 3S 技术集成系统的例子就是美国俄亥俄州立大学、加拿大卡尔加里大学分别在政府基金会和工业部门资助下进行的集 CCD 摄像机、GPS、GIS 和惯性导航系统（INS）为一体的移动式测绘系统（Mobile Mapping System）。该系统将 GPS/INS、CCD 实时立体摄像系统和 GIS 在线地装在汽车上。随着汽车的行驶，所有系统均在同一个时间脉冲控制下进行实时工作。由空间定位、导航系统自动测定 CCD 摄像瞬间的像片外方位元素。据此和已经摄得的数字影像，可实时/准实时地求出线路上目标（如两旁建筑物、道路标志等）的空间坐标，并随时送入 GIS

中；而 GIS 中已经存储的道路网及数字地图信息，则可用来修正 GPS 和 CCD 成像中的系统偏差，并作为参照系统，以实时地发现公路上各种设施是否处于正常状态。

加拿大卡尔加里大学 Schwarz 教授等研制的车载 3S 集成系统（VISAT），将车上前置的一对 CCD 相机为遥感摄像系统，GPS 与 INS 联合使用，可互为补偿运动中可能的失锁和其他系统误差。GIS 系统安装在车内。GPS/INS 为两个 CCD 相机提供多方位元素，影像处理可求出点、线、面地面目标的实时参数；通过与 GIS 中数据比较，可实时地监测变化、数据更新和自动导航。

2　3S 技术系统集成的走向

3S 技术系统形象地代表了测绘学科与其他相关学科的融合与交叉，其本身也在走向集成。在 3S 技术系统集成过程中，GPS 主要是实时、快速地提供目标的空间位置，RS 用于实时、快速地提供大面积地表物体及其环境的几何与地理信息及其各种变化，CIS 则是多种来源于时空数据综合处理和应用分析的平台。

3　3S 技术系统集成的应用

在实用集成模式中，3S 技术系统既可以是 3 种技术的集成，也可以是其中 2 种技术的集成。准确地说，集成是 3 种技术的灵活、综合应用。下面分别予以说明。

3.1　GPS 与 GIS 的集成与应用

采用 GIS 中的电子地图和 GPS 接收机的实时差分定位技术，可以组成 GPS+GIS 的各种自动电子导航系统，用于交通的指挥和调度、公安侦破案件、车船自动驾驶、农业田间作业管理、渔船捕鱼等多方面管理。也可以利用 GPS 的方法对 GIS 进行实时更新。

3.2　RS 与 GIS 的集成与应用

RS 是 GIS 重要的数据源和数据更新手段，而反过来，GIS 则是遥感中数据处理的辅助信息。两者集成可用于全球变化监测、农业收成面积监测、作物产量预估和空间数据自动更新等方面。

GIS 与 RS 各种可能的结合方式包括以下 2 种方式。

①分开且是平行的结合：指不同的用户界面，不同的工具库和不同的数据库；

②表面无缝的结合：指同一用户界面，不同的工具库与不同的数据库和整体的集成，即组成和形成为同一个用户界面、工具库和数据库。

未来的趋势是整体的集成。

3.3　GPS 与 RS 的集成与应用

在遥感平台上安装 GPS 可以记录传感器在获取信息瞬间的空间位置数据，直接用于空间平差加密，可以极大地减少野外控制测量的工作量。在数据自动定时采集、环境监测和灾害预测等方面将发挥重要作用。

第三节
3S 技术系统在生态修复工程项目零缺陷建设设计中的应用

3S 技术系统在生态修复工程项目零缺陷建设设计领域呈现出了广阔的应用前景。利用 RS 技术，生态修复工程项目建设部门可以迅速、准确地获取大范围地域的地质地貌、土壤、植被、水文等较为完整的基础性资料，因此遥感技术是详尽了解大范围风蚀、水蚀等生态危害状况的必备手段；利用 GPS 技术，可以为相对较小范围的地域提供更高精度的几何定位信息，还可以实现实时纠正，校正图像数据库；GPS 技术和 RS 技术的结合，则可以为 3S 技术的核心——GIS 系统提供精确、定量的数字信息源，为自动化管理和分析空间数据奠定基础。在生态修复工程项目建设规划、设计和监理验收等工作中，利用 GIS 系统可以将 RS、GPS 采集到的空间数据和其他数据建立各种层次、各种类型的生态修复建设管理数据库。例如，可建立全国、大流域、省（县）级土壤风力、水力侵蚀危害现状库、综合修复治理数据库、不同面积规模的沙质荒漠化区域综合治理数据库、小流域综合管理数据库等。同时，还可以通过 RS 或 GPS 技术及时更新，以保持数据库与实地状况的同步实时一致。GIS 系统具备的各种空间查询和分析功能、制图功能，则为生态修复零缺陷建设的各种层次、各种范围的规划、工程项目设计、土壤侵蚀预报与模拟、水土流失与沙漠化监测、生态修复建设效益评估等工作有力的支持，使得生态修复工程项目零缺陷建设工作从传统的定性分析发展为定性、定量和定位分析，从单一要素分析过渡到多要素、多变量综合性分析，从静态分析发展到动态预测研究。总而言之，3S 技术系统在目前的生态修复零缺陷建设中的应用已经取得了很大的成效，但 3S 技术的集成应用有待于进一步加强。

1   3S 技术系统在生态修复零缺陷建设设计等方面的应用

1.1   项目建设基础数据调查与信息管理

项目区域的土地利用现状、植被、土壤、地质、地貌、坡度、坡向、高程、降水量、地表水系、地下水位等数据是生态修复建设工作中常用的基础性数据，其中土地利用现状、植被、土壤、地质等专题图可以通过 RS 来获得，分类矢量化以后作为 GIS 的数据图层；坡度、坡向、高程等指标可以通过地形图提取，即利用 GIS 把地形图输入到计算机，再通过 DEM & DTM 模型产生；降水量指标可以通过定位观测或降水等值线图得到。

上述指标在 GIS 软件的统一管理下，把各专题图层按地理坐标配准，形成生态修复工程项目建设空间数据库，这样就建立了基本的生态修复建设信息管理系统。利用该系统就可以进行面积计算、长度计算、查询、检索、统计、分析等。通过统一的信息系统建设，统一行业标准，确保以最快的速度获取丰富而精确的资料数据，为风、水蚀等生态危害监测预报、水土资源评价、生态修复建设规划、风水蚀等生态危害防治提供科学的途径和方法，创建先进适用的修复治理模式。同时，可以实现生态修复建设与生态环境工程建设信息的有序管理、定量管理、标准化管理，实现生态修复建设办公自动化进程。

1.2 生态风蚀、水蚀等危害的动态监测与管理

生态风蚀、水蚀等危害的监测包括土壤侵蚀和治理情况两方面。通过 GIS 与 RS 的有机结合，分层次建立生态修复建设本底信息库，对建设治理区按年度监测各项指标，建立动态的监测管理信息系统，继而用相应的评价模型对土壤侵蚀和治理效果进行动态分析。其具体做法是利用高分辨率遥感数据获得治理动态变化的指标，再利用 GPS 进行定点定位，确保各项监测指标在不同时间序列上的地理位置一致。监测成果以数据库、图形库、图像库、图片库、视频文件等多种方式表达，各县通过网络上报统计数据，逐级汇总，最后汇集到区域和全国监测中心。监测中心则通过生态修复建设监测网站向社会定期发布生态修复建设成果或向国家相关部门上报，实现最终的监测目标。

利用监测管理系统并结合计算机网络技术，可以及时地为生态修复建设及相关管理部门提供有关的信息服务，也为生态修复建设办公自动化提供了良好的手段。

1.3 生态修复建设规划、设计、验收和评价

在对生态修复工程项目建设区域内水土流失、沙质荒漠化、土地盐碱化、土地利用率、植被覆盖率、地形地貌、水文、地质、社会经济特点等基础资料的支持下，GIS 系统提供的数据库能够使生态修复工程项目建设管理部门及时了解地域内每一块土地的所有属性；而地学分析功能则可以提供各级行政、治理区域单元、各个层面（如风水等某种侵蚀强度、土地利用类型、各种自然资源分布专业图、项目区域综合治理等）的分类统计资料和有关属性因子之间的关系（如分析某一区域土壤侵蚀强度和耕地人口密度等关系，分析区域各时段土壤侵蚀要素差异的主要决定因子等内容）。这些统计资料和定量分析都与数据库中的空间属性相关联，在 GIS 系统制图功能的支持下，可以根据需要方便地为生态修复工程项目建设规划、设计、验收和后评价提供各种专题图、演示图和相应的数据报表内容。

1.4 生态修复工程项目前期工作

生态修复工程项目建设前期工作包括规划、项目建议书、可行性研究、初步设计等阶段，各阶段工作的共性可以概括为数据分析、统计报表、专题制图。数据分析是指利用 3S 技术获取的基础数据在 GIS 空间模型和经济模型的支持下进行实施的，如土壤风或水的侵蚀分析、土地资源评价、生态修复建设措施布局、投资估算（概预算）等。有了这些分析结果，项目建设各阶段的工作就可作出相应的管理决策；在项目建设前期的统计报表过程中，可以利用 GIS 提供的报表功能，按不同阶段的要求编制统计表；还可利用 GIS 进行专题制图是非常简单的工作，把生态修复工程项目建设规划或设计等制图标准符号填充到相应的位置上，并加上图名、图例、比例尺、文字注记等即可输出任意比例尺的专题图。这里需要说明的是，绘制工程设计图并不是 GIS 的专长，但是有些 GIS 已经开发了这样的功能，就可以取代 CAD 的工作。

1.5 生态修复工程项目建设监理

生态修复工程项目建设均要求实行监理制，利用 3S 技术系统可以有效便捷地提高监理的工

作效率和质量。如果项目前期工作采用了 3S 技术，那么相应的信息系统已经建立起来，监理单位可以根据电子地图上的措施布局，利用 GPS 到现场定点检查，从而对项目建设实施的进度、质量等迅速做出评价。比较先进的做法是把 GPS 与笔记本电脑相连接，在 GIS 中打开项目区图集（已经包含了三维地形图、措施分布图等），GIS 实时接收 GPS 采集到的地理坐标即能进行位置配准，并利用已经确立的评价指标进行项目评价。

1.6   生态修复工程建设监督执法、宣传

监督执法是生态修复建设工作的重要支撑点。利用 GIS 技术系统建立的监督管理地域的数据库可以与 GPS 系统集成，在数字电子地图上实时显示管理地域的每一个特征点、线（如交通线、河流等）、面（地块）的属性和监督人员所处的地理位置，从而有利于监督人员对生态修复工程项目建设方案的监督检查工作，可准确确定违法行为的范围及危害情况。随着数字化进程的发展，生态修复工程项目建设定时监测可以发展到实时监测，对生态修复工程项目建设中的监督执法工作将起到更大、更为有效的作用。

开展生态修复建设公众宣传和执法监督一样，是现代生态修复建设的重要工作之一。在 3S 技术系统的支持下，可以将获得的数字化资料、图像经过内部格式化，以各种形式向上级、专家汇报和社会展示。集成了演示功能的 GIS 系统将会方便地查询和分析信息，形象地展示给社会观众，有利于推动生态修复建设工作的社会化进程。

2   3S 技术系统应用的成本和效益

2.1   应用 3S 技术系统的成本和效益

在生态修复工程项目建设设计中应用 3S 技术系统，必须要考虑其成本和效益问题。成本投入包括技术、设备、软件、数据、耗材等几个方面，效益包括直接效益和间接效益。

对于生态修复建设的基层用户来讲，3S 技术系统的基本配置即可满足生产需求，设备及其软件投入约为 5 万元，一次性投入可长期使用，技术培训大约需要 4000 元，数据费和耗材费视具体项目而定。经国内外许多 3S 机构测算，应用 3S 技术系统比手工操作成本要低 30%~70% 甚至更低；工作效率能够提高 30% 以上，对于复杂的项目可能会提高几倍；质量和效果当然会更加显著，是手工无法实现的。由此可见，3S 技术系统在生态修复工程项目建设设计等方面中应用的综合效益是显而易见的。

2.2   应用 3S 技术系统应当关注的 2 个事项

①由于目前对 3S 技术系统了解得不够全面，大多数人员只用到了制图功能，把 3S 尤其是 GIS 与 CAD 等同起来，3S 技术系统当中强大的数据获取、面积量算、空间分析、查询检索、统计报表、定位监测等功能没有得到充分发挥，因而使 3S 技术系统应用的巨大效益也没有充分地表现出来。

②3S 技术系统在生态修复工程项目建设中的应用，最好贯穿于项目建设始终，并在项目规划时就开始应用。这样，基础信息库建成后可为以后各阶段服务，达到事半功倍的效果。实践表

明，这种应用方式可以提高效益2~3倍。

3　3S技术系统在生态修复工程项目零缺陷建设中的应用前景

3S集成、计算机网络技术的发展以及信息高速公路的建设成就，将为大范围水土流失和沙质荒漠化发展等生态危害监测、数据的快速采集与处理、大量空间数据的管理与快速传输、区域生态危害预报、生态修复工程项目零缺陷建设规划设计提供新的技术支持。21世纪以来，3S技术系统在生态修复建设中的应用将会不断发展，最终走向统一化、规范化、标准化和普及化。

第四节
3S技术系统在生态修复工程项目零缺陷建设中的应用网址

当前，国内外有多家研究机构和组织相继建立了遥感（RS）、地理信息系统（GIS）、全球定位系统（GPS）等方面的网站，以下就国内外较知名的主要网站进行简要的介绍。

1　遥感（RS）网站

1.1　国内遥感（RS）网站

（1）国家遥感中心。是国务院科技部的下属专门机构，其主要任务如下：

①研究遥感（含遥感、导航、定位、地理信息系统，以下简称遥感）领域高新技术发展及产业化的发展状况和问题，为科技部制定遥感领域的方针政策、发展计划、协调全国各部门与各省（自治区、直辖市）的遥感科技工作提出建议和对策。

②承担遥感空间信息领域高新技术研究发展计划项目和国家重大科技攻关计划项目的一般事务性管理工作。

③承担科技部在遥感领域的研究基地建设和产业发展的一般事务性管理工作。

④承担遥感科技和应用的国际交流与合作。

⑤开展遥感科技的国内外培训、资料和咨询等技术服务工作。

（2）中国遥感卫星地面站。成立于1986年，是中国科学院直接领导下的一个为全国提供卫星遥感数据及空间遥感信息服务的社会公益型事业单位，管理着我国国家级民用多种资源卫星接收与处理的基础设施。目前，地面站具有接收包括中巴地球资源卫星01号遥感数据、美国陆地卫星（Landsat）TM/ETM遥感数据、法国SPOT卫星遥感数据和加拿大RADARSAT合成孔径雷达（SAR）遥感数据的能力；同时，还代理了美国商业卫星——快鸟（QuickBird）和印度遥感卫星（IRS）等卫星数据订购业务。借助于这种数据资源优势并结合用户需求，推出了系列多卫星数据融合产品，集多传感器、多分辨率、多时相遥感数据源的接收、应用，以及对高质量遥感数据的需求是促使各种遥感数据融合技术的出现与发展的直接动力。由于卫星数据种类越来越多，而应用者希望在有限的投资内获得不同卫星遥感数据源的信息优势，以增强对目标物的检测与识别能力，提高卫星遥感应用的精度和效率。与一般的图像复合相同，实现信息化是数据融合的主要目标，而信息优化则是有选择性的。在接收欧空局 ERS 卫星、日本 JERS 卫星、加拿大 RADARSAT 卫星之后，2003 年中国遥感卫星地面站就欧空局环境监测卫星（ENVISAT）的高级合成孔径雷达（ASAR）数据接收与处理系统软件和硬件进口商务合同与挪威签署了协议。此外，中科院遥感应用研究所还拥有 MODIS 地面接收站。

（3）中国科学院遥感应用研究所。其学科方向是遥感基础研究、遥感应用研究、遥感应用工程技术研究。遥感所的研究领域包括多角度遥感、高光谱遥感、微波遥感、全球变化遥感、虚拟地理环境遥感、极地遥感；国土资源遥感、生态环境与资源遥感监测、农业估产遥感、灾害遥感、固体地球与海洋遥感；遥感信息获取、地理信息系统与遥感、空间定位导航与遥感。

根据知识创新工程的实践和遥感信息科学事业发展的需要，形成了以遥感科学国家重点实验室、国家航天局航天遥感论证中心、遥感信息技术部、资源环境遥感应用研究中心、国家遥感应用工程技术研究中心组成的科研机构以及由航空遥感中心、航天数据接收站及网络中心、遥感试验场组成的科技支撑系统。为了更有利于遥感科研工作的开展，遥感所还与国务院三峡办、国家航天局、军事医学科学院等单位联合建立了数个非法人机构。

（4）中国水利水电科学研究院遥感技术应用中心（原水利部遥感技术应用中心）。成立于 1980 年，是以推广遥感（RS）、地理信息系统（CIS）和全球定位系统（GPS）等空间信息技术在水利专业领域中应用为主的科研单位，是水利系统遥感应用技术的行业代表单位，同时也是科技部国家遥感中心灾害监测业务执行部门。该中心的科研领域涉及水旱灾害遥感、水资源与生态环境遥感、水利应用信息系统开发研制，以及空间信息获取与处理等。

（5）中煤航测遥感局。为中国煤炭地质总局航测遥感局建立的 DIS 网站，是全国煤炭地质系统唯一从事空间地球信息技术研究、开发与应用的专业单位。服务领域涉及航空摄影、数字测绘、空间遥感、制图印刷、地理信息系统研建等高科技产业，是经科技部批准的西部地区 3S 空间信息产业化基地。拥有核心技术"GPS、GIS、RS"等 3S 集成技术和主要产品"DLG、DEM、DOM、DRG"等"4D"产品。

（6）中国资源卫星应用中心。成立于 1991 年 10 月，它是国家发展计划委员会和国防科工委负责业务领导、航天科技集团公司负责行政管理的科研事业单位。

（7）中国空间信息网。是科技部国家遥感中心组织的与有关部门共同建设的国家级大型空间信息专业网站，旨在建立适合我国空间信息共享与服务的标准规范、运行管理体系和网络平台，通过共同建设，促进空间信息资源的开发、利用和共享，推动我国空间信息技术及其产业的快速发展，为数字化中国工程的建设奠定基础。CSI 由设在国家遥感中心的网络主中心和分布于全国各地、各部门的分中心和数据源节点组成，形成国家空间信息共享与服务平台，

汇集国内外卫星数据、航空影像、专题空间信息、基础地理信息等空间信息，同时收集空间科技文献、机构与专家库、空间信息技术与产品信息等科技信息，实现我国空间信息目录检索、空间数据内容查询、下载数据索取订单、数据预订等服务，并提供空间应用科技信息和部分免费下载的空间数据服务。

（8）中国空间技术研究院。隶属于中国航天科技集团公司，成立于 1968 年 2 月 20 日。经过 50 多年的发展，已经成为目前中国最具实力的空间技术及其产品的研制基地和中国空间事业发展的骨干力量单位。主要从事空间开发、航天器研制、空间领域对外技术交流与合作、卫星应用及空间技

术二次开发等领域。还参与制定国家空间技术发展规划；研究、探索和开发利用外层空间的技术途径；承接用户需求的各类航天器和地面设备的研制并提供优良的服务。

（9）中国环境遥感网。由中国科学院上海技术物理研究所主办。它是一家专业提供环境遥感（特别是可见/红外环境遥感）技术和应用最新发展及其他相关信息的科学网站。

（10）中国地震局地面站。可以为用户提供极轨卫星（NOAA系列和我国风云一号系列），以及同步卫星（日本的GMS，我国风云二号系列）的图像和数据服务。

（11）天气在线公司网站。专门提供从气象卫星遥感资料中获得的各种天气报告。

（12）全国资源环境遥感数据库。以多源遥感信息的标准化提取为技术支撑，以面向多领域应用的遥感标准数据为目的。通过遥感数据的规范化→标准化→标准体系的建设，提供大量的遥感应用基础数据、过程数据、成果数据和分析数据，突出多学科碰撞与知识发现，该数据库的建设正从以下3个方面进行努力。

①遥感标准数据处理平台的构建；

②多元标准遥感数据集的生成；

③遥感成果数据库的建设。

（13）遥感信息。是中国科技核心期刊，也是中国科学文献计量评价研究中心的中国科学引文数据库来源期刊。该期刊开设的主要栏目有论坛与综述、应用技术、遥感图像、技术市场、企业之窗、理论研究、专题报道、国际动态、简讯等。其研讨的内容如下：

①涉及遥感、地理信息系统技术的新理论、新方法；

②交流推广遥感与地理信息系统的新成果；

③介绍国内外遥感信息系统的科技发展动向；

④普及遥感与地理信息系统的科学技术知识。

（14）遥感学报。为专业性学术刊物，突出报道遥感领域的科研与技术应用成果。包括航天航空、农业、林业、资源开发、环境监测与保护、区域与工程地质勘探和评价、探矿、灾害监测和评估等领域的应用，以及地理信息系统、遥感、GIS及其空间定位系统的综合应用等方面。读者对象是遥感及其相关学科的科研人员和高等院校师生。

（15）中国国土资源航空物探遥感中心（简称航遥中心，英文缩写是AGRS）。创建于1957年，隶属于国土资源部中国地质调查局，是我国从事航空物探和国土资源遥感勘查技术应用、研究、开发一体化的专业技术中心，国家甲级测绘单位，也是国家遥感中心的国土资源分部。航遥中心具有雄厚的技术力量，拥有多种专业飞机、先进技术装备和成熟技术，可以开展各类地区的高精度航空物探、航空遥感调查与应用研究。该中心拥有基本覆盖我国大陆和海域的航空物探、卫星遥感资料以及大部分国土的航空遥感资料；为我国许多大中型固体矿产和主要油田的发现做出了重要贡献；在地质矿产调查、土地利用动态监测、环境与灾害评价、工程建设与规划、城市综合调查与地学研究等许多应用领域取得了丰硕成果。

（16）中国科学院寒区旱区环境与工程研究所遥感与地理信息科学研究室。是寒区与干旱区资源与环境研究的重要技术支撑。它在三所遥感与地理信息技术力量的基础上整合而成，曾在成立以来的20多年历程中，开拓了我国冰雪遥感和荒漠化遥感事业，积累了"中国沙漠信息系统""中国冰冻圈信息系统""西部典型地物光谱数据库""西北地区典型内陆河流域水资源信息系统"等多学科、多尺度、多类型的科学资料。当前主要以定量遥感和集成方法论研究为主要研究方向，发展从遥感数据定量提取冰冻圈、陆地水文和生物物理参数的方法。开展集成研究，重点发展高分辨率的陆面数据同化系统；建立以普适性的水—土—生—气—人耦合模型为基础的内陆河流域决策支持系统；建立寒区道路工程信息系统和决策支持系统；完善和提升科学数据服务，建立西部环境与生态数据中心。近 5~10 年的总体目标是综合观测、模拟、同化和数据成果，建立我国寒旱区环境监测与预警系统。

（17）遥感科学国家重点实验室。是由中国科学院遥感信息科学重点实验室和北京师范大学遥感与地理信息系统研究中心联合组成。实验室的主要研究方向是遥感信息机理、遥感高技术前沿、遥感地理空间信息集成理论及遥感应用基础。主要的研究领域是遥感信息机理、高光谱遥感、微波遥感、多角度遥感、全球变化遥感、遥感地理空间信息集成理论。

（18）测绘遥感信息工程国家重点实验室（武汉大学）。是我国测绘学科唯一的一所国家级重点实验室，目前所设立的研究领域有：航空航天摄影测量、遥感影像信息处理、空间信息系统、精密空间定位、3S 集成与空间信息服务、多媒体通讯以及海洋监测与数字工程研究中心等。

（19）中国科学院对地观测与数字地球科学中心（简称对地观测中心）。是隶属于中国科学院的直属事业单位，它由卫星遥感中心、航空遥感中心、空间数据中心、数字地球实验室 4 个科技机构组成，是运行与研究结合的综合性研发机构。对地观测中心旨在开展航空航天对地观测系统的高质量运行和数据服务，保证卫星地面系统的规范、高效、高水平运行建立我国系列化、全时空对地观测卫星数据库，实施新型数据管理分发方式和网络服务，向国内外用户提供高质量服务；保证国家重大科技基础设施"航空遥感系统"的高水平运行，组织好航空遥感飞行试验，坚持公益性飞行和数据共享原则，为多用户提供高性能综合对地观测信息支持；进行新型遥感器的探索，综合对地观测前沿技术研究与围绕数字地球科学平台建设的应用示范，实现在时间、区域、领域 3 个层次上的综合应用能力，促进国家空天对地观测领域的发展；配合制定中国科学院及国家对地观测信息科学技术与数字地球发展战略规划，组织论证并协调该领域重大项目，建设高水平基础技术设施，开展航天、航空和地面各种数据集成与分析，形成面向科技界、大众和政府的强大演示能力，为国家宏观决策提供科学支持。

（20）武汉大学遥感信息工程学院。是集遥感、测绘、空间信息工程技术于一体的信息和工程类学院。学院现有教职工 92 人，师资力量雄厚，其中中国科学院院士 1 人，中国工程院院士 2 人，欧亚科学院院士 2 人，教授 20 人，兼职教授 15 人，特聘教授 1 人，客座教授 1 人，副教授 21 人，博士生导师 25 人。几年来，在"211"工程和"985"工程支持下，先后建立了具有世界先进水平的科研和教学环境，基本建成航天、航空、低空、地面立体数据采集体系，并取得了一批有重大影响的研究成果。

（21）武汉武大卓越科技有限责任公司。是一家专门从事地球空间信息领域的集产品研发、生产、销售和服务的高新技术企业。公司主要从事激光扫描测量技术、3S 与智能交通技术、空间信息服务系统技术、网络通信与电子商务技术等领域技术开发与产品应用服务业务。

（22）中测新图（北京）遥感技术有限责任公司。是由中国测绘科学研究院遥感工程技术中心转制建立的高新技术企业。企业以地理空间信息产业化为目标，面向各行业、领域的数字化测绘需求，形成国内领先的地理空间信息获取、处理、应用体系，提供航空摄影、摄影处理及质量控制、地理空间信息加工处理以及信息系统建设等全流程多体系的技术与项目服务。

（23）河南郑铁中原遥感科技有限公司。是中原地区唯一从事航空遥感 ARS、卫星定位 GPS 和地理信息系统 GIS，即现代信息技术 3S 综合应用技术开发的高新技术企业。

（24）中华地图网。由陕西东林科工贸有限公司投资创办，是一个以地图服务为主的综合服务系统。该网站共设有 9 个栏目，专注位置服务，采用业内最先进的地图信息搜索引擎技术，建立了中国最大的地图服务门户，提供全面的地图黄页，其地图服务覆盖全国各大中小城市。

（25）地图论坛。可提供地图方面的知识学习与交流，同时也包括了 3S 及测绘方面的信息交流。

（26）地图之窗网站为学习、使用、爱好地图的人们提供了一个交流园地，它是关于专业化地图、地理信息系统、遥感和全球定位系统信息的网站。

（27）图享受。是北京天日创新科技有限公司的影像服务品牌，它以高分辨率卫星影像为基础，利用先进技术为公众用户提供服务，并为专业用户提供解决方案的服务技能和品牌。

（28）地图在线。提供公交线路，中国地图，世界地图，电子地图，卫星地图等查询服务。

（29）武汉适普软件公司。是由美国 IDG 公司、美国 INTEL 公司、日本 SOFTBANK 公司联合投资成立的国内著名软件公司。适普公司基于自主核心技术，开发以数字摄影测量为核心的 3S（GPS、RS、GIS）集成的软件产品，主要从事全数字摄影测量系统（VirtuoZo），三维可视地理信息系统（IMAGIS）和遥感影像处理系统（ImageXuite RS）的研制和开发以及相关工程项目的实施和系统集成。其中 VirtuoZo 已被国际摄影测量界公认为三大实用的数字摄影测量系统之一。

（30）北京灵图软件技术有限公司。是一家以软件产品为自主知识产权核心的企业，集软件研发、地图生产、相关服务为一体的高新技术企业；灵图公司重点发展手持导航、网络地图应用、企业政府解决方案三大产品方向。主要产品包括各类电子地图产品、车载导航系统软件、网络地图应用系统（51 地图网）、实时交通信息服务平台系统、三维地理信息系统、空间信息服务平台、GPS 车辆监控系统、LBS 综合应用系统等，现已发展成为年营业额近数亿元规模的企业集团。

（31）北京视宝卫星图像有限公司。是中法两国在空间领域的地球观测方面成功合作而创立的企业。在法国国家宇航局和中国科学院的支持下，对北京密云卫星接收站的设备进行了升级改造，实现了在中国直接接收、存档和处理 SPOT 影像，并成立了以全世界卫星信息产业的领导者——法国 SPOT IMAGE 公司和中国遥感卫星地面站为本体的联营合资公司——北京视宝卫星图像有限公司。主要业务是分发各种不同性能、技术应用上可以互补的多种卫星影像，包括光学/雷达卫星影像产品和各种服务，如为各种专业应用为目的的图像处理、解译、顾问服务以及"交钥匙"工程等。

（32）GcogleEarth 官方。

（33）google maps。

（34）3D Earth。

（35）搜狗地图。

（36）百度地图。

（37）微软地田。

（38）雅虎地图。

（39）中国卫星地图。

（40）我要地图。

（41）灵图 UU。

（42）GIS 海洋。

（43）Google earth 中文在线版。

（44）中国电子地图网。

1.2 国外遥感（RS）网站

（1）美国空间事务网站。是美国权威空间事务网站，即包括专业新闻、空间数据、遥感软件等服务的网站。

（2）迈阿密大学（University of Miami）。该大学遥感组提供了关于 MODIS 的网页地址。

（3）俄勒冈州立大学（Oregon State University）遥感海洋光学小组（Remote Sensing Ocean Optice group）网站。

（4）加利福尼亚大学的 Scripps 海洋研究所（Scripps Institution of Oceanography）网站。加利福尼亚大学提供的关于漂流浮标的全球观测系列（Argo）网站。

（5）麻省理工学院伍兹霍尔海洋研究所（Woods Hole Oceanographic Institution）的网站。

（6）特拉华大学（University of Delaware）海洋研究生院（College of Marine Studies）网站，该网站提供了与其他海洋研究机构和遥感资料的链接地址。天文动力学研究科罗拉多中心（CCAR：Colorado Center for Astrodynamics Research）是一个卫星气象与海洋学的交叉学科组织，隶属科罗拉多大学（University of Colorado at Boulder）工程与应用科学学院（College of Engineering and Applied Scienco）。这些网站提供了许多海洋遥感研究信息。科罗拉多大学 Colorado Center for Astrodynamics Research 对海表面高度的卫星遥感研究提供了专门的网站。美国得克萨斯大学对有关高度计科学问题的信息提供了网页，得克萨斯大学空间研究中心的网站提供了关于高度计数据产品的海洋学应用研究的相关成果。

（7）日本国家航天发展局（NASDA）。日本国家航天发展局所属的地球观测中心（Earth Observation Center）的网站提供了与全球许多遥感网站的链接，还有关于 ADEOS 卫星、海洋水色和温度传感器算法和数据产品，以及 MODIS 和 ScaWiFS 水色遥感研究的网页。此外，日本国家航天发展局（NASDA）网页通过用户注册向用户提供航天航空、海洋等服务。

2 地理信息系统（GIS）网站

2.1 国内地理信息系统（GIS）网站

（1）国家基础地理信息系统（NFGIS）。是中国国内最大的全国地理信息存储、数据管理、地图生产和数据应用系统之一。是国家测绘局（SBSM）的专业信息系统，是国家空间数据基础设施的重要组成部分。作为重要的基础地理信息数据源，它已在中国得到了广泛应用。国家基础地理信息中心提供系统框架、技术、标准、地图浏览查询和数据下载。全国 1：400 万数据库全部数据均可浏览。其中，中国国界、省界、地市级以上居民地、三级以上河流、主要公路和主要铁路等数据均可以自由下载。

（2）中国地理信息系统协会网站。主要提供协会重要事件及有关地理信息系统和遥感方面的技术咨询服务。

（3）中科院遥感所北京中遥地网信息技术有限公司建立的数字地球网站。主要介绍公司地理信息系统软件 GeoBeans 及有关 GIS 其他应用软件、GIS 的技术及其评论。

（4）中国科学院资源与环境信息系统国家重点实验室。成立于 1985 年，是我国建立最早的国家重点实验室之一，也是中国地理信息系统事业的开拓者和摇篮。实验室重视地球信息科学理论、方法和技术的研究，在时空认知、标准规范、数据积累、软件产品的研究与开发方面取得了系统的研究成果，对我国地理信息系统和地球信息科学的发展起到了学科导向、应用示范及骨干人才培养的作用。

（5）新疆遥感与地理信息系统应用重点实验室。隶属于中国科学院，为新疆维吾尔自治区级重点实验室。主要研究方向与业务内容包括：

①遥感数据的信息化处理；

②遥感与 GIS 的应用研究；

③遥感数据的存储与分发的运行化系统研究和研发；

④相关 GIS 高端应用的商业化开发，即包括基础地理信息系统、地理信息系统理论、地理信息系统模型、三维地理信息系统三维可视化及其表现；应用地理信息系统及其地理信息系统等。

（6）中国地理信息网。网站立足地理信息系统（GIS）、卫星遥感（RS）、全球卫星定位系统（GPS）的 3S 行业，定位为 3S 行业搭建一个综合信息交流、服务及项目交流交易的平台和行业门户网站。

（7）中国地理空间项目网。是一家专业提供地理空间领域的综合服务网站，全面整合土地、矿业，以及测绘、地质灾害、海洋、气候、勘查、3S、信息化技术的国内外最新工程项目信息，供求信息，科技文献等资讯。提供专业的技术交流、行业动态、信息互动、项目运作等深层次的信息资讯服务。专注于地理空间行业产业研究、竞争情报提供、竞争对手监测、行业数据统计等领域。通过优质的研究咨询服务及可量化的数据产品，提高客户对竞争环境的分析高度、应对竞争对手的反应速度、制定战略规划的准确程度。

（8）地理信息系统论坛。是我国很知名的地理信息系统网站，被业内人士称为全球最大的 GIS 中文门户网站，它提供 GIS 行业新闻动态、行业活动、GIS 调查、GIS 课堂、GIS 研究、软件应用、电子杂志、GIS 热点、GIS 社区、博客等服务。

（9）GIS 空间站。地理信息系统中文门户网站，专业提供地理信息系统方面的相关资料和行业动态，讨论 ArcGIS、MapInfo 等软件的应用和开发，以及业界动态、技术专栏、资源下载、求职招聘、研究生考试、GIS 论坛等内容。

（10）中国测绘网——地理信息系统平台。是中国测绘协会网隶属的 GIS 平台，主要介绍 GIS 有关的产品和技术交流。

（11）中国 3SC 网站。为 2007 中国地理信息测绘及数字城市建设展览会合作媒体。主要内容是国内有关 3S 资讯、3S 技术、数字城市、规范与标准及 3S 科普园地和 BBS 论坛。

（12）中国 3S 吧。是一个有关地理信息系统 MAPINFO 中文平台介绍的重要网站。

（13）GIS 帝国论坛——地理信息系统帝国。是专业的地理信息系统开发者论坛，它能够提供详尽的 GIS 系统开发设计资料和代码，并可在线讨论。

（14）中国长城地理信息系统。意图通过长城志愿者的工作结合 GIS 与遥感技术，精确描述万里长城的地理信息，为长城保护与研究提供一个基础信息平台。中国长城地理信息系统是中国万里长城计划的三个基础平台之一。

（15）GIS 家园。是地理信息系统专业大学生和研究生所建立，网站可为广大网友提供 GIS 学习的平台、学习计算机等级考试有关知识、C 语言交流平台及常用 GIS 软件交流平台。

（16）海事地理信息系统。是一个以 Web-GIS 方式实现海事信息（包括数字海图信息和海事管理信息）空间查询和分析功能，以辅助海事业务管理的系统。

（17）GIS 公园。可提供 GIS 软件资源，GIS 二次开发，GIS 的教程、源码、地图数据，以及开源 GIS 等相关资料。

（18）中国 GIS 时代网。可为 GIS 专业技术人员提供全面的信息传播和服务的平台。

（19）数字流域技术论坛。由 phpBB Group 制作，发布并持有版权的有关遥感、地理信息系统及全球定位系统的网站，主要为遥感、全球定位系统应用及地理信息系统技术讨论、实践及相关技术，也欢迎就流行 GIS 软件进行交流。

（20）GIS 资讯小组。始建于 2006 年 6 月，是一家专门为 GIS 行业人员提供技术及资源服务的网站，现在已经开通了软件下载、技术文章、技术论坛等栏目，每日访问量在 3 万次以上，并保持稳定增长的趋势，访问的用户群基本上都是 GIS 技术和开发人员，并具有高技能、高素质、高消费的特点。

（21）3S 视讯传媒（英文标识：3sNews）。是针对 3S 行业、3S 人的 3S 社区资讯平台，主攻方向为 3S 评论与资讯、产业分析、市场研究、电子杂志、出版、博客及社区。

（22）一起 GIS。网罗全面的 GIS、工程信息。

（23）高校 Gis 论坛。创办高校 Gis 论坛的宗旨是增进 GIS 学术交流，丰富 GIS 应用研究，提升 GIS 教育水平，以加快 G1S 产业发展。

（24）北京博乐图地理信息技术有限公司，以中国林业科学研究院信息资源研究所为依托，是以地理信息系统（GIS）、遥感（RS）和全球卫星定位（GPS）技术系统为基础，专业从事专题地图制作、地图晕渲、地图数据和遥感数据处理、地理信息系统空间数据库开发服务为主要业务的公司。

（25）COOLGIS。是一家有关 Gis、Rs、Gps、三维 Gis 等地理信息系统知识的学习与交流的网站。

（26）GIS 足迹。是由一群 GIS 技术爱好者组建的软件展示网站。

（27）Skyline 中国社区。是有关地理信息系统相关知识交流的网站。

（28）中导论坛。有关最新 GPS 产品的介绍、GPS 资讯、GPS 交流及 GPS 资源共享的网站。

（29）无忧 GIS。提供 GIS、GPS、RS 相关行业资讯，技术资料，理论研究与应用开发，关注 ArcGis、Mapinfo 等平台二次 GIS 应用开发，并提供相关工具和资源下载等相关服务。

（30）集思学院。是有关地理信息系统相关论坛的网站。

（31）超图论坛。是有关地理信息系统相关论坛的网站。

（32）三思而行。有关地理信息系统的相关论坛。

（33）水木清华数字地球。这是一家有关地理信息系统相关论坛的网站。

（34）星海微波主教事神州论坛。是有关地理信息系统相关论坛的网站。

（35）中地数码集团网站。是全球唯一提供GIS搭建平台，唯一提供GIS数据的中心，唯一拥有三维GIS的平台，全球最全GIS解决方案的平台供应商，其网站提供公司的主要产品MAPGIS系列产品、产品的在线服务，此外，还有业内新闻、GIS理论讨论、GIS论坛等。

（36）超图地理信息系统。是超图公司建立的公司网站，主要从事地理信息系统（GIS）基础软件平台研究、开发和销售，为政府和企业提供地理空间信息技术的咨询服务。SuperMap GIS系列软件是超图公司的主要地理信息系统的软件平台。

（37）慧图科技。北京慧图信息科技有限公司成立于2000年，是注册于中关村高科技园区的高新技术企业，公司业务主要分为两部分：地理信息系统产品开发和水利信息化服务。公司自成立之初即致力于TopMap地理信息系统产品的开发，其TopMap ActiveX 6是国内较为知名的地理信息系统开发平台，公司拥有强大的产品研发力量和完备的技术服务体系。自2000年推出第一个商业版本以来，TopMap地理信息系统软件已经成功应用于水利、环境、交通、农业、林业、电力、军事、土地、勘探等众多行业，深得用户和二次开发商的青睐。

（38）朝夕科技。北京朝夕科技有限公司成立于1996年4月，是专业地理信息系统（GIS）基础平台软件厂商。致力于GIS基础平台MapEngine及其衍生产品的研发以及GIS应用工程服务。公司的开发团队是来自大学、科研院所的硕士、博士组成，在多年的研发过程中，认真吸取国内外先进技术，用产业化方式组织软件生产，已经形成一整套高效的软件开发模式。

（39）城信所。广州城市信息研究所有限公司（中文简称城信所，英文简称DCI）是致力于"为中国数字城市的发展提供专业服务与解决方案"的高新技术企业，城信所以"信息"为核心，以城市规划、环境保护、统计及商业智能、智能交通为主线出发，提供各种基于空间基础地理信息之上的产品及应用服务。主要应用技术包括数字城市规划（规划管理、电子报批）、空间数据建库、地下管线数据监理及信息系统开发、城市仿真与虚拟现实、智能化小区综合管理平台、摄影测量与遥感、数字环保、统计与商业智能、基于3S的物流及交通指挥系统。

（40）杭州天夏科技集团有限公司网站。为杭州天夏科技集团有限公司旗下的XGIS软件提供帮助及有关GIS服务，天夏科技与包括哈佛大学、华盛顿大学等众多国际一流科研机构在科研、学术交流等各方面合作交流的基础上，相继研发了天图系列软件、计算机辅助设计软件等产品，同时提供各类相关软件和数据服务，包括遥感图像处理软件（RS）、全球卫星定位软件（GPS）等，是国际GIS行业首屈一指的拥有自主知识产权的3S（GIS、GPS、RS）技术服务提供商。

（41）ESRIESRI中国（北京）有限公司。作为ESRI在中国内地的唯一分支机构，秉承ESRI公司一贯探索精神和独树一帜的管理风格，以开放、合作、以人为本和对社会负责为立身之本，并结合多年来为中国用户技术支持与集成的经验，为广大中国用户提供满足今天需要的服务，更为其将来的发展奠定坚实基础的先进的技术构架。ESRI中国（北京）有限公司同时还为中国用户提供遥感图像处理解决方案和eYaImage影像压缩工具的销售和技术支持服务。此外，还设有ESRI中国（北京）培训中心。ESRI中国（北京）有限公司也希望通过与国内各相关部门建立广泛而密切的合作关系，携手共进，共同推动中国空间信息产业发展。

（42）51GPS 世界网。是于 2000 年成立的专业关注 GPS 行业、厂商、产品及相关资讯的专业门户网站，自成立起经过多次改版和调整，目前设有新闻、产品、评测、资料、下载、企业、人才、展会、媒体、招标采购、维修、租赁、寻宝、团购、博客及 GPS 论坛等频道。

（43）GPS 之家。是一个以资讯和产品为主的专业 GPS 门户网络平台，由互联网资深的专业人士精心设计，以内容全面、界面大方、产品时尚、平台互动的风格，打造 GPS 之家在互联网上的门户品牌。使其成为 GPS 商家汇聚地、GPS 共享产品库、GPS 交流平台、GPS 专业资讯频道，使其成为一个专业的 GPS 大众媒体。

（44）100GPS。是一家有关 GPS 选购、使用、交流的网站。

（45）澳门环境—地理信息系统平台。是中国澳门特别行政区有关地理信息的重要平台，分设有英语、简体中文和繁体中文等不同的界面。

2.2　国外地理信息系统（GIS）网站

（1）地图市场。美国权威地图网站，服务项目包括航空摄影、卫星影像数据、数字高程模型和美国地质勘测局数据、数字街道地图、数字矢量地图、人口统计数据等。在英国等地建有分网站。

（2）美国 OGC（OpenGIS 协会）网站。是由美国 OGC（OpenGIS 协会）建立的一个非营利官方网站，网站主要制定 GIS 专业透明规范，消除地理信息应用之间及地理应用与其他信息技术应用之间的隔离。

（3）美国地平线网站。是美国地平线软件公司建立的网站，主要提供建立 3D 地理数据库、城市环境在线浏览，以及共同开发 GIS 数据等业务。

（4）ESRI 公司地理信息网站。是 ESRI 公司建立的地理信息平台，主要从事各种 GIS（桌面GIS、WebGIS、MobileGIS）软件服务、培训、数据服务等业务。

（5）美国 MapInfo 公司网站。是 MapInfo 公司建立的商业网站，主要提供整合软件、资料与服务，以协助顾客了解地理信息的价值，并做出有远见的决策。网站主要内容有资源中心、行业应用、产品与服务、支持与培训、市场活动、开发园地等。

（6）加拿大阿波罗科技集团公司网站。网站主要包括软件介绍、应用项目、技术支持、软件下载、代理产品（PCI、eCognition、EarthView、SilverEye、FEFLOW）等服务。其下属的中国代理为北京东方泰坦科技有限公司，主要提供泰坦系列软件（GIS、Image、VRMAP、3DM、WEBGIS、SCANIN、GPS）。

第三章
生态修复工程项目零缺陷建设
勘察设计质量管理

第一节
勘察设计零缺陷质量管理概述

1 勘察调查的概念

生态修复工程项目勘察调查是指依据项目建设要求，查明、分析和评价建设区域范围的自然、经济、社会综合条件和工程建设所有指标，编制生态修复项目建设勘察文件的活动。

2 项目零缺陷设计的概念

生态修复工程项目零缺陷设计是指根据生态修复工程零缺陷建设的要求，对建设工程项目所需的技术、经济、资源、环境等条件进行综合性的零缺陷科学分析和论证，编制生态修复工程零缺陷建设项目文件的活动。

对生态修复工程建设项目区域进行零缺陷勘察调查、设计是生态修复工程零缺陷建设前期的关键环节，勘察调查、设计的工作质量对于生态修复工程项目零缺陷建设质量起着决定性的作用。因此，勘察调查、设计是生态修复项目零缺陷建设过程中一个非常重要的阶段。

第二节
勘察设计零缺陷质量的概念和管理依据

1 勘察设计零缺陷质量的意义

生态修复工程项目的零缺陷质量目标与水平，是通过设计使其具体化和实物化，据此作为对工程进行施工建设的依据，而勘察调查既是设计的重要依据，更是要以其求真务实的态度来保证所提交勘察调查报告的准确性、及时性，同时也对施工有着重要的指导作用。勘测调查工作质量的优劣，直接影响工程项目能否发挥的生态功能作用、使用价值和工程投资的经济效益。对设计质量要求有两层意思，首先设计应满足项目业主所需的功能和使用价值，达到或符合业主投资的意图；其次设计也应遵守国家有关生态建设规划、环保、防灾、安全等技术标准、规范、规程，这是有效保证零缺陷设计的基础。

2　勘察调查、设计零缺陷质量管理的依据

综上所述可知，对生态修复工程建设项目勘察调查、设计的零缺陷质量管理，绝不单纯是对其报告和图纸成果的质量控制管理，而是要从建设整个社会的生态文明环境这个目的出发，对勘察调查、设计的整个过程进行全面的零缺陷质量管控，包括其工作程序、进度、工序协调、文字表格、图文吻合、预算及成果文件所反映的各项功能和使用价值，以及涉及的法律、法规、合同等必须遵守的规定。对生态修复工程项目建设勘察设计零缺陷质量控制管理的 5 项依据如下。

①有关生态修复工程项目建设及其质量管理方面的法律、法规、技术规程、技术标准、规划，国家规定的生态修复工程各行业建设项目勘察设计的技术内容、成果深度等要求。

②有关生态修复工程项目建设的技术标准，如勘察设计涉及的工程建设强制性标准、规范、规程、设计参数指标、建设定额及其取费标准等。

③项目批准文件，如项目可行性研究报告、项目建设资金计划及批准文件等。

④体现业主（建设单位）项目建设意图的勘测设计大纲、纪要和合同等文件。

⑤反映项目建设过程和建成后所涉及的有关技术、资源、经济、社会协作等诸多方面的协议、数据、指标等资料。

第三节
勘察设计零缺陷质量管理要点

1　勘察设计单位资质管理

国家政府行业部门对从事建设工程勘察、设计活动的单位，实行单位资质制度的有效管理，即建设工程勘察、设计单位应当在其资质等级许可的范围内承揽业务。对此，国务院专门发布了《建设工程勘察设计管理条例》和《建设工程质量管理条例》的规定。国家城乡建设部又先后发布了与之配套的《建设工程勘察设计市场管理规定（建设部第 65 号令）》《建设工程勘察设计企业资质管理规定（建设部第 93 号令）》和《工程勘察资质分级标准》《工程设计资质分级标准（建设部设计司发 22 号文件）》。

单位资质制度是指国家建设行政主管部门对从事勘察、设计活动单位的人员技术素质、管理水平、资金额度、业务专业能力等进行审查，以确定其承担勘察、设计的范围，并颁发给相应等级的资质证书。

1.1 工程勘察资质等级

国家建设行政主管部门将工程勘察资质分为综合类、专业类、劳务类三类。综合类资质业务范围包括工程勘察的所有专业，资质只设甲级，其承揽业务范围和地区不受限制。专业类资质设甲、乙、丙三个级别；甲级承担本专业业务范围和地区不受限制；乙级可承担本专业中、小型工程项目，其业务范围不受限制；丙级可承担本专业小型工程项目，其业务限定在省、自治区、直辖市所辖行政范围内。劳务类只能承担业务范围内劳务工作，其业务工作地区不受限制。

1.2 工程设计资质等级

（1）工程设计资质等级分类：分为综合、工程设计行业、工程设计专项三类资质。

工程设计综合类资质不设级别；工程设计行业类资质设甲、乙、丙三个级别；工程设计专项资质设甲、乙、丙三个级别。

林业防护造林工程、水土保持工程之类的生态修复工程项目设计资质归属于工程设计行业类资质，在我国各省（自治区、直辖市）、地区（市）、县（旗）林业和水保行业部门均设有专业性的勘查调查、设计队或站，专门从事本地区本行业专业范围内的勘查调查和设计工作业务。

（2）设计资质承担业务范围和地区：甲级工程设计行业资质单位可承担本行业大、中、小型专项工程设计业务，不受地区限制。乙级工程设计行业资质单位承担本行业中、小型工程项目的建设设计任务，地区不受限制。丙级工程设计行业资质单位承担本行业小型工程项目的建设设计任务，限定在省、自治区、直辖市所辖行政区域范围内。

持工程设计专项甲、乙资质的单位可承担相应咨询工作业务。

2 勘察零缺陷质量管理

对生态修复工程项目勘察调查零缺陷质量管理的主题是，是否真实反映生态修复工程项目的综合环境条件，勘查调查是否按照工程项目勘察调查规定的合同任务及要求开展工作。勘察调查质量管理按以下3个阶段进行跟踪管理。

（1）可行性研究勘察：指通过勘查调查，对搜集来的数据资料进行综合、系统的分析。

（2）初步勘察调查：指在可行性勘察的基础上，对生态修复工程项目区域内的环境综合条件进行评价，并为确定项目生态修复建设拟采取的生物与工程措施提供技术论证依据，以满足初步设计或最终设计方案的要求。

（3）详细勘查调查：指项目区域生态环境实施生物与工程措施设计过程，需要对其环境条件进行的精确、细致的测量调查和分析化验，以满足施工图设计、工程量清单指定的要求。

3 设计零缺陷质量管理

3.1 初步设计零缺陷质量管理

（1）编制初步设计目的。指在已经确定的生态环境区域和规定的生态修复工程建设期限内，根据勘察调查的自然、社会、经济条件数据资料进行具体、深入的设计工作，论证拟建生态工程项目在技术上的可行性和经济上的合理性，并在此基础上正确、规范地拟定项目设计标准，以及生物与工程措施结合形式、立体结构、植物苗木、灌溉管网、抚育年限等各专业的设计方案，并合理确定项目建设总投资和项目建设主要技术经济指标。

（2）初步设计工作内容。为编制初步设计文件，应精益求精地进行内部作业，计算程序及过程、计算机辅助设计的计算资料、方案比较资料、内部作业草图、编制概预算定额文件等资料，均需妥善保存。

（3）初步设计深度要求。初步设计文件的深度应满足审批的要求：①应符合项目设计任务委托书的规定要求；②能据此明确识别项目的生态环境修复区域范围；③应提供确切的工程项目设计概算、工程量清单，并以此作为项目建设投资的依据；④能据此准备建设的主要设备及材料；⑤据此能进行施工设计；⑥据此能进行建设施工的准备。

3.2 技术设计零缺陷质量管理

技术设计是针对技术复杂或有特殊要求而又缺乏设计经验的生态修复工程建设项目增设的一个设计阶段，其目的是用以进一步解决初步设计阶段无法解决的一些重大问题。

技术设计应在批准的初步设计基础上工作，其具体设计内容视生态修复工程项目的具体情况、特点和要求确定，设计单位可自行制定其相应的设计工作内容。技术设计阶段的项目设计总概算编制，在初步设计总概算基础上进行修正后编制出总概算，技术设计文件要报项目建设单位批准，其深度能满足确定设计方案中重大技术问题的技术工艺要求，且能够指导施工设计为准则。

3.3 施工设计零缺陷质量管理

（1）编制施工设计目的。用以指导生态修复工程项目零缺陷建设施工，建设施工地形地貌整理及整地，建设施工材料、机械设备、构配件的采购及其加工准备，合理确定施工期限和抚育养护期限等。

（2）施工设计内容。施工设计是在初步设计、技术设计或方案设计基础上进行的更详细、更具体的设计。其主要内容如下：

①项目设计文件：包括设计总说明书，总平面布置及说明，植物与工程措施设计说明，工程量清单、工程总概算；

②各单项分项工程设计：植物苗木规格及栽植要求、配套工程措施规格设计说明、灌溉管网设置图及说明、工程抚育养护期限及说明、各单项分项工程概算等。

参 考 文 献

1 唐学山，李雄，曹礼昆. 园林设计 [M]. 北京：中国林业出版社，1997.

2 陈祺. 庭院设计图典 [M]. 北京：化学工业出版社，2009.

3 王治国，张云龙，刘徐师，等. 林业生态工程学 [M]. 北京：中国林业出版社，2009.

4 许国祯. 林业系统工程 [M]. 北京：中国林业出版社，2010.

5 高尚武. 治沙造林学 [M]. 北京：中国林业出版社，1984.

6 康世勇. 园林工程施工技术与管理手册 [M]. 北京：化学工业出版社，2011.

7 姚庆渭. 实用林业词典 [M]. 北京：中国林业出版社，1990.

8 江波，袁位高，朱锦茹，等. 森林生态体系快速构建 [M]. 北京：中国林业出版社，2010.

9 周成. 植被防护土坡的计算方法 [M]. 北京：中国水利水电出版社，2008.

10 水利电力部农村水利水土保持司. 水土保持技术规范 [M]. 北京：水利电力出版社，1988.

11 冯道. 防沙治沙与生态环境建设实务全书 [M]. 长春：吉林科学技术出版社，2008.

12 吴海洋，刘仁芙，罗明. 土地复垦方案编制务实 [M]. 北京：中国大地出版社，2011.

13 乐云. 建设工程项目管理 [M]. 北京：科学出版社，2013.

14 国家林业局调查规划设计院. 防护林造林工程投资估算指标 [M]. 北京：中国林业出版社，2009.

15 毕华兴. "3S" 技术在水土保持中的应用 [M]. 北京：中国林业出版社，2008.

后　记

2003 年 7 月，当我经过考试和评审获得内蒙古自治区人事厅颁发的正高级工程师资格证书时，就有一种专业业绩归"零"的感觉和要"从头再做起"的心动，于是就萌发了把自己长期从事生态园林科研、规划设计和工程建设现场技术与管理工作实践中积累下的成败心得，以及生态园林建设生产中亟待修正、改进和创新的技术与管理工作实践，总结升华到理论的念头，故此就决定创作一部生态园林工程项目建设施工技术与管理方面的专著。在牵头组织列出写作提纲后，率领撰写团队经过 3 年多辛勤劳动，才发现无论是在所写内容的篇幅上，还是在撰写章节的深度上，都是一口吃不下的"刺猬"。经过缜密思虑后，决定分为园林工程和生态工程两大块分期组织撰写。为此，我于 2010 年 10 月将《园林工程施工技术与管理手册》定稿交稿后，就马不停蹄地继续完成生态修复工程建设稿的创作编著，直至 2017 年 11 月终于完成了这部总字数近 400 万字的《生态修复工程零缺陷建设手册》的写作，实现了自己作为"治沙人"梦寐以求的专业祈愿和奋斗目标。

在此，我代表编写组全体作者，向中华人民共和国成立以来为我国生态修复建设事业付出艰辛工作、血汗甚至生命的所有技术与管理的老工作者、老前辈、老专家们致以崇高的敬礼！诚挚感谢在 10 多年的创作撰写过程中所借鉴引用的我国生态修复工程建设前辈、专家、学者等原作者创作积累的大量宝贵理论精华和实践成果。

此时此刻，我要代表编写组诚挚感谢中国林业出版社原党委书记、社长金旻编审和现任党委书记、董事长刘东黎编审等出版社领导所给予的高度重视；诚挚感谢中国林业出版社副总编辑徐小英编审及其责任编辑团队的求真敬业、务实奉献和辛勤劳动，把由我牵头创作撰写的《生态修复工程零缺陷建设手册》这部书稿调整结构、重新策划分成《生态修复工程零缺陷建设设计》《生态修复工程零缺陷建设技术》《生态修复工程零缺陷建设管理》3 本专著，并将其作为"生态文明建设文库"的重要组成申报获得了 2019 年度国家出版基金的资助。

今天，在《生态修复工程零缺陷建设设计》等专著正式出版之际，我深深地怀念、感谢和感激曾经把我从死亡线上挽回生命且至今还不知道姓名的那几位救命恩人。1991 年 10 月 21 日深夜大约 22 点至 23 点，在神东 2 亿吨煤炭矿区生态建设现场返回住所的途中，我所乘坐的小型汽车与包神铁路上正常行驶的火车头相撞。事故发生后除司机被方向盘卡在汽车里，包括我在内的其余三人均被巨大的撞击力抛出车外，而我当时处于深度昏迷状态，被火车头司机宣布说"三人均已死亡"中的一人。如果当时那几位路经事故现场救我生命的恩人视而不见打道回府，会有我的后半生吗？还会有我完整的生态修复工程建设实践与理论创新职业生涯吗？会有由我总策划、总牵头、总主持编著的生态修复工程零缺陷建设系列专著问世吗？答案不想可知。

从我国生态修复工程建设技术长期实践中用心创新研发出的本专著，其突出的科技创新特点是科学、精湛、新颖、系统、博大、严谨、精益、深厚、实用、适用和易于推广应用，这是源于得到了我国生态修复工程建设技术业界众多领导和同行科技践行者们的积极参与和无私奉献。

本专著自 2003 年 7 月筹划创作至 2017 年 11 月成稿，在 10 多年系统广泛而深入的计划、调查、测试、分析、资料搜集、图文制作、创新写作、研发修改、理论升华等一系列过程中，得到了许多专家和领导的鼎力支持和学术指导斧正。首先，诚挚感谢国家林业和草原局局长张建龙和中国工程院院士、全国生态保护与建设专家咨询委员会主任尹伟伦教授，在政策理论性、科学严谨性、实践创新性、适用指导性等方面给予的指导。还要衷心感谢国家林业和草原局调查规划设计院党委书记张煜星高级工程师，原神华集团有限责任公司财务部总经理郝建鑫高级经济师，内蒙古自治区级重大专项"巴丹吉林沙漠脆弱环境形成机理及安全保障体系"课题组成员、内蒙古宇航人高技术产业有限责任公司董事长邢国良高级工程师，内蒙古沙谷丰林环境科技有限责任公司董事长谭敬高级工程师等领导和专家给予的热忱关注、关怀、指导、指正、支持和帮助。为此我代表编委会向他们致以诚挚、崇高的敬礼！

诚挚感谢北京林业大学副校长、中国水土保持学会副理事长、中国治沙暨沙业学会副理事长王玉杰教授担任本专著编委会主任，并在专业学术方面给予的指导指正和作序。

诚挚感谢积极参与并分别担任副主任的多位专家型领导。他们分别是：中国治沙暨沙业学会副理事长、中国治沙暨沙业学会荒漠矿业生态修复专业委员会主任、全国首届"千镇百县矿山生态修复扶贫工程项目主任"、湖南西施生态科技股份有限公司董事长张卫高级工程师；国家林业和草原局驻北京森林资源监督专员办副专员戴晟懋高级工程师；中国林业科学研究院防沙治沙首席专家、中国治沙暨沙业学会常务副理事长兼秘书长杨文斌研究员；中国神华铁路运输有限公司副总经理宋飞云高级经济师；北京林业大学水土保持与荒漠化防治学科负责人、荒漠化防治教研室主任、北京市教学名师丁国栋教授；中国林业出版社副总编辑徐小英编审。同时也诚挚感谢内蒙古阿拉善盟林业治沙研究所副所长武志博高级工程师、内蒙古鄂尔多斯市伊金霍洛旗水土保持监测站站长李纪元高级工程师、内蒙古包头市国土局康龙工程师、内蒙古科技大学刘凌副教授以及上述感谢的丁国栋教授、张卫高级工程师等专业英才担任本专著副主编；还要诚挚感谢各位编委和作者的艰辛创作以及通力合作。最后要感谢我爱人郝丽华对我长期无微不至的贴心关怀和大力支持！

"是金子总会发光的。"2017 年 9 月在内蒙古自治区鄂尔多斯市召开的《联合国防治荒漠化公约》第 13 次缔约方大会上，本人独著发表的"中国生态修复工程零缺陷建设技术与管理模式"科技论文，向世界展示出了中国在防治荒漠化生态修复工程建设实践探讨并升华为理论创新研究的成果，得到了参会的联合国防治荒漠化官员、各国专家、代表的高度赞赏。9 月 13 日鄂尔多斯电视台新闻联播和 9 月 18 日鄂尔多斯日报头版分别以"康世勇：让矿区'黑三角'变成'绿三角'"和"鄂尔多斯生态人物——康世勇：让生态科研如花绽放"为标题作了专题报道，翔实报道了数十年致力于我国生态修复工程零缺陷建设实践与理论密切结合研究所取得的成就并给予了充分肯定。这一年，本人研发完成的"中国生态修复工程零缺陷建设技术与管理模式""中国神华神东2亿吨煤炭矿区荒漠化防治模式""神东生态环保标准及其标准化过程控制的探讨"项目，分别获神华神东煤炭集团公司2017年度管理课题研究成果一等奖、三等奖、优秀奖。

科学、系统、正确、适用、实用和与时俱进的创新理论研究及其发展，从来都离不开生产实践的检验，而精湛、成功的实践活动也从来都不能脱离正确理论的指导。本人在历经我国神东2亿吨现代化煤炭矿区生态修复建设34年生产实践中，牵头组织开展的"神东2亿吨煤炭基地生态修复零缺陷建设绿色矿区实践"科研项目，荣获中国煤炭工业协会颁发的"2018年煤炭企业管理现代化创新成果（行业级）二等奖"；在生态修复零缺陷建设神东2亿吨现代化生态型绿色煤炭矿区生产实践中开展的"生态修复工程零缺陷建设"理论研究成果，荣获"2019年中国能源研究会能源创新奖——学术创新三等奖"；在立项研究的神东2亿吨煤炭现代化安全生产管理和中国荒漠化土地生态复垦创新课题研究实践中，通过融入生态修复工程"三全五作"零缺陷建设理论，经过艰辛研究完成的"神东矿区零缺陷安全管理探讨"和"中国荒漠化土地生态经济开发建设"两项管理课题，分别荣获2019年神东煤炭集团公司管理课题研究成果二等奖和优秀奖；撰写的"神东2亿吨煤都荒漠化生态环境修复零缺陷建设绿色矿区技术"，被甄选为优秀科技论文发表在2019年"世界防治荒漠化与干旱日纪念大会暨荒漠化防治国际研讨会"。这些成果，均向世界展示了我国科学防治亿吨现代化煤炭矿区荒漠化、建设绿色煤都的零缺陷技术成就。

我国是世界上拥有荒漠化土地资源最多的国家之一，如何采取生态经济方式科学、系统、全面开发建设广袤的荒漠化土地，是我国现在和今后面临的实现绿色可持续发展亟待攻克的一项生态修复与土地利用、科技研发与开发建设、经济发展与自然和谐的复合型难题。本人撰写的"超世界规模土地复垦工程——中国荒漠化土地生态经济方式开发建设"一文，以"生态经济零缺陷开发建设中国荒漠化土地"主题思想的创新理念，成为发表在中国土地学会2019年年会上的优秀学术论文之一，为大力推进生态文明建设，为实现人与自然、生态与经济、国土与建设、荒漠与绿化的和谐发展目标提供了重要参考，并且向世界响亮地提出了中国生态修复科技工作者对荒漠化土地采取生态经济方式开发建设的创新命题和理念。

本专著的编著出版，虽然是编委会和编写组全体参与者长期从事生态修复建设的实践经验浓缩和理论创新的升华，但所阐述的生态修复建设理论及其观点内容一定会存在不少错漏和不足，恳请读者提出宝贵的指导意见。

康世勇

2020年2月24日于内蒙古鄂尔多斯东胜家中

（E-mail：kangshiyong1960@126.com）